全国高等职业教育医疗器械类专业
国家卫生健康委员会“十三五”规划教材

供医疗器械类专业用

医用电子线路设计与制作

第 2 版

主　编　刘　红

副主编　刘虔铖　李小红

编　者（以姓氏笔画为序）

王　选（上海健康医学院）
华文龙［聚物腾云物联网（上海）有限公司］
刘　红（上海健康医学院）
刘虔铖（广东食品药品职业学院）
李小红（安徽医学高等专科学校）
吴　昊（湖北中医药高等专科学校）
陈炜钢（浙江医药高等专科学校）
唐俊铨（重庆医药高等专科学校）
程运福（泰山医学院）

人民卫生出版社

图书在版编目（CIP）数据

医用电子线路设计与制作/刘红主编. —2 版. —
北京:人民卫生出版社,2018
ISBN 978-7-117-25464-9

Ⅰ.①医… Ⅱ.①刘… Ⅲ.①医疗器械-电子电路-
电路设计-高等职业教育-教材 Ⅳ.①TN702

中国版本图书馆 CIP 数据核字(2018)第 058844 号

医用电子线路设计与制作

第 2 版

主　　编: 刘　红
出版发行: 人民卫生出版社(中继线 010-59780011)
地　　址: 北京市朝阳区潘家园南里 19 号
邮　　编: 100021
E - mail: pmph @ pmph. com
购书热线: 010-59787592　010-59787584　010-65264830
印　　刷: 中农印务有限公司
经　　销: 新华书店
开　　本: 850×1168　1/16　印张: 24
字　　数: 564 千字
版　　次: 2011 年 7 月第 1 版　2018 年 12 月第 2 版
　　　　　2023 年 5 月第 2 版第 3 次印刷（总第 4 次印刷）
标准书号: ISBN 978-7-117-25464-9
定　　价: 66. 00 元

全国高等职业教育医疗器械类专业
国家卫生健康委员会“十三五”规划教材
出版说明

《国务院关于加快发展现代职业教育的决定》《高等职业教育创新发展行动计划(2015—2018年)》《教育部关于深化职业教育教学改革全面提高人才培养质量的若干意见》等一系列重要指导性文件相继出台,明确了职业教育的战略地位、发展方向。同时,在过去的几年,中国医疗器械行业以明显高于同期国民经济发展的增幅快速成长。特别是随着《关于深化审评审批制度改革鼓励药品医疗器械创新的意见》的印发、《医疗器械监督管理条例》的修订,以及一系列相关政策法规的出台,中国医疗器械行业已经踏上了迅速崛起的“高速路”。

为全面贯彻国家教育方针,跟上行业发展的步伐,将现代职教发展理念融入教材建设全过程,人民卫生出版社组建了全国食品药品职业教育教材建设指导委员会。在指导委员会的直接指导下,经过广泛调研论证,人民卫生出版社启动了全国高等职业教育医疗器械类专业第二轮规划教材的修订出版工作。

本套规划教材首版于2011年,是国内首套高职高专医疗器械相关专业的规划教材,其中部分教材入选了“十二五”职业教育国家规划教材。本轮规划教材是国家卫生健康委员会“十三五”规划教材,是“十三五”时期人卫社重点教材建设项目,适用于包括医疗设备应用技术、医疗器械维护与管理、精密医疗器械技术等医疗器类相关专业。本轮教材继续秉承“五个对接”的职教理念,结合国内医疗器械类专业领域教育教学发展趋势,紧跟行业发展的方向与需求,重点突出如下特点:

1. 适应发展需求,体现高职特色　本套教材定位于高等职业教育医疗器械类专业,教材的顶层设计既考虑行业创新驱动发展对技术技能型人才的需要,又充分考虑职业人才的全面发展和技术技能型人才的成长规律;既集合了我国职业教育快速发展的实践经验,又充分体现了现代高等职业教育的发展理念,突出高等职业教育特色。

2. 完善课程标准,兼顾接续培养　本套教材根据各专业对应从业岗位的任职标准优化课程标准,避免重要知识点的遗漏和不必要的交叉重复,以保证教学内容的设计与职业标准精准对接,学校的人才培养与企业的岗位需求精准对接。同时,本套教材顺应接续培养的需要,适当考虑建立各课程的衔接体系,以保证高等职业教育对口招收中职学生的需要和高职学生对口升学至应用型本科专业学习的衔接。

3. 推进产学结合,实现一体化教学　本套教材的内容编排以技能培养为目标,以技术应用为主线,使学生在逐步了解岗位工作实践、掌握工作技能的过程中获取相应的知识。为此,在编写队伍组建上,特别邀请了一大批具有丰富实践经验的行业专家参加编写工作,与从全国高职院校中遴选出的优秀师资共同合作,确保教材内容贴近一线工作岗位实际,促使一体化教学成为现实。

4. 注重素养教育,打造工匠精神　在全国“劳动光荣、技能宝贵”的氛围逐渐形成,“工匠精神”在各行各业广为倡导的形势下，医疗器械行业的从业人员更要有崇高的道德和职业素养。教材更加强调要充分体现对学生职业素养的培养，在适当的环节，特别是案例中要体现出医疗器械从业人员的行为准则和道德规范，以及精益求精的工作态度。

5. 培养创新意识，提高创业能力　为有效地开展大学生创新创业教育，促进学生全面发展和全面成才，本套教材特别注意将创新创业教育融入专业课程中，帮助学生培养创新思维，提高创新能力、实践能力和解决复杂问题的能力，引导学生独立思考、客观判断，以积极的、锲而不舍的精神寻求解决问题的方案。

6. 对接岗位实际，确保课证融通　按照课程标准与职业标准融通、课程评价方式与职业技能鉴定方式融通、学历教育管理与职业资格管理融通的现代职业教育发展趋势，本套教材中的专业课程，充分考虑学生考取相关职业资格证书的需要，其内容和实训项目的选取尽量涵盖相关的考试内容，使其成为一本既是学历教育的教科书、又是职业岗位证书的培训教材，实现“双证书”培养。

7. 营造真实场景，活化教学模式　本套教材在继承保持人卫版职业教育教材栏目式编写模式的基础上，进行了进一步系统优化。例如，增加了“导学情景”，借助真实工作情景开启知识内容的学习；“复习导图”以思维导图的模式，为学生梳理本章的知识脉络，帮助学生构建知识框架。进而提高教材的可读性，体现教材的职业教育属性，做到学以致用。

8. 全面“纸数”融合，促进多媒体共享　为了适应新的教学模式的需要，本套教材同步建设以纸质教材内容为核心的多样化的数字教学资源，从广度、深度上拓展纸质教材内容。通过在纸质教材中增加二维码的方式“无缝隙”的链接视频、动画、图片、PPT、音频、文档等富媒体资源，丰富纸质教材的表现形式，补充拓展性的知识内容，为多元化的人才培养提供更多的信息知识支撑。

本套教材的编写过程中，全体编者以高度负责、严谨认真的态度为教材的编写工作付出了诸多心血，各参编院校为编写工作的顺利开展给予了大力支持，从而使本套教材得以高质量如期出版，在此对有关单位和各位专家表示诚挚的感谢！教材出版后，各位教师、学生在使用过程中，如发现问题请反馈给我们（renweiyaoxue@163.com），以便及时更正和修订完善。

人民卫生出版社

2018年3月

全国高等职业教育医疗器械类专业
国家卫生健康委员会“十三五”规划教材
教材目录

序号	教材名称	姓名	单位
1	医疗器械概论(第2版)	郑彦云	广东食品药品职业学院
2	临床信息管理系统(第2版)	王云光	上海健康医学院
3	医电产品生产工艺与管理(第2版)	李晓欧	上海健康医学院
4	医疗器械管理与法规(第2版)	蒋海洪	上海健康医学院
5	医疗器械营销实务(第2版)	金　兴	上海健康医学院
6	医疗器械专业英语(第2版)	陈秋兰	广东食品药品职业学院
7	医用X线机应用与维护(第2版)*	徐小萍	上海健康医学院
8	医用电子仪器分析与维护(第2版)	莫国民	上海健康医学院
9	医用物理(第2版)	梅　滨	上海健康医学院
10	医用治疗设备(第2版)	张　欣	上海健康医学院
11	医用超声诊断仪器应用与维护(第2版)*	金浩宇 李哲旭	广东食品药品职业学院 上海健康医学院
12	医用超声诊断仪器应用与维护实训教程(第2版)*	王　锐	沈阳药科大学
13	医用电子线路设计与制作(第2版)	刘　红	上海健康医学院
14	医用检验仪器应用与维护(第2版)*	蒋长顺	安徽医学高等专科学校
15	医院医疗器械管理实务(第2版)	袁丹江	湖北中医药高等专科学校/荆州市中心医院
16	医用光学仪器应用与维护(第2版)*	冯　奇	浙江医药高等专科学校

说明:*为“十二五”职业教育国家规划教材,全套教材均配有数字资源。

全国食品药品职业教育教材建设指导委员会
成员名单

前　言

本书按照全国高职高专医疗设备应用技术相关专业的培养目标，在全国高等职业教育食品药品医疗器械类专业国家卫生健康委员会和人民卫生出版社的组织规划下进行编写的。首先确立了本课程的教学内容，编写了课程标准，进而确定了编写进度，然后按国家卫生健康委员会“十三五”规划教材的要求和体例完成本书内容。教材力求体现当前高职高专教育的性质、任务和培养目标，适应课程的教学要求，充分体现以就业为指导、能力为本位、学生为主体的改革特色。以“实用，够用”为原则，突出工程性。

本教材的主要内容有：以 Altium Designer Summer09 为平台的电子线路辅助设计软件安装的基本知识、原理图编辑器的功能和原理图绘制方法、印制板编辑器的功能、印制板设计过程中的方法和技巧、元件库和封装库的编辑、层次式电路设计、各种电气设计规则介绍、医用电子产品的制作过程和工艺等。在理论知识讲解完成后，采用项目化的课程设计，详细介绍了多个小型医用电子产品的教学案例。

本教材的主要编写特点如下：

1. 教材符合国家相关标准，各种标注恰当、完整，具有实用性。例子重现性好，深入浅出。能确保读者在自学的情况下，全面、顺利的生成本书中的实例，并留给读者思考的余地。为了拓宽读者的知识面，在知识链接、知识拓展和课后习题中补充了新的知识和工艺，以体现教材的先进性。

2. 在理论知识讲授清楚后，采用项目化的课程设计，以小型医用电子产品为教学案例。每章讲解一个医疗仪器电子线路的设计过程。使学生学习时有一个清晰的脉络，从而为以后专业课的学习和将来从事医疗设备应用技术专业的工作打下坚实的基础。

3. 设计出了能体现岗位技能要求、促进学生实践操作能力养成的课程实训体系。

本教材由刘红任主编、刘虔铖及李小红老师任副主编，具体分工如下：刘红编写第三章和第十章；华文龙编写第一章；程运福编写第二章；李小红编写第四章；王选编写第五章；刘虔铖编写第六章；陈炜钢编写第七章；唐俊铨编写第八章；吴昊编写第九章。全书由刘红、刘虔铖和李小红共同统稿。

本教材供高职高专职业教育医疗器械制造与维护、医疗仪器维修技术、医用电子仪器与维护、医用治疗设备应用技术、医学影像设备管理与维护、医疗器械营销等医疗设备应用技术相关专业学生使用，也可供该领域的工程技术人员参考。

在本教材的编写过程中，得到了主编、副主编和编者单位的大力支持和帮助，在此表示诚挚的谢意。由于编者水平和编写时间所限，虽多次校正，仍难免存在谬误和遗漏之处，恳请读者多提宝贵意见，以便我们进一步修订完善。

编者

2018 年 11 月

目　　录

第一章

医用电子产品设计方法及工具

导学情景

情景描述：

医疗电子产品是电子应用技术发展过程中满足专业化医学诊断和治疗需求的独特电子设备，医疗电子与汽车电子和人工智能并称为最具潜力的新兴电子技术发展方向。伴随着物联网与“云”计算技术的不断发展、完善，电子元器件微型化和低功耗等技术手段打破传统“医用”概念的束缚，医疗电子产品进入了更广阔的“家用”和“保健”领域。

学前导语：

本章主要介绍电子产品设计的方法论和传统电子设计自动化（Electronic Design Automation，EDA）软件工具。结合最新版本 Altium Designer 软件功能特性，以期使读者对现代电子设计的理念和方法及 Altium Designer 设计平台有一个整体的了解，为以后的深入学习打下基础。作为医疗电子信息技术专业的一门理实一体化课程，面向印制电路板的设计这一工作领域，涵盖电路原理图设计和 PCB 图设计两项典型工作任务。因此，本书以基本训练为主，兼顾相关专业知识，着力于培养学生电子设计的基础性能力，使学生掌握 PCB 设计方法、工艺规范和制作流程。

学习目标

1. 掌握基础印制电路板的组成与分类。
2. 掌握常规印制电路版图设计流程及方法。
3. 掌握电路的基本组成元素。
4. 了解电子设计技术发展的演变过程。
5. 了解 Altium 公司及产品技术的演变过程。
6. 了解 Altium Designer 的系统级设计方法的作用。
7. 了解行业中常用 PCB 制板设计软件。

扫一扫，知重点

第一节　电子产品设计技术概述

当今世界科技发展日新月异、技术创造层出不穷，但绝大多数行业都离不开电子设计，可以说电子设计制造技术是一个国家工业发展、经济繁荣的强大技术基础和根本研发动力。如今电子元器件集成度越来越高,电子产品的复杂化、智能化程度与日俱增,加工精度越来越高,这就要求设计工具和设计理念要与时俱进。Altium Designer 电子设计工具正是目前行业中的领先技术,体现了电子设计技术的发展方向。

一、电子系统设计技术的发展

随着电子工业和微电子设计技术与工艺的飞速发展,电子信息类产品的开发明显地出现了两个特点:一是开发产品的复杂程度加深,即设计者往往要将更多的功能、更高的性能和更丰富的技术含量集成于所开发的电子系统之中;二是开发产品的上市时限紧迫,减少延误、缩短系统开发周期以及尽早推出产品上市是十分重要的。

当前电子设计三大主要工作为板级设计、可编程逻辑设计和嵌入式软件设计,如果设计工具能有效实现三者之间的进一步融合,设计者把几个重要“零件”组合起来就能完成产品,便能有效解决电子系统开发的复杂程度与上市时限性的矛盾。

1. 板级系统中元器件技术的演变 通常人们会将电子设计等同于设计电路印制板——一个基于满足特定功能的电子元件集合。因此,设计印刷电路板(Printed Circuit Board,PCB)的工具和方法的演变取决于电子元件应用技术的发展进程。从分立式元件到集成电路元件,从微处理器元件到可编程器件,元件设计技术越来越向高度集成、微型封装、高时钟频率、可配置等方向发展;系统设计更多的从硬件向软件过渡。板级系统中元器件技术的演变如图 1-1 所示。

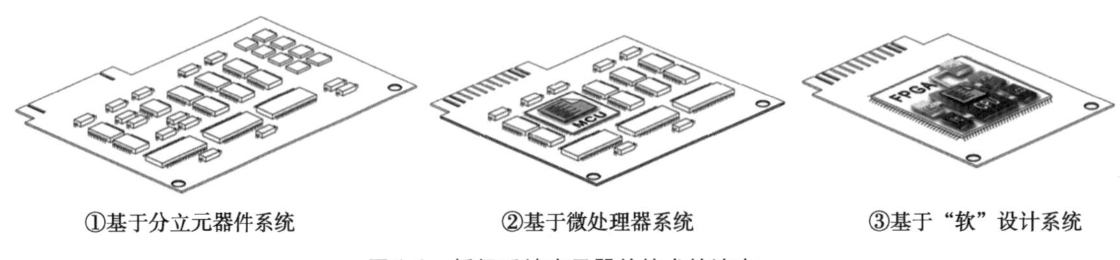

①基于分立元器件系统 ②基于微处理器系统 ③基于“软”设计系统

图 1-1 板级系统中元器件技术的演变

正如微处理器最初只是被开发用于增强个人计算器产品的运算能力,随后伴随着性能的增强和价格的下降,微处理的应用扩展到更广阔的领域,这也就直接引发了后来的基于微处理器的嵌入式系统取代基于分立式器件通过物理连线组成系统的设计技术变革。而这一变革的关键并不在于微处理器件本身,而是微处理器将系统设计的重心从关注器件间连线转变到“软”设计领域。基于这一观点,伴随着现场可编程门阵列(Field Programmable Gate Array,FPGA)技术的发展,电子设计中更多的要素将通过“软”设计实现。

在大规模可编程逻辑器件出现以前,人们在设计数字系统时,把器件焊接在电路板上是设计的最后一个步骤。当设计存在问题并得到解决后,设计者往往不得不重新设计 PCB。然而可编程逻辑器件(Programmable Logic Device,PLD)的出现改变了这一切,由于具有在系统编程或在线重配置功能,因此在电路设计之前,就可以把 PLD 焊接在印制电路板上,然后在设计调试时用下载编程或配置方式来改变其内部的硬件逻辑关系，而不必改变电路板的结构，从而达到设计逻辑电路的目的，如图1-2所示。

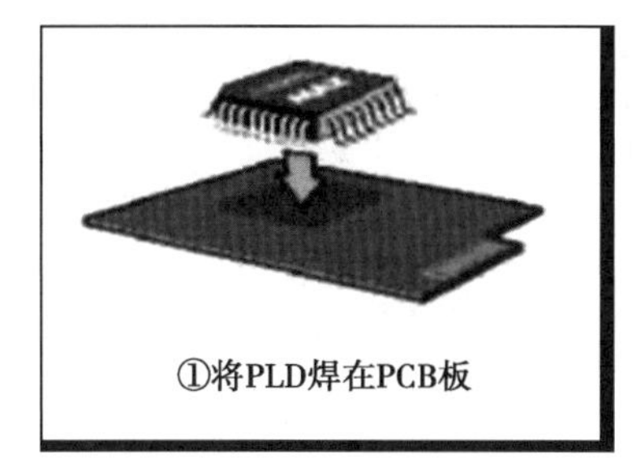

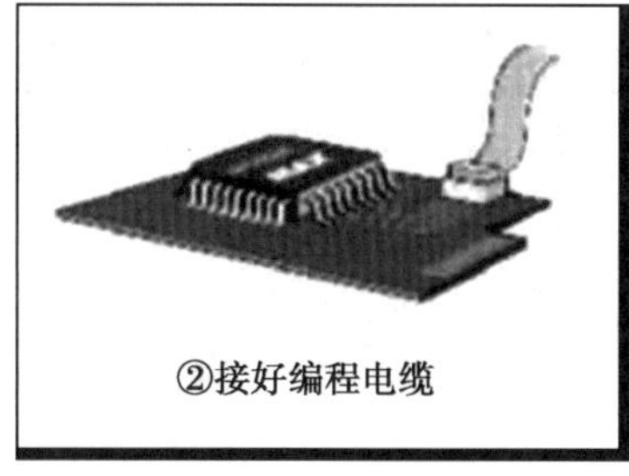

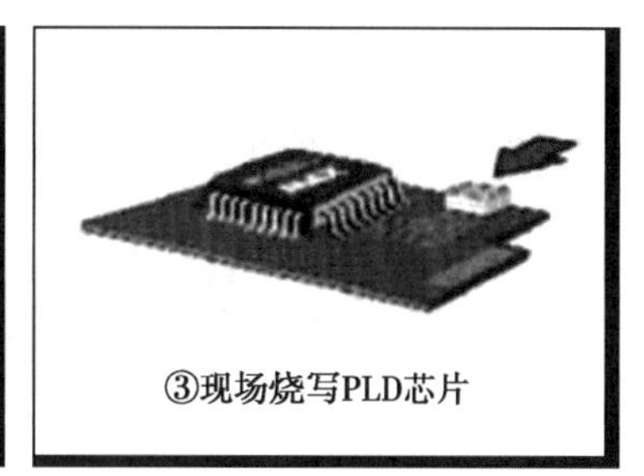

图1-2　PLD编程操作过程示意图

2. 系统级设计流程　系统级设计流程包含了板级PCB设计、FPGA器件设计和嵌入式软件设计(SW)三个阶段，如图1-3所示。

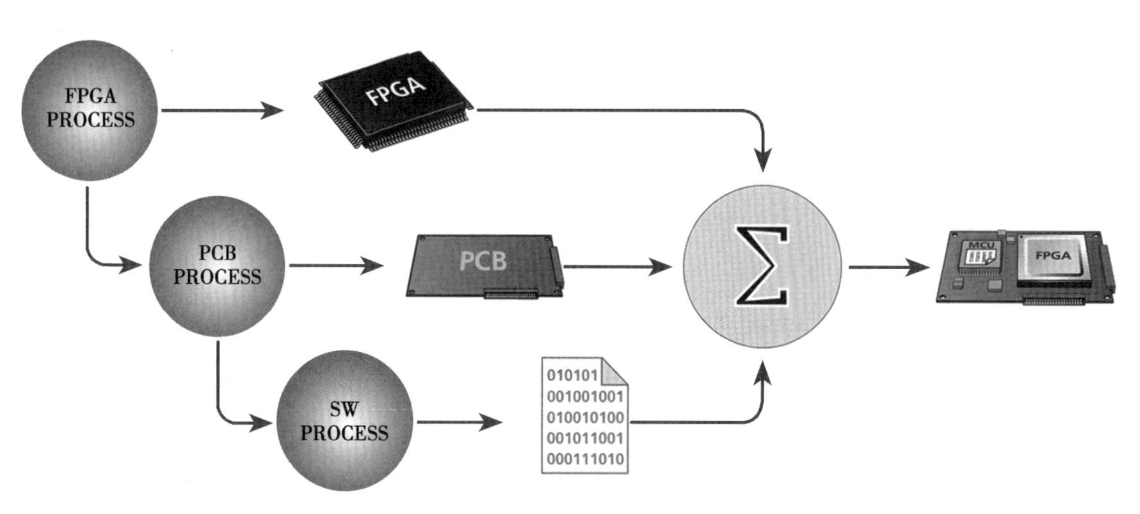

图1-3　电子系统级设计流程

每个阶段相互衔接、逐次实现，由于需要在设计初期完成元器件选型(包括FPGA和微处理器)，因而必将降低整体方案实现的灵活性；对于设计后期可能在器件性能及功能扩展等方面出现的问题，需要耗费设计者更多的精力才可能弥补，或者只能将现有方案推倒重来。

硬件设计调试、逻辑电路设计调试和面向软处理器内核的软件设计调试是"软"设计可编程片上系统(System on a Programmable Chip，SoPC)开发的三个基本流程阶段，如图1-4所示。

以"软"设计为核心的SoPC系统具有结构简单、修改方便、通用性强的突出优点。

课堂活动

播放通过网络下载的电子技术发展趋势视频，帮助学生更加感性的了解电子技术发展的迅猛变化。

二、Altium技术的发展演变

在电子技术发展进入21世纪后，由于单位面积内集成的晶体管数急剧增加、芯片尺寸日

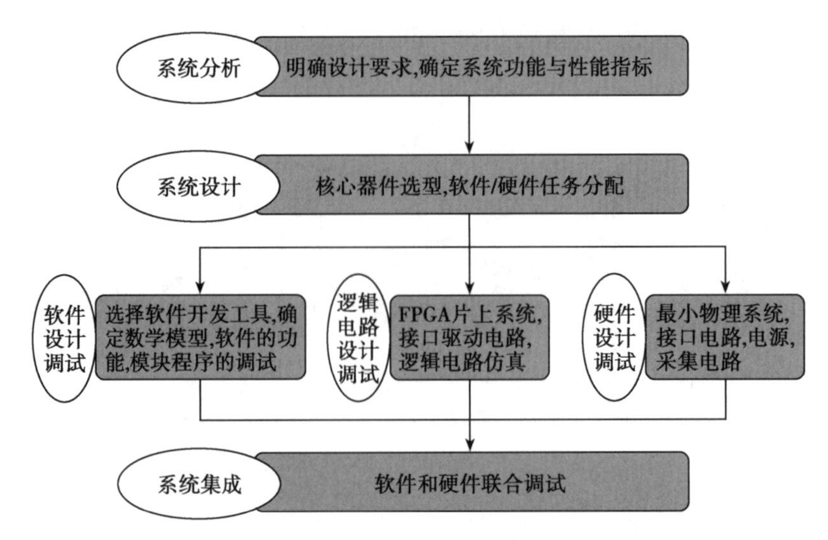

图 1-4 “软”设计系统开发流程

益变小;同时低电压、高频率、易测试、微封装等新设计技术及新工艺要求的不断出现,另外 IP 核复用的频度需求也越来越多。这就要求设计师不断研究新的设计工艺,运用新的一体化设计工具。

Altium Designer 与早期的电子设计软件版本相比,增加了对于 FPGA 和嵌入式设计的支持,将原理图设计、PCB 设计、基于 FPGA 设计的嵌入式系统设计以及现场调试、电路板的制造加工集于一体,为提升电子设计水平和工业制造能力提供了可能性和必要保证。

1. 产品的发展历程 1985 年尼克 · 马丁先生(Nick Martin)在澳大利亚塔斯马尼亚州的首府霍巴特创设了 Protel 国际有限公司,致力开发基于微型计算机的软件,为印制电路板提供辅助的设计。

20 世纪 90 年代中后期,凭借 PCB 板级设计软件在 PC Windows(视窗操作系统)中应用技术的领先优势,Protel 99/99se 一举成为全球应有最广泛的 PCB 板级设计 EDA 工具。

在收购了多家 EDA 应用技术软件公司后,Protel 公司于 2000 年 8 月成功在澳交所首次公开募股 IPO 上市交易并改名为 Altium 公司。2006 年,在 Protel 软件技术之上,重新设计并推出了 Protel 软件升级版本 Altium Designer 电子产品设计平台,以全新的设计理念拓展印制电路板生产设计、制造和“软”设计之间数据的无缝连接。

2. 产品技术的延续性 作为 Protel 99SE 产品后续的 EDA 工具升级版本——Altium Designer(简称 AD)继承了 Protel 99SE 软件全部优异的特性和功能。AD 从设计窗口的环境布局到功能切换的快捷组合按键定义均保持了与 Protel 99SE 很多完全一致的元素,并延续了传统的原理图设计模块、电路功能仿真模块、PCB 版图设计模块、信号完整性分析模块和计算机辅助制造(Computer Aided Manufacturing,CAM)制板数据输出模块。Altium Designer 对于之前的版本 Protel 99SE 是向下兼容的,因此,原来的 Protel 99SE 用户若要转向 Altium Designer 进行设计,可以将 Protel 99SE 的设计文件及库文件直接导入 Altium Designer。

3. 产品技术的创新性 Altium Designer 从系统设计的角度,将软硬设计流程统一到单一开发平台内，电子设计工程师可以轻松地实现设计数据在某一项目设计的各个阶段（板级电路设计——FPGA组合逻辑设计——嵌入式软件设计）无障碍地传递，不仅提高了研发效率，缩短产品面市周期；而且增强了产品设计的可靠性和数据的安全性。

所谓一体化设计，Altium Designer提供了三项主要特性：

（1）电子产品开发全程调用相同的设计程序；

（2）电子产品开发全程采用一个连贯的模型的设计；

（3）电子产品开发全程共用同一元件的相应模型。

统一设计可以极大地简化电子设计工作，利用新技术（如低成本、大规模可编程逻辑器件）整合于企业级产品不同的开发过程，从而使板级设计工程师和嵌入式软件设计工程师在一个统一的设计环境内共同完成同一个项目的研发。

三、Altium系统级设计方法

Altium Designer提供了统一的方法学来处理系统级电子设计，特别是设计者能够使用可复用的设计模块来建立系统，在更高的抽象层次上和较短的时间内构建整个系统，可以帮助设计者节省系统开发时间、降低设计风险。

纵观电子设计技术的发展，电子设计自动化（Electronic Design Automation，EDA）技术及软件开发工具成为推动的关键因素。与此同时，基于微处理器的软件设计和面向大规模可编程器件FPGA的广泛应用，正在不断加速电子设计技术从硬件电路向“软”设计过渡。于是现代电子产品设计流程被简单地分成两个阶段：一是器件物理连线平台的设计，即PCB板级电路设计；二是“软”设计，即在器件物理连线平台上编程实现的“智能”。Altium Designer提供了电子产品更可靠、更高效、更安全的设计流程，如图1-5所示。

通过一体化的设计，工程师团队在内部和外部的合作中能够更有效的配合，从而缩短整个设计周期。一个一体化的设计环境，无论是现在还是将来，都能够保证设计师拥有创新所需的自由度，并

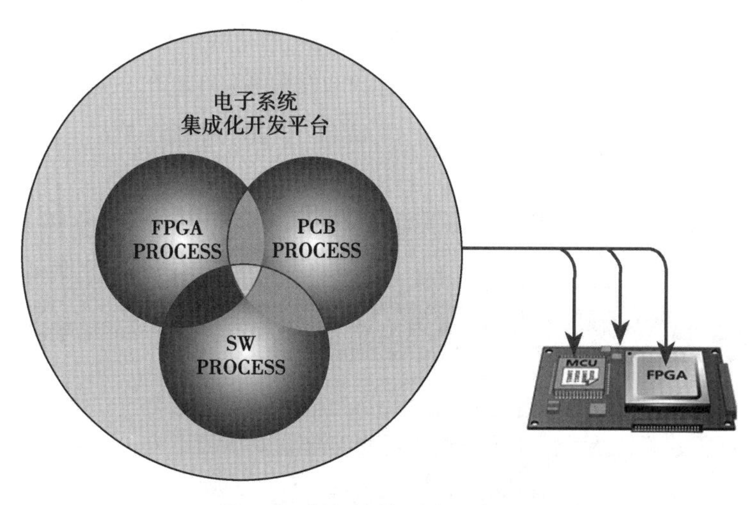

图1-5　创新性的系统设计流程

使用到新的电子设计方式,从而实现对于最新技术和产品的开发。

点滴积累

电子产品设计技术是一门应用性很强的工程设计技术，伴随微电子技术的快速发展和行业应用集成度的提高，电子产品设计技术需要不断增强电路设计功能和完善设计方法，才能满足电子行业设计工程师的技术要求。一体化产品设计技术日益成为 EDA 行业技术发展的方向，Altium Designer 软件也在不断完善和提升工具的性能。

第二节　硬件电路开发流程

Altium Designer 是一个统一的设计系统。首次打开 Altium Designer 时会发现所有创建电子产品的工具都包含在了单个应用程序中,包括原理图和 HDL 设计、电路仿真、信号完整性分析、PCB 设计以及基于 FPGA 的嵌入式系统设计开发工具等。

硬件电路开发可以分为狭义的板级 PCB 电路开发和广义的硬件系统开发,本章将重点讨论板级 PCB 电路开发,也常常被称为 PCB 印制电路版图设计(简称 PCB 版图设计,PCB Layout)。

一、印制电路板简介

印制电路板(Printed Circuit Board,PCB)设计是为了实现电路功能的设计需求,依据电路原理图的电气逻辑关系,在绝缘特性的基材上绘制导电图形的过程。印制电路板设计中不仅需要符合与外部信号连通的接插器件布局要求,而且需要考虑电路设计功能、电路电气性能、电路可制造性、电路可测试性、电路可维护性、电路功能可升级等多种因素。因此,现代印制电路板设计必须结合计算机辅助设计(Computer Aided Design,CAD)技术,利用高效且功能强大的 PCB 版图设计软件工具实现。

(一) 印制电路板的分类

印制电路板为了适应不同电子产品设计技术上的特殊需求,可以按照基板材料、层栈结构和基材材料硬度等不同特性分类。比如,常说的单层板、双面板和多层板就是依据层栈结构定义中导电板层数区分的,如图 1-6;还有高速电路设计中常说的刚性板(Rigid PCB)、挠性板(也可称为柔性板,Flex PCB)和刚挠结合板(也可称为刚柔结合板,Rigid-Flex PCB),如图 1-7。

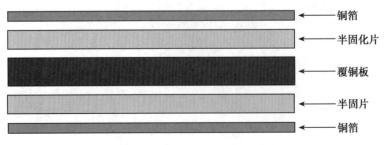

图 1-6　印制电路板层栈结构示意

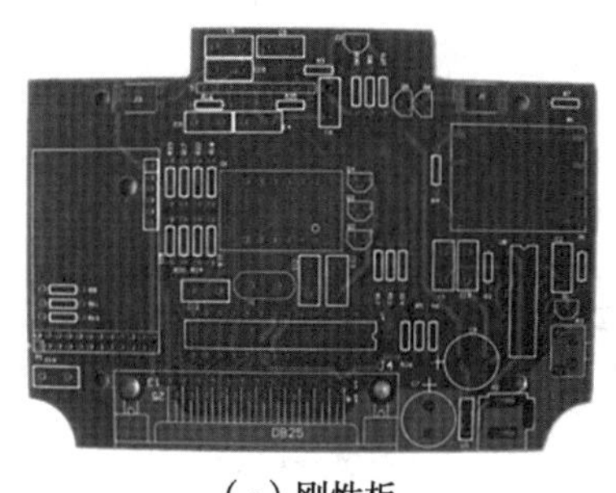

(a) 刚性板

(b) 挠性板

(c) 刚挠结合板

图 1-7　按基材材料硬度分类

(二) 印制电路板制造方法

常规的印制电路板的制造可以分为化学腐蚀和物理雕刻两种。最常见的实验室制造方式，有热转印、激光雕刻等。此外，在工业界主要采用丝网印刷工艺制作印制电路板。

二、电路设计简介

在高中阶段的物理课上都学过电子电路，在实际生活中也都见过电子产品，例如，最简单的手电筒，其实物及电路原理图如图 1-8 所示。

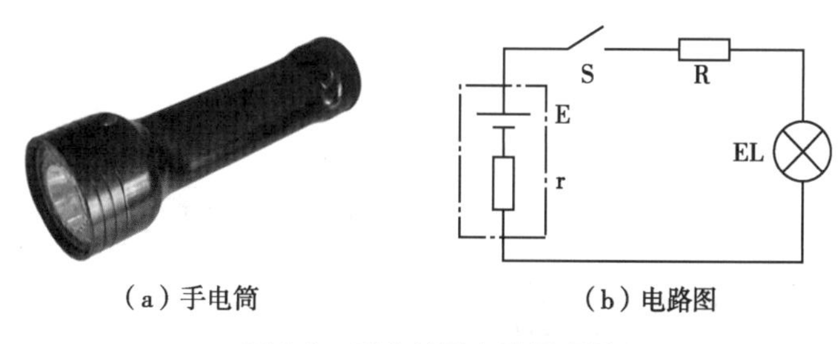

(a) 手电筒　　(b) 电路图

图 1-8　手电筒及电路原理图

图 1-8(a)为实用的产品，而图 1-8(b)为抽象的电路图。两者虽然从内部原理是一致的，但却很难直接转化。请想象一下，假如只给你电路图，让你设计一个手电筒，该如何实现？灯泡用多大功率的？电池用几号的？开关怎样选择？电线怎么连接？电阻怎样安装？这些问题都需要认真思考并妥善解决，才能形成实用产品。所以，电路设计过程并不是一蹴而就的，尤其当电路比较复杂、元器件数量较多时，更需要按照一定的设计规范和流程逐步完成。

现代电子技术与医学、工程学等多学科组成的交叉性边缘学科——医学电子学，作为一门新兴独立学科，几乎囊括了现代最新电子应用技术，包括微型传感器(Micro-Electro-Mechanical System 即微电子机械系统，缩写为 MEMS)技术、无线高速信号技术、FPGA 可编程逻辑技术、数字信号处理技术(Digital Signal Processing，缩写为 DSP)、嵌入式软件技术、大数据、云计算等。随着与医疗研究相关的电子科技的快速发展，医疗电子设备的性能越来越强，功耗越来越低，便携性越来越高，操控越来越简单，从而使医疗电子设备家庭化成为可能，这必将提高个人健康及家庭医疗的监护水平，为患者带来福音。

下面以人工耳蜗为例，直观了解电子产品设计、制造过程：

1. 电子设计工程师应根据实际需求绘制出电路原理图，该电路原理图能够直观地表示出该产品所需的全部电子元器件及其连接关系，如图 1-9 所示。

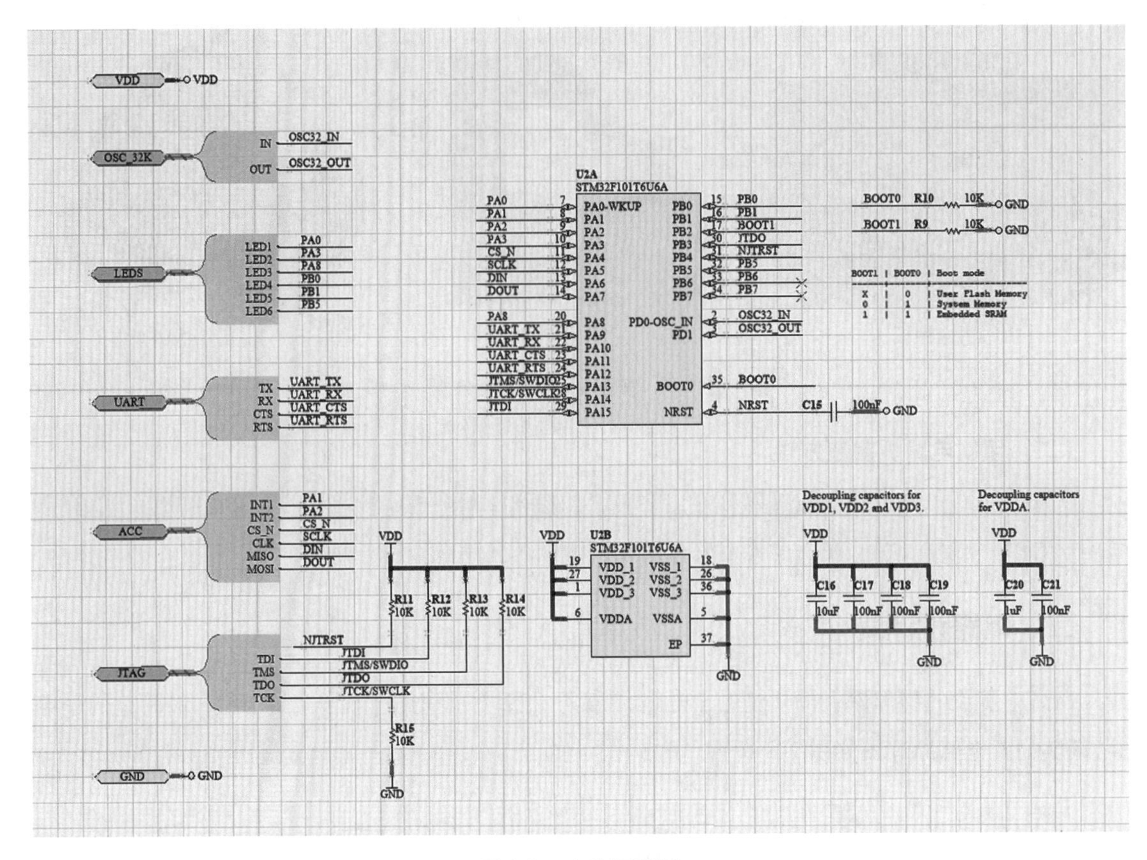

图 1-9　电路原理图

2. 根据原理图设计制板所需的印制电路板图，即 PCB 图，如图 1-10 所示。这是因为原理图虽然能够描述元器件及连接，但不能表示实际元器件大小以及电路长短。产品中的元器件和连线都是

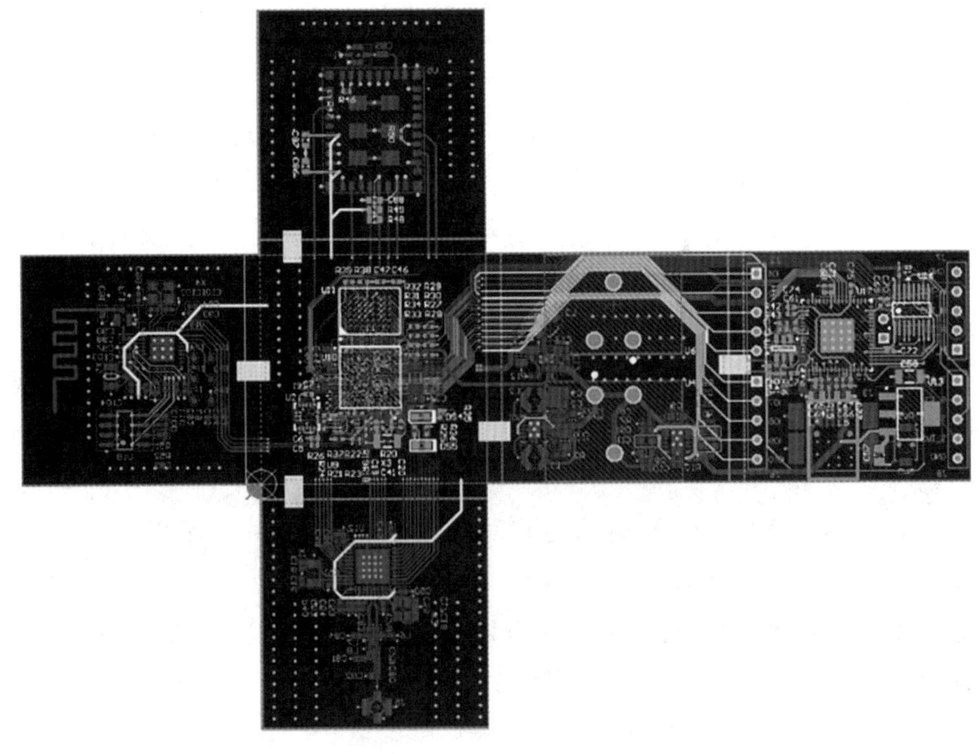

图 1-10　印制电路板图

以印制电路板为基础进行布局和布线，因此，必须进行 PCB 设计。

3. 将 PCB 图发给印制电路板制板厂进行制板，同时购买所需元器件，如图 1-11。

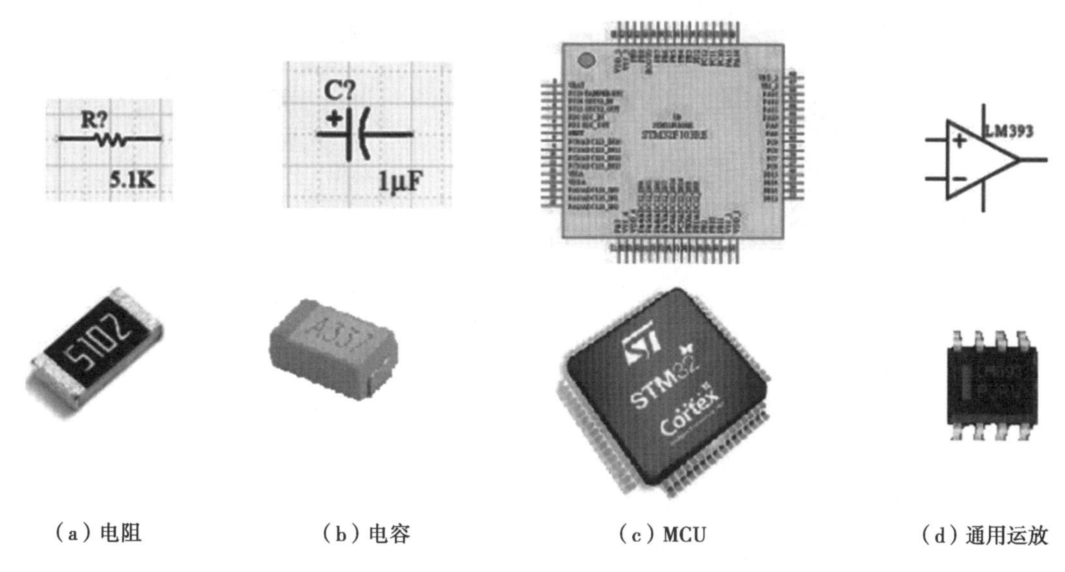

（a）电阻　（b）电容　（c）MCU　（d）通用运放

图 1-11　电路板所需元器件

4. 对制好的印制电路板进行检测，检测无误后进行元器件安装和焊接，如图 1-12。

5. 进行整机的线缆连接和模块安装，装配好的产品如图 1-13 所示。最后，进行整机调测并试运行（可根据产品具体情况安排，一般老化测试为 72 小时连续工作）。

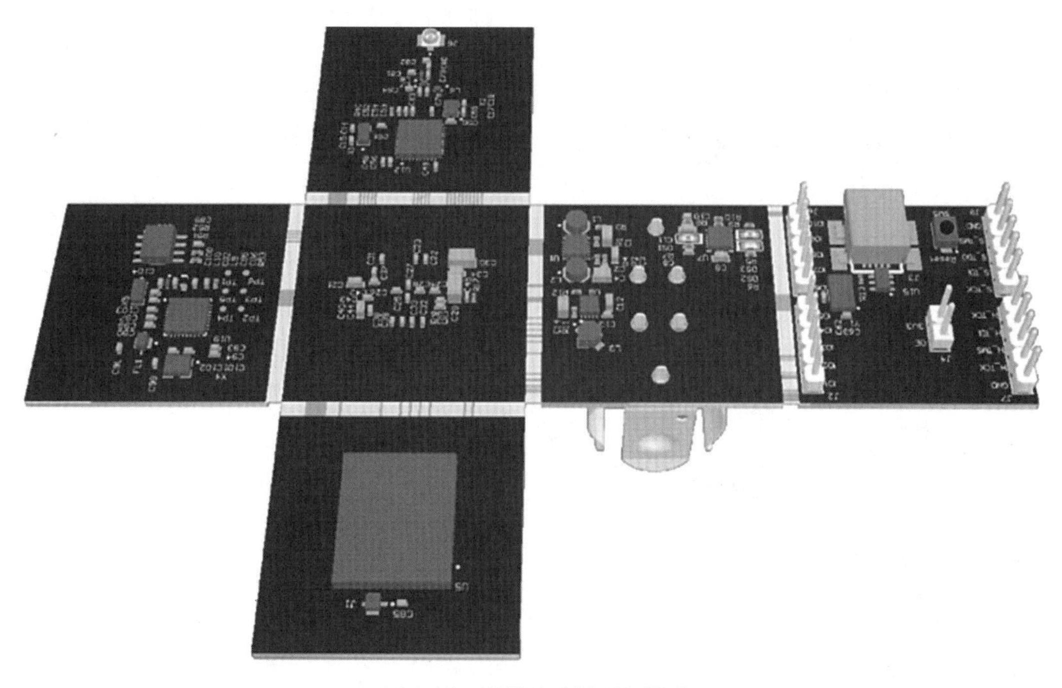

图 1-12　印制电路板 3D 视图

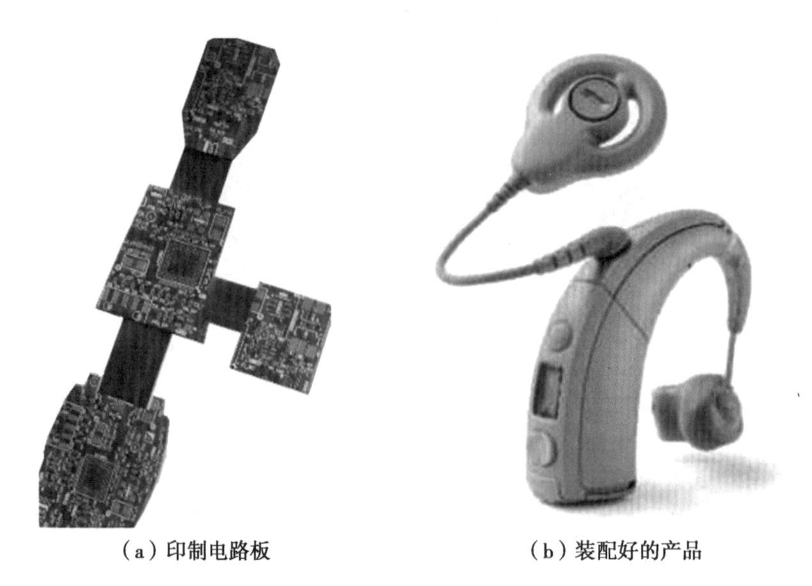

（a）印制电路板　　（b）装配好的产品

图 1-13　人工耳蜗

三、印制电路板图设计

印制电路板图设计，亦称为 PCB 制板设计。一个完整的印制电路板图设计流程从电路原理图设计开始，经过原理图电器规则检测（Electronic Rule Check，ERC）、工程数据订单变更（Engineering Change Order，ECO）、PCB Layout、PCB 设计规则检测（Design Rule Check，DRC）和计算机辅助制造数据（Computer Aided Manufacturing，CAM）输出六个阶段，结合印制电路板设计流程图（图 1-14）可以更

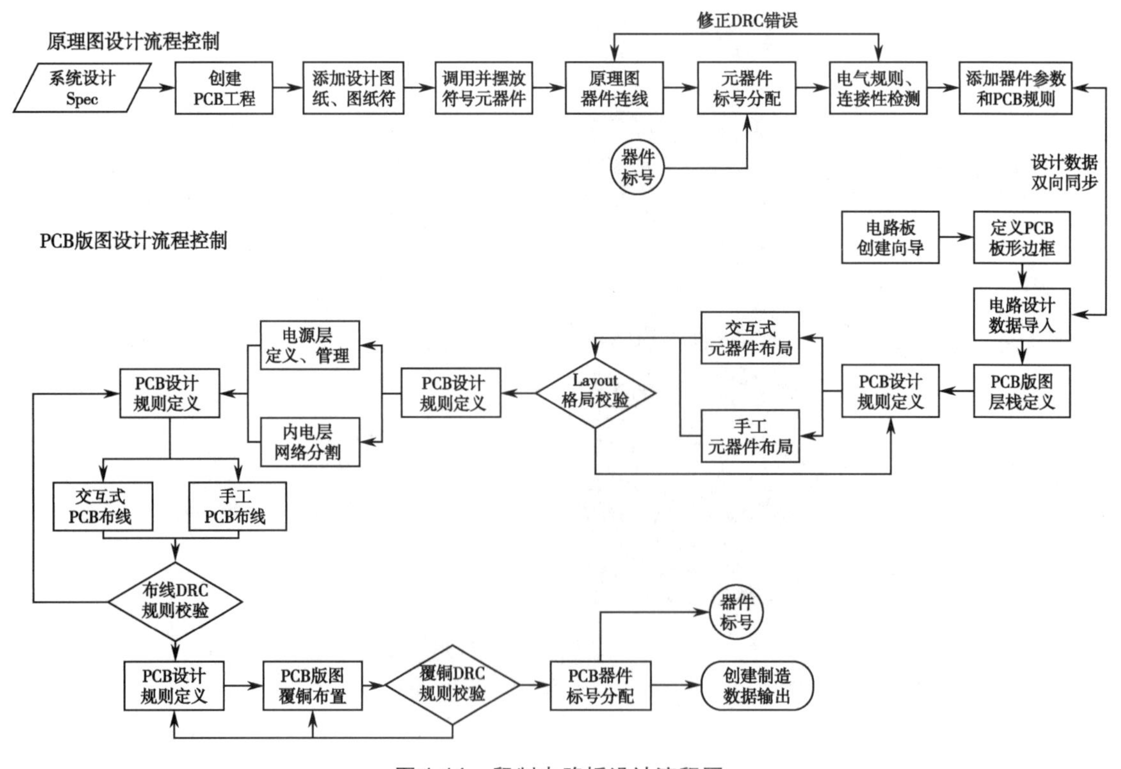

图 1-14　印制电路板设计流程图

全面的理解设计过程中每个阶段的工作要求。

四、Altium Designer 印制电路板设计

Altium Designer 从系统电路设计方案制定阶段开始，一直贯穿了元器件库管理——原理图设计——混合电路信号仿真——设计文档版本管理——PCB 板图设计——板图后信号完整性分析——3D 视图、空间数据检验——CAM 制造数据校验、输出——材料清单管理——设计装配报告。Altium Designer 软件开发采用客户/服务器架构，构架了一个设计数据交换平台（Data exchange Platform，DXP），从而打破设计数据交换的瓶颈，最大限度地发挥电子设计自动化工具的卓越性能，如图 1-15。

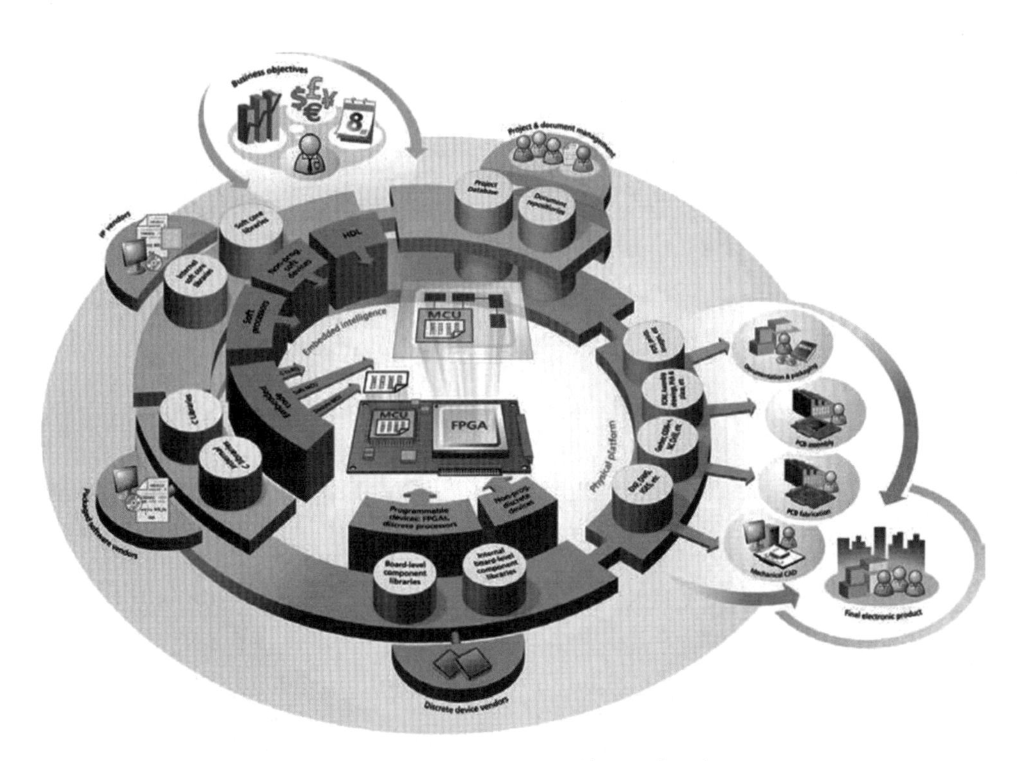

图 1-15　Altium Designer 统一设计平台

用户在启动 Altium Designer 后，将会见到 DXP 平台的初始界面，如图 1-16 所示。

一旦用户载入了设计文档后，软件工作界面（包括菜单、面板和编辑器）将会立刻改变，如图 1-17。

因为市场对体积更小、功能更全的电子产品设计的持续需求，迫使相关电子设计工具增强电子和机械数据之间进行实时动态的连接。完整而真实的电路板视图可以使用户从立体的视角做出直观、准确的设计决策，Altium Designer 印制电路板三维可视化功能使之成为可能，从而在生产之前及时地发现错误，如图 1-18 所示。

从产品设计的角度上说，具有 Altium Designer 的 ECAD 系统可以通过更少的修改得到视觉上更加专业的产品。在电子产品开发中，它也为电子电路计算机辅助设计（Electronic Circuit Computer-Aided Design，ECAD）工具与机械结构计算机辅助设计（Mechanical Computer-Aided De-

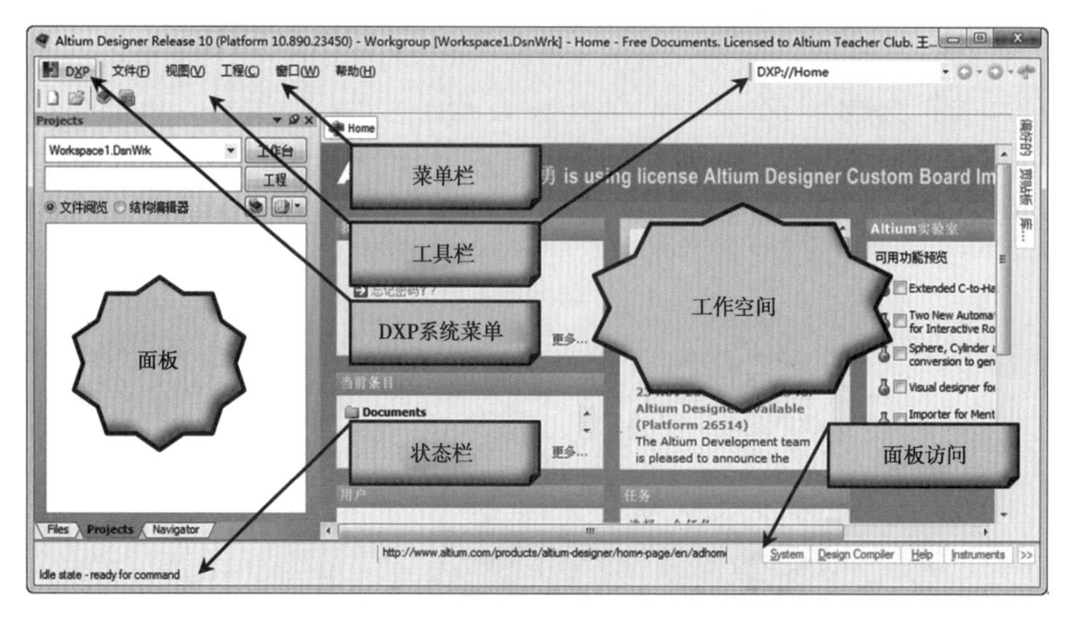

图 1-16　DXP 平台窗口视图

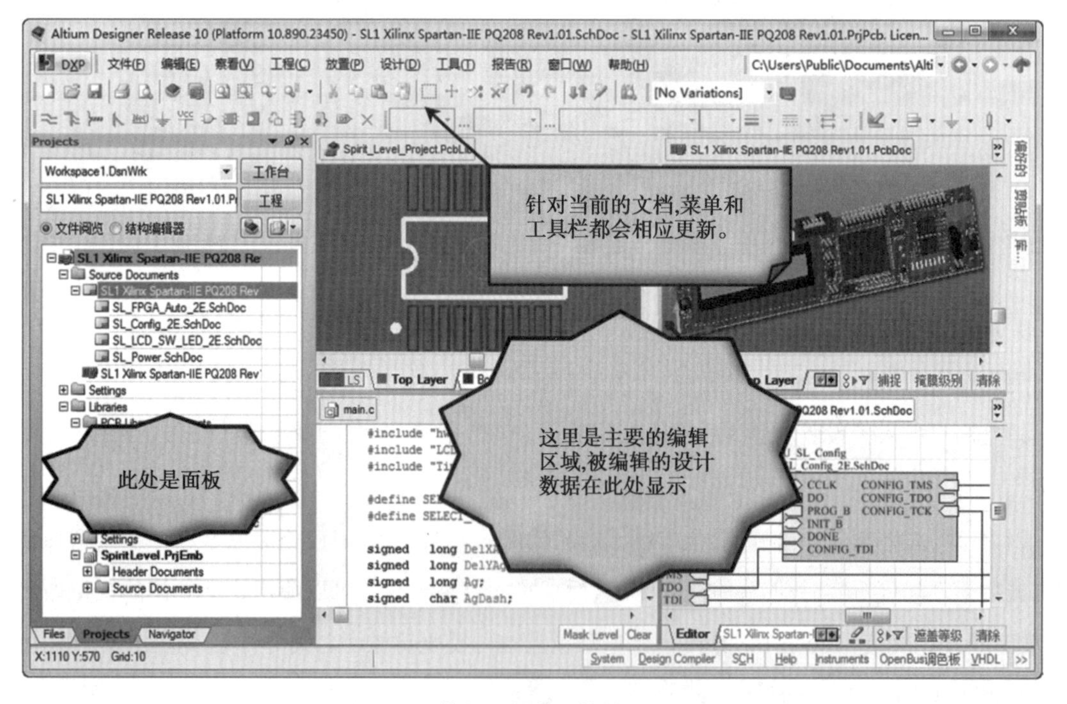

图 1-17　载入了数个文档的工作界面

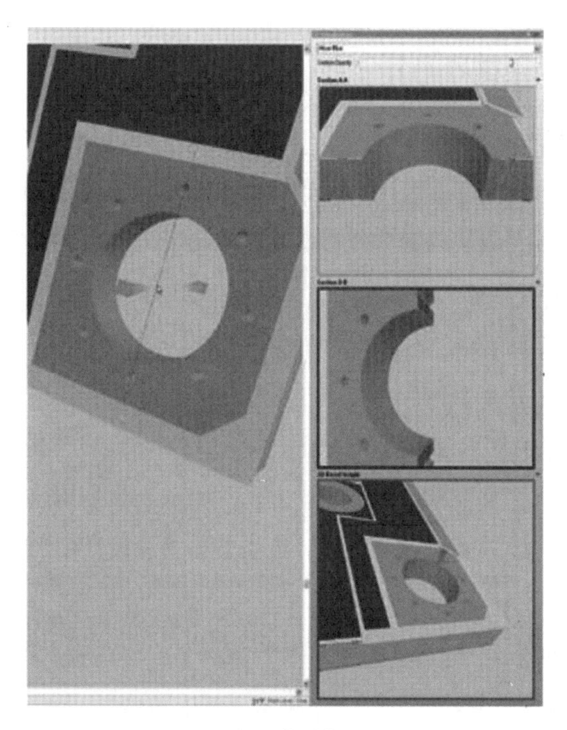

图 1-18　印制电路板三维视图

sign，MCAD）工具间的协同设计指明了一条未来之路。传统的 ECAD 工具包括 PCB 电路设计工具、电路仿真工具、电路信号分析工具等；传统的 MCAD 工具包括建筑工程设计工具，机械结构工程设计工具等。

点滴积累

作为电路设计的物理载体，印制电路板在整个电子产品设计周期中占据非常重要的地位。从形式上的导线连接到实际的产品设计功能，印制电路板搭建起电子产品设计中原型到产品的桥梁。本节借用电子耳蜗真实的产品案例，为读者完整的展现了印制电路板的组成材料和制作流程，对于后续章节的学习打下良好的基础。

第三节　印制电路板设计工具

印制电路板设计工具是电子自动化设计（EDA）工具集合中的一个重要分支，虽然服务于底层电子系统设计，仍然是电子系统设计中不可或缺的重要组成部分。随着电子集成设计技术几何级的发展，以及高速信号传输和芯片封装技术的突飞猛进，同时，得益于个人计算机辅助设计及数据处理性能的快速提高，印制电路板设计工具的应用功能不断完善和增强，帮助电子工程师从容应对各种板级设计挑战。

目前，业界主要的印制电路板设计技术及工具提供商包括 Altium、Cadence、Mentor Graphics 和 Zuken 等四家公司。由于各自公司的技术发展方向的差异，导致产品的市场定位各不相同。

一、常见 PCB 制板设计软件介绍

（一）Protel 99SE/Altium Designer

Protel 99SE/Altium Designer 均是原 Protel 软件开发商 Altium 公司推出面向 Windows 操作系统运行的一体化的电子产品开发平台。这套软件通过原理图设计、电路仿真、PCB 绘制编辑、拓扑逻辑自动布线、信号完整性分析和设计输出等技术的完美融合，为设计者提供了全新的设计解决方案，使设计者可以轻松进行设计，熟练使用这一软件必将使电路设计的质量和效率大大提高。目前最新版本为：Altium Designer 17。

Altium Designer 除了全面继承包括 Protel 99SE、Protel DXP 在内的先前一系列版本的功能和优点外，还增加了许多改进和很多高端功能。该平台拓宽了板级设计的传统界面，全面集成了 FPGA 设计功能和 SoPC 设计实现功能，从而允许工程设计人员能将系统设计中的 FPGA 与 PCB 设计及嵌入式设计集成在一起。

（二）PowerPCB/PADS

PADS 系列软件包括 PADS Logic、PADS Layout 和 PADS Router。是由美国 Mentor Graphics 公司主推的电路设计自动化软件。PowerPCB 现在更名为 PADS Layout，是一款用于设计及制作印制电路板的软件，需要与 PADS Logic 配合使用。最新版本为 PADS9. 5。

（三）OrCAD/Allegro

OrCAD 是由 OrCAD 公司于 20 世纪 80 年代末推出的 EDA 软件，它也是世界上使用最广的 EDA 软件之一。2000 年，OrCAD 公司被益华计算机（Cadence Design System Inc.）收购，被定位为 Cadence 公司的入门级印制电路板设计软件。最新版本为 16. 5 版本。

Allegro 也是 Cadence 推出的先进 PCB 设计布线工具。Allegro 提供了良好且交互的工作接口和强大完善的功能，结合前端产品 OrCAD Capture 的原理图设计功能，为当前高速、高密度、多层的复杂 PCB 设计布线提供了最完美解决方案。

（四）Proteus

Proteus 软件是英国 Lab Center Electronics 公司推出的电路设计及仿真工具软件。它不仅具有其他 EDA 工具软件的仿真功能，还能仿真单片机及外围器件。它是目前比较好的仿真单片机及外围器件的工具。

二、Altium Designer 印制电路板设计的功能特性

电子电路设计不只是简单地串联起一些电子元件构建起一条电流回路，更是一门综合了电子、通信、机械和美术等众多领域的复杂应用设计艺术。比如，作为印制电路设计的起点，原理图是设计的符号化（逻辑/功能）表示。除了定义电路的连接性，原理图也是设计师进行深入功能设计的一种原始机制。设计者只有意识到原理图在定义和传递设计意图方面的重要性，才能真正确保原理图能准确表达设计意图，如图 1-19。

Altium 以其 30 多年来一直专注印制电路工具设计技术的经验，不断增强和丰富印制电路设计

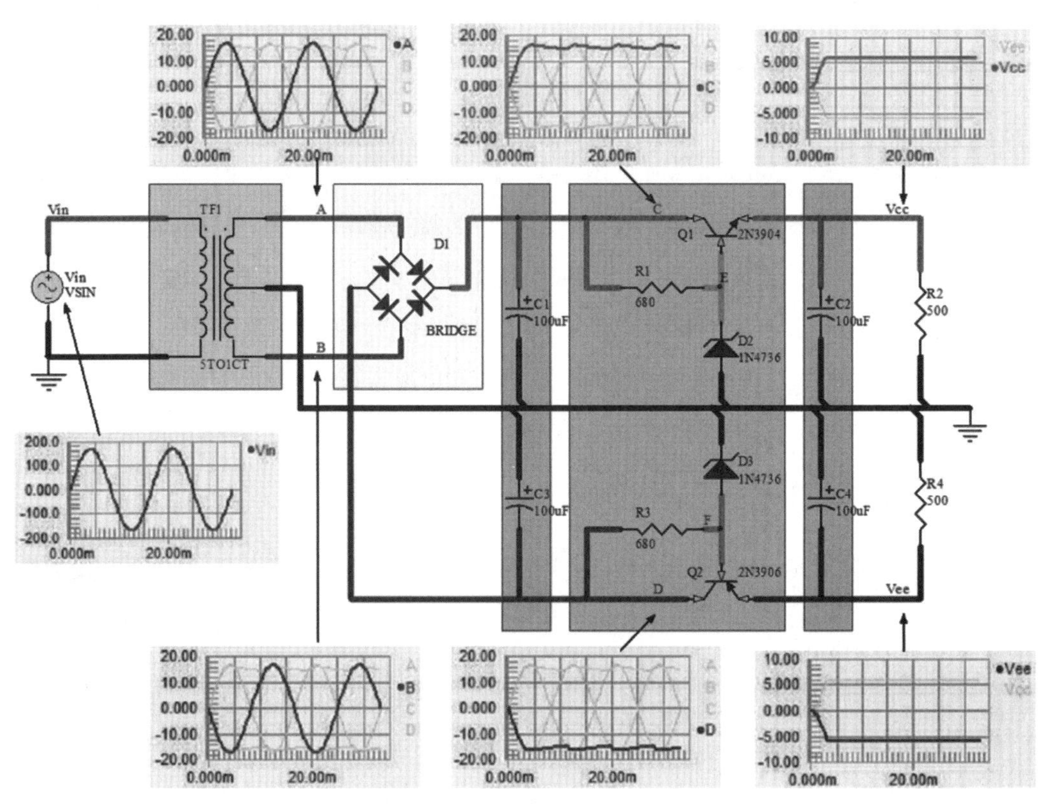

图 1-19　优质的电路原理图设计

软件功能，从而满足设计师对于电路设计更高的体验要求。Altium Designer 通过新增一体化设计数据管理、复杂和高速信号电路设计、机电设计数据协同和印制电路板制作、装配数据输出等功能，为全球广大 Protel 软件用户及大量中低端印制电路设计师应对现代电子电路设计技术发展的挑战提供了一种合适的一体化电子产品开发解决方案。

1. 多显示器支持　在开发 Altium Designer 之初，它就被设计为将在连接多个显示器的 PC 上使用。这样的期望是基于对设计过程的了解——设计人员经常需要同时访问多段数据，以及扩展显示器空间为设计人员提供便利，使其能更高效地进行工作，如图 1-20 所示。

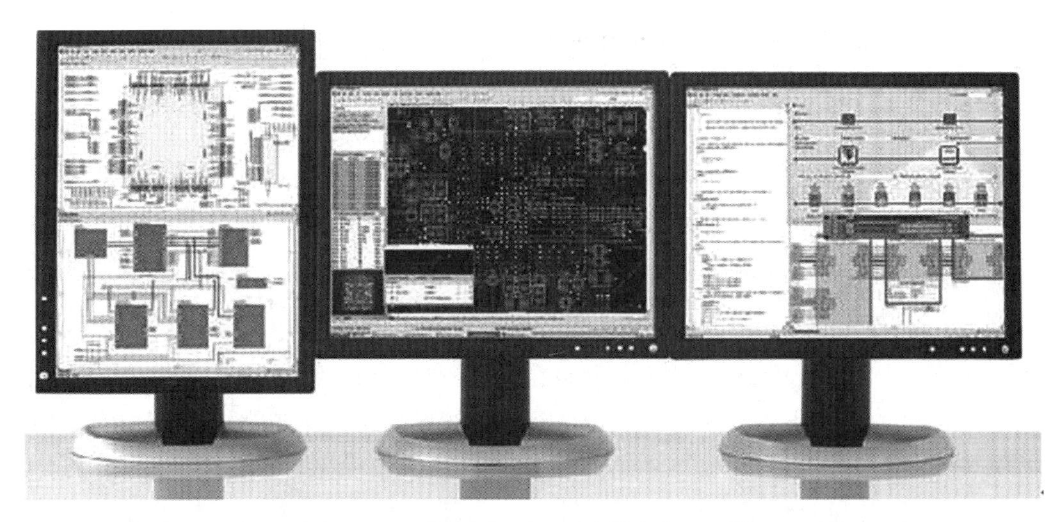

图 1-20　Altium Designer 支持多个显示器

默认情况下,Altium Designer 将在单个窗口中打开。要将它跨越到多个显示器,则需要打开一个设计文档,然后拖拽此文档的选项卡到另外一个显示器的自由空间中。面板、对话框和设计文档都能在多个显示器之间自由移动。

2. 保存参数到"云"　Altium Designer 还支持"云"的概念,用户除了可以将自定义的参数保存到本地的文件中,还可以将参数保存到"云"端服务器。当需要使用的时候,可以将保存在"云"端的参数载入并使用。用户在"参数选择"对话框中需要先点击对话框右上方的"Enable cloud preferences"来激活此功能,然后点击对话框底部的【保存...】按键右部的箭头图标,然后选择【存储在"云"上】命令,即可把用户自定义的参数保存到"云"端。当需要使用时,用户只需点击对话框底部的【载入...】按键右部的箭头图标,然后选择【从"云"上加载】即可将用户保存在"云"端的参数载入进来,如图 1-21 所示。

图 1-21　在"参数选择"对话框中"Enable cloud preferences"

3. 复杂原理图设计　为了更好的支持大规模复杂设计,Altium Designer 在增强基本原理图设计功能的基础上,提供了模块化、层次化原理图设计,使得电路设计更加简洁明了,同时帮助用户更好的实现设计复用,也为自顶向下等高级设计流程提供了基础,其独特的多通道设计功能为包含多个对称通道的电路设计带来前所未有的便利体验,如图 1-22 所示。

4. 设计复用　利用可复用的设计模块,可以在更高的抽象层面上构建系统,同时也需要改变设计方法。不再需要从底层构建每个电路图。把一个功能电路变成可复用的模块,可以加速创建新的功能电路。

作为设计的起点,把电路考虑成为一个可以在更大设计中放置的黑盒,对于设计是非常有帮助

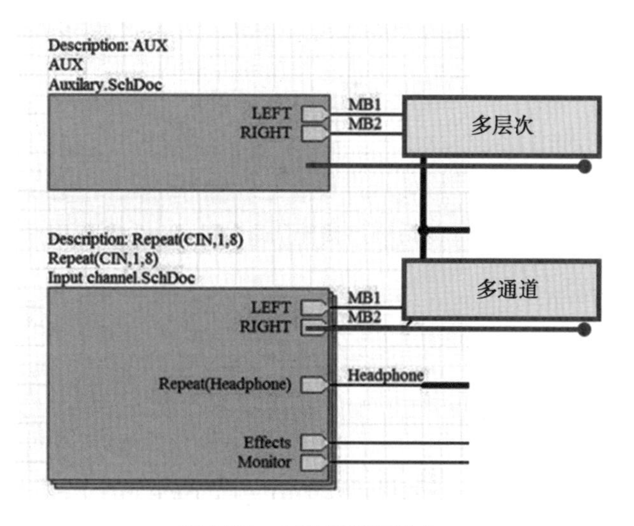

图 1-22　复杂原理图设计

的。例如电源供电电路，在高级抽象中最重要的信息就是输入和输出电压。因为它提取出了更高层次抽象中用到的信息，这为如何分割电路提供了帮助。这样，一种通用的电源电路就可以创建了，如图 1-23 所示。

图 1-23　电源电路的抽象

（1）可配置的电路：这种方法对于简单的电路是有效的，但是总会有复杂的情况。例如使用电源调整器 IC 做的供电电路，如何使它可以用于不同电压输出的应用？如何设置参数？

在这种情况下，电压调整电路中固定的部分和可调整的部分要分别创建为独立的图表符器件（Device Sheet Symbol）。在以后的应用中可以组合相同的固定部分的托管图纸和不同的可调整部分的图表符器件，成为不同电压输出的供电电路。固定部分的图表符器件和可调整部分的图表符器件可以组成新的图表符器件，在设计中作为一个元件放置，如图 1-24 所示。

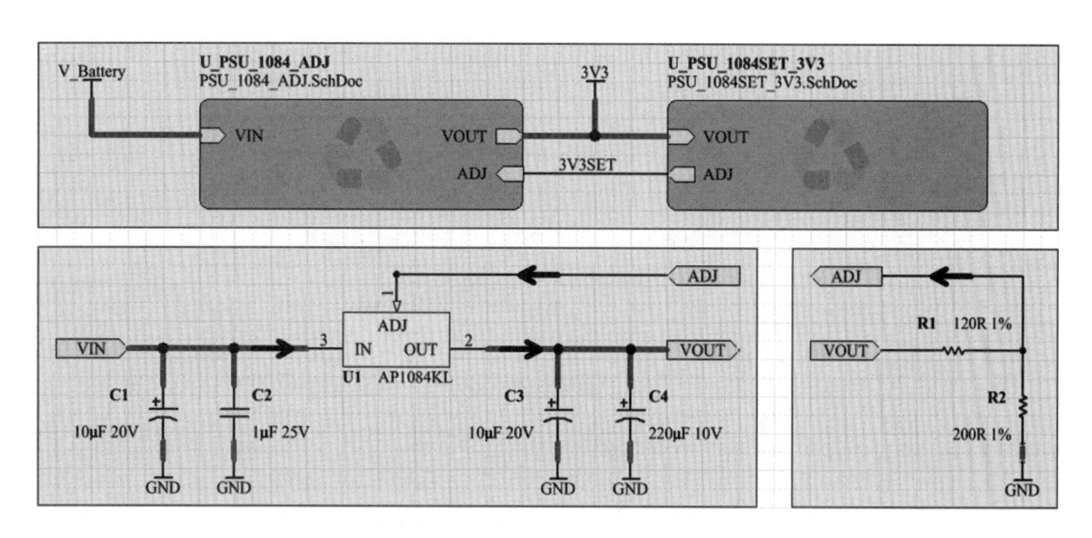

图 1-24　把电压调整电路分割为固定（左）和可调整（右）两个部分

（2）使用连接器：创建一个仅仅包含单个元件（诸如连接器）的图表符器件看起来是非常奢侈和没有必要的，但作为一个常用规则，通常会把连接器放到单独的原理图页上。

连接器用于将信号移出 PCB 电路板的界限，偶尔也用于定义贯穿其中的信号，对于给定的一组信号可以用若干连接器。USB 是一个很好的例子，有多种不同样式的 USB 连接器，但它们携带的都是相同的信号集。

如果设计者希望创建一个包括连接器在内的可以重复利用的 USB 接口，这可能会限制该电路的可重复利用特性。一个比较好的选择是将连接器从电路中隔离，这样用户可以根据不同的应用选择合适的连接器，如图 1-25。

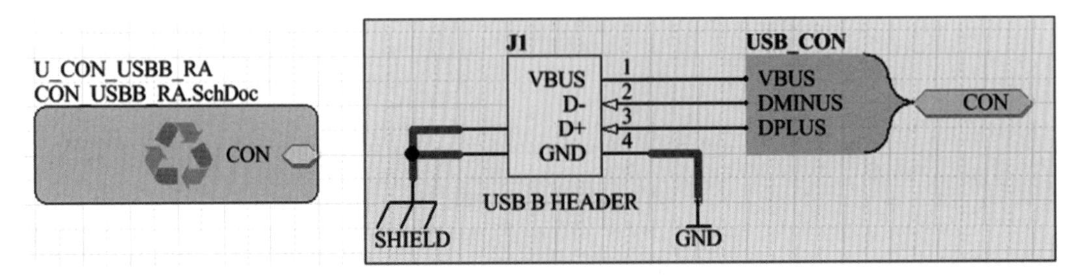

图 1-25　单个连接器电路的图表符器件

5. 电路混合信号仿真　为了帮助用户在原理图设计阶段更好地把握电路工作状态，分析电路工作特性，及时发现问题并改进，Altium Designer 提供了数模混合电路仿真工具。通过直接调用原理图作为仿真拓扑，对相关器件赋以 PSPICE/XSPICE 等模型，Altium Designer 可以支持瞬态分析、直流工作点分析、交流小信号分析等一系列仿真功能，并辅以波形对比、参数扫描、结果运算等各种灵活的后处理功能，使得用户可以方便及时地分析和优化设计，如图 1-26 所示。

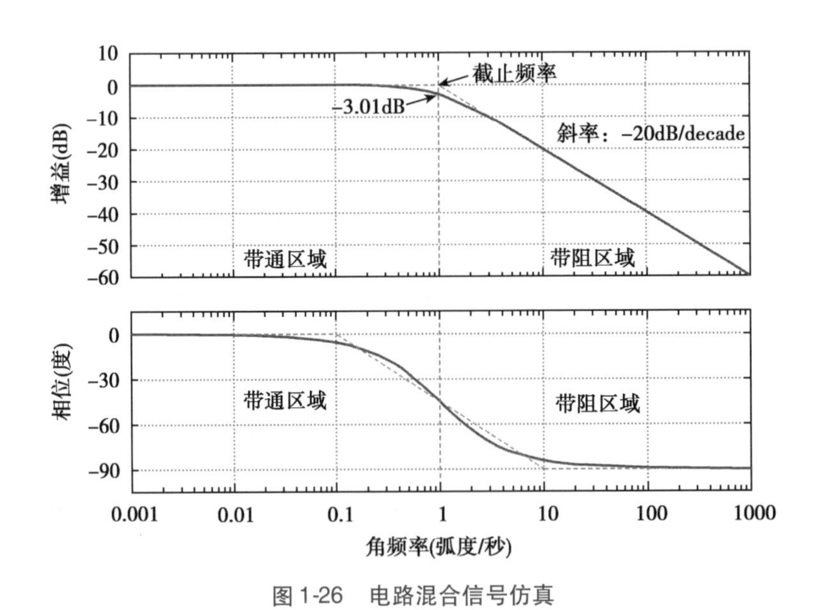

图 1-26　电路混合信号仿真

6. 多人协同 PCB 设计　随着 PCB 设计的规模越来越大，以及各模块分工越来越细致，为了提高设计的效率和可靠性，多人协同设计作为一个有效的解决方案受到众多电子工程师的关注。Altium Designer 的多人协同 PCB 设计功能能够将各模块分别指定该领域的专家进行并行设计，既可以大大提高效率，又能够充分发挥每个人的专长，为设计的可靠性带来保障，如图 1-27 所示。

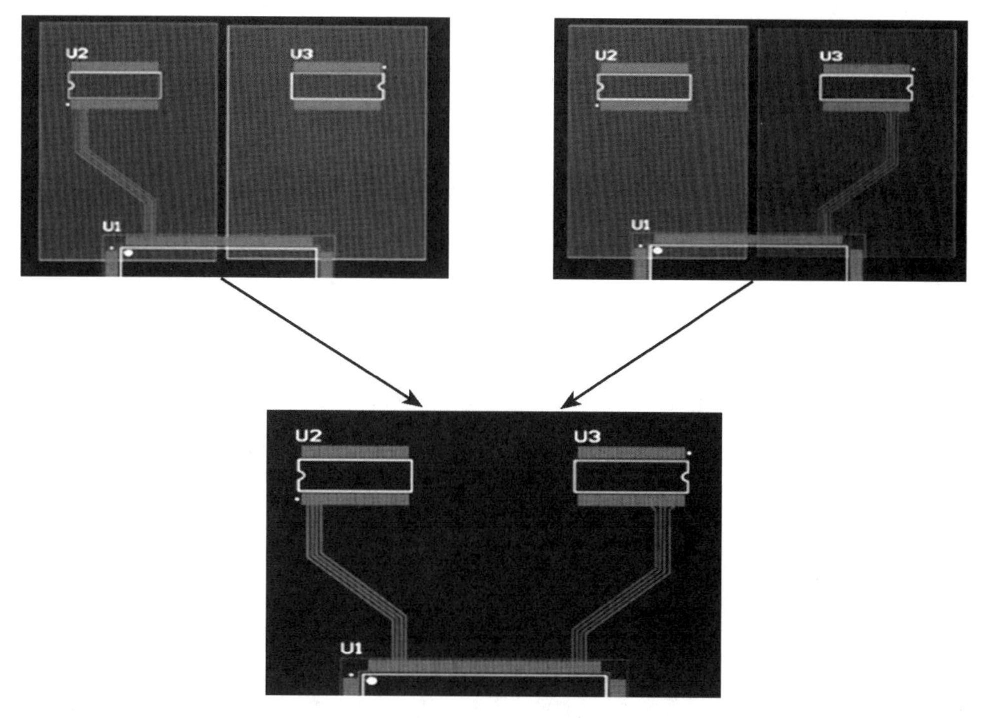

图 1-27　多人协同 PCB 设计

7. 信号完整性仿真分析与虚拟端接优化　Altium Designer 的 SI 仿真工具可以利用 PCB 传输线模型和 IC 的 IBIS 模型进行反射和串扰分析。帮助用户在 PCB 设计前期做设计空间探索以及 PCB 设计后期做性能验证。其中虚拟端接功能可以使用户无须修改设计反复进行各种方案的优化试验，辅以参数扫描，寻找最佳优化方案，最终一次修改成功，如图 1-28 所示。

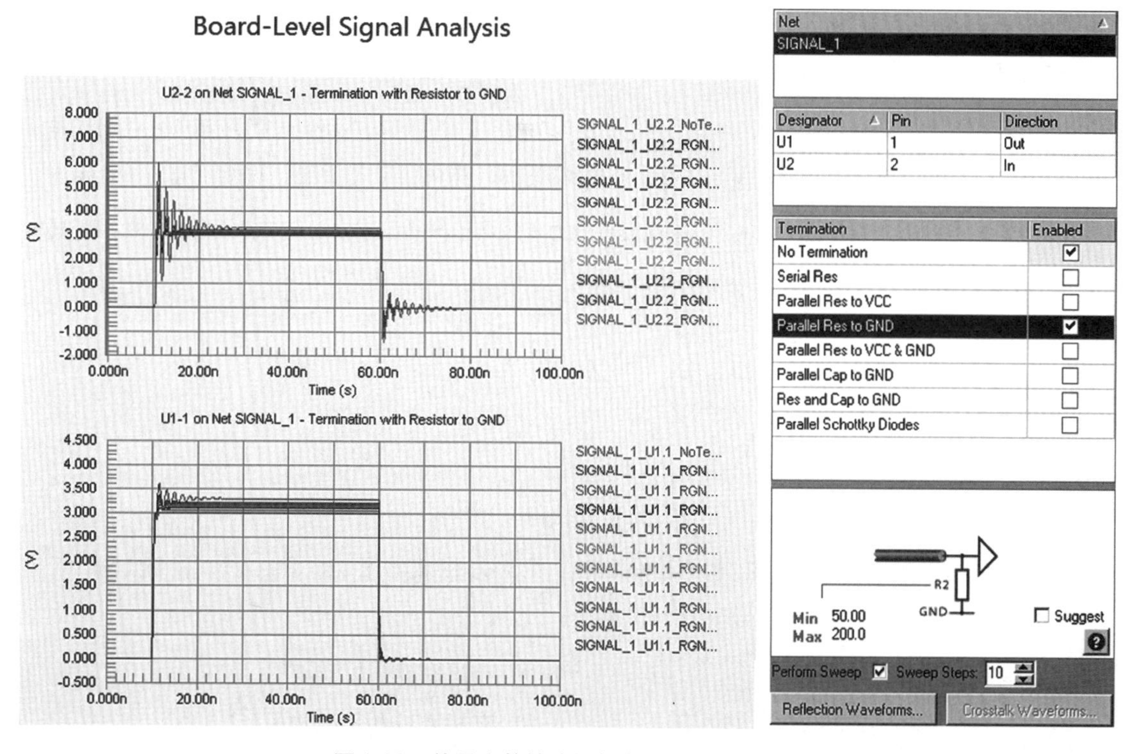

图 1-28　信号完整性分析与电路端接优化分析

8. FPGA 与嵌入式软件设计　为了帮助用户快速将 FPGA 技术应用到电子设计中，Altium Designer 提供了高层次、图形化、不受限于硬件器件的 FPGA 设计工具。系统级抽象的图形化设计方法(open bus)帮助用户快速搭建自己的应用系统，内嵌丰富的免费 IP 核以及对第三方 IP 核导入的支持，节省了大量底层设计的时间。内嵌 Viper 平台对各种处理器内核的支持，以及软件平台构建器的引入，使得与 FPGA 以及 PCB 板级设计交互协同的嵌入式设计真正实现了不受限于硬件的“软设计”。如图 1-29 所示。

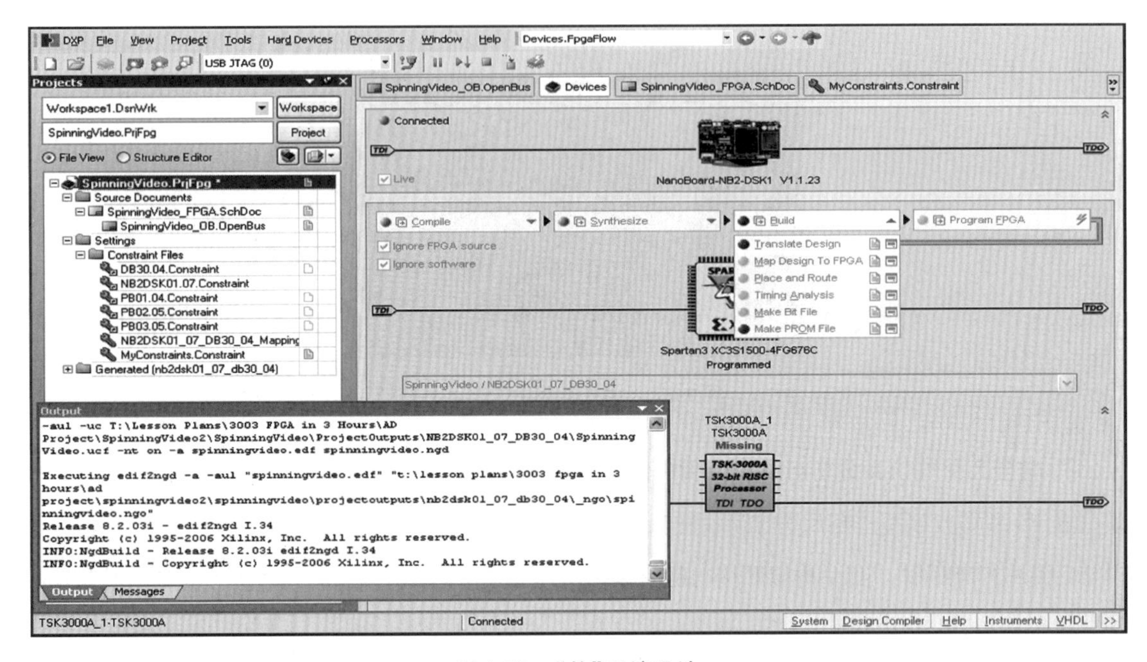

图 1-29　“软”系统设计

点滴积累

Altium Designer 软件丰富的电子设计功能，贯穿了印制电路板设计的全流程。特别是友好的人机软件界面、简便的电路绘图功能、强大的图形运算性能，以及可靠的电路仿真功能，这一切都是 Altium Designer 软件成为板级电子产品设计自动化技术领域主流应用工具的基本因素。

目标检测

一、单项选择题

1. Altium Designer 是用于设计(　　)的工具软件。

A. 电气工程　　B. 电子工程　　C. 机械工程　　D. 建筑工程

2. PCB 印制电路板按照加工材质可被区分为(　　)。

A. 双面板和单面板　　B. 陶瓷板和铝材板

C. 挠性板和刚性板　　D. 有机物板和无机物板

3. Altium Designer 软件<u>不能</u>应用在(　　)设计领域。

A. 嵌入式软件　　　　　　　　　　B. CPLD/FPGA 逻辑电路

C. PCB 印制电路板　　　　　　　　D. 微电子电路

4. 在电路设计领域,所谓“EDA”的含义是(　　)。

A. 电子设计自动化　　　　　　　　B. 电路设计教育协会

C. 电子电路协会　　　　　　　　　D. 电路仿真系统

二、简答题

简要描述 PCB 印制电路板设计流程中主要的 4 个基本阶段。

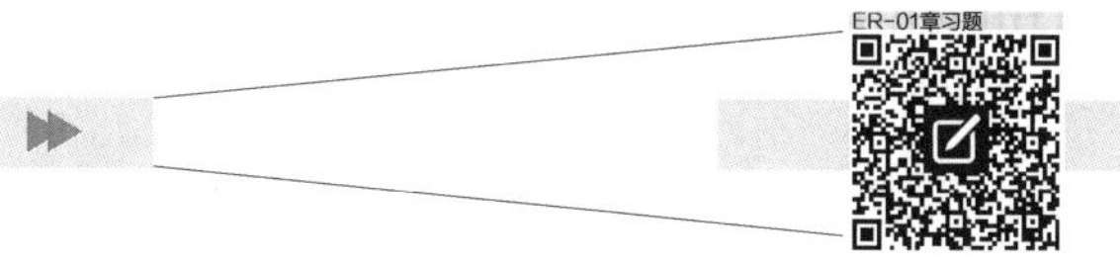

（华文龙）

第二章

Altium Designer Summer 09 软件的安装及初识

导学情景

情景描述：

在某公司医疗器械项目建设中，论证确定应用 Altium Designer Summer 09 设计软件。构建符合软件运行要求的硬件平台和正确设置软件环境参数是进行设计的前提。使用者可以对软件环境进行个性化定制以满足不同工程设计要求。

学前导语：

作为目前流行的板级设计工具，Altium Designer Summer 09 软件将原理图和 HDL 设计输入、电路仿真、信号完整性分析、PCB 设计和基于 FPGA 的嵌入式系统设计开发等电子产品开发所需的工具全部整合在一个应用软件集成平台中，具有强大的电子设计自动化综合设计与开发能力。本章在叙述 Altium Designer Summer 09 软件安装的基础上，重点介绍了集成设计环境结构与参数设置、设计文件生成与管理、原理图编辑器等设计编辑器功能和原理图编辑器环境参数设置等内容，为进一步应用软件完成电子产品设计与开发奠定良好基础。

学习目标

1. 掌握 Altium Designer Summer 09 软件安装和卸载方法；软件菜单栏、工具栏常用命令功能；原理图编辑器环境界面各部分结构与功能；主界面结构和功能；原理图编辑器的界面结构。

扫一扫，知重点

2. 熟悉 Altium Designer Summer 09 软件汉化方法；主界面命令栏、状态栏等部分作用。

3. 了解 Altium Designer Summer 09 软件的计算机硬件和软件要求；常用编辑器种类。

第一节　Altium Designer Summer 09 软件的系统安装

Altium Designer Summer 09 软件作为一款真正的 Windows 应用程序，安装过程变得十分简单。Altium Designer Summer 09 软件有单机版和网络版两种安装方式。基于不同用户群，每种安装方法又有正式版、试用版和汉化版等不同安装方式。本书主要介绍 Altium Designer Summer 09 软件单机正式版安装和汉化方法,试用版等安装可参考相关安装文件说明。

一、Altium Designer Summer 09 软件安装要求

Altium Designer Summer 09 软件改进、扩充了复杂板卡设计、高速信号处理和三维 PCB 设计等功能,对多媒体计算机系统软硬件配置要求相应提高。

(一) Altium Designer Summer 09 软件基本运行环境

1. 硬件要求

(1) CPU:主频 1.8GHz 以上;

(2) 内存:≥1GB;

(3) 硬盘:≥3.5GB 剩余空间;

(4) 显卡:支持 1024×768 以上分辨率。

2. 操作系统 Windows Vista/Windows XP SP2 专业版及以上版本操作系统。

(二) Altium Designer Summer 09 软件推荐运行环境

1. 硬件要求

(1) CPU:主频 2.4GHz 以上;

(2) 内存:≥2GB;

(3) 硬盘:≥10GB 剩余空间;

(4) 显卡:独立显卡,支持 1680×1050 及以上分辨率。

2. 操作系统 Windows 7/Windows XP SP3 专业版及以上版本操作系统。

二、软件的安装及卸载

(一) Altium Designer Summer 09 的安装

根据安装环境和项目设计要求,确认计算机软硬件环境满足安装要求并确定安装位置。光盘安装时,安装向导会自动启动并引导用户完成安装过程。也可以直接弹出 Altium Designer 文件夹双击 Setup.exe 文件启动安装过程。Altium Designer Summer 09 软件正式版安装过程如下:

1. 启动操作系统,确认并打开 Altium Designer 软件安装文件夹,双击"Autorun.exe"文件,屏幕显示安装向导界面,如图 2-1 所示。选项"Install Altium Designer"为单机版用户安装方式,选项"Install Private License Server"为网络版用户安装方式。选项"Getting started with Altium Designer"和"TRAININGcenter videos"为软件应用在线帮助。

2. 单击"Install Altium Designer",弹出单机用户安装向导界面,如图 2-2 所示。

3. 单击【Next】按键,弹出"License Agreement"界面,即许可证协议界面。如图 2-3 所示。系统默认"I do not accept the license agreement"选项。

4. 选择"I accept the license agreement"选项,并单击【Next】按键,弹出"User Information",即用户

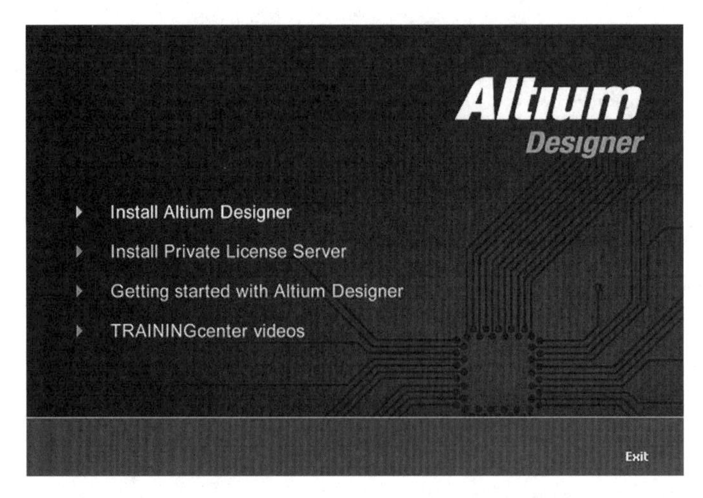

图 2-1　安装向导界面

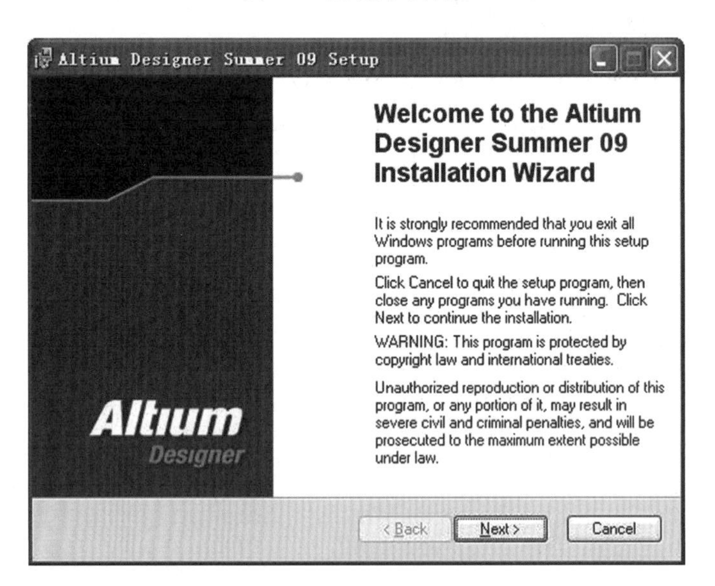

图 2-2　单机用户安装向导界面

图 2-3　许可证协议界面

信息界面。如图2-4所示。

5. 在“Full Name”文本框输入用户名，在“Organization”文本框输入设计单位等信息。系统默认软件使用权限选项“Anyone who uses this computer”，表示计算机所有用户都可运行程序；“Only for me（微软用户）”选项，表示当前安装“Altium Designer”的用户账号才能运行程序。确认程序运行选项，单击【Next】按键，弹出“Destination Folder”安装路径界面。如图2-5所示。

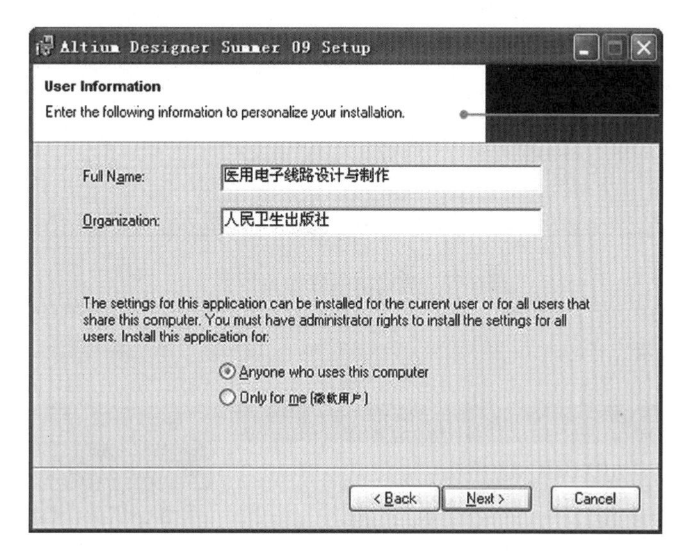

图2-4　用户信息界面

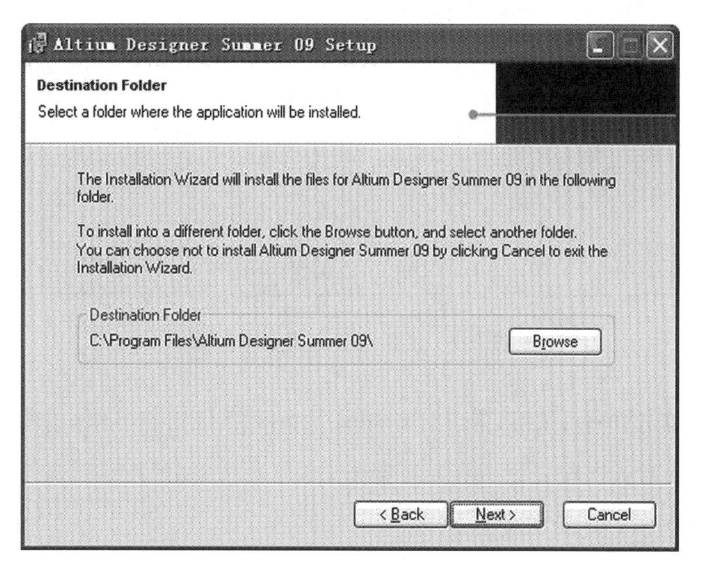

图2-5　安装路径界面

6. 系统显示安装默认路径为“C:\Program Files\Altium Designer Summer 09\”；也可以单击【Browse】按键，弹出选择文件夹指定的安装路径。默认路径安装方式下单击【Next】按键，或选择安装路径，弹出“Board-level Libraries”板级水平库选择界面。如图2-6所示。

7. 依据需要进行选择后单击【Next】按键，弹出“Ready to Install the Application”准备安装应用

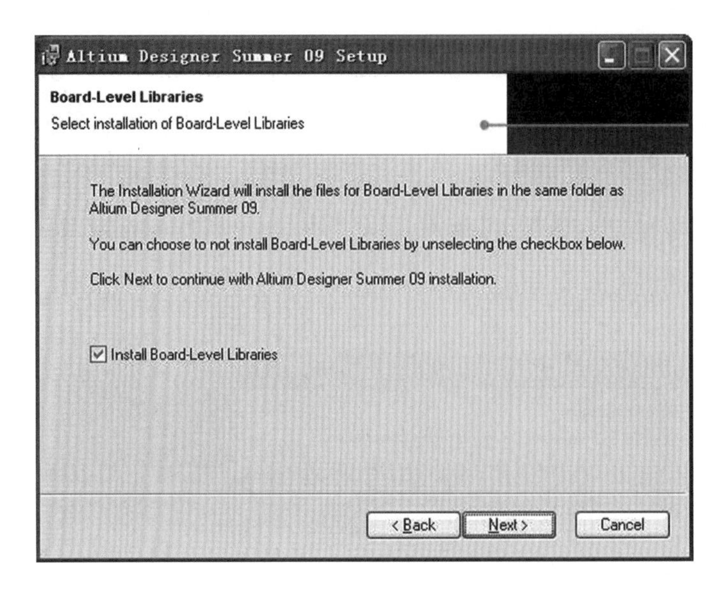

图 2-6　板级水平库选择界面

程序界面。如图 2-7 所示。

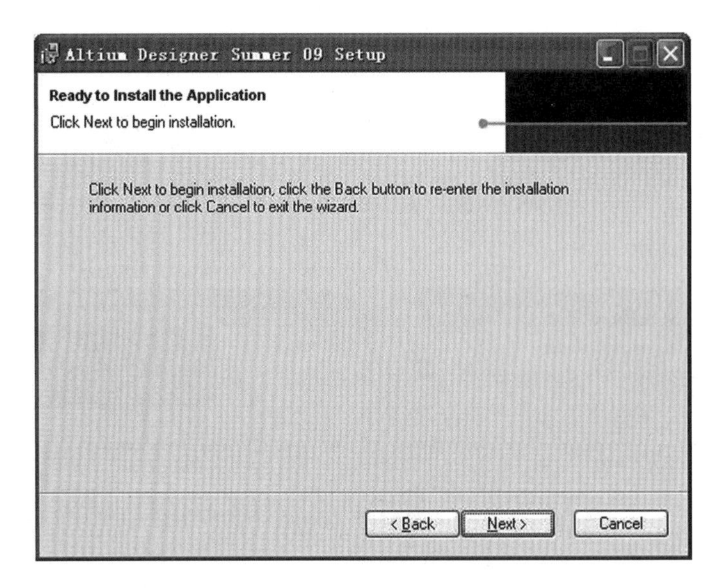

图 2-7　准备安装应用程序界面

8. 确认信息并单击【Next】按键，弹出"Updating System"系统安装界面。如图 2-8 所示。

9. 文件复制结束后弹出安装完毕界面。如图 2-9 所示。单击【Finish】按键结束软件安装。安装结束后，按说明进行软件注册和激活。

（二）软件的卸载

Altium Designer 软件卸载有两种方法。

1. Windows 系统下卸载

（1）在 Windows 界面单击执行"开始/设置/控制面板/添加或删除程序"命令弹出添加或删除程序窗口。如图 2-10 所示。

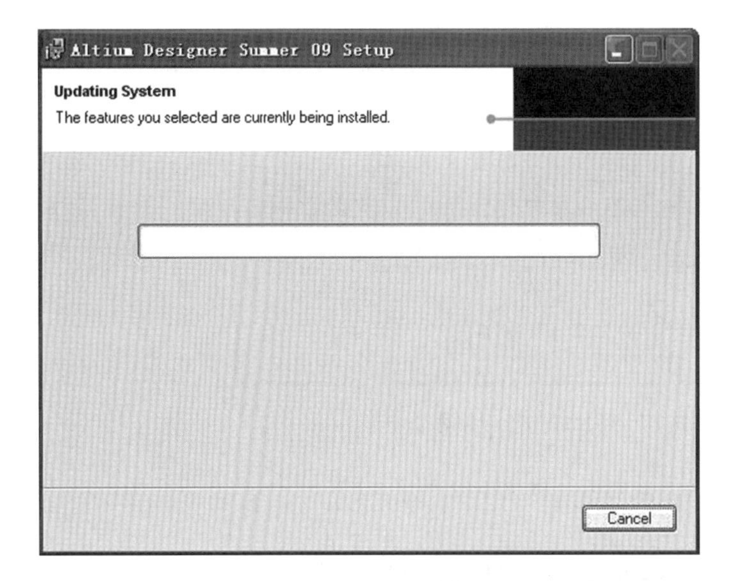

图 2-8　系统安装界面

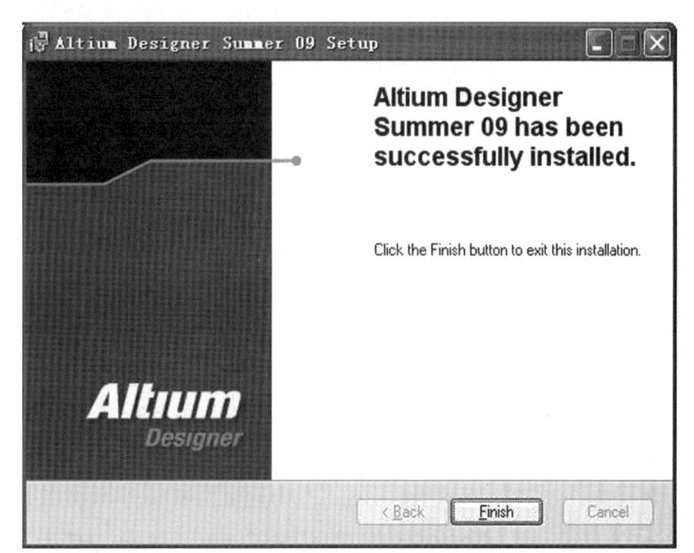

图 2-9　安装完毕界面

图 2-10　添加或删除程序窗口

（2）选择 Altium Designer Summer 09 软件，单击【删除】按键，卸载程序。弹出添加或删除程序界面。如图 2-11 所示。

图 2-11 添加或删除程序界面

（3）单击【是（Y）】按键，弹出程序卸载界面。如图 2-12 所示。

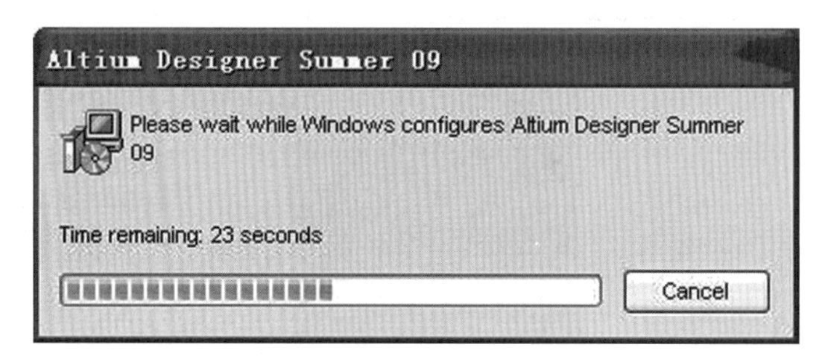

图 2-12 程序卸载界面

2. 应用软件安装文件卸载

（1）弹出 Altium Designer 软件安装文件夹，双击"Setup. exe"安装文件。弹出"Application Maintenance"应用程序维护界面。如图 2-13 所示。

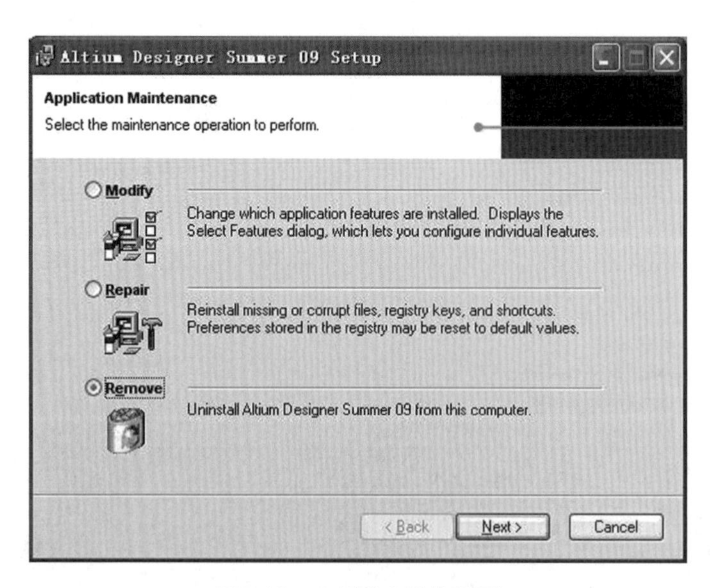

图 2-13 应用程序维护界面

（2）选择"Remove"选项，单击【Next】按键，弹出"Altium Designer Summer 09 Uninstall"程序卸载选择界面。如图 2-14 所示。

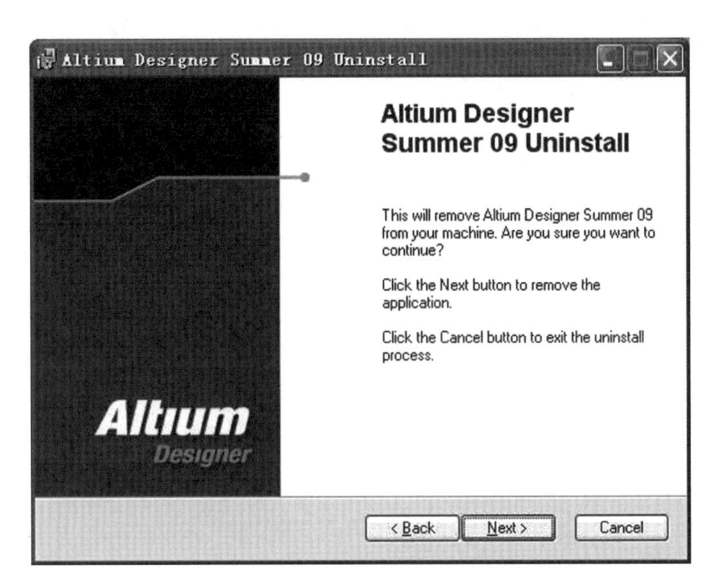

图 2-14　程序卸载选择界面

（3）单击【Next】按键，弹出程序卸载界面。如图 2-15 所示。

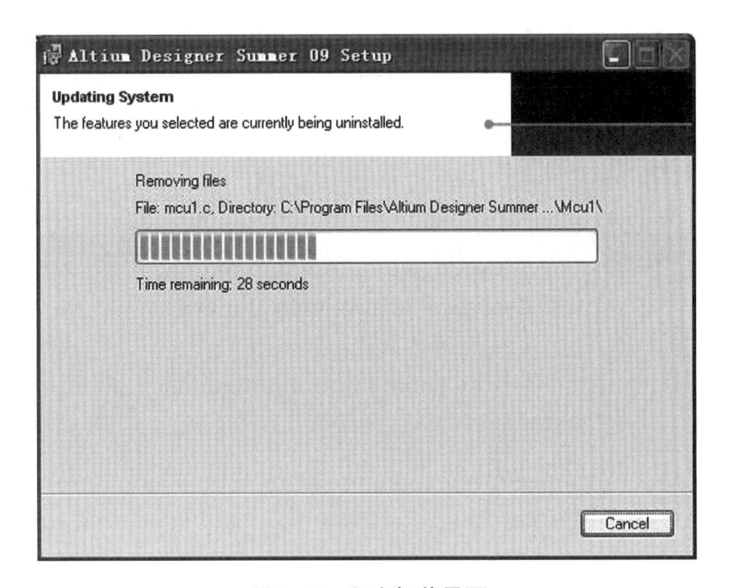

图 2-15　程序卸载界面

▶▶ 课堂活动

通过计算机控制面板察看计算机硬件环境和操作系统，评价运行环境是否满足软件安装和运行要求。在教师指导和允许后安装和卸载软件。

三、软件的汉化

Altium Designer Summer 09 软件采用全英文界面。为方便中文用户使用，软件内置了界面汉化功能。执行菜单命令“DXP/Preferences”，弹出“Preferences”对话框，如图 2-16 所示。

在“Preferences”对话框确认“System-Altium Web Update”选项，弹出“System-Altium Web Update”对话框，如图 2-17 所示。在“Check frequency”复选框选择“Never”选项，单击【OK】按键确认选择。

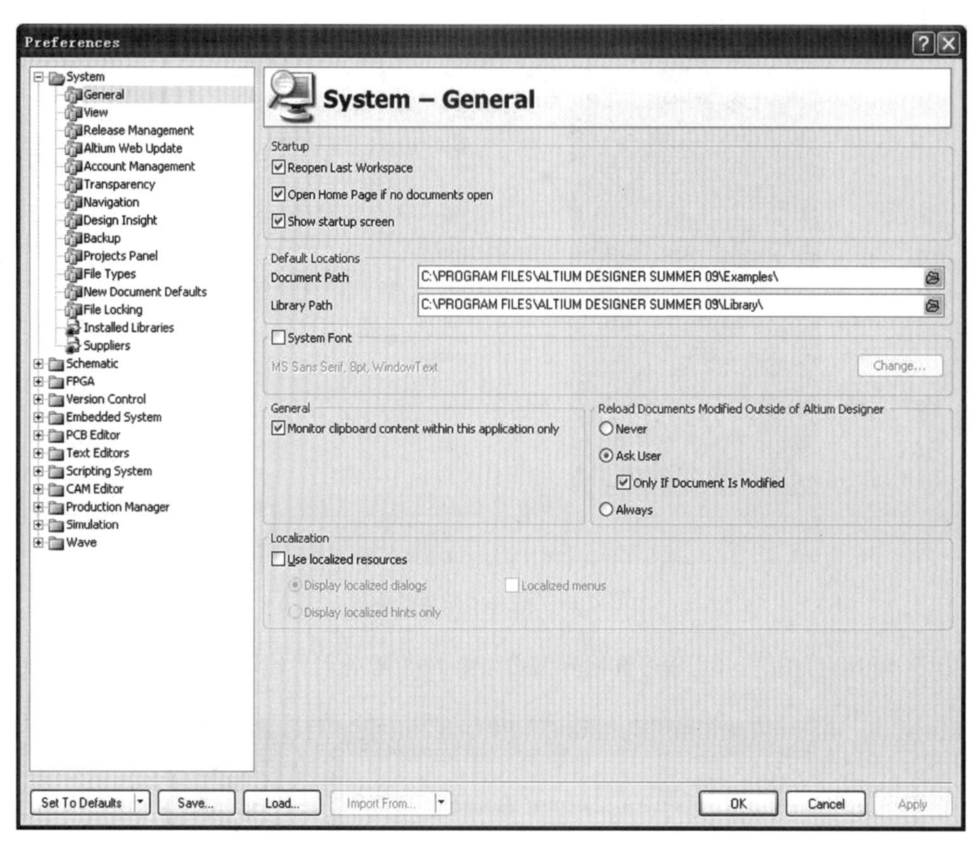

图 2-16　“Preferences”对话框

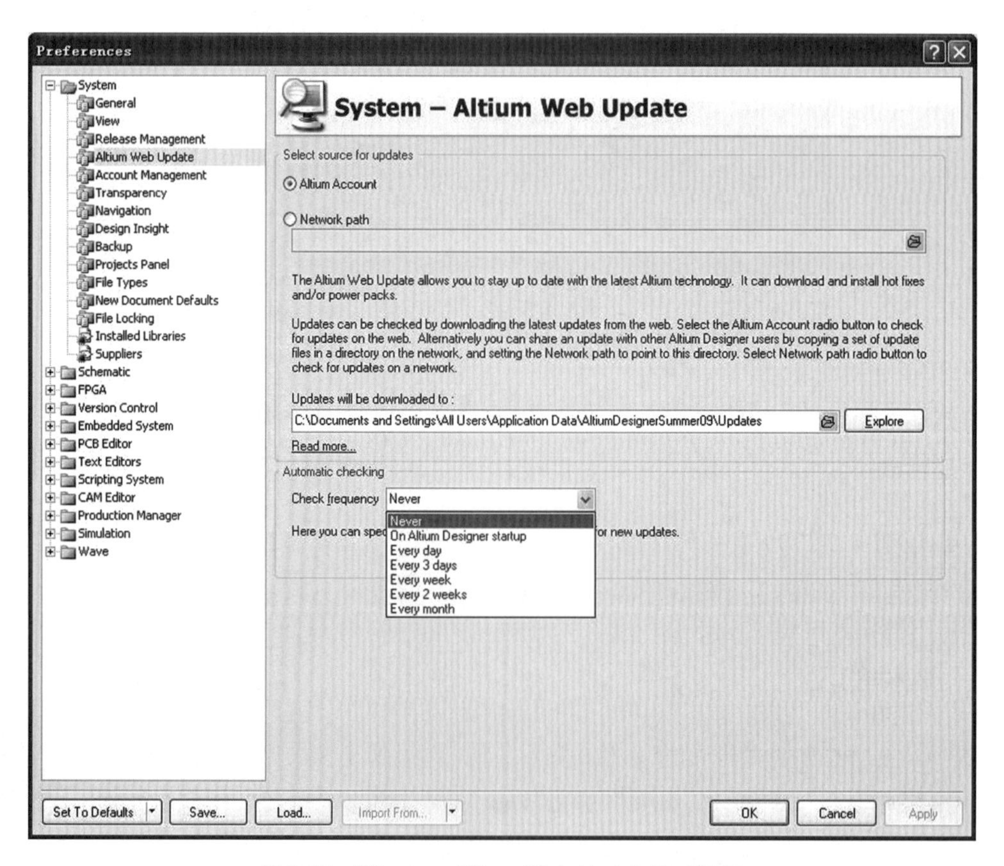

图 2-17　“System-Altium Web Update”对话框

在"Preferences"对话框确认"System-General"选项，选择"Use localized resources"，弹出"Warning"对话框，如图 2-18 所示。依次单击【OK】【Apply】和【OK】按键，重新启动软件，完成汉化过程。取消"System-General"对话框"Use localized resources"选项，重新启动软件即可重新切换到全英文界面。

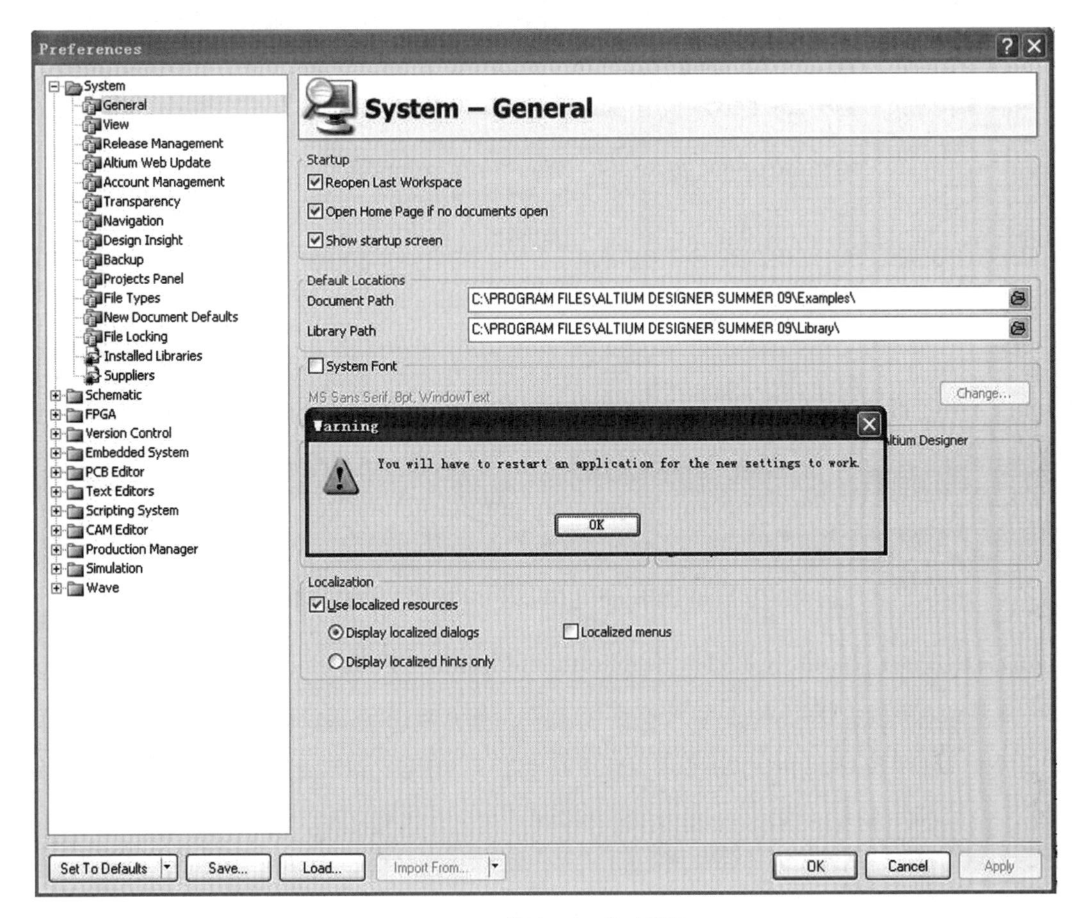

图 2-18　"Warning"对话框

点滴积累

软件运行基于良好的运行环境。运行环境包括硬件平台的构建和操作系统的选择。设计中对仿真和图形显示有特殊要求，则应选择推荐运行环境。

第二节　主界面介绍

本节在介绍 Altium Designer Summer 09 软件启动方法和集成应用系统的主界面结构的基础上，着重叙述主界面菜单的功能与系统参数设置。

一、软件主界面介绍

（一）Altium Designer Summer 09 软件集成环境启动

Altium Designer Summer 09 安装成功后，根据习惯可以从桌面开始菜单选择 Altium Designer Summer 09 单击启动；也可以在 Windows 桌面选择“开始/程序/Altium Designer Summer 09”单击启动。Altium Designer Summer 09 集成设计管理器环境如图 2-19 所示。

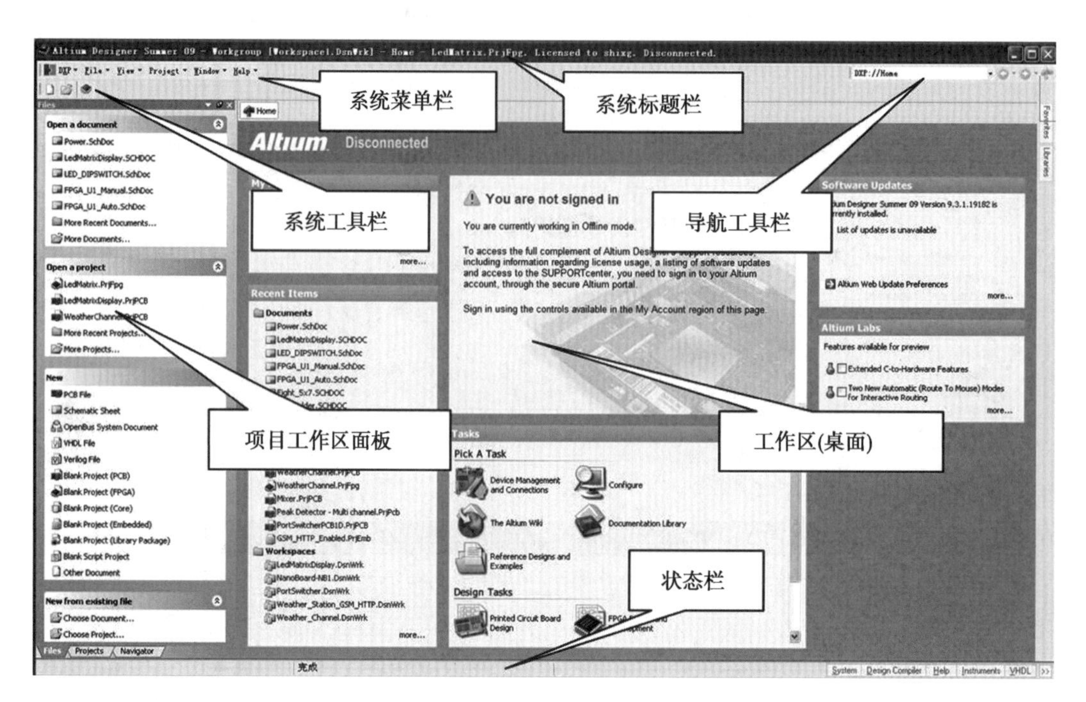

图 2-19　Altium Designer Summer 09 集成设计管理器环境

Altium Designer Summer 09 软件主界面结构采用 Windows XP 界面风格，操作简便直观。在集成设计管理器环境可以实现电子线路设计项目、原理图设计、印制电路板设计及电路仿真等各种操作。汉化集成设计管理器环境如图 2-20 所示。后续叙述和设计环境均以汉化集成设计环境为主。

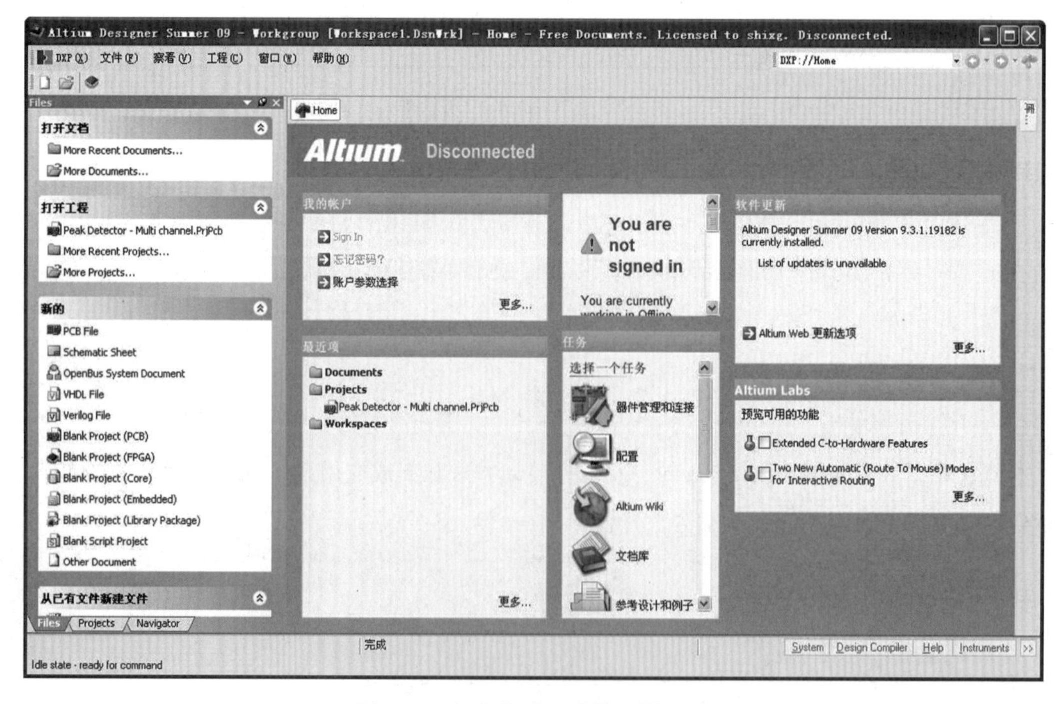

图 2-20　汉化集成设计管理器环境

（二）Altium Designer Summer 09 软件主界面结构

Altium Designer Summer 09 集成环境主界面包括系统标题栏、系统菜单栏、系统工具栏、导航工具栏、工作区面板、工作区和状态栏等部分，现分别介绍如下。

1. 系统标题栏　位于 Altium Designer Summer 09 主界面的最上面一行。标题栏显示软件的标志及设计状态。图 2-20 所示为未打开具体设计项目或文件时的系统标题栏。

2. 系统菜单栏　位于 Altium Designer Summer 09 主界面的第二行左侧。未打开具体设计文件时，菜单栏的内容如图 2-20 所示。菜单栏的内容与作用将在后面详细介绍。

3. 系统工具栏　位于 Altium Designer Summer 09 主界面的第三行，主要提供 Altium Designer Summer 09 的各项操作功能。不同的编辑环境下工具栏的内容有所不同，没有打开任何文件时显示为集成系统的基本工具栏比较简单，如图 2-20 所示。

根据设计需要，在菜单栏或工具栏空白区右键单击。勾选没有“文件工具”显示系统工具栏，否则隐藏。从 Customize 项可进行相关菜单栏和工具栏内容设置。系统工具栏各图标功能如表 2-1 所示。

表 2-1　系统工具栏各图标功能说明

选项	工具栏图标	应用
打开任何文件		打开设计文件
打开任何存在的文件		打开设计文件
Open the Device View page		打开设备信息页面

4. 导航工具栏　位于 Altium Designer Summer 09 主界面的第二行右侧，可切换或打开工作区界面。根据设计需要，在菜单栏或工具栏空白区右键单击。勾选“导航”显示导航工具栏，否则隐藏。从 Customize 项可进行相关菜单栏和工具栏内容设置。导航工具栏各图标功能如表 2-2 所示。

表 2-2　导航工具栏各图标功能说明

选项	工具栏图标	应用
切换地址	https://www.baidu.com/s?wd=Devi	转换工作区内容
退回一步		撤销操作内容
向前步骤		恢复操作内容
到主页		回到初始状态

5. 工作区面板　位于主界面的左侧，可执行快速浏览近期打开的文件、项目、新建设计或工程文件、选择已存在设计或工程文件和选择已存在设计或工程文件模板等操作。默认情况下，Altium Designer Summer 09 工作区面板处于打开状态，如图 2-21 所示。单击工作区面板顶部按键，选择“Files”选项，或者“Projects”选项，或者“Navigator”选项切换面板显示内容，对文件、工程和设计信息实现管理。也可通过单击工作区面板底部“Files”标签页，或者“Projects”标签页，或者“Navigator”

标签页切换面板显示内容。单击 或者 按键，可改变工作区面板显示方式。单击 按键，关闭工作区面板；执行“察看/桌面布局/Startup”菜单命令，恢复工作区面板显示。

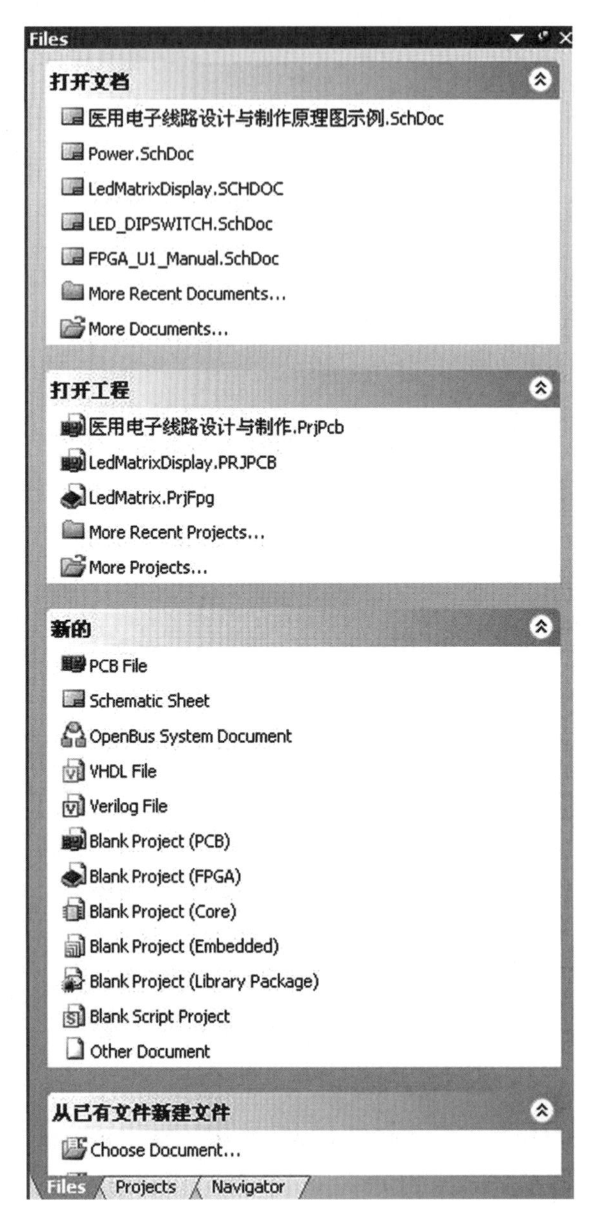

图 2-21　“Altium Designer Summer 09”工作区面板

6. 工作区　是构成主界面的主体。未打开设计文件时，工作区显示主页界面，可以进行创建新项目、打开设计文件和配置 Altium Designer 等操作。工作区顶部显示标签 Home 。执行“文件/关闭”菜单命令，或者执行“窗口/关闭所有文档”菜单命令，可关闭工作区；单击界面右上侧导航工具栏 按键，可恢复显示工作区。

7. 状态栏　位于主界面最下面一行，显示当前的工作状态和进行工作面板内容切换。

二、菜单栏介绍

集成系统菜单栏提供设计文件编辑、设计环境管理和编辑器属性设置等环境参数设置功能，是集成系统设计环境的重要组成部分。没有打开设计文件时，菜单栏显示最基本的菜单项，主要包括DXP(X)、文件(F)、察看(V)、工程(C)、窗口(W)和帮助(H)六个菜单项。不同设计环境下菜单栏内容有所不同，后续章节会进一步详细介绍。本节以未建立设计文件时汉化集成环境界面为主进行叙述，以建立对软件环境的基本认识。

(一) 系统菜单

系统菜单 DXP 位于菜单栏的最左边，用来管理 Altium Designer Summer 09 的工作环境，进行集成编辑器的系统参数设置。单击菜单栏"DXP"，或使用快捷键【ALT+X】，弹出系统菜单。如图 2-22 所示。系统菜单各命令功能详细介绍如下。

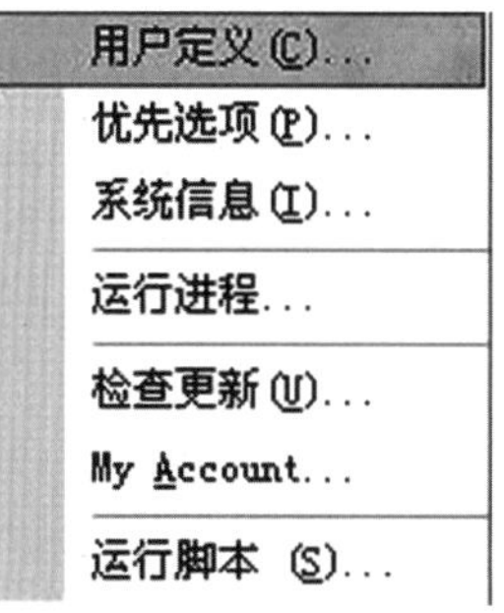

图 2-22　系统菜单

1. **"用户定义"命令**　管理 Altium Designer Summer 09 集成系统各编辑器菜单栏、工具栏、快捷键等内容。执行菜单命令"DXP/用户定义"，或使用快捷键【ALT+X+C】，弹出"Customizing PickATask Editor"对话框，如图 2-23 所示。通过"命令"和"工具栏"两个选项可以对集成编辑器的菜单栏、工具栏等客户端资源进行管理和优化。

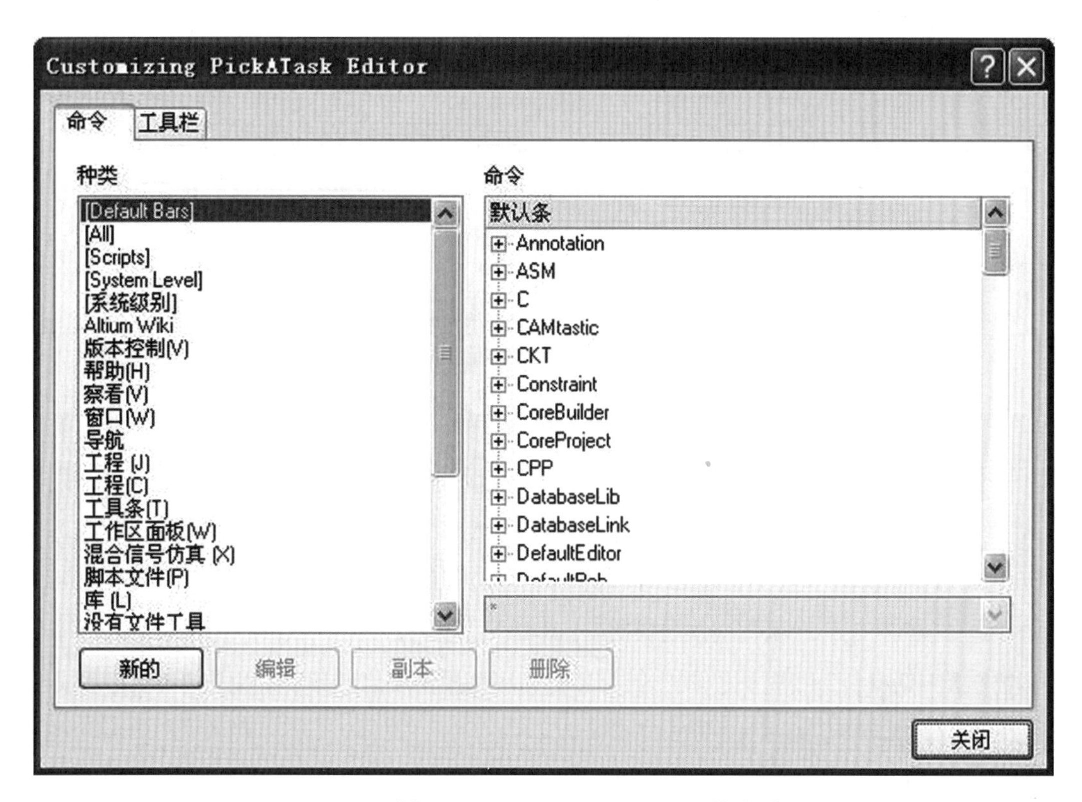

图 2-23　"Customizing PickATask Editor"对话框

(1) "命令"选项：单击"用户定义"命令，系统默认弹出 Customizing PickATask Editor 对话框"命令"选项，可以对特定编辑器菜单进行自定义操作。"种类"方框：显示集成系统各编辑器菜单栏、工具栏等内容。可根据设计任务选择需要设置的选项进行编辑。"命令"方框：显示确定编辑的选项内容，可对需要修改的命令进行自定义操作。

例如：修改菜单栏“文件”选项“关闭”命令的快捷键组合方式，过程如下：执行菜单命令“DXP/用户定义”，在图 2-23 “种类”方框选择“文件”，在“命令”方框选择“关闭 Ctrl+F4”，单击【编辑】按键，弹出“Edit Command”对话框，如图 2-24 所示。在“快捷方式”选项“主要的”文本框输入新的快捷键组合，单击【确定】按键完成设置。

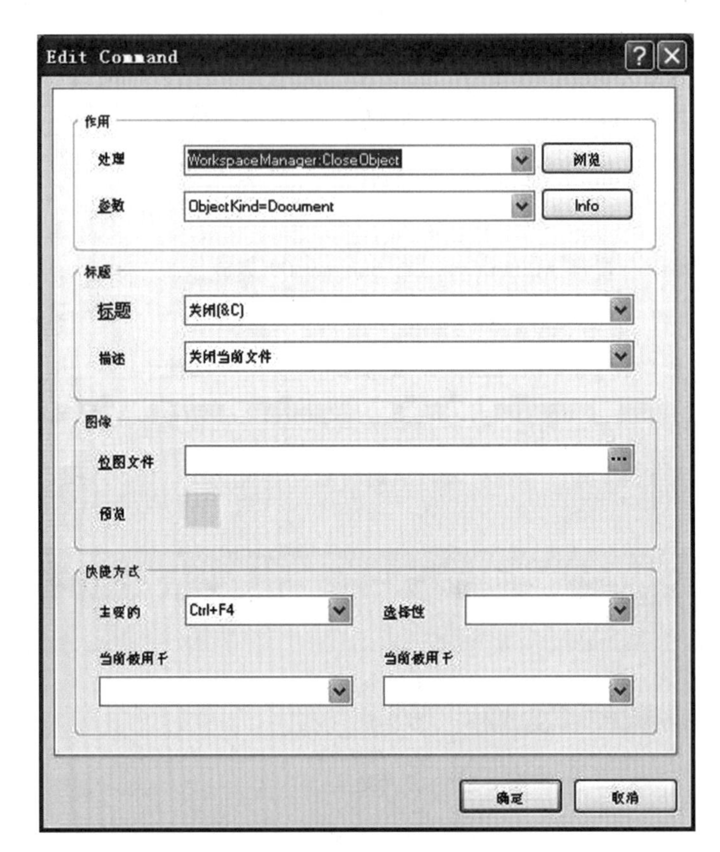

图 2-24　“Edit Command”对话框

（2）“工具栏”选项：单击“Customizing PickATask Editor”对话框中【工具栏】按键，弹出“工具栏”选项，可以对编辑器工具栏进行自定义操作。例如：在“滑块作为主菜单使用”文本框选择“没有文件菜单”，在“滑块”文本框取消勾选“没有文件工具”选项，则系统集成界面隐藏工具栏。

2. “优先选项”命令　用于设置是否需要备份、显示工具栏以及设置系统字体等集成系统参数。执行菜单命令“DXP/优先选项”，或使用快捷键【ALT+X+ P】，弹出“参数选择”对话框，如图 2-25 所示。参数选择对话框包含集成子系统目录、标签页和底部操作按键三部分。以下主要叙述集成子系统目录下 System 选项下主要系统参数设置。

（1）System-General 标签页参数设置：单击 System 选项下 General 选项，弹出 System-General 标签页。各选项组参数意义如下：

1）“启动”选项组：用来设置软件启动过程及界面内容。“重启最近的工作平台”选项，用来确定启动时集成系统时是否自动打开上次打开过的项目组或文件；“如果没有文档打开自动开启主页”选项，用来确定未打开项目时集成系统启动主界面是否显示主页；“显示开始画面”选项，用来确定集成系统启动时是否显示系统的启动画面以提示用户系统正在加载。系统均默认选中状态。

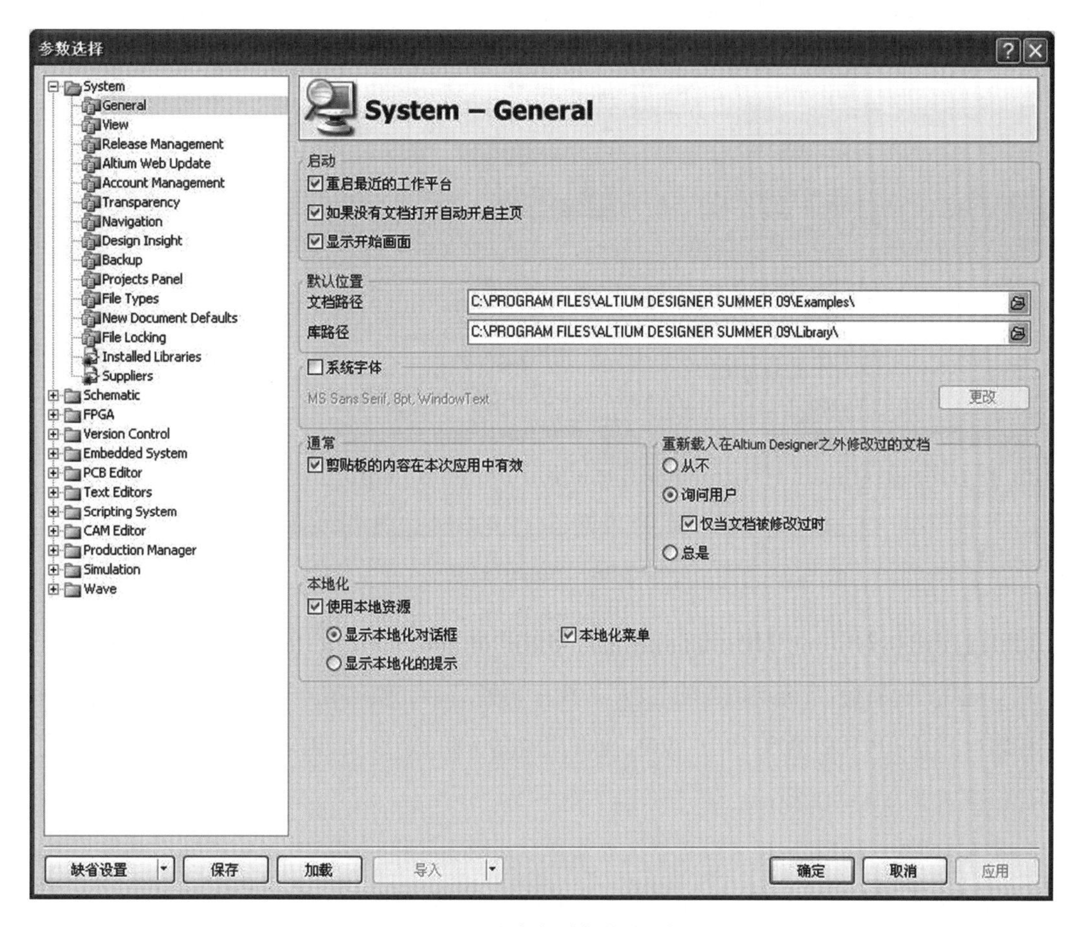

图 2-25 “参数选择”对话框

2）“默认位置”选项组:用来设置设计的各种文档、工程文件保存或打开时的系统默认路径。单击“文档路径”文本框右侧按键可以选择设计文档的存放位置,系统默认路径是“C:\PROGRAM FILES\ALTIUM DESIGNER SUMMER 09\Examples”。单击“库路径”文本框右侧按键可以选择典型设计元件库保存路径,系统默认路径是“C:\PROGRAM FILES\ALTIUM DESIGNER SUMMER 09\Library”。设置好文件保存或打开的默认路径可以为操作带来很大方便。

3）“系统字体”选项组:用来设置集成系统的字体、字形和大小等。集成系统默认不勾选,勾选则默认字体采用“MS Sans Serif,8pt,Windows Text”。当集成系统的一些对话框字体显示不正常时,可勾选“系统字体”选项组,单击右侧【更改】按键,弹出“字体”对话框。如图 2-26 所示。设置需要的字体,单击【确定】按键即可更新系统的字体。

4）“本地化”选项组:放弃勾选“使用本地资源 ”选项,系统恢复全英文界面。

（2）System-View 标签页参数设置:用来进行集成系统界面自定义设置。单击“System”选项下“View”选项,弹出“System- View”标签页。各选项组参数意义如下:

1）“桌面”选项组:“自动保存桌面”选项,用来设置集成系统关闭时是否自动保存设计过程中对工作区、各种文档窗口的位置及尺寸、工具栏等的定义。“恢复打开文档”选项,用来设置集成系统是否自动恢复打开的文档。系统默认为选中状态。单击“除了”文本框右侧按键,可限制自动恢复操作的文件夹。

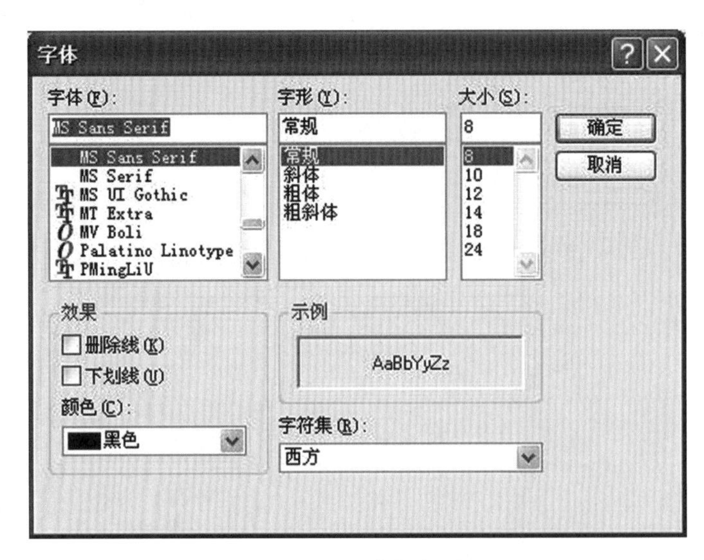

图 2-26 “字体”对话框

2）“显示导航条当”选项组:用来设置界面导航栏显示方式。

3）“通常”选项组:系统默认选前三项。“在标题栏显示完整路径”选项,用来设置当前激活文档在标题栏的显示方式;“在菜单、工具条、面板周围显示阴影”选项,用来设置系统界面菜单、工具栏和面板等周围的显示效果。

4）“弹出面板”选项组:用来设置系统界面弹出式面板动作时间以及是否使用动画效果。调节“弹出延迟”选项右边的滑块可以改变显示面板的等待时间。调节“隐藏延迟”选项右边的滑块可以改变隐藏面板的等待时间。也可设置系统显示或隐藏面板时是否采用动画方式,以及自行设定动画的速度。系统默认为动画显示方式。

（3）System-Release Management 标签页参数设置:用来设置设计文件发布管理和发布范围。系统发布的设计文件默认为只读,并且发布共享在工程文件夹。

（4）System-Altium Web Update 标签页参数设置:用来设置软件更新文件来源和更新时间。系统默认为更新文件源为“Altium”账户,更新时间为“Never”。

（5）System-Transparency 标签页参数设置:用来设置集成编辑器工作区上的浮动工具栏和对话框显示方式。系统默认勾选“透明浮动窗口”和“动态透明”选项,在使用交互进程时,所有浮动在编辑区域上面的工具条和窗口自动透明。

（6）System-Design Insight 标签页参数设置:用来设置工作区面板设计文件预览方式。系统默认勾选“使能文件洞察”“使能工程洞察”和“使能连接性洞察”选项,可以通过鼠标悬停实现设计文件、工程文件和网络对象的连接关系的预览和快速打开。

（7）System-Backup 标签页参数设置:用来设置设计文件操作自动保存方式。勾选“自动保存”选项,可自主设定保存间隔、保存数量和保存路径,实现设计过程自动保存,以防止设计意外造成损失。

（8）System-Projects Panel 标签页参数设置:用来设置项目工作区工程管理面板的状态选项、文档操作以及文档管理形式等。在“范畴”方框确定选项组,进行相关设置,主要选项组功能如下:

1）“General”选项组：勾选“显示打开/修改状态”，工作区工程管理面板上将显示设计文档编辑、保存或打开等的状态；勾选“显示 VCS 状态”，将显示设计文档的 VCS 状态；勾选“显示工程中文档位置”，将显示设计文档在项目工程中的位置；勾选“显示完整路径信息”，当光标指向项目工程管理面板上设计文档时，将显示文档的完整路径；勾选“显示栅格”，将在项目工程管理面板上显示栅格。

2）“Sorting”选项组：勾选“工程顺序”，项目工程中的文档将按照添加到工程中的次序进行排序；勾选“按字母顺序”，项目工程中的文档将按照文档名字母顺序进行排序；勾选“打开/修正状态”，项目工程中的文档将按照打开、正在编辑和未打开的顺序进行排序。勾选“VCS 状态”，项目工程中的文档将按照 VCS 状态进行排序。

3）“Grouping”选项组：勾选“Do not group”，项目工程中的文档将不进行分类管理；勾选“By class”，项目工程中的文档将按照类别进行管理；系统默认勾选“根据文档类型”，项目工程中的文档将按照文档类型进行管理。

4）“Single Click”选项组：勾选“Does nothing”，单击项目工程管理面板区文档将不引起任何动作；系统默认勾选“激活打开文档/工程”，单击项目工程管理面板区某个已打开文档或工程时，将激活文件；勾选“打开并显示文档/对象”，单击项目工程管理面板区某个未打开文件，将打开该文件。

3.“系统信息”命令　Altium Designer Summer 09 软件提供了不同的电路设计编辑器，基于设计需要可以启动不同编辑器进行电路设计工作，不同的电路设计编辑器生成文件的扩展名不同。执行菜单命令“DXP/系统信息”，或使用快捷键【ALT+X+I】，弹出“EDA 服务器”对话框，如图 2-27 所示，显示 Altium Designer Summer 09 集成系统所支持的设计编辑器种类。

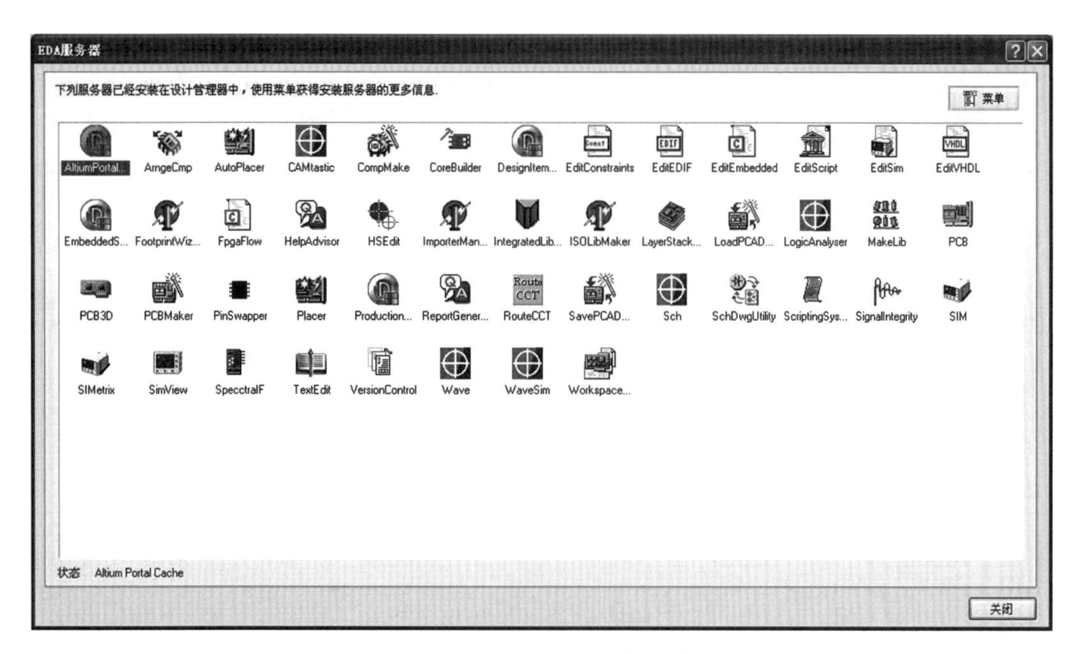

图 2-27　“EDA 服务器”对话框

选定要察看的编辑器，单击对话框右上角【菜单】按键，弹出浮动菜单。选择“关于”选项，或使用快捷键【X】，可以显示设计编辑器的名称、版本号、开发时间以及版权说明等信息；选择“属性”选项,或使用快捷键【Y】,或单击编辑器名,均可显示设计编辑器的属性和过程;选择"视图"选项级联菜单,设置对话框内编辑器信息的排列方式。Altium Designer Summer 09 常用编辑器类别与功能表,如表 2-3 所示。

表 2-3　Altium Designer Summer 09 常用编辑器类别与功能表

编辑器名称	图标	功　能
MakeLib		从 PCB 板建立 PCB 的元件库
Sch		原理图编辑编辑器
PCB		PCB 编辑编辑器
ArngeCmp		按元件封装排列元件
AutoPlacer		启动自动布局器
PCB3D		察看 PCB 三维视图
PCBMaker		运行 PCB 新建文件向导
CAMtastic		启动计算机辅助设计编辑系统
CompMake		新建元件封装向导
Placer		PCB 自动布局器
ReportGenerator		生成报告
EditEDIF		启动相应的文本编辑器和编译器
SavePCADPCB		保存为 PCAD 文件格式的 PCB
EditScript		脚本文件断点调试、编译运行、进程显示和测试结果设置
EditSim		仿真文件文本编辑器
EditVHDL		VHDL 文件编辑器
SignalIntegrity		信号完整性分析器
SIM		数模混合仿真
SimView		仿真数据视窗
TextEdit		文本编辑编辑器
LayerStackupAnalyzer		PCB 层堆栈管理

（二）文件菜单

用于设计文件及项目的新建、打开、保存以及系统退出等管理。单击菜单栏"文件",或使用快捷键【ALT+F】,弹出文件菜单。单击或悬停"新建"选项,弹出新建级联菜单。文件菜单及新建级联菜单如图 2-28 所示。主要对文件菜单各选项进行介绍。新建级联菜单功能在文件的生成与管理部分叙述。文件菜单命令说明如表 2-4 所示。

图 2-28　文件菜单及新建级联菜单

表 2-4　文件菜单命令说明

菜单选项	工具栏图形	应　用
新建		用于建立设计文件和工程项目文件
打开		打开各种已存在的设计文件
关闭		关闭工作区
打开工程		打开已存在的设计项目
打开设计工作区		打开已存在的设计工作区
保存设计工作区		保存设计工作区进程
保存设计工作区为		保存设计工作区进程到新地址
导入向导		导入其他类型设计文件
最近的文件		显示最近操作过的设计文件
最近的工程		显示最近操作过的工程文件
最近的工作区		显示最近打开的工作区
退出		退出软件开发环境

（三）察看菜单

用于切换设计编辑器、状态栏和工具栏开闭等操作。单击菜单栏“察看”，或使用快捷键【ALT+V】，弹出察看菜单。单击或悬停“工具条”等命令选项，弹出级联菜单。察看菜单以及工具条级联菜单，如图 2-29 所示。察看菜单以及工具条级联菜单命令说明如表 2-5 所示。

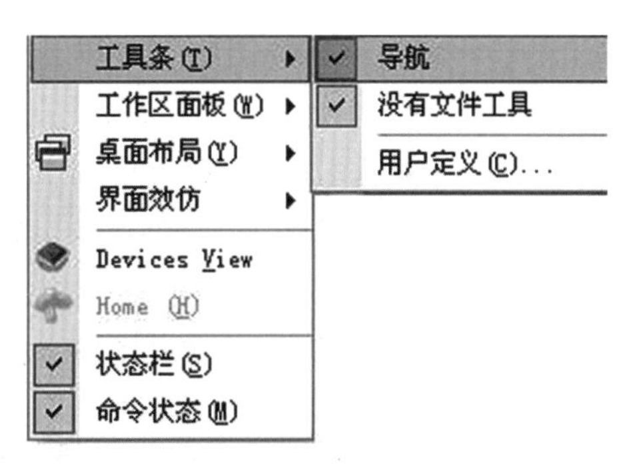

图 2-29　察看菜单

表 2-5　察看菜单以及工具条级联菜单选项说明

菜单选项	工具栏图形	应　用
工具条/导航		设置显示或关闭界面导航栏
工具条/没有文件工具		显示或关闭界面工具栏
工具条/用户定义		用户编辑菜单命令和工具栏内容
工作区面板		工作区面板显示项目切换
桌面布局		工作区界面安排
界面效仿		桌面效果
Devices View		设计资源浏览
Home		点亮状态下用于打开主页
状态栏		打开或关闭状态栏
命令状态		打开或关闭命令行

（四）工程菜单

用于编辑、添加或删除工程文件等操作。单击“工程”，或使用快捷键【ALT+ C】，弹出工程菜单。

（五）窗口菜单

用于设置工作区打开设计文件显示方式。单击“窗口”，或使用快捷键【ALT+W】，弹出窗口菜单。工作区各窗口可以选择垂直排列、水平排列或关闭。关闭后，通过鼠标左键单击按键可以恢复显示。

（六）帮助菜单

提供 Altium Designer Summer 09 软件使用帮助。可以在所有设计环境中随时运用，解决设计中遇到的问题。使用帮助文件可以学习获得许多信息和应用技巧。例如：执行菜单命令“帮助/关于”，或使用快捷键【ALT+H+A】，可显示“我的账户和系统信息”等软件信息。帮助菜单常用选项说明如表 2-6 所示。

表 2-6　帮助菜单选项说明

菜单选项	快捷键	应　用
知识中心	F1	打开系统软件应用网站
Altium Wiki/Shortcut Keys	Alt+H+W+S	软件使用快捷键信息
用户论坛	Alt+H+U	软件用户讨论网页
关于	Alt+H+A	显示我的账户和 EDA 编辑器系统信息

三、Altium Designer Summer 09 文件的生成与管理

在 Protel 99SE 及以前软件中，整个电子线路设计是以数据库形式存在的。从 Protel DXP2004 开始采用工程项目管理的方式组织和管理设计文件。在 Altium Designer Summer 09 软件中，任何一个

电子线路的设计都当做一个工程项目，其他相关文件均存放在工程项目文件所在的文件夹中。在应用 Altium Designer Summer 09 软件设计电子线路过程中，工程文件、原理图设计文件和印制电路版设计文件等都是独立的文件。可以为设计项目建立一个文件夹，保存设计中新建的所有文档，以便于设计和以后的修改处理。相关设计文件均可在主界面下通过菜单栏、工作区面板等进行建立和管理。

（一） Altium Designer Summer 09 工程项目文件操作

Altium Designer Summer 09 软件主要有 PCB 工程、FPGA 工程、内核工程、集成库、嵌入式工程和脚本工程等六种工程项目类型。工程项目文件类型标识如表 2-7 所示。

表 2-7　Altium Designer Summer 09 工程项目文件类型

设计文件	扩展名	图标
PCB 工程项目文件	*. PrjPcb	
FPGA 工程项目文件	*. PrjFpg	
Core 工程项目文件	*. PrjCor	
嵌入式系统工程项目文件	*. PrjPkg	
集成元件库工程项目文件	*. PrjEmb	
Script 工程项目文件	*. PrjScr	

1. 建立工程项目文件　以建立“医用电子线路设计与制作”印刷电路板工程项目为例，叙述建立工程项目文件的过程如下：

方法一：通过菜单栏操作

（1） 启动 Altium Designer Summer 09 集成设计管理器环境，执行菜单命令“文件/新建/工程”，弹出工程级联菜单，如图 2-30 所示。

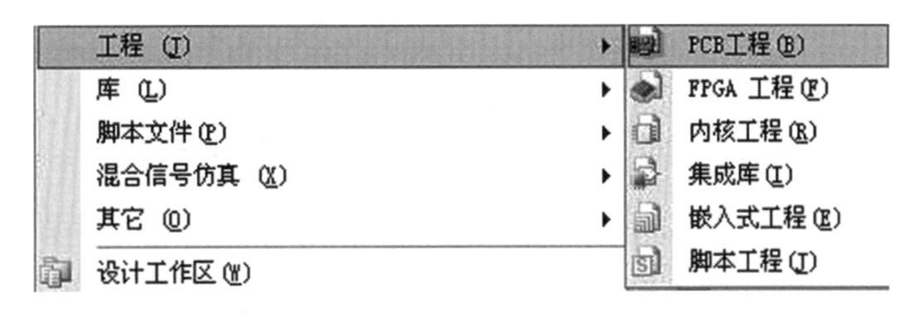

图 2-30　工程级联菜单

（2） 依据设计要求，单击“PCB 工程”选项，或使用快捷键【B】。工作区面板自动切换显示“Projects”面板，如图 2-31 所示，显示“PCB_Project1. PrjPCB”已建立。

（3） 执行菜单命令“文件/保存工程”；在工作区 Projects 面板单击【工程】按键或者在工作区 Projects 面板右键单击文件名，弹出“Compile PCB Project PCB_Project1. PrjPCB”操作菜单，如图 2-32 所示，选择“保存工程”选项。

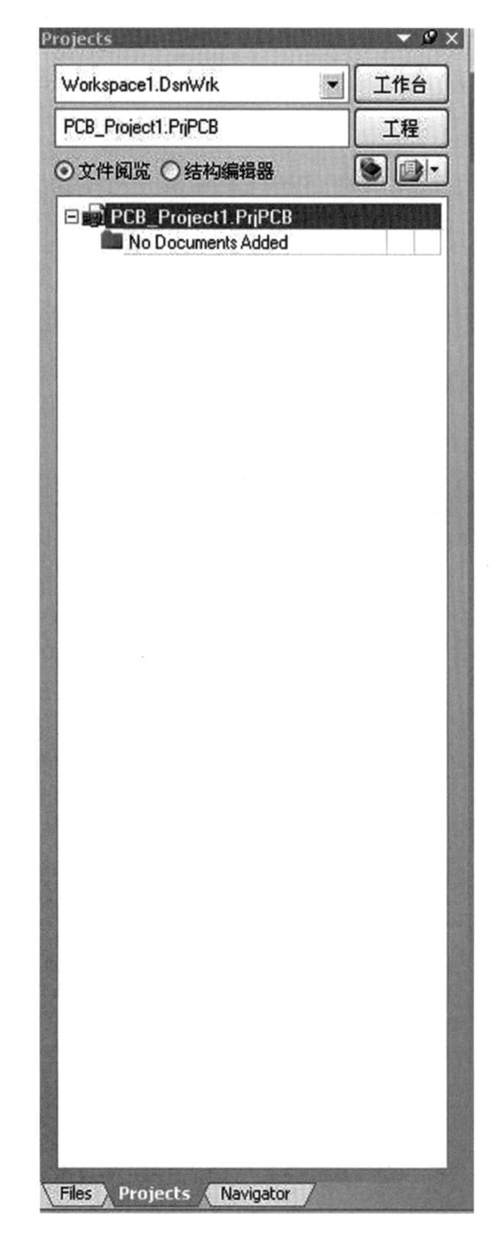

图 2-31 “Projects”面板

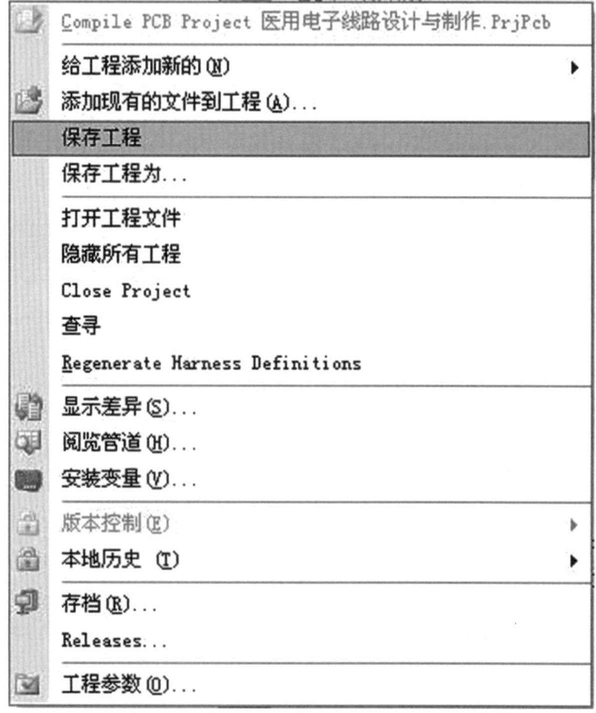

图 2-32 “Compile PCB Project PCB_Project1. PrjPCB”操作菜单

(4) 弹出“Save [PCB_Project1. PrjPCB] As…”对话框,如图 2-33 所示。系统默认新建设计项目文件保存路径为“C:/Program Files/Altium Designer Summer 09/Examples”文件夹。

(5) 将默认文件名 PCB_Project1 修改为“医用电子线路设计与制作”,单击【保存】按键。工作区 Projects 面板显示“医用电子线路设计与制作”工程文件建立界面,如图 2-34 所示。

方法二:工作区面板操作

(1) 启动 Altium Designer Summer 09 软件弹出集成系统环境主界面。工作区面板切换到“Projects”面板,单击【工作台】按键或者【工程】按键。

(2) 依据设计要求,执行“添加新的工程/PCB 工程”选项,或使用快捷键【N+B】。工作区面板自动切换显示“Projects”面板并显示“PCB_Project1. PrjPCB”已建立。重复方法一步骤即可完成

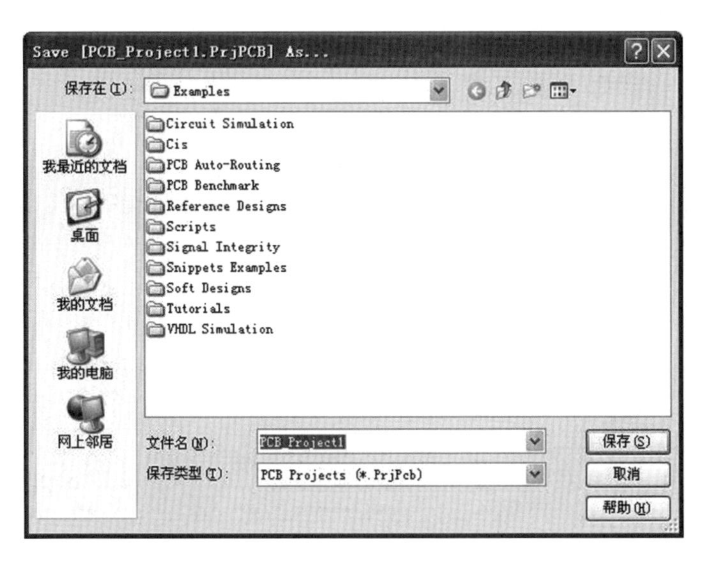

图 2-33　“Save [PCB_Project1. PrjPCB] As…”对话框

图 2-34　“医用电子线路设计与制作”工程文件建立界面

任务。

若需要改变新建工程项目文件存放位置或备份到其他文件夹。可以执行方法一的步骤 3 和步骤 4 操作，弹出图 2-33 所示“Save [PCB_Project1. PrjPCB] As…”对话框，改变工程文件存放位置。

2. 打开工程项目文件　打开已建立工程项目文件，可执行菜单命令“文件/打开”，或者执行菜单命令“文件/打开工程”，或者执行菜单命令“工程/添加现有工程”，或者在工作区 Projects 面板单击【工作台】按键，执行“工程/添加现有工程”选项，或者在工作区 Projects 面板单击【工程】按键执行“工程/添加现有工程”选项，弹出“Choose Document to Open”对话框，如图 2-35 所示。选择打开目的文件或文件夹即可。

快速打开近期操作过的工程项目文件，可执行菜单命令“文件/最近的工程”弹出级联菜单，单击目的路径文件。也可以在工作区“Files”面板“打开工程”方框内选项组选择目的文件。

3. 关闭工程项目文件　关闭已打开的工程项目文件，可在工作区“Projects”面板右键单击弹出菜单，或者执行菜单命令“工程”弹出工程菜单，如图 2-36 所示。选择“Close Project”选项关闭项目；选择“关闭工程文档”，则关闭工程项目设计文件工作区。也可以执行“文件/关闭”菜单命令，关闭工程项目设计文件工作区。

（二）Altium Designer Summer 09 设计文件操作

电路设计文件通过不同的编辑器进行编辑操作，主要通过菜单栏和工作区面板进行管理。

1. 新建电路设计文件　在项目工程文件或者目标文件夹里可以启动编辑器添加各种类型的设计文件。以在“医用电子线路设计与制作”工程文件下建立“医用电子线路设计与制作原理图示例”

图 2-35　“Choose Document to Open”对话框

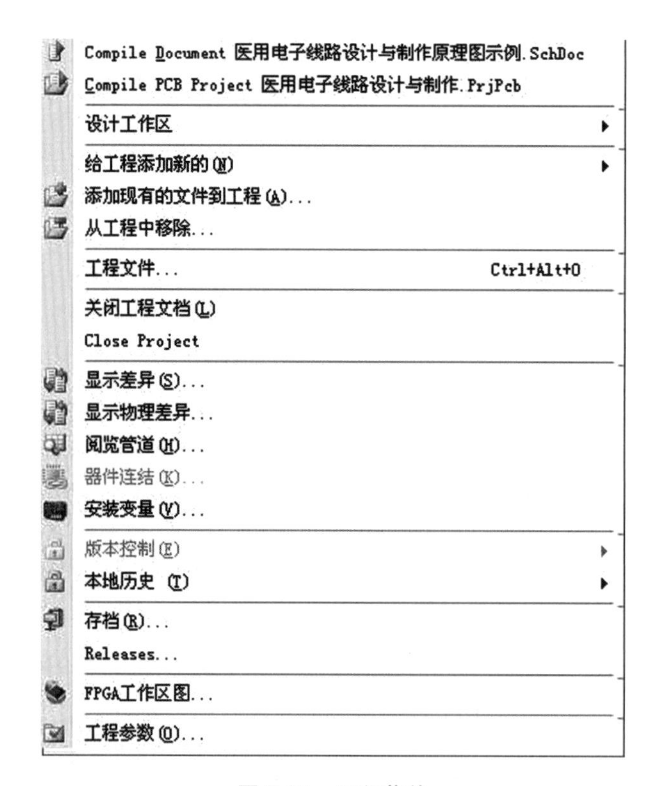

图 2-36　工程菜单

设计文件为例，主要叙述通过菜单栏操作建立原理图文件的过程如下：

（1）启动 Altium Designer Summer 09 集成设计管理器环境，执行菜单命令“文件/新建”，弹出新建级联菜单，如图 2-37 所示。

（2）依据设计要求，单击“原理图”选项。工作区、工作区“Projects”面板和浏览器工具栏均显示“Sheet1. SchDoc”新建原理图文件已建立，如图 2-38 所示。

（3）执行菜单命令“文件/保存”，或使用快捷键【Ctrl+S】。弹出“Save［Sheet1. SchDoc］As…”对话框，如图 2-39 所示。系统默认新建设计项目文件保存路径为“C:/Program Files/Altium Designer

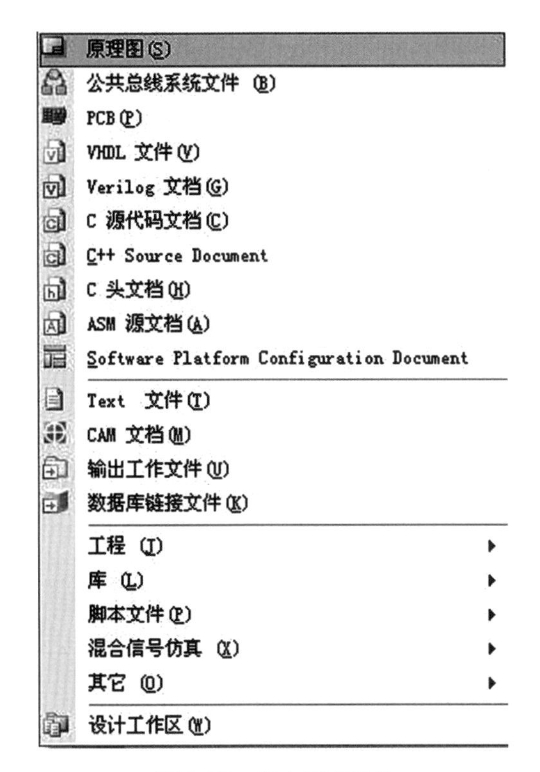

图 2-37　新建级联菜单

图 2-38　新建原理图文件

图 2-39　“Save [Sheet1. SchDoc] As…”对话框

Summer 09/Examples”文件夹。

（4）将默认文件名“Sheet1. SchDoc”修改为“医用电子线路设计与制作原理图示例”，单击【保存】按键。工作区“Projects”面板显示“医用电子线路设计与制作原理图示例”文件已建立。

依照原理图文件的创建方法，Altium Designer Summer 09 软件可以创建各种类型的设计文件。各类设计文件可以建立在工程项目文件下，也可以单独建立。Altium Designer Summer 09 常用设计文件、图标和扩展名如表 2-8 所示。

表 2-8　Altium Designer Summer 09 常用设计文件、图标和扩展名

设计文件	扩展名	图标
电路原理图文件	*. SchDoc	
PCB 印制电路板文件	*. PcbDoc	
VHDL 文件	*. Vhd	
公共总线系统文件	*. OpenBus	
PCB3D 库文件	*. PCB3Dlib	
PCB 元件库文件	*. PcbLib	
VHDL 库文件	*. VHDLIB	
原理图元件库文件	*. SchLib	
输出工作文件	*. OutJob	
网络表文件	*. Net	

2. 打开已建立设计文件　打开已建立设计文件,可执行菜单命令"文件/打开",或者在工作区 Files 面板单击"打开文档"方框内单击"More Documents"选项,弹出"Choose Document to Open"对话框,选择打开目的文件或文件夹即可。快速打开近期操作过的设计文件,可执行菜单命令"文件/最近的文件",弹出级联菜单,单击目的路径文件,也可以在工作区"Files"面板"打开文档"方框内选项组选择目的文件。

3. 关闭、删除设计文件　关闭工作区已打开设计文件,在工作区"Projects"面板右键单击弹出菜单,或者执行"工程"菜单命令弹出工程菜单,选择"关闭工程文档"选项关闭工作设计文件。也可以执行菜单命令"文件/关闭",或者在工作设计文件标签右键单击弹出菜单,选择相关操作关闭工作区设计文件。若从工程项目文件删除已建立设计文件,可在工作区面板右键单击设计文件名,或者执行菜单命令"工程"弹出菜单,选择"从工程中移除"选项,即可删去相应设计文件。

点滴积累

1. 修改菜单栏"文件"选项"关闭"命令的快捷键组合【ALT+F4】为【ALT+F1】。
2. 通过系统菜单"优先选项"命令,设置设计过程中各种设计文档、工程文件保存的系统默认路径为:"D:\医用电子线路设计与制作"文件夹。

第三节　编辑器环境介绍

启动 Altium Designer Summer 09 集成设计环境进行系统参数设置,执行菜单命令"文件/新建",弹出级联菜单建立工程项目文件和设计文件,即可启动原理图设计等编辑器。熟悉各种编辑器环境组成和正确设置设计编辑器环境参数是完成原理图设计等电子线路设计的前提。如第一章所述,医用电子仪器的研制是一个复杂的过程。电路原理图设计是创建项目数据库、印制电路板设计和生成

网络表等工作的前期准备。电路原理图设计主要通过 Altium Designer Summer 09 原理图编辑器(schematic)、电路图库编辑器(Schematic Library)和文本编辑器(Text Document)进行。原理图编辑器完成电路原理图的创建、修改和编辑;电路图元件库编辑器完成电路图元件库的设计、更新或修改;文本编辑器完成电路图及元件库各种报表的编辑和察看等任务。结合课程标准和工程实践,本节主要介绍原理图编辑器设计环境组成,并简要介绍其他常用设计编辑器的种类及功能。

一、原理图编辑器环境介绍

(一)启动原理图编辑器环境

启动软件,执行菜单命令"文件/新建/原理图",如前节所述,建立"医用电子线路设计与制作原理图示例.SchDoc"电路原理图文件。选择原理图设计文件,左键双击;或者选择原理图设计文件,右键单击弹出快捷菜单,选择"打开"命令;或者在项目工作区面板单击原理图文件名。均可启动原理图编辑器环境,如图 2-40 所示。Altium Designer Summer 09 系统的不同编辑器环境结构相似,但组成内容不同。

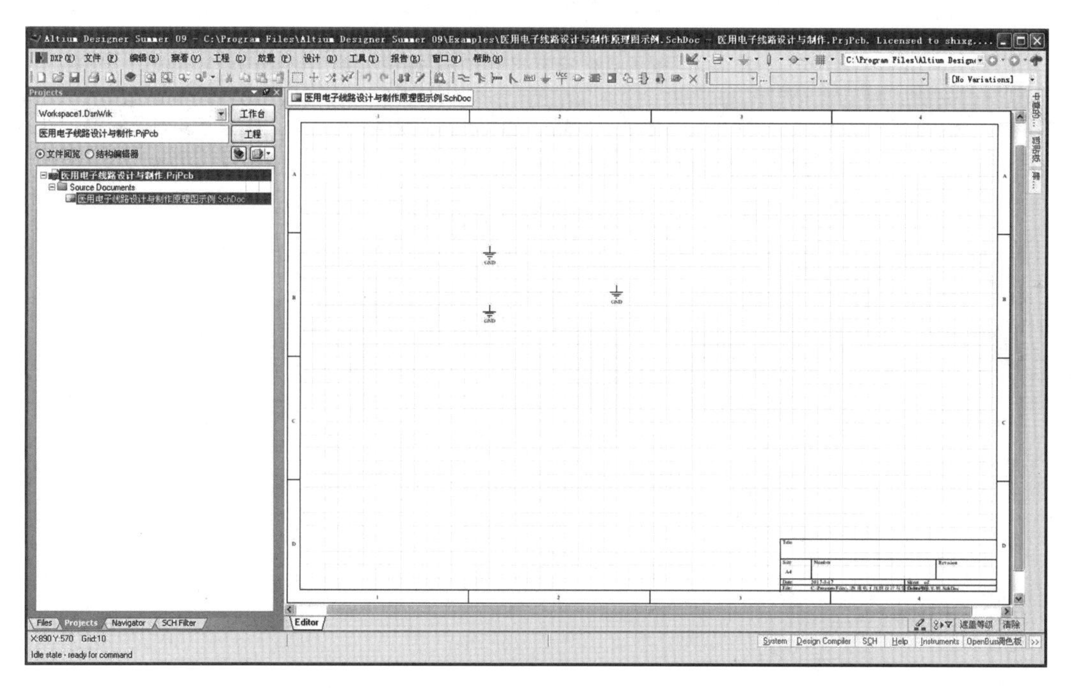

图 2-40 原理图编辑器环境

(二)原理图编辑器环境介绍

原理图编辑器环境结构与集成环境结构类似。这里主要从总体上介绍原理图编辑器环境组成与作用,具体运用放在原理图设计章节详细讲述。

1. 菜单栏 完成原理图编辑的所有功能。

1)文件菜单:单击"文件",或者使用快捷键【ALT+F】,弹出文件操作菜单。执行菜单命令完成原理图的新建、打开、关闭及打印等操作。

2)编辑菜单:单击"编辑",或者使用快捷键【ALT+E】,弹出编辑操作菜单。利用菜单命令完成电路图设计元件的拷贝、剪切、粘贴、选择、移动、拖动、查找及替换等操作。

3）察看菜单：完成工作区放大与缩小，工具栏、状态栏和命令栏的显示与关闭等操作。

4）工程菜单：添加新的工程文件、关闭工程文件等操作。

5）放置菜单：完成在原理图编辑器工作区放置总线、电路元件、电源接地符号、绘制导线等各种操作。

6）设计菜单：完成元件库管理、网络表生成、电路图设置、层次原理图设计等操作。

7）工具菜单：完成 ERC 检查、元件编号、原理图编辑器环境和默认设置等操作。

8）报告菜单：完成产生原理图元器件清单、网络比较报表、项目层次表等各种报表的操作。

9）窗口菜单：完成工作区设计文件切换、关闭、排列等各种操作。

10）帮助菜单：提供设计信息、设计资源和技术讨论等在线帮助。

2. 工具栏　根据原理图编辑器环境丰富的工具栏命令可快速而方便地进行原理图编辑和操作。

（1）主工具栏：执行原理图编辑器菜单命令“察看/工具条”，或者在菜单栏右键单击，弹出“工具条”级联菜单。勾选“原理图标准”选项，可以打开 Altium Designer Summer 09 原理图编辑器主工具栏，否则关闭主工具栏。主工具栏主要按键和功能如表 2-9 所示。

表 2-9　主工具栏主要按键、功能和快捷键

命令	功　能	快捷键
	打开任何文件，自动切换工作区 Files 面板	Ctrl+N
	打开任何存在的文件，自动打开默认文件夹	Ctrl+O
	保存当前文件	Ctrl+S
	直接打印当前文件	
	生成当前文件的打印预览	
	打开设备视图页面	
	适合所有对象，用于察看所有元件	Ctrl+PgDn
	缩放选定区域	
	缩放选定元件	
	剪切目标元件	Ctrl+X
	复制选定对象	Ctrl+C
	粘贴选定对象	Ctrl+V
	在区域内选择对象	
	取消	Ctrl+Z
	恢复	Ctrl+Y

（2）配线工具栏：提供原理图设计中导线、总线等电气对象的放置命令。执行原理图编辑器菜单命令“察看/工具条”，弹出工具条级联菜单，勾选“布线”选项；或者在菜单栏空白处右键单击，弹出工具条级联菜单，勾选“布线”选项。可以打开 Altium Designer Summer 09 原理图编辑器配线工具栏。配线工具栏主要按键和功能如表 2-10 所示。

表 2-10　配线工具栏主要按键和功能

命令	功能	命令	功能
	放置导线		放置总线
	放置信号配线		放置总线入口
	放置网络标号		放置电源地端口
	放置电源端口		放置元件
	放置原理图符号		放置原理图入口

（3）实用工具栏：弹出工具条级联菜单，勾选“实用”选项，可以打开 Altium Designer Summer 09 原理图编辑器实用工具栏。实用工具栏主要按键和功能如表 2-11 所示。

表 2-11　实用工具栏主要按键和功能

命令	功　能
	实用工具，用来放置直线、多边形、椭圆圆弧和贝塞尔曲线等，绘制的对象均不具有电气特性
	排列工具，用来对工作区对象实现左对齐、右对齐和上对齐排列
	电源，绘制电路原理图中常用的电源和接地符号
	数字器件，快速选择典型阻值电阻、电容以及门电路等电路元件
	仿真源，提供+5V、-5V 和 1KHz 正弦波等标准虚拟信号源
	栅格，设置工作区栅格捕获、显示、自动捕获和图件在图纸上的最小移动距离等设置

二、印制电路板编辑器环境介绍

Altium Designer Summer 09 集成系统印制电路板设计主要进行印制电路板设计、修改和编辑、电路元器件的封装设计、管理电路板组件等设计任务。印制电路板的设计一般有以下几种方案：

1. 完整的电路图电路板流程是定义元件封装、通过 ERC 检查、生成网络连接表、弹出 PCB 编辑器、定义板框、引入网络连接表、放置元件、设置布线规则、自动布线、手工调整、保存和打印。

2. 直接设计电路板流程是弹出 PCB 编辑器、定义板框、取用并布置元件、用 PCB 的网络编辑各焊盘间的网络关系、设置布线规则、自动布线、手工调整、保存和打印。

3. 纯手工设计流程是弹出 PCB 编辑器、定义板框、取用并布置元件、直接手工走线。显然，印制电路板设计系统必须包括印制电路板编辑器、元件封装编辑器和电路板组件编辑器等。

进行 PCB 设计，也就是弹出集成系统的 PCB 设计编辑器。与启动原理图设计编辑器类似。启动 Altium Designer Summer 09 系统弹出设计环境，执行菜单命令“文件/打开”打开已存在工程项目文件，或者执行菜单命令“文件/新建/工程”建立一个新的工程项目文件。启动设计工程项目弹出设计环境，执行菜单命令“文件/新建/PCB”，集成环境工作区“Projects”面板、工作区文档标签、导航栏显示“PCB1. PcbDoc”设计文件建立，系统启动 PCB 编辑器环境，如图 2-41 所示。修改设计文件名称和进行环境设置后可进行相关设计工作，详细操作将在后续章节展开。

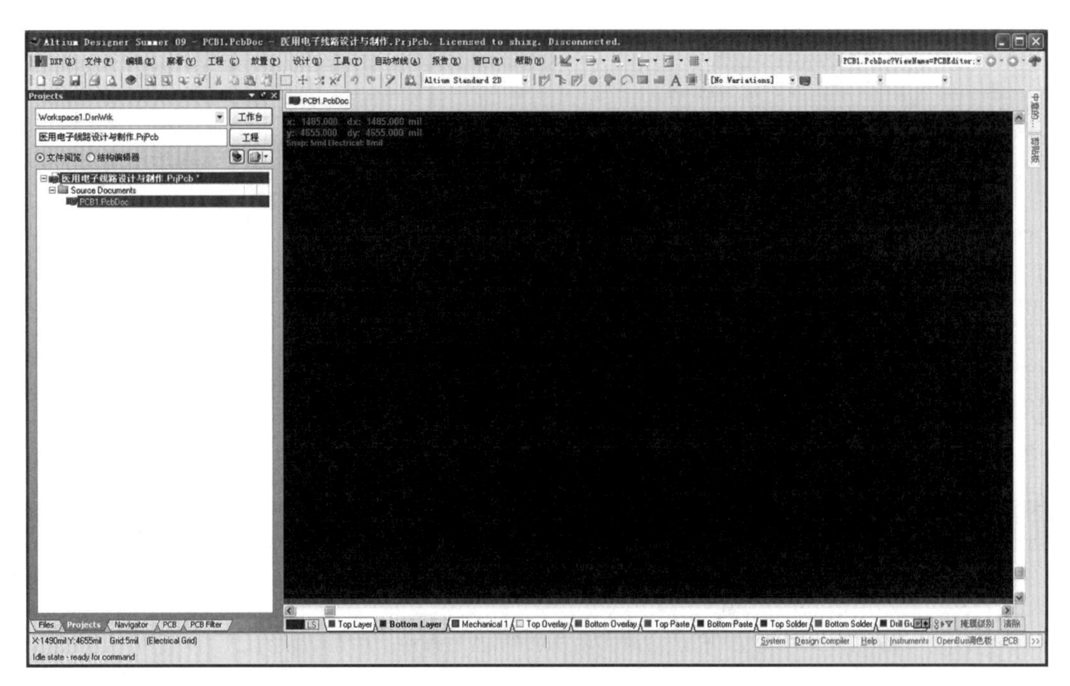

图 2-41　PCB 编辑器环境

三、原理图库编辑器环境介绍

电路是由电路元件按照一定规律组成的具有特定功能的系统，构成电路的元件一般来自不同的生产厂家。Altium Designer Summer 09 集成系统提供了几十个公司的典型元件库，拥有较完善的元件资源。但如果某些特殊元件 Altium Designer Summer 09 元件电气图形符号库文件没有收录所需元件的电气图形符号，或者元件图形符号不符合绘图标准要求，或者元件电气图形符号库内引脚编号与 PCB 封装库内元件引脚编号不一致，或者元件电气图形符号尺寸偏大，如引脚太长，占用图纸面积多，这样，在原理图的编辑过程中就需要创建新的元件电气图形符号或修改已有的元件电气图形符号。Altium Designer Summer 09 集成系统集成了元件编辑库编辑器，可用于创建新的电气图形符号或修改已有元件电气图形符号，生成新的元件。

当要建立的新元件与已有元件相似时，也可在原理图编辑状态下，在元件列表窗内找出并单击需要修改的元件后，再单击元件列表窗口下的【编辑】按键，即可启动元件电气图形符号编辑器并直接弹出该元件电气图形符号的编辑状态。原理图元件库编辑器界面与原理图编辑器相似，各菜单命令也基本相同或相似。界面主要包括软件标志栏、菜单栏、工具栏、元件库编辑器和编辑工作区等，相关功能与运用在后面章节进一步深入学习。

四、常用的快捷键

熟练应用快捷键可快速实现菜单栏、工具栏命令操作。未建立设计文件时,集成软件环境菜单栏、工具栏常用快捷键及功能如表格所示(表 2-12)。

表 2-12　常用快捷键

操作选项	快捷键	功　能
DXP	Alt+X	执行 DXP 菜单命令
DXP/用户定义	Alt+X+C	打开用户设置对话框
DXP/优先选项	Alt+X+P	打开参数选择对话框
DXP/系统信息	Alt+X+I	打开 EDA 编辑器对话框
DXP/检查更新	Alt+X+U	访问软件网络资源主页
DXP/MyAccount...	Alt+X+A	在工作区激活"我的账户"页面
DXP/运行脚本	Alt+X+S	打开"选择条目运行"对话框
文件	Alt+F	执行"文件"菜单命令
文件/新建	Alt+F+N	打开"新建"级联菜单
文件/打开	Ctrl+O	打开默认文件夹,选择设计文件或子文件夹
文件/关闭	Ctrl+F4	快速关闭工作区
文件/打开工程	Alt+F+J	快速打开默认文件夹,选择工程项目文件
文件/打开设计工作区	Alt+F+K	快速打开默认文件夹,选择设计工作区文件
文件/退出	Alt+F4	退出集成设计环境
察看	Alt+V	执行察看菜单命令
察看/状态栏	Alt+V+S	打开或关闭界面状态栏
察看/命令状态	Alt+V+M	打开或关闭界面命令栏
工程	Alt+C	执行工程菜单命令
工程/添加新的工程	Alt+C+P	快速打开工程区 Files 面板
窗口	Alt+W	快速执行窗口菜单命令
窗口/关闭所有文档	Alt+W+A	快速关闭工作区
帮助	Alt+H	快速执行帮助菜单命令
帮助/知识中心	F1	快速弹出知识中心对话框

点滴积累

1. 执行原理图编辑器菜单命令"察看/工具条",或者在菜单栏右键单击,弹出"工具条"级联菜单。勾选"原理图标准"选项,打开并熟悉原理图编辑器主工具栏。
2. 执行原理图编辑器菜单命令"察看/工具条",弹出工具条级联菜单,勾选"布线"选项;或者在菜单栏空白处右键单击,弹出工具条级联菜单,勾选"布线"选项。打开并熟悉原理图编辑器配线工具栏。

边学边练

1. 评估软件硬件和操作平台配置，确定安装源和安装路径。

2. 练习软件安装、汉化和软件完全卸载方法。

3. 启动软件、熟悉集成设计环境，并熟悉各组成部分组成、功能和基本操作。

4. 通过系统菜单对系统环境参数进行初步设置，练习工程项目文件新建、命名、保存等操作。

5. 练习原理图设计文件新建、命名、保存等操作，启动原理图编辑器环境，熟悉编辑器设计环境组成和功能。（请见第十章“实训一：Altium Designer Summer 09 的安装、卸载及设计环境认识”。）

目标检测

一、填空题

1. Altium Designer Summer 09 软件改进、扩充了（　　）设计、高速信号处理和（　　）设计等功能。

2. Altium Designer Summer 09 集成环境主界面包括系统标题栏、（　　）、（　　）、（　　）、工作区和状态栏等部分。

3. Altium Designer Summer 09 软件主要有（　　）、（　　）、内核工程、（　　）、嵌入式工程和脚本工程等六种工程项目类型。

二、单项选择题

1. 设计文件编辑、设计环境管理和编辑器属性设置等 Altium Designer Summer 09 集成环境参数设置可通过（　　）进行。

A. 集成系统菜单栏　　　　B. 集成系统工具栏

C. 工作区面板　　　　　　D. 状态栏

2. DZXL. PrjPcb 文件的工程项目类型是（　　）。

A. FPGA 工程　　　　　　B. PCB 工程

C. 集成库　　　　　　　　D. 嵌入式工程

3. DZXL. PcbDoc 设计文件的类型是（　　）。

A. 电路原理图文件　　　　B. PCB3D 库文件

C. PCB 印制电路板文件　　D. PCB 元件库文件

4. Altium Designer Summer 09 集成环境的文件管理、工作区编辑等命令可以通过菜单栏、工具栏实现，也可以应用快捷键快速实现，关于快捷键的说法正确的是（　　）。

A. 文件管理、工作区编辑等命令快捷键系统定义，不可更改

B. 可通过执行菜单命令“DXP/用户定义”进行快捷键的定义

C. 可通过执行菜单命令“DXP/优先选项”进行快捷键的定义

D. 可通过执行菜单命令“文件/新建”进行快捷键的定义

5. 不属于 Altium Designer Summer 09 软件工程项目类型的是（　　）。

A. PCB 工程　　　　B. 嵌入式工程
C. FPGA 工程　　　　D. SCH 工程

三、简答题

1. 简述 Altium Designer Summer 09 软件文件的生成与管理特点？

2. Altium Designer Summer 09 软件的工程项目类型？

3. 列举 Altium Designer Summer 09 软件完成原理图设计用编辑器类型并简述其功能？（至少两种）

四、综合题

1. 写出 Altium Designer Summer 09 软件安装与汉化操作过程。

2. 写出建立“DZXL. PrjPcb”和“DZXL. PcbDoc”文件的操作过程。

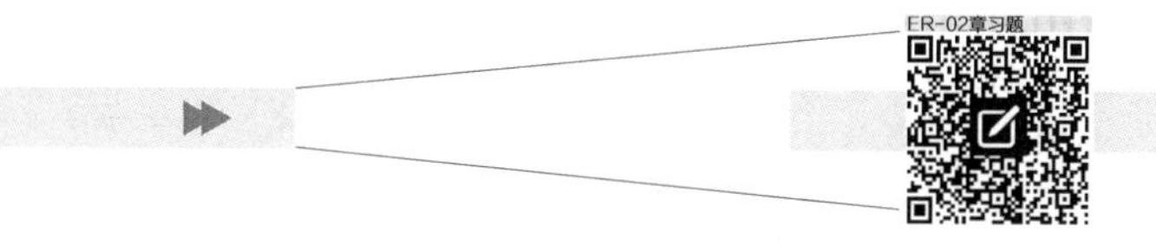

（程运福）

第三章

元件库设计

导学情景

情景描述：

最近，某家医疗器械研究公司需要启动电路板设计项目。该电路包括电阻、电容等分立元件及 DSP 等集成元件。在设计过程中发现，其中 MAX23 及 LM324 等元件不在 Altium Designer 提供的软件集成库中。硬件设计师开始用各种途径创建元件。

学前导语：

电路原理图其实就是各种元件的连接图，绘制电路原理图的过程就是一个用户参照自己的设计理念不断放置元件的过程。Altium Designer 中专门用来存放元件的文件被称之为库文件。本章我们将学习自己建立元件库文件的过程，包括原理图库及 PCB 元件库的创建。

学习目标

1. 掌握原理图符号及 PCB 封装的一些基本术语。
2. 掌握原理图符号的绘制过程。
3. 掌握创建元件封装的过程。
4. 掌握元件集成库的建立及编辑过程。
5. 了解 IPC 封装向导创建器件的过程。

扫一扫，知重点

第一节　认识元器件

如第一章所述，在电路板设计过程中，需要找到相应的原理图符号、PCB 封装形式、模型文件等，才能进行原理图的绘制。通常情况下，设计者可以从 Altium Designer 的安装路径下找到大量的存放元件信息的集成文件。然而，电子元件的种类可以说是不计其数、日新月异，一种元件还分不同的型号、PCB 封装形式、精度等级等种类。因此，在进行原理图设计时往往需要新建一个元器件库来存放必需的元件。

一、原理图符号及 PCB 封装

（一）原理图符号

原理图符号是构成整个原理图的基本单元。一个原理图符号主要包括元件名称、元件属性、元件外形、元件引脚等元素，如图 3-1。

（二）PCB 封装

PCB 封装，就是指把硅片上的电路管脚，用导线接引到外部接头处，以便与其他器件连接，如图 3-2 所示。

PCB 封装（Footprint）是从印制电路板角度来看的，即不同 PCB 封装对应的焊盘形状。PCB 封装是印制电路板设计的基础，如图 3-3 所示。

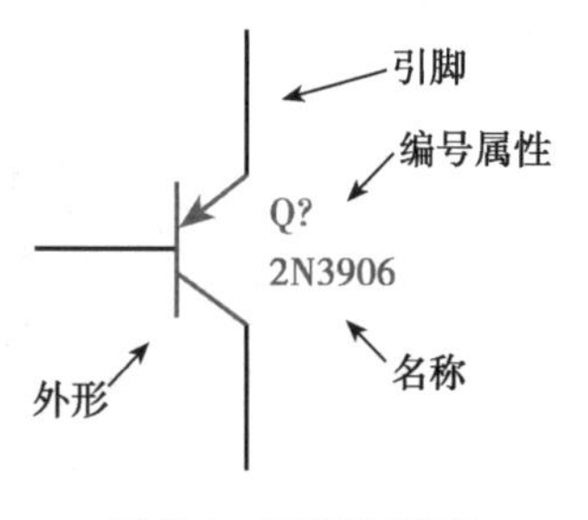

图 3-1　原理图说明

PCB 元件的封装形式有几十种，但总体上可以分为两大类：通孔封装和表面贴元件封装。像传统的针插式电阻元件，体积较大，电路板必须钻孔才能安置元件。完成钻孔后，插入元件，再经过焊接，成本较高。较新的设计往往采用体积小的表面贴片式元件（Surface Mounted Devices，SMD），这种元件不必钻孔，用钢膜将半熔状锡膏倒入电路板，再把 SMD 元件放上，即可焊接在电路板上了。

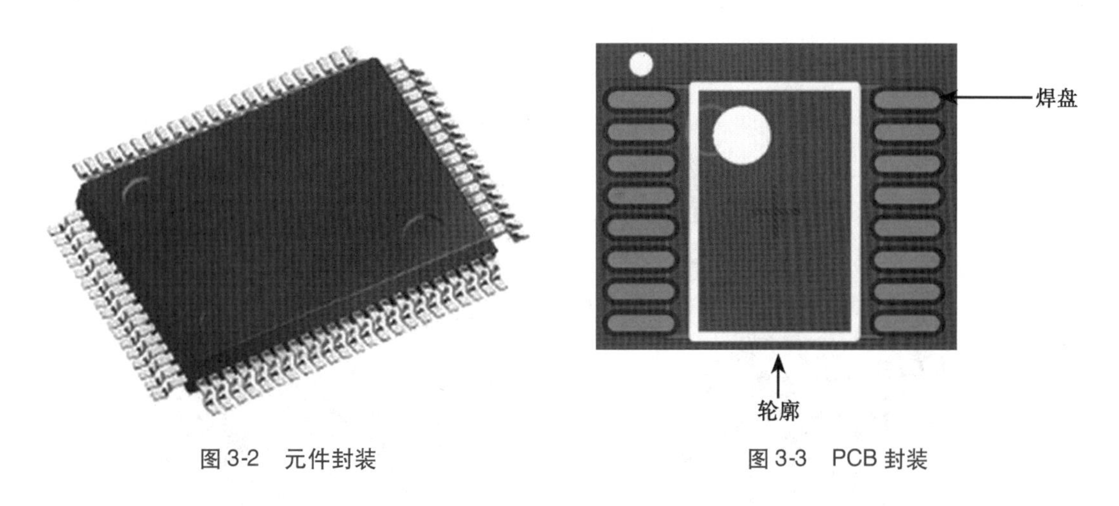

图 3-2　元件封装　　图 3-3　PCB 封装

1. 通孔封装　通孔封装一般是插针式的，如双列直插式封装（Dual In-line Package，DIP）是指采用双列直插形式 PCB 封装的集成电路芯片，绝大多数中小规模集成电路（Integrated Circuit，IC）均采用这种 PCB 封装形式，其引脚数一般不超过 100 个。采用 DIP 封装的芯片有两排引脚，可直接插在有相同焊孔数和几何排列的电路板上进行焊接，也可以根据需要插入到具有 DIP 结构的芯片插座上。DIP 封装的芯片在从芯片插座上插拔时应特别小心，以免损坏引脚。双列直插元件封装的命名规则为 DIP-xx，xx 代表管脚数。如：DIP-8 就是双排，每排有 4 个引脚，两排间距离是 300mil，焊盘间的距离是 100mil，如图 3-4 所示。

2. SMT 表面贴元件封装　SMT（Surface Mounted Technology）就是表面贴装技术的缩写，为目前电子组装行业里最流行的一种技术和工艺。是无须对印制板钻插装孔，直接将表面组装元器件贴、焊到印制板表面规定位置上的装配技术。

下面列举几种常用的表面贴元件 PCB 封装：

（1）塑料有引线芯片载体（Plastic Leaded Chip Carrier，PLCC）封装方式：其外形呈正方形，四周

图 3-4　DIP

都有管脚，外形尺寸比 DIP 封装小得多。PLCC 封装适合用 SMT 表面安装技术在 PCB 上安装布线，具有外形尺寸小、可靠性高的优点，但对焊接工艺要求很高。其 PCB 封装形式为 PLCC-xx，如图 3-5 所示。

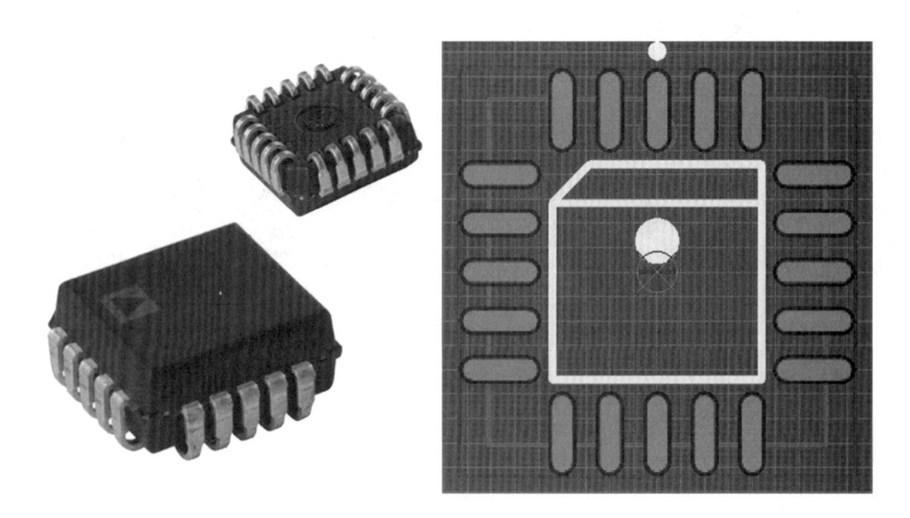

图 3-5　PLCC-20

（2）四侧扁平封装（Quad Flat Package，QFP）：该技术实现的 CPU 芯片引脚之间距离很小，管脚很细，一般大规模或超大规模集成电路采用这种 PCB 封装形式，其引脚数一般都在 100 以上，如图 3-6 所示。

（3）小外形封装（Small Outline Package，SOP/SO）：和 DIP 封装对应，如图 3-7 所示。

（4）无引线芯片载体（Leadless Chip Carrier，LCC）封装：指陶瓷基板的四个侧面只有电极接触而无引脚的表面贴装型封装，是高速和高频 IC 用封装，如图 3-8 所示。

实际上，PCB 绘制的元件封装，将作为元件的具体安装位置，如图 3-9 所示。由此可见，PCB 封装的引脚间距，引脚位置、元件大小至关重要，一有偏差就可能造成巨大的损失。而这些数据，在芯片的数据手册 datasheet 上均可以找到。

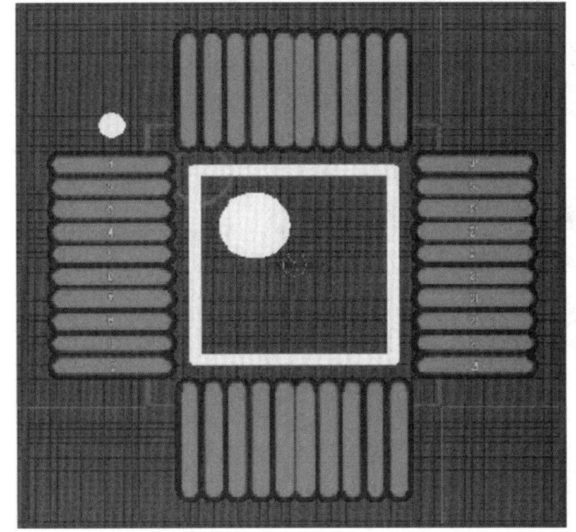

图 3-6　QFP

图 3-7　SO

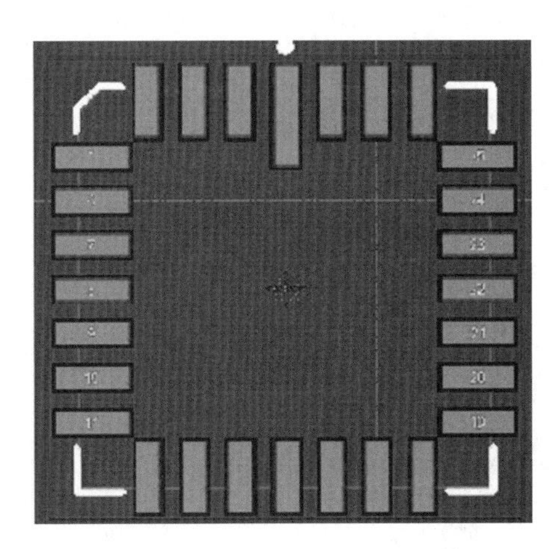

图 3-8　LCC

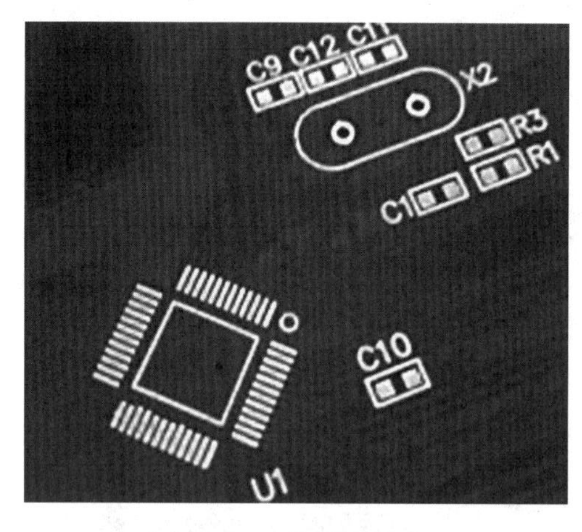

图 3-9　实际电路形式

二、认识元件数据手册（Datasheet）

Datasheet，通常中文翻译为“数据手册”，它是电子元件开发者或者制造者针对其所生产的电子元件而出具的详细描述文件。在 Datasheet 中，它会描述这个电子零件的各种关键数据。越是复杂的电子零件，其 Datasheet 就越复杂。在新建元件库之前，学会参阅数据手册是必不可少的技能。

（一）数据手册的获取

1. 芯片官网　一般情况下，常用器件在各个公司的官网上都能够按照器件型号查找并方便的下载到。如 TI、NXP、ADI、linear 等。

2. Datasheet 下载网站　网上有很多网站提供器件资料的下载服务，要注意的一点是这些网站上的资料可能没有官网上的资料更新速度快，下载后要确认 Datasheet 的版本。有些芯片如果有新版本的情况下，最好还是能去官网下载，以免出现功能上的差异，耽误项目进度。

3. 分销商的网站　除了下载网站外，分销商网站也是个不错的选择，只要是分销商负责分销的器件，基本都能找到相应的资料，并且可以了解到大致的器件价格。分销商网站的另一个好处就是在他们的网站上能找到很多不好确定型号的器件资料，比如一些常用的开关、按键、连接器等。

4. 代理商　有些元器件的应用领域比较特殊，芯片厂商并不会把器件资料直接放到官网上，这时候就需要联系芯片代理商，可能还需要签署一些保密协议，才能拿到器件的 Datasheet。

（二）认识数据手册

一般芯片的 Datasheet 内容很多，要学会抓住重点，快速汲取重点的部分。一般在文档开始最醒

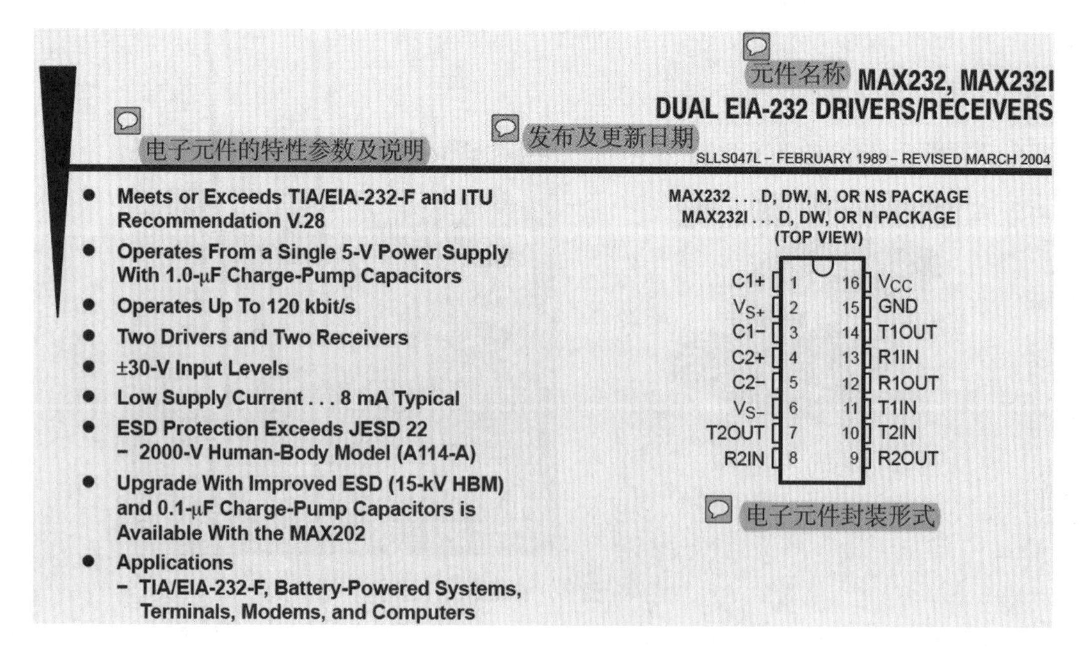

MAX232, MAX232I
DUAL EIA-232 DRIVERS/RECEIVERS

SLLS047L – FEBRUARY 1989 – REVISED MARCH 2004

- Meets or Exceeds TIA/EIA-232-F and ITU Recommendation V.28
- Operates From a Single 5-V Power Supply With 1.0-μF Charge-Pump Capacitors
- Operates Up To 120 kbit/s
- Two Drivers and Two Receivers
- ±30-V Input Levels
- Low Supply Current . . . 8 mA Typical
- ESD Protection Exceeds JESD 22
  – 2000-V Human-Body Model (A114-A)
- Upgrade With Improved ESD (15-kV HBM) and 0.1-μF Charge-Pump Capacitors is Available With the MAX202
- Applications
  – TIA/EIA-232-F, Battery-Powered Systems, Terminals, Modems, and Computers

MAX232 . . . D, DW, N, OR NS PACKAGE
MAX232I . . . D, DW, OR N PACKAGE
(TOP VIEW)

Pin	Name	Pin	Name
1	C1+	16	V_{CC}
2	V_{S+}	15	GND
3	C1−	14	T1OUT
4	C2+	13	R1IN
5	C2−	12	R1OUT
6	V_{S-}	11	T1IN
7	T2OUT	10	T2IN
8	R2IN	9	R2OUT

图 3-10　datasheet 首页

目的位置会显示元件 PCB 封装，并附有简介和特性列表，包括有器件的供电电压、电流、功耗、资源、PCB 封装信息等基本内容，通过这些内容可以快速地明确芯片功能和使用领域。以 MAX232 元件为例，其文档首页如图 3-10 所示，主要有元件名称、元件发布及更新日期、元件的特性参数及说明、电子元件 PCB 封装形式等。

随后 Datasheet 会把参考电路提供出来，在通用的部分，如供电、复位、调试电路等，可以尽量的参考这些有用的文档，提高一次成功的概率。Datasheet 里经常会包含很多图表，在前期硬件设计的时候可以有重点的了解。就本章的元件库的建立，关注的是元件的 PCB 封装。同一个元件名称，可以有不同的 PCB 封装选择，如元件 MAX232 有 N 型（如图 3-11）及 D 型（如图 3-12）等四种 PCB 封装。因此，在元件库设计之初，需要确定采用的 PCB 封装类型。

▶▶ 课堂活动

通过网络下载典型芯片的元件数据手册，并研读数据手册的内容，分析原理图符号形式及 PCB 封装特点。

N(R-PDIP-T**)　　　　PLASTIC DUAL-IN-LINE PACKAGE
16 PINS SHOWN

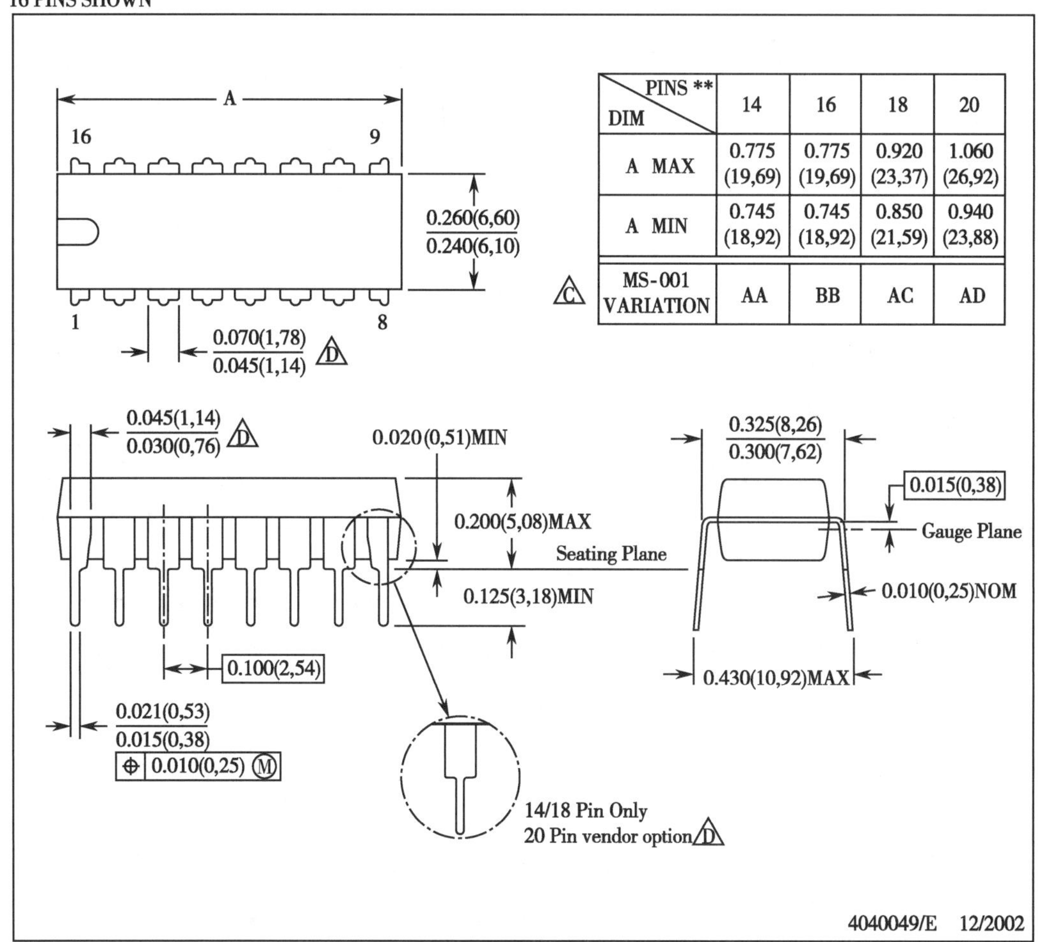

DIM \ PINS **	14	16	18	20
A MAX	0.775 (19,69)	0.775 (19,69)	0.920 (23,37)	1.060 (26,92)
A MIN	0.745 (18,92)	0.745 (18,92)	0.850 (21,59)	0.940 (23,88)
MS-001 VARIATION	AA	BB	AC	AD

NOTES: A. All linear dimensions are in inches (millimeters).
B. This drawing is subject to change without notice.
C. Falls within JEDEC MS-001, except 18 and 20 pin minimum body length (Dim A).
D. The 20 pin end lead shoulder width is a vendor option, either half or full width.

图 3-11　N 型 PCB 封装结构

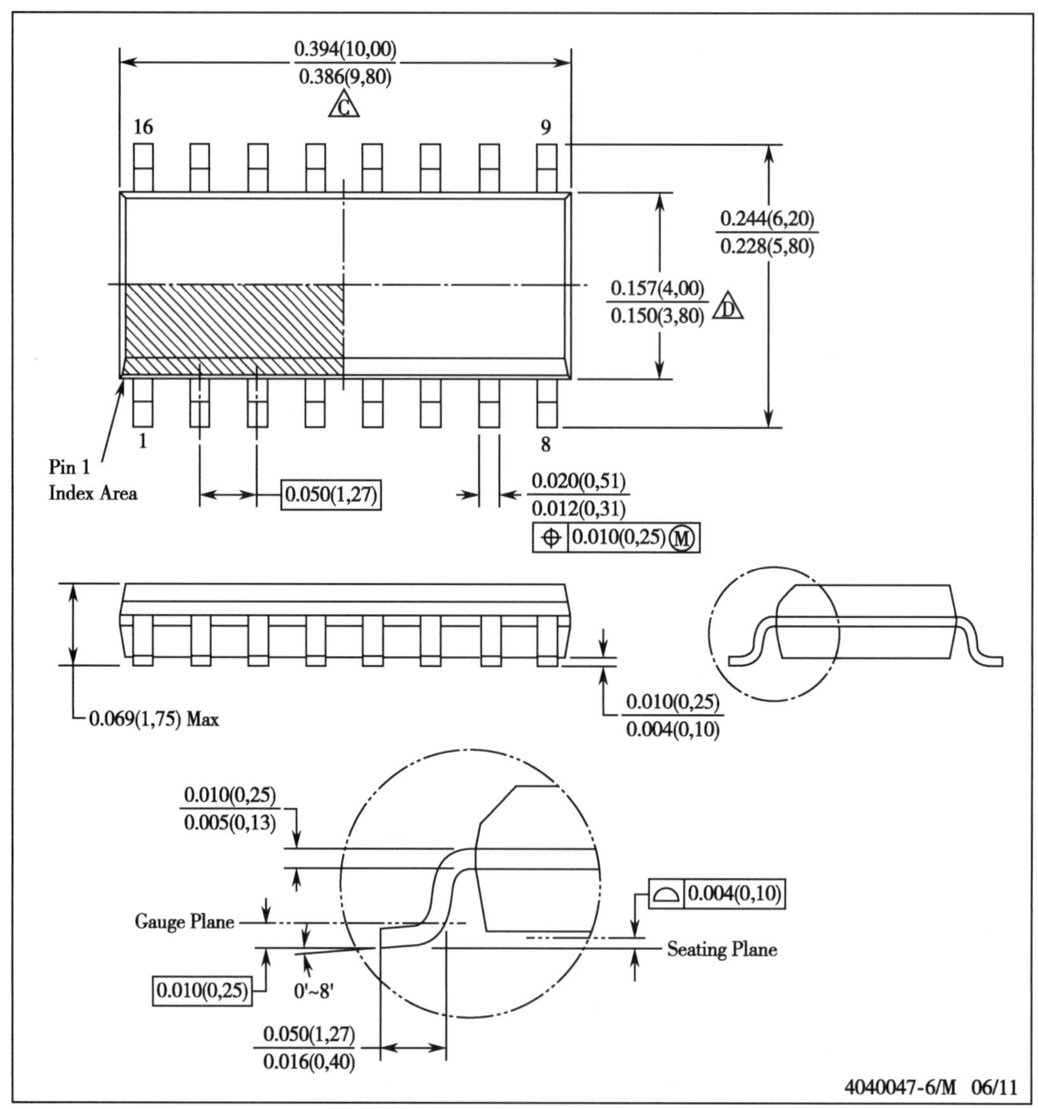

图 3-12　D 型 PCB 封装结构

三、元件库设计流程

Altium Designer 引入了集成库的概念，也就是它将原理图符号、PCB 封装、仿真模型、信号完整性分析、3D 模型都集成在了一起。Altium Designer 的集成库文件位于软件安装路径下的 Library 文件夹中，它提供了大量的元件模型。但若采用的元件特殊，库中不存在，则需要用户自己建立，其设计流程如图 3-13 所示。用户采用集成库中的元件做好原理图设计之后，就不需要再为每一个元件添加各自的模型了，大大地减少了设计者的重复劳动，提高了设计效率。

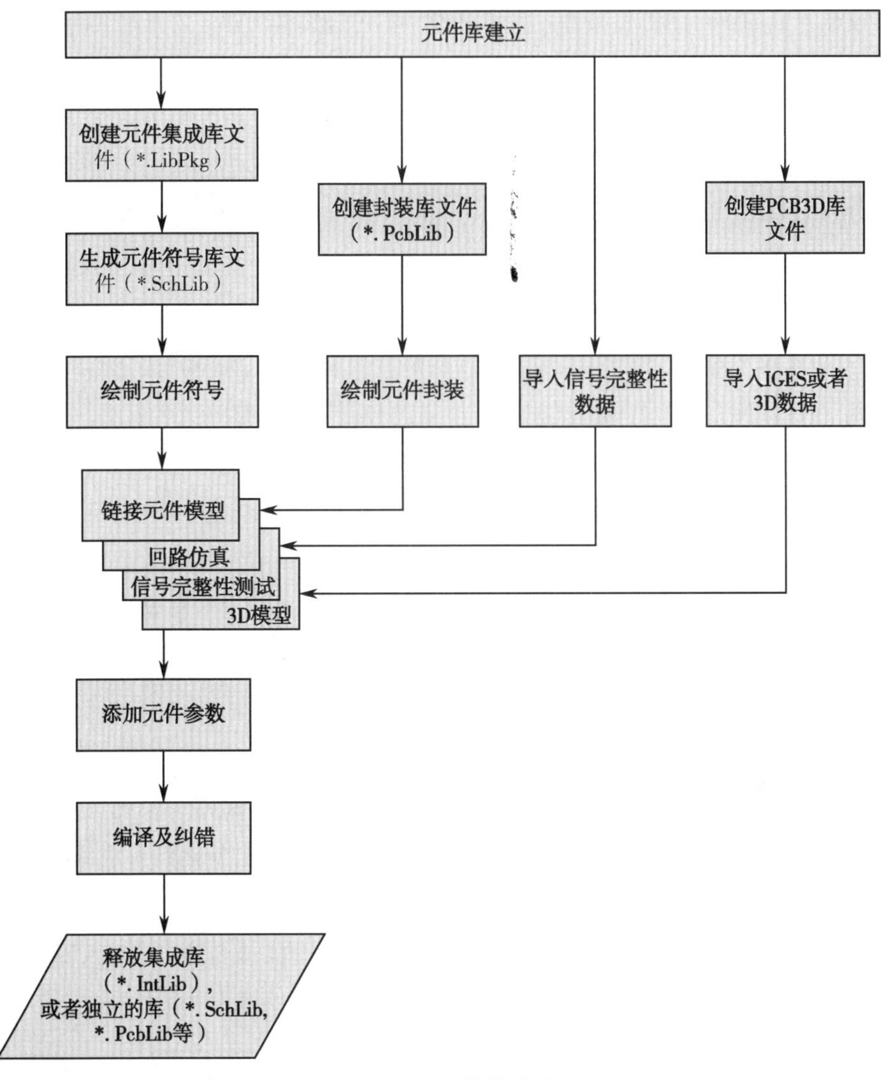

图 3-13　创建元器件库流程

点滴积累

1. 原理图符号主要包括有元件名称、元件属性、元件外形、元件引脚等元素。
2. PCB 元件的封装分为：通孔封装和 SMT 表面贴元件封装。
3. PCB 元件的封装包括焊盘及外形等。

第二节　编辑原理图库

创建元件前，需要创建一个新的原理图库来保存设计内容。新创建的原理图库可以是分立的库，与之关联的模型文件也是分立的。另一种方法是创建一个可被用来结合相关的模型文件编译生成集成库的原理图库。使用该方法需要先建立一个库文件包（ *. LibPkg），由它将分立的原理图库、PCB 元件库和模型文件结合起来。

原理图库编辑器术语：

1. 对象能放置在原理图器件库编辑器工作区内的任何单独项目，例如管脚、直线、弧线、多边形和 IEEE 符号等。注:符号的 IEEE 范围在放置过程中都可以调整大小。在放置符号时,按住“+”和“-”键可扩大和缩小它们。

2. 部件图表对象的集合,用来表示多部件器件中的一个部件(如 7404 里的反相器),或是通用或独立 PCB 封装器件中的一个 PCB 封装器件(如电阻器或 80486 微处理机)。

3. Zero 部件是多部件器件中才有的专用不可视部件。在将器件放置到原理图上时,添加到 Part Zero 中的管脚会自动添加到器件的每个部件上。要将管脚添加到 Part Zero,请将其放置在任一部件中,对它进行编辑,并将“Pin 特性”对话框中的“端口数目”(part number)属性设为“0”。

4. 器件可以是单个部件(如电阻器),也可以是 PCB 封装在一起的部件集合(如 74HCT32)。

5. 别名指当库器件有多个名称共享相同器件描述和图形图像时的命名方法。例如,74LS04 和 74ACT04 可以是 7404 的别名。共享图形信息可以使库变得更为紧凑。

6. 隐藏管脚指器件上存在但不需要显示的管脚。这种情况通常适用于电源管脚。执行此操作后,电源管脚可自动连接到“Pin 特性”对话框中指定的网络。该网络不需要出现在原理图上;网络创建后,它将所有名称与“Connect To net”中所指定的网络相同的隐藏管脚都连接起来。在原理图图纸上可见(也就是不隐藏)的管脚不会自动与其连接。

一、原理图库的编辑环境

在当前设计管理器环境下,执行菜单命令“文件/新建/工程/集成库”,系统将生成一个默认名为“Integrated_Library1. LibPkg”的库文件包。在项目面板内右键单击新建的集成库,在菜单内选择“保存工程”可保存新建的集成库。

执行菜单命令“文件/新建/库/原理图库”,系统将生成一个默认名为“Schlib1. SchLib”文件,如图 3-14 所示。在项目面板内右键单击新建的原理图库,在菜单内选择“保存”可保存新建的原理

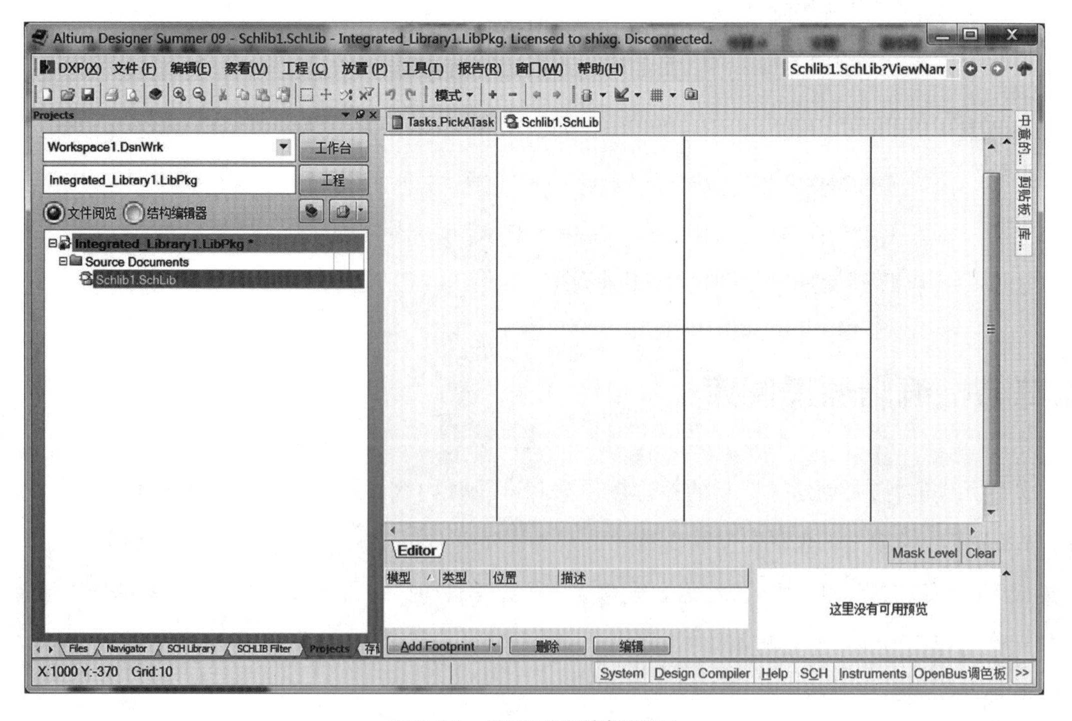

图 3-14　原理图库编辑界面

图库。

(一) 元件库编辑器界面

元件库编辑器主要由主工具栏、菜单栏、常用工具栏、元件库编辑管理器及编辑区组成。元件库编辑区中有一个十字坐标轴，将元件编辑区划分为4个象限。该象限的定义与数学上象限的定义相同，即从右上开始逆时针分为一、二、三、四象限。我们在进行元件编辑时，一般在第四象限工作。

(二) SCH 原理图库面板

在原理图库文件编辑器中，单击工作面板中的“SCH Library(SCH 原理图库)”标签页，即可显示“SCH Library(SCH 原理图库)”面板。该面板是原理图库文件编辑环境中的主面板，几乎包含了用户创建的库文件的所有信息，用于对库文件进行编辑管理，如图3-15所示。

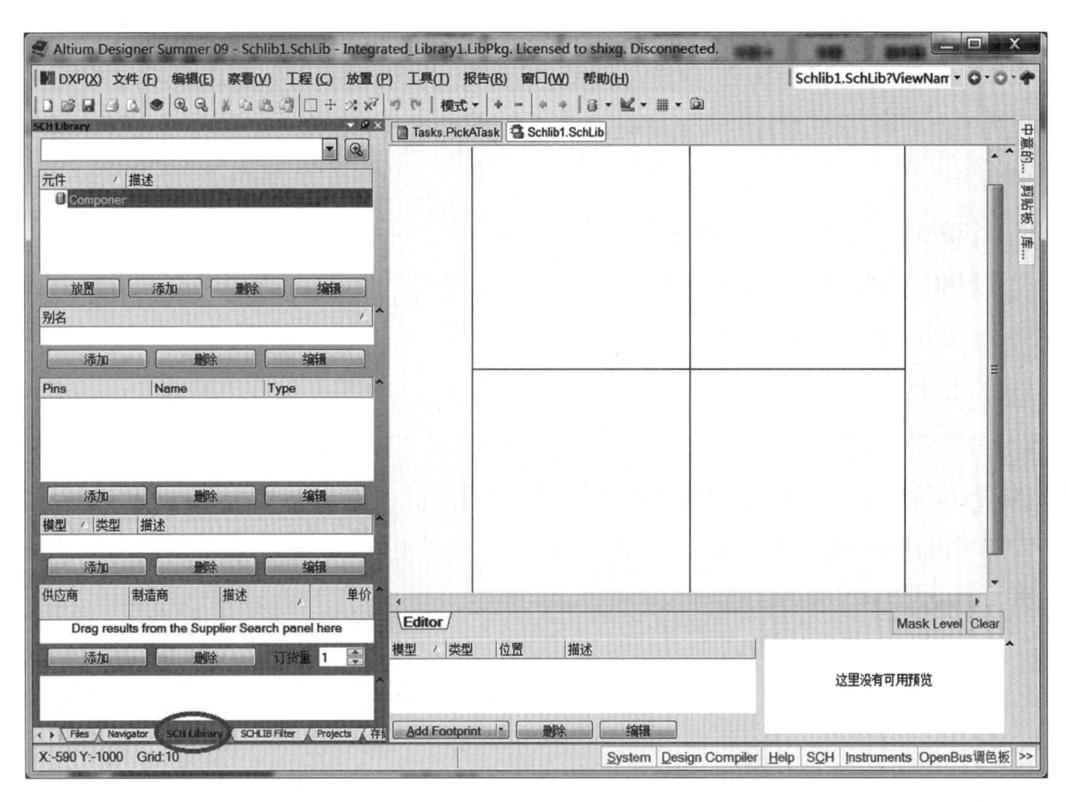

图3-15　元件库编辑器

1. “元件”列表框　在“元件”列表框中列出了当前所打开的原理图库文件中的所有库元件，包括原理图符号名称及相应的描述等。其中各按键的功能如下：

(1)【放置】按键：用于将选定的元件放置到被激活的原理图中。

(2)【添加】按键：用于在该库文件中添加一个元件。

(3)【删除】按键：用于删除选定的元件。

(4)【编辑】按键：用于编辑选定元件的属性。

2. “别名”列表框　在“别名”列表框中可以为同一个库元件的原理图符号设置不同的名称。例如，有些库元件的功能、PCB封装和引脚形式完全相同，但由于产自不同的厂家，其元件型号并不完全一致。对于这样的库元件，没有必要再单独创建一个原理图符号，只需要为已经创建的其中一个库元件的原理图符号添加一个或多个别名就可以了。其中各按键的功能如下：

(1)【添加】按键:为选定元件添加一个别名。

(2)【删除】按键:删除选定的别名。

(3)【编辑】按键:编辑选定的别名。

3. "Pins"列表框　在"元件"列表框中选定一个元件,在"Pins(引脚)"列表框中会列出该元件的所有引脚信息,包括引脚的编号、名称、类型。其中各按键的功能如下：

(1)【添加】按键:为选定元件添加一个引脚。

(2)【删除】按键:删除选定的引脚。

(3)【编辑】按键:编辑选定引脚的属性。

4. "模型"列表框　在"元件"列表框中选定一个元件,在"模型"列表框中会列出该元件的其他模型信息,包括 PCB 封装、信号完整性分析模型、VHDL 模型等。在这里,由于只需要显示库元件的原理图符号,相应的库文件是原理图文件,所以该列表框一般不需要设置。其中各按键的功能如下：

(1)【添加】按键:为选定的元件添加其他模型。

(2)【删除】按键:删除选定的模型。

(3)【编辑】按键:编辑选定模型的属性。

(三) 工具栏

对于原理图库文件编辑环境中的菜单栏及工具栏,主要对"放置"菜单、"工具"菜单及"实用"工具栏进行简要介绍,具体的操作将在后面的章节中进行介绍。

1. 原理图符号绘制工具　"放置"菜单与"实用"工具栏中的各按键对应,如图 3-16,其功能说明如表 3-1 所示。

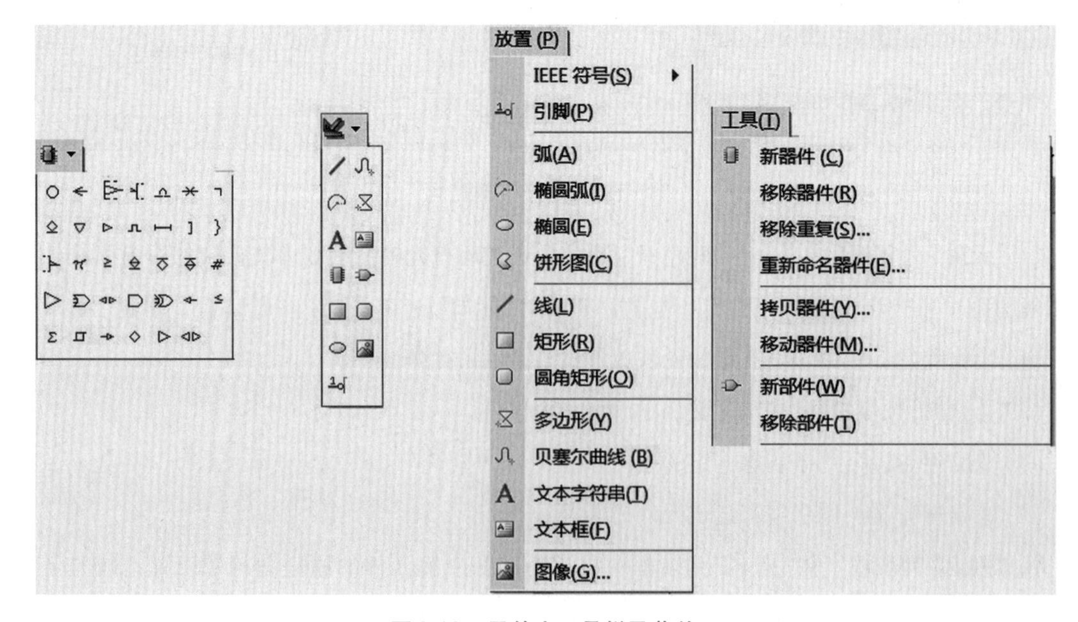

图 3-16　元件库工具栏及菜单

表 3-1　菜单及工具栏选项说明

菜单选项	工具栏图形	快捷键	应用
放置/IEEE 符号		P+S	点击打开 IEEE 符号工具
放置/引脚		P+P	用于放置引脚
放置/弧		P+A	用于绘制弧线
放置/椭圆形		P+I	用于绘制椭圆弧线
放置/椭圆		P+E	用于绘制椭圆
放置/饼形图		P+C	用于绘制扇形
放置/线		P+L	用于绘制直线
放置/矩形		P+R	用于绘制矩形
放置/圆角矩形		P+O	用于绘制圆角矩形
放置/多边形		P+Y	用于绘制多边形
放置/贝塞尔曲线		P+B	用于绘制贝塞尔曲线
放置/文本字符串	A	P+T	用于添加说明文字
放置/文本框		P+F	用于放进文本框
放置/图像		P+G	用于插入图像
工具/新器件		T+C	在当前库文件中添加一个元件
工具/新部件		T+W	在当前元件中添加一个子部件

2. IEEE 符号工具　表 3-2 对 IEEE 符号工具栏各个图标进行了详细介绍。

表 3-2　IEEE 符号工具栏图标的功能

对应“放置/IEEE 符号”的菜单命令	工具栏的图形	应用
点		放置低态触发符号
左右信号流		放置左向信号
时钟		放置上升沿触发时钟脉冲
低有效输入		放置低态触发输入符号
模拟信号输入		放置模拟信号输入符号
非逻辑连接		放置无逻辑性连接符号

续表

对应“放置/IEEE 符号”的菜单命令	工具栏的图形	应用
延迟输出		放置具有暂缓性输出的符号
集电极开路		放置具有开集电极输出的符号
高阻		放置高阻抗状态符号
大电流		放置高输出电流符号
脉冲		放置脉冲符号
延时		放置延时符号
线组		放置多条 I/O 线组合符号
二进制组		放置二进制组合符号
低有效输出		放置低态触发输出符号
Pi 符号		放置 π 符号
大于等于		放置大于等于号
集电极开路上拉		放置具有提高阻抗的开集电极输出符号
发射极开路		放置发射极输出符号
发射极开路上拉		放置具有电阻接地的发射极输出符号
数字信号输入		放置数字输入符号
反相器		放置反相器符号
或门		放置或门符号
输入输出		放置输入、输出符号
与门		放置与门符号
异或门		放置异或门符号
左移位		放置数据左移信号
小于等于		放置小于等于号
Sigma		放置 Σ 符号
施密特电路		放置施密特触发输入特性的符号
右移位		放置数据右移符号
开路输出		放置开路输出符号
左右信号流		放置右向信号传输符号
双向信号流		放置双向信号流符号

二、新建集成原理图符号

下面以 MAX232(图 3-17)为例,说明集成元件的绘制方法。

(一) 建立新元件

打开新建原理图库编辑器 Schlib1. SchLib,执行菜单命令“工具/新器件”建立新元件编辑环境,弹出“New Component Name”对话框,如图 3-18 所示,输入新元件名称 MAX232,点击【确定】按键进入新元件编辑状态,按【Page Up】/【Page Down】按键将画面放大/缩小。

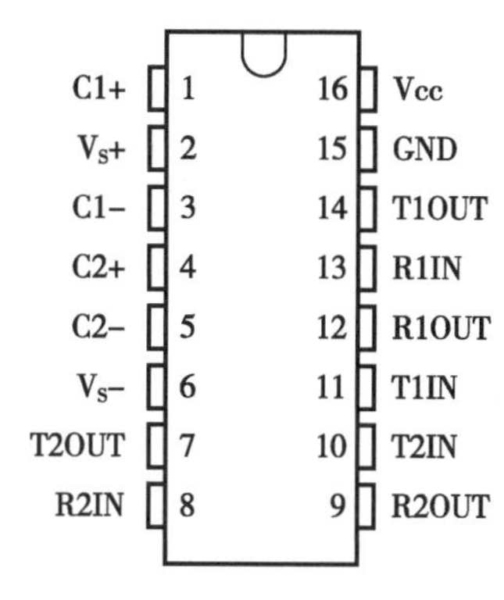

图 3-17　MAX232 芯片

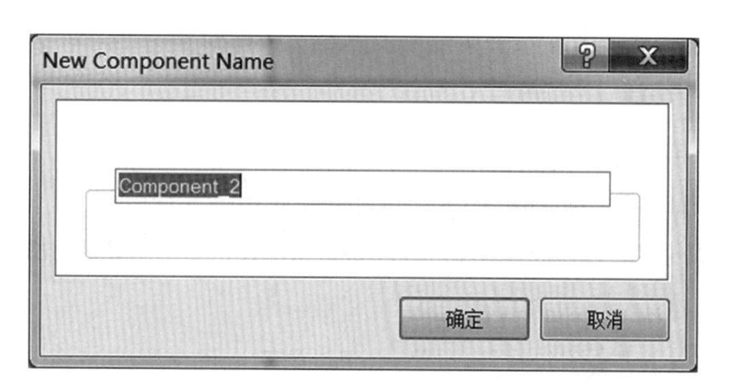

图 3-18　“New Component Name”对话框

(二) 绘制矩形

执行菜单命令“放置\矩形”,光标变成十字形状,并附有一个矩形符号。单击两次,在编辑窗口的第四象限内(原点附近)确定矩形的左上角和右下角,绘制一个矩形。矩形用来作为库元件的原理图符号外形,其大小应根据要绘制的库元件引脚数的多少来决定。由于 MAX232 为 16 个引脚,所以应画成长方形,并画得大一些,以便于引脚的放置。所有引脚放置完毕后,可以再调整成合适的尺寸。如图 3-19 所示。

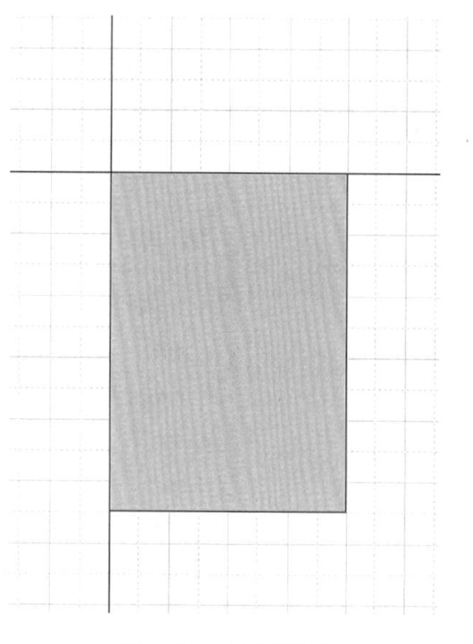

图 3-19　绘制矩形

(三) 绘制元件引脚

1. 引脚输入输出属性的确定　根据 MAX232 的 Datasheet 可知,MAX232 芯片是专门为电脑的 RS-232 标准串口设计的接口电路,使用+5V 单电源供电。内部结构基本可分三个部分:

第一部分是电荷泵电路。由 1、2、3、4、5、6 脚和 4 只电容构成。功能是产生+12V 和-12V 两个电源,提供给 RS-232 串口电平的需要。

第二部分是数据转换通道。由 7、8、9、10、11、12、13、14 脚构成两个数据通道。其中 13 脚(R1IN)、12 脚(R1OUT)、11 脚(T1IN)、14 脚(T1OUT)为第一数据通道。8 脚(R2IN)、9 脚(R2OUT)、10 脚(T2IN)、7 脚(T2OUT)为第二数据通道。TTL/CMOS 数据从 T1IN、T2IN 输入转换成 RS-232 数据从 T1OUT、T2OUT 送到电脑 DP9 插头;DP9 插头的 RS-232 数据从 R1IN、R2IN 输入转换

成 TTL/CMOS 数据后从 R1OUT、R2OUT 输出。

第三部分是供电。15 脚 GND、16 脚 VCC（+5V）。

2. 绘制引脚　执行菜单命令“放置/引脚”，把鼠标移至合适位置，按【X】键可以左右翻转，按【Y】键上下翻转，按【Space】键引脚旋转，使鼠标的十字交叉一端向内，如图 3-20。单击鼠标左键，即可添加好一个管脚，随后管脚的编号将自动累加，如果要结束管脚添加可单击鼠标右键或按键盘【Esc】键。

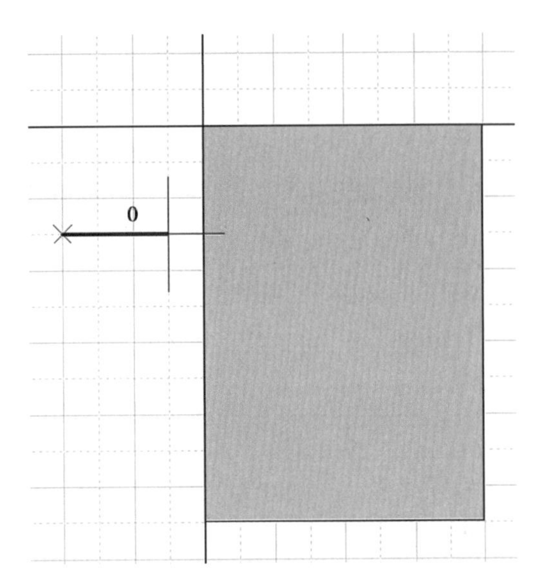

图 3-20　放置引脚

3. 编辑引脚属性　双击需要编辑的引脚，进入“Pin 特性”对话框（若没有确定引脚放置位置，可以按【Tab】键盘键进入），如图 3-21 所示，在对话框中对引脚进行属性修改。

对话框中的各项定义为：

（1）“显示名称”文本框：用于设置库元件引脚的名称。例如，把引脚设定为第 11 引脚的名称为 T1IN。

（2）“标识”文本框：用于设置库元件引脚的编号，应该与实际的引脚编号相对应，这里输入 11。

（3）“电气类型”下拉列表框：用于设置库元件引脚的电气特性。有 Input（输入）、IO（输入输出）、Output（输出）、OpenCollector（打开集流器）、Passive（中性的）、Hiz（脚）、Emitter（发射器）和

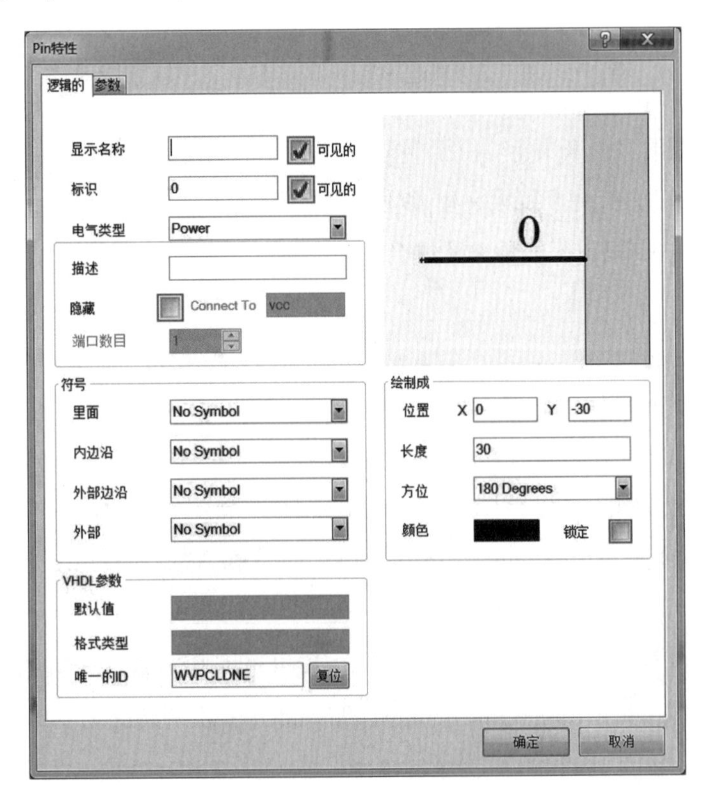

图 3-21　引脚属性对话框

Power（激励）8 个选项。在这里，我们选择“Input”（输入）选项，表示设置成输入引脚。当不了解引脚属性时，可以选择“Passive”，表示不对引脚电气特性做设置。

（4）“描述”文本框：用于填写库元件引脚的特性描述。

（5）“隐藏”复选框：用于设置引脚是否为隐藏引脚。若勾选该复选框，则引脚将不会显示出来。此时，应在右侧的“连接到”文本框中输入与该引脚连接的网络名称。

（6）“符号”选项组：根据引脚的功能及电气特性为该引脚设置不同的 IEEE 符号，作为读图时的参考。可放置在原理图符号的内部、内部边沿、外部边沿或外部等不同位置，没有任何电气意义。

（7）“VHDL 参数”选项组：用于设置库元件的 VHDL 参数。

（8）“绘制成”选项组：用于设置该引脚的位置、长度、方向、颜色等基本属性。

设置完毕后，单击【确定】按键，关闭该对话框，MAX232 的属性如表 3-3 所示。

表 3-3　MAX232 引脚的属性

显示名称	标识	电气类型	显示名称	标识	电气类型
C1+	1	Passive	R2OUT	9	Output
Vs+	2	Passive	T2IN	10	Input
C1-	3	Passive	T1IN	11	Input
C2+	4	Passive	R1OUT	12	Output
C2-	5	Passive	R1IN	13	Input
Vs-	6	Passive	T1OUT	14	Output
T2OUT	7	Output	GND	15	Power
R2IN	8	Input	VCC	16	Power

管脚属性修改后的图形如图 3-22 所示。

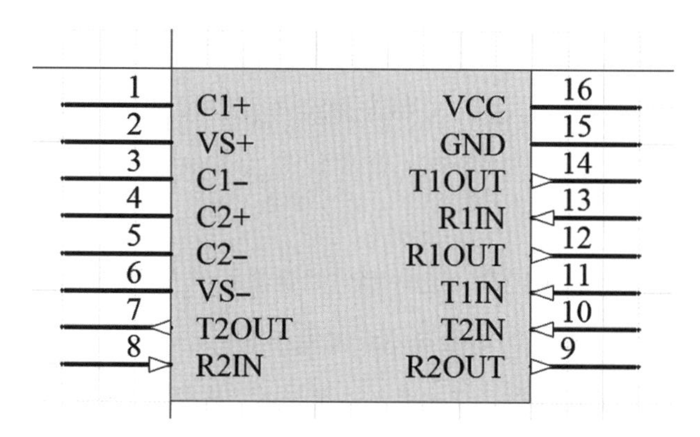

图 3-22　修改后的元件图

知识链接

低电平引脚设置

有的电子元件在电路工作中是低电平使用有效，因此在原理图标号中要求在其名称上画一条直线表示该管脚是低电平有效，如在显示名称内输入“I\N\T\0”，引脚便会显示成$\overline{\text{INT0}}$。

（四）设置元件属性

双击“SCH Library（SCH 原理图库）”面板原理图符号名称栏中的库元件名称 MAX232，系统将弹出图 3-23 所示的“Library Component Properties”对话框。

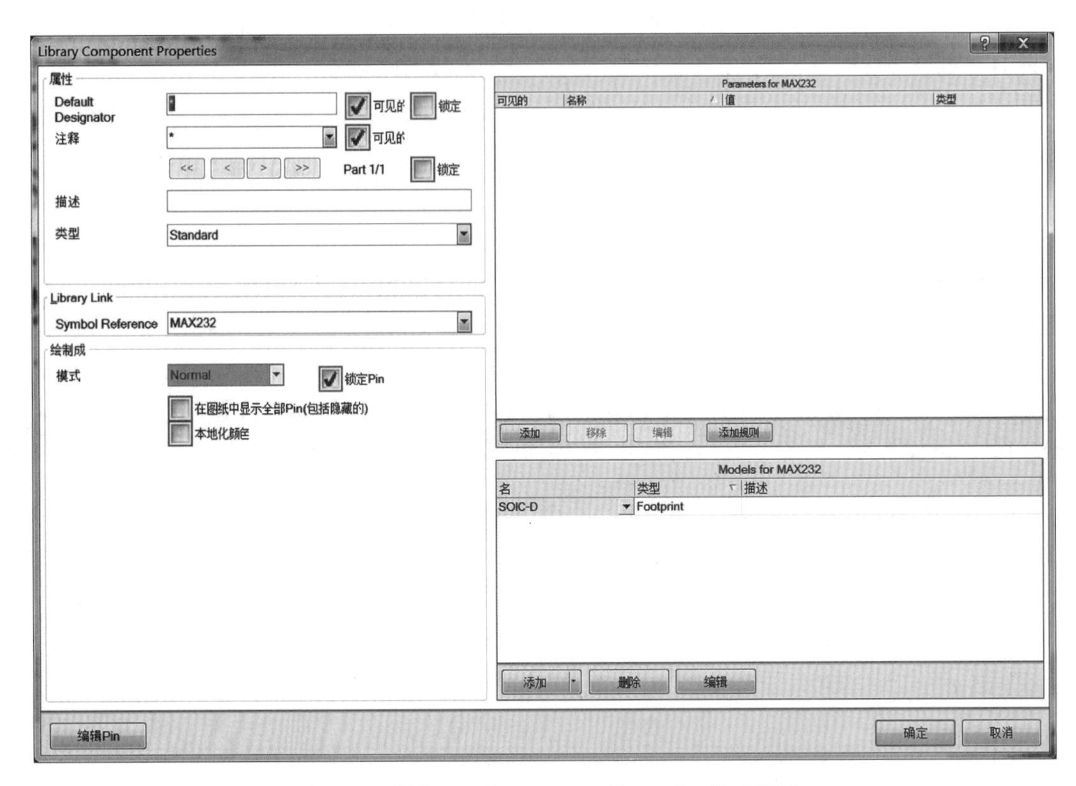

图 3-23　“Library Component Properties”对话框

在该对话框中可以对自己所创建的库元件进行特性描述，并且设置其他属性参数，主要设置内容包括以下几项：

（1）“Default Designator（默认符号）”文本框：默认库元件标号，即把该元件放置到原理图文件中时，系统最初默认显示的元件标号。这里设置为“U?”，并勾选右侧的“可见的”复选框，则放置该元件时，序号“U?”会显示在原理图上。

（2）“注释”下拉列表框：用于说明库元件型号。这里设置为“MAX232”，并勾选右侧的“可见的”复选框，则放置该元件时，“MAX232”会显示在原理图上。

（3）“描述”文本框：用于描述库元件功能。这里输入“DUAL EIA-232 DRIVERS/RECEIVES”。

（4）“类型”下拉列表框：备用器件类型，供特殊情况下使用。图形器件在 BOM 中不会同步化或包括在 BOM 中。机械类型只有在它们同时存在于原理图和 PCB 中时才会同步，并且可以存在于 BOM 中。这里采用系统默认设置“Standard”类型。

（5）“Library Link”选项组：库元件在系统中的标识符。这里输入“MAX232”。

（6）“在图纸中显示全部 Pin（包括隐藏的）”复选框：勾选后，在原理图上会显示该元件的全部引脚。

（7）“锁定 Pins”复选框：勾选该复选框后，所有的引脚将和库元件成为一个整体，不能在原理图上单独移动引脚。建议勾选该复选框,这样对电路原理图的绘制和编辑会有很大好处,以减少不必要的麻烦。

(8)“Parameters for MAX232”列表框:单击【添加】按键,可以为库元件添加其他的参数,如版本、作者等。

(9)“Models for MAX232”列表框:单击【添加】按键,可以为该库元件添加其他的模型,如 PCB 封装模型、信号完整性模型、仿真模型、PCB3D 模型等。

点击对话框左下角的【Edit Pins】按键,系统将弹出图 3-24 所示的“元件管脚编辑器”对话框,在该对话框中可以对该元件所有引脚统一设置,按【确定】返回属性设置对话框。

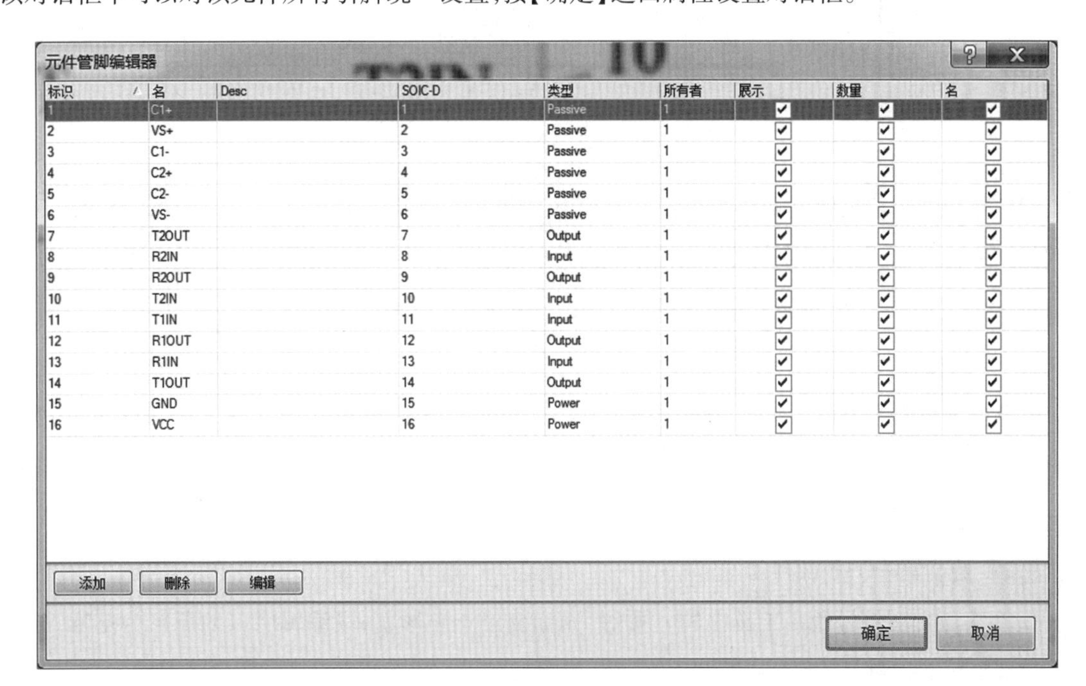

标识	名	Desc	SOIC-D	类型	所有者	展示	数量	名
1	C1+		1	Passive	1	✔	✔	✔
2	VS+		2	Passive	1	✔	✔	✔
3	C1-		3	Passive	1	✔	✔	✔
4	C2+		4	Passive	1	✔	✔	✔
5	C2-		5	Passive	1	✔	✔	✔
6	VS-		6	Passive	1	✔	✔	✔
7	T2OUT		7	Output	1	✔	✔	✔
8	R2IN		8	Input	1	✔	✔	✔
9	R2OUT		9	Output	1	✔	✔	✔
10	T2IN		10	Input	1	✔	✔	✔
11	T1IN		11	Input	1	✔	✔	✔
12	R1OUT		12	Output	1	✔	✔	✔
13	R1IN		13	Input	1	✔	✔	✔
14	T1OUT		14	Output	1	✔	✔	✔
15	GND		15	Power	1	✔	✔	✔
16	VCC		16	Power	1	✔	✔	✔

图 3-24 “元件管脚编辑器”对话框

(五) 向原理图符号添加模型

可以向原理图符号添加任意数量的 PCB 封装,同样也可以添加用于仿真及信号完整性分析的模型。这样,当在原理图中摆放元件时可以从元件属性对话框中选择合适的模型。有几种不同的向元件添加模型的方式:

1. 可以从通过数据手册新建 PCB 元件库(本章第三节中详述)中添加模型。

2. 从已经存在的 Altium 库中添加模型。PCB 元件库存放在“Altium\Library\Pcb”路径里的 PCB 库文件(. pcblib fil es)中。

3. 电路仿真用的 SPICE 模型文件(. ckt and . mdl)存放在“Altium\Library”路径里的集成库文件中。

本文中将采用第一种方式,详细的介绍将在第四节中详述。

(六) 保存当前原理图符号

三、新建含有子部件的原理图符号

一些元件内部的结构是由多个同类型的功能电路组成的,它们各自独立工作,只是在芯片中使用同一组电源，这类器件我们在绘制原理图时可以使用子部件的形式绘制出来。下面以 LM324（图 3-25）为例，说明含有子部件元件的绘制方法。

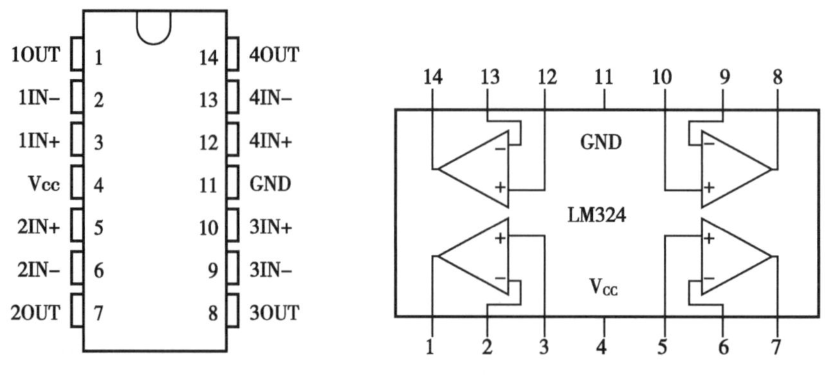

图 3-25　LM324 芯片

LM324 是四运放集成电路，它采用 14 脚双列直插塑料 PCB 封装，它的内部包含四组形式完全相同的运算放大器，除电源共用外，四组运算放大器相互独立。每一组运算放大器有 5 个引出脚，其中“IN+”“IN-”为两个信号输入端，“VCC”“GND”为电源端，“OUT”为输出端。

（一）建立新元件

打开原理图库编辑器 Schlib1. SchLib，执行菜单命令“工具/新器件”建立新元件编辑环境，弹出“New Component Name”对话框，输入新元件名称 LM324，点击【确定】按键进入新元件编辑状态，按【Page Up】/【Page Down】按键将画面放大/缩小。

（二）绘制第一个子部件

1. 单击原理图符号绘制工具中的按键，光标变成十字形状，以编辑窗口的原点为基准，绘制一个三角形放大器符号。

2. 放置引脚。单击原理图符号绘制工具中的按键，光标变成十字形状，按【Tab】键进入属性设置对话框。

其中 1 引脚为输出端“OUT1”，2、3 引脚为输入端“1IN-”“1IN+”，4、11 引脚为公共的电源引脚“VCC”“GND”对这两个电源引脚的属性可以设置为“隐藏”，“端口数据”选择“0”，如图 3-26 所示。执行菜单命令“察看/显示隐藏管脚”，可以切换进行显示察看或隐藏。

3. 完成第一个部件的原理图符号，如图 3-27 所示。

（三）创建库元件的第二个子部件

1. 执行菜单命令“编辑/选中/内部区域”，或者“原理图库标准”工具栏里（区域内选择对象）按键和使用快捷键【S+A】，将图 3-27 中的子部件符号选中。

2. 单击“原理图库标准”工具栏里（复制）按键，或快捷键【Ctrl+C】复制子部件原理图符号。

3. 执行菜单命令“工具/新部件”，在“SCH Library”面板上库元件 LM324 的名称前多了一个 + 符号，单击 + 符号，可以看到该元件中有两个子部件，刚才绘制的子部件符号系统已经命名为“Part A”另一个子部件“Part B”是新创建的。如图 3-28 所示。

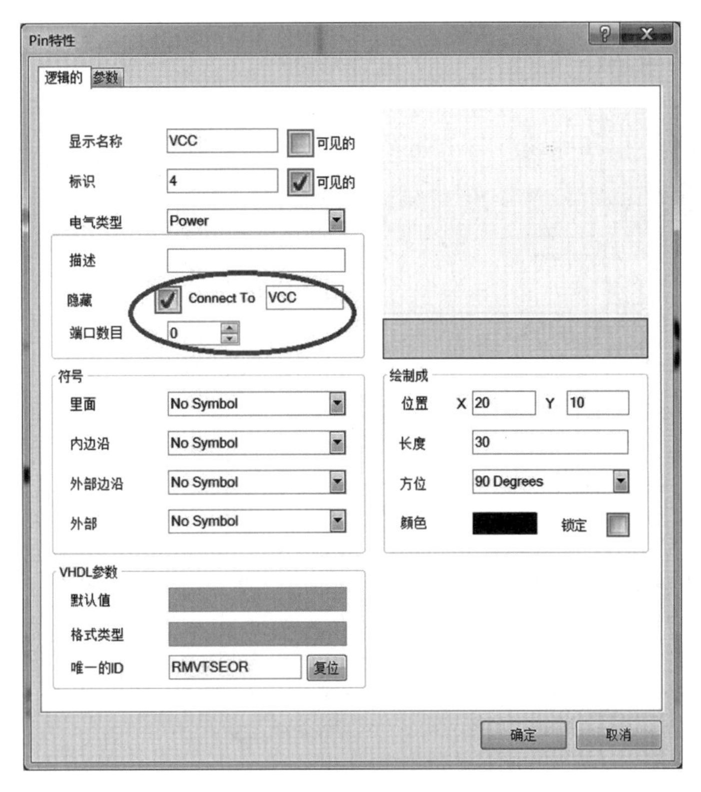

图 3-26　引脚的属性设置框

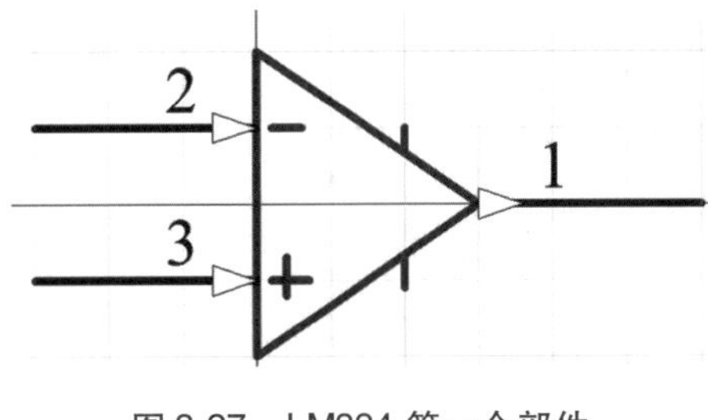

图 3-27　LM324 第一个部件

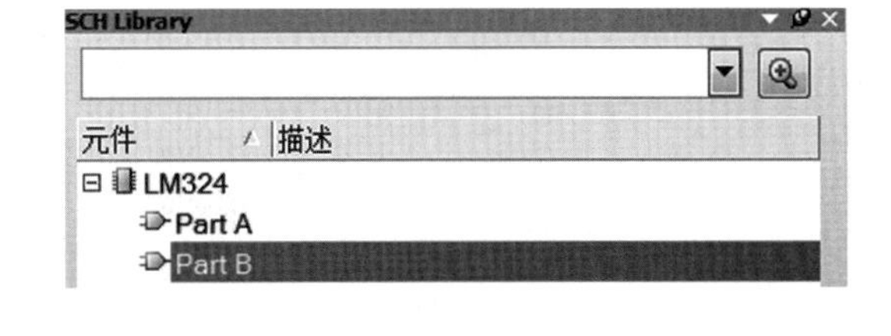

图 3-28　新增 PartB

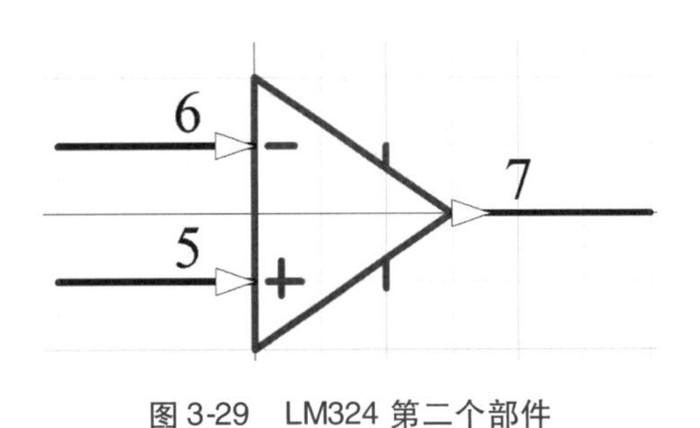

图 3-29　LM324 第二个部件

4. 单击"原理图库标准"工具栏里中的(粘贴)按键,将复制的子部件符号粘贴在"Part B"中,并改变引脚序号:7 引脚为输出端"2OUT",6、5 引脚为输入端"2IN-""2IN+",8、4 引脚仍为公共的电源引脚,如图 3-29 所示。

至此,一个含有两个子部件的库元件就创建好了。使用同样的方法,可以创建含有多个子部件的库元件。

四、从其他库复制元件

除了自己创建元件,还可以从已有的原理图库中复制到当前的原理图库,然后根据需要对元件属性进行修改。执行菜单命令"文件/打开",选择需要打开的集成库(如打开安装目录中的 Miscellaneous Devices . IntLib 文件)，如图 3-30 所示。

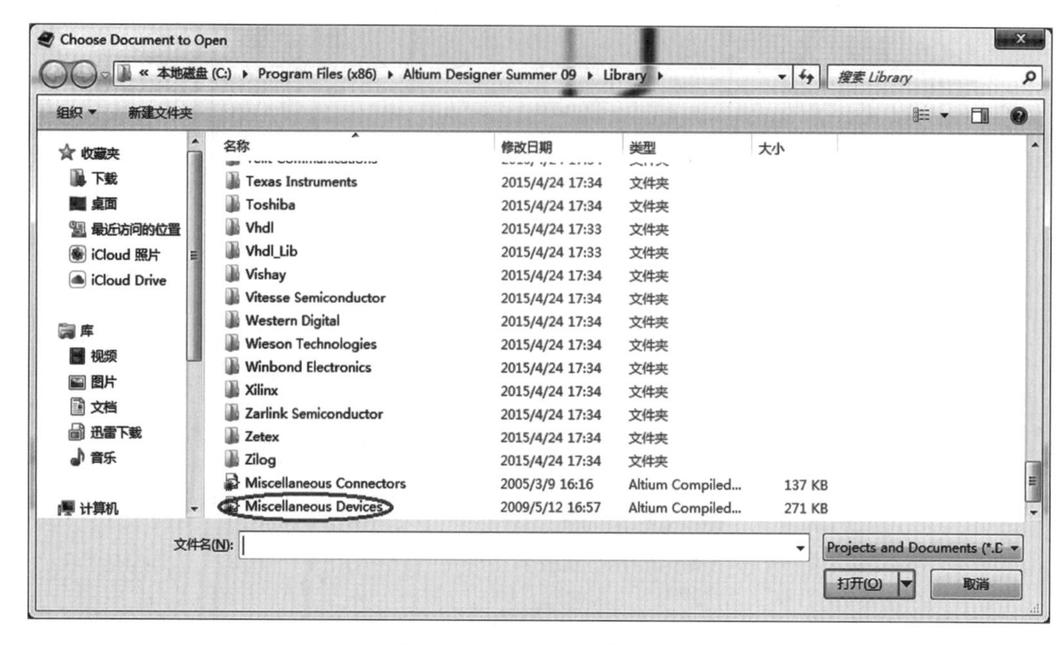

图 3-30　打开已有集成库文件

由于编辑集成库仅打开“ ∗. IntLib”文件，系统就会询问是否需要解压缩，如图 3-31 所示。

图 3-31　摘录源文件或安装文件

单击【摘取源文件】将看到如图 3-32 所示内容。

图 3-32　打开的已有库文件树状图

1. 点击“SCH Library”面板，在“元件”列表中选中需要复制的元件，也可以按住【Shift】/【Ctrl】按键后点击多个元件，如图 3-33 所示。

2. 右击鼠标，选择“复制”命令。

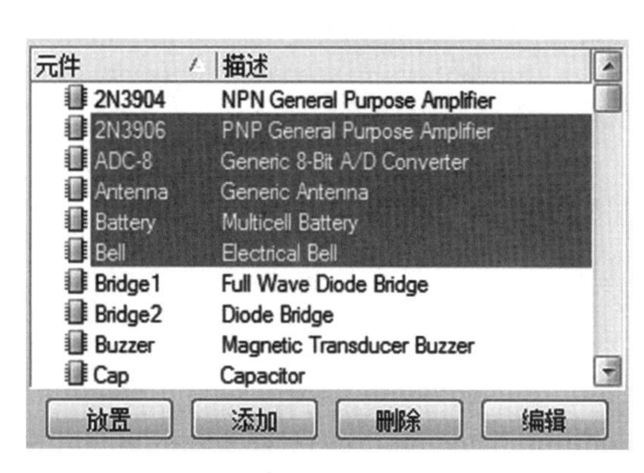

图 3-33　选中多个元件

图 3-34　粘贴已有元件

3. 切换至新建的原理图库文件的“SCH Library”面板，在“元件”列表空白处右击鼠标，选择“粘贴”命令，如图 3-34。

4. 粘贴后的“元件”列表元件名、符号和属性均复制了原有库的设置，可以通过【编辑】按键，打开“Library Component Properties”对话框进行元件属性的修改。也可以在编辑窗口进行符号的调整。

知识链接

集　成　库

Altium Designer 提供的元件都存在一组集成库里面。在集成库中的元件不仅有原理图符号，还集成了其他文件所需的相应的模型文件，如 PCB 封装、电路仿真模型、信号完整性分析模型、3D 模型等。大多数集成库都是符合厂商规定的。Miscellaneous Devices. IntLib 是用来存放典型分立元件的集成库文件。系统提供的集成库存放于安装路径下\Program Files\Altium Designer\Library\文件夹中。

五、保存原理图库

一旦对原理图库做了修改，便可见原理图库文件后增加了“ * ”标记，如图 3-35 所示。右击文件名，进行文件的保存。

点滴积累

1. 绘制矩形从原点开始。
2. 原点的定位可以执行菜单命令“编辑\跳转\原点”实现，也可以通过键盘按键【Ctrl+Home】实现。在原理图库建立中，【Page Up】【Page Down】【D+O】【P+P】等为常用的快捷方式。

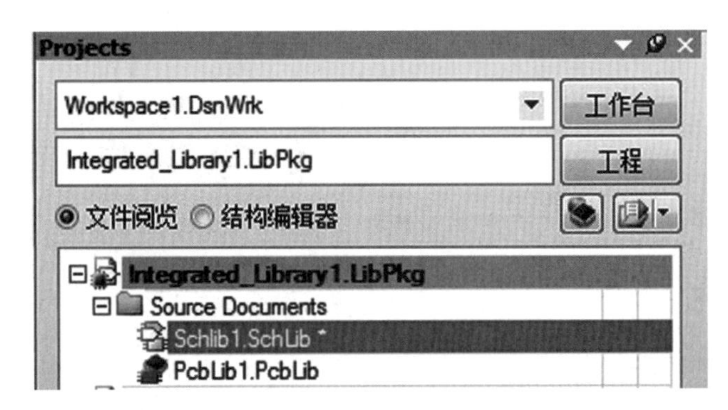

图 3-35　修改内容后显示

第三节　编辑元件 PCB 封装

一、PCB 元件库的编辑环境

如果要使用的某个元件 PCB 封装在软件提供的 PCB 元件库中没有，那就需要创建一个元件 PCB 封装。

执行菜单命令“文件/新建/库/PCB 元件库”，系统将生成一个默认名为“Pcblib1. PcbLib”文件，如图 3-36 所示。在项目面板内右键单击新建的原理图库，执行菜单命令“保存”可保存新建的原理图库。

（一）PCB 元件库编辑器界面

在 PCB 元件库编辑器中独有的“PCB Library”面板，提供了对 PCB 元件库内元件 PCB 封装统一

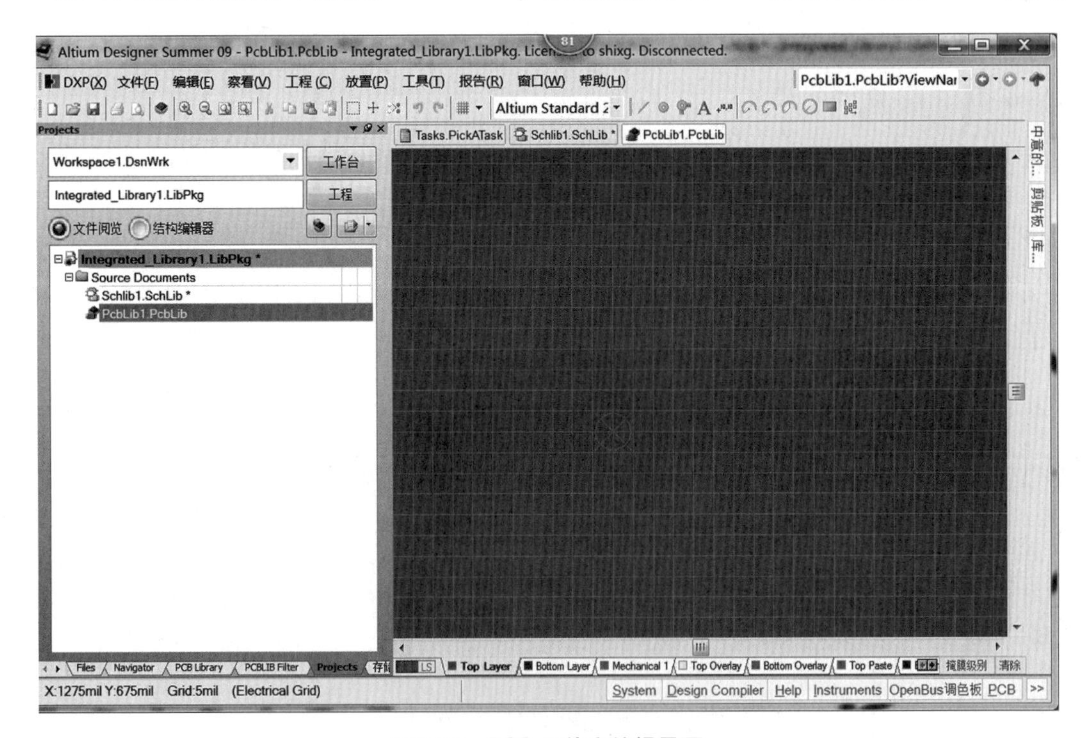

图 3-36　PCB 元件库编辑界面

编辑、管理的界面。“PCB Library”面板如图 3-37 所示，分为“面具”“元件”“元件的图元”和缩略图显示框 4 个区域。

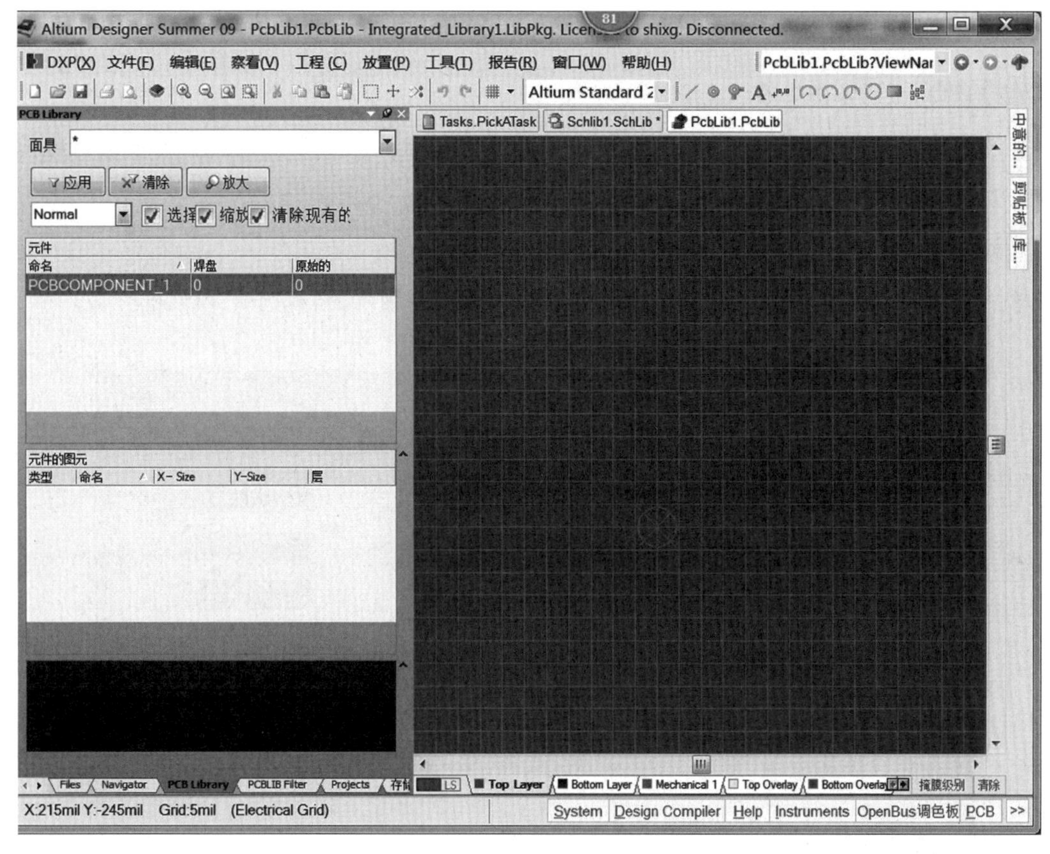

图 3-37　“PCB Library”面板

1. “面具”对该库文件内的所有元件 PCB 封装进行查询，并根据屏蔽框中的内容将符合条件的元件 PCB 封装列出。

2. “元件”列出该库文件中所有符合“面具”栏设定条件的元件 PCB 封装名称，并注明其焊盘数、图元数等基本属性。在“元件”区中单击右键将显示菜单选项，可以新建器件、编辑器件属性、复制或粘贴选定器件，或更新开放 PCB 的器件 PCB 封装。

双击元件列表中的元件 PCB 封装名，工作区将显示该 PCB 封装，并弹出如图 3-38 所示的“PCB

PCB库元件 [mil]
库元件参数
名称　PCBComponent_1　高度　0mil
描述
确定　取消

图 3-38　“PCB 库元件”对话框

库元件"对话框。在该对话框中可以修改元件 PCB 封装的名称和高度。高度是供 PCB 3D 显示时使用的。

3. "元件的图元"区列出了属于当前选中器件的图元。单击列表中的图元,在设计窗口中加亮显示。

（二）PCB 元件库编辑器环境设置

进入 PCB 元件库编辑器后,需要根据要绘制的元件 PCB 封装类型对编辑器环境进行相应的设置。

"器件库选项"设置:执行菜单命令"工具/器件库选项"。或者在工作区右击,在弹出的右键快捷菜单中单击"工具/器件库选项"命令,系统将弹出如图 3-39 所示的"板选项"对话框。

图 3-39　"板选项"对话框

1. **"度量单位"选项组**　用于设置 PCB 板的单位。Imperial 代表英制(mil),Metric 代表公制(mm)。

2. **"捕获网格"选项组**　用于设置捕获格点。该格点决定了光标捕获的格点间距,X 与 Y 的值可以不同,这里设置为 10mil。

3. **"器件网格"选项**　用于设置元件格点。针对不同引脚长度的元件,用户可以随时改变元件格点的设置,这样可以精确地放置元件。

4. **"电气网格"选项组**　用于设置电气捕获格点。电气捕获格点的数值应小于"捕获网格"的数值,只有这样才能较好地完成电气捕获功能。

5. **"可视网格"选项组**　用于设置可视格点。这里 Grid1 设置为 10mil,Grid 2 设置为 100mil。

6. **"页面位置"选项组**　用于设置图纸的 X、Y 坐标和长、宽。

7. **"显示页面"复选框**　用于设置 PCB 图纸的显示与隐藏。这里勾选该复选框。

其他选项保持默认设置，单击【确定】按键，关闭该对话框，完成“器件库选项”对话框设置。

（三）“电路板层和颜色”设置

执行菜单命令“工具/板层和颜色”。或者在工作区右击，在弹出的右键快捷菜单中执行“选项/板层颜色”命令，系统将弹出如图3-40所示的“视图配置”对话框。

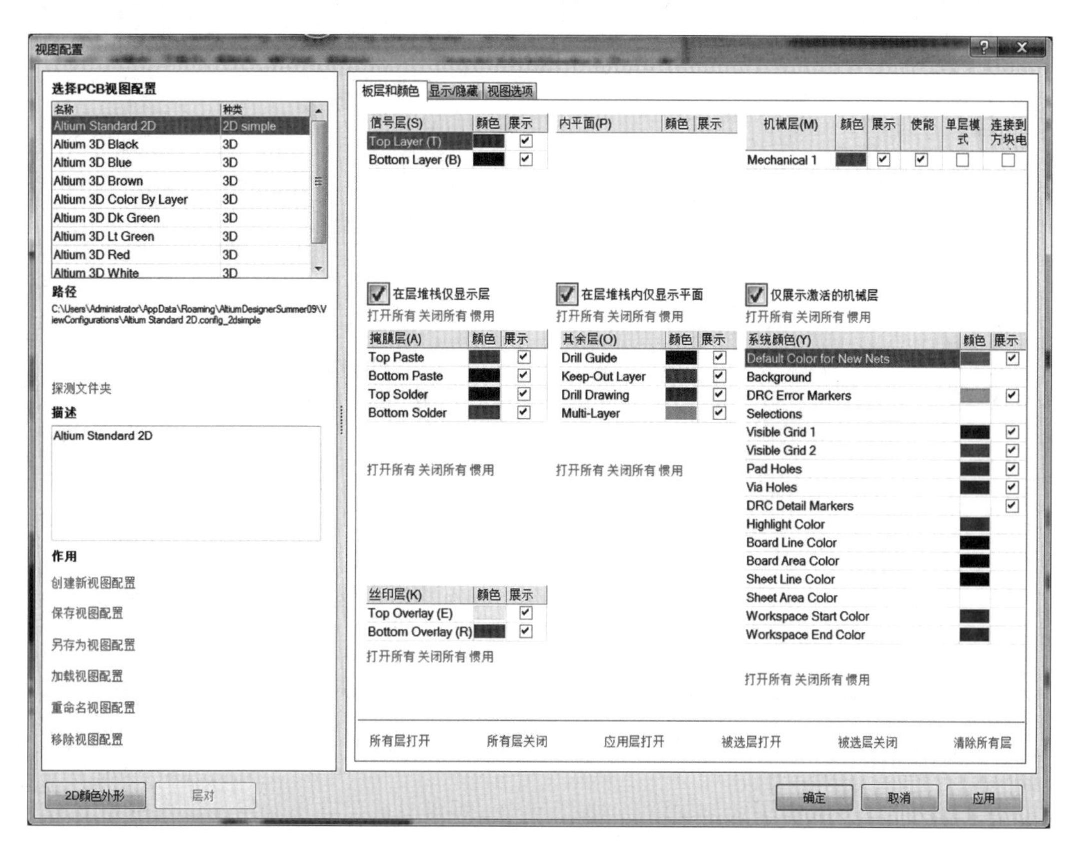

图3-40 “视图配置”对话框

在系统颜色栏中，勾选Visible Grid 1后的“展示”复选框，其他选项保持默认设置，单击【确定】按键，关闭该对话框，完成“视图配置”对话框的设置。

（四）“参数”设置

执行菜单命令“工具/优先选项”。或者在工作区右击，在弹出的右键快捷菜单中执行“选项/优先选项”命令，系统将弹出如图3-41所示的“参数选择”对话框。

“Autopan选项”选项组：用于鼠标在编辑区的自动移动方式。Disable，关闭编辑区自动移动方式。Re-Center，以光标当前位置为中心，重新调整编辑区的显示位置。Fixed Size Jump，按“步骤尺寸”和“切换步骤”两项设定的步长移动（建议采用这种移动方式）。

二、手动创建PCB封装

元件的PCB封装建立可以分为向导方式创建和手动方式创建两种形式。在创建特殊引脚或最新技术的元件时，需要采用手动方式。手动创建元件PCB封装，需要用直线或曲线来表示元件的外形轮廓，然后添加焊盘来形成引脚连接。元件PCB封装的参数可以放置在PCB板的任意工作层上，

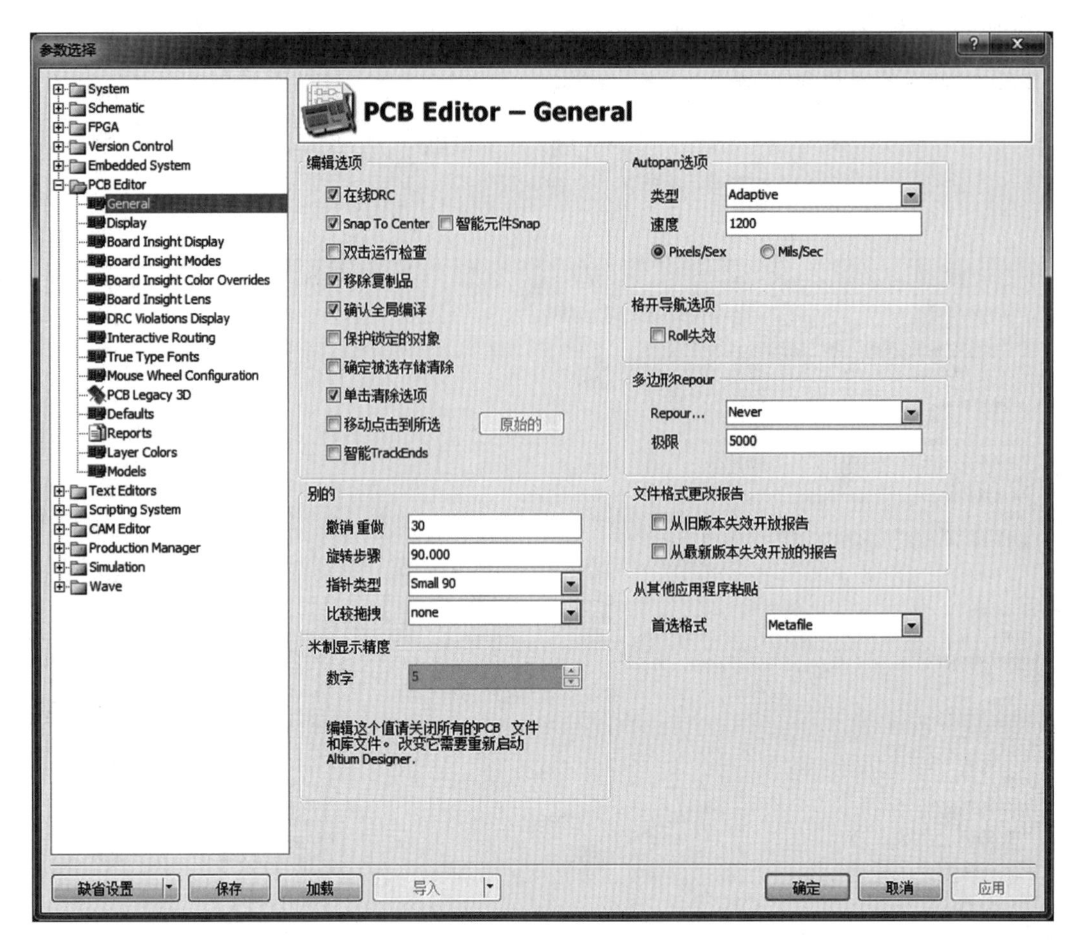

图 3-41　“参数选择”对话框

但元件的轮廓只能放置在顶层丝印层(Top Overlay)上,焊盘只能放在信号层上。当在 PCB 板上放置元件时,元件 PCB 封装的各个部分将分别放置到预先定义的图层上。

下面以新建 MAX232 的 16 引脚 N 封装为例,详细介绍手动创建元件 PCB 封装的操作步骤。

(一) 分析元件数据手册的 PCB 封装形式

在元件数据手册中,先要确定芯片选用的 PCB 封装形式,然后针对该 PCB 封装,分析其芯片大小,引脚间隔,引脚粗细等信息,如图 3-42。与原理图符号不同,绘制的元件 PCB 封装参数必须与数据手册相对应。

(二) 创建空元件

打开 PCB 元件库“Pcblib1. PcbLib”文件,执行菜单命令“工具/新的空元件”,这时在“PCB Library”(PCB 元件库面板的元件封装列表中会出现一个新的 PCBCOMPONT_1 空文件,双击该文件,在弹出的对话框中将元件名称改为“NDIP16”,将高度设置成数据手册中的最大高度(200mil 或 5. 08mm),如图 3-43 所示。单击【确定】按键,即完成对新创元件 PCB 封装的命名。

(三) 放置焊盘

根据元件数据手册,N 型 PCB 封装为双列直插式芯片,则焊盘放在 Multilayer(多层)。执行菜单命令“放置/焊盘”,也可单击放置工具栏中 ◎ 按键来放置焊盘。执行完上述命令后,鼠

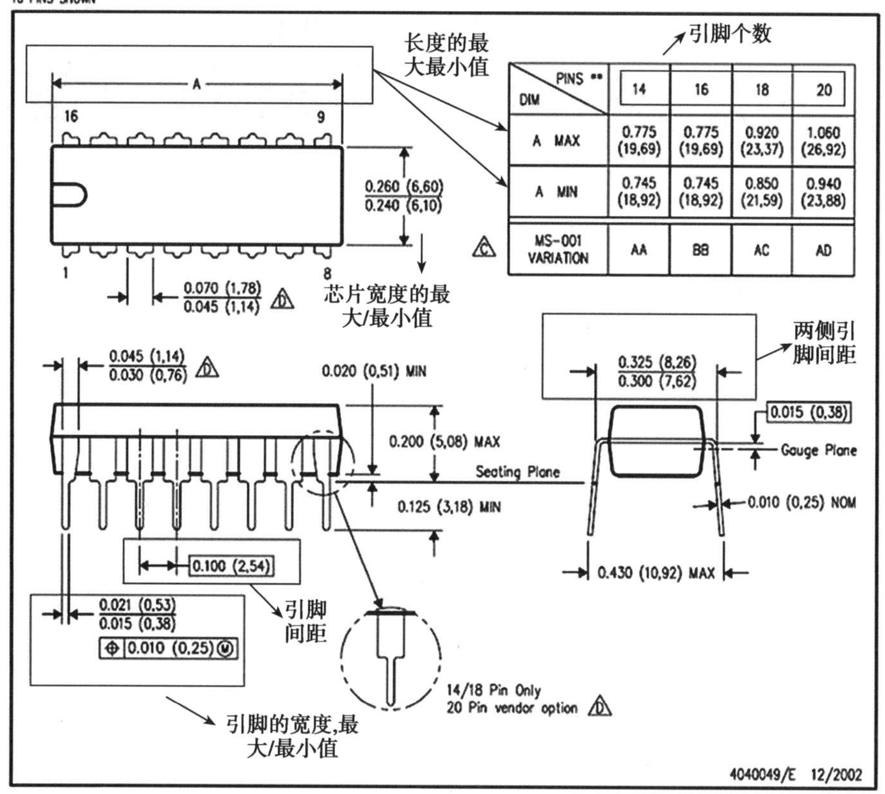

NOTES: A. All linear dimensions are in inches(millimeters).　　单位：英寸(毫米mm)

B. This drawing is subject to change without notice.

C. Falls within JEDEC MS-001.except 18 and 20 pin minimum body length (Dim A).

D. The 20 pin end lead shoulder width is o vendor option,either half or full width.

图 3-42　数据手册 PCB 封装分析

图 3-43　重命名元件 PCB 封装名

标指针附近出现一个大十字且中间有一个焊盘，按【Tab】键，在焊盘设置对话框中，对焊盘的有关参数进行设置。焊盘上的通孔，一般应比其引脚线径大 0.05～0.3mm 为宜，其焊盘的直径应不大于孔径的 3 倍。尺寸的设置参数可参考“第七章 焊盘尺寸内容。”因此，焊盘属性设置如图 3-44 所示。

设置“通孔尺寸”为 0.6mm；焊盘的横、纵向尺寸“X-Size”“Y-Size”为 1.6mm；“外形”设置为圆形(Round)；“标识”栏设置焊盘序号为 1；“层”栏设置元件 PCB 封装所在的层面为 MultiLayer；“位置”

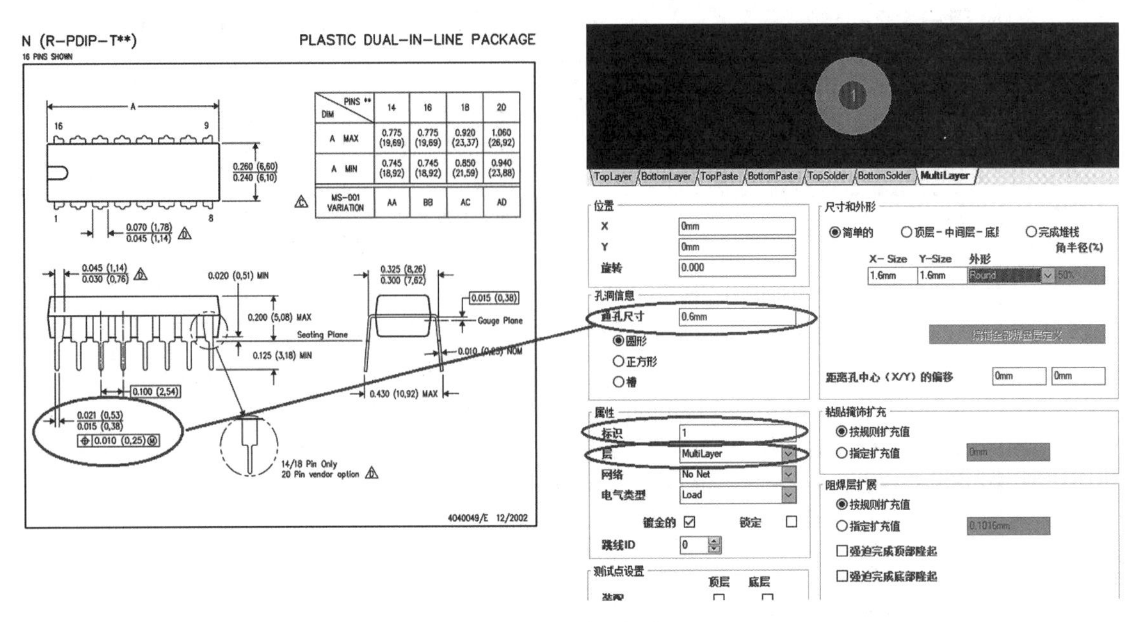

图 3-44　放置焊盘

设置栏中,“X”和“Y”栏中设置焊盘所在的位置坐标均为 0mm,具体设置如图 3-44 所示。

单击【确定】按键,完成当前焊盘属性的设置,单击鼠标,完成第一个焊盘的放置。此时系统仍然处于放置焊盘的编辑状态,光标上仍带一个可移动焊盘,可以继续放置焊盘,垂直向下移动 2. 54mm 或 100mil,再放置第二个焊盘,如此操作,直至放置完依次 16 个焊盘(对侧焊盘的中心距为 7. 62mm 或 300mil)。如果要结束放置焊盘的编辑状态,则单击鼠标右键或者按键盘上的【Esc】键。放置的全部焊盘显示如图 3-45 所示。

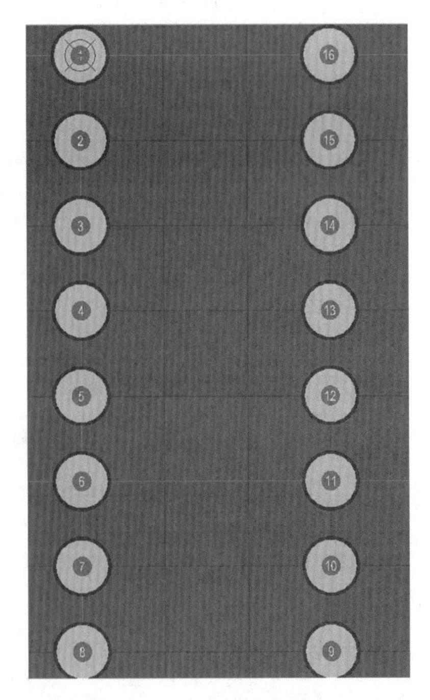

图 3-45　放置的全部焊盘

（四）绘制外形轮廓

外形轮廓线应画在顶层丝印层(Top Overlay),绘制外形是在主窗口下面的层标签中选择“Top Overlay”,接着执行菜单命令“放置/走线”,鼠标光标变为十字形,将鼠标指针移到合适的位置,单击鼠标左键来确定元件 PCB 封装外形轮廓线的起点,移动鼠标指针就可以画出一条直线,在转折的位置单击鼠标左键,接着继续移动鼠标,直至绘制完所有外形轮廓线的直线部分,如图 3-46 所示。注:外形轮廓若绘制在焊盘内部,无须关注其精度,能代表元件即可。若焊盘被外形轮廓包围,则需要关注数据手册的参数值。

（五）绘制安装标识

元件 PCB 封装外形轮廓还缺少顶部的半圆弧(安装标识),执行菜单命令“放置/圆弧(中心)”,或直接点击放置工具栏上的绘制圆弧按键。按下绘制圆弧按键后,系统处于中心法绘制圆弧状态,将鼠标指针移到合适的位置,单击鼠标左键来确定圆心位

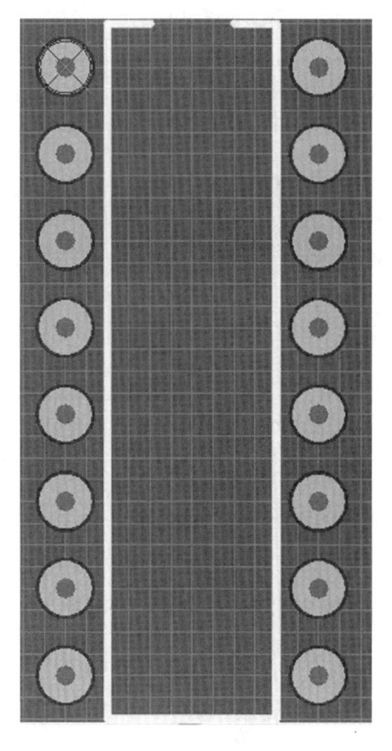

图 3-46　元件 PCB 封装外形轮廓

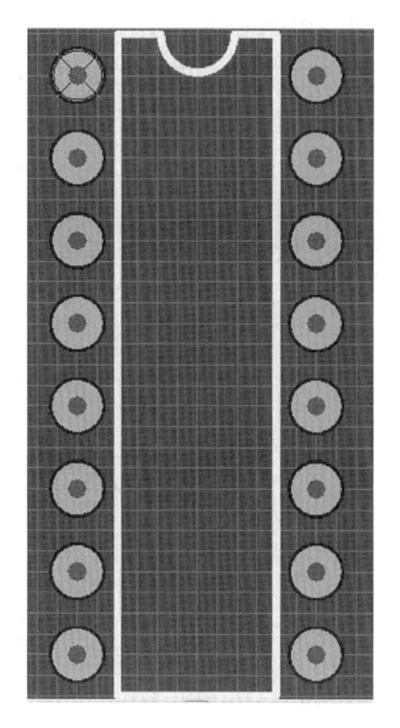

图 3-47　绘制的 NDIP16 封装

置,移动鼠标指针,即出现一个半径随鼠标指针移动而变化的预画圆,单击鼠标左键来确定圆半径,将鼠标指针移到预画圆的左端(起始角为 180°),单击鼠标左键来确定圆弧的起点,再将鼠标指针移到预画圆的右端(终止角为 360°),单击鼠标左键来确定圆弧的终点,元件 PCB 封装顶部的半圆弧就绘制好了。绘制的 PCB 封装如图 3-47 所示。

(六) 设定元件的参考点

一般选择元件的引脚 1 为参考点。只要执行菜单命令“编辑/设置参考/1 脚”,就可将设置元件的引脚 1 作为参考点;如果执行菜单命令“编辑/设置参考/中心”,则将设置元件的几何中心作为参考点;如果执行菜单命令“编辑/设置参考/定位”,可以选择任意位置作为参考点。

(七) 保存 PCB 封装

执行菜单命令“文件/保存”,将这个新创建的元件 PCB 封装存盘。

三、向导创建元件 PCB 封装

Altium Desinger 提供的元件向导允许预先定义设计规则,在这些设计规则定义结束后,PCB 元件库编辑器会自动生成相应的新元件 PCB 封装。

现在以创建 MAX232 的 D 型 PCB 封装为例,如图 3-48 所示,来介绍使用设计向导创建 PCB 元件 PCB 封装的方法与步骤。

使用设计向导创建元件 PCB 封装的步骤如下:

(一) 创建元件向导

在 PCB 元件库编辑器的编辑状态下,执行菜单命令“工具/元器件向导”,进入创建元件向导,如图 3-49 所示。

D (R-PDSO-G16)　　　　PLASTIC SMALL OUTLINE

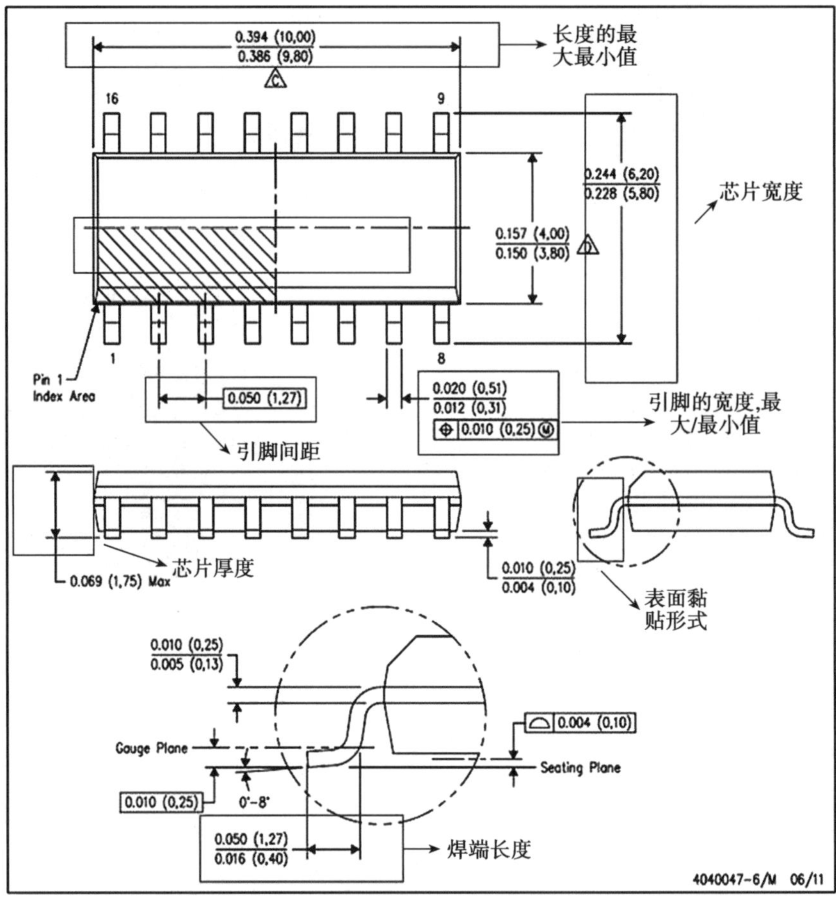

NOTES: A. All linear dimensions are in inches (millimeters).
B. This drawing is subject to change without notice.
C. Body length does not include mold flash,protrusions,or gate burrs.Mold flash,protrusions,or gate burrs shall

图 3-48　MAX232 的 D 型 PCB 封装图分析

图 3-49　创建元件向导

（二）“器件图案”设置

单击【下一步】按键，弹出如图 3-50 所示的“器件图案”对话框。Altium Desinger 提供了 12 种元件 PCB 封装的外形供选择，这些元件 PCB 封装外形有极点阵列式、电容式、二极管式、双列直插式、边连接式等。根据本例要求，选择 Small Outline Packages(SOP)。对话框中还可以选择元件 PCB 封装的计量单位，本例选择 Metric(公制)。

图 3-50　“器件图案”对话框

（三）焊盘尺寸定义

单击【下一步】按键，弹出如图 3-51 所示定义焊盘尺寸对话框。将鼠标指针移到需要修改的尺寸上，鼠标指针变为 I 形，按住鼠标左键不放，移动鼠标指针，该尺寸部分颜色变为蓝色即表示选中该项尺寸，然后输入新的尺寸。

1. 焊盘的设置规则　焊盘的长度 B 等于焊端(或引脚)的长度 T，加上焊端(或引脚)内侧(焊盘)的延伸长度 b_1，再加上焊端(或引脚)外侧(焊盘)的延伸长度 b_2，即 $B=T+b_1+b_2$。其中 b_1 的长度(约为 0.05～0.6mm)，不仅应有利于焊料熔融时能形成良好的弯月形轮廓的焊点，还得避免焊料产生桥接现象及兼顾元器件的贴装偏差为宜；b_2 的长度(约为 0.25～1.5mm)，主要以保证能形成最佳的弯月形轮廓的焊点为宜(对于 SOIC、QFP 等器件还应兼顾其焊盘抗剥离的能力)。如图 3-52 所示。

2. 焊盘的参数设置：如图 3-53 所示。

(1) 焊盘长度 $B=T+b_1+b_2$

(2) 焊盘内侧间距 $G=L-2T-2b_1$

(3) 焊盘外侧间距 $D=G+2B$

(4) 焊盘宽度 $A=W+K$

其中：b_1——焊端(或引脚)内侧(焊盘)延伸长度；

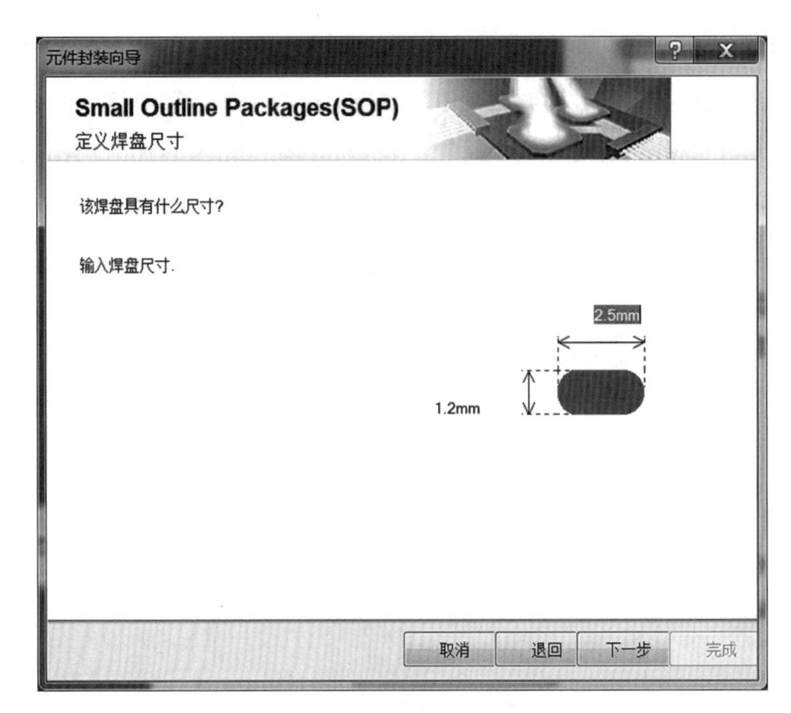

图 3-51　“定义焊盘尺寸”对话框

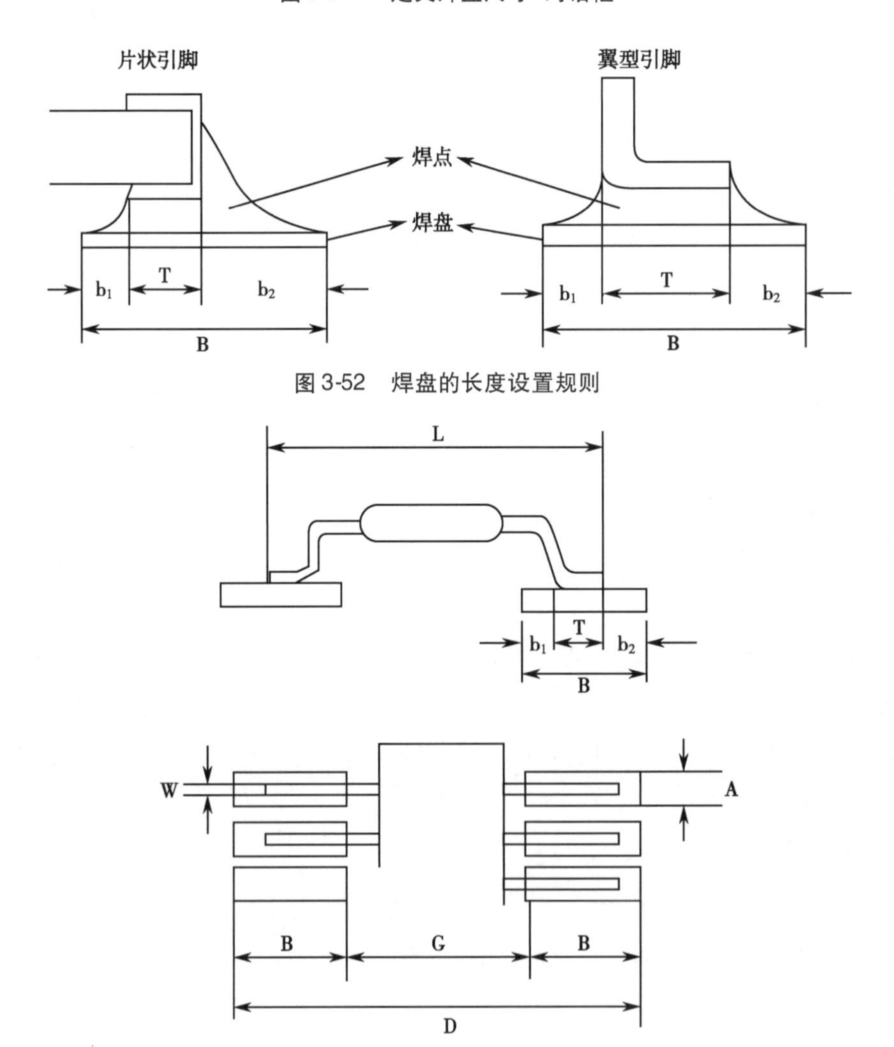

图 3-52　焊盘的长度设置规则

图 3-53　焊盘设置规则

b_2——焊端（或引脚）外侧（焊盘）延伸长度；

L——元件长度（或器件引脚外侧之间的距离）；

W——元件宽度（或器件引脚宽度）；

G——元件长度（或器件引脚外侧之间的距离）；

K——焊盘宽度修正量。

由上述规则，本 PCB 封装的焊盘长度和宽度分别设置成 2.1mm 及 0.6mm，如图 3-54 所示。

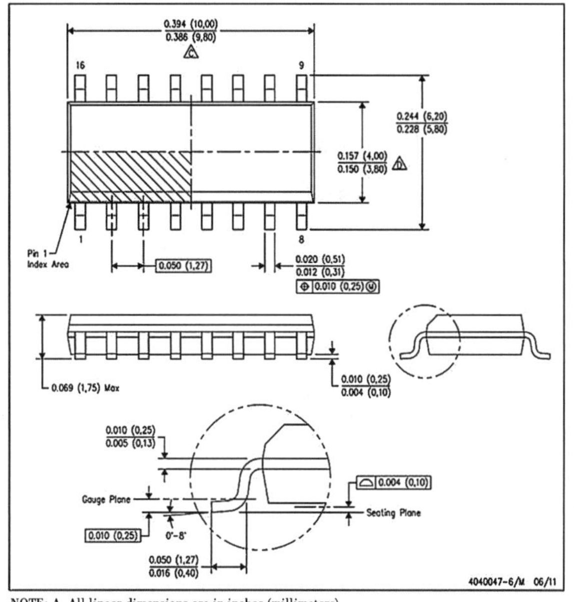

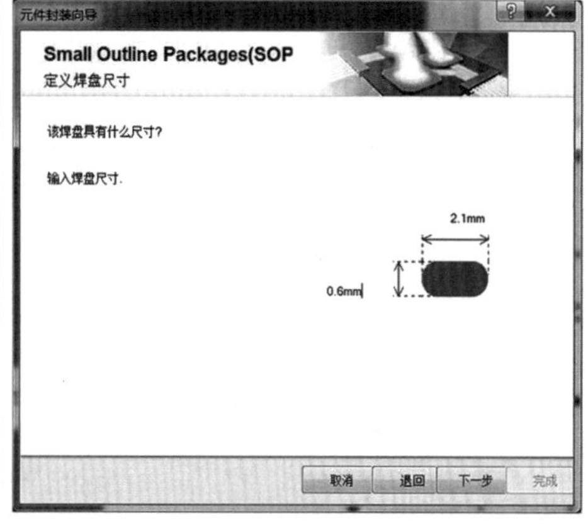

图 3-54　焊盘的尺寸

知识链接

封装焊盘的设置

常用元器件焊盘延伸长度的典型值

对于矩形片状电阻、电容：

b_1 = 0.05mm，0.10mm，0.15mm，0.20mm，0.30mm 其中之一，元件长度越短者，所取的值应越小。b_2 = 0.25mm，0.35mm，0.5mm，0.60mm，0.90mm，1.00mm，元件厚度越薄者，所取值应越小。K = 0mm，0.10mm，0.20mm 其中之一，元件宽度越窄者，所取的值应越小。

对于翼型引脚的 SOIC、QFP 器件：

b_1 = 0.30mm，0.40mm，0.50mm，0.60mm 其中之一，器件外形小者，或相邻引脚中心距小者，所取的值应小些。b_2 = 0.30mm，0.40mm，0.80mm，1.00mm，1.50mm 其中之一，器件外形大者，所取值应大些。K = 0mm，0.03mm，0.30mm，0.10mm，0.20mm，相邻引脚间距中心距小者，所取的值应小些。B = 1.50 ~ 3mm，一般取 2mm 左右。若外侧空间允许可尽量长些。

（四）焊盘布局

单击【下一步】按键，弹出如图3-55所示的设置焊盘位置对话框。设置焊盘位置有关参数，本例中引脚的水平间距为7.1mm、垂直间距为1.27mm。

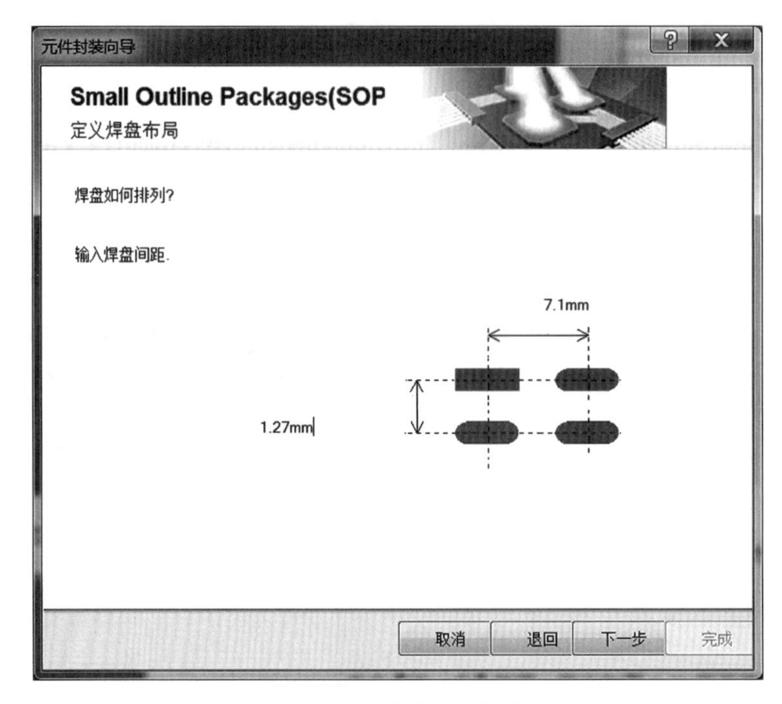

图3-55　“定义焊盘布局”对话框

（五）定义外框宽度

单击【下一步】按键，弹出如图3-56所示的设置元件轮廓线宽对话框。设置元件的轮廓线宽，本例中采用默认值。

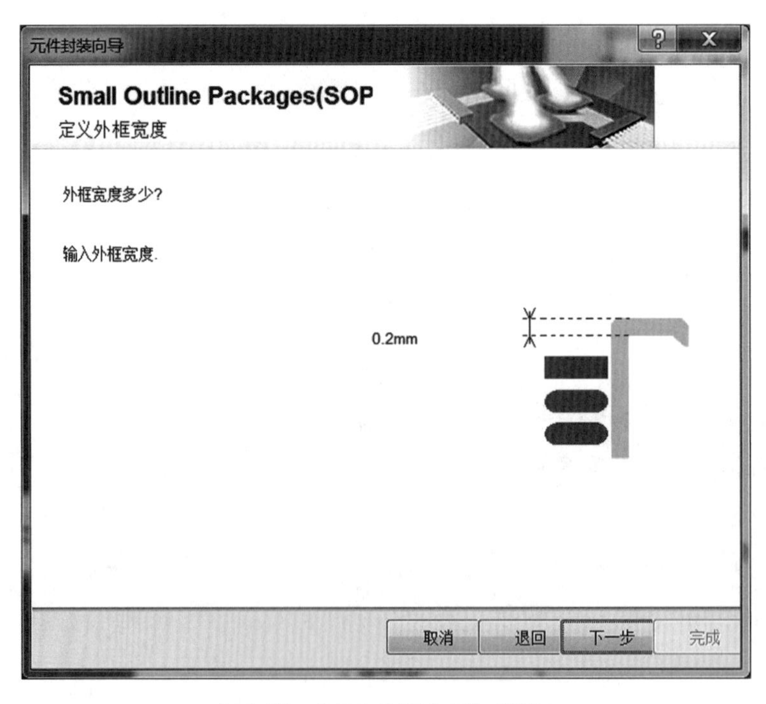

图3-56　“定义外框宽度”对话框

（六）设定焊盘数量

单击【下一步】按键，弹出如图 3-57 所示的设置元件引脚数量对话框。设置元件引脚数量，在对话框中的指定位置输入元件引脚数或者按⬍按键来确定元件引脚数即可，本例中元件引脚数设定为 16。

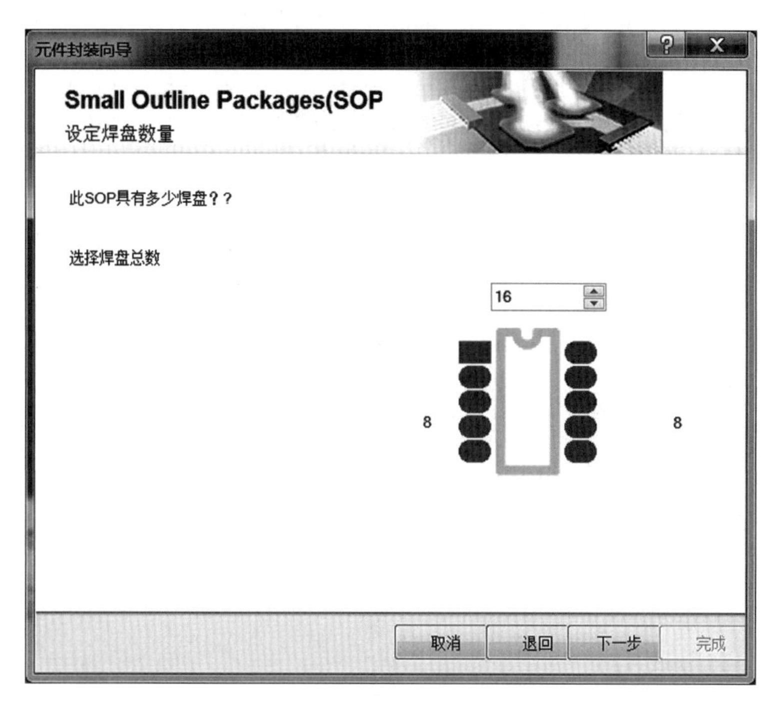

图 3-57 “设定焊盘数量”对话框

（七）设定 PCB 封装名称

单击【下一步】按键，弹出如图 3-58 设置封装名称的对话框。输入元件的名称，本例中采用默认

图 3-58 “设定封装名称”对话框

的 SOP16。

（八）完成元件绘制

单击【下一步】按键，弹出如图 3-59 所示的对话框。单击【完成】按键，即可完成对新元件 PCB 封装设计规则定义，同时 PCB 元件库编辑器按设计规则自动生成一个新元件 PCB 封装。生成的 SOP 封装如图 3-60 所示。

图 3-59　设置完成对话框

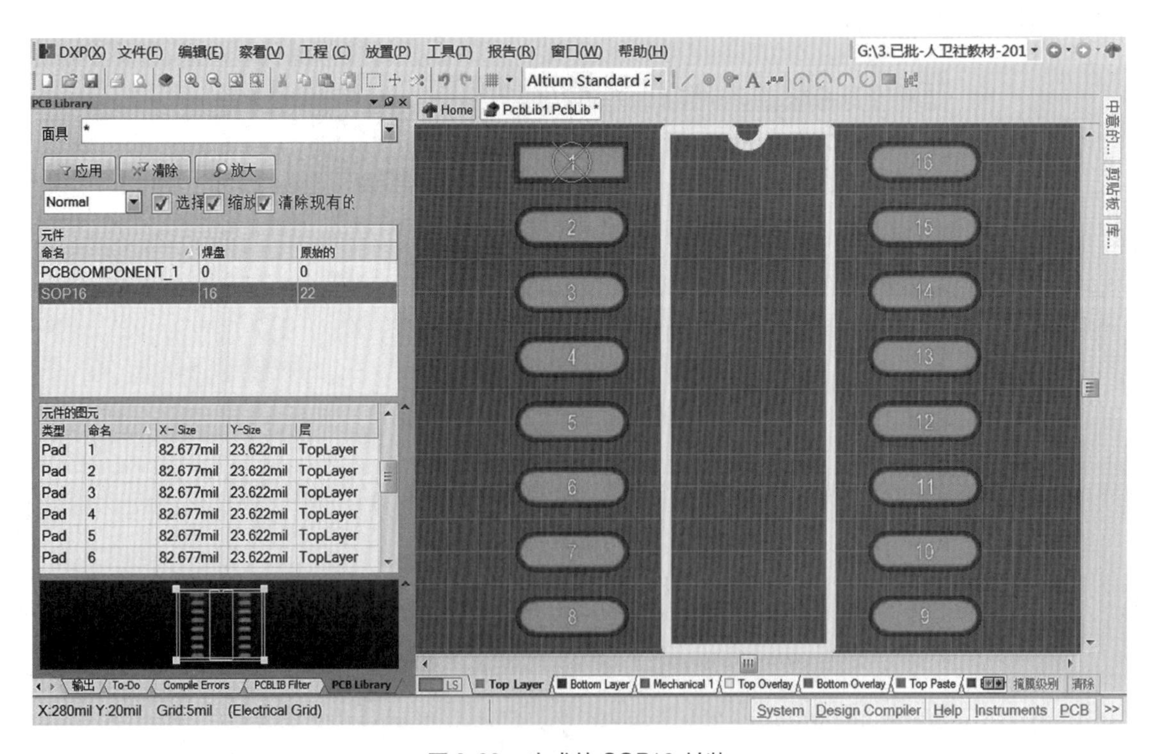

图 3-60　生成的 SOP16 封装

（九）保存 PCB 封装

执行菜单命令“文件/保存”，将这个新创建的元件 PCB 封装存盘。

知识链接

通孔与表面贴

元件焊盘放置的层与元件 PCB 封装类型有关。通孔型封装的元件焊盘在 Multilayer 层，且需要根据引脚设置通孔。SMT 表面贴元件封装的元件焊盘在 Top Layer 信号层，且无过孔。

四、采用 IPC 封装向导创建器件

IPC Footprint Wizard 用于创建 IPC 器件封装。IPC Footprint Wizard 不需要去计算尺寸，而是根据 IPC 发布的算法直接使用器件本身的尺寸信息。

当 PCB Library 是活动文档时，执行菜单命令“工具/IPC 封装向导”，可打开新的 IPC 封装向导对话框来创建 IPC 器件封装。

根据 IPC 标准，它还支持 3 种 PCB 封装变量以满足板卡密度要求。该向导支持 BGA、BQFP、CFP、CHIP、CQFP、DPAK、LCC、MELF、MOLDED、PLCC、PQFP、QFN、QFN-2ROW、SOIC、SOJ、SOP、SOT143/343、SOT223、SOT23、SOT89 和 WIRE WOUND 封装。如图 3-61 所示。

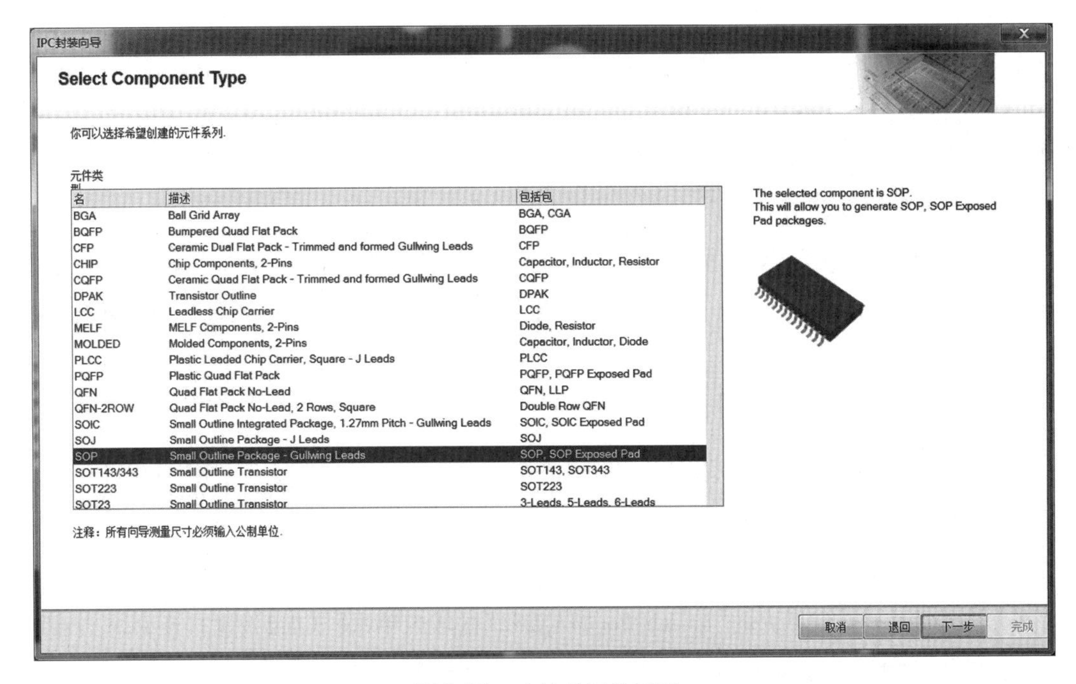

图 3-61　支持的元件系列

使用 IPC 向导创建元件时，输入的参数与元件数据手册中的数值对应，系统将根据算法直接计算出焊盘大小、间隔等参数。如图 3-62 所示。

与向导创建元件 PCB 封装相似，可以按【下一步】按键逐步设置参数，以获得元件 PCB 封装，此

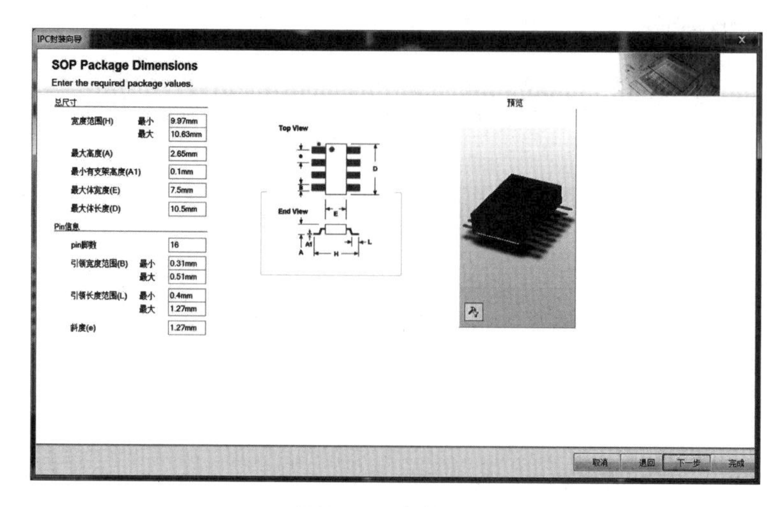

图 3-62　参数设置

处就不再赘述。

点滴积累

1. 手动创建 PCB 封装时，使用键盘可以提高绘制速度。
2. 【Q】键，可以切换长度单位（mil/mm）。
3. 【G】键可以弹出菜单，选择跳跃栅格的最小单位。
4. 【End】键可以刷新屏幕。

第四节　编辑元件集成库

一、元件加载 PCB 封装

当一个元件的原理图库和 PCB 元件库都做好之后，需要将原理图库内的元件指定其相应的 PCB 封装，需要在元件的属性中将 PCB 封装与原理图符号链接上，称为元件属性编辑。具体操作步骤如下：

（一）进入元件编辑属性对话框

在 SCH Library 面板中选中要进行属性编辑的元件，然后单击其栏目下的【编辑】按键打开元件属性编辑对话框，如图 3-63 所示。

（二）添加 PCB 封装

在元件属性编辑对话框内的“Models For MAX232”区域内单击【添加】按键打开 PCB 封装添加选项对话框，在其中选“Footprint”打开 PCB 模型对话框，如图 3-64 所示。

通过查找对话框右边的【浏览】按键在 PCB 元件库内找到要添加的元件封装。关联的 PCB 封装可以是软件已存的封装，也可以是自己创建的 PCB 封装，如图 3-65 所示。

单击【确定】按键即可成功添加 PCB 封装，如图 3-66 所示。

单击【确定】按键后完成 PCB 封装的关联，如图 3-67 所示。

Library Component Properties
属性
Default Designator
U?
可见的
锁定
注释
Part 1/1
描述
类型
Standard
Library Link
Symbol Reference
MAX232
绘制成
模式
Normal
锁定Pin
Parameters for MAX232
Models for MAX232
编辑Pin
确定
取消

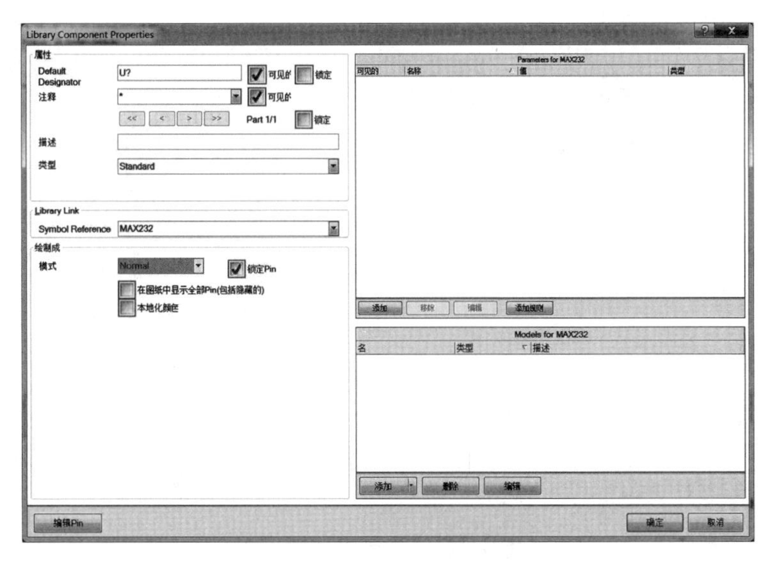

图 3-63　元件属性编辑对话框

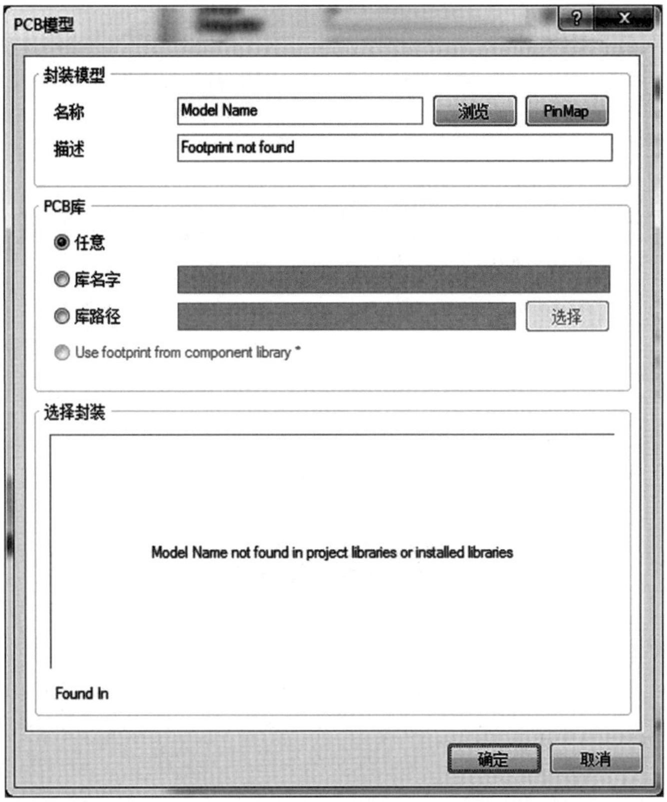

PCB模型
封装模型
名称
Model Name
浏览
PinMap
描述
Footprint not found
PCB库
任意
库名字
库路径
选择
Use footprint from component library *
选择封装
Model Name not found in project libraries or installed libraries
Found In
确定
取消

图 3-64　PCB 模型对话框

图 3-65　“浏览库”对话框

图 3-66　加载 PCB 模型后的对话框

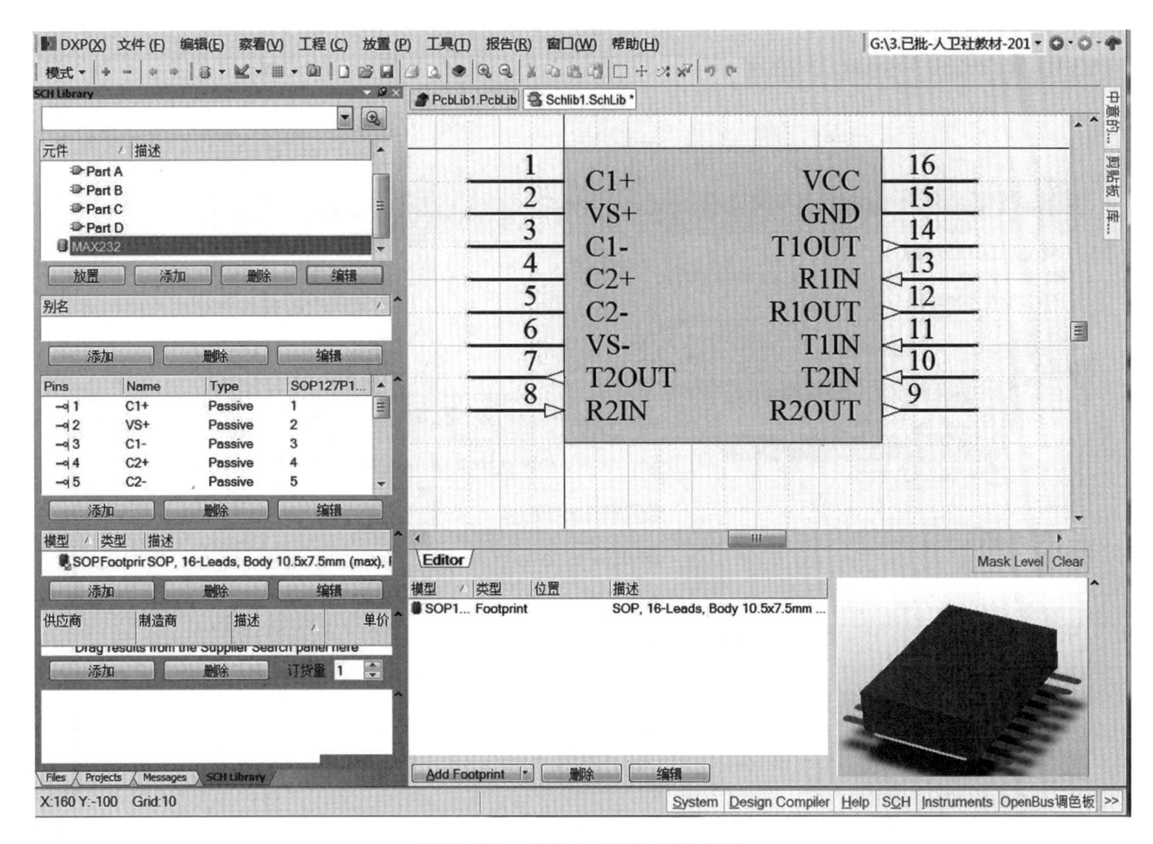

图 3-67　元件与 PCB 封装关联

有许多元件分表面粘贴和直插两种 PCB 封装形式或多种 PCB 封装形式，但其原理图符号是一样的，因此可以将这两种 PCB 封装加到同一个原理图符号下，在其绘制原理图的时候可以指定所使用的 PCB 封装形式。如图 3-68 所示。

图 3-68　元件与多个 PCB 封装关联

二、编译元件集成库

当原理图库和 PCB 元件库全部做好之后，需要进行编译，编译时软件将检查每个元件的错误信息，如果有错误软件将自动弹出 Messages 信息框，提示其相应的错误。

编译方法如下：

在"Projects"面板内，选中要编译的集成库文件，右键单击，选择"Compile Integrated Library

＊. LibPkg”即可开始编译。

错误信息将在 Messages 框内自动弹出，无错误信息时将不会弹出 Messages 信息框，如图 3-69 所示。

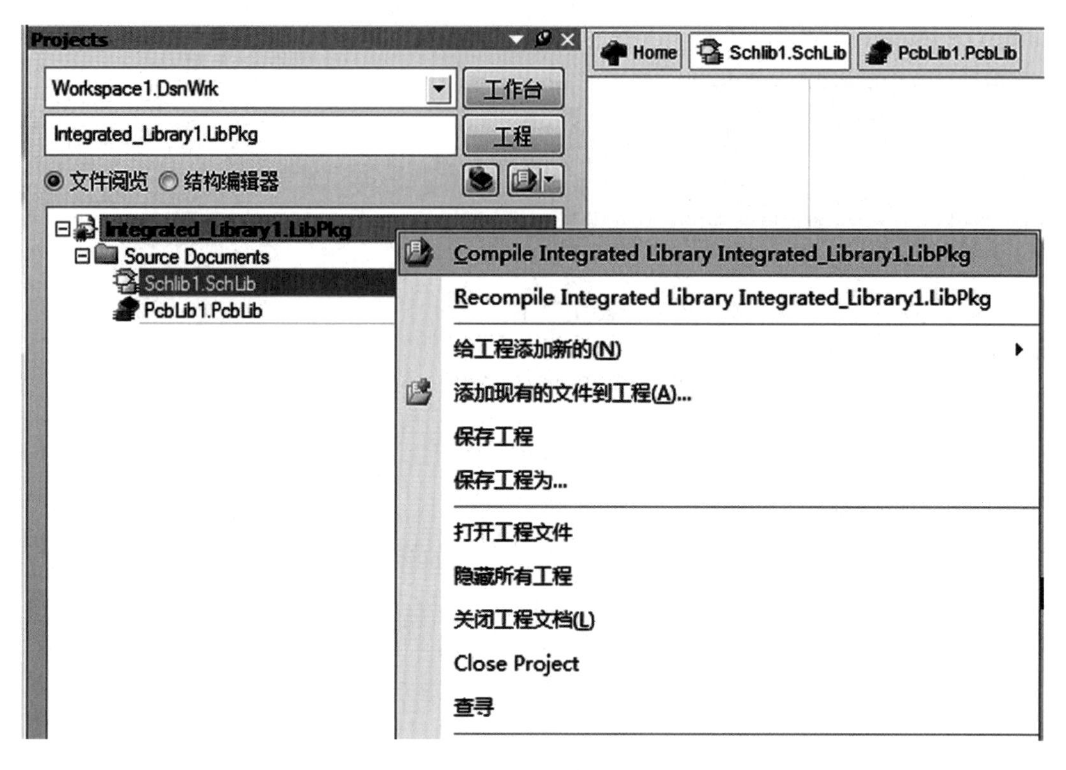

图 3-69　编译错误信息框

编译通过，“Messages”对话框中将不出现提示信息。若存在错误，需要根据错误信息修改，再选择图 3-69 中“Recompile Integrated Library ＊. LibPkg”选项编译。当集成库被编译通过后，该集成库将会自动添加在右侧“库”面板内，自此自己创建的库可以被调用了。如图 3-70 所示。

边学边练

练习元器件库的建立，包括元件数据手册的解读。请见第十章“实训二 元器件库设计”。

点滴积累

编译通过“Messages”对话框中不出现提示信息时，也需要注意封装的外形等信息是否与元器件的大小一致，特别是引脚的位置和钻孔的大小，软件仅检查基本的规范，不会与原件实物比较。

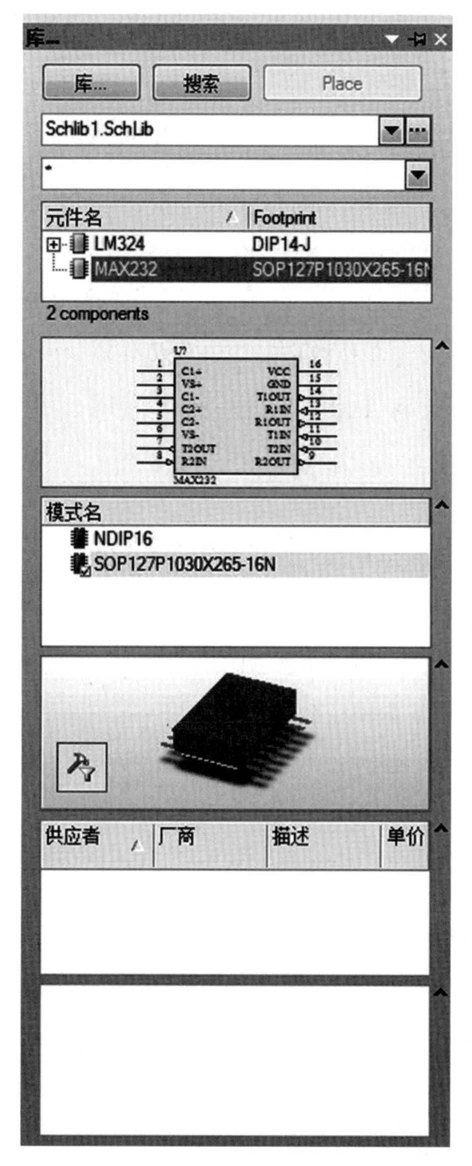

图 3-70　自建库形式

目标检测

一、选择题

（一）单项选择题

1. 在编辑元件时，元件的图形通常在编辑器的第(　　)象限进行编辑。

A. 一　　B. 二　　C. 三　　D. 四

2. 下面**不属于**SMT 封装形式的有(　　)。

A. SOP　　B. PLCC　　C. QFP　　D. DIP

3. 执行菜单命令“放置/引脚”，把鼠标移至合适位置，按【X】键可以使引脚(　　)。

A. 上下翻转　　B. 左右翻转　　C. 旋转　　D. X 方向平移

4. 在绘制芯片元件时，如果遇到带非号的引脚，那么应该(　　)来设置引脚的名称(如此引脚基本英文名称为 BD)。

A. BD\　　B. B\D\　　C. \BD\　　D. \BD

5. 在设置引脚属性时，Passive 选项指的是该引脚的电气特性为(　　)。

A. 输入输出双向型　　B. 输入型　　C. 无方向型　　D. 输出型

6. 设计 SMT 封装类型的元件，焊盘应放在的层是(　　)。

A. Top Layer　　B. Bottom Layer　　C. Top Overlay　　D. Multilayer

7. 下列快捷键中，可以切换计量单位的是(　　)。

A.【END】　　B.【Q】　　C.【L】　　D.【G】

(二) 多项选择题

8. 下面(　　)属于 SMT 器件。

A. BGA　　B. LCC　　C. SOP　　D. PQFP

9. 用户可以对新建的库元件添加的模型有(　　)。

A. PCB 封装模型　　B. PCB3D 模型　　C. 信号完整性模型　　D. 轮廓模型

10. 元件 PCB 封装的组成要素有(　　)。

A. 引脚　　B. 焊盘　　C. 外形　　D. 图片

二、简答题

11. 简述建立集成库的流程。

12. 简述元件数据手册的参数与 PCB 封装绘制中的关系。

三、综合题

13. 通过各种途径获取 74AC299MTC 芯片的 Datasheet，根据数据手册建立集成库，并且完成原理图符号，用 IPC 向导方式完成 20 引脚 SOP 封装绘制，用手动绘制方式完成 20 引脚 PDIP 封装的绘制。最后完成集成库的编译。

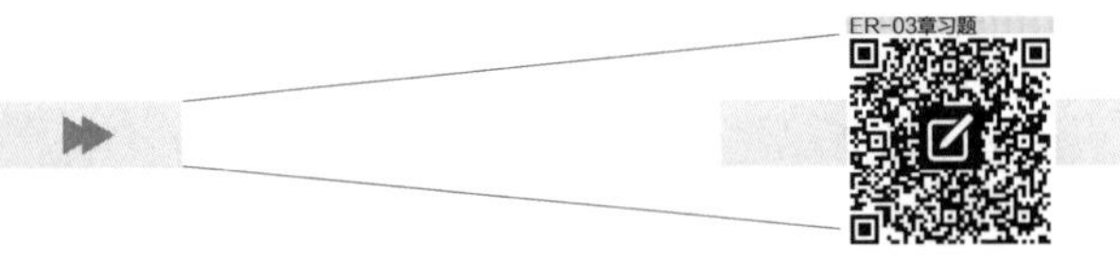

(刘　红)

第四章

医用电子产品的原理图设计

导学情景

情景描述：

某小组成员正在开发一种数字脉搏计产品，他们需要先完成原理图设计的一般流程。通过方案论证，开发小组设计出数字脉搏计的各单元电路，并计算出电路的相应参数。电路中应用了555时基电路、传感器电路、放大与整形电路、计数译码电路及数码管显示电路，采用的元器件除了电阻、电容外，还有555、4011、40110等集成电路芯片。那么接下来就需要利用这些元件的原理图库文件，利用 Altium Designer 系统提供的直观便捷的原理图编辑环境，绘制原理图。

学前导语：

电路原理图设计是印制电路板设计的基础。一般情况下，只有先设计好电路原理图，才能通过网络表文件来确定元器件的电气特性和电路连接信息，从而设计出印制电路板。本章以数字脉搏计为例，学习原理图的设计过程，包括图纸参数设置、元件库加载、元器件布局、元器件属性标识、原理图电气连接和电气规则检查等。为了提高原理图绘制的质量和效率，熟练掌握 Altium Designer 系统原理图设计中各种参数的设置与操作要点是非常必要的。

学习目标

1. 掌握优质原理图的设计准则。
2. 掌握原理图编辑器中各种控件的操作功能。
3. 掌握放置多种元件对象并创建目标原理图的操作。
4. 掌握设置编译工程选项的基本步骤。
5. 掌握生成工程网络表的步骤和方法。
6. 熟悉原理图的设计流程。
7. 熟悉常见的编译工程选项和错误信息并能纠错。
8. 了解原理图工作环境及环境参数设置。
9. 了解原理图报表文件的生成设置。

扫一扫，知重点

第一节　初识原理图设计环境及流程

一、原理图工作环境

Altium Designer 系统提供了一个直观便捷的原理图编辑环境,采用以工程为中心的设计模式,可以有效地管理 PCB 设计与原理图设计之间的同步变化。用户在开发的任何阶段都能进行设计更新,系统会自动地将该更新同步到工程中相应的设计文档中,从而保证了整个设计工程从创建到制造的完整性。

(一) 进入原理图工作环境

进行一个包括 PCB 的整体设计,在进行电路原理图设计前,应该先建好一个 PCB 工程,然后再创建一个新的原理图文件添加到该项目中。

1. 启动 Altium Designer 软件。

2. 执行菜单命令“文件/新建/工程/PCB 工程”,在“项目”(Projects)面板显示已建立一个新的 PCB 工程“PCB_Project1. PrjPCB”。

3. 执行菜单命令“文件/新建/原理图”,工作区自动切换显示编辑器窗口“Sheet1. SchDoc”,表示新的电路原理图文件“Sheet1. SchDoc”已建立,如图 4-1 所示,同时打开了原理图(Schematic)编辑器界面。

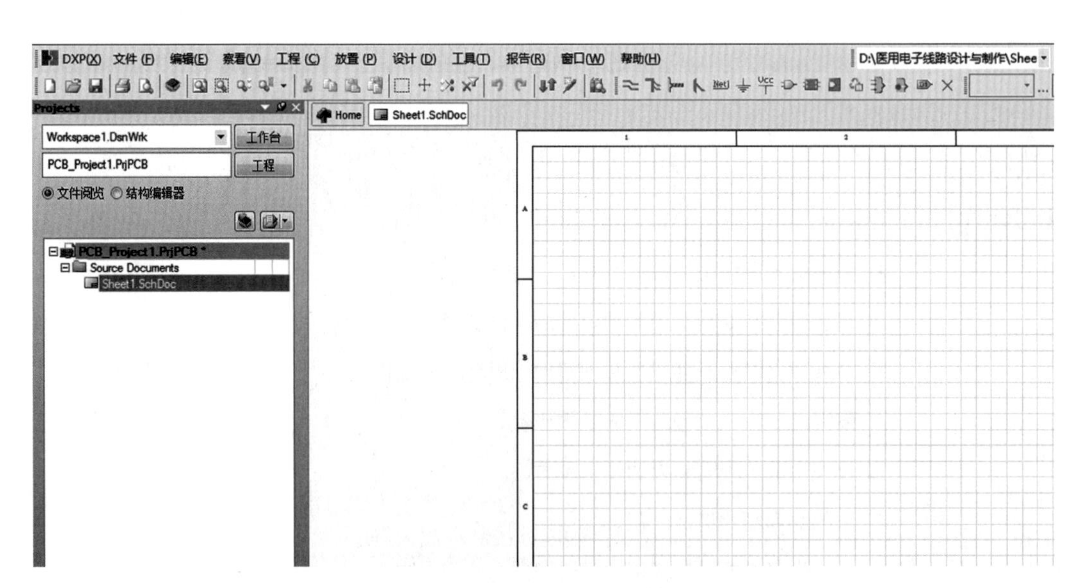

图 4-1　新建原理图文件

如果越过步骤 2,直接新建了一个原理图文件,在“项目”面板上显示创建于“自由文件夹”(free documents)下,单击将其选中后按住左键直接拖拽到所需的 PCB 工程项目文件夹下即可。

▶▶ 课堂活动

1. 执行菜单命令“文件/新建/工程/PCB 工程”，或使用快捷键【F+N+J+B】，新建一个 PCB 工程。

2. 在 PCB 工程下，执行菜单命令“文件/新建/原理图”，或使用快捷键【F+N+S】，新建一个原理图文件，进入原理图编辑界面。

3. 观察并总结快捷键的使用方法。

（二）原理图工作环境参数设置

在原理图设计过程中，其效率和正确性往往与环境参数的设置有着密切的关系。参数设置的合理与否，直接关系到设计过程中软件的功能能否充分发挥。

在 Altium Designer 系统中，应用于所有原理图文件的工作区参数是在“参数选择”面板中的“原理图参数”（Schematic）对话框中设置的。

执行菜单命令“工具/设置原理图参数（P）”，或者单击鼠标右键执行快捷菜单命令“选项/设置原理图参数（P）”，或者使用快捷键【O+P】，弹出“原理图参数”对话框，如图 4-2 所示。

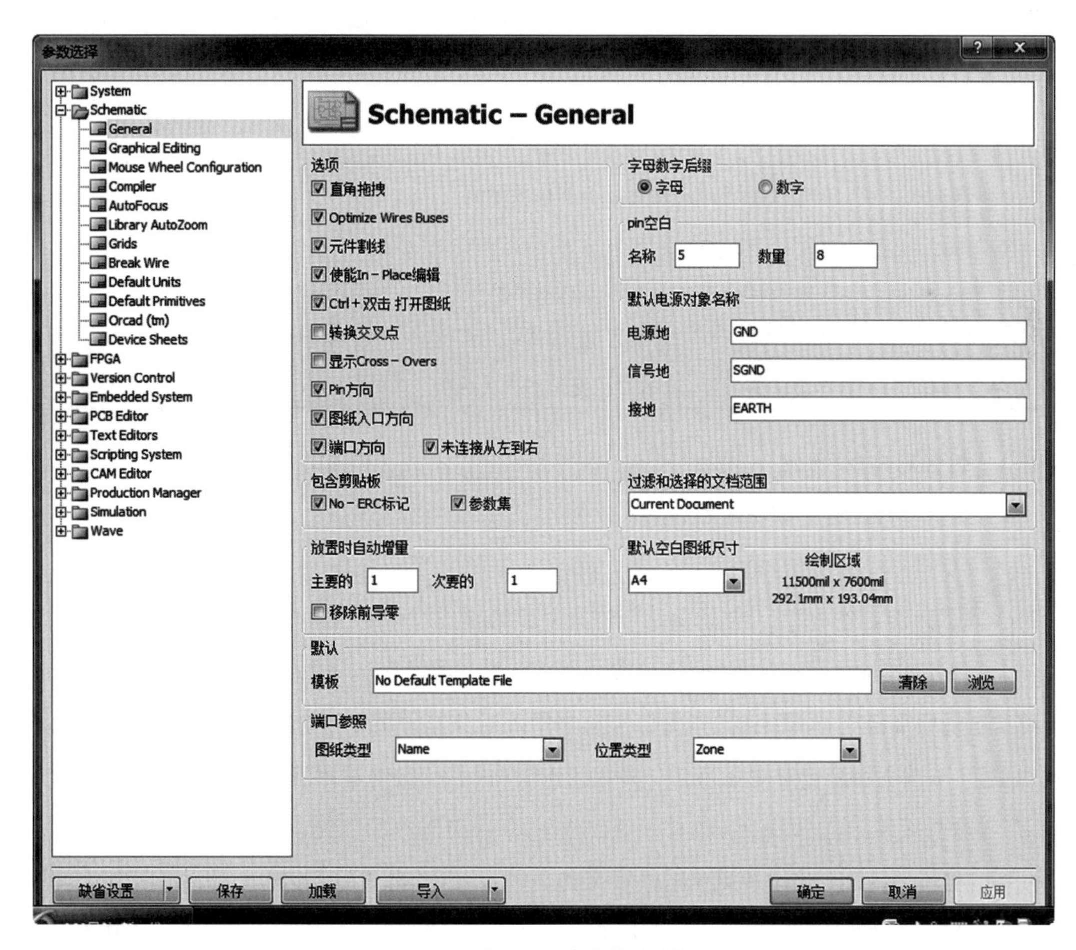

图 4-2　“原理图参数”对话框

图 4-2 所示“参数选择”面板包含集成子系统目录、标签页和底部操作按键三部分。以下主要叙述集成子系统目录下“原理图参数”选项主要系统参数设置。

“原理图参数”选项下共有12个标签页,包括“常规设置”(General)、“图形编辑”(Graphical Editing)、“鼠标滚轮配置”(Mouse Wheel Configuration)、“编译器”(Compiler)、“自动聚焦”(Auto Focus)、“库自动缩放”(Library Auto Zoom)、“栅格”(Grids)、“切割连线”(Break Wire)、“默认单位”(Default Units)、“默认初始值”(Default Primitive)、“Orcad选项”[Orcad(tm)]和“设备片”(Device Sheets)。下面主要介绍常用的一些功能设置。

1. 常规参数设置　常规参数设置在“常规参数”(General)标签页进行,如图4-2所示,共有10个设置区域。

(1)“选项”区域:各参数选项及其实现功能,参见表4-1。

表4-1　常规参数选项设置区

选项	选中时的功能设置
直角拖拽	拖拽元件时连接导线的角度为直角
Optimize Wires Buses	放置导线和总线时,系统自动选择最优路径
元件割线	元件的两个引脚同时落在一根导线上时,该导线被自动切割且与引脚相连
使能In-Place编辑	文本对象可以直接在原理图上进行编辑
Ctrl+双击打开图纸	按【Ctrl】键同时双击原理图中的图纸符号可打开相应的模块原理图
转换交叉点	在两条导线的T形节点处再连接一条导线形成十字交叉时,系统将自动生成两个相邻的节点。若取消,则形成两条不相交的导线
显示Cross-Overs	非电气连线的交叉处显示一小段圆弧
Pin方向	元件引脚处用箭头明确指示引脚的输入/输出方向
图纸入口方向	图纸连接端口以箭头的方式显示该端口的信号流向
端口方向	端口样式依据用户设置的端口属性显示
未连接从左到右	未连接的端口,显示为从左到右的方向

(2)“包含剪贴板”区域

1) No-ERC标记:选中该功能后,在复制、剪切到剪贴板或打印时,包含图纸的忽略ERC检查符号。

2) 参数集:选中该功能后,使用剪贴板进行复制操作或打印时,包含元器件的参数信息。

(3)“放置时自动增量”区域:用来设置元器件标识序号及引脚号的自动增量数,系统默认值为1,即每次自动增加值为1。“主要的”支持自动增量的对象有元器件、网络、端口等。“次要的”表示放置对象时,该选项用来设定对象第二个参数的自动增量数,如创建原理图符号时引脚标号的自动增量。“移除前导零”选中后表示,放置一个数字字符时,前面的“0”自动移除。

(4)“默认”区域:用来设置默认的模板文件。单击右边的【浏览】按键可以选择模板文件。也可以单击【清除】按键清除已选择的模板文件。如果不需要模板文件,则“模板”文本框中显示“No Default Template File”。

(5)“字母数字后缀”区域:用来设置某些元件中包含多个相同子件的标识后缀。每个子件都具有独立的物理功能。在放置这种复合元件时,其内部的多个子件通常采用“元件标识:后缀”的形式来加以区别。形如“U:A”或“U:1”等。

（6）“pin 空白”区域:分别用来设置元器件的引脚名称和引脚编号与元器件符号边缘之间的距离。前者的系统默认值为 5mil,后者的系统默认值为 8mil。

（7）“默认电源对象名称”区域:包括电源地、信号地和接地,系统默认为“GND”“SGND”和“EARTH”。

（8）“过滤和选择的文档范围”区域:用来设置过滤器和执行选择功能时默认的文件范围,有两种选项,即“在当前文档中”(Current Document)和“在所有打开的文档中”(Open Document)。

（9）“默认空白图纸尺寸”区域:用来设置默认的图纸的尺寸大小,单击【▼】按键进行选择,其右侧同步给出了绘图区域范围参数,帮助用户选择。

2. 图形编辑参数设置　图形编辑的参数设置通过“图形编辑”(Graphical Editing)标签页来完成,如图 4-3 所示,有 5 个设置区域。

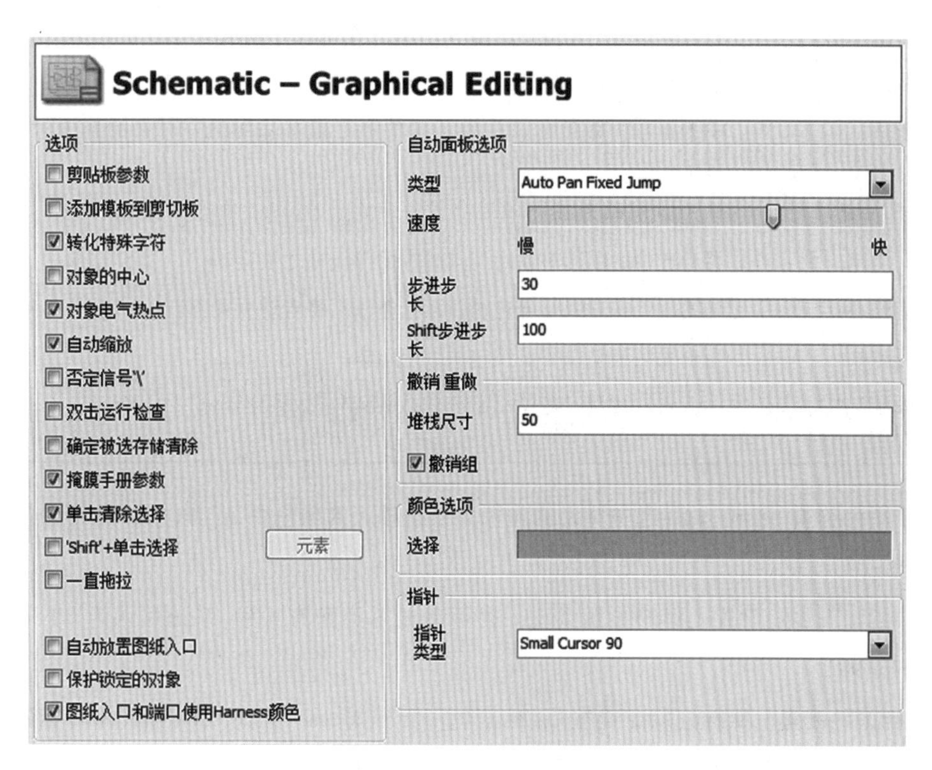

图 4-3　“图形编辑”标签页

（1）“选项”区域:各参数选项及其实现功能,参见表 4-2。

（2）“自动面板选项”区域:该选项主要用来设置系统的自动摇景功能,即当光标在原理图上移动时,系统会自动移动原理图以保证光标指向的位置进入可视区域。系统默认摇景模式是“按照固定步长自动移动原理图”(Auto Pan Fixed Jump),每次移动的步长为 30 像素点,按【Shift】键加速移动的步长为 100 个像素点。

（3）“撤销重做”区域:设置可以取消或重复操作的次数的多少。理论上,取消或重复操作的次数可以无限多,但次数越多,所占用的系统内存就越大,会影响编辑操作的速度。系统默认最深堆栈数为 50。

表 4-2　图形编辑参数的选项设置

选项	选中时的功能设置
剪贴板参数	复制或剪贴选中的对象时系统提示用户确定一个参考点
添加模板到剪切板	在执行复制或剪切操作时，系统把当前文档所使用的模板一起添加到剪贴板中，所复制的原理图将包含整个图纸。当用户需要复制原理图作为 Word 文档的插图时，建议先取消该功能
转化特殊字符	使用一些特殊字符串时系统会自动显示成实际内容
对象的中心	移动元件时光标自动跳到元件的基准点处
对象电气热点	移动元件时光标自动跳到离对象最近的电气节点处，如元件的引脚末端
自动缩放	对原理图中的某一对象进行操作时自动地实现缩放，调整为最佳的视图比例
否定信号"\"	字符"\"后的名称显示时带有"非"符号
双击运行检查	双击某个对象时，可以打开"SCH Inspector"面板。取消后打开的是属性设置对话框
确定被选存储清除	在清除选择存储器的内容时，出现一个确认对话框
掩膜手册参数	显示参数自动定位被取消的标记点
单击清除选择	单击原理图编辑窗口内的任意位置可以解除对某一对象的选中状态。建议选中
"Shift"+单击选择	设置需按下【Shift】键单击才能选中的图形对象。建议不选
一直拖拉	移动选中的图形对象时与其相连的导线随之被拖动
自动放置图纸入口	导线放置在图纸符号边缘时图纸符号上将自动放置图纸入口
保护锁定的对象	用户无法移动设置了锁定属性的对象
图纸入口和端口使用 Harness 颜色	图纸入口和端口将使用系统默认的信号配线的颜色

(4)"颜色选项"区域：设置选中对象的颜色。单击相应的颜色栏，在弹出的"选择颜色"对话框中进行设置。

(5)"指针"区域：设置光标的显示类型。光标的显示类型有 4 种，系统默认为"小十字光标"(Small Cursor 90)。

3. 鼠标滚轮配置　鼠标滚轮配置在"鼠标滚轮配置"(Mouse Wheel Configuration)标签页完成，以便实现对编辑窗口的移动或者切换。通过鼠标滚轮和不同按键的配置，可以实现 4 项行为功能。如表 4-3 所示。

表 4-3　鼠标滚轮配置

行为选项	系统默认快捷方式	功能设置
Zoom Main Window	【Ctrl】+鼠标滚轮	窗口缩放
Vertical Scroll	直接使用鼠标滚轮	窗口垂直滚动
Horizontal Scroll	【Shift】+鼠标滚轮	窗口水平滚动
Change Channel	【Ctrl】+【Shift】+鼠标滚轮	通道切换

4. 编译器参数设置　编译器参数设置通过"编译器"(Compiler)标签页来完成，如图 4-4 所示。

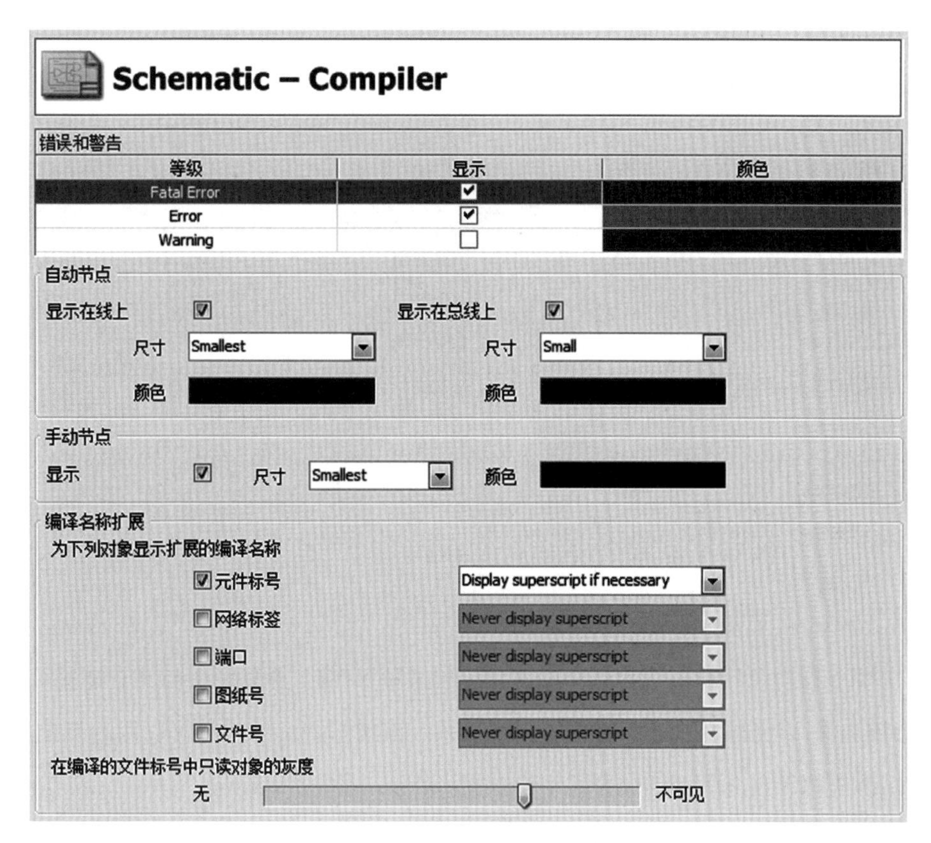

图 4-4　“编译器”标签页

(1) “错误和警告”区域：设置对于编译过程中可能发现的错误，是否在原理图中用不同的颜色加以标示。错误有 3 种级别，由高到低为：“致命错误”(Fatal Error)、“错误”(Error)、“警告”(Warning)。一般来说，错误的级别越高，标示的颜色应越深。采用系统默认的颜色即可。

(2) “自动节点”区域：设置显示自动生成节点的方式。选择“显示在线上”，则在导线上的 T 形连接处显示自动生成的电气节点。选择“显示在总线上”，则在总线上的 T 形连接处显示自动生成的电气节点。电气节点的大小用“尺寸”设置，有 4 种选择，“最小”(Smallest)、“小”(Small)、“中等”(Medium)、“大”(Large)。电气节点的颜色，可通过单击“颜色”右侧的颜色框设置。

(3) “手动节点”区域：设置手动放置的节点的尺寸和颜色及是否显示。

(4) “编译名称扩展”区域：用来设置显示编译扩展名称的对象及显示方式。显示方式有 3 种：“从不显示扩展名称”(Never display superscript)、“一直显示扩展名称”(Always display superscript)、“仅在与源数据不同时显示”(Display superscript if necessary)。系统默认为“仅在与源数据不同时显示”。

5. 自动聚焦设置　为原理图中不同状态对象(连接或未连接)的显示提供了不同的方式，或加深，或淡化等，便于用户查询或修改，其设置在“自动聚焦”(Auto Focus)标签页完成，如图 4-5 所示。

(1) “Dim(消隐)不连接对象”区域：当对选中的对象进行某种操作时，如放置、移动、调整大小或编辑，原理图中与其没有连接关系的其他图形对象会被淡化，以突出显示选中的对象。消隐的程度可以用右侧的“Dim 水平”滑块进行调节，滑块越向右，消隐程度越强。

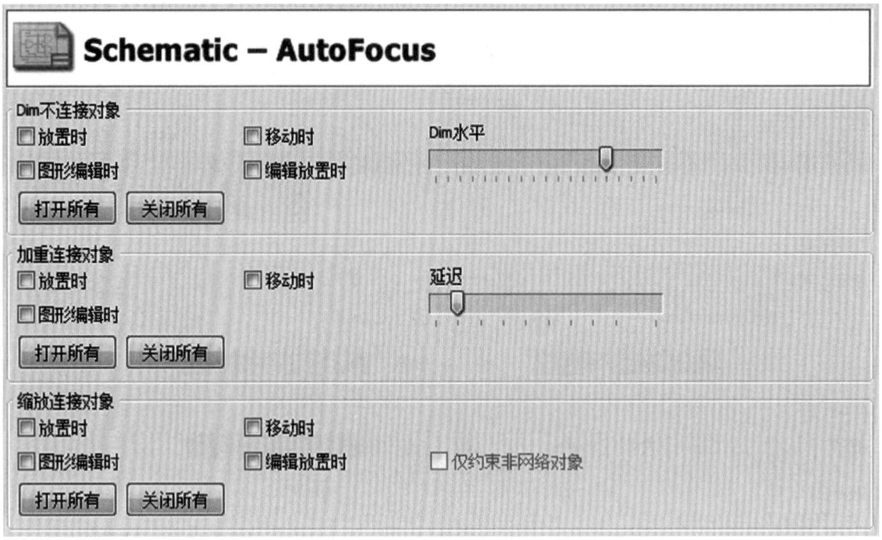

图 4-5　“自动聚焦”标签页

（2）“加重连接对象”区域：当对选中的对象进行某种操作时，原理图中与其有连接关系的其他图形对象会被加深，以突出显示选中对象的连接关系。该状态持续的时间可以用右侧的“延迟”滑块进行调节，滑块越向右，持续时间越长。

（3）“缩放连接对象”区域：用于设置对选中的对象进行某种操作时，如放置、移动、调整大小或编辑，原理图中与其有连接关系的其他图形对象会被系统自动缩放，以突显选中对象的连接关系。

单击【打开所有】按键，各种操作时均选择自动缩放；单击【关闭所有】按键，各种操作时均取消自动缩放。

6. 栅格设置　栅格的设置在“栅格”（Grids）标签页中完成，具体设置方法参见本章第二节内容。

7. 断线设置　在绘制原理图时，有时需要去掉某些多余的导线。特别是在连线较长或连接在该线段上的元器件数目较多时，不希望删除整条导线，可使用系统提供的“编辑/打破线”菜单命令，对各种连线进行灵活的切割或修改。与该命令有关的设置是在“断线”（Break Wire）标签页中完成，如图 4-6 所示。

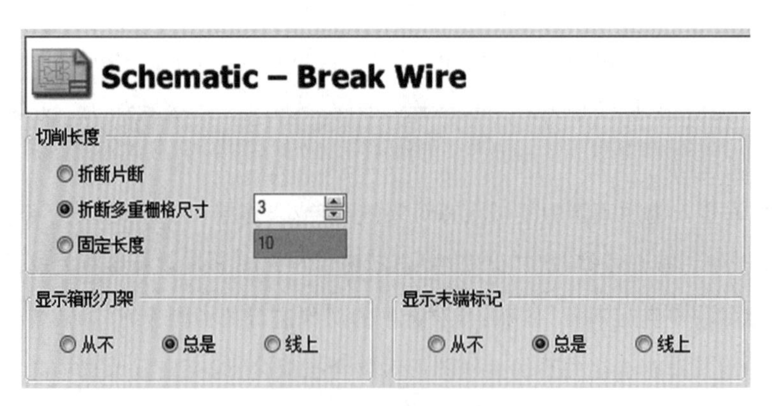

图 4-6　“断线”标签页

8. 默认单位　单位系统设置在“默认单位”(Default Units)标签页中完成。有两种单位系统选项:“英制单位系统”和“公制单位系统”。英制单位系统默认单位为“Dxp Defaults”(10mils,即1/100英寸),公制单位系统默认单位为“mm”(毫米)。

9. 图形对象默认值设置　“默认初始值”(Default Primitives)标签页,如图4-7所示,用来设定绘制原理图时常用图形对象的原始默认值。这样,在执行各种操作时,如图形绘制、元器件放置等,就会以所设置的原始默认值为基准进行操作,简化了编辑过程。

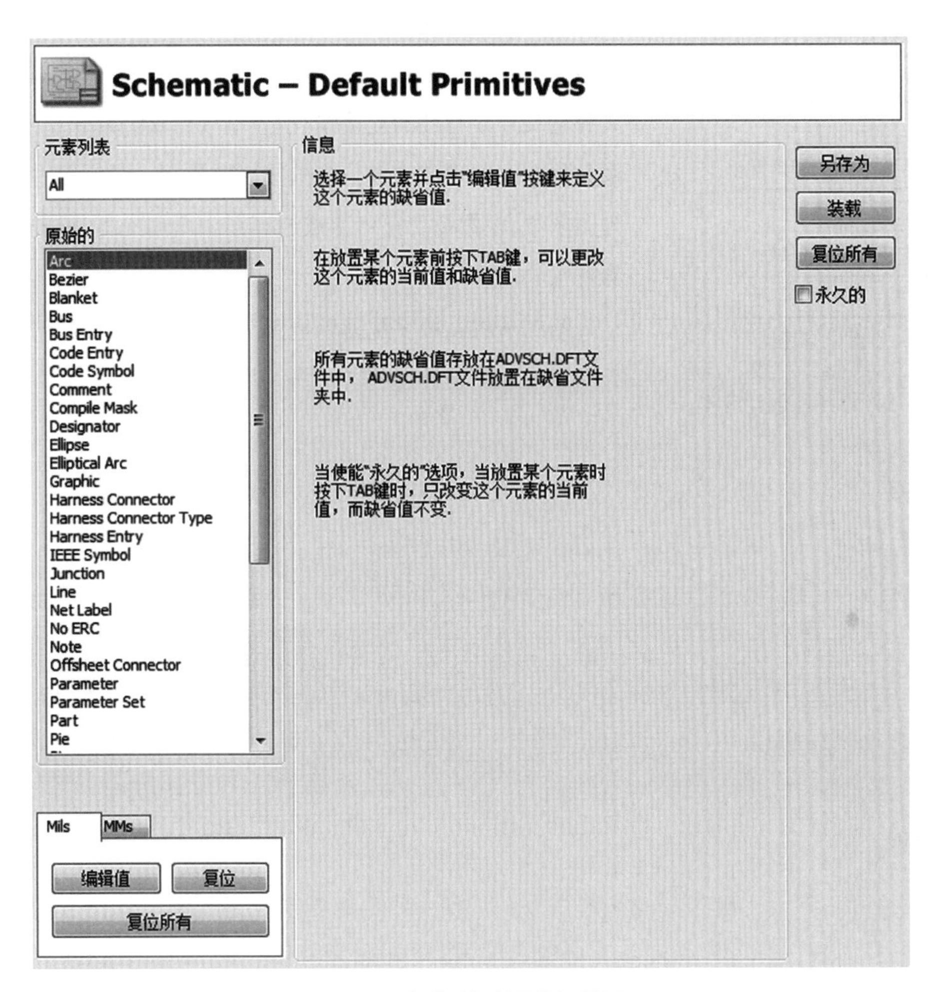

图4-7　“默认初始值”标签页

使用Altium Designer时,用户可根据自己使用的习惯,来设置图形对象的属性参数。完成设置后,单击【另存为】按键,将当前设定的图形对象属性参数以文件的形式保存到合适的位置,文件保存的格式为“*.dft”,再次使用时直接加载即可。

二、原理图设计流程

电路原理图设计是印制电路板设计的基础。一般情况下,只有先设计好电路原理图,才能通过网络表文件来确定元器件的电气特性和电路连接信息,从而设计出印制电路板。

原理图设计的一般流程如图4-8所示。

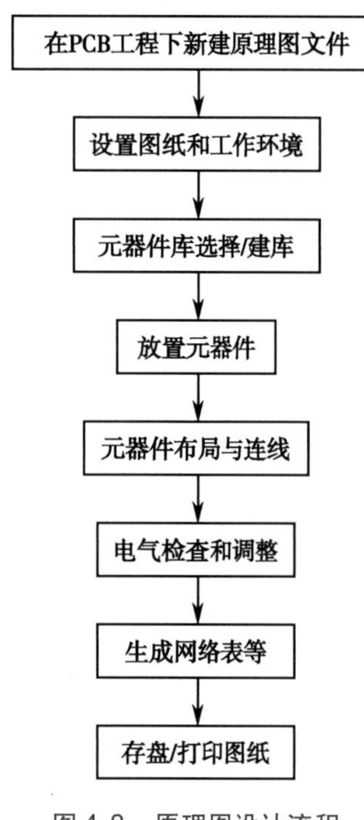

图 4-8　原理图设计流程

前期的设计方案准备充分后，首先新建原理图文件，根据所设计电路的规模和复杂程度设置图纸参数与工作环境参数，也可以采用系统默认方式设置环境参数。以上步骤属于准备阶段。接着，根据所用元器件选择并加载所需的元器件库，对于库中没有的元件，可以自行创建；从元器件库中查找并选择合适的元器件放置在设计图纸上，设置元件属性；要使电路原理图规范、美观、便于布线，需要对各个元件的位置进行合理的布局，包括对元器件进行旋转、复制等操作；在各个元器件引脚之间添加具有电气连接特性的连接线；检查电气错误并纠正；生成网络表及其他包含原理图文件信息的报表文件等。最后保存和打印原理图图纸，根据需要还可生成原理图中所用元器件清单，以便元器件采购。

第二节将以数字脉搏计电路为例，根据上述设计流程，详细介绍原理图的设计过程。

知识链接

脉搏测试仪

脉搏测试仪是用来测量人体心脏跳动频率的有效工具，心脏跳动频率通常用每分钟心跳的次数来表示。

正常成年人的脉搏次数约为每分钟 60 ~ 90 次，显然这种信号属于低频范畴。 因此数字脉搏计是用来测量低频信号的装置。

点滴积累

学习 Altium Designer 软件，要先学会创建工程文件和原理图文件。 优质的电路原理图设计是印制电路板设计的基础。 原理图的创建、修改和完善是在原理图编辑器中完成的。初学者熟悉原理图编辑环境后，根据工具栏命令可快速而方便地进行原理图编辑和操作。

第二节　原理图设计实例

本节将结合实例完成原理图的设计。如图 4-9 所示电路为一种数字脉搏计产品电路，所需元件列表如表 4-4 所示。

一、工程的建立

如果要实现一个包括 PCB 的整体设计，那么，电路原理图的设计是需要建立在一个 PCB 工程下面进行的。即先创建一个新的 PCB 工程，然后再创建一个新的原理图文件添加到该项目中。

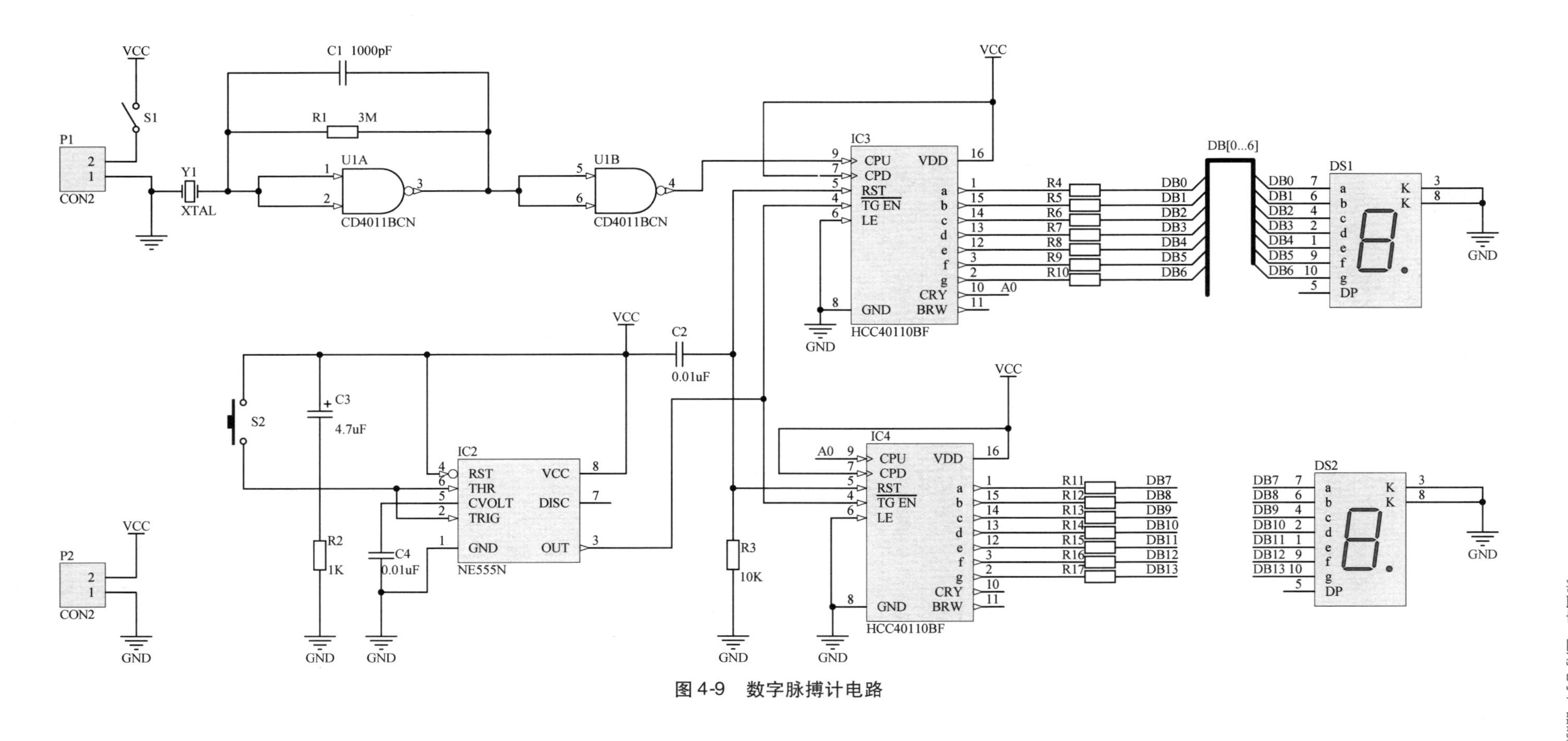

VCC
S1
P1
CON2
Y1
XTAL
C1 1000pF
R1 3M
U1A
CD4011BCN
U1B
CD4011BCN
IC3
CPU
CPD
RST
TG EN
LE
VDD
GND
CRY
BRW
HCC40110BF
A0
R4
R5
R6
R7
R8
R9
R10
DB0
DB1
DB2
DB3
DB4
DB5
DB6
DB[0...6]
DS1
DP
GND
C2
0.01uF
S2
C3
4.7uF
IC2
THR
CVOLT
TRIG
DISC
OUT
NE555N
C4
0.01uF
R2
1K
R3
10K
P2
IC4
R11
R12
R13
R14
R15
R16
R17
DB7
DB8
DB9
DB10
DB11
DB12
DB13
DS2

图 4-9　数字脉搏计电路

表 4-4　数字脉搏计电路元件列表

元件	标号	值	封装	所在集成元件库
电容	C1	1000pF	RAD0. 2	Miscellaneous Devices. IntLib
	C2	4. 7μF	CAPPR2-5×6. 8	
	C3	0. 01μF	RAD0. 2	
	C4	0. 01μF	RAD0. 2	
压电陶瓷片	Y1	XTAL	BCY-W2/D3. 1	
开关	S1	SW-SPST	SPST-2	
	S2	SW-PB	DPST-2	
数码管	DS1、DS2	Dpy Blue-CC	LEDDIP-10/C5. 08RHD	
电阻	R1	3M	AXIAL0. 3	
	R2	12M	AXIAL0. 3	
	R3	10K	AXIAL0. 3	
	R4 ~ R17	510	AXIAL0. 3	
接口	P1、P2	Header 2	HDR1X2	Miscellaneous Connectors. IntLib
IC 芯片	IC1	CD4011BCN	DIP-14	FSC Logic Gate. IntLib
	IC2	NE555N	DIP-8	ST Analog Timer Circuit. IntLib
	IC3、IC4	HCC40110BF	DIP-16	ST Interface Display Driver. IntLib

1. 执行菜单命令“文件/新建/工程/PCB 工程”，在“项目”面板上系统显示已创建一个默认名为“PCB_ Projectl. PrjPCB”的工程。

2. 在“项目”面板上右键单击“PCB_Projectl. PrjPCB”，在弹出的快捷菜单中选择“保存工程为”命令，将其保存为“数字脉搏计 . PrjPCB”。设置保存路径为“D:/医用电子线路设计与制作”，即将工程项目设置在 D 盘的“医用电子线路设计与制作”文件夹中。

二、原理图文件的建立

1. 在当前设计管理器环境下，单击鼠标右键“数字脉搏计 . PrjPCB”，执行菜单命令“给工程添加新的/原理图”，系统在该 PCB 工程中添加了一个新的空白原理图文件，默认名为“Sheetl. SchDoc”，同时打开了原理图的编辑环境。

2. 在“项目”面板上右键单击“Sheetl. SchDoc”，在弹出的快捷菜单中选择“保存为”命令，将其命名为“数字脉搏计 . SchDoc”。

以上操作完成后，结果如图 4-10 所示。对于该工程所在的设计工作区，用户可以保存为自己的工作区，也可以不保存。

三、图纸的属性设置

原理图图纸大小、工作区背景颜色以及栅格状态等，这些都属于图纸参数。图纸参数的设置关

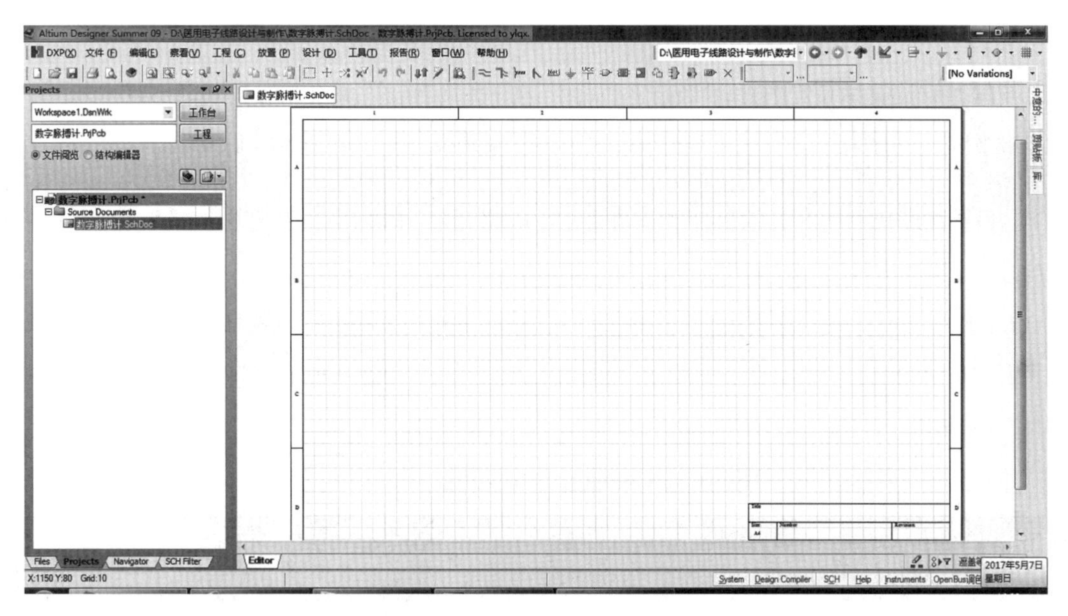

图 4-10　新建数字脉搏计原理图文件

系到成品图纸的效果，需要根据电路原理图的规模及复杂程度而定。

（一）图纸参数设置

在打开的原理图文件“数字脉搏计 . SchDoc”编辑窗口执行菜单命令“设计/文档选项”，或在编辑窗口单击鼠标右键执行快捷菜单命令“选项/文档选项（或文件参数、图纸）”，或使用快捷键【D+O】，打开“文档选项”对话框，如图 4-11 所示。图纸参数主要在“方块电路选项”和“参数”标签页中进行设置。

文档选项
方块电路选项　参数　单位
模板
文件名
标准类型
标准类型　A4
选项
方位　Landscape
标题块　Standard
方块电路数量空间　4
显示零参数
Default: Alpha Top to Bottom,
显示边界
显示绘制模板
边界颜色
方块电路颜色
栅格
Snap　10
可见的　10
电栅格
使能
栅格范围　4
更改系统字体
定制类型
使用定制类型
定制宽度　1500
定制高度　950
X区域计数　6
Y区域计数　4
刃带宽　20
从标准更新
确定　取消

图 4-11　“文档选项”对话框

▶▶ 课堂活动

本实例样图要求设置的图纸参数是:图纸尺寸“A4”,方向“横向”,颜色为“233 号”色,线状栅格,捕获栅格为“5”,可视栅格为“10”,标题栏模式为“标准”(Standard),标题为“数字脉搏计”。

1. 设置图纸尺寸　图纸的尺寸大小在“方块电路选项”标签页的右侧进行设置,有如下两种类型:

(1) 标准类型:单击“标准类型”框的【▼】按键,在下拉列表框中可以选择已定义好的标准尺寸图纸,共有 18 种具体尺寸,如表 4-5 所示。选择后,单击右下方的【从标准更新】按键,可对当前的网格尺寸进行更新。

表 4-5　标准类型的图纸尺寸

标准类型	宽度×高度(毫米)	宽度×高度(英寸)	标准类型	宽度×高度(毫米)	宽度×高度(英寸)
A4	292. 1×193. 04	11. 5×7. 6	E	1066. 8×812. 8	42. 0×32. 0
A3	393. 7×281. 78	15. 5×11. 1	Letter	279. 4×215. 9	11. 0×8. 5
A2	566. 42×398. 78	22. 3×15. 7	Legal	355. 6×215. 9	14. 0×8. 5
Al	800. 1×566. 42	31. 5×22. 3	Tabloid	431. 8×279. 4	17. 0×11. 0
A0	1132. 84×800. 1	44. 6×31. 5	OrCAD A	251. 46×200. 66	9. 90×7. 90
A	241. 3×190. 5	9. 5×7. 5	OrCAD B	391. 16×251. 46	15. 40×9. 90
B	431. 80×279. 42	15. 0×9. 5	OrCAD C	523. 24×396. 24	20. 60×15. 60
C	508. 0×381. 0	20. 0×15. 0	OrCAD D	828. 04×523. 24	32. 60×20. 60
D	812. 8×508. 0	32. 0×20. 0	OrCAD E	1087. 12×833. 12	42. 80×32. 80

(2) 定制类型:选择“使用定制类型”后,自定义功能被激活,在 5 个文本框中可以分别输入自定义的图纸尺寸,包括:宽度、高度、X 区域计数(即 X 轴参考坐标分格数)、Y 区域计数(Y 轴参考坐标分格数)及边框宽度。

本实例要求在“标准类型”复选框中选择“A4”,单击【从标准更新】按键,显示图纸宽度为“1150mils”(11. 50 英寸),高度为“760mils”(7. 6 英寸)。单击【确定】按键,即选定“A4”图纸尺寸。

2. 设置图纸标题栏、颜色和方向　在“图纸选项”标签页中,还可以设置图纸的其他参数,如方向、标题栏、颜色等,这些可以在左侧的“选项”区域中完成。

(1) 设置图纸标题栏:图纸的标题栏是对图纸的附加说明,可以在此栏对图纸做简单的描述,也可以作为日后图纸标准化时的信息。系统中提供了两种预先定义好的标题栏格式:标准格式(Standard)和美国国家标准格式(ANSI)。选中“标题块”后,即可进行格式选择,若选择了标准格式,则下面的“方块电路数量空间”文本框被激活,可以在其中输入数字,对图纸进行编号。

(2) 设置方块电路颜色:图纸颜色的设置包括“边界颜色”(即边框颜色)和“图纸颜色”(即图纸底色)设置。单击需设置的颜色框,弹出如图 4-12 所示的“选择颜色”对话框。

在对话框中可以选择 3 种设置颜色的方法,即基本的、标准的和定制的。设置时,在“基本的”

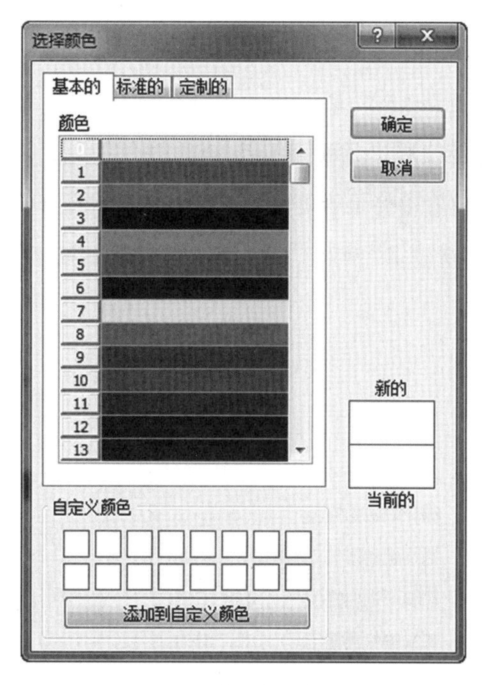

图 4-12　“选择颜色”对话框

对话框单击选定的“233 号”颜色,会在右侧“新的”栏中相应显示,单击【确认】按键完成设置。一般应尽量设置较浅的颜色,以免影响原理图的绘制。

(3) 设置图纸方位:图纸方位通过“方位”框的【▼】按键设置。可以设置为水平方位(Landscape),即横向;也可以设置为垂直方位(Portrait),即纵向。

一般的,在绘制及显示时将图纸设为横向,在打印输出时可根据需要设为横向或纵向。

(4) 其他设置:在“选项”区域中还有 3 个复选框,用于对图纸的边框显示进行设置。

1) “显示零参数”:用来设置是否显示图纸边框中的参考坐标,选择后即显示。系统默认选中。显示方式有两种:“按照字母从顶部到底部,数字从左到右的顺序显示”(Default: Alpha Top to Bottom, Numeric Left to Right)、“按照字母从底部到顶部,数字从右到左的顺序显示”(ASME Y14: Alpha Bottom to Top, Numeric Right to Left)。

2) “显示边界”:用来设置是否显示图纸边框,选择后即显示。当显示边框时,可用的绘图工作区会比较小,一般应考虑隐藏边框。

3) “显示绘制模板”:用来设置是否显示模板上的图形、文字及专用字符串等。一般,为了显示自定义图纸的标题区块时会选择该复选框。

另外,绘图过程中,在图纸上还常常需要插入一些汉字或英文的标注,对于这些标注字体的字形、大小等,通过单击“选项”区域右侧的【更改系统字体】按键,在弹出的“字体”对话框中可以进行设置。

3. 栅格设置　进入原理图编辑环境,可以看到编辑窗口的背景是网格形的,这种网格被称为栅格。在原理图的绘制过程中,栅格为元件的放置、排列及线路的连接带来了极大的方便,用户可以轻松地排列元件和整齐地布线。

(1) 设置栅格数值:在“方块电路选项”标签页中,“栅格”和“电栅格”选项区域专门用于对栅格进行具体数值的设置,如图 4-13 所示。

1) “捕获”(Snap):设置光标每次移动的距离。选中后,光标移动时,以右边的设置值为基本单位。系统默认值为 10 个像素点,用户根据需要可以输入新的数值改变光标的移动距离。若取消选中,则光标移动时,以 1 个像素点为基本单位。

2) “可见的”:用来设置是否在图纸上显示栅格。选中后,图纸上栅格间的距离可以自行输入设置,系统默认值为 10 个像素点。若取消选中,在图纸上将不显示栅格。根据系统的默认设置,“捕获”与“可见的”两个选项数值相同,意味着光标的每次移动距离是 10 个像素点即 1 个栅格。

3) “电栅格”:选中表示启用电气栅格功能。在绘制连线时,系统会以光标所在位置为中心,以

“栅格范围”中的设置值为半径,向四周搜索电气节点。如果在搜索半径内有电气节点,光标将自动移到该节点上,并在该节点上显示一个亮圆点。搜索半径的数值默认为4个像素点,用户可以自行设定。如果不选择该复选框,就取消了系统自动寻找电气节点的功能。

在原理图绘制过程中,执行菜单命令“察看/栅格”,或使用快捷键【V+G】,或直接在“实用”工具条中单击 (栅格)按键,可在弹出的下拉菜单中随时设置栅格是否可见(“切换可视栅格”命令)、是否启用电气栅格功能(“切换电气栅格”命令),以及重新设定“捕获”的数值(“设置跳转栅格”命令)等,如图4-14所示。

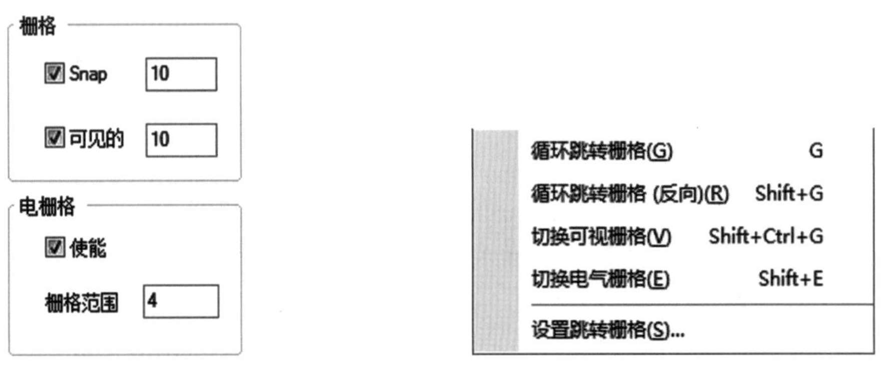

图4-13　栅格设置

图4-14　“栅格”命令菜单

(2) 设置栅格形状、颜色:栅格的形状和颜色可在“栅格”标签页中进行设置。在编辑窗口内单击鼠标右键,在弹出的快捷菜单中执行“选项/栅格”命令,进入“原理图参数”模块下的“栅格”标签页,如图4-15所示。

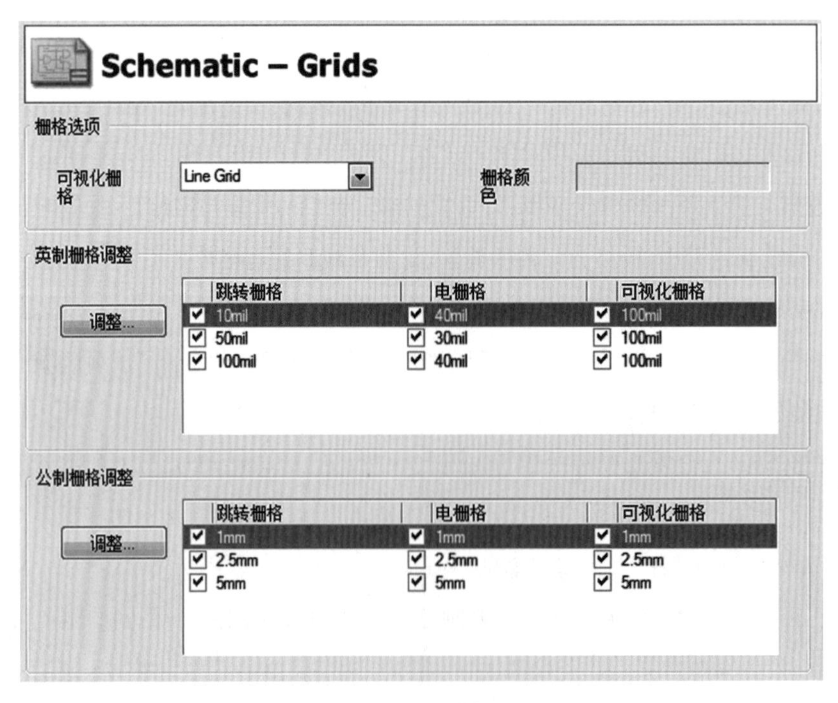

图4-15　“栅格”标签页

“栅格选项”区域中有如下两项设置。

“可视化栅格”框：用于设置栅格形状，有两种选择，即“线状栅格”和“点状栅格”。

“栅格颜色”框：单击颜色栏，可以设置栅格的显示颜色。此外，栅格数值的单位有英制和公制之分。单击相应的【调整】按键，在弹出的菜单中可以选择不同的预设值，如图4-16所示。

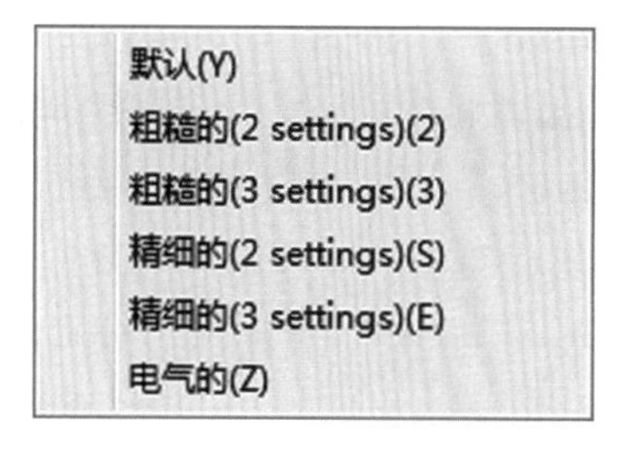

图4-16　“栅格预设值”标签页

4. 文档参数设置　Altium Designer系统为原理图文档提供了多个默认的文档参数，方便记录电路原理图的有关设计信息，使用户更加系统、有效地管理设计的图纸。

在“文档选项”对话框中选择“参数”标签页，即可看到所有文档参数的名称、值及类型，如图4-17所示。系统提供的默认文档参数有20多项，具体含义见表4-6。

文档选项

方块电路选项　参数　单位

名	值	类型
Address1	*	STRING
Address2	*	STRING
Address3	*	STRING
Address4	*	STRING
ApprovedBy	*	STRING
Author	*	STRING
CheckedBy	*	STRING
CompanyName	*	STRING
CurrentDate	*	STRING
CurrentTime	*	STRING
Date	*	STRING
DocumentFullPathAndName	*	STRING
DocumentName	*	STRING
DocumentNumber	*	STRING
DrawnBy	*	STRING

添加(A)...　删除(V)...　编辑(E)...　添加规则(R)...

确定　取消

图4-17　“文档参数”标签页

双击某项需要设置的参数，或者在选中后，单击【编辑】按键，会打开相应的“参数属性”对话框。在该对话框中可设置相应参数的值及属性等，如图4-18所示。

（1）名称：当前所设置的参数名称，如果参数是系统提供的默认文档参数，则文本编辑栏呈灰色状态，不可更改。

（2）值：设置当前参数的数值。选择下面的“锁定”复选框后，该数值将不可更改。

（3）属性：用于设置参数值的类型及唯一标识ID。类型有4种，“字符串”（STRING）、“布尔”（BOOLEAN）、“整数”（INTEGER）和“浮点”（FLOAT）。单击【复位】按键，可随机生成指定参数的唯一标识ID，是一个8位的纯字母字符串。

表 4-6　系统提供的默认文档参数及其含义

名称	含义	名称	含义
Address1、Address2、Address3、Address4	公司或单位地址	Engineer	设计工程师
Approved By	设计负责人	Image Path	影像路径
Author	图纸设计者	Modified Date	修改日期
Checked By	图纸校对者	Organization	设计机构名称
Company Name	公司名称	Project Name	工程名称
Current Date	当前日期	Revision	设计图纸版本号
Current Time	当前时间	Rule	规则信息
Date	设置日期	Sheet Number	原理图图纸编号
Document Full Path And Name	文档完整保存路径及名称	Sheet Total	工程中的原理图总数
Document Name	文档名称	Time	设置时间
Document Number	文档编号	Title	原理图标题
Drawn By	图纸绘制者		

图 4-18　“参数属性”对话框

除了提供默认的参数以外，Altium Designer 系统还允许用户根据需要添加自定义的文档参数，并为参数设置规则和属性等。

（二）原理图编辑界面管理

在原理图的绘制过程中，有时需要缩小整个画面以便察看整张原理图的全貌，有时需要放大以便清晰地观察某局部区域，有时还需要移动图纸进行多方位的观察。此外，由于操作的不断进行，有可能残留一些图案或斑点，使画面变得模糊不清。Altium Designer 系统提供了相应的功能，使用户可以按照自己的设计需要，随时对原理图进行放大、缩小、移动或刷新。

1. 使用菜单或快捷键方法　在原理图编辑界面的“察看”菜单中列出了对原理图画面进行缩放、移动的多项命令及相应的快捷键，如图4-19所示。

（1）“适合文件”：显示整张原理图的内容，包括图纸边框、标题栏等。快捷键为【V+D】，下面各项以此类推。

（2）“适合所有对象”：以最大比例显示出原理图上的所有对象。

（3）“区域”：使用十字形光标框选一个矩形区域后，该区域将在整个编辑窗口内放大显示。

（4）“点周围”：以被点中的十字光标为中心拉开一个矩形区域，该区域被放大显示。

（5）“被选中的对象”：用来放大显示选中的对象。

（6）“上一次缩放”：返回显示上一次缩小或放大的效果。

（7）“摇镜头”：当前原理图的左上角显示在编辑窗口的中心位置处。

（8）“全屏”：全屏显示编辑窗口，标题栏、状态栏及面板等全部隐藏。

2. 使用标准工具栏按键方法　在原理图标准工具栏中提供了3个按键，专门用于原理图的快速缩放。

（1）【适合所有对象】按键：该按键与菜单中的“适合所有对象”命令功能相同。

（2）【缩放区域】按键：该按键与菜单中的“区域”命令功能相同。

（3）【缩放选择对象】按键：该按键与菜单中的“被选中的对象”命令功能相同。

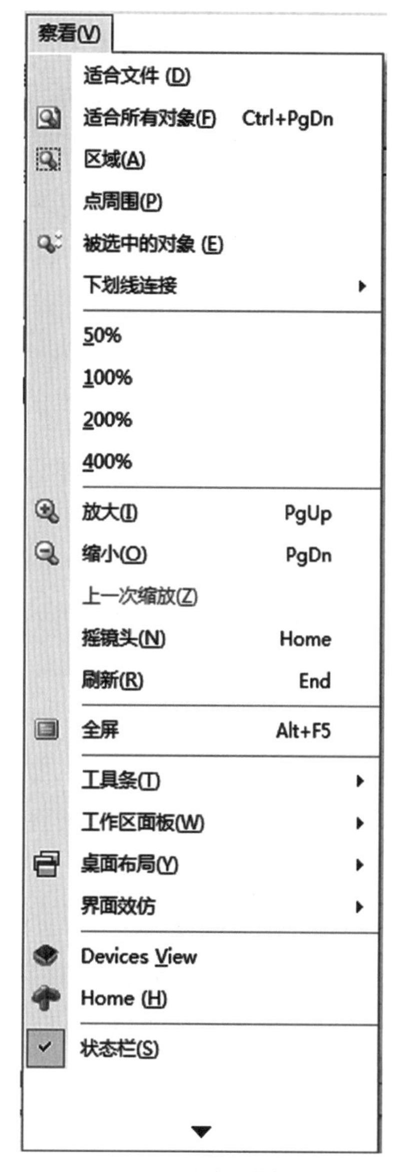

图4-19　“察看”菜单

3. 使用鼠标滚轮　按照在“鼠标滚轮配置”标签页中原理图工作环境参数的设置，按住【Ctrl】键的同时，滚动鼠标滚轮，可以放大或缩小原理图。按住【Shift】键的同时，滚动鼠标滚轮，或者按住鼠标右键并拖动，可以在编辑窗口内随意移动原理图。

四、元件库的调用及元件的放置

电路原理图是各种元件的连接图，因此绘制一张电路原理图首先要把所需要的各种元件放置在设置好的图纸上。为了使用方便，一般是将包含所需元件的库文件即元件库加载进来。但是，内存中若载入过多的元件库，又会占用系统资源，降低应用程序的执行效率。所以，对于暂时用不到的某个元件库，应及时从内存中移走，这个过程称作元件库的卸载。下面将分别介绍如何加载元件库以及如何将元件放置到原理图编辑界面中。

（一）元件库的调用

电路原理图的核心对象是元件，绘制一张原理图首先要放置相关的元件。在放置元件前，需要知道各个元件所在的元件库，并把相应的元件库添加进来。

1. “库”面板　执行菜单命令“设计/浏览库”，或单击工具栏（浏览库）按键，弹出“库”面板，如图4-20所示。在“库”面板中，可以实现对元件和库文件的操作，因而是Altium Designer系统中非常重要的面板之一，不仅可以为原理图编辑器服务，而且在PCB编辑器中也同样离不开它，用户应熟练掌握，并能灵活运用。

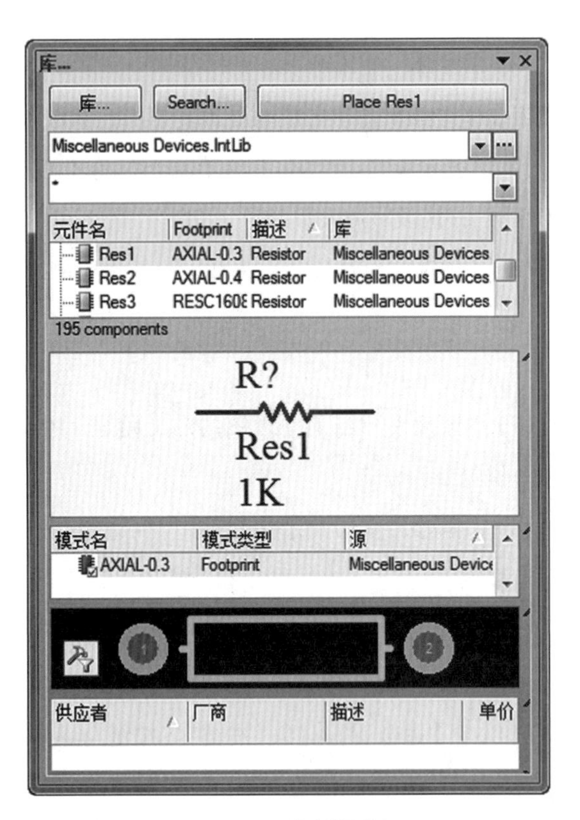

图4-20　“库”面板

“库”面板主要由下面几部分组成：

（1）“当前元件库”栏：该栏中列出了当前已加载的库文件。Altium Designer中有两个系统已默认加载的集成元件库：“常用分立元件库”（Miscellaneous Devices. IntLib）和“常用接插件库”（Miscellaneous Connectors. IntLib），包含了常用的各种元器件和接插件，如电阻、电容、二极管、三极管、开关、单排接头、双排接头等。在本例中，电源接口、电阻、电容、开关、LED数码管，分别属于这两个元件库。555、4011和40110不在这两个库中。

单击右边的【▼】按键，弹出已加载元件库下拉列表，在列表中可进行元件库的选择；单击【…】按键，在弹出的“元件显示方式”对话框中有3个可选项：“元件”“封装”和“3D模式”，如图4-21所示，根据是否选中来控制是否显示相关信息。

（2）“搜索”输入框：用于搜索当前库中的元件。输入搜索条件，满足条件的元件将在下面的元件列表区域中显示出来。输入“*”时，即为显示当前库中的所有元件，并显示该库中元件的数量。

（3）“元件列表”区域：列出满足搜索条件的所有元件，并列出元件名、元件封装、元件描述和元件所在库。

（4）“原理图符号”区域：显示当前选择的元件在原理图中的电路符号。

（5）“模型”区域：显示当前元件的各种模型，如PCB3D模型、PCB封装及仿真模型等。

显示封装形式时，单击左下角的按键，在弹出的对话框中，可选择设置显示元件的3D模型、3D实体模型和STEP模型，如图4-22所示。

（6）供应商链接和供应商信息区域：用于显示与所选元件有关的供应商信息。

可见，“库”面板提供了所选元件的各种信息，包括原理图符号、PCB封装、3D模型及供应商等，使用户对所选用的元件有了基本了解。

图 4-21 库元件显示方式

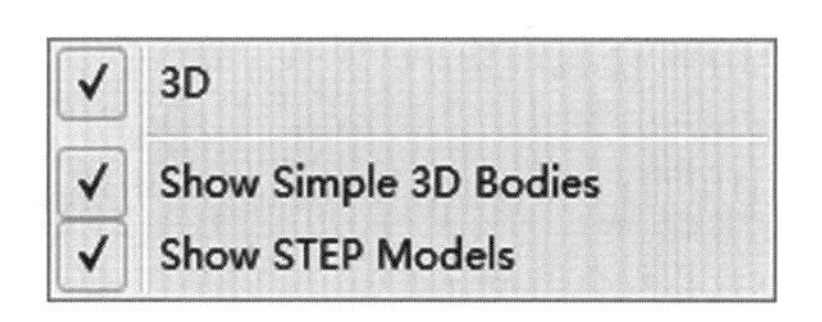

图 4-22 模型显示方式

2. 加载元件库 设计过程中，如果还需要其他的元件库，用户可随时进行选择加载，同时卸载不需要的元件库，以减少内存负担。

如果用户知道选用元件所在的元件库名称，就可以直接对元件库进行加载。本实例要求直接加载集成元件库"ST Analog Timer Circuit. IntLib"，步骤如下：

（1）执行菜单命令"设计/添加/移除库"，或在"库"对话框中单击左上角的【库...】按键，系统弹出如图 4-23 所示的"可用库"对话框。

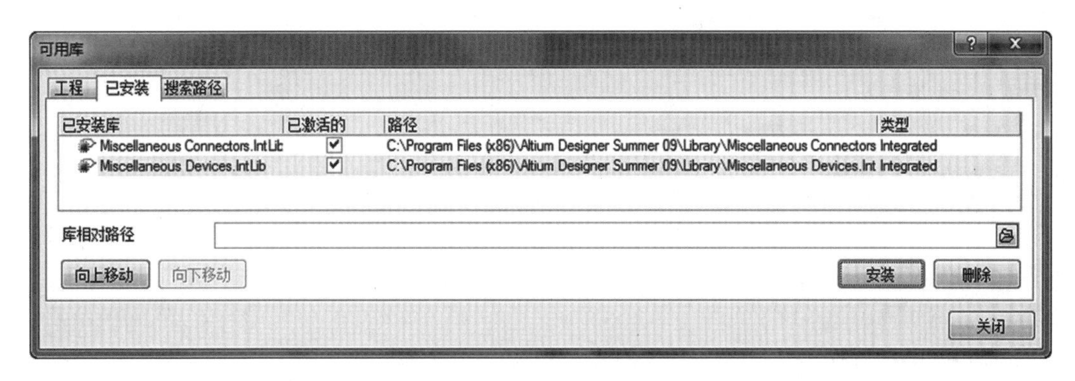

图 4-23 "可用库"对话框

对话框中有 3 个标签页，"工程"标签页中列出的是用户为当前工程自行创建的元件库，"已安装"标签页中列出的是系统当前可用的元件库。

（2）在"工程"标签页中单击【添加库】按键，或者在"已安装"标签页中单击【安装】按键，系统弹出"打开库"对话框，如图 4-24 所示。

（3）在"打开库"对话框元件库列表区域选择"ST Microelectronics"库文件夹，打开后选择相应的集成元件库"ST Analog Timer Circuit. IntLib"。单击【打开(O)】按键后，该元件库就出现在了"可用库"对话框中，完成了加载，如图 4-25 所示。

（4）继续操作可以把本实例中所需要的集成元件库"FSC Logic Gate. IntLib"和"ST Interface Display Driver. IntLib"进行加载，使之成为系统中当前可用的元件库。这时所有加载的元件库都将出现在"库"面板中，用户可以选择使用。

在"可用库"对话框中选中某一不需要的元件库，单击【删除】按键，即可将该元件库卸载。

3. 查找元件后加载元件库 如果用户只知道所需元件的名称，并不知道该元件所在的元件库，可以利用系统提供的快速查询功能查找元件并加载相应的元件库。本实例中，以 NE555N 芯片为例

图 4-24　“打开库”对话框

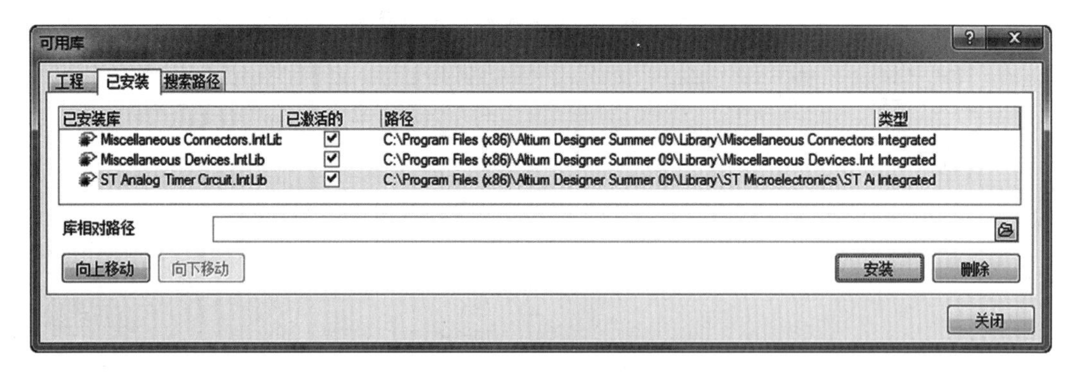

图 4-25　已加载元件库

介绍元件的查找方法：搜索元件名包含“NE555N”信息的元件，并加载该元件所在的元件库。

（1）在打开的“库”面板中单击【搜索】按键，弹出“搜索库”对话框，如图 4-26 所示的。在“搜索库”对话框中，通过设置查找的条件、范围及路径，可以快速找到所需的元件。

该对话框主要包括三个区域：

1）“过滤”区域：该区域用于设置需要查找的元件应满足的条件，最多可以设置 10 个条件。每个条件包括“域”“运算符”和“值”3 个部分。“域”下拉列表框中列出了查找的对象选项，比如通过元件名查找就选择“名”（name）。“运算符”的下拉列表框中列出了“等同”（equals）、“包括”（contains）、“始于”（starts with）和“止于”（ends with）4 种运算符，可选择设置。“值”输入框用于输入需要查找对象的具体条件，也可在其下拉列表框中进行选择。单击“添加列”增加条件；单击“移除列”删除条件。

2）“范围”区域：该区域用于设置查找的范围。单击“搜索”输入框【▼】按键，分以选择从“元件”（Components）、“PCB 封装”（Footprints）、“3D 模型”（3D Models）、“数据库元件”（Database Components）中搜索。选中“可用库”的单选项，系统会在已经加载的元件库中查找。选择“库文件路径”

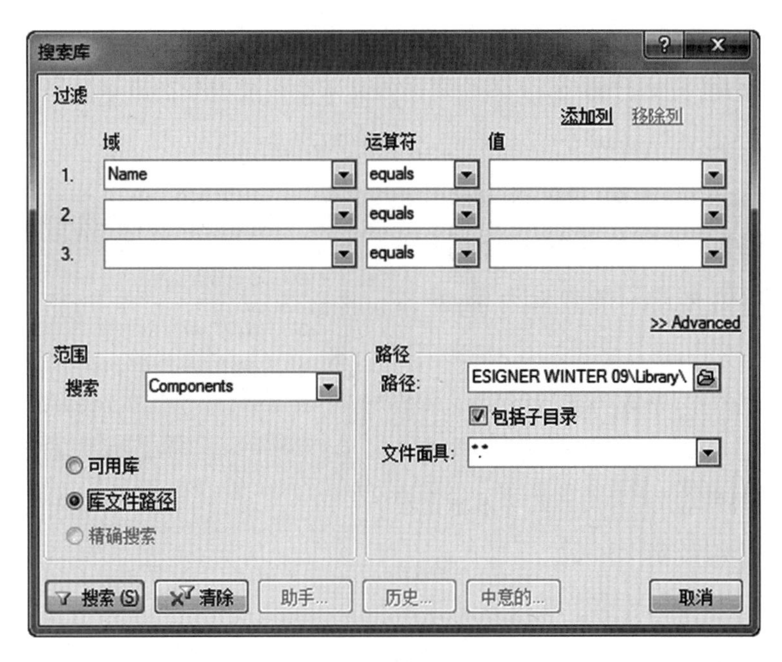

图 4-26　“搜索库”对话框

的单选项，系统将在指定的路径中进行查找，同时右边的“路径”区域转为可设置状态。“精确搜索”的单选项仅在有查找结果时才被激活，选中后，只在查找结果中进一步搜索，相当于网页搜索中的“在结果中查找”。

3）“路径”区域：该区域用来设置查找元件的路径，只有在选择“库文件路径”单选项时才有效。单击右侧的 按键，系统会弹出“浏览文件夹”窗口，供用户选择设置搜索路径。若选择下面的“包括子目录”复选框，则指包含在指定目录中的子目录也会被搜索。“文件面具”框中用于输入设定查找元件的文件匹配域，“ * ”表示匹配任何字符串。

（2）设置搜索条件：在“域”的第一行选择“名”选项，在“运算符”选项框中选择“包含”选项，在

图 4-27　设置元件搜索条件

“值”选项框中输入元件的全部名称或部分名称，如“NE555N”。设置“搜索”类型为“元件”，选择“库文件路径”单选项，此时，“路径”文本编辑栏内显示系统所提供的默认路径：“C:\PROGRAM FILES\ALTIUM DESIGNER winter 09\Library\”，如图4-27所示。

(3) 确认搜索：单击【搜索】按键后，系统开始查找。在查找过程中，“库”面板上的【库...】按键处于不可使用状态，如果需要停止查找，单击【Stop】按键即可。

(4) 察看搜索结果：察看结束后的“库”对话框，如图4-28所示。可以看到，符合搜索条件的元件只有一个，其原理图符号、封装形式等显示在对话框上，用户可以详细察看。

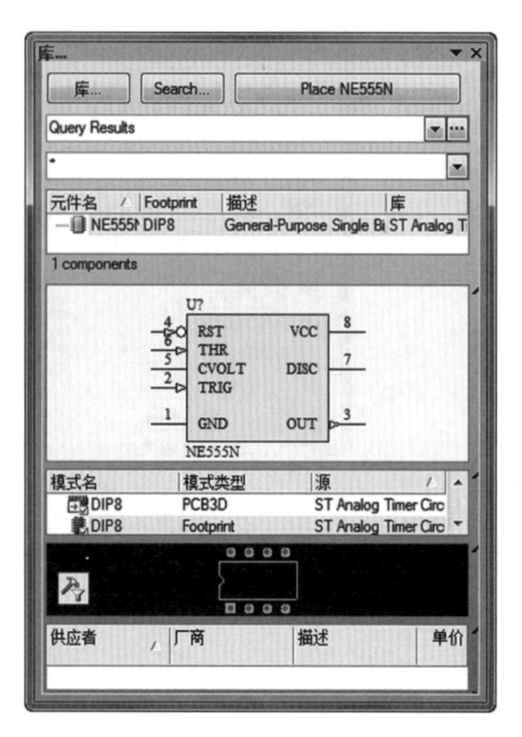

图4-28　NE555N的搜索结果

(5) 加载元件库：单击“库”面板右上方的【Place NE555N】按键，显示加载元件库提示对话框，如图4-29所示。用户要放置的元件所在的库为“ST Analog Timer Circuit. IntLib”，并不在系统当前可用的元件库中，故系统询问是否将该元件库进行加载。此时，单击【是(Y)】按键，则元件库被加载。此时，单击“库”面板上的【库...】按键，可以看到，在“可用库”对话框中，“ST Analog Timer Circuit. IntLib”已成为可用元件库。单击【否(N)】按键，则只使用该元件而不加载其所在的元件库。

图4-29　提示加载元件库对话框

如果需要进行更高级的搜索，单击【>>Advanced】按键后，在“搜索库”对话框的空白文本框中可以输入表示查找条件的过滤语句表达式，有助于系统更快捷、更准确的查找。如图4-30所示。

课堂活动

巧妙利用“库”面板上的“搜索输入栏”，输入所需元件的部分标识名称，那么在查找出的元件列表中将显示含有部分标识名称的元件。例如，只知道需选用的定时器芯片是555电路，并不知道其完整的标识名称，可以在图4-27所示的对话框中输入“555”，体验查找过程。

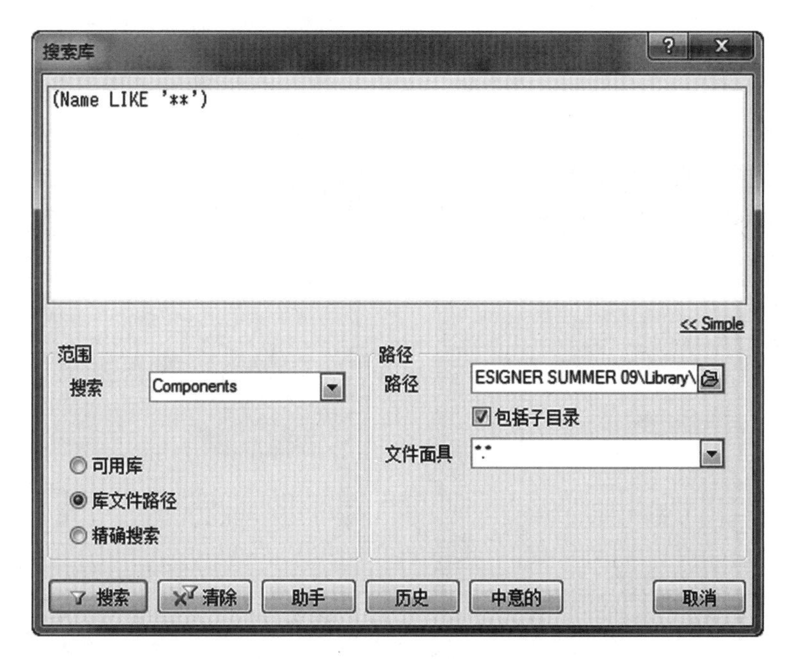

图 4-30　“高级搜索”对话框

（二）元件的放置

原理图的绘制中，需要完成的关键操作是如何将各种元件的原理图符号进行合理放置。在 Altium Designer 系统中提供了多种放置元件的方法，可以利用菜单命令或工具栏，也可以使用“库”面板。

1. 查找元件　前面已经以 NE555N 为例介绍了查找元件的一般方法。还有以下两种情形，可以根据情况灵活地进行查找。

（1）知道元器件的准确名称和所在元件库：执行菜单命令“设计/浏览库”，在“浏览库”选项卡“库”列表中选中集成元件库“ST Analog Timer Circuit. IntLib”，并在“搜索输入栏”编辑框中输入设置元件列表的显示条件“NE555N”，此时选项卡下方显示的就是符合该“元件名”的元件列表。如图 4-31 所示。

（2）只知道元器件所在的元件库：执行菜单命令“设计/浏览库”，在“浏览库”选项卡“库”列表中选中“ST Analog Timer Circuit. IntLib”，并在“搜索输入栏”编辑框中输入通配符“ * ”，显示库中全部元件列表，逐个浏览直到找到“NE555N”。如图 4-32 所示。

2. 元件的放置　元件是原理图的核心对象，绘制原理图首先要把所需要的元件找出来并放置好。

为方便视图，在放置元件之前，需先将原理图工作区调整在合适的位置和大小。移动鼠标，将光标指在设计平面上适当的位置，使用快捷键【V+I】或【V+O】，即执行菜单命令“察看/放大”或“察看/缩小”。也可以按【Ctrl】键同时滑动鼠标滚轮，或按【Page Up】/【Page Down】键，调整窗口合适即可。按【Home】键，原来光标下的显示位置会移到工作区的中心位置。按【End】键可对显示画面进行刷新从而消除残留斑点或线条变形，恢复正确的画面。

放置元件主要有 3 种方法：通过工具栏放置、利用元件库浏览器放置和使用菜单命令放置。下

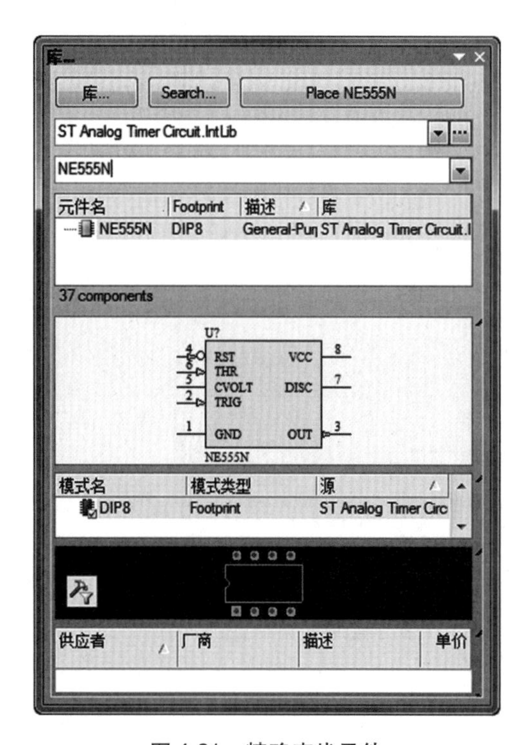

图 4-31　精确查找元件

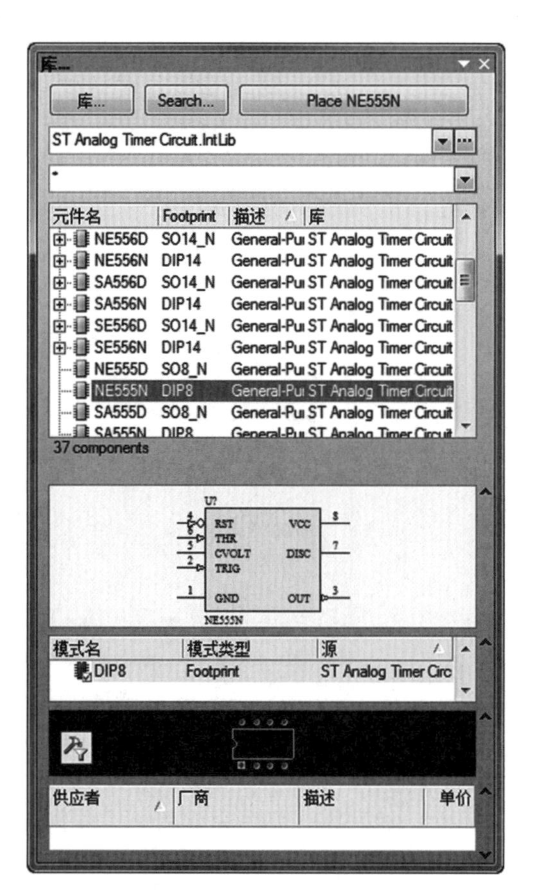

图 4-32　元器件的逐个查找

面分别举例介绍。

（1）利用实用工具栏放置：由于元件在原理图中的重要性、使用的频繁性和多样性，系统便把一些常用的元件如电阻、电容等设置在实用工具栏的 （数字器件）下拉列表中，如图 4-33 所示。如果窗口中没有显示实用工具栏，可通过执行菜单命令“察看/工具条/实用”调出。

单击准备放置的元件如 0.01μF 的电容，此时会出现十字光标，并附着一个处于浮动状态的被选中元件，如图 4-34 所示。

按空格键可使浮动元件以光标为中心逆时针 90°旋转；按【X】键元件水平翻转；按【Y】键元件垂直翻转；按【Tab】键可对元件进行属性编辑。移动光标到原理图工作区适当位置后，单击鼠标或按

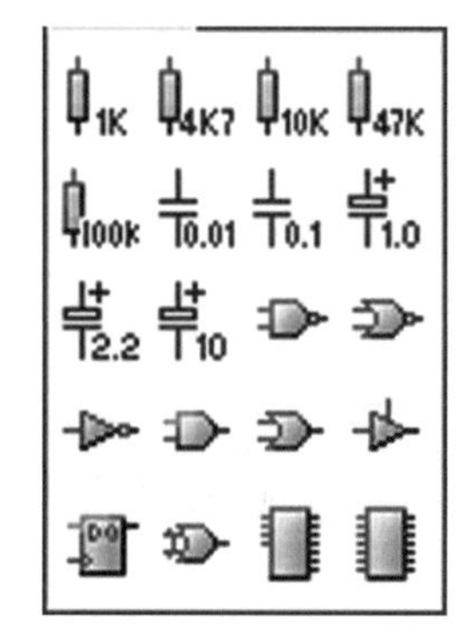

图 4-33　数字器件下拉列表

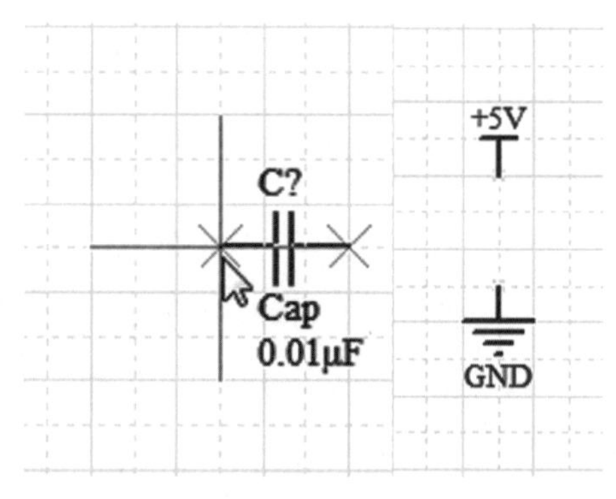

图 4-34　选中数字元件

【Enter】键，放置元件。

（2）利用元件库浏览器放置元件：加载所需的元件库后，在库面板中可以看到元件库、元件列表和原理图符号。如在搜索输入框中输入“＊4011＊”，搜索出两个符合条件的元件“CD4011BCM”和“4011BCN”。单击选中“CD4011BCN”，在下方模型区域中可以观察到其封装为直插件，从显示的原理图符号还可以看出这是其4个子件中的第一个子件，如图4-35所示。

单击面板上方的【Place CD4011BCN】按键，或直接双击该元件，出现十字光标和浮动的4011，移动光标到适当位置后，单击放置元件。此时仍是十字光标即处于放置元件状态，连续放置即可放置其第2个子件、第3个子件，依此类推，如图4-36所示。单击鼠标右键或按【Esc】键退出放置元件状态。

本例中的4011是个复合器件，其内部集成了4个子件，需要将它们分别显示出来。在库面板的元件列表框中，单击4011元件名前面的+键，显示出

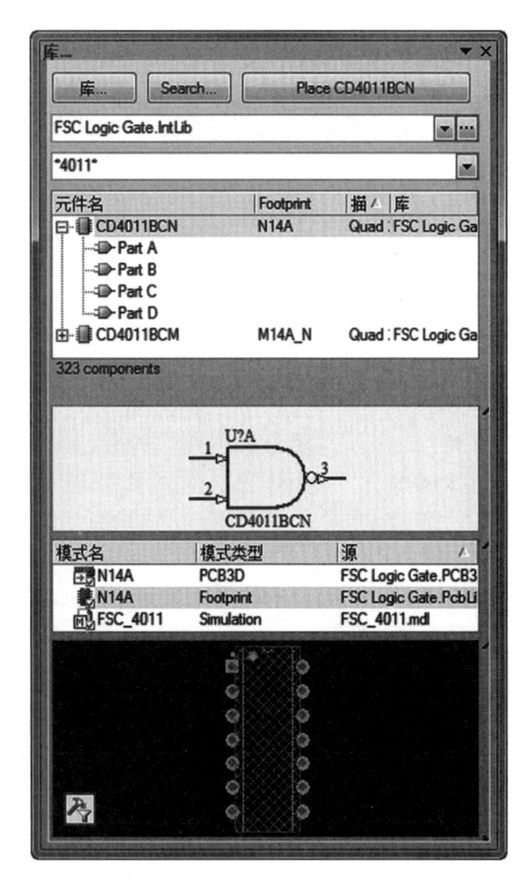

图4-35　从加载的元件库中选择并放置元件

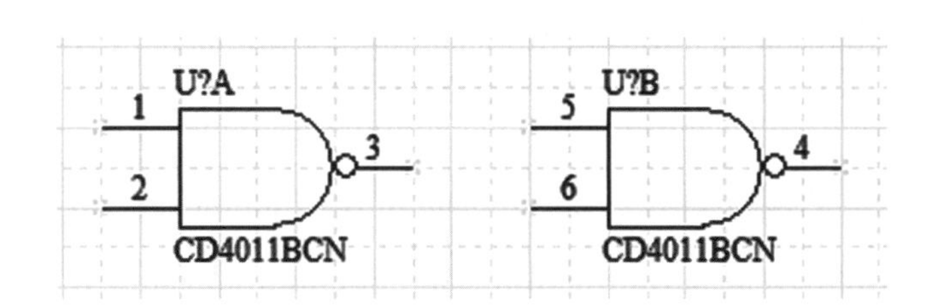

图4-36　放置4011的两个子件

4011有4个子件，“PART A”表示当前显示该器件4个子件中的第1个。本例放置了同一个4011元件的第1子件和第2子件。

（3）使用菜单命令放置元件：执行菜单命令“放置/器件”，或单击布线工具栏中的（放置元件）按键，也可以在原理图编辑界面中单击鼠标右键，执行弹出菜单命令“放置/器件”，或使用快捷键【P+P】，都能打开“放置端口”对话框，如图4-37所示。

在“放置端口”对话框里，用户可以事先察看、修改需要放置元件的名称、标识、注释等有关信息，如图4-38所示。在“物理元件”文本框中显示了需要放置的元件名称，用户可以直接进行输入修改。

单击对话框右侧的【历史记录】按键，弹出“放置零件历史记录”窗口，记录了曾经放置过的所有元件信息，供用户查询，也可以直接选中某一元件进行再次放置，如图4-39所示。

单击右侧的【...】按键，也可以打开“浏览库”对话框，如图4-40所示，选择元件放置。

图 4-37　“放置端口”对话框

图 4-38　预览“SW-PB”

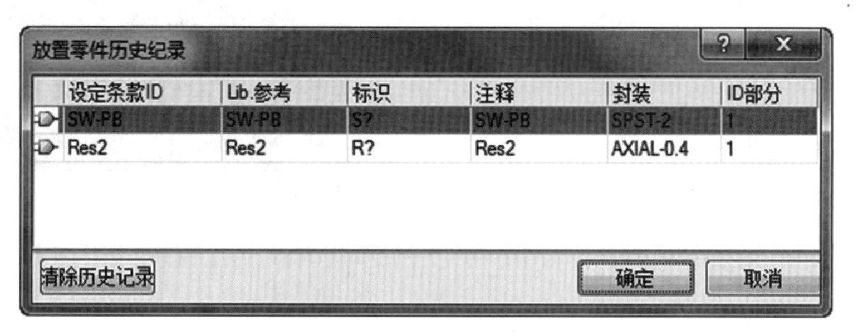

图 4-39　“历史记录”窗口

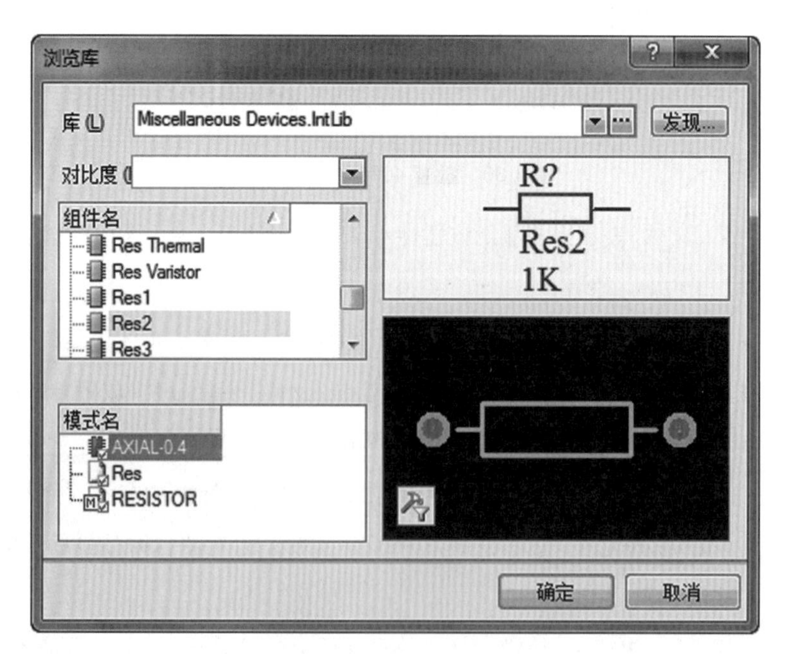

图 4-40　“浏览库”对话框

在指定位置处单击即可完成该元件的一次放置，同时自动保持下一个相同元件的放置状态。连续操作，可以放置多个相同的元件，单击鼠标右键后退出放置。

利用上述方法，依次放置电路中所需的元件。元件放置完成后，单击鼠标右键，执行"察看/适合所有对象"命令，可以看到工作区中显示出所有已放置的元器件，如图4-41所示。

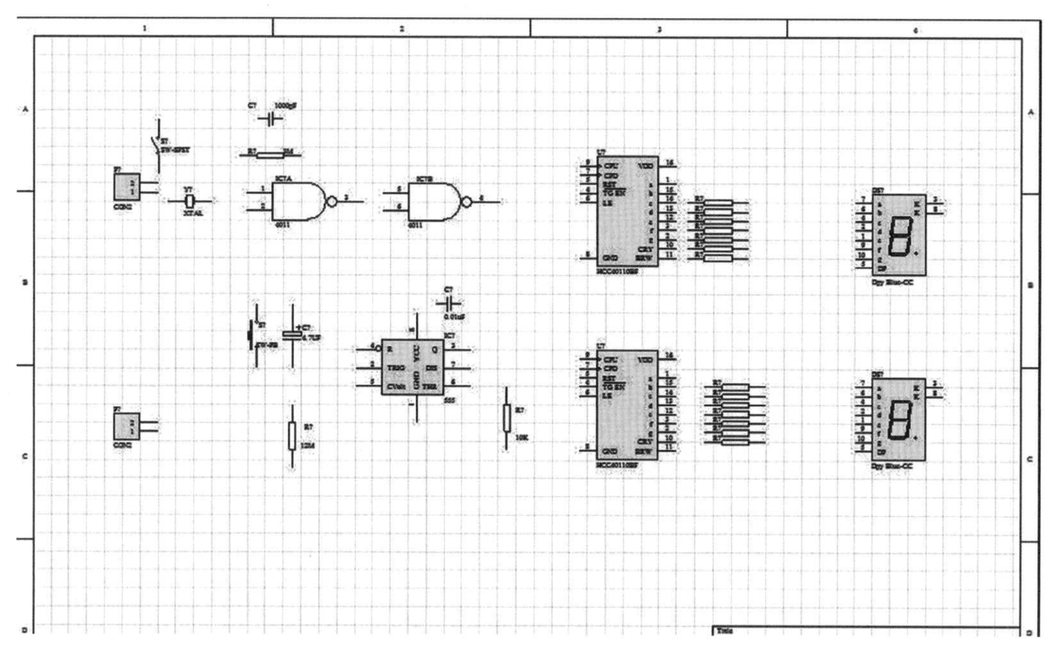

图4-41　已放置的元件

3. 元件布局　从图4-41可以看出，为了方便连线和获得好的原理图效果，已经放置在图纸中的元件及其方位还需调整，即进行元件布局。一般的，原理图中元件的位置，需遵循这样的基本要求，即顺设计流向摆放元器件，同一模块中的元件靠近，不同模块中的元件稍微远离。

根据元器件布局要求，需掌握如下的元器件操作方法。

（1）选择：选择元器件的方法有很多，现介绍如下。

1）用鼠标直接选取：在元件或区域的左上角单击鼠标，出现十字光标，按住左键不放并拖动鼠标，此时出现一个选择框可框选该元件或区域。释放左键后，在系统默认设置下，被选中的元件图形周围出现虚线框，如图4-42所示。或按住"Shift"键同时，逐个单击元件，可选中多个元件，被选中的元件图形带上虚线框。

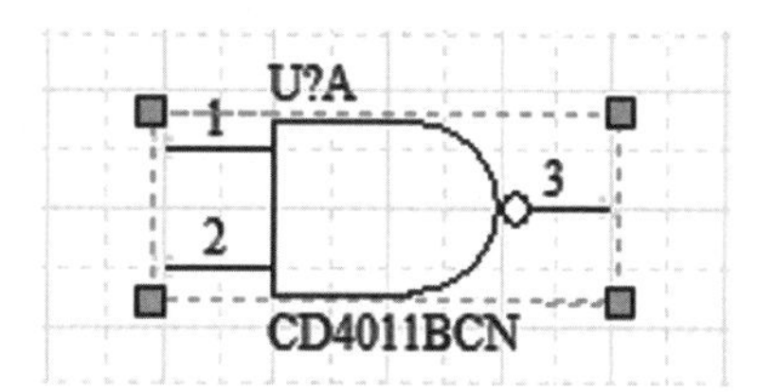

图4-42　选中的元件

2）通过菜单命令选取：执行菜单命令"编辑/选中/内部区域"，出现十字光标，单击进行框选，被选中的元件和导线带上虚线框。当元件已经处于选中状态时，再次单击可取消选中。执行菜单命令"编辑/选中"，有4种选择方式可供选择："内部区域""外部区域""全部""连接"（按相同电气连接）。

3）通过工具栏选取：单击工具栏中的⬚（选择区域内部的对象）按键，出现十字光标，单击并移动光标确定选择范围，再次单击确定，被选中的元件图形带上虚线框。

（2）取消选择：在完成必要操作之后，必须及时取消元件的选中状态，方法如下。

1）单击工具栏中的（取消选择）按键，即可取消之前所有的选取。

2）执行菜单命令“编辑/取消选中”，出现 3 种取消选取的方法：“内部区域”“外部区域”“全部”。

3）根据前期已有设置，在选中状态下，只需将光标移到虚线框外的区域，再次单击鼠标即可取消选中。

（3）元件的复制与粘贴

1）复制与粘贴的一般操作：Altium Designer 系统中元件的复制、剪切与粘贴等功能，与标准 Windows 系统中的复制、剪切与粘贴差不多，只是操作过程略有不同。一般在复制或剪切元件之前，必须先要选中被复制或剪切的元件，然后就可按一般软件的操作步骤进行复制或剪切。

常用快捷键有：【Ctrl+C】（复制），【Ctrl+X】（剪切），【Ctrl+V】（粘贴）。也可以直接点击工具栏中相应的按键完成操作。

在放置复制对象之前，按【Tab】键，打开粘贴位置对话框，如图 4-43 所示，用户可以精确设置粘贴位置。

图 4-43　设置粘贴位置

2）元件的智能粘贴：智能粘贴是 Altium Designer 系统为了进一步提高原理图的编辑效率而新增的一大功能。该功能允许用户在 Altium Designer 系统中，或者在其他的应用程序中选择一组对象，如 Excel 数据、VHDL 文本文件中的实体说明等，将其粘贴在 Windows 剪贴板上，根据设置，再将其转换为不同类型的其他对象，并最终粘贴在目标原理图中，有效地实现了不同文档之间的信号连接，以及不同应用中的工程信息转换。

具体操作是在执行菜单命令“编辑/灵巧粘贴”，系统弹出的“智能粘贴”对话框中进行设置，如图 4-44 所示。在该对话框中，可以完成将复制对象进行类型转换的相关设置。

通过设置选择需要粘贴的复制对象、数目、粘贴动作等，帮助实现指定功能的粘贴任务。

由于智能粘贴功能强大，实际操作中，在对需要粘贴的对象进行复制之后，在智能粘贴之前，应尽量避免其他的复制操作，以免将不需要的内容粘贴到原理图中，造成不必要的麻烦。

3）元件的阵列粘贴：在智能粘贴中，包含了阵列粘贴的功能。阵列粘贴能够一次性按照设定参数，将某一个对象或对象组重复地粘贴到图纸上，在原理图中需要放置多个相同对象时很有用。在绘图的过程中，当需要放置一些重复的或者有规律的对象时，采用阵列式粘贴可以一次性完成重复性操作，大大地提高绘图工作的效率。

首先，选中电阻元件 R4 及其右侧引脚网络标号“DB0”，使它们带上虚线框，按【Ctrl+C】快捷键复制，此时对象组已被复制到剪贴板中。

课堂活动

以数字脉搏计原理图中 R4 ~ R10 和 DB0 ~ DB6 组合对象为例，完成阵列式粘贴的练习。

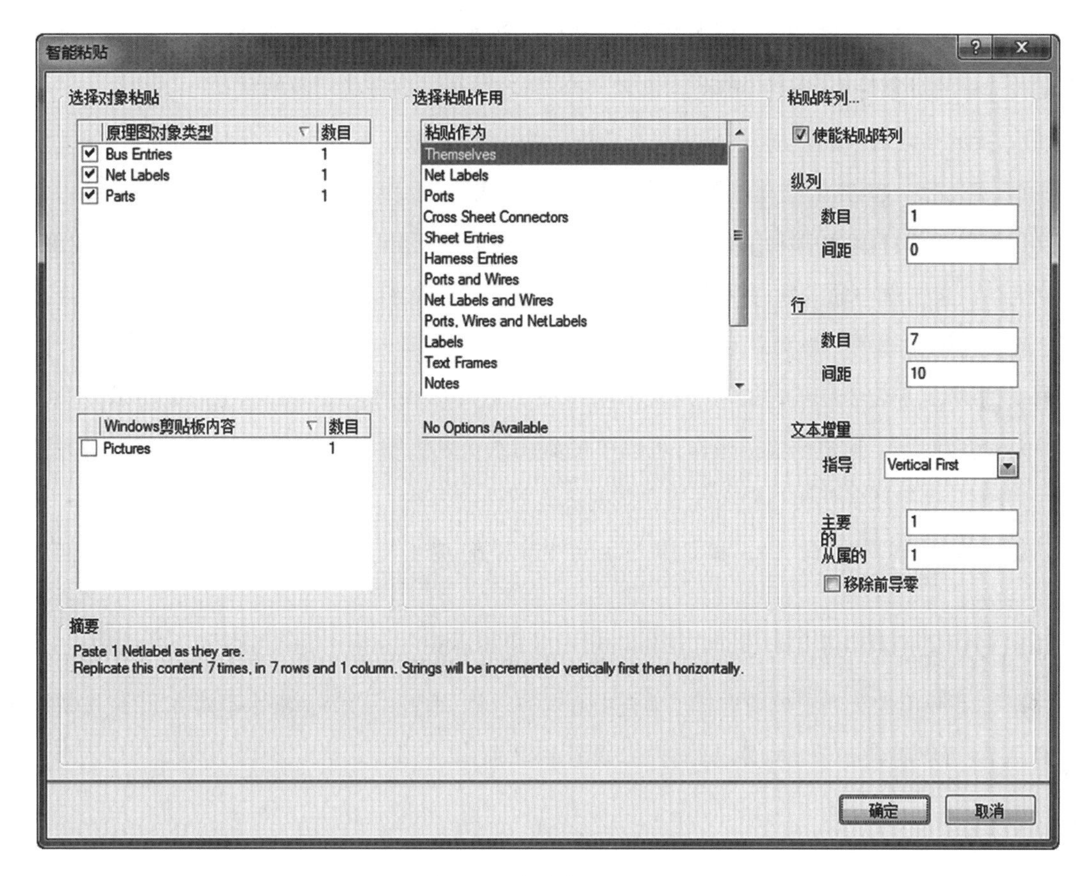

图 4-44　“智能粘贴”对话框

接着，执行菜单命令“编辑/灵巧粘贴”，弹出“智能粘贴”对话框，选中“原理图对象类型”中显示的全部 3 个选项：“Wires”“Net Labels”和“Parts”，在“粘贴作为”列表框中选择“Themselves”选项。在其右侧有一个“粘贴阵列”区域，选中“使能粘贴阵列”复选框，则阵列粘贴功能被激活，可以根据需要设置参数。本例中，需要阵列粘贴的行数目为“7”，相邻两行之间的间距设置为“10”。文本增量方向有 3 种选择，即“None”（不设置）、“Horizontal First”（先从水平方向开始增量）、“Vertical First”（先从垂直方向开始增量）。选中后两项时，下面的文本框被激活，需要输入具体增量数值。文本增量区域中，“主要的”用来指定相邻两次粘贴之间有关标识的数字递增量，“次要的”用来指定相邻两次粘贴之间元件引脚号的数字递增量，在这里都设为“1”。

最后，单击【确定】按键，返回原理图编辑界面，此时光标变为十字形，并带有一个矩形框随光标而移动，选择适当位置，单击完成放置。如图 4-45 所示。

（4）元件位置的调整：按照样图，移动元件将其调整到合适的位置。一般要求是，根据左输入、右输出的原则，把不同功能的元件与模块分类排列好。排列中，尽可能使元件间的连线最短。

1）移动对象：执行菜单命令“编辑/移动/移动”，出现十字光标，单击对象即选中，移动光标即可移动单个元件，再单击停止移动。此时仍是十字光标，可以继续移动下一个元件。单击鼠标右键或按【Esc】键退出移动元件状态。

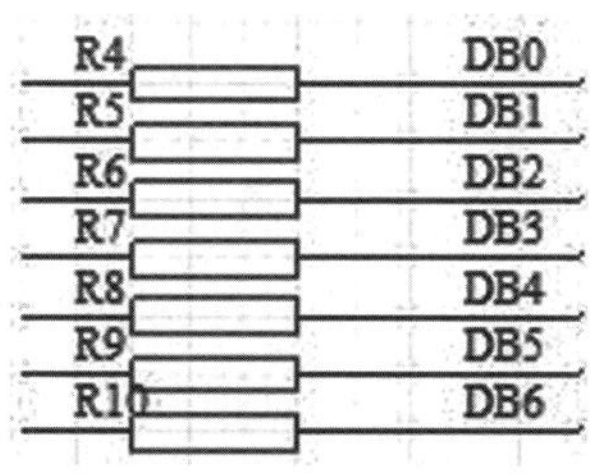

图 4-45　阵列粘贴

或者，选中对象或对象组后，单击工具栏中的 + 按键，出现十字光标，移动鼠标点中欲移动的对象，则被选中的对象附着在十字光标上，移动到合适位置，单击即完成对象的移动。

最直接的移动对象的方法，就是用单击选中元件，并一直按住左键不放，此时浮动状态的元件就会跟随十字光标一起移动，拖动鼠标至合适的位置。松开左键，停止移动。

2）拖动元件：拖动和移动是两种不同的操作，需要加以区分。选取元件，执行菜单命令“编辑/移动/拖动”，单击选中的元件，在移动元件的同时，与其相连的导线也会跟随移动，始终保持连接状态，这种情况称为拖动。拖动就是只改变元器件的位置，之间的电气连接保持不变。另外，按住【Ctrl】键的同时，单击选中元件，并按住鼠标左键，此时松开【Ctrl】键，拖动鼠标也可拖动元件。

3）对齐和均布：通过前面的操作，可以了解到图纸上的栅格能为元器件间的排列和对齐带来极大的方便。这里还要介绍一种系统提供的对齐元器件的方法。

从图 4-46 中可看出 Y?、U?A 和 U?B 三个元件未对齐，为了使电路图更美观，使用对齐功能对齐这三个元件。

按住鼠标左键框选这三个元件，使它们处于被选取状态，即带上虚线框。执行菜单命令“编辑/对齐”，在弹出的级联菜单中选择“垂直中心对齐”（以垂直中心为基准水平对齐），或按快捷键【E+G+V】，可以看到三个元器件已经对齐，如图 4-47 所示。

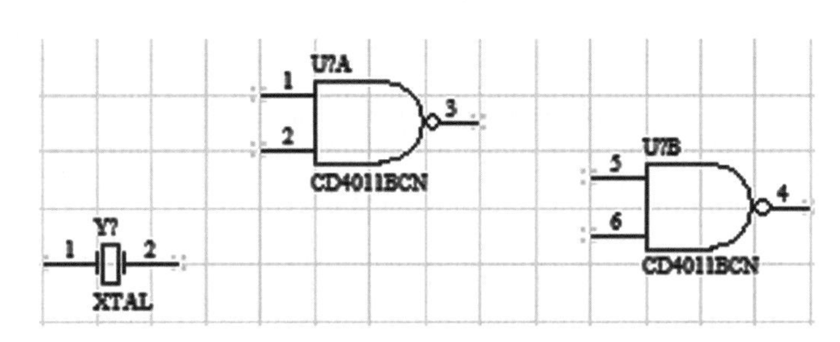

图 4-46　未对齐的元件

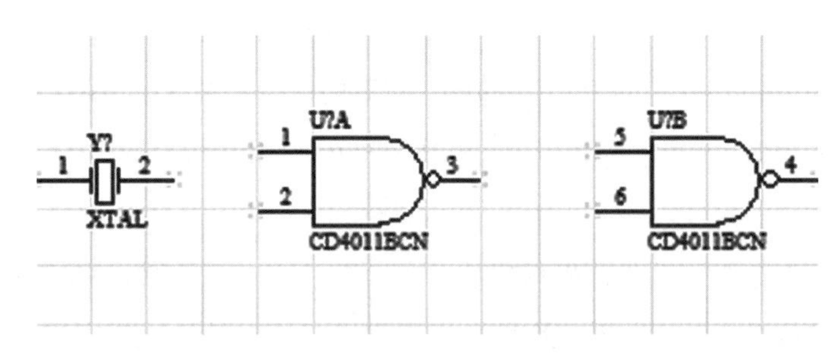

图 4-47　垂直中心对齐的元件

对齐的级联菜单中可供选择的对齐操作有：

①左对齐：以最左边对象为基准垂直对齐。

②右对齐：以最右边对象为基准垂直对齐。

③水平中心对齐：以水平中心为基准垂直对齐。

④垂直中心对齐：以垂直中心为基准水平对齐。

⑤水平分布：沿水平方向等距分布。

⑥垂直分布:沿垂直方向等距分布。

⑦顶对齐:以最顶端对象为基准水平对齐。

⑧底对齐:以最底端对象为基准水平对齐。

> **课堂活动**
>
> 使用系统对齐功能对图 4-46 中所示元件进行布局。

执行菜单命令“编辑/对齐/对齐”,或按快捷键【E+G+A】,弹出“排列对象”对话框。根据需要进行设置,如图 4-48 所示,设置水平方向为平均分布,垂直方向为中心对齐。单击【确定】按键,就同时实现了对齐与均布操作,结果如图 4-49 所示。

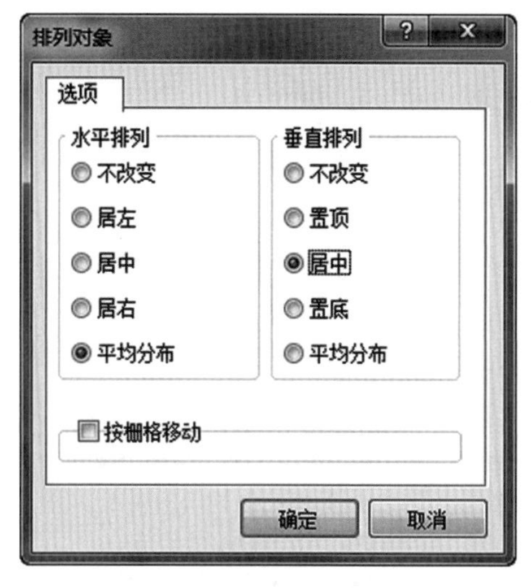

图 4-48　同时设置两种对齐

按照上述方法调整电路中的各个元器件,在保证电路功能的同时,使电路更加便于连线、更加美观。

4. 设置元件属性　元件属性的设置,包括元件标识、元件值及元件封装等。

(1) 元件属性的单独设置:在编辑界面中双击元件或者在元件放置状态中按【Tab】键,可打开相应的元件属性对话框,如图 4-50。

1) 双击已放置的电阻 R?,也可以执行菜单命令“编辑/改变”或使用快捷键【E+H】,光标变为十字形,单击选取“R?”,弹出相应的“元件属性”对话框。

2) 在“标识”文本框中输入“R1”,并选择“可见的”复选框;取消选择“注释”右边的“可见的”复选框。在“参数”(Parameters)区域中,列出了与元件特性相关的一些常用参数,用户可以设置、移除或者添加,若选择与某一参数对应的复选框,则该参数会在图纸上显示。这里只选择了“值”(Value)前面的复选框,并在值文本框中输入“3M”。在“模型”(Models)区域中,可以设置元件的封装模型。

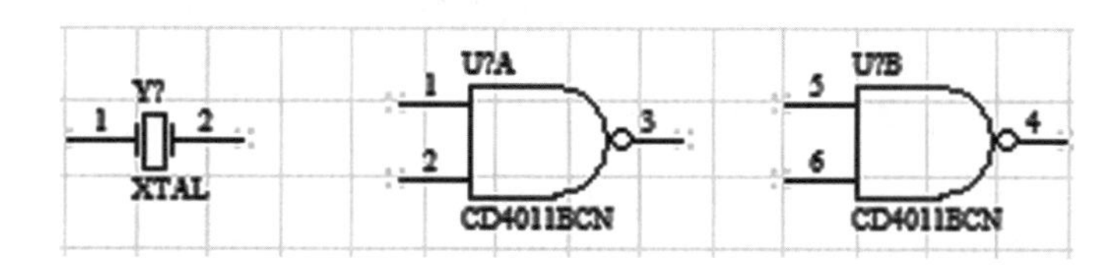

图 4-49　对齐与均布的结果

3) “库链接”区域用于设置元件在元件库中的物理名称,以及所属的库名称,建议用户不要随意修改。

4) 设置元件“方向”为“0”度,禁止锁定引脚,使所有引脚处于在线可编辑状态。单击对话框左下角的【编辑 Pin】按键,可打开“元件管脚编辑器”对话框,如图 4-51 所示,对元件引脚进行编辑设置。

5) 完成属性设置后,单击【确定】按键关闭“元件属性”对话框,设置后的元件如图 4-52 所示。

在编辑窗口中直接双击元件的标识符或其他参数,在弹出的“参数属性”对话框中也可以进行编辑。

特别的,如前所述,若在图 4-2 所示的“常规参数”(General)标签页中选择了“选择 In-Place 编

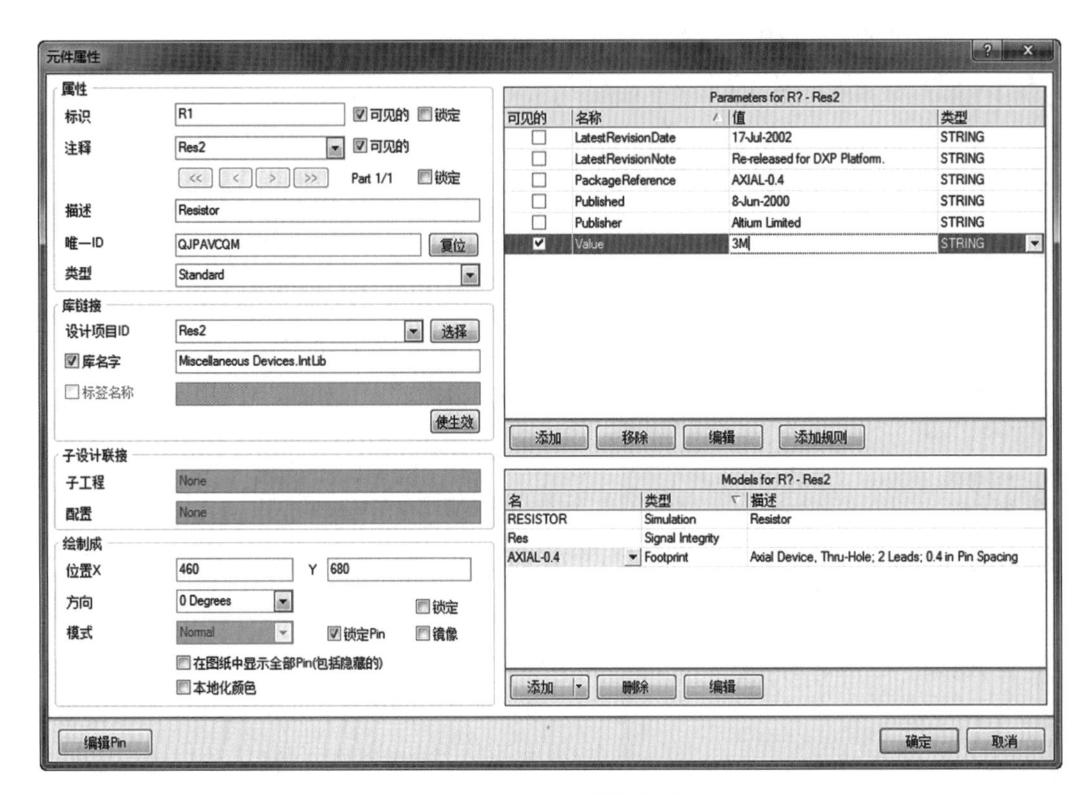

图 4-50　“元件属性”对话框

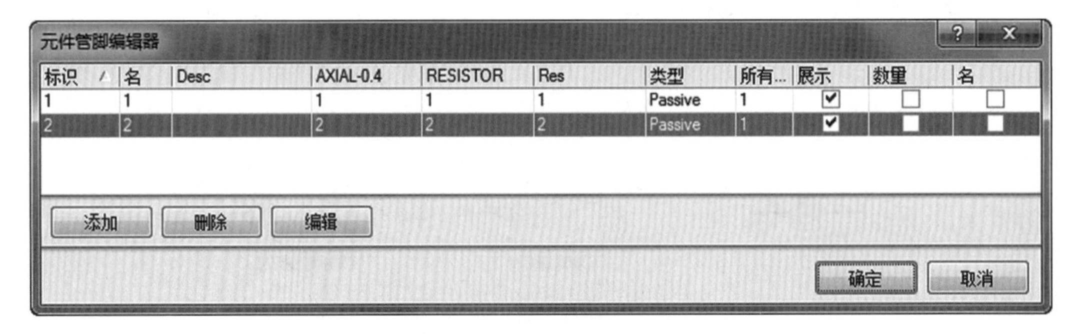

图 4-51　元件管脚编辑器

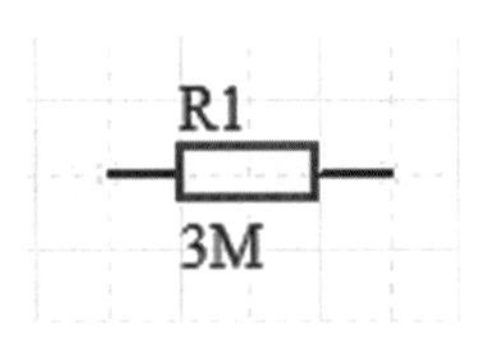

图 4-52　属性重设后的元件

辑”复选框，则在原理图编辑窗口内，对需要修改的参数可以直接进行编辑。

（2）元件属性的整体设置：元件属性的整体设置就是将对一个元件所做的属性设置应用于文件中同类型的其他元件。下面将结合例子，说明如何将原理图中的电阻元件的封装由“AXIAL0.4”整体设置为“AXIAL0.3”。

1）首先选择需要修改的元件中的一个：在原理图中单击选中任一电阻元件，执行菜单命令“编辑/查找相似对象”，弹出“发现相似目标”对话框，如图 4-53 所示，将“Symbol Reference”属性后的“Any”改为“Same”，点击【确定】按键后，原理图中相同属性的元件均高亮显示。同时弹出 SCH Inspector 对话框。

2）将相似对象全选中：按快捷键【Ctrl+A】，全选了符合条件的电阻共 17 个，这些对象都带上了

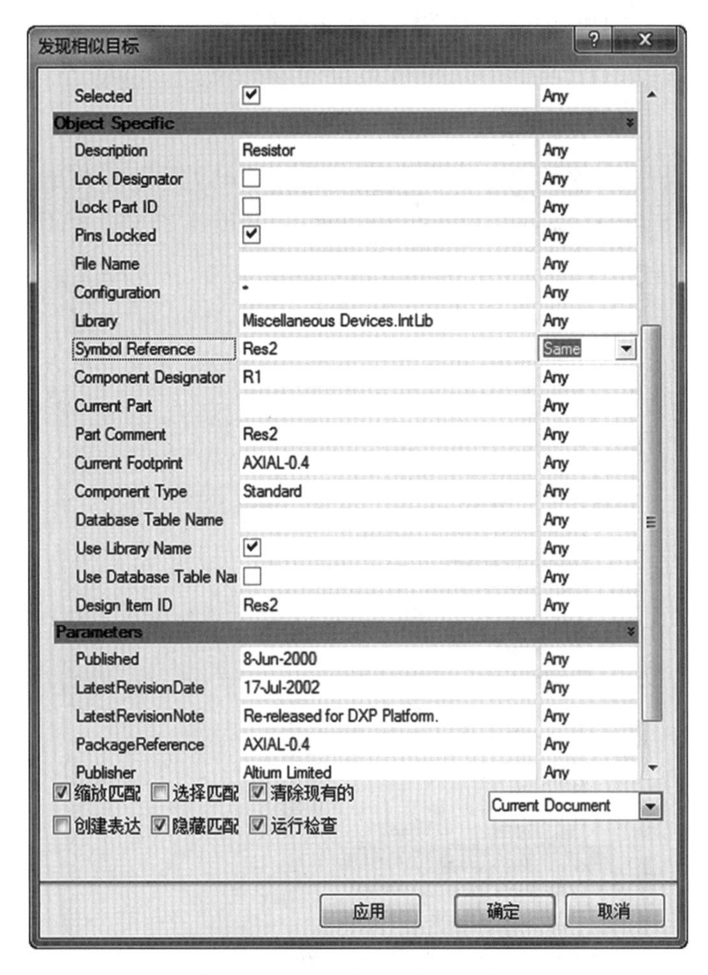

图 4-53　“发现相似目标”对话框

虚线框。如图 4-54 所示。

3）在“SCH Inspector”对话框中修改属性：将电阻的封装“AXIAL0.4”修改为“AXIAL0.3”，按【Enter】键，即进行了整体属性编辑，所有电阻的封装按“AXIAL0.3”进行了设置。如图 4-55 所示。整体属性设置完毕，单击标准工具栏 按键，取消高亮显示。

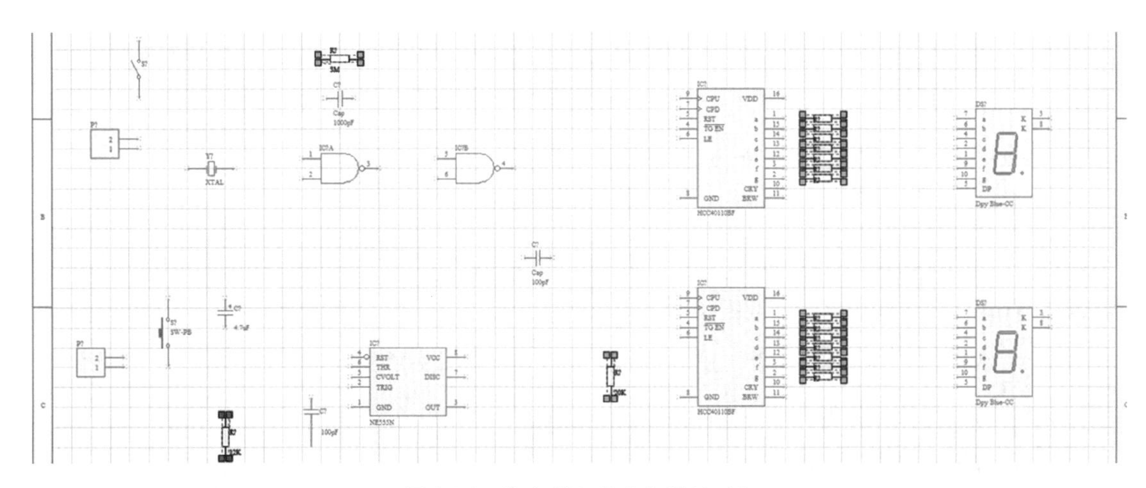

图 4-54　选中所有符合条件的对象

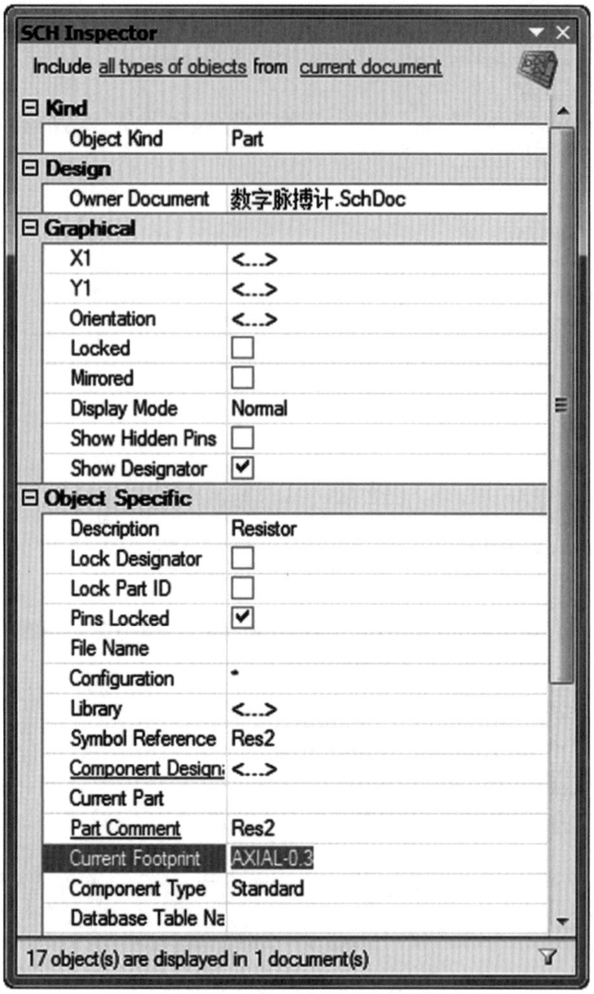

SCH Inspector

Include all types of objects from current document

Kind	
Object Kind	Part
Design	
Owner Document	数字脉搏计.SchDoc
Graphical	
X1	<...>
Y1	<...>
Orientation	<...>
Locked	☐
Mirrored	☐
Display Mode	Normal
Show Hidden Pins	☐
Show Designator	☑
Object Specific	
Description	Resistor
Lock Designator	☐
Lock Part ID	☐
Pins Locked	☑
File Name	
Configuration	*
Library	<...>
Symbol Reference	Res2
Component Design:	<...>
Current Part	
Part Comment	Res2
Current Footprint	AXIAL-0.3
Component Type	Standard
Database Table Na	

17 object(s) are displayed in 1 document(s)

图 4-55　整体属性设置

5. 元件自动标号　当电路较复杂,或是元器件的数量较多时,用手动编号的方法不仅效率低,而且容易出现重号或跳号等现象。此时,可以使用系统提供的自动标号功能来轻松完成对元件的标识编辑。

> ▶▶ 课堂活动
>
> 参照表4-4,整体设置无极性电容封装为"RAD0.2",电阻为"AXIAL0.3"。

方法一:执行菜单命令"工具/标注所有器件",弹出"确定更改标注"(Confirm Designator Changes)对话框,显示原理图中有32个元器件被整体标注了,单击【确定】按键完成自动标注。这样标号简单易行,缺点是没有考虑到将电路中各单元电路中的元件就近标号。

方法二:为了合理有效地标识原理图中的元件,通常需要设置自动标识元件的范围和匹配条件。

> ▶▶ 课堂活动
>
> 练习如何设置标号匹配选项进行合理标号。

执行菜单命令"工具/注解"命令,弹出"注释"对话框,如图4-56所示。

"注释"对话框主要由如下两部分组成。

(1) 原理图注释配置区域

1) 处理顺序:用来设置元件标识的处理顺序。单击列表框右侧的【▼】按键,可以看到有如下4

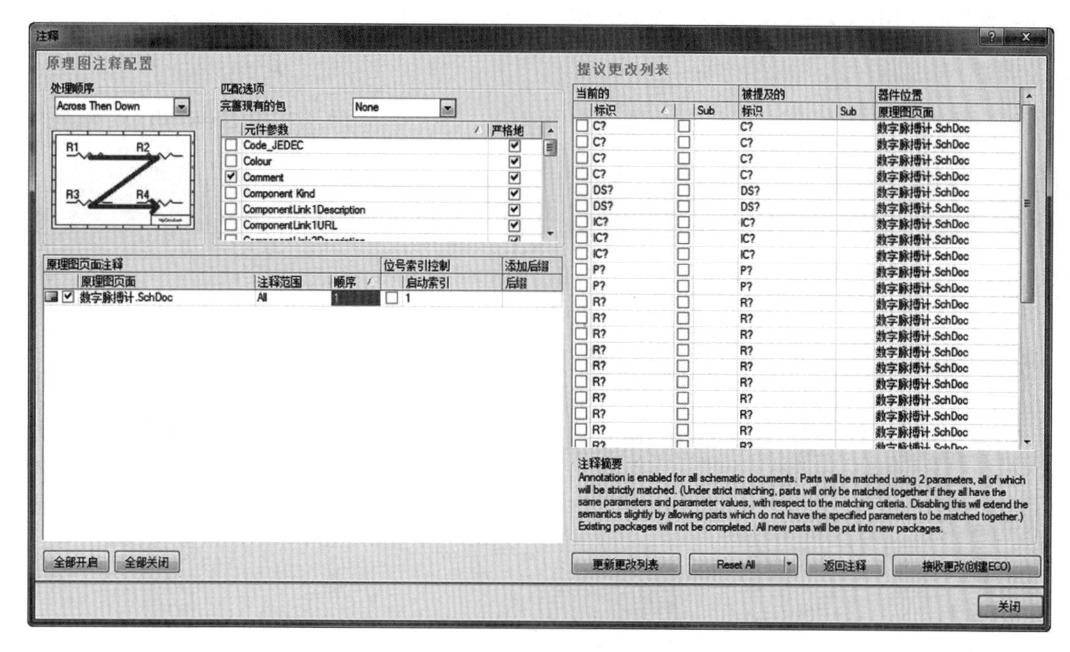

图 4-56 “注释”对话框

种方案，分别是“先自下而上，再自左到右”“先自上而下，再自左到右”“先自左到右，再自下而上”和“先自左到右，再自上而下”。

2）匹配选项：用来设置查找需要自动标识的元件的范围和匹配条件，其中，“完善现有的包”用于设置需要自动标识的作用范围，单击右侧的【▼】按键，有3种方案，分别是“无设定范围”“单张原理图”和“整个项目”。下面的“元件参数”列表框中列出了多个自动标识元件的匹配参数，供用户选择。

3）“原理图页面注释”选项：用来选择要标识的原理图并确定注释范围、起始索引值及后缀字符等。

“原理图页面”：用来选择要标识的原理图文件。单击【全部开启】按键，可以选中所列出的所有文件，也可以单击所需文件前面的复选框进行单项选择；单击【全部关闭】按键，则不选择文件。

“注释范围”：用来设置选中的原理图中参与自动标识的元件范围，有3种选择，“全部元件”（All）、“不标识选中的元件”（Ignore Selected Parts）、“只标识选中的元件”（Only Selected Parts）。

“启动索引”：用于设置标识的起始下标，系统默认为“0”。选择后，单击右侧的增减按键，或者直接在文本框中输入数字可以改变设置。

“后缀”：该栏中输入的字符将作为标识的后缀，添加在标识后面。在进行多通道电路设计时，采用这种方式可以有效地区别各个通道的对应元件。

(2) 提议更改列表区域：根据设置，列出元件标识的前后变化。

按方法二对数字脉搏计原理图中的元件进行标号：

课堂活动

练习对数字脉搏计原理图中的元件进行自动标号。

(1) 执行菜单命令“工具/注解”，打开“注释”对话框，选中“数字脉搏计.SchDoc”原理图文件，

“注释范围”选“All”。单击【Reset All】按键，将所有元件标号复位到初始状态，如“R?”。执行后，单击【关闭】按键，返回原理图编辑界面。

(2) 选取对象：分两个区域对元件进行自动标号，首先在原理图中框选40110左侧的所有元件。

(3) 执行“工具/注解”命令，打开“注释”对话框。设置“处理顺序”为“Across Then Down”，匹配参数采用系统的默认设置，“注释范围”为“Only Selected Parts”。如图4-57所示。

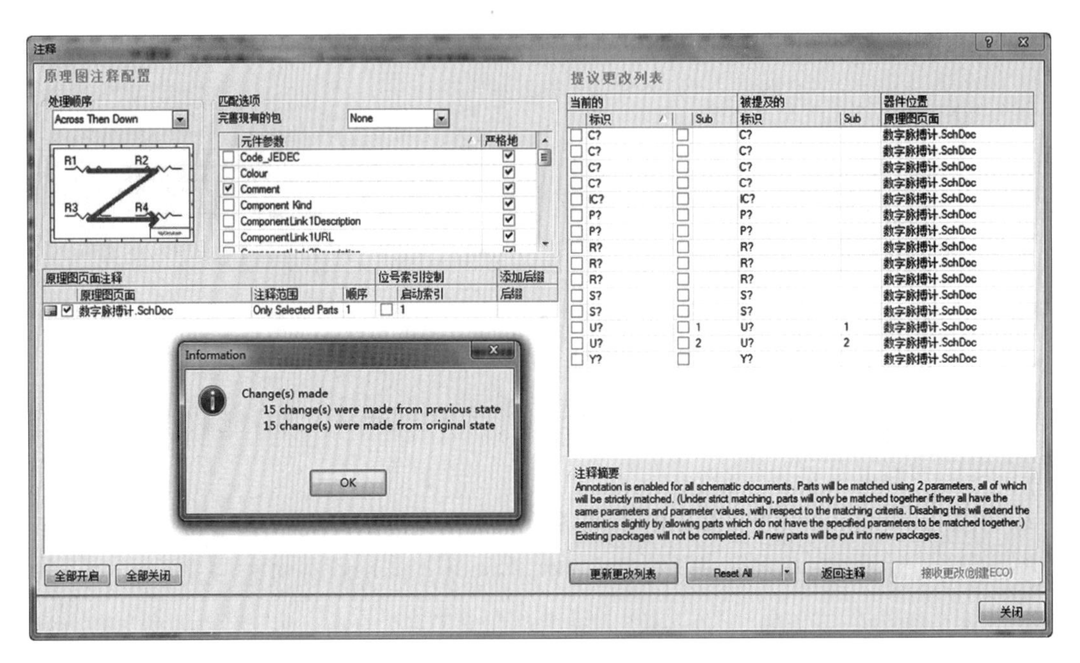

图4-57　自动标注选定元件

(4) 单击【更新更改列表】按键，系统弹出图4-57中所示的提示框，提醒用户要发生的元件标识变化。

(5) 单击【OK】按键，系统将会按设置的方式更新标识，并且显示在“提议更改列表”中，同时“注释”对话框的右下角出现【接收更改(创建ECO)】按键。

(6) 单击【接收更改(创建ECO)】按键，系统弹出“工程更改顺序”对话框，显示出标识的变化情况，如图4-58所示。在该窗口中可以使标识的变化有效。

(7) 单击【生效更改】按键，检测修改是否正确，“检测”栏中显示“√”标记，表示正确。单击【执行更改】按键后，“检测”栏和“Done”栏中均显示“√”标记。

(8) 单击【报告更改】按键，则生成自动标识元件报告，同时弹出“报告预览”对话框，用户可以打印或保存自动标识元件报告。

(9) 单击关闭按键，依次关闭“工程更改顺序”窗口和“注释”对话框，此时原理图中的选中元件的标识已完成，如图4-59所示。

(10) 选中其余未标示元件，重复以上步骤，可以完成全部元件的标示。自动标示后的原理图如图4-60所示。

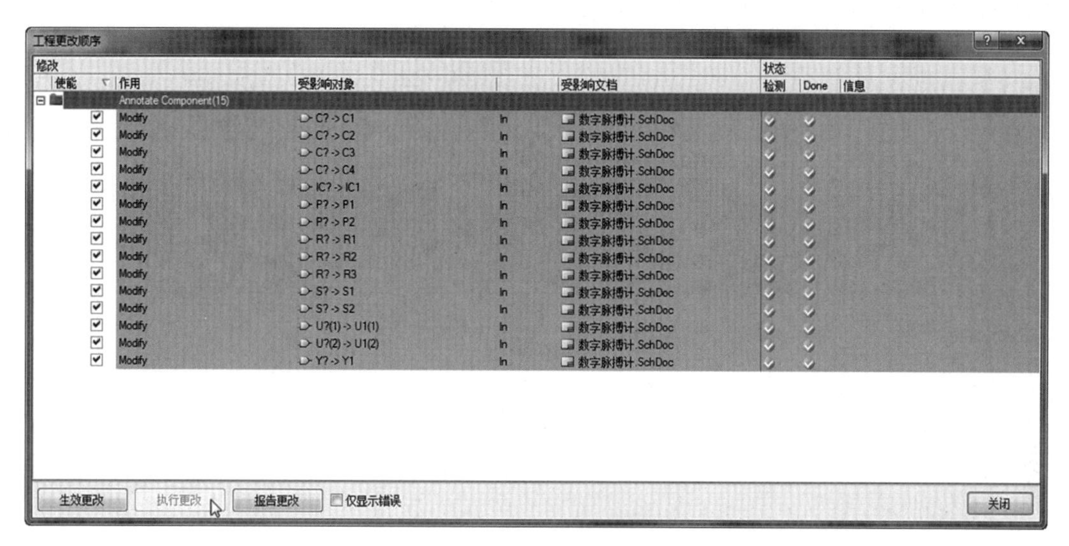

图 4-58　“工程更改顺序”窗口

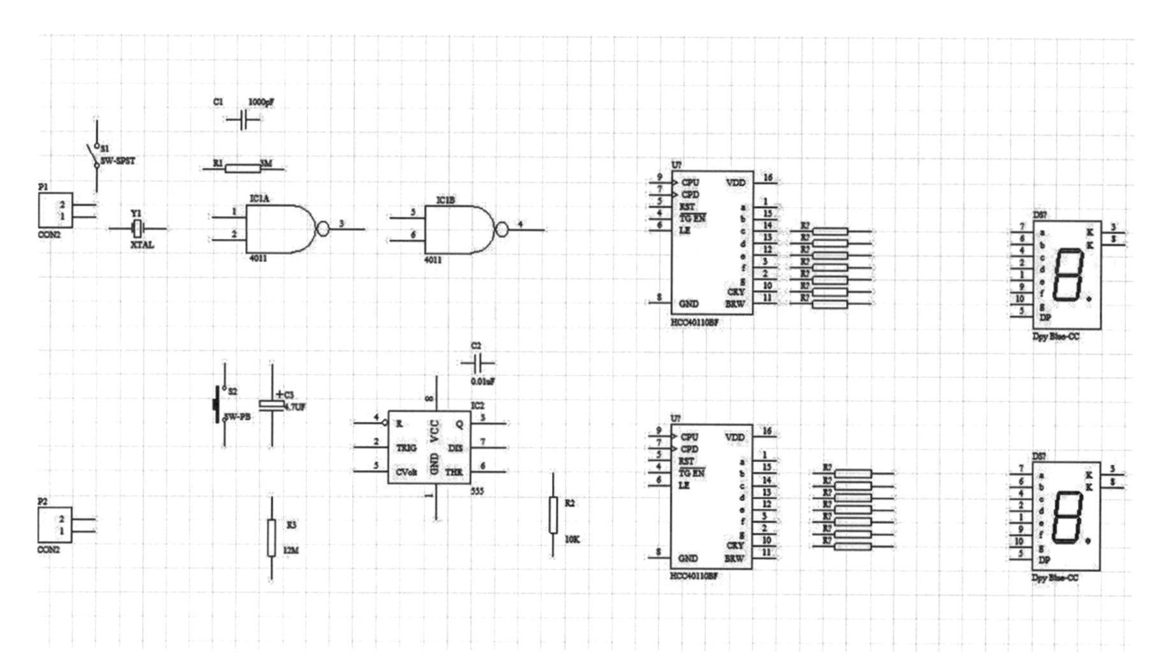

图 4-59　自动标识部分元件

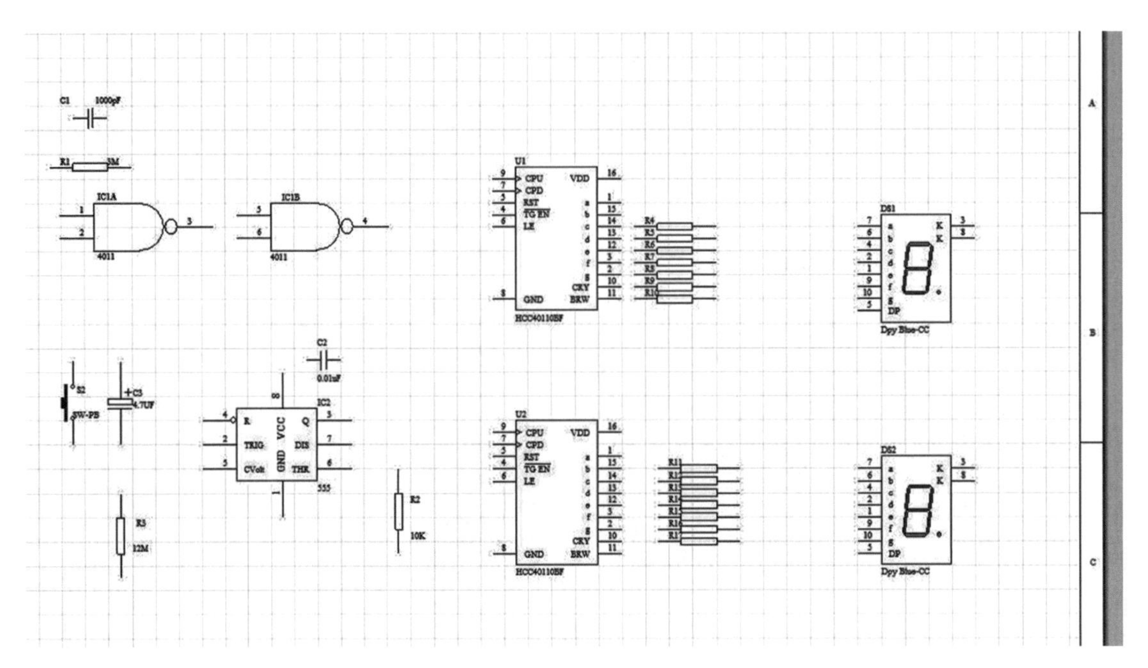

图 4-60　完成自动标识的元器件

五、绘制导线

元器件布局结束后，元器件之间还没有任何电气联系。要构成完整的电路，需要通过放置具有电气连接属性的对象来连接线路。在 Altium Designer 系统中，具有电气连接属性的对象，除了电气节点，还有导线、网络标号、总线、端口等。它们都在“Wiring Tools”（布线）工具栏里。

导线是画原理图时最常用的对象。导线简单而直观地表现了电路中两点的电气连接。为便于视图，在设计平面上单击鼠标右键，执行菜单命令“察看/适合所有对象”，使原理图中的所有元件都出现在视图中。根据需要也可随时进行视图的调整。

在编辑平面上单击鼠标右键执行“放置/线”命令，或者单击“布线”工具栏中的 ≈（放置线）按键，也可以执行菜单命令“放置/线”，都会出现十字形光标，进入画导线状态。

（一）绘制导线的一般方法

画导线一般有三个步骤。

1. 确定导线起点移动光标到欲放置导线的起点位置（一般是元件的引脚），会出现一个红色十字标志，表示找到了元件的一个电气节点，这时可在搜索到的电气节点处单击鼠标确定导线的起点。如图 4-61 所示。

2. 确定走线路径沿导线连接方向移动鼠标，在导线起点处与十字光标之间将出现一段直线，如图 4-62 所示。若导线的走线路径中有转折，可在拐点处单击鼠标，转变方向后继续移动光标。此时浮动导线段的终点附在光标上跟着光标移动。

3. 确定导线终点将光标移到下一个节点（元件的引脚）处，同样会出现一个红色十字光标，再次单击鼠标即可确定导线终点。此时光标还是十字形，仍为导线绘制状态，将光标移到新导线的起点，按前面的步骤可绘制另一条导线。单击鼠标右键或按【Esc】键，十字光标消失，退出导线绘制状态。

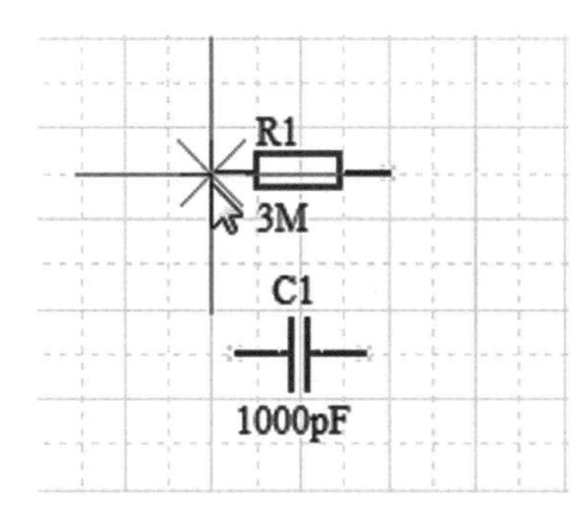

图 4-61　确定导线起点

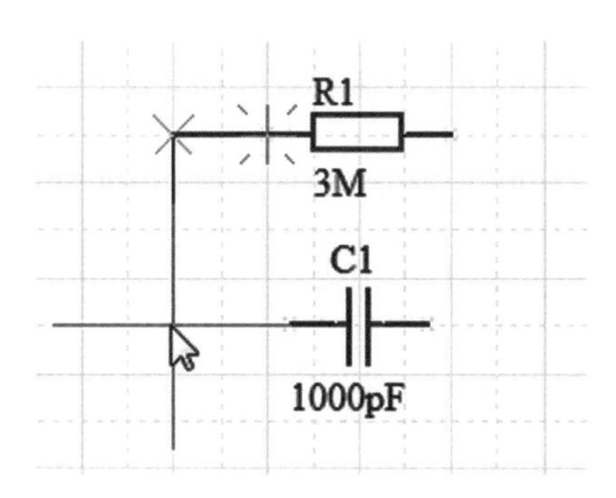

图 4-62　确定走线路径

画好的导线如图 4-63 所示。

在导线的走线过程中，随时按【Shift+空格】键，可以设置导线的拐角方式，在原理图编辑窗口下方的观察状态栏可以看到连线方式依次在直角、45°角和任意角度之间切换。如图 4-64 所示。

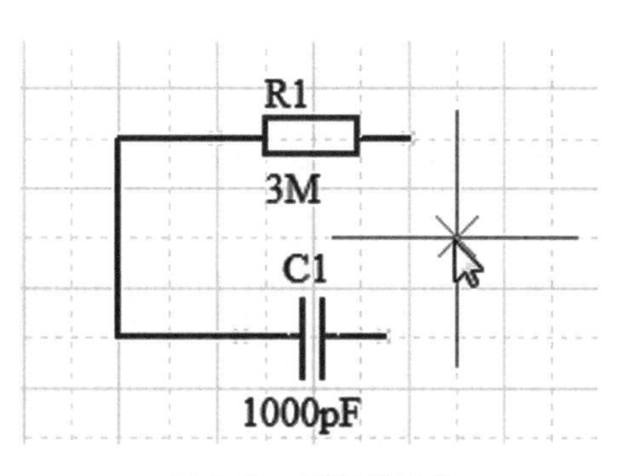

图 4-63　画好的导线

（二）导线的点到点自动绘制

在导线的走线过程中，按【Shift+空格】键进行方式切换时，当窗口下方状态栏中显示“自动连线”(Auto Wire)时，可进行导线的点对点自动绘制。此时按【Tab】键，打开点对点布线器选项对话框，可以进行规则设置。此种方式下十字光标带出的为虚斜线，如图 4-65 所示。

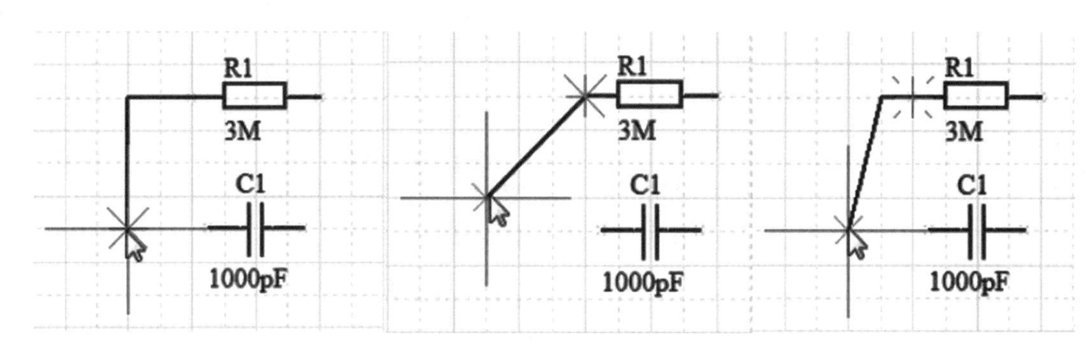

图 4-64　导线拐角模式

用户只需确定起点和终点，系统就会自动地在原理图上连线，最终画出的导线将自动绕过其间的障碍物。如图 4-66 所示。在自动绘制导线过程中，如果光标指向的终点不是电气点，则自动绘制导线不会执行。

（三）编辑放置的导线

单击选中某导线，选中导线变为系统默认的绿色虚线，将光标移动到导线上时，光标变为✥状，此时单击鼠标，光标变为大十字形，移动鼠标可以完成对选定导线的移动。在选中导线后，其端点（包括拐点）都带上方形的小点，将光标移动到某端点或拐点上时，光标变成↘状，此时单击鼠标，可以完成对选定端点的移动。

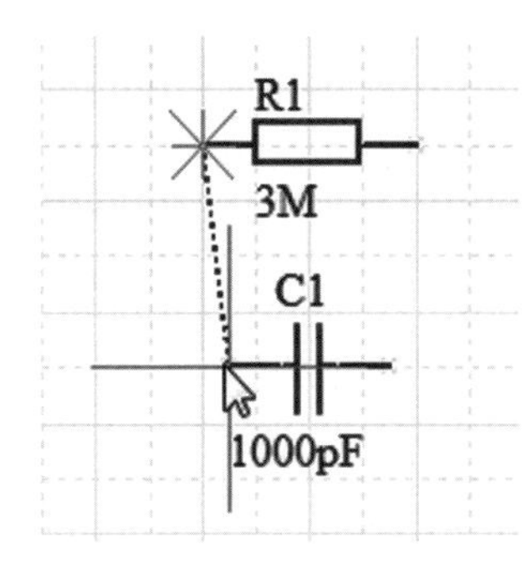

图 4-65　自动连线状态

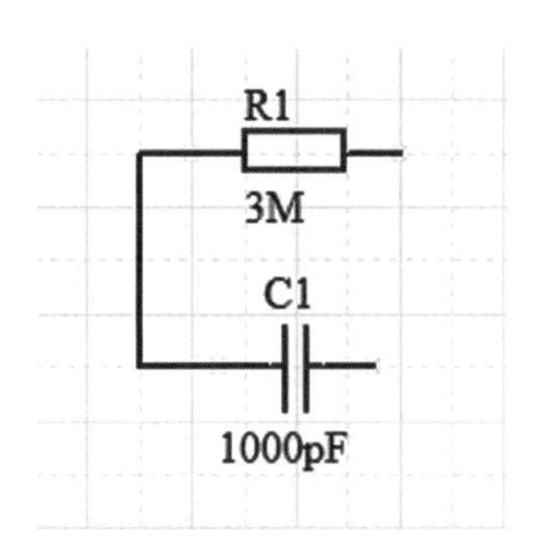

图 4-66　完成自动连线

（四）导线的属性设置

双击某导线或在画导线时按下【Tab】键，弹出“线”属性对话框，可设置导线宽度和显示颜色及是否锁定等属性。如图 4-67 所示。

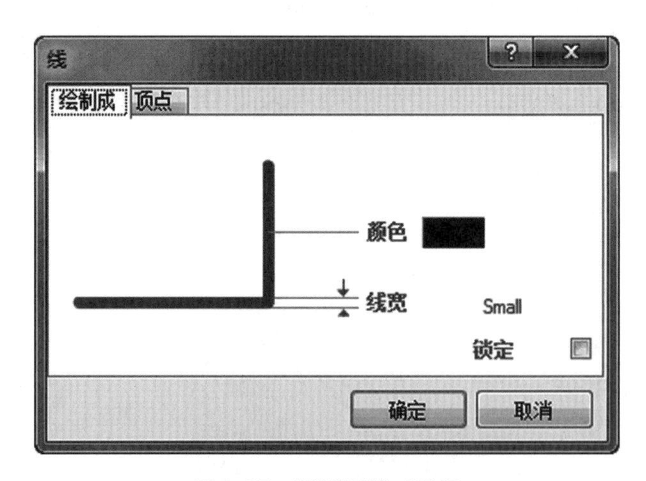

图 4-67　“线”属性对话框

1. 导线颜色　在“绘制成”标签页中，可以进行导线颜色的更改。点取某导线时，在窗口右上角“格式化”工具栏窗口也会显示其颜色栏，在下拉菜单中可以较方便地进行颜色的更改。

2. 导线宽度　导线的宽度有 4 项选择，即“最细”“细”“中等”和“粗”。实际绘制中，用户参照与其相连的元件引脚线宽度进行设置。

3. 导线位置　在“顶点”标签页中，显示了该导线的两个端点，以及所有拐点的 X、Y 坐标值，如图 4-68 所示。用户可以直接输入具体的坐标值，也可以单击【菜单】按键，进行设置更改。如单击【菜单】按键，在弹出的菜单中选择“Move Wire By XY”命令，弹出“Move Wire By XY”对话框，如图 4-69 所示，可将导线进行整体偏移。

按照上述方法，对照样图，绘制所有导线。

六、放置节点

在原理图中，电气节点（Juction）表示了多条导线或元件引脚在交叉处的电气连接。当两导线相交且有节点时，表示两导线之间是电气连通的；若没有出现节点，则表示两导线之间不连通。

图 4-68　“顶点”标签页

图 4-69　“Move Wire By XY”对话框

如图 4-70 所示为导线交叉的三种形式。

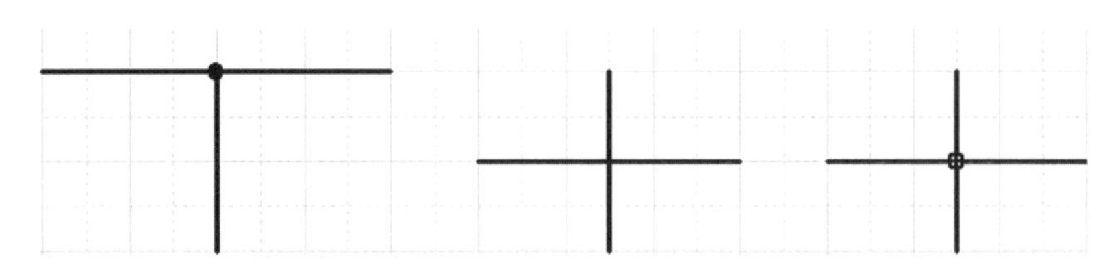

图 4-70　导线交叉的三种形式

当系统默认自动放置节点时，会在两导线 T 形相交时自动放置节点，或当导线经过元器件引脚时自动放置节点。而当两导线十字交叉时，系统不会自动放置节点。因此对确实相交的两条导线，需要在十字交叉处采取手动方式放置节点。

1. 手动放置节点

（1）执行菜单命令“放置/手工节点”，或使用快捷键【P+J】，即进入放置节点状态。此时，出现十字光标并带上浮动节点。移动十字光标中心到需要放置节点的位置，单击鼠标放置一个节点。

（2）完成放置后，系统仍处于放置节点状态，可以继续放置其他节点。

（3）单击鼠标右键或按【Esc】键退出放置。

2. 设置节点属性　双击节点或在放置节点时按【Tab】键，弹出“连接”对话框，如图 4-71 所示，可设置节点的坐标、大小和显示颜色等属性。

3. 删除节点　如要删除多余的节点，点取该节点，按【Delete】键即可删除。或按快捷键【E+D】，移动十字光标单击该节点删除。

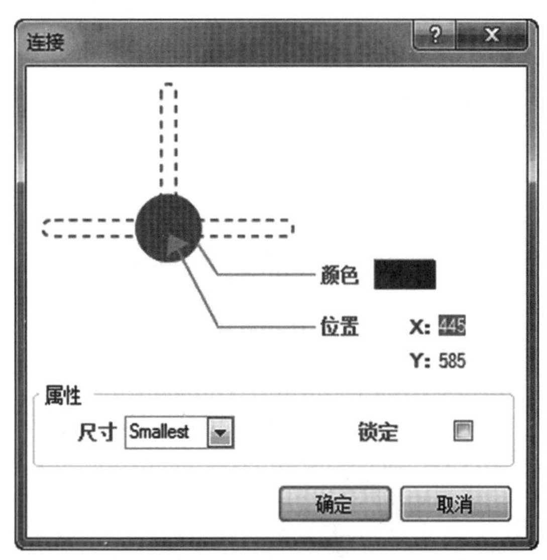

图 4-71　“连接”对话框

七、放置总线

总线(Bus)就是用一条线来代表数条并行的导线,在原理图中以一条粗线表示,表示由数条性质相同的导线组成的线束。总线本身没有实质的电气连接意义,但是简化了原理图。它一旦与总线入口以及网络标号组合使用,即在总线入口分支上连接网络标号,就能实现电气连通。

(一) 放置总线

1. 执行菜单命令"放置/总线",或者单击"布线"工具栏中的 (放置总线)按键,光标变为十字形,移动光标到欲放置总线的起点位置,单击确定总线的起点,然后拖动鼠标绘制总线,如图 4-72 所示。

2. 在每一个拐点处单击确认,使用快捷键【Shift+空格】可切换选择拐角方式。总线的拐角模式控制与导线相同。到达适当位置后,再次单击确定总线的终点,单击右键结束该条总线的绘制,如图 4-73 所示。

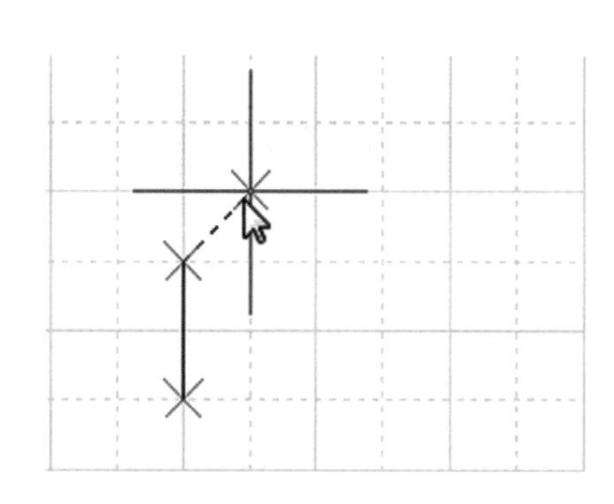

图 4-72 开始总线绘制

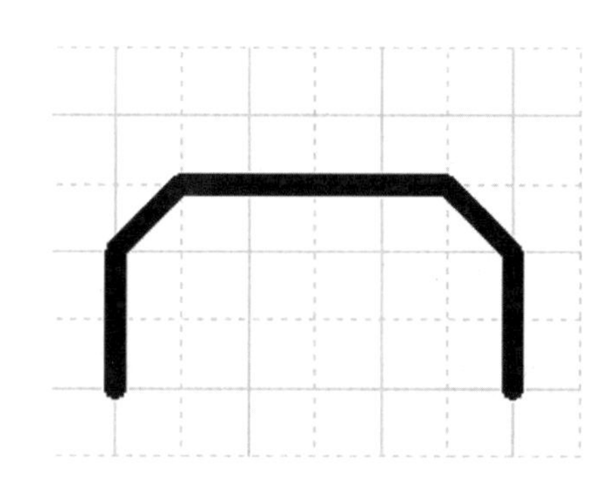

图 4-73 完成总线绘制

3. 绘制完成,再次单击鼠标右键或按【Esc】键退出总线绘制状态。

双击所绘制的总线,或在绘制状态下按【Tab】键,打开"总线"对话框,可进行总线相应的属性设置。方法同导线的属性设置。为了与普通导线相区别,总线的宽度比一般导线要大。

(二) 放置总线入口

与总线一样,总线入口也不具有任何电气连接的意义,而且它的存在并不是必需的,即使不通过总线入口,直接把导线与总线连接起来也是可以的。

1. 执行菜单命令"放置/总线入口",或单击布线工具栏中 (放置总线入口)按键,出现十字光标,进入放置总线入口状态。将光标移至引线端,同时出现一个电气节点,左击即可放置。

2. 总线入口一般设置为 45°倾斜的短线段。此时,按空格键可以改变总线入口的放置方向,单击鼠标确认放置总线入口,依次可连续放置多个总线入口,如图 4-74 所示。

3. 放置完成,单击鼠标右键或按【Esc】键,退出放置总线入口状态。

八、放置网络标号

网络标号(Net Label)的实际意义是一个电气连接点。具有相同网络标号的元件引脚、导线、电

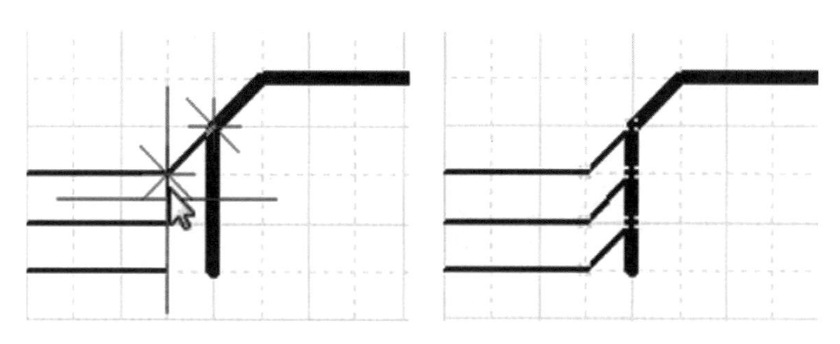

图 4-74　放置总线入口

源或接地符号等，不用连线即可实现电气相连，或者说属于同一网络(Net)。元件之间的电气连接除了使用导线外，还可以通过设置相同网络标号的方法来实现。适当使用网络标号，不用画更多的导线就可实现电气连接，特别是在连接的线路比较远或者线路过于复杂而使走线困难时，可使原理图更加简洁美观。

（一）放置网络标号

1. 执行菜单命令“放置/网络标号”，或使用快捷键【P+N】，也可单击布线工具栏 Net (放置网络标号)按键，光标变为十字形状，并附着一个初始标号“NetLabel1”，进入放置网络标号状态。如图 4-75 所示。

2. 将光标移动到需要放置网络标号的总线或导线上，当出现红色十字标志时，表示光标已捕捉到该导线，此时单击即可放置一个网络标号。如图 4-76 所示。移动光标到其他位置处，可以进行连续放置，放置的网络标号默认为“NetLabel2”“NetLabel3”……，依此类推。单击鼠标右键或按【Esc】键退出放置。

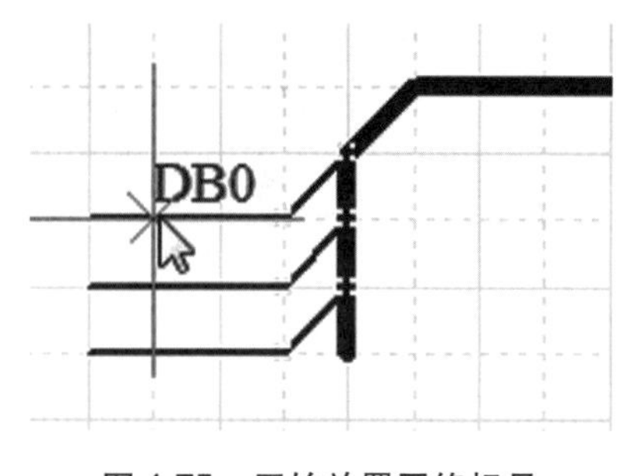

图 4-75　开始放置网络标号

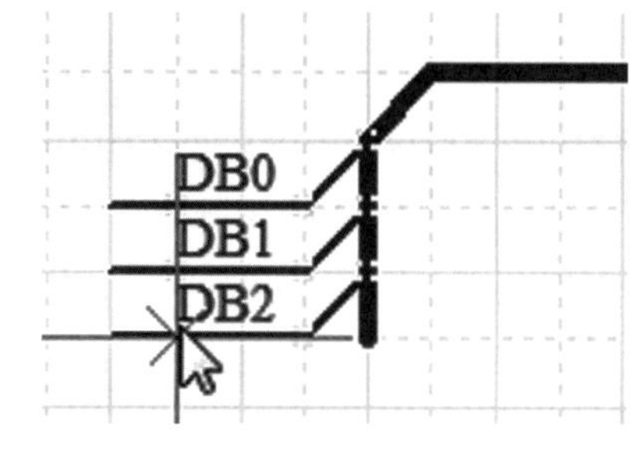

图 4-76　放置好的网络标号

3. 调整网络标号位置　在放置过程中，或在单击选中状态下，按空格键可以使网络标号逆时针方向 90°旋转、按 Y 键可以使其上下镜像翻转，从而调整网络标号的位置。

（二）设置网络标号属性

双击所放置的网络标号，或在放置状态下按【Tab】键，打开“网络标签”对话框，如图 4-77 所示。在“网络标签”对话框中可对网络标号的各种属性进行设置，包括网络标号名称、位置、方向、颜色、字体等。

1. 网络标号属性设置中最重要的是“网络名”选项的设置，特别需要注意的是，相同网络标号的名称要一致，否则系统将视其为不同的网络标号。需要注意的是总线的网络标号名格式要求

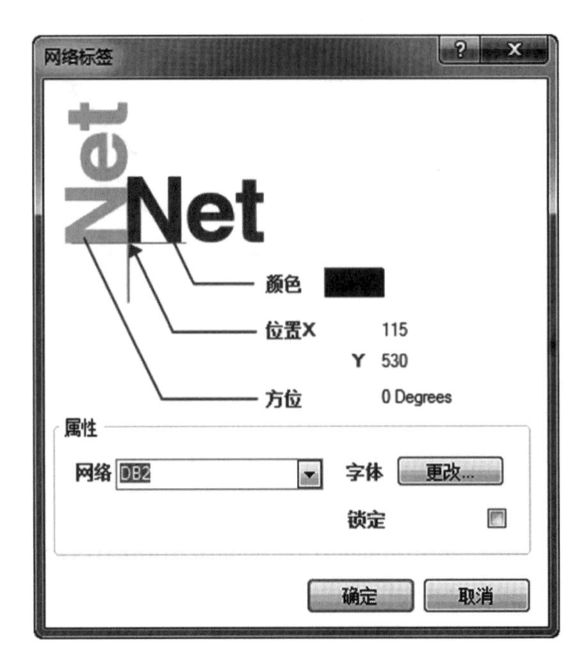

图 4-77　网络标号属性设置

“[　]”里有“..”,例如 Net[0..5]。

2. 当网络标号以数字结尾时,放置当前网络标号后,网络标号会自动递增 1。例如在放置第一个网络标号之前,设置网络标号的属性为“A0”,可依次连续放置 A0、A1、A2 等。

3. 当需要在网络标号上放置上划线,以表示信号低电平有效时,可在“网络标签”对话框“网络名”栏里输入的字符后插入“\”。如输入“A\0\”,即设置网络标号为“$\overline{A0}$”。

本例中,在放置状态下按【Tab】键,在打开的“网络标签”对话框“网络名”文本框中输入“DB0”,那么按【确定】键后,利用系统对网络标号名称自动增加 1 的功能,可依次在图中连续放置网络标号“DB0”~“DB6”,设置总线的网络名为“DB[0..6]”,如图 4-78 所示。

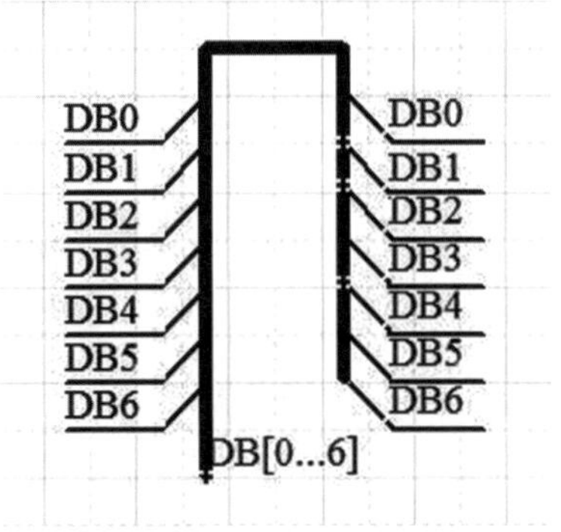

图 4-78　连续放置的网络标号

九、放置电源和地端口

电源端口和地端口是电路原理图中必不可少的组成部分。系统为用户提供了多种电源和地端口的形式,每种形式都有一个相应的网络标号作为标识。

如图 4-9 所示,本章实例中要求放置 Bar 型电源端口和 Power Ground 地端口。

1. 执行菜单命令“放置/电源端口”,或者单击“布线”工具栏中的 (VCC 电源端口)按键或 (GND 地端口)按键,光标变为十字形,并带有一个电源或地的端口符号,如图 4-79 所示。

2. 移动光标到适当位置处,当出现红色十字标志时,表示光标已捕捉到电气连接点,单击即可完成放置,并可以进行连续放置。单击鼠标右键或按【Esc】键退出放置状态。

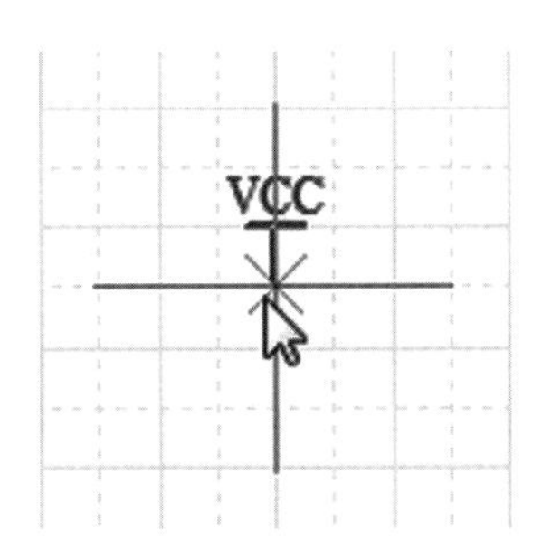

图 4-79　开始放置图

3. 双击所放置的电源端口，或在放置状态下按【Tab】键，打开“电源端口”对话框，可设置端口的颜色、网络名称、类型及位置等属性。单击“类型”右侧的按键，有 7 种不同的电源端口和地端口供选择，如图 4-80 所示。本实例选择“Bar”和“Power Ground”即为所需的电源端口和地端口。

在同一张电路原理图中可能有多个电源和多个地，用户应选用不同的外形符号加以区别，并通过相应的属性设置来如实地区分它们的电气特性，以免产生混淆造成严重的电路错误。

本例中，根据需要，可将电源端口的网络标号由“VCC”进一步确定为“+5V”，即单击选中已放置的电源端口，在虚线框中再单击，输入“+5V”。此项更改也可以在“电源端口”对话框的网络标号属性设置框中进行设置。

单击“实用”工具栏中的 ⏚ ·（电源）按键，在打开的下拉列表中可直接选择设置好的电源端口和接地端口进行快速放置，如图 4-81 所示。

4. 设置好的电源端口和地端口　设置好的电源端口和地端口如图 4-82 所示。

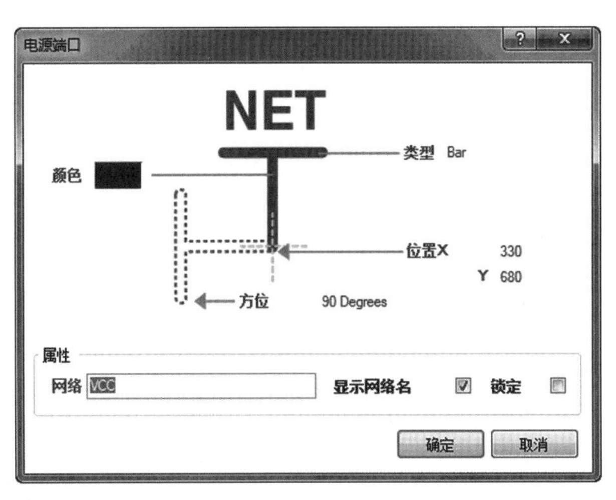

图 4-80　属性设置

图 4-81　各种电源和地端口

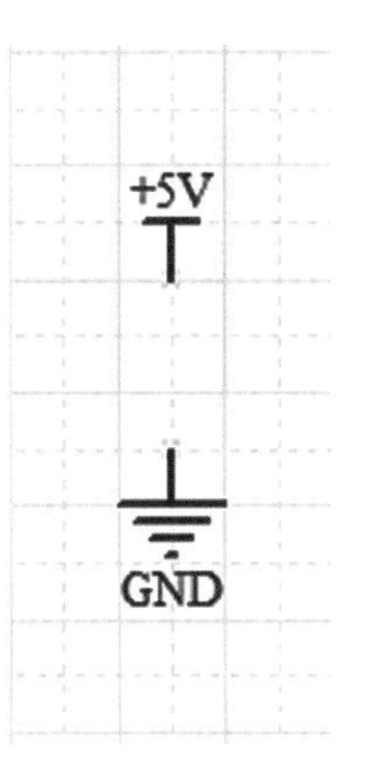

图 4-82　设置好的电源和地端口

十、放置端口

端口（Port）是电路图与其他电路图或是子电路与主电路之间的连接接口。当一个电路规模较大时，我们往往需要分多张图纸、分模块来绘制一个电路系统。某张电路图上的网络如果是连接到另一张图纸相同的网络时，建议将该网络添加为一个原理图端口，以便为后面的电气规则测试提供一定依据。

端口连接也是一种简捷的电路连接方式，它通过电路的输入/输出端口（I/O 端口）进行连接，而不是通过导线连接，因而与网络标号的连接方式有些相似。

执行菜单命令“放置/端口”或单击布线工具栏中的 ▭ 按键，光标变成十字状，并附着一个端口符号,系统进入放置端口状态。将光标移到需要放置端口的位置,单击鼠标,确认端口的左边界,移动光标调整端口的长度至合适大小,再次单击鼠标,确认端口的右边界,放置一个端口。此时,系统仍处于放置端口状态,重复刚才的步骤即可连续放置多个端口;若要退出放置端口状态,只需单击鼠标右键或按【Esc】键。

在放置端口的过程中,按【Tab】键,弹出"端口属性"对话框,如图4-83所示。对于已经放置好的端口,双击端口也可进行端口属性设置。

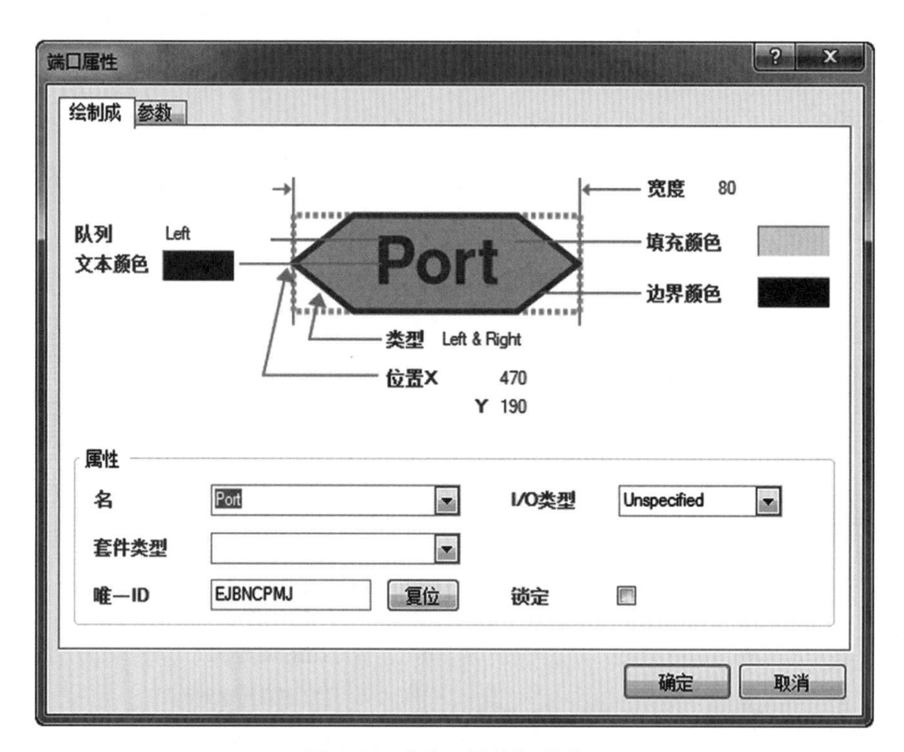

图4-83　"端口属性"对话框

端口属性中的主要参数在"绘制成"选项卡中设置,说明如下。

1. **颜色**　包括文本颜色、边界颜色和填充颜色,可以单击相应的颜色框进行设置。

2. **队列**　端口对齐方式,"Center"为居中、"Right"为居右、"Left"为居左。

3. **类型(端口外形)**　在下拉列表中有8种端口箭头方向的设置形式供选择。如图4-84所示。

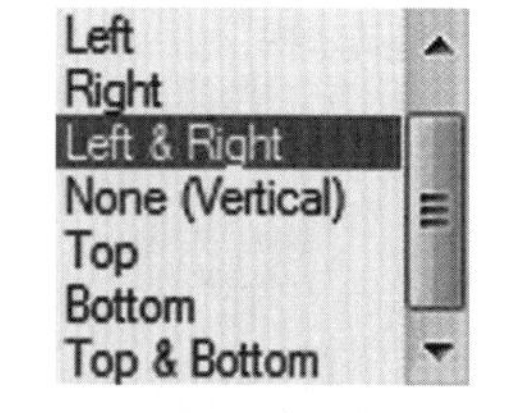

图4-84　端口外形

4. **位置**　可以设置和察看端口的位置。

5. **宽度**　设置端口符号的宽度。

6. **端口名**　在文本框中输入端口名称,这是端口最重要的属性之一,具有相同名称的端口被认为存在电气连接。

7. **I/O类型**　即I/O端口的输入、输出类型,共4种:"未定义"(Unspecified)、"输出"(Output)、"输入"(Input)、"双向"(Bidirectional,即具有输入、输出两种特性)。它是端口的另一重要属性。

设置好以上各参数后,单击【确定】按键,完成端口属性设置。

当端口连接有导线,此时再设置端口的类型,端口的方向会自动进行改变。

十一、放置“没有 ERC”标志

在电路设计过程中,系统进行电气规则检查(ERC)时,有时会产生一些不希望的错误报告。如出于电路设计的需要,一些元件的个别输入引脚可能被悬空,但在系统默认情况下,所有的输入引脚都必须进行连接,这样在 ERC 检查时,系统会认为悬空的输入引脚使用错误,并会在该引脚处放置一个错误标记(红色波浪线)。

为了避免用户为查找这种“错误”而浪费时间,可以使用“没有 ERC 标志”符号,让系统忽略对此处的 ERC 检查,以免产生不必要的警告或错误信息。

1. 执行菜单命令“放置/指示/没有 ERC”,或者单击“布线”工具栏中的放置 × (没有 ERC)按键,光标变为十字形,并附有一个红色的小叉(没有 ERC 标志),如图 4-85 所示。

2. 移动光标到需要放置的位置处,单击完成本次放置,接着可以继续放置下一个标志,如图 4-86 所示。单击鼠标右键或按【Esc】键退出放置状态。

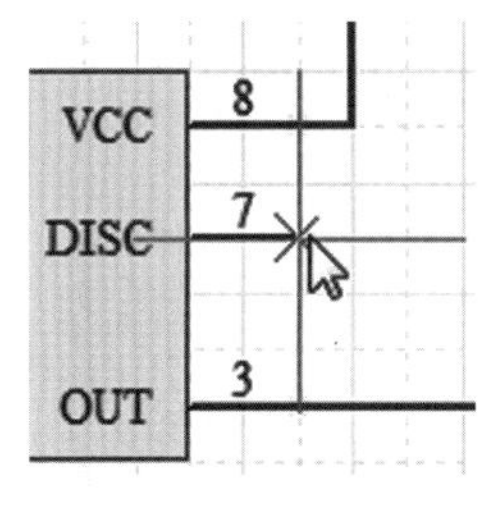

图 4-85 开始放置

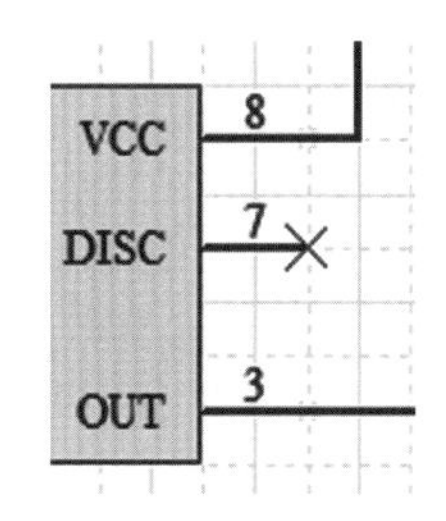

图 4-86 完成放置

3. 双击已放置的没有 ERC 标志,或在放置状态下按【Tab】键,打开“不作 ERC 检查”对话框,可以进行颜色、位置、是否锁定等属性设置,如图 4-87 所示。

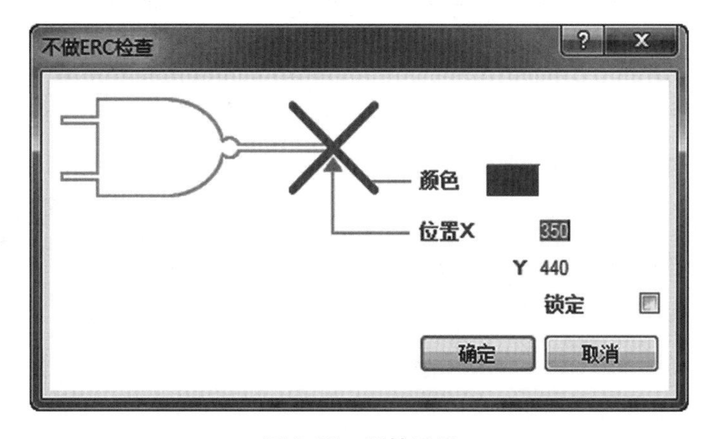

图 4-87 属性设置

在放置“没有 ERC 标志”过程中,光标没有自动捕捉电气节点的功能,因而可以放置在任何位置。只有准确地放置在需要忽略电气检查的电气节点处,才能发挥其功能和作用。

十二、放置注释

原理图中经常需要放置简短的说明文字，以增强电路的可读性，称为添加注释。

1. 执行菜单命令“放置/注释”，出现十字光标且附着一个浮动的文本框，即进入放置注释状态。如图 4-88 所示。

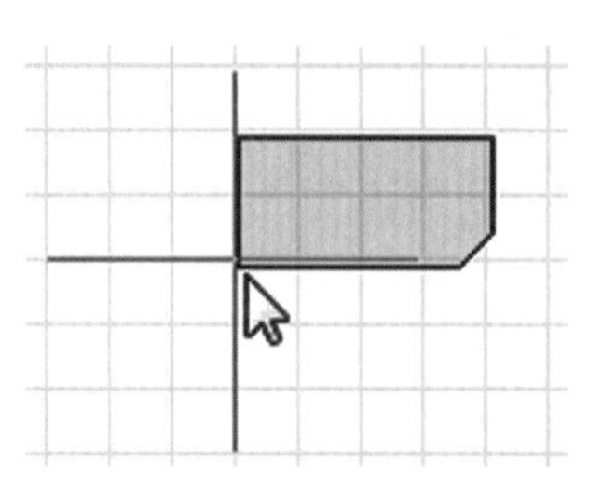

图 4-88　进入放置注释状态

2. 在放置状态下，按【Tab】键，弹出注释对话框，如图 4-89 所示。在注释对话框中，可以进行颜色、文本对齐方式、位置等的设置，方法同端口中的相关设置。

3. 在对话框属性区域，单击文本栏【更改】按键，弹出注释文本对话框，输入文字“数字脉搏计”。单击字体栏的【更改】按键可以改变注释文字的字体、颜色和大小。单击【确定】按键返回放置状态。

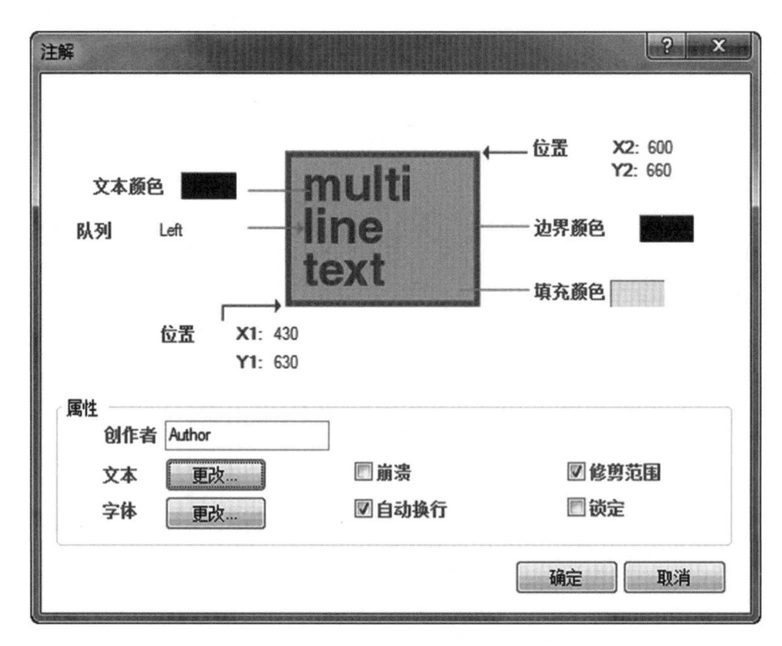

图 4-89　注释属性设置

4. 移动光标至合适的位置，此时按空格键可改变其放置方向，单击一次确定注释的起点位置，移动鼠标改变注释的长度和宽度，再次单击或按【Enter】键，即放置了一个注释，如图 4-90 所示。这时系统仍处于放置注释状态，可以继续放置其他注释。放置结束，单击右键或按【Esc】键退出。

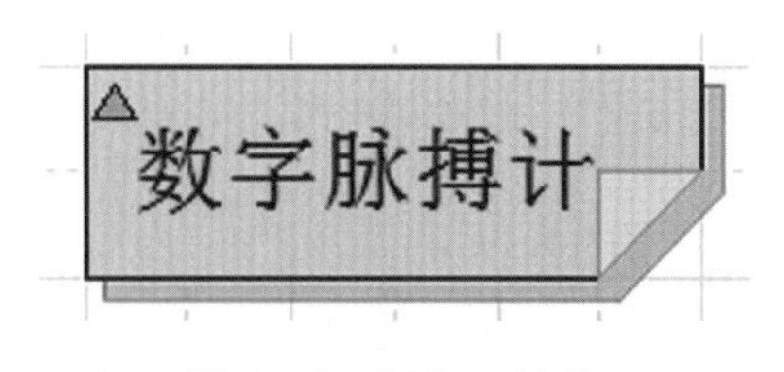

图 4-90　添加了注释

对于放置好的注释，可双击打开对象，重新进行编辑。

如果需要添加简单的图案以使原理图更美观，可以执行菜单命令“放置/绘图工具”，选择放置需要的图形图标，这里不再一一介绍。

点滴积累

1. 合理设置"电栅格",在进行画线操作或对元件进行电气连接时,此功能可以让设计者轻松地捕捉到起始点或元器件的引脚。
2. 除了一些需要特别标识的元件以外,一般的元件在放置时,标识可不必设置,直接使用系统的默认值即可。在完成全图绘制后,使用系统提供的自动标识功能即可轻松进行全局标识。
3. 在放置元器件过程中,按【Tab】键可以弹出元件属性对话框。特别是当在一个原理图中有相同元器件时,如果在首次放置元器件时用【Tab】键更改了属性,系统就会自动更改其他相同元器件的属性,特别是元器件的名称和封装。
4. 熟练使用快捷键便于绘制原理图,如使用快捷键【P+W】,也可进入画导线状态。导线的起点和终点一定要设置在元件引脚的电气节点上,否则导线与元件并没有电气连接关系。需要注意的是,布线工具栏里的（线）工具与绘图工具级联菜单里的（画线）工具是有区别的,前者具有电气属性,能够生成将来我们需要的网络表,而后者只是为了增加图形的美观和说明作用,没有电气意义。
5. 网络标号的电气节点一定要对上元件引脚端点或导线,否则不能建立电气连接关系。一般的,为了电路图的美观,网络标号不选择直接放置在元件引脚上,而是从元件引脚末端引出一小段普通导线,专门用来连接网络标号。
6. 打开某一PCB工程,执行菜单命令"工程/工程参数",在打开的"参数设置"对话框中选择"Option"选项,若将"网络标识符范围"设置为"Flat"或"Global"时,则可以设置网络标号建立起跨原理图图纸的电气连接。

第三节　设置编译工程选项

编译(Compile),是将用户绘制的电路交给系统识读。编译工程是用来检查用户的设计草图是否符合电气规则的重要手段。在电路原理图中,各种元件之间的连接代表了实际电路系统中的电气连接,用户绘制的电路原理图应遵守实际的电气规则。因此,编译的具体工作,就是要察看电路原理图的电气特性是否一致、电气参数的设置是否合理等。例如,悬空的输入引脚、输出引脚连接在电源上,这些会造成信号的冲突;一个元件的标识与另一个元件的标识相同,会造成系统无法区分;未连接的电源实体或连接不完整的回路等,这些都是不符合电气规则的现象。

Altium Designer系统按照用户的设置进行编译后,会根据问题的严重性分别以"致命错误"(Fatal Error)、"错误"(Error)、"警告"(Warning)等信息显示出来提醒用户注意,并帮助用户及时检查以排除错误。这三种问题相应显示颜色的设置是在"编译"标签页"编译器参数设置"对话框里完成的,这里采用系统默认设置。

工程编译设置主要包括:错误报告(Error Reporting)、连接矩阵(Connection Matrix)、比较器(Comparator)和生成工程变化订单(ECO Generation)等,这些设置都是在"Options for PCB Project"对话框中完成的。

在PCB工程中，执行菜单命令“工程/工程参数”，或者在“项目”面板子系统目录中单击鼠标右键“ *. PrjPCB”后执行快捷菜单命令“工程参数”，打开“PCB工程选项”(Options for PCB Project)对话框，如图4-91所示。

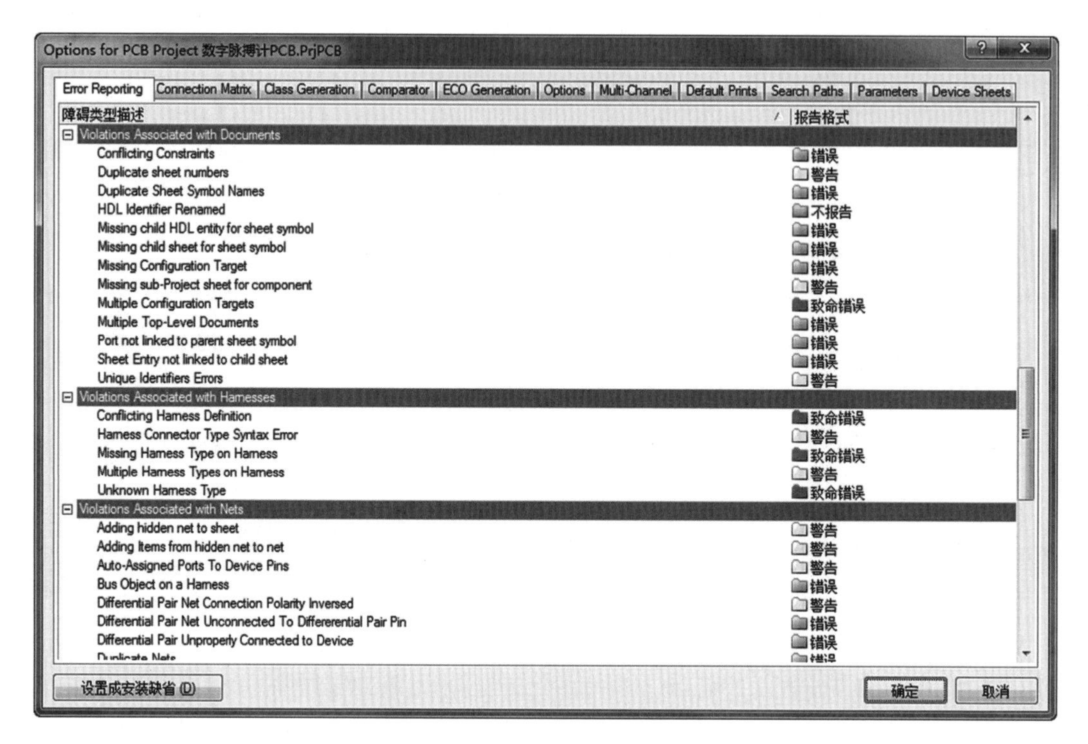

图4-91　“PCB工程选项”对话框

一、错误报告设置

在“错误报告”(Error Reporting)标签页中可浏览到违规类型共有9类，其中有：

1. 与总线有关的违规类型(Violations Associated with Buses)：如总线标号超出范围、不合法的总线定义、总线宽度不匹配等。

2. 与元件有关的违规类型(Violations Associated with Components)：如元件引脚重复使用、元件模型参数错误、图纸入口重复等。

3. 与网络有关的违规类型(Violations Associated with Nets)：如网络名重复、网络标号悬空、网络参数没有赋值等。本例中，将本类型下的“悬空的网络标号”(floating net labels)这项改为“错误”。

4. 与其他对象有关的违规类型(Violations Associated with Others)：如对象超出图纸边界、对象偏离栅格等。

5. 与参数有关的违规类型(Violations Associated with Parameters)：如同一参数具有不同的类型以及同一参数具有不同的数值等。

每一类违规类型下都列出了各项具体的违规，相应的各有4种错误报告格式可供选择：“不报告”“警告”“错误”和“致命错误”，依次表明了违反规则的严重程度，并用不同的颜色加以区分，用户可逐项选择设置,也可使用相应的右键快捷菜单进行快速设置。如图 4-92 所示。

图 4-92　右键快捷菜单

用户根据自己的检测需要,必要时可以设置不同的错误报告格式来显示工程中的错误之严重程度。一般情况下,建议用户采用系统的默认设置。

本例中,将“悬空的网络标号”设置为“错误”,这样在放置网络标号时如果没有放置到电气栅格上时,会自动报警出现提示,有利于错误的发现。

二、连接矩阵设置

在“连接矩阵”(Connection Matrix)标签页中可进行“连接矩阵”设置,如图 4-93 所示。连接矩阵中显示了各种引脚、端口、图纸入口之间的连接状态,以及相应的错误类型报告格式设置。系统在进行电气规则检查时,将根据该连接矩阵设置的错误等级生成报告。

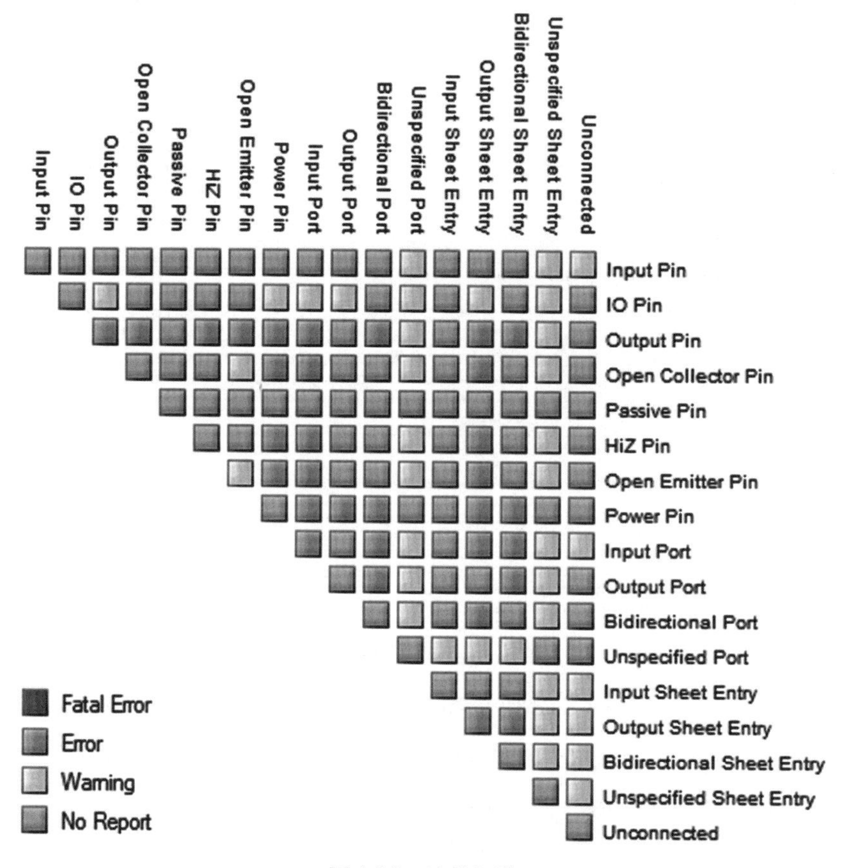

图 4-93　连接矩阵

例如,矩阵第一行和右起第一列的交点处,代表“输入引脚”(Input Pin)“未连接”(Unconnected),此处显示为黄色方块,系统将给出“警告”信息;又如,在“输出引脚”(Output Pin)与“输出引脚”(Output Pin)的交点处显示的为橙色,表示如果 2 个输出引脚相连,系统将给出“错误”信息报告。

对于各种连接的错误等级，可以根据具体情况自行设置。设置时只需单击相应连接交叉点处的颜色方块，通过切换颜色即可设定错误等级。使用右键快捷菜单还可进行快速设置，如图 4-94 所示。

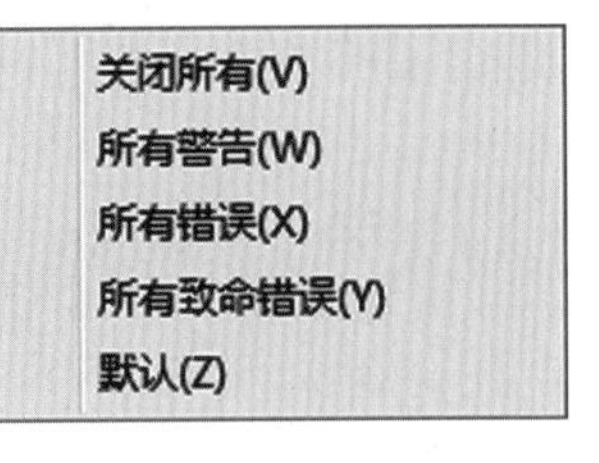

图 4-94　快速设置错误等级

三、比较器（Comparator）设置

规则比较是在“比较器”（Comparator）标签页中完成，如图 4-95 所示，用于设置工程编译时文件之间的差异是报告还是被忽略。

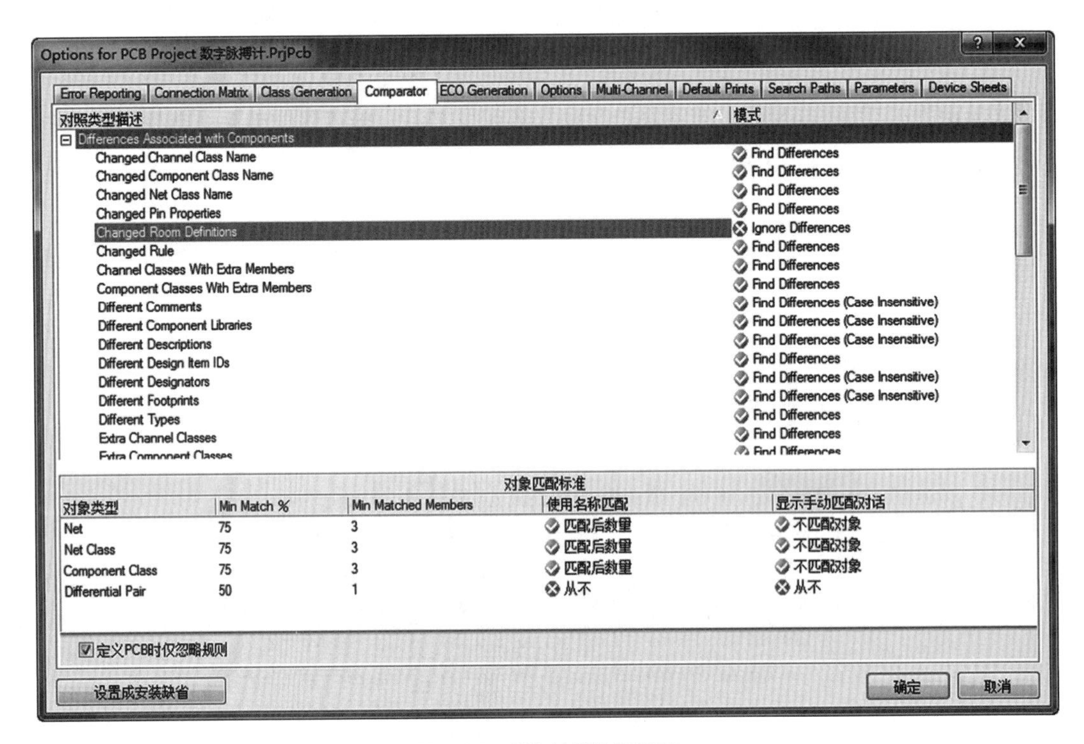

图 4-95　“比较器”标签页

列出的参数共有 4 类，“与元件有关的差异”“与网络有关的差异”“与参数有关的差异”和“与物理对象有关的差异”。在每一类中，列出了若干具体选项。对于每一项在工程编译时产生的差异，用户可选择设置是“查找差异”（Find Differences）还是“忽略差异”（Ignore Differences）。

例如，若要忽略“区域定义的变化”（Changed Room Definitions）和“多余的区域定义”（Extra room definitions），就可将这两项对应的模式设置为“忽略差异”。

点滴积累

为了有利于查找在绘制原理图时出现的问题，建议提高必要的规则等级，例如在“错误报告”中，将原理图中“有悬空的网络标号”这项升级为“错误”，这样在用户放置网络标号时如果没有放置到电气栅格上，系统就会自动报警出现“错误”提示。

第四节　编译工程

上述的各项设置完成以后，用户可以对原理图文件进行编译，以检查并修改各种电气错误。

为了让大家更清楚地了解编译的重要作用，编译之前，不妨加入一个错误到工程中：将 IC4 的 9 脚网络标号“A0”设置为未连接到引脚上。如图 4-96 所示。

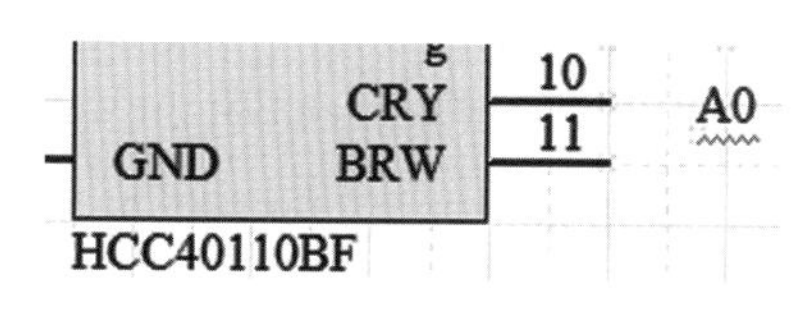

图 4-96　设置了一个错误

一、编译与察看信息

对原理图文件“数字脉搏计.SchDoc”进行编译：

1. 在“工程参数”对话框的“错误报告”选项卡中，默认系统设置，只将“悬空的网络标号”的报告格式增设为“错误”。

2. 执行菜单命令“工程/Compile Document 数字脉搏计.SchDoc”命令，则系统开始对文档进行编译。

3. 编译完成，系统自动弹出如图 4-97 所示的“信息”(Messages) 面板。面板上记录了原理图文档中的所有的错误和警告信息。

Messages

Class	Document	Sour...	Message	T...	Date	N..
[Error]	数字脉搏计sheet.SchDoc	Compiler	Floating Net Label A0	8...	2017...	1
[Error]	数字脉搏计sheet.SchDoc	Compiler	Adding items to hidden net GND	8...	2017...	2
[Warning]	数字脉搏计sheet.SchDoc	Compiler	Adding hidden net	8...	2017...	3
[Warning]	数字脉搏计sheet.SchDoc	Compiler	Net A0 has no driving source (Pin IC4-9)	8...	2017...	4
[Warning]	数字脉搏计sheet.SchDoc	Compiler	Net NetC1_1 has no driving source (Pin C1-1,Pin IC1-1,Pin IC1-2,Pin R1-1,Pin Y1-1)	8...	2017...	5
[Warning]	数字脉搏计sheet.SchDoc	Compiler	Net NetC2_2 has no driving source (Pin C2-2,Pin IC2-2,Pin IC2-6,Pin R2-2,Pin S2-1)	8...	2017...	6

图 4-97　错误信息

如果编译过程中出现了错误或致命错误，“信息”对话框会自动弹出，若仅仅存在警告，则需要用户手动打开“信息”面板。双击对话框中任一信息前面的颜色方块，则会弹出与此有关的详细信息，显示在“编译错误”(Compile Errors) 面板中。同时，相应的原理图被打开，有关位置被高亮显示。

二、纠错与编译屏蔽

(一) 纠错

信息面板中显示，图中有两处错误信息和 4 处警告信息：

1. **悬空的网络标号 A0 (Floating Net Label A0)**　网络标号 A0 是悬空的。双击“错误”前

面的橙色方块，在弹出的“编译错误”面板中，显示了错误的原因及位置，同时原理图中高亮显示出“A0”。

2. **有隐藏的 GND 引脚没有连接**　双击“错误”前面的橙色方块，从高亮图可以发现是 4011 的 GND 引脚被隐藏了。解决办法是双击 4011，使能“显示全部 Pin 到方块图”，将其 7 脚接地。同时将 14 脚接 VCC，可以解决第一个“警告”问题即“原理图中出现隐藏的网络”。

3. **其他三处“警告”信息都是“网络无驱动源”(Nets with no driving source)**　其中 1 个只要将网络标号“A0”正确连接进电路即可解决。另外两个警告信息则可以忽略，因为对于实际电路是正确的设计部分，为了避免编译时显示不必要的出错信息，可以进行如下设置：

(1) 执行菜单命令“工程/工程参数”，在弹出的对话框中打开“错误报告”标签页。

(2) 找到“有关网络电气错误”(Violations Associated with Nets)类型，将其中的“网络无驱动源”这一项右边的“警告”改为“不报告”。

根据出错信息提示，进行修正，并再次执行编译。可以看到，“信息”面板没有自动弹出。在原理图编辑窗口右下角的面板标签栏，单击“系统”(System)标签，在弹出的快捷菜单中单击菜单命令“信息”(Messages)，手动打开“信息”面板，内容为空，确认原理图无误。

(二) 编译屏蔽

在对文件进行编译时，有些内容是暂时不希望被编译的，如尚未完成的一些电路设计等，编译时肯定会产生出错信息。此时，可通过执行菜单命令“放置/指示/编译屏蔽”，框选需要屏蔽的对象。此时，屏蔽框内的对象呈现出灰色、被屏蔽的状态。若屏蔽框的位置或大小不合适，可单击其边线，使其处于选中状态，将光标移入框内，按住鼠标左键，可整体拖动屏蔽框进行调整，或者直接拖动绿色的小方块加以调整。

点滴积累

实际上，Altium Designer 系统的电气检查功能还表现为在线电气检查。例如，当在原理图中设置了两个电阻元件名都为“R1”，那么根据系统相关设置，电路图中这两个元件下就出现了红色波浪线，这就是在线电气检查的结果。

第五节　生成工程网络表和元器件报表

一、生成工程网络表

彼此连接在一起的一组元件引脚称为网络(Net)。网络表就是描述原理图中各元件以及元件之间网络连接的重要文件，是连接原理图和 PCB 板的桥梁。

1. 打开“脉搏测试仪”工程及工程中的“数字脉搏计”原理图文件。

2. 执行菜单命令“工程/工程参数”，在“工程参数”对话框中的“选项”(Option)标签页中，进行网络表选项的有关设置，如图 4-98 所示。一般采用系统默认的设置。

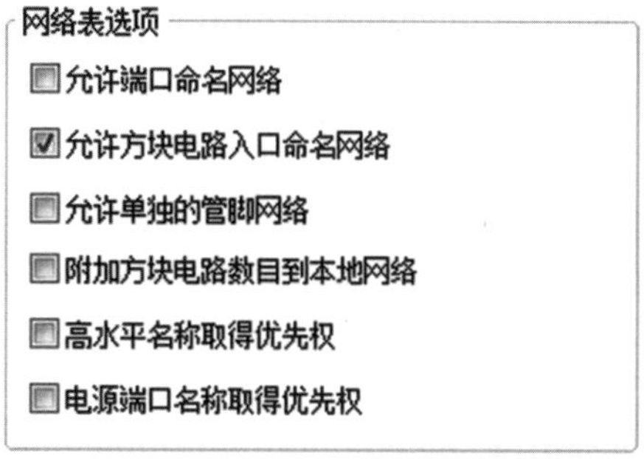

网络表选项

- ☐ 允许端口命名网络
- ☑ 允许方块电路入口命名网络
- ☐ 允许单独的管脚网络
- ☐ 附加方块电路数目到本地网络
- ☐ 高水平名称取得优先权
- ☐ 电源端口名称取得优先权

图 4-98　网络表选项设置

3. 执行菜单命令“设计/工程的网络表”，弹出工程网络表的格式选项菜单，通常以 Protel 格式输出。单击选择菜单中的“Protel”，系统自动生成网络表文件“数字脉搏计.Net”，并存于当前工程下的“Netlist File”文件夹中。

4. 双击打开“数字脉搏计 . Net”，如图 4-99 所示。Protel 格式的网络表由一行行的文本组成，分两部分。第一部分为元件描述，以“[”开始，接着是元件标识、元件封装和元件注释，以“]”结束；第二部分为网络描述，以“(”开始，接下来为网络名称和网络连接点，以“)”结束。

```
]
[
IC1
N14A
CD4011BCN

]
[
IC2
DIP8
NE555N

]
[
IC3
DIP16
HCC40110BF

]
[
IC4
DIP16
HCC40110BF
```

图 4-99　工程网络表

二、生成元器件报表

除了生成网络表以外，Altium Designer 系统还可以生成其他有关电路原理图的文本格式的报告文件，如元器件报表。元器件报表包含元件标识、注释、封装、数量等信息。

1. 执行菜单命令“报告/Bill of Materials（元器件报表）”，弹出“元器件报表”对话框，如图 4-100 所示。在纵列的列表框中采用系统默认显示的 6 种选项，这些选项可以在对话框中预览到。导出选项系统默认为“ *. XLS”格式。

2. 设置好相应选项后，单击【菜单】按键，执行快捷菜单命令“报告”，弹出“元器件报表预览”对话框。单击【输出】按键，默认文件名为“数字脉搏计. XLS”，并保存文件。单击【打开报告】按键，打开该报表文件，如图 4-101 所示。

边学边练

练习新建并绘制原理图文件。 请见后文“第十章实训四　原理图的绘制 1”。

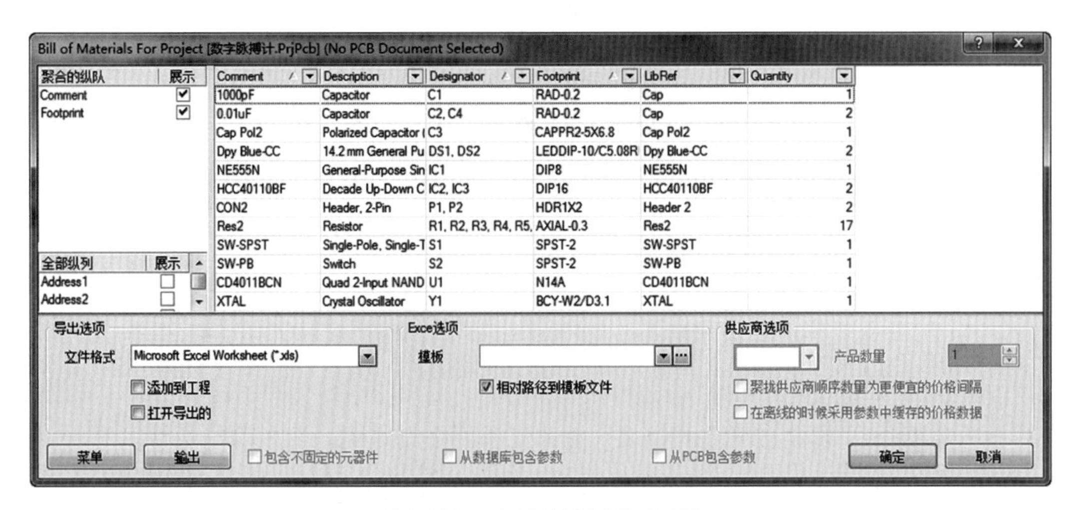

图 4-100　“元器件报表”对话框

	A	B	C	D	E	F	G	H	I	J	K
1	Report Generated From Altium Designe										
2											
3	Cap		Capacitor		C1,C2,C4		RACO2		Cap		3
4	Cap Pol2		Pollentzed Capacitor (Adell)		C3		POLAR0.8		Cap Pol2		1
5	Dpy Blue -CC		14.2mm Genenal Purpose Blue7–Segment Despley: CC,RH DP Gray Surfece		DS1,DS2		H		Dpy Blue-cc		2
6	CD4011BCN		Ouad 2-Input NAND Bullered B seffes Gele		IC1		N14A		CD4011BCN		1
7	NESSSN		Genene-Purpose single Blpoler Timer		IC2		DCP8		NESSSN		1
8	HDC4011BF		Decede Up-Down Counber/ Decoder/ Leoch/ Crtive		IC3,IC4		DCP16		HDC40110BF		2
9	Header2		Header,2-Pin		P1,P2		HDR1X2		Header2		2
10	Res2		Reslscer		R1,R2,R3,R4,R5,R6,R7,R8,R9,R11,R12,R13,R14,R15,R16,R17		AXLAL-0.4		Res2		16
11	Res2		Reslsocr		R10		AXIAl-0.3		Res2		1
12	SW-SPST		Single-Pole single-Throw Switch		S1		SPST-2		SW-SPST		1
13	SW-PB		Switch		S2		SPST-2		SW-PB		1
14	XTAL		Crystell Osclllletor		Y1		R38		XTAL		1
15	星期日 16-四月-16/2017 10:40:56 PM										

图 4-101　元器件报表

点滴积累

网络表是描述原理图中各元件以及元件之间网络连接的重要文件，是连接原理图和PCB板的桥梁。Protel格式的网络表由一行行的文本组成，分两部分：第一部分为元件描述，第二部分为网络描述。

目标检测

选择题

（一）单项选择题

1. Altium Designer原理图文件的格式为（　　）。

   A. *.SchLib　　B. *.SchDoc　　C. *.PcbLib　　D. *.PcbDoc

2. 进行原理图设计，需要启动（　　）编辑器。

   A. PCB　　B. Schematic
   C. Schematic Library　　D. PCB Library

3. 使用计算机键盘上的（　　）键可实现原理图图样的缩小。

   A. Home　　B. End　　C. Page Up　　D. Page Down

4. 在原理图编辑窗口中放置的元器件是（　　）。

   A. 原理图符号　　B. 封装符号　　C. 文字符号　　D. 任意

5. 放置元器件时，按下（　　）可使元器件旋转90°。

   A. 回车键　　B. 空格键　　C. X键　　D. Y键

6. 原理图设计时，实现电气连接应选择（　　）命令。

   A. 放置/绘图工具/线　　B. 放置/导线
   C. 导线　　D. 线

7. 执行菜单命令（　　），可对元器件进行自动标注。

   A. 工具/注解　　B. 放置/注释
   C. 放置/网络标号　　D. 编辑/橡皮图章

8. 执行菜单命令（　　），可进行电气规则检查。

   A. 设计/仿真　　B. 工具/注解
   C. 工程/编译文件　　D. 编辑/发现下一个

9. 执行菜单命令（　　），可以生成网络表。

   A. 工具/发现器件　　B. 设计/工程网络表
   C. 察看/被选中对象　　D. 报告/元器件报表

10. 网络表中有关网络的定义是（　　）。

    A. 以“[”开始，以“]”结束　　B. 以“〈”开始，以“〉”结束
    C. 以“(”开始，以“)”结束　　D. 以“{”开始，以“}”结束

11. 网络表中有关元器件的定义是（　　）。

A. 以“[”开始，以“]”结束　　B. 以“〈”开始，以“〉”结束

C. 以“(”开始，以“)”结束　　D. 以“{”开始，以“}”结束

12. 原理图编译中出现(　　)等级及以上问题时，系统会自动弹出“Message”信息窗口？

A. 致命错误　　B. 错误　　C. 警告　　D. 不报告

（二）多项选择题

13. 使用(　　)操作，可以实现图样放大与缩小控制。

A. 菜单命令“察看”　　B. 键盘按键

C. 鼠标移动　　D. 工具栏按键

14. 往原理图编辑平面上放置元器件的方法有(　　)。

A. 执行菜单命令放置/器件…　　B. 从元件库管理器中选取

C. 使用数字元件工具栏按键　　D. 使用布线工具栏放置元器件按键

15. 元器件属性主要有(　　)。

A. 元件标识　　B. 元件值　　C. 元件封装　　D. 元件注释

16. Altium Designer 实现元器件复制的命令有(　　)。

A. 编辑/拷贝　　B. Ctrl+C　　C. E/C　　D. V/D

17. Altium Designer 实现选择元器件的粘贴命令有(　　)。

A. 编辑/粘贴　　B. Ctrl+V　　C. E/P　　D. V/D

18. Altium Designer 为原理图设计提供的导线(Wire)模式有(　　)。

A. 90°　　B. 45°　　C. 自动　　D. 任意

19. Altium Designer 中线路的电气连接方式主要有(　　)。

A. 导线连接　　B. 网络标号连接　　C. 总线连接　　D. 端口连接

20. 电气规则检查的报告模式有(　　)。

A. 致命错误　　B. 错误　　C. 警告　　D. 不报告

ER-04章习题

（李小红）

第五章

原理图的高级设计

导学情景

情景描述：

之前的章节中，我们已经学会了简单的项目的设计。但在项目实践中，经常会碰到很复杂的项目。比如软件自带的示例项目，"Examples \ Reference Designs \ Multi – Channel Mixer \ Mixer. PrjPCB"，它含有多个原理图文件，整个项目中包含了很多的元器件和网络。

学前导语：

如何处理复杂的项目，在数量庞大的元器件中如何快速寻找到特定的元器件。本章就针对原理图的高级设计，介绍了相应的各种功能，可以提高我们的工作效率，以应对复杂的项目。

学习目标

扫一扫，知重点

1. 掌握多种原理图批量编辑工具：

使用 FSO 特性查找相似元件；使用导航面板浏览整个设计和定位设计对象；

使用 Filter 面板访问和过滤设计数据；使用 List 面板查找和编辑多个设计对象；使用 Inspector 面板选择并批量编辑目标对象；使用智能编辑和粘贴将外部表格（如 PDF 中）或电子数据表格（如 Microsoft Excel）中的数据来更新 SCH List 面板中的参数值（Smart Grid Paste），或插入成为新的对象（Smart Grid Insert）。

2. 掌握输出文件的生成：

生成网络表、材料清单、输出工作文件、层次设计表、智能 PDF 和工程存档。

3. 熟悉 Altium Designer 的基本选择和编辑功能：

使用查找相似对象功能批量选择相似对象并批量编辑；使用导航面板浏览特定元件对象及网络；熟悉使用参数管理器对参数进行批量操作。

4. 熟悉在多个图表之间建立电气连接：

定义图表结构，构建多图表页设计。 分配图表页码。 检查原理图页的同步性。

5. 熟悉多通道设计的图表结构

6. 熟悉设计重构：

掌握设计重构特性；将元件转变成图表符；将元件转变成端口；将原理图页转变成器件页面符；将选定的子电路移到不同的页面。

7. 了解如何建立多通道设计的连接。

第一节　全局设置及编辑

一、原理图批量操作工具

（一）查找相似对象

查找相似对象（Find Similar Objects，FSO），是 Altium Designer 里非常高效的工具，为我们提供快速筛选对象的功能。通过选择相同属性的对象，来过滤掉不符合的对象，由此达到快速选择并编辑的作用。

首先介绍一下查找相似对象的步骤。在需要选中或者不需要选中的对象上，单击鼠标右键，弹出菜单，选择第一个“查找相似对象...”，如图 5-1 所示。也可通过执行菜单命令“编辑/查找相似对象...”（快捷键【Shift+F】），再点击对象来实现。弹出“发现相似目标”对话框如图 5-2 所示。

1. 查找属性介绍　该对话框共有 5 大类属性，具体如下。

（1）Kind：显示当前被选取对象的类型，如元件（Part）、总线（Bus）、网络标号（Net label）等。

（2）Design：显示当前被选取对象所在的原理图文件。

（3）Graphical：显示当前被选取对象的图形属性，包括位置（X1，Y1）、方向（Orientation）、是否锁定（Locked）、是否镜像（Mirrored）、显示模式（Display Mode）、是否显示隐藏引脚（Show Hidden Pins）、是否显示元件标号（Show Designator）、是否选中（Selected）等。

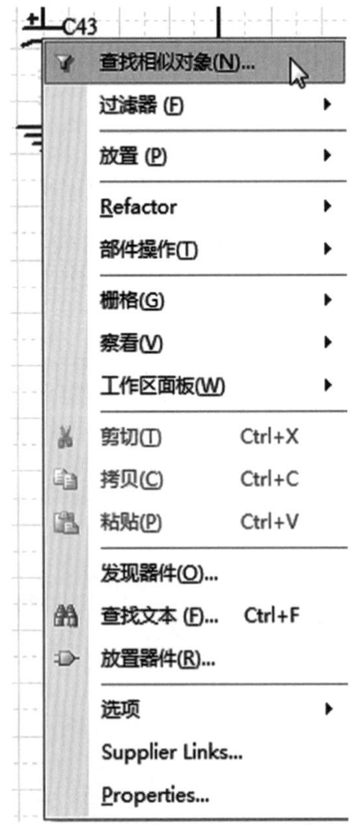

图 5-1　打开“查找相似对象”对话框

（4）Object Specific：显示当前被选取对象一些非图形的特征属性，如描述（Description）、元件标号锁定（Lock Designator）、引脚锁定（Pins Locked）、库（Library）、元件标号（Component Designator）、当前封装（Current Footprint）等。

（5）Parameters：显示当前被选取对象的一些普通参数，如修订日期（Revision）、制造商（Manufacturer）等。

2. 属性关系设置　如果要修改某一项属性，只需单击相应的参数栏，即可进入编辑状态进行修改。在每一属性列表栏的右侧，用于设置需要查找的对象与当前被选取对象之间的异同关系，单击此框，下拉选项共有 3 种。

（1）Any：不限制查找的对象与选取对象的关系，异

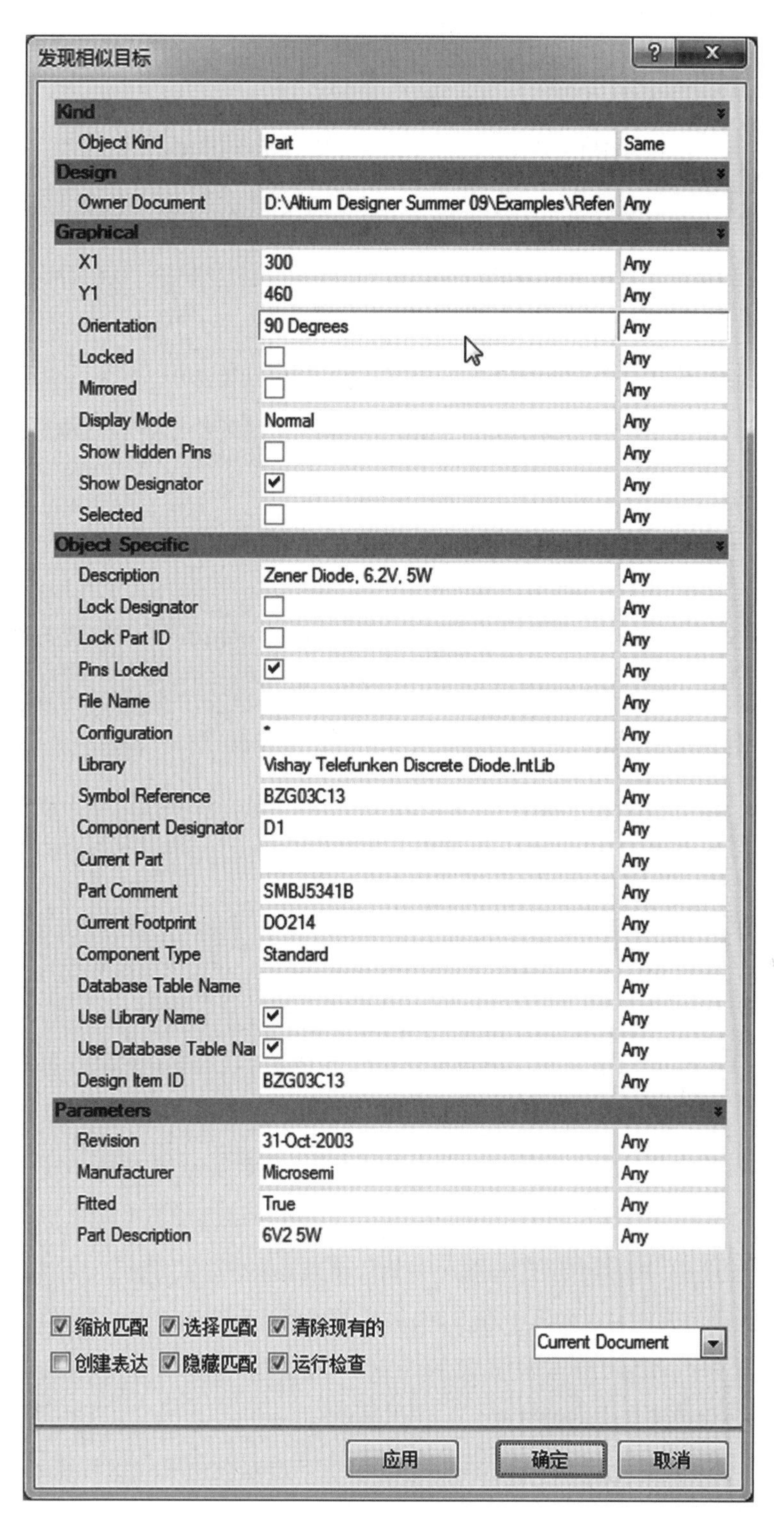

图 5-2 “发现相似目标”对话框

同皆可。

（2） Same：查找的对象与选取对象要相同。

（3） Different：查找的对象与选取对象要相异。

3. 查找范围设置 在对话框右下角的“Current Document”处，单击下拉选项按键，可以设置查找对象的范围，共有 2 个选项。

（1）Current Document：表示只在当前文件中查找。

（2）Open Documents：表示在所有已打开的多个文件中查找。

4. 查找后状态设置　对话框的左下角有 6 个复选框，用于设置查找之后状态的设置。

（1）缩放匹配：设置是否将查找到的匹配对象自动缩放以突出显示，该框默认为选中。

（2）选择匹配：设置是否将查找到的匹配对象选中，该框默认选中。在进行全局设置或编辑时此框应选中。

（3）清除现有的：设置是否清除已存在的查找条件，该框默认选中。

（4）创建表达：设置是否为当前设置的查找条件创建一个表达式，并在过滤器面板中显示。该框默认不选中。

（5）隐藏匹配（Mask Matching）：设置是否加掩膜，以使查找到的对象高亮显示，而不匹配的对象模糊化，该框默认选中。

运行检查（Run Inspector）：设置是否在查找到对象后启动“SCH Inspector”检查器面板，该框默认选中。

设置完成后按【确定】按键即可进行查找，要取消可以单击窗口右下角的【清除】按键。

边学边练

练习查找相似对象，打开实训三的原理图，使用“查找相似对象”功能查找所有电阻。

提示：Description 或者 Symbol Reference 设为 Same。

（二）检查器

检查器（SCH Inspector）主要用于实时显示在原理图中所选取的所有对象的属性，如类型、位置、名称等，用户可以直接通过该面板进行编辑修改。可以通过之前的查找相似对象打开，也可单独打开。首先选取对象，单击工作窗口右下角（即状态栏右边）面板标签中 SCH，在弹出的菜单中选择 SCH Inspector，可以打开“检查器”面板，如图 5-3 所示。也可通过执行菜单命令“察看/工作区面板/SCH/SCH Inspector”来打开。打开的“检查器”面板如图 5-4 所示。

选取对象都具有的属性会在面板中列出，如果这些属性具有相同的值，则该值会显示，如果属性值不相同，则显示为<... >。单击最上面的“Parts”链接可以修改显示对象的类型，“Current Document”可以修改对象来源文件的范围。

单击属性值并进行修改，按【Enter】键即可以对所选所有对象的属性进行统一修改。单击最底

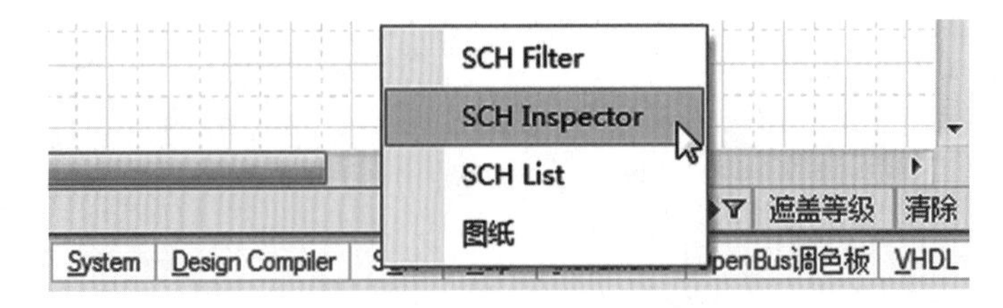

图 5-3　打开“检查器”面板

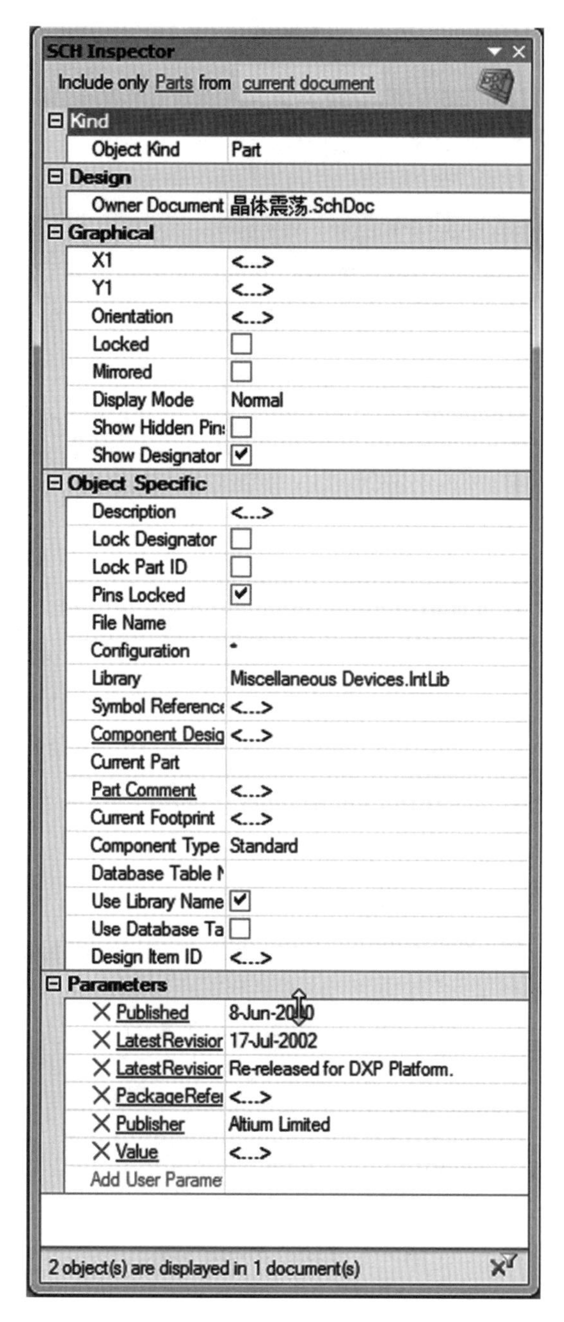

图 5-4　“检查器”面板

部的“Add User Parameter”这一栏可以增加参数，先在输入框中设置参数值并按【Enter】键确定，会弹出参数名称设置对话框，进行设置。单击参数前面的红色叉号可以删除参数。

边学边练

打开第十章实训四的原理图，使用检查器将所有电阻的电阻值批量修改为 1K。

知识链接

检查器的作用

检查器（SCH Inspector）具有一些特性，具有很方便的功能。

首先，它是个面板，可以随时可见，所以你不需要双击以打开对话框。 这意味着你可以单击以选择任意对象，对象的属性会即时显示。 这使你察看设计中的设置时将会更高效。 比如，你可能想核对一些元件的标号，如果打开了 SCH Inspector，你只要在元件标号中单击，察看参数值，单击下一个，察看参数值，依次操作。 如果没打开 Inspector，你要在标号上双击打开属性对话框，察看参数值，再关掉对话框。 然后再双击下一个。 明显 Inspector 更为高效。 其次，它可以显示不同对象的共同属性，以便于编辑。

注意面板的底部显示了所选对象的数量，记得确认是你所需要的数量。

（三）导航器

导航器(Navigator)的作用是快速浏览并定位原理图中的元件、网络以及违反设计规则的内容等，它在项目文件存在时起作用。单击编辑窗口右下角(即状态栏右边)面板标签中“Design Compiler”,在弹出的菜单中单击“Navigator”,可以打开“导航器”面板,如图 5-5 所示。如果“Navigator”前面有对勾,表示已经打开,若无则未打开。也可通过执行菜单命令“察看/工作区面板/Design Compiler/Navigator”来打开。重复操作可以关闭该面板。默认情况下,“导航器”面板已经打开,可以在面板区域的左下脚,点击“Navigator”切换到“导航器”面板,如图 5-6 所示。打开的“导航器”面板如图 5-7 所示。

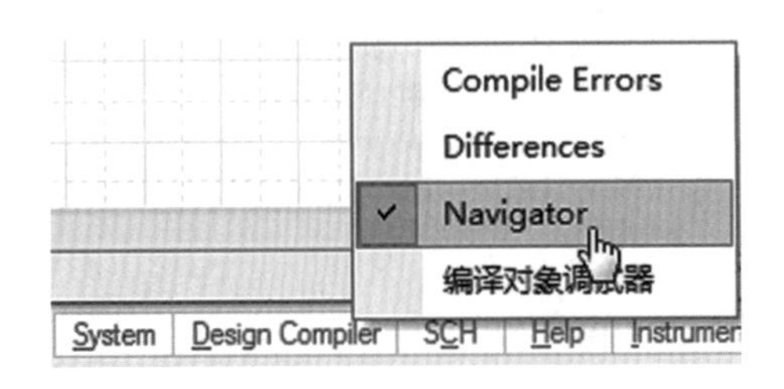

图 5-5 打开“导航器”面板

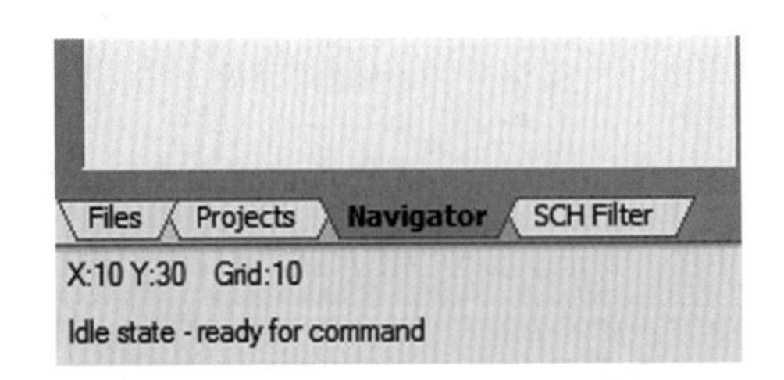

图 5-6 面板区域切换到“导航器”面板

如果面板中没有内容,单击上部的“交互式导航”,当前活动原理图文档上的光标变成十字形。此时单击工作窗口中某个元件,就会选中该元件并掩膜显示。单击某个网络,就会选中该网络并掩膜显示。光标会一直保持导航模式,直到右击或按下【Esc】键。当然也可不单击任何对象直接退出。在面板中单击某元件或者网络也可进行如上操作。如图 5-8 所示。

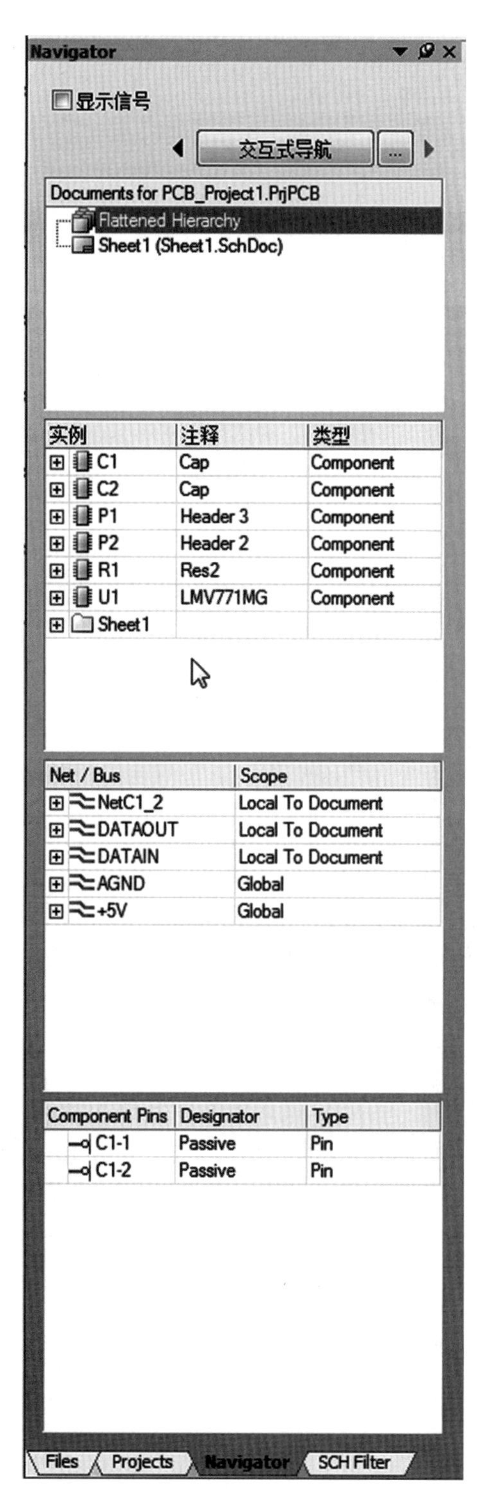

图 5-7　“导航器”面板

单击“交互式导航”右边的按键，可以打开参数选择对话框，进行导航相关的设置。如图 5-9 所示。

边学边练

打开第十章实训四的原理图，练习“导航器”面板的操作。

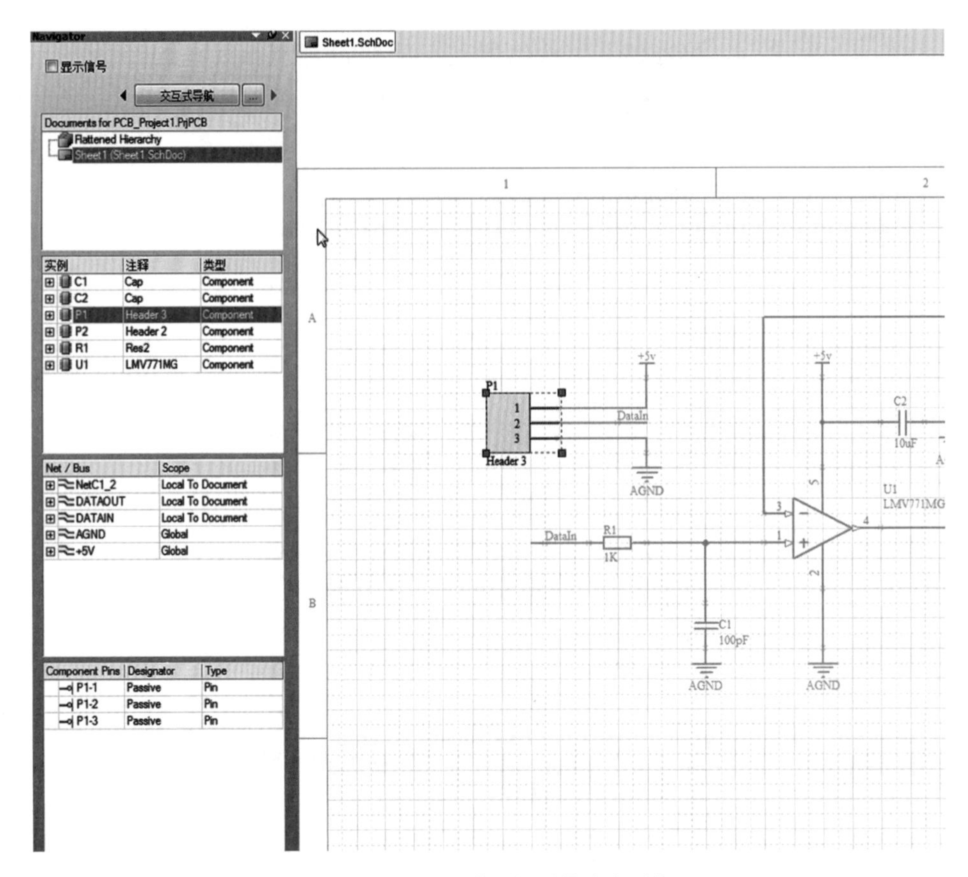

图 5-8　“导航器”面板浏览特定对象

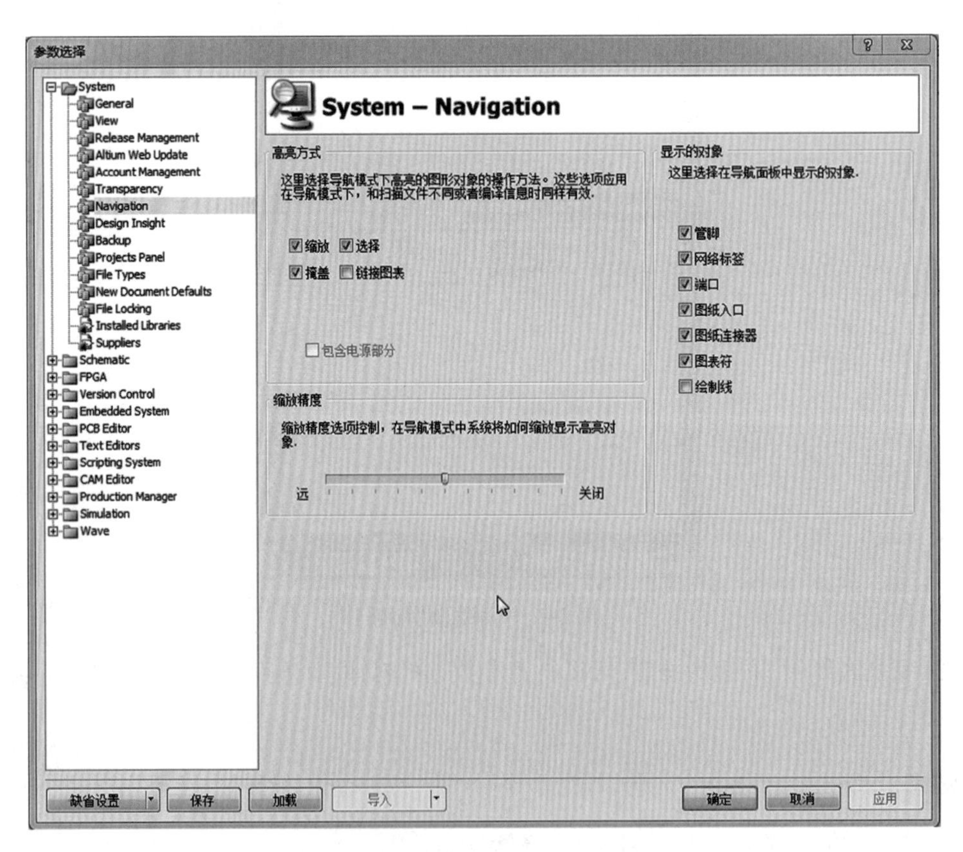

图 5-9　“导航器”面板参数选择对话框

（四）过滤器

前面所介绍的查找相似对象命令可以查找多个具有相同或相似属性的对象，进而进行编辑或修改，既方便又灵活。但是这一功能本身能够查找的属性有限，而且对于编辑后的结构不能实时察看。因此可将“过滤器”（SCH Filter）与“列表器”（SCH List）结合起来使用：采用“过滤器”面板进行更广范围的快速过滤查找，通过“列表器”面板浏览查找的结果，并快速完成多个对象的属性编辑。

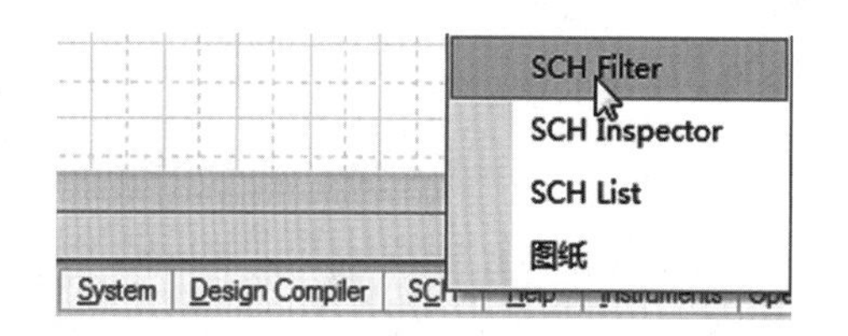

图 5-10　打开“过滤器”面板

过滤器根据所设置的过滤条件，快速浏览原理图中的元件、网络以及违反设计规则的内容等。单击工作窗口右下角面板标签中“SCH”，在弹出的菜单中选择“SCH Filter”，可以打开“过滤器”面板，如图 5-10 所示。也可通过执行菜单命令“察看/工作区面板/SCH/SCH Filter”来打开。打开的“过滤器”面板如图 5-11 所示。

图 5-11　“过滤器”面板

1. Limit Search to　设置过滤的对象范围，有 3 个单选按键，全部对象（All Objects）、仅限于选中对象（Selected Objects）和仅限于未选中对象（Non Selected Objects）。系统默认为全部对象。

2. Consider Objects in　设置文件范围。单击下拉按键，有 3 种设置。当前文件（Current Document）、打开的所有文件（Open Documents）和同一工程图中所有打开的文件（Open Document of the Same Project）。系统默认为当前文件。

3. Find Items Matching These Criteria　过滤语句输入栏，用于输入表示过滤条件的语句表达式。

（1）Helper：如果不熟悉输入语法，可以单击此按键，弹出“Query Helper”对话框，帮助用户完成过滤语句表达式输入。

（2）Favorites：单击打开“语法管理器”对话框中的“中意的”选项卡，选择已有的收藏的表达式。

（3）History：单击打开“语法管理器”对话框中的“历史”选项卡，选择曾输入过的表达式。

4. Objects Passing the Filter　设置符合过滤条

件的对象显示方式。

（1）Select：选中该复选框，符合过滤条件的对象被选中。

（2）Zoom：选中该复选框，符合过滤条件的对象被缩放显示。

5. Objects Not Passing the Filter　设置不符合过滤条件的对象显示方式。

（1）Deselect：选中该复选框，不符合过滤条件的对象处于未选中状态。

（1）Mask Out：选中该复选框，不符合过滤条件的对象被掩膜模糊化显示。

设置好过滤条件后，单击最下面的【Apply】按键，启动过滤查找。要取消过滤状态可以单击工作窗口右下角的【清除】按键。

边学边练

打开第十章实训五的原理图，练习“过滤器”面板的操作，查找+5V 的电源符号。

提示：过滤语句为（ObjectKind＝‘Power Object’）And（StringText＝‘+5v’）

（五）列表器

“列表器”（SCH List）面板可以以表格的形式显示来自一个或多个文件中的设计对象，允许我们快速浏览或者修改对象的属性。如果与“过滤器”面板配合使用，它将只显示过滤后的对象，给映射和编辑多个设计对象带来更高的准确率和效率。

单击工作窗口右下角面板标签中“SCH”，在弹出的菜单中选择“SCH List”，可以打开“列表器”面板，如图 5-12 所示。也可通过执行菜单命令“察看/工作区面板/SCH/SCH List”来打开。打开的“列表器”面板如图 5-13 所示。

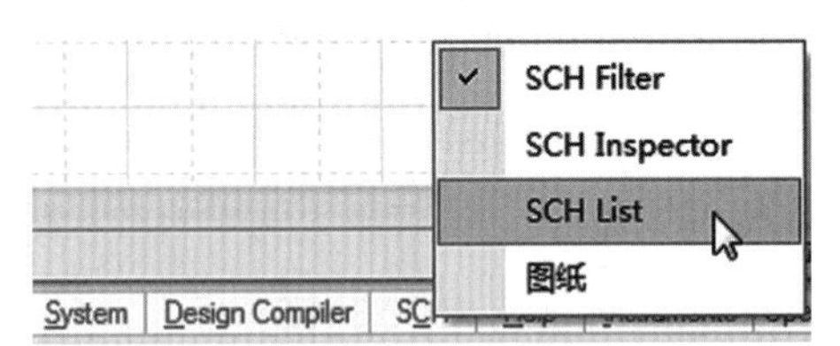

图 5-12　打开“列表器”面板

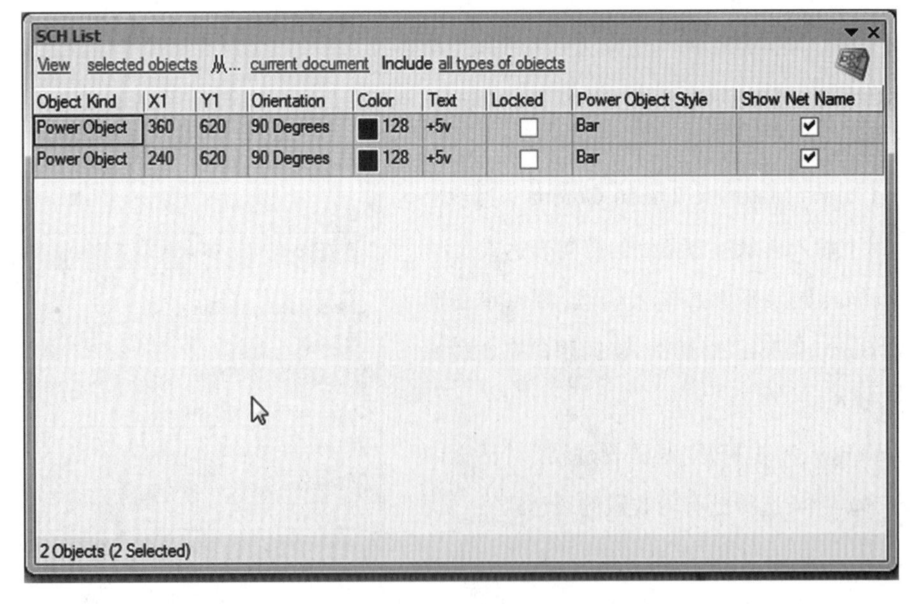

图 5-13　“列表器”面板

1. 面板介绍　该面板顶部 4 项相关设置如下。

（1）工作状态：有 2 种选择，视图状态（View）和编辑状态（Edit），默认为视图状态。

（2）显示对象：未掩膜的对象（Non-Masked Objects）、选中的对象（Selected Objects）和所有对象（All Objects）。默认为选中的对象。

（3）显示对象所在的文件范围：当前文件（Current Document）、打开的所有文件（Open Documents）和同一工程图中所有打开的文件（Open Document of the Same Project）。系统默认为当前文件。

（4）显示对象的类型：有 2 种选择，显示全部类型对象（All Types of Objects）和显示部分类型对象（仅显示）。默认为显示全部类型对象。

根据以上设置，面板窗口中列出了相应对象的各类属性，如位置、方向、元件标号等。

2. 对象选择与编辑　可以使用"列表器"面板查找和编辑多个设计对象。

在列表中可以查找设计对象，单击对象，在工作窗口中相应对象就会处于选中状态，列表支持单选和多选。可以使用【Ctrl+单击】【Shift+单击】、单击并拖动来完成多选，如图 5-14 所示。双击设计对象可以打开对象的属性框。

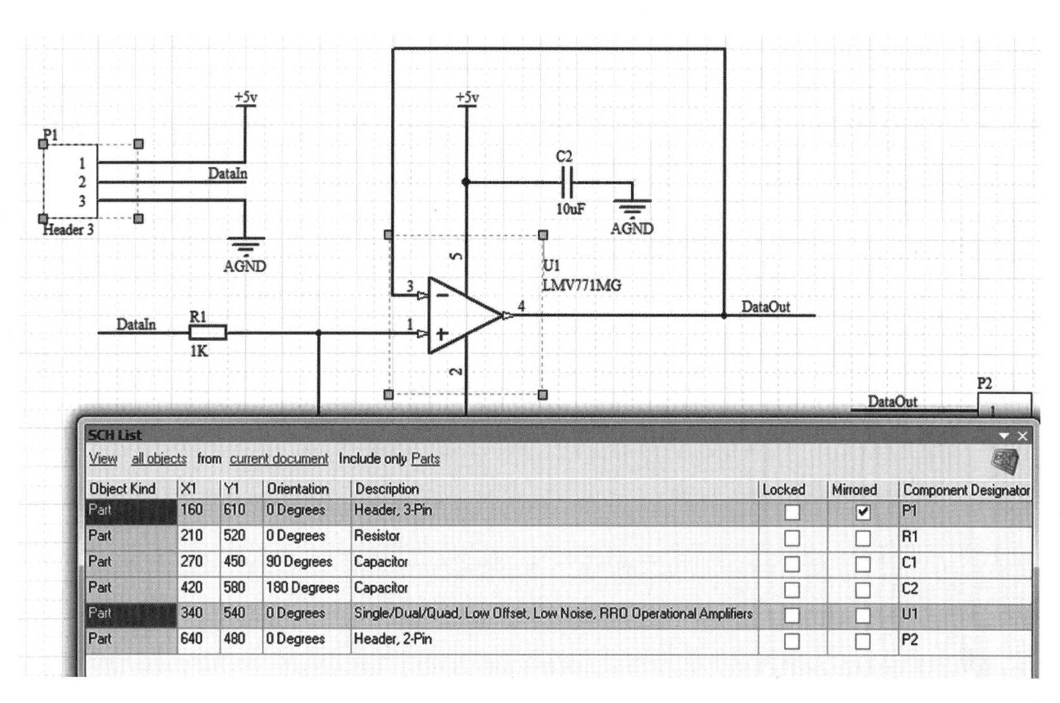

Object Kind	X1	Y1	Orientation	Description	Locked	Mirrored	Component Designator
Part	160	610	0 Degrees	Header, 3-Pin	☐	☑	P1
Part	210	520	0 Degrees	Resistor	☐	☐	R1
Part	270	450	90 Degrees	Capacitor	☐	☐	C1
Part	420	580	180 Degrees	Capacitor	☐	☐	C2
Part	340	540	0 Degrees	Single/Dual/Quad, Low Offset, Low Noise, RRO Operational Amplifiers	☐	☐	U1
Part	640	480	0 Degrees	Header, 2-Pin	☐	☐	P2

图 5-14　"列表器"面板多选设计对象

要编辑属性值，先将工作状态切换到编辑状态，两次单击相应的参数值进行修改，或者单击右键，在弹出菜单中选择"编辑"进行修改，也可按【F2】或空格键进行修改，如图 5-15 所示。修改完成后，按【Enter】键确定，或者单击编辑区域外的地方以确定。另外，右键菜单中"缩放选择"可以定位到选中的对象，并进行缩放显示。

对于批量编辑，在参数处单击右键弹出菜单，再单击其中的"选择纵列"，选择所需修改的参数。然后再单击右键弹出菜单，单击其中的"粘贴"，使用剪切板中的内容将参数进行批量修改。

图 5-15　选择“编辑”以修改属性参数

3. 智能栅格　在“列表器”面板上单击右键时有两个智能栅格命令。这两个命令允许你从Excel 工作簿或者 PDF 文件中的表格等任何与 Windows 兼容的表格或电子数据表，来导入、创建或者更新“列表器”面板中的表格数据。智能栅格粘贴(Smart Grid Paste)命令用粘贴的表格数据来修改已有对象的值。智能栅格插入(Smart Grid Insert)命令用表格数据来创建新的对象。“列表器”面板必须处于编辑状态以使复制和粘贴命令可用。

(1) 智能栅格粘贴：使用智能栅格粘贴命令来更新对象的属性有两个主要的方法，不含标题数据一次更新一个属性，含标题一次更新一组属性。需要决定表格数据是否有“标题行”或者“无标题行”，可在“智能栅格粘贴”对话框的右上角进行选择，如图 5-16 所示。

1) 标题行：如果表格数据有标题行，可以一次映射和更新多个属性，否则需对不同的属性逐个操作。比如为了修改一组属性，先选择好相应的属性范围，在“列表器”面板处单击右键弹出的菜单中选择“与标题复制”(Copy With Header)命令来从“列表器”面板中复制数据，然后将包含标题行的表格数据粘贴到 Excel 工作簿中。将工作簿中的数据修改后，可以使用右键弹出菜单的“智能栅格粘贴”命令来粘贴回原“列表器”面板中。在粘贴前需要先选择好属性条目。如图 5-17 所示。确保“智能栅格粘贴”对话框中的“标题行”已选中，然后对话框将使用代表复制的表格数据的上半部分内容来进行更新，而下半部分内容则显示“列表器”面板的内容。单击【自动确定粘贴】按键从“剪贴板列表视图”映射属性到“Sch List View”(原理图列表视图)，并且可以预览将要发生的修改，如图 5-18 所示。被映射到的属性的右上角有蓝色三角小标记，并且将发生变化的参数值以粗体标记。也可使用【粘贴属性列队】按键和【撤销粘贴属性】按键来选择性地更新属性。若要恢复所有属性的初始值，可以单击【重置所有】按键。

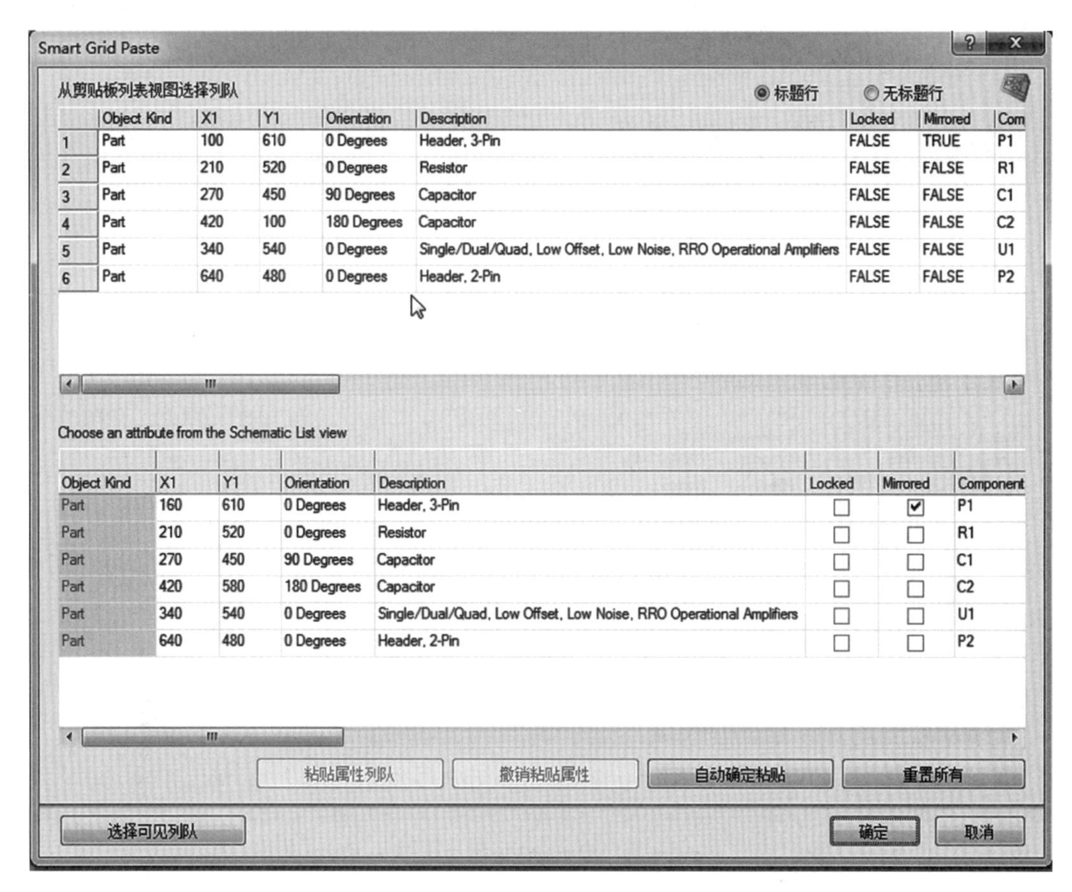

图 5-16　“智能栅格粘贴”对话框

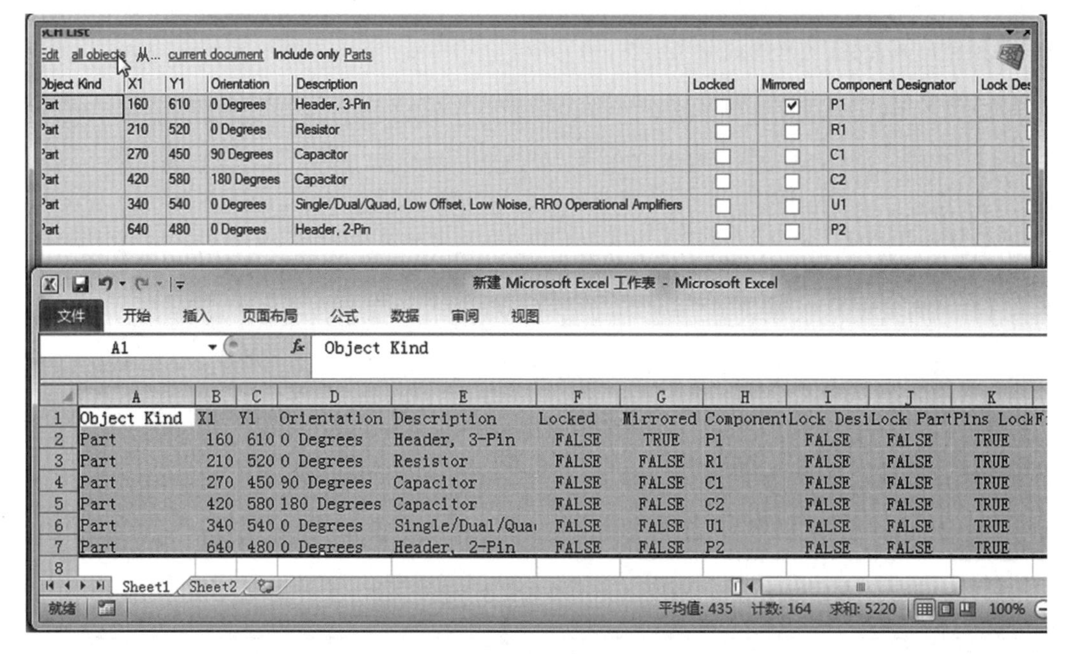

图 5-17　“列表器”面板和 Excel 工作簿间的数据

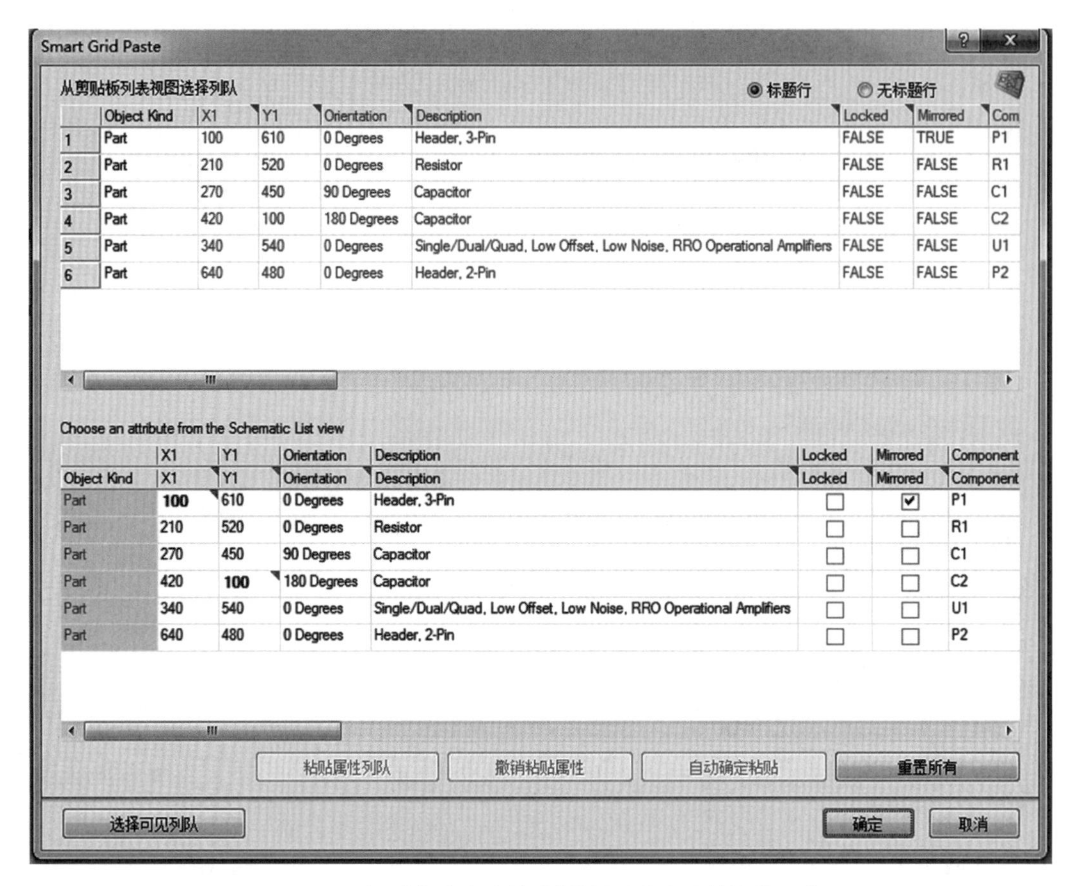

图 5-18　单击【自动确定粘贴】按键后将发生的变化预览

2）无标题行：同样，如果复制表格数据时不含标题行，在外部电子数据表中修改表格数据，再用智能栅格粘贴回"列表器"面板时，只能对每个属性做单一的修改，即每次使用【粘贴属性列队】按键和【撤销粘贴属性】按键来修改单个属性。

最后，需要单击最下面的【确定】按键以使这些修改生效。

（2）智能栅格插入：使用智能栅格插入命令，可以用"列表器"面板中的"智能栅格插入"对话框来创建新的对象。插入新对象前，需要在表格数据中指定对象的类型。最简单的方法是先用"与标题复制"从"列表器"面板中复制已有的对象数据到电子数据表中，在电子数据表中进行修改后，然后将修改后的数据插入到"列表器"面板中，如图 5-19 所示。一旦新数据对象从"剪贴板列表视图"映射属性到"List View"（列表视图）中，它们会有绿色加号标记指示。单击【自动确定粘贴】按键修改列表视图中对象的属性，如图 5-20 所示。最后单击【确定】按键以关闭对话框并在已有的原理图文件中创建新的对象，如图 5-21 所示。

边学边练

打开第十章实训五的原理图，练习上文中所提到的"列表器"面板的相关操作。

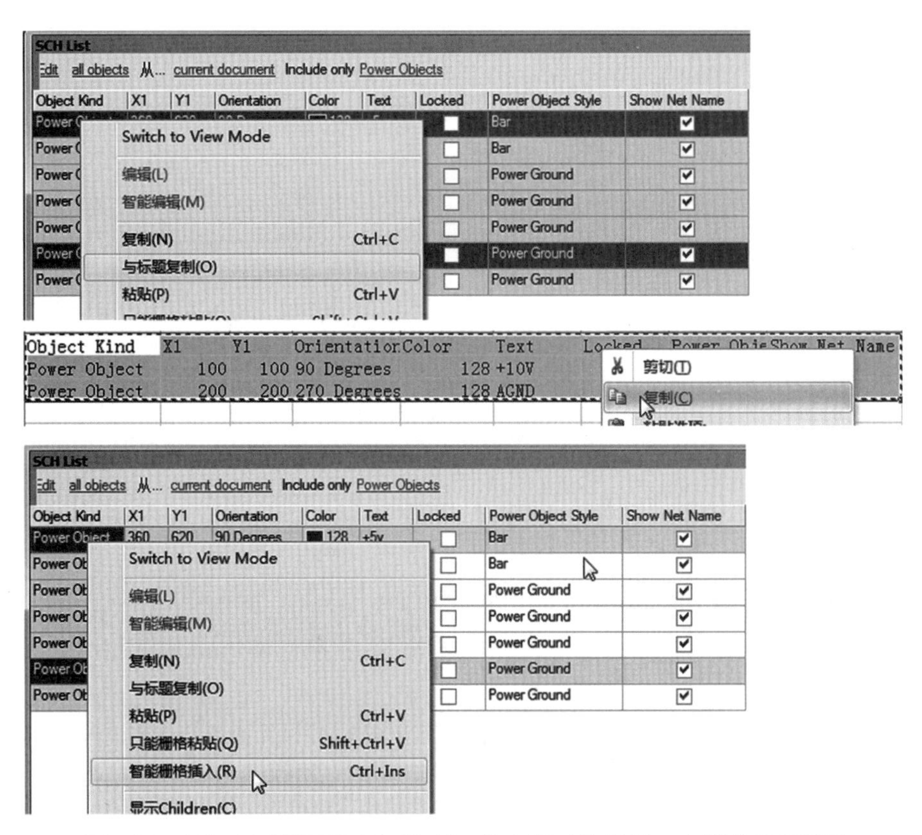

图 5-19　从“列表器”面板中复制对象，修改 X1、Y1 的 Text 属性进行后插回

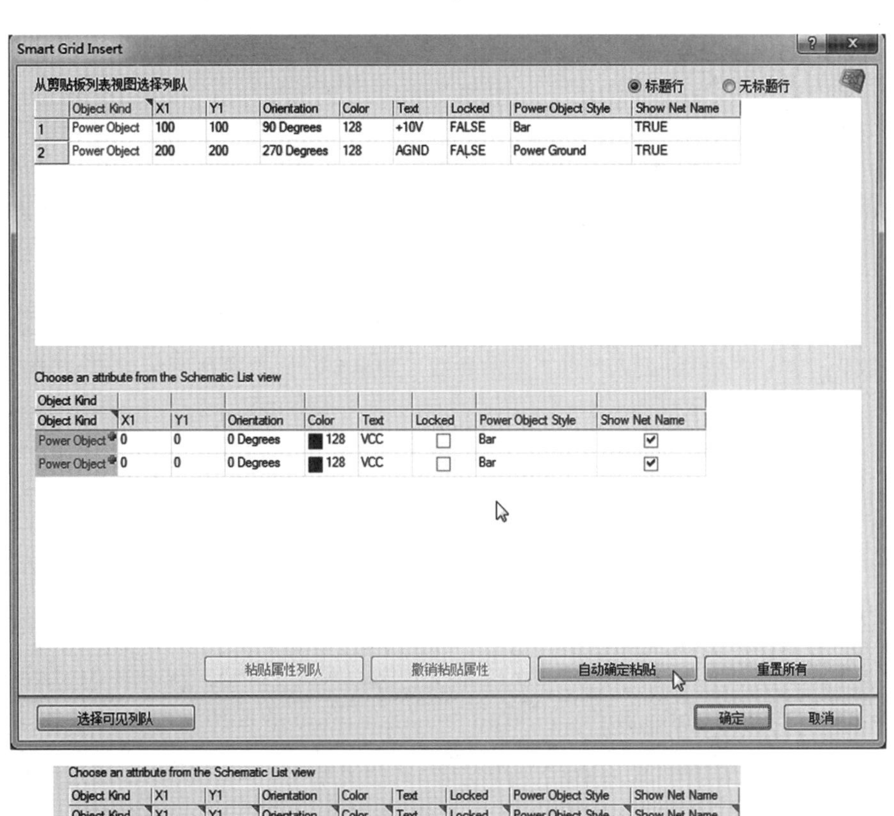

图 5-20　单击【自动确定粘贴】按键以修改列表视图中对象的属性

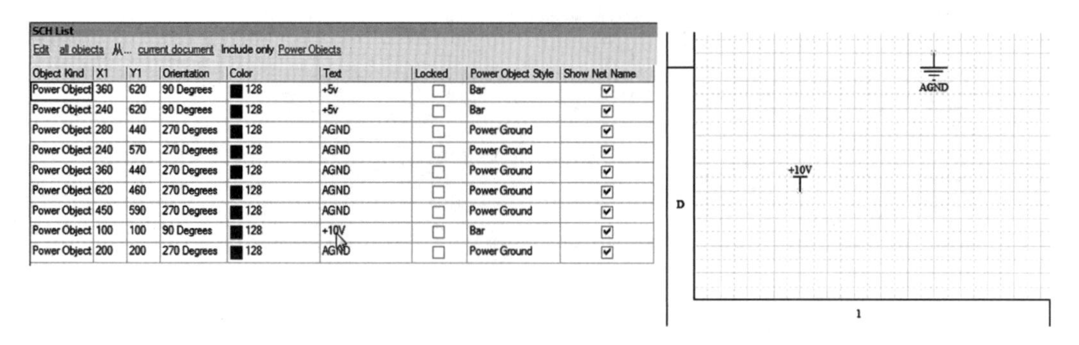

Object Kind	X1	Y1	Orientation	Color	Text	Locked	Power Object Style	Show Net Name
Power Object	360	620	90 Degrees	128	+5v	☐	Bar	☑
Power Object	240	620	90 Degrees	128	+5v	☐	Bar	☑
Power Object	280	440	270 Degrees	128	AGND	☐	Power Ground	☑
Power Object	240	570	270 Degrees	128	AGND	☐	Power Ground	☑
Power Object	360	440	270 Degrees	128	AGND	☐	Power Ground	☑
Power Object	620	460	270 Degrees	128	AGND	☐	Power Ground	☑
Power Object	450	590	270 Degrees	128	AGND	☐	Power Ground	☑
Power Object	100	100	90 Degrees	128	+10V	☐	Bar	☑
Power Object	200	200	270 Degrees	128	AGND	☐	Power Ground	☑

图 5-21　创建的两个新的电源符号和接地符号对象(左下角同时新增两对象)

知识链接

面板的详细知识

上述面板的详细知识可参见 Altium Designer Summer 09 \ Help \ TR0104 Altium Designer Panels Reference. pdf

以上所介绍的原理图批量操作工具也适用于后面的印制电路板编辑器中。

二、参数管理器

用户可以使用参数自己定义设计的属性。元件参数可被用来定义元件的库存信息等,文件参数可被用来定义图表题目、设计者姓名等。

参数可以被单独地增加和修改,也可以使用“参数管理器”(Parameter Table Editor)对话框对整个项目或整个库中参数进行增加和编辑。当该对话框被打开时,它采集整个设计的所有参数数据并以表格的形式显示出来。该对话框可以通过执行菜单命令“工具/参数管理器”来打开。

执行该菜单命令后,首先出现的是“参数编辑选项”对话框,如图 5-22 所示。在该对话框中,可以决定“参数管理器”对话框将载入何种类型的参数。如果要对元件参数进行操作,则在“包含特有的参数”(Include Parameter Owned by)中只选中“元器件”。如果要对文件参数进行操作,则只选中“文档”。

1. 重命名一个参数　参照图 5-22 所示进行设置后,单击【确定】按键,“参数管理器”对话框将打开,如图 5-23 所示。在图中,一个参数名为“Text Field1”,将它改为“Component Type”(元件类型)更为合适。在该列的任一单元格中右键单击,在弹出的菜单中选择“重命名列”,将打开“重命名”(Rename Existing Parameter)对话框,输入新的名称,并单击【确定】按键。则该列的标题被修改并有一个小的蓝色三角形标志其被修改。

2. 添加一个参数　在图 5-23 中有些元件没有“元件类型”这一参数,并有对角线阴影标记出来。对于这些元件,我们可以添加参数。选择这些单元格,可用 Shift、Ctrl 和单击结合进行多选。选中后在右键的弹出菜单中选择“添加”,则这些单元格上将出现一个小的绿色加号,表示新的参数已被添加,如图 5-24 所示。则可以为这个元件定义元件类型。可以用方向键在单元格间移动,按【F2】

图 5-22　“参数编辑选项”对话框

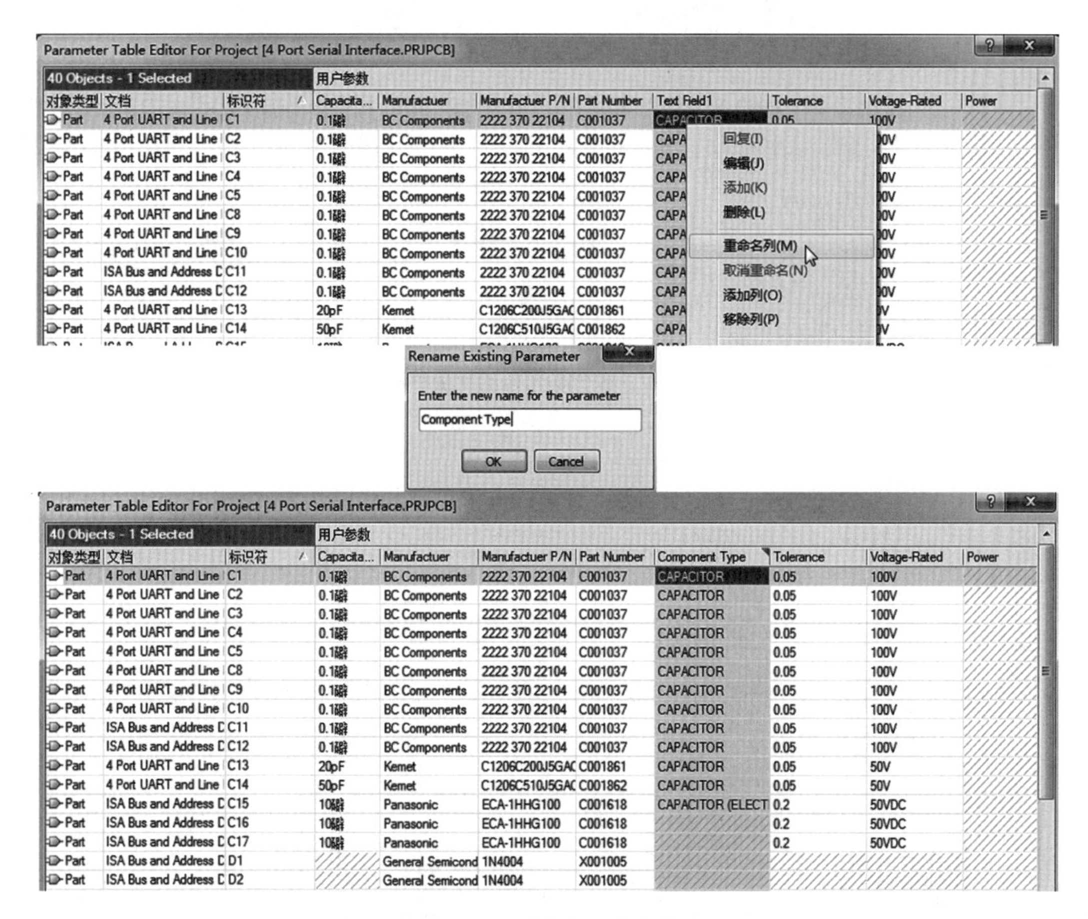

图 5-23　重命名一个参数

键编辑单元格,【ENTER】键确定。对于多个单元格的批量编辑,可以选择这些单元格,在快捷菜单中选择“编辑”,输入参数值并按【ENTER】键确定,如图 5-25 所示。

3. 应用参数更改　以上所做的参数编辑都保存于“参数管理器”中,尚未应用于原理图的元件中。为了将这些修改同步更新到元件,需要创建“工程更改顺序”(Engineering Change Order,ECO)并

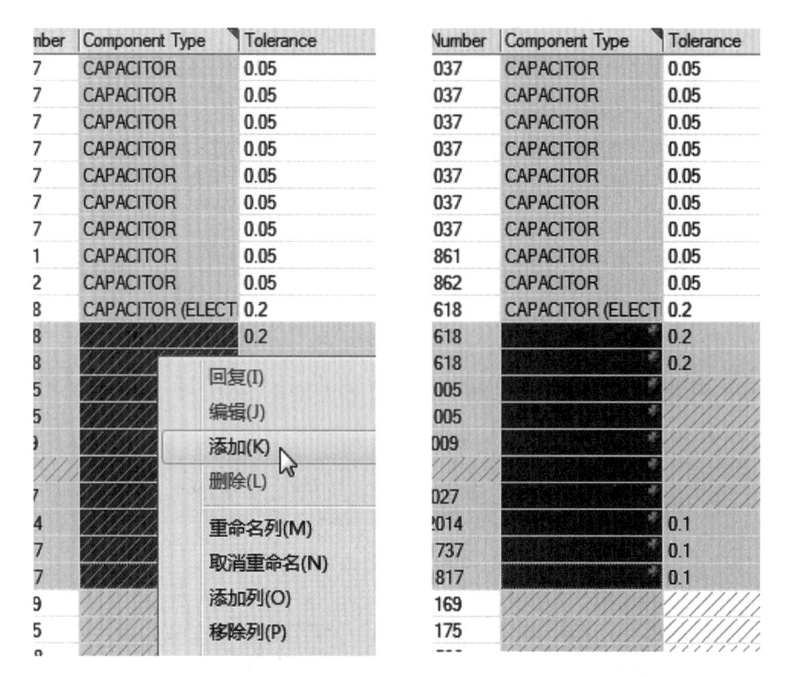

图 5-24　给选定的元件增加参数(左图为添加前,右图为添加后)

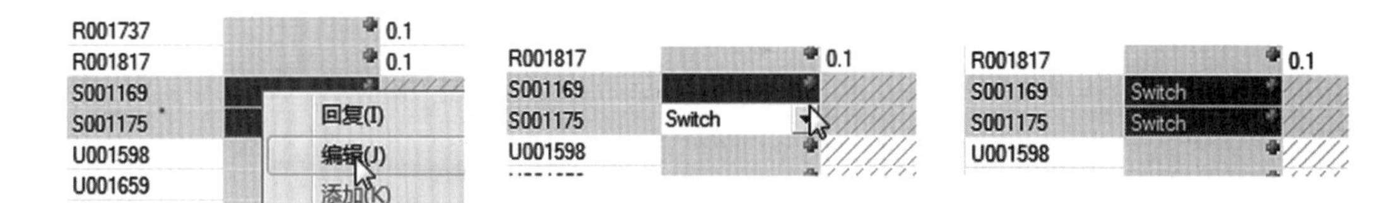

图 5-25　多个单元格的批量编辑

将其应用于设计。

当对参数编辑满意时,单击“参数管理器”对话框右下角的【接受更改】按键,以关闭该对话框,并打开“工程更改顺序”对话框,如图 5-26 所示。

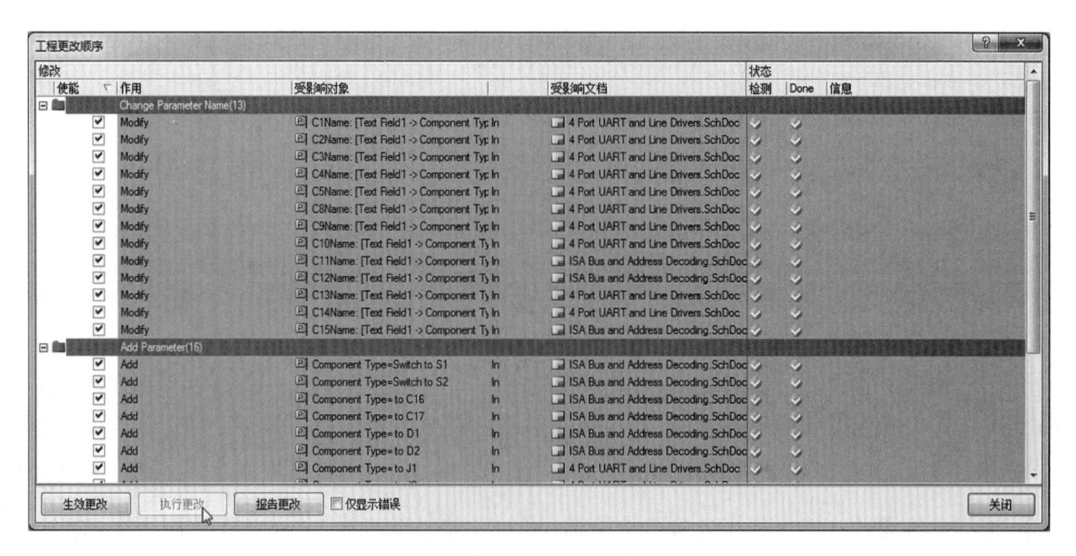

图 5-26　“工程更改顺序”对话框

单击【生效更改】按键以检查更改，然后单击【执行更改】按键以将参数更改应用到元件中。

边学边练

打开 Altium Designer Summer 09\Examples\Reference Designs\4 Port Serial Interface 里的工程，练习上文中所提到的参数管理器的相关操作。

知识链接

参数管理器的详细知识

详细知识可参见 Altium Designer Summer 09\Help\TU0115 Editing Multiple Objects. pdf 中的第 9、10 页。

点滴积累

1. 查找相似对象，提供了快速筛选对象的功能。
2. 检查器主要用于实时显示在原理图中所选取的所有对象的属性。
3. 导航器的作用是快速浏览并定位原理图中的元件、网络以及违反设计规则的内容等。
4. 过滤器可以进行更广范围的快速过滤查找。
5. 列表器可以以表格的形式显示来自一个或多个文件中的设计对象，允许我们快速浏览和修改对象的属性。
6. “参数管理器”对话框可以对整个项目或整个库中的参数进行增加和编辑。

第二节　多图纸设计

一、多层次设计介绍

（一）结构化多层次设计

几乎最小的设计也需要多张图纸来完成。实质上有两种途径来构造一个多图纸设计，要么单层次的，要么分层次的。

单层次的设计就是从一张原理图到另一张原理图网络间的连接是直接的，也可能是连接到其他许多张原理图。虽然单层次的设计对于小数量的原理图和网络标号是适用的，但是对于大的设计就不适用了。因为一个网络可以转到其他原理图的任何位置，为了指导阅读者找到在另一个原理图上的网络，一个较大的单层次设计就需要“导航器”来寻找。单层次设计的优点在于通常情况下只有较少的原理图和绘制较少的连线。

分层次设计在结构中表现为页与页的关系。它通过符号来完成，称为图纸符号，在层次设计中代表底层图纸。图纸符号代表下层的图纸，并用图纸入口代表与下层图纸端口的连接。层次设计的优势是为读者显示设计的结构，其连通性是完全可预测的和容易察看的，因为它是从子图到母图上的图纸符号。图 5-27 显示的是温度传感器项目的顶层原理图。在设计中每个图纸符号代表一个子原理图。

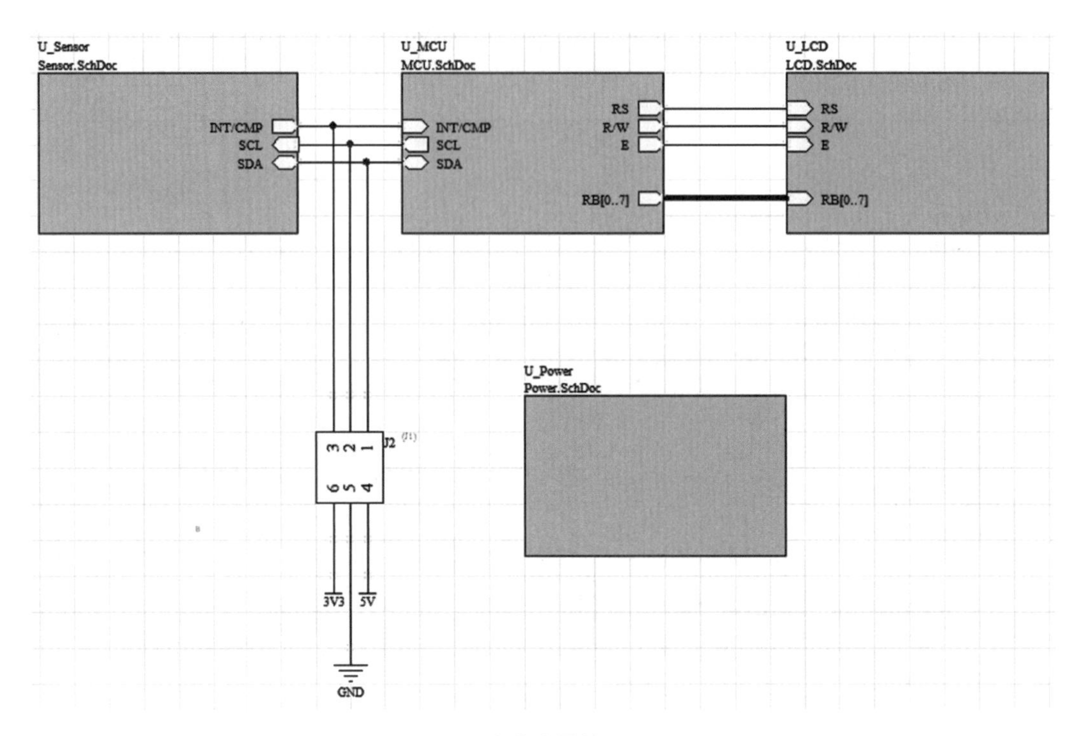

图 5-27　温度传感器的顶层原理图

（二）多层次设计的连接

多图纸设计的电气连接性是通过原理图中提供的网络标识来完成的。

1. 网络标识符　在同一网络的点对点之间由网络标识符建立逻辑连接。它可以在一张原理图中，或在多张原理图中。物理连接指一个对象直接由导线连接到另一个对象。逻辑连接时，创建两个相同类型的网络标识（如，两个网络标号），并有相同的网络属性。注意，逻辑连接不是创建两个不同的网络标识，例如一个端口和一个网络标号。

网络标识符，如图 5-28 所示，包括：

（1）网络标号（Net Label）：使用网络标号唯一标识一个网络。这个网络连接到同一原理图中具有相同名称的网络，也可以连接到不同原理图中具有相同名称的网络，依据设计模式定义连接方式（参考后面的网络标识范围）。网络标号隶属于单独的导线、元器件管脚和总线。

（2）端口（Port）：依据连接方式，一个端口可以横向连接具有相同名字的其他端口，或纵向连接

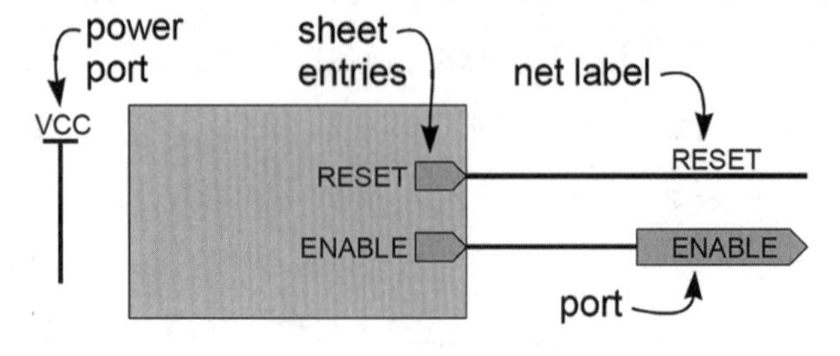

图 5-28　网络标识符

到具有相同名字的图纸入口。

（3）图纸入口(Sheet Entry)：当连接是纵向的，可以用图纸入口连接到下层原理图中有相同名字的端口。添加一个图纸入口可以执行菜单命令“放置/添加图纸入口”。

（4）电源端口：整个设计中所有相同名称的电源端口是相互连接的。

（5）隐藏管脚：隐藏管脚类似电源端口，在整个设计中，连接所有具有相同名称的网络。

2. 网络标识符范围　当你为设计建立一个连接方式时，你必须定义如何识别彼此之间网络标识符的连接，这称为网络标识符范围。网络标识符的范围在“工程参数”对话框里的“Options”标签里有具体说明，如图5-29所示。在设计的开始时应设置网络标识符的范围。在多层次设计中基本上有两种方式连接原理图：要么是横向，直接从一个原理图到另一个原理图，或其他原理图等；要么是纵向，由图纸符号从一个子图连接到母图上。在横向连接中，连接是从端口到端口（网络标号到网络标号也可以）。在纵向连接中，连接是从图纸入口到端口。网络标识符范围明确说明你如何连接想要连接的网络标识符。

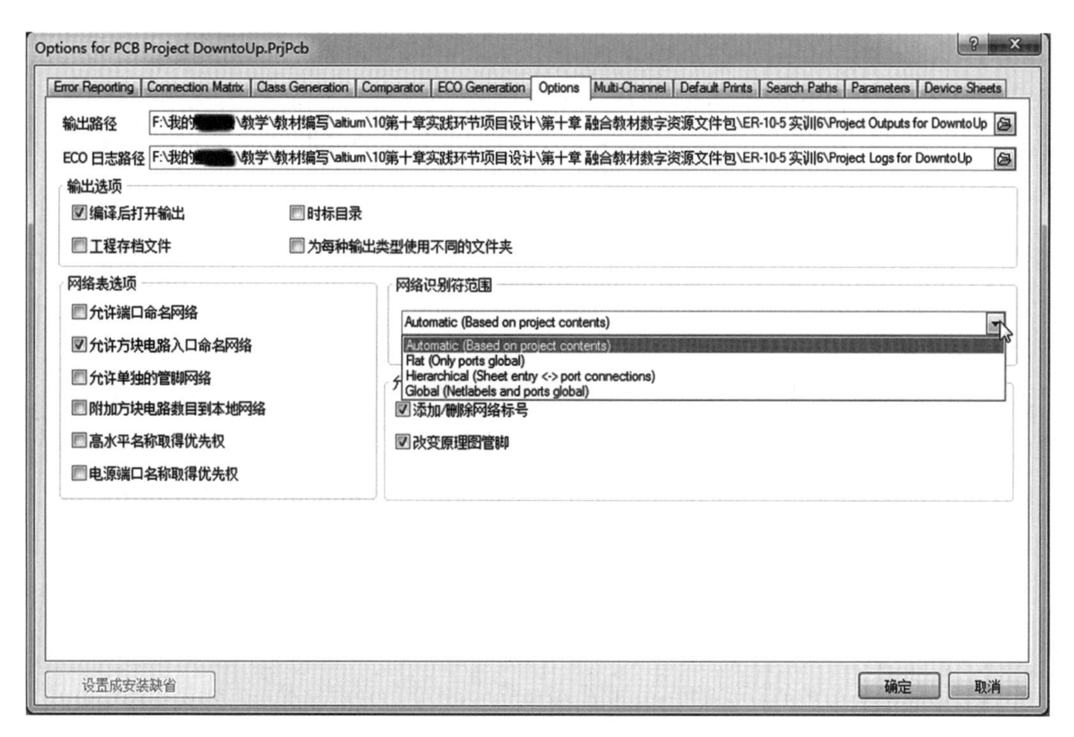

图5-29　网络标识符的范围

（1）单层的(Flat)：只有端口是全局的，整个设计中端口连接所有的原理图。选择这一项，网络标号对每张原理图来说是本地的，他们不会跨原理图连接。在所有的原理图中具有相同名字的所有端口将会连接。此选项可以用于单层的多图纸设计。由于它很难在原理图中察看网络，所以它不适用于大型的设计。

（2）层次的(Hierarchical)：端口和匹配的图纸入口之间纵向连接。此选项使得顶层原理图仅仅通过图纸符号的接口匹配到子图的端口上。它在原理图中使用端口把网络或总线连接到顶层相应的图纸符号入口。不匹配图纸符号接口的端口在原理图中不会连接，即使在另一张原理图中具有相同名字的端口。每张原理图中的网络标号都是非全局的,它们不会跨原理图连接。此选项可用于创建任何深度或层次的设计,并允许在整个原理图设计中察看网络。

(3) 全局的(Global):在整个设计中通过端口和网络标号连接所有的原理图。选择此项,在原理图中所有相同网络标号的网络将连接在一起。此外,在所有原理图中具有相同名字的所有端口将连接。如果一个网络连接到一个具有网络标号的端口,那么端口的网络标号即是所连网络的名称。此选项也可以用在单层的多图纸设计中,然而因为在原理图上察看网络名称总是不太容易,所以很难从一个原理图到另外一个原理图进行察看。

(4) 自动模式:基于项目内容来自动选择使用三种网络标识符的哪一个。如果在顶层有图纸入口,那么采用分层;如果没有图纸入口,但是有端口,那么采用单层的;如果既没有图纸入口也没有端口,采用全局的。

注意:电源端口和隐藏管脚,这两个特殊的网络标符对象总是认为是全局的。

二、建立多层次设计

手动创建一个顶层图纸,放置图纸符号,设置每一个图纸符号的名称属性均指向正确的子图,并且根据子图相应端口把图纸接入添加到图纸符号上。我们也有创建多图纸的快捷命令方式:

Create Sheet from Symbol 命令是自上而下的设计。一旦顶层图纸确定好,这个命令就可以为图纸符号创建子图和放置端口。

Create Symbol from Sheet 命令是自下而上的设计,基于选定的子图创建一个包含图纸接入点的图纸符号。

(一) 自下而上

我们以第十章实训七为例进行说明。首先完成各子图 MCU、LCD、Power 和 Sensor,各图中放置好端口。

1. 创建顶层图。在工程中添加新的原理图文件,设置图纸为 A4 并保存为“TempS. SchDoc”。

2. 执行菜单命令“设计/HDL 文件或图纸生成图表符”。

3. 在“Choose Document to Place”对话框中,选择“Sensor. SchDoc”,并单击【确定】按键,如图 5-30 所示。

4. 图纸符号将以浮动光标形式出现,如图 5-31 所示,在图的合理位置单击以放置图纸符号。

5. 注意到两个图纸拉入点在方框图左侧,这是因为依据它们的 I/O 类型放置的,输入及双向点在左边,输出点在右边。拖动左边的两个点到右边。关于图纸接入的另外一个重点就是,除非你在“Preferences”(参数选择)中的“Schematic”下的“General”选项卡中把“图纸入口方向”选项激活,否则它们的类型就是它们的指向。当在左侧的时候 SCH 图纸入口是指向右边、指向内部的,当它在右侧的时候,并且“图纸入口方向”选项没有被选中的情况下,它是指向右边、指向外部的。打开“Preferences”(参数选择)对话框确定这个选项是激活的。

6. 重复上述步骤分别为 MCU、LCD、Power 和 Sensor 创建图纸符号。

7. 放置连接器 J2,它是一个“Header 3X2A”,可以在“Miscellaneous Connectors. IntLib”(默认状态下安装的两个集成库之一)中找到。

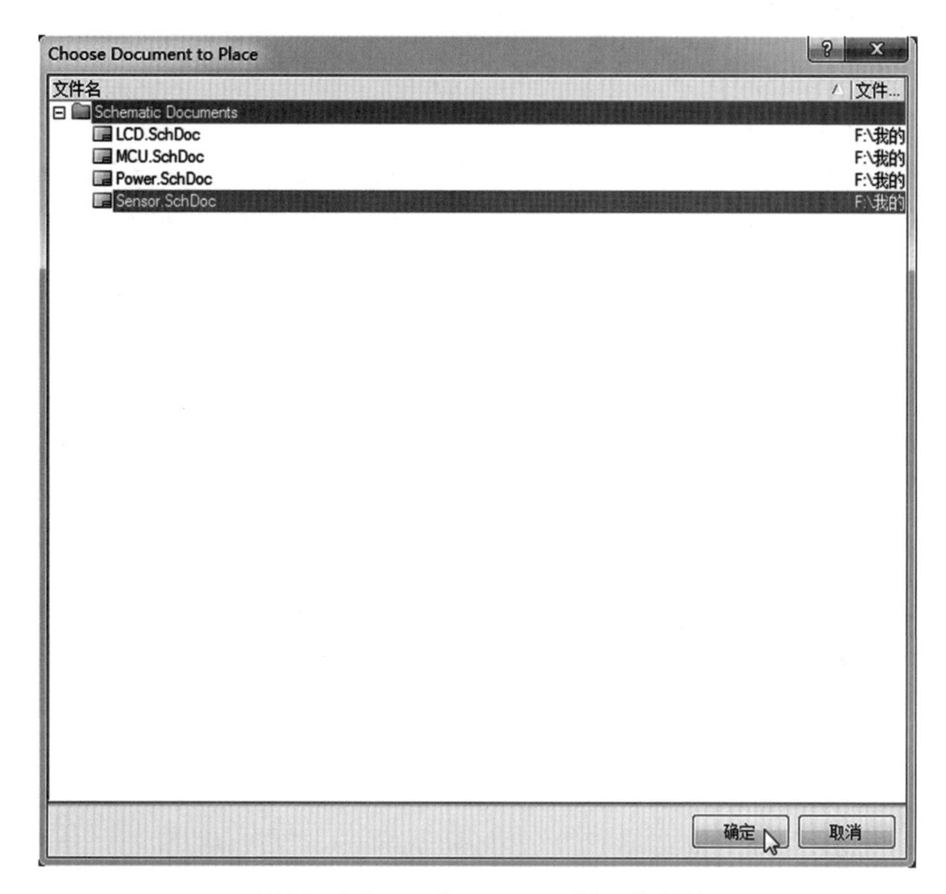

图 5-30　“Choose Document to Place”对话框

8. 按图 5-27 给层次图连线。

9. 保存顶层图，这就完成了设计进程中的捕获阶段。为了确保这个设计的层次是正确的，我们现在来编译一下这个设计。执行菜单命令“工程/Compile PCB Project”，确保编译了整个工程，而不是当前的原理图文件。编译完成后，在 Projects 面板上展示这个设计的正确结构，如图 5-32 所示，子图相对于顶层图缩进了，表明了两者之间的关系。

10. 保存工程。

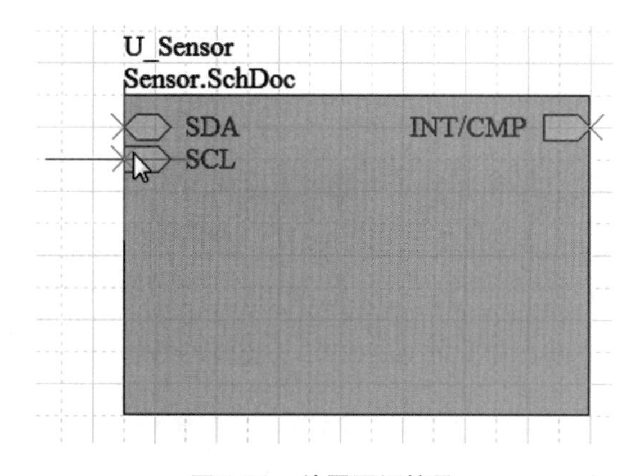

图 5-31　放置图纸符号

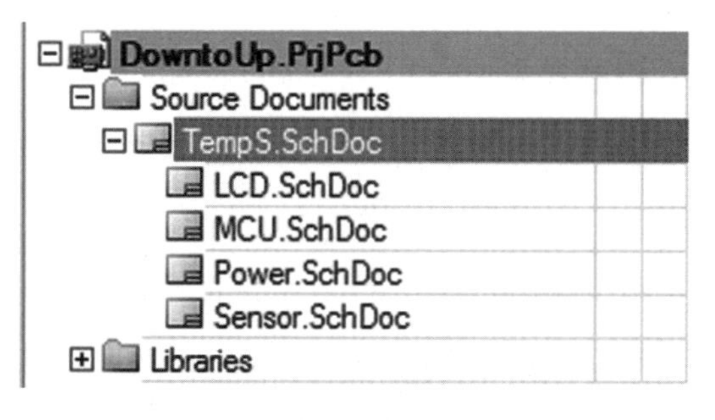

图 5-32　Projects 面板上展示的设计的正确结构

（二）自上而下

1. 创建顶层图　在工程中添加新的原理图文件，设置图纸为 A4 并保存为“TempS. SchDoc”。

2. 绘制图表符　这时要执行菜单命令“放置/图表符”，单击以确定一个顶点，移动到合适的位置再单击确定其对角顶点，即可完成图纸符号的放置。此时放置的图纸符号并没有具体的意义，需要进一步进行设置，包括其标识符、所表示的子原理图文件，以及一些相关参数等。

3. 设置图纸符号的属性　此时鼠标仍处于放置的状态，继续放置其他的图表符。单击右键或按下【Esc】键可退出。双击图纸符号打开属性对话框如图 5-33 所示。

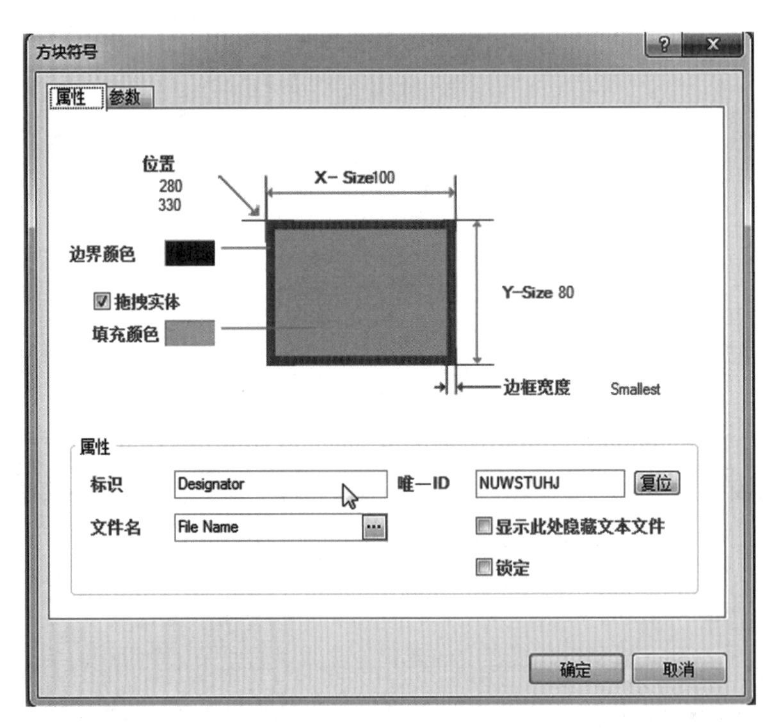

图 5-33　图纸符号的属性对话框

其中“Designator”用来输入相应图纸符号的名称，作用与普通电路原理图中的元件标识符相似，是层次电路中用来表示图表符的唯一标志，不同的图纸符号应该有不同的标识符。分别输入“U_Sensor”“U_MCU”“U_LCD”和“U_Power”。

“Filename”用来输入该图纸符号所代表的下层子原理图的文件名。分别输入“Sensor. SchDoc”“MCU. SchDoc”“LCD. SchDoc”和“Power. SchDoc”。

4. 放置图纸入口　图纸入口是图表符之间进行相互联系的信号在电气上的连接通道，应放置在图纸符号的内侧。执行菜单命令“放置/添加图纸入口”，在图纸符号内侧合适位置单击鼠标进行放置。

在顶层原理图中，每一个图纸符号都应该与其所代表的子原理图中的一个端口相对应，包括端口名称及接口形式等。双击图纸入口，打开属性对话框如图 5-34 所示。其中“名”是图纸入口的名称，应该与子图中的端口名称相对应。参考图 5-27 对各个图纸入口进行设置，并完成连线。

5. 绘制子原理图　根据顶层原理图中的图纸符号，把与之相对应的子原理图分别绘制出来，这

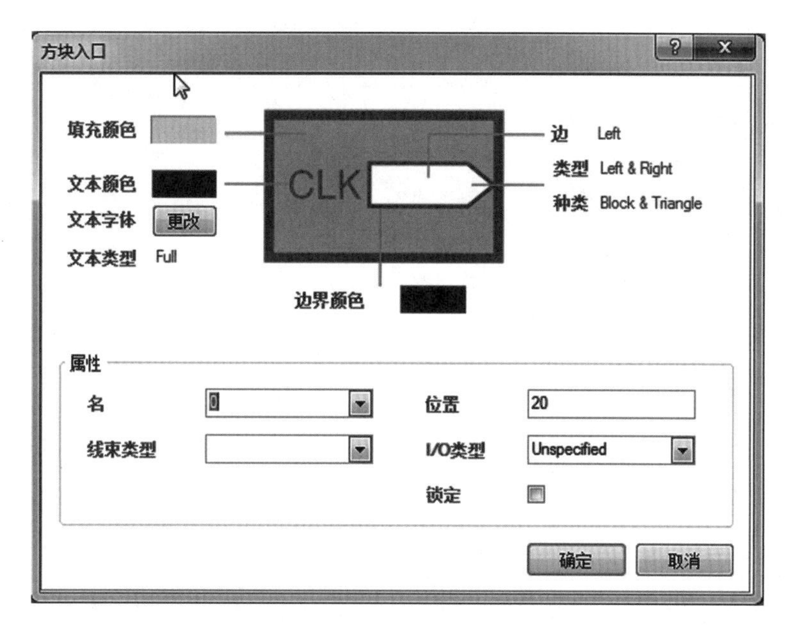

图 5-34　图纸入口的属性对话框

一过程就是使用图纸符号建立子原理图的方法。执行菜单命令“设计/产生图纸”，这时鼠标变为十字形状。移动鼠标到图纸符号上并单击，系统自动生成一个新原理图，名为“Sensor. SchDoc”，即为步骤 3 中所设置的原理图名称。并且子原理图中自动放置了端口，使用普通电路原理图的绘制方法，完成子原理图的绘制。

6. 编译工程并进行保存。

三、层次原理图之间的切换

绘制完成的层次化电路原理图中一般都包含有顶层原理图和多张子原理图。用户在编辑时，常常需要在这些图中回来切换察看，以便了解完整的电路结构。

执行菜单命令“工具/上/下层次”，光标变为十字形状。在顶层原理图中，移动鼠标到与欲察看的图表符号上并单击，该图表符号所代表的子原理图就会处于编辑窗口中。如果单击的是图纸入口，该图纸入口所对应的端口就会被选中并高亮显示。在子原理图中单击端口，则顶层原理图会处于编辑窗口中，端口所对应的图纸入口就会被选中且高亮显示。

四、分配图纸编号

设计完成后，在被转到 PCB 板上之前还有几个工作要做，包括在层次表上为每一个图表指定一个图纸编号，分配位号和检查设计错误。

图纸编号通过设定文件参数实现，链接放置在原理图上的特殊字符串，图纸自动编号通过执行菜单命令“工具/图纸编号”来实现，打开“Sheet Numbering”对话框所图 5-35 所示。其中 Sheet Number 可为图纸编号，Document Number 可为文件编号，Sheet Total 为统计图纸总数。

每一个单元都可以手动编辑，选择目标单元，右击选择编辑（或者用空格键）。点击【向上移动】

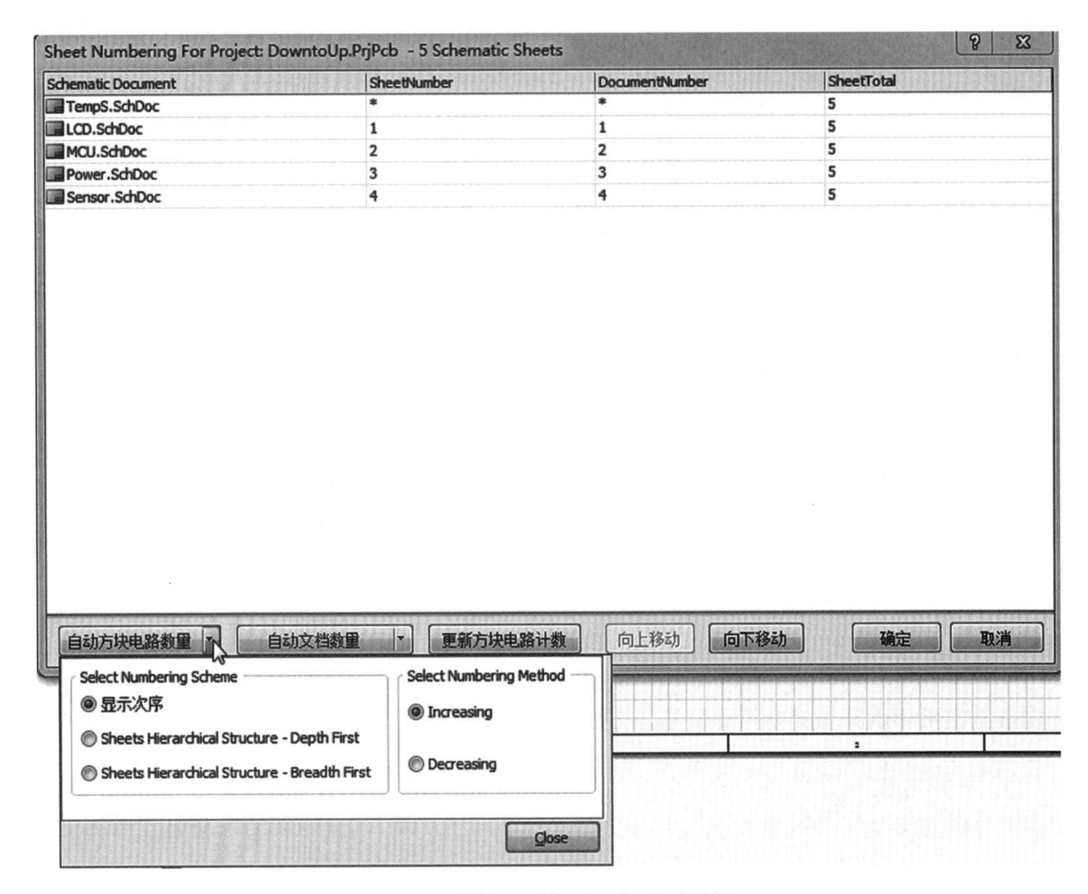

图 5-35　“Sheet Numbering”对话框

和【向下移动】按键进行移动。另外还可以用“自动图表符数量”和“自动文档数量”进行自动编号。

五、检查原理图页的同步性

通常，设计层次并不是简单地以自上而下或自下而上的方式建立起来的，实际情况是设计是不断推进的。这就意味着对设计做出的修改可能会影响在图纸符号中的图纸入口与下层子原理图上的端口之间已经建立的连接。想要管理图纸入口到端口的关系，可以执行菜单命令“设计/同步图纸入口和端口”，打开“Synchronize Ports to Sheet Entries”对话框来进行，如图 5-36 所示。

使用这个同步窗口以确保页面入口与端口相匹配。取消选中对话框左下部的选择框就能显示出整个设计中的所有子页面。

这个同步窗口可以用于：

（1）将任何选中的入口和任何选中的端口匹配起来（名称与 IO 类型都将改变）。

（2）添加或移除图表符号中的入口或子页面中的端口。

（3）编辑一个已匹配的入口/端口的名称或 IO 方向（通过右方的 Links 列来达成）。

将光标放在中间的三个按键上，可以显示出提示信息，了解三个按键的作用，即修改端口、修改图纸入口和中断关联。本例中 INT/CMP 不匹配，需要进行修改。

注意：在对话框中做出的改变会立即生效。如果要撤销，可以执行菜单命令“编辑/Undo”命令。

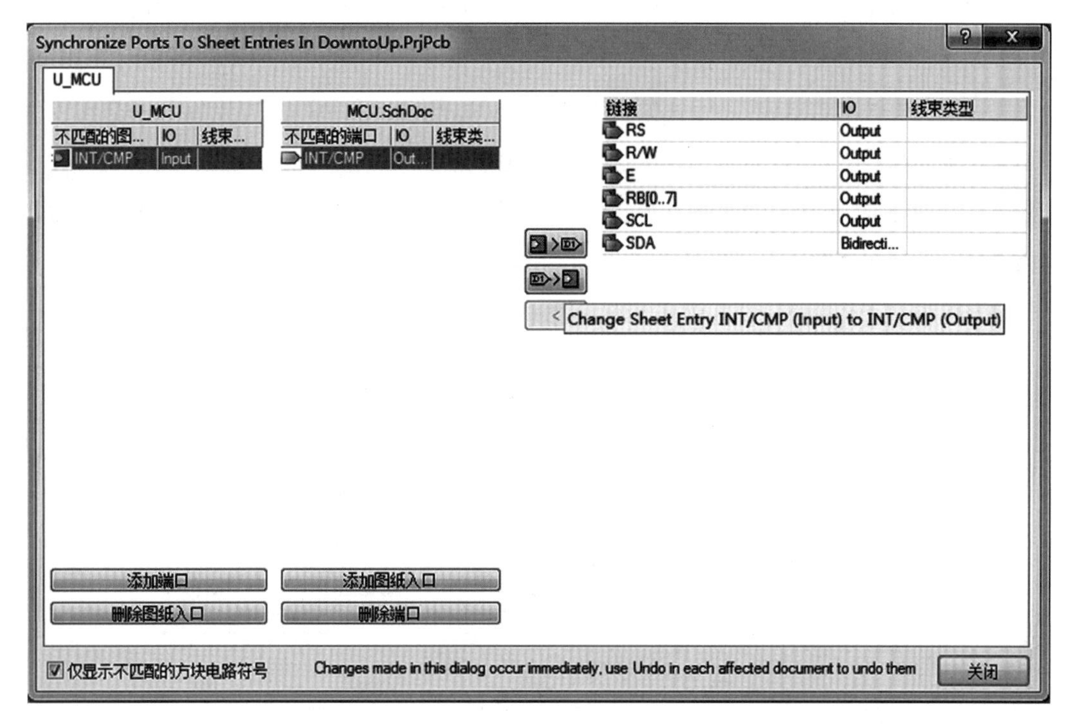

图 5-36　“Synchronize Ports to Sheet Entries”对话框

边学边练

打开第十章实训七的工程，练习本节中所提到的相关操作。

知识链接

多图纸设计的详细知识

多图纸设计的详细知识可参见 Altium Designer Summer 09\Help\AR0123 Connectivity and Multi-Sheet Design. pdf。

点滴积累

1. 多层次设计可以有自上而下、自下而上两种方法来建立。
2. 原理图图表符代表着下一层的子电路，图纸入口和下一层原理图中的端口相连接。

第三节　多通道设计

一、多通道设计的概念

很多设计包含有重复的电路。比如一块板子可能要复制相同的部分 32 次，或者可能包含 4 个相同的区域，且每个区域包含 8 个子通道。设计者要想在原理图层面处理好这些设计，并且完美地连接到 PCB 设计中去会比较困难。刚开始时重复的复制粘贴操作相对简单，但后续的改正和更新会变得十分繁重。Altium Designer 提供了一种真正的多通道设计（Multi-Channel Design）功能，只需要引用项目中重复的单张图纸，进行一次修改，然后再编译项目，就可以在每个实例间自动传递修改。Altium Designer 不仅支持多通道设计，还允许通道嵌套。

以图 5-37 所示的 16 个按键的键盘为例，这个设计可以用 Altium Designer 的原理图编辑器在几分钟内完成。但是如果需要为按键设置不同的图形符号怎么办？你想给每一个按键加一个参数怎么办？或者你想把这个按键设计列阵从 4 乘 4 扩展到 10 乘 20 怎么办？

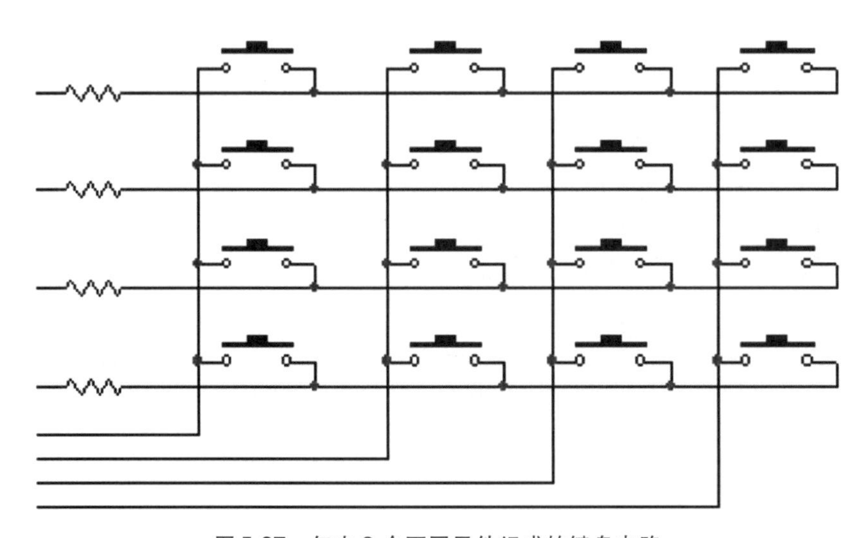

图 5-37　仅由 2 个不同元件组成的键盘电路

即使使用了批量编辑工具，这样操作也是非常单调的且容易出错的。试想一下，如果只需要用两个器件来表示整个电路，一个电阻和一个开关，每一个都有它自己的子图纸。在一张图纸符号中定义好复用的表达式，它会指示 Altium Designer 的编译器从单张图纸产生出多个副本（通道），如图 5-38 所示的图纸符号。一个电阻子图纸可以调用同一开关子图纸 4 次以建立一行，然后顶层图纸又可以调用电阻子图纸 4 次以建立 4 行。多通道在多个通道内嵌套，从而建立了组成相应的连接矩阵。

现在设计者的任务变得简单了，任何在这个设计中的开关或是电阻的属性修改只需操作一次，不用像原先那样一次又一次的修改。任何连接的扩展实现只需要修改一下图纸符号里的复用表达式即可。

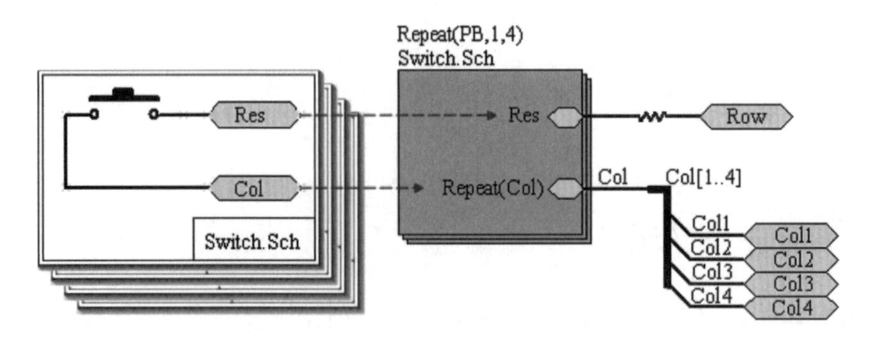

图 5-38　在图纸符号上的复用声明表明了图纸被多次使用（本例 4 次）

要熟悉多通道设计，首先我们需要了解下 Atlium Designer 怎样建立这些工程的关联。

二、多通道的连通性

多通道连接不同于其他多图纸设计工程，它的网络标识符定义范围只能采用“层次的”，即端口和匹配的图纸入口之间是纵向连接的。在工程选项对话框里把它设为“自动模式”也是可行的，但这是假定你理解传输信号到一个复用图纸的唯一方法是通过母图的图纸入口往下连到匹配的子图端口上。这是因为图纸入口被设计用来处理由复用表达式产生的通道实例，而不是端口和网络标号。

多通道设计中提供了两种图纸连接类型：一个是网络名在所有通道中是通用的，另一个是每一个通道的网络名都是唯一的。在上面的按键实例中演示这两种类型。

如图 5-39 所示，每一行的重复开关有一个管脚直接连接到电阻，这是一个通用网络，这意味着在每一个通道里的相同结点被关联到母图上的单个结点上，因此它们间也是相互连接，这是多通道设计中网络分布的最简单的方法。它直观地把通道图纸上的端口名与上层的图纸入口的名字匹配起来。但是，开关上的其他节点在开关这一层不是通用的，每一个开关里都有唯一的一个网络，它是连接到每一组对应的开关上的。为了实现这个一排中每个开关唯一的连接关系，一个复用表达式被设置在了图纸入口中。

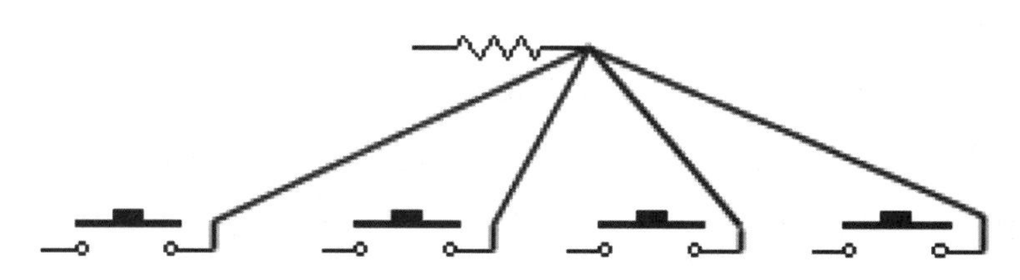

图 5-39　每排所有的开关共有一个通用网络，连接到电阻

如图 5-40 所示，展示了这两种连接类别。注意两个图纸入口的差别。第一个(Res)匹配对应端口的名称，第二个(Col)使用了复用的命令(Repeat)来连接对应的端口名称。这个语法意为在总线 Col[1...4]上有 4 个网络，每个总线连接到 4 个开关图纸。

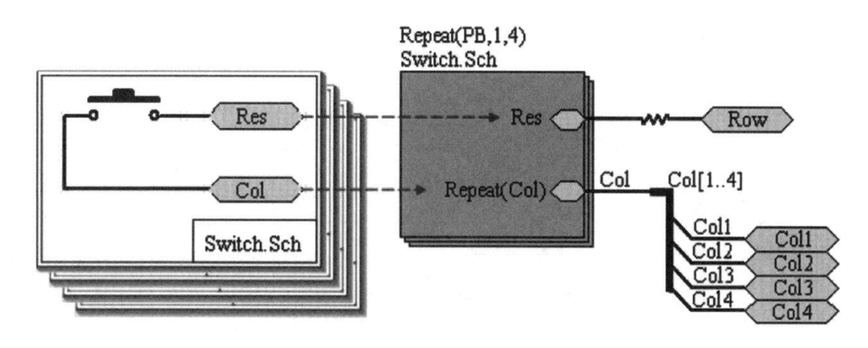

图 5-40　在图纸符号上的复用声明表明了图纸被多次使用(本例 4 次)

这就允许从 4 个复用的图纸中引出 4 个不同的网络，先通过一根有网络标号的导线，再通过一个有网络标号的总线。如此，信号可以任意的连到所需的不同节点上，或是通过端口连到更上层的

原理图中。

三、建立多通道设计

这里以上述的开关为例,说明如何通过多通道设计建立如图 5-37 所示的原理图。

1. 建立 PCB 工程　建立 PCB 工程,并保存为“KeypaD. PrjPcb”。

2. 放置开关　在工程中新建一个原理图,保存为“Swith. SchDoc”,并完成如图 5-41 所示的绘制。放置一个开关,并添加两个端口,用于向上层传递信号。此图为底层的通道原理图。

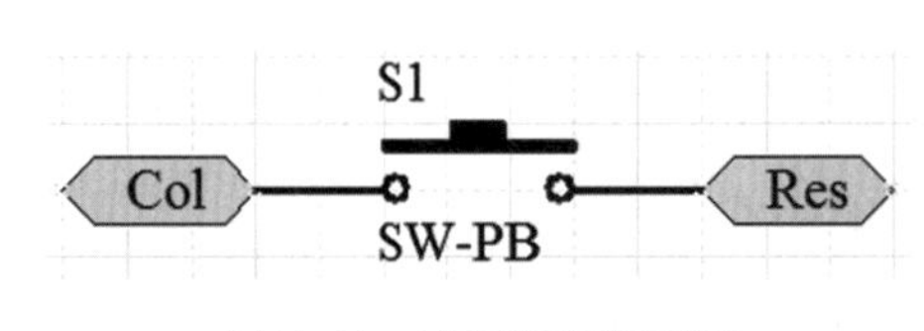

图 5-41　底层通道原理图

3. 建立一行设计　在本例中,涉及到通道嵌套,所以需建立一个中间层的原理图,即图 5-37 中一行的设计。此图对底层通道原理图“Swith. SchDoc”而言是上层,对最顶层原理图而言又是下一层的通道原理图。在工程中再新建一个原理图,保存为“Row. SchDoc”。执行菜单命令“设计/HDL 文件或图纸生成图表符”,在弹出的“Choose Document to Place”对话框中,选择“Swith. SchDoc”,并单击【确定】按键,选择合适的位置放置图表符。双击该图表符,打开属性对话框,将其标识修改为“Repeat(PB,1,4)”,可以看到图表符有重叠,表示其所代表的原理图被复用。另外再将图纸入口“Col”的名修改为“Repeat(Col)”。这里的“Repeat”是复用表达式,它有 3 个参数:图表符号标识,第一个实例,最后一个实例。其中第一个实例要大于或等于 1。完成原理图的绘制如前图 5-40 所示,图中的左边部分是附带说明的,不用绘制,同时为电阻增加标识。

4. 建立整体设计　建立一行设计后,再将该行设计复用,以建立整个设计,即建立顶层原理图。在工程中新建第三个原理图,保存为“KeypaD. SchDoc”。执行菜单命令“设计/HDL 文件或图纸生成图表符”,在弹出的“Choose Document to Place”对话框中,选择“Row. SchDoc”,并单击【确定】按键,选择合适的位置放置图表符。双击该图表符,打开属性对话框,将其标识修改为“Repeat(Row,1,4)”,并将图纸入口“Row”的名称修改为“Repeat(Row)”。完成原理图的绘制如图 5-42 所示。

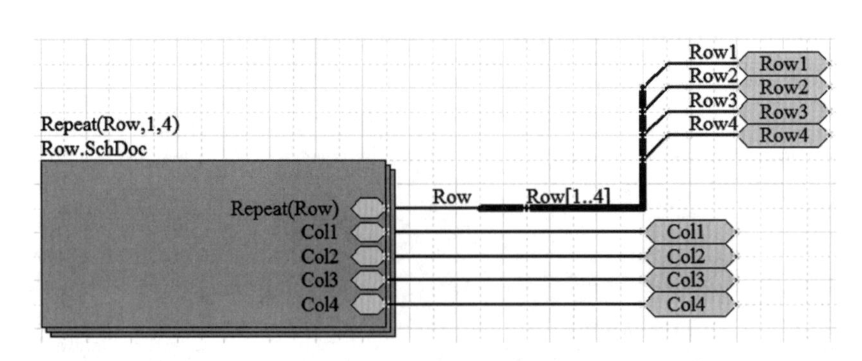

图 5-42　设计中的顶层图纸

5. 设置命名格式　执行菜单命令“工程/工程参数”,弹出“Options for PCB Project”对话框,并切换到“Multi-Channel”选项卡,如图 5-43 所示,可以在“Room 命名类型”和“指示器格式”的下拉菜单中选择所需的格式,用以命名 Room 和元件。

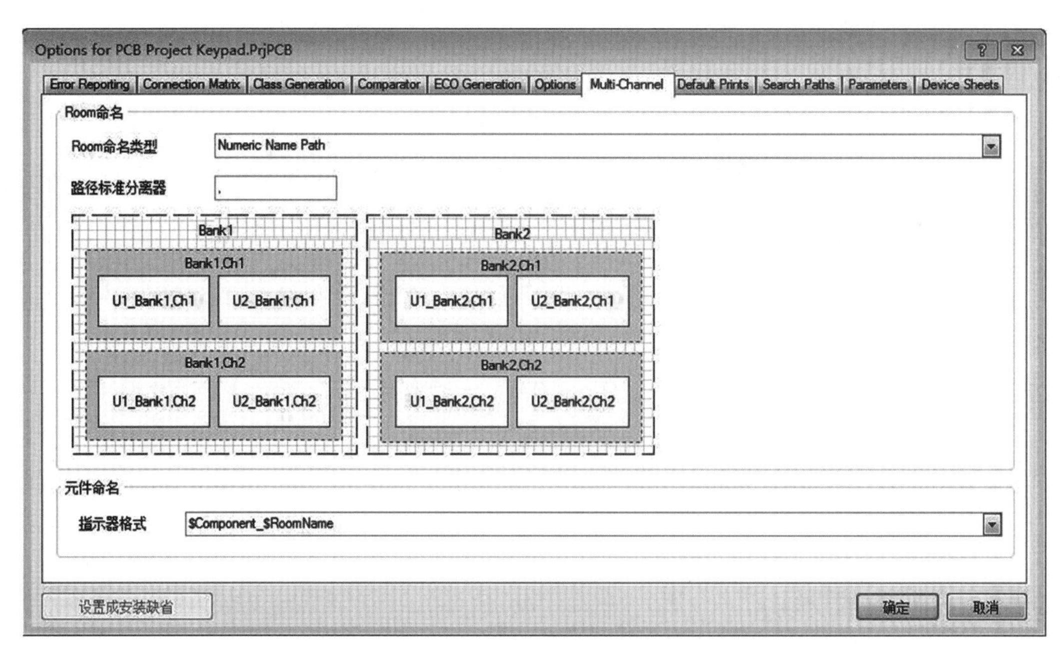

图 5-43　“Multi-Channel”选项卡

6. 编译工程　保存以上的设计并对工程进行编译，对于有多个或重复网络名称之类的警告或错误可以忽略。执行菜单命令“工程/阅览管道”，弹出“工程元件”对话框，如图 5-44 所示，可以阅览通道。如果将原理图导入到印制电路板中，可以察看到最终的结果。

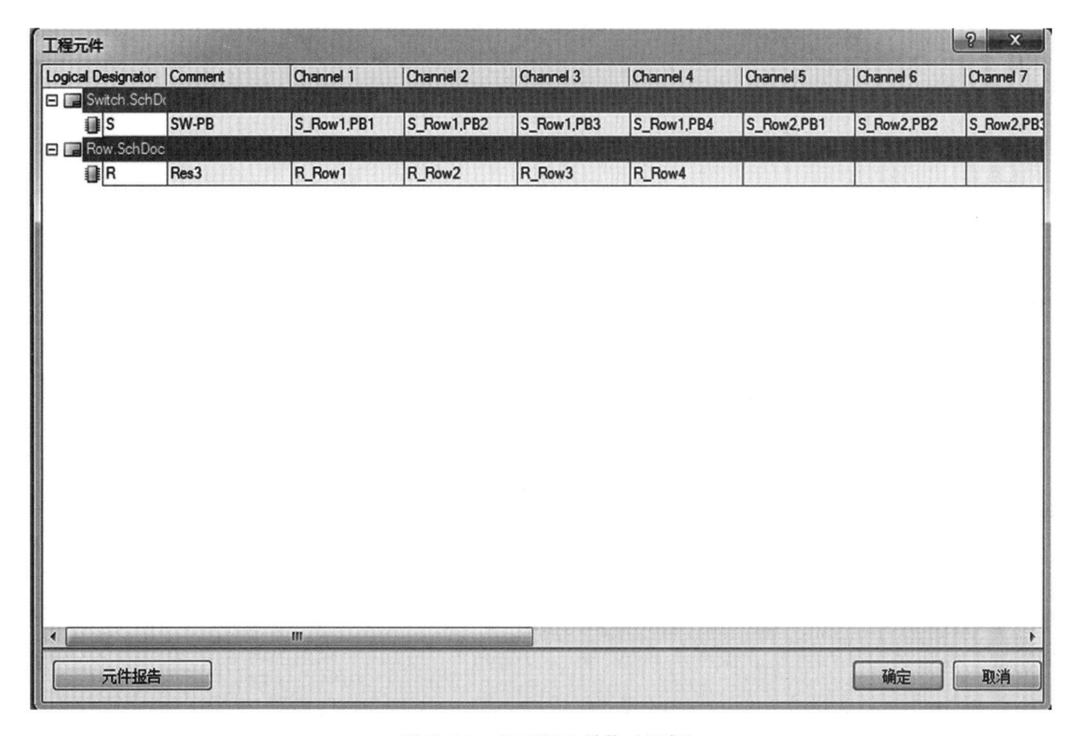

图 5-44　“工程元件”对话框

边学边练

练习本节中所提到的相关操作，复用多通道功能，将图 5-37 扩展到 10 乘 20。

知识链接

多通道设计的详细知识

可参见 Altium Designer Summer 09\Help\AR0112 Multi-Channel Design Concepts. pdf 以及 TU0112 Creating a Multi-channel Design. pdf。

点滴积累

1. 多通道设计是设计复用的一种方法，提高了设计效率，且允许嵌套。
2. 多通道设计中提供了两种图纸连接类型：一个是网络名在所有通道中是通用的，另一个是每一个通道的网络名都是唯一的。

第四节　设计重构

重构(Refactor)在传统中指对已有的设计(或在编程领域中的代码体)进行重新构造,但不改变其本身的功能的行为。在 PCB 设计中,存在着不同的情况,一些类型的重构将可以提供有效和及时的解决方案:

1. 某元件已淘汰,且需要用功能相同的子电路来代替。
2. 某原理图设计将成为一个子电路以应用于更大的设计中。
3. 某已有的原理图子图表将被做成器件图表符以便在未来设计中可以复用。
4. 某已有的器件图表符在当前设计中需要局部化和定制化。
5. 一些已有的子电路系统需要移动到另一个原理图表中去。

一、访问重构特性

通过执行菜单命令“编辑/Refactor”可以访问一定的重构命令,但最好使用在原理图编辑器中右键单击所弹出的快捷菜单中进行访问。Refactor 下面的子菜单会根据光标下对象的不同而变化——可应用于元件、原理图图表符或者器件图表符,如图 5-45 所示。这种访问方式,在我们需要的时刻和位置,提供了只可应用于特定对象的命令,提高了设计效率。

二、将元件转变成图表符

此特性适用于当某元件已经被淘汰、且需要用功能相等的另一个原理图中的子电路代替的时候。在元件上右击,并执行菜单命令“Refactor/部件生成图表符”,可以将元件转变成图表符,同时保留连通性。根据元件的引脚名称来逐个命名图纸入口的名称,“I/O 类型”被设成反映元件引脚的电气类型。图表符的标识被设为元件的标识,图表符的文件名设为元件的注释,如图 5-46 所示。该命令也可右击时执行菜单命令“图表符操作”下的子菜单来实现,也可执行主菜单命令“工具/转换”来实现。

如果所需的子图表存在,只要简单地改变图表符的文件名设为那个图表就行。如果不存在,可

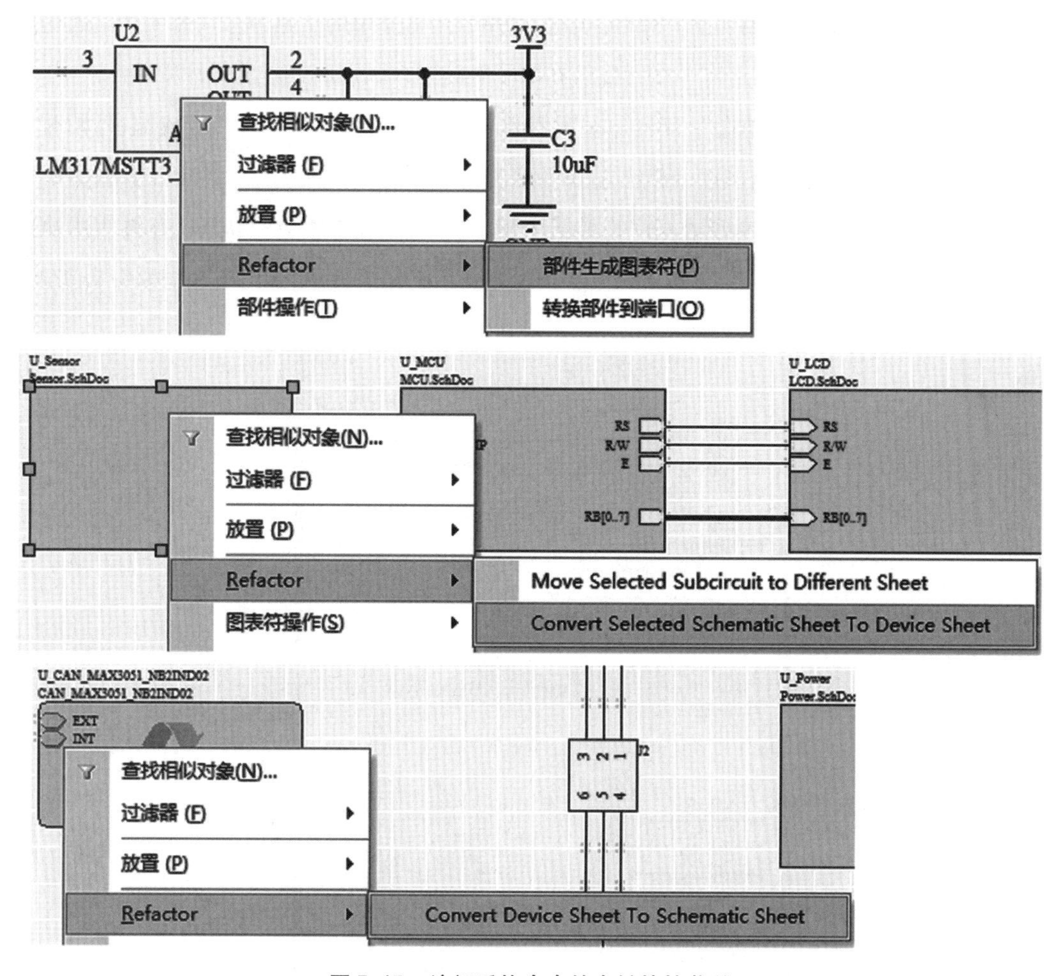

图 5-45　访问重构命令的右键快捷菜单

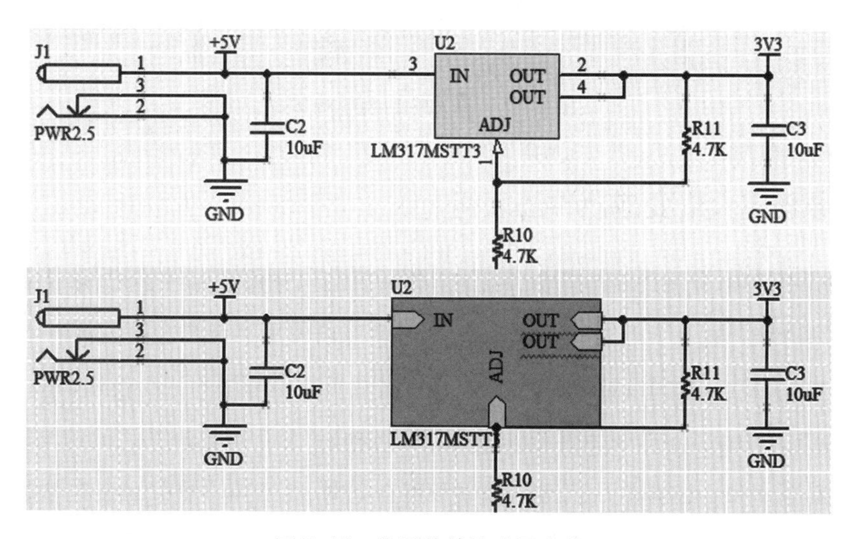

图 5-46　将元件转换成图表符

以在图表符上右击并执行菜单命令“图表符操作/产生图纸”，快速建立一个子图表。

三、将元件转变成端口

为了降低制作成本，电源等独立的子设计会做成子电路以用于更大的独立的设计，这时可将元件转变成端口。前面所提到的将元件变成图表符，是用一个低一层的子电路来代替元件。而这里将元件转变成端口，正好相反，它是将一个元件所在的子电路插入到更高一层的设计中。

在元件上右击，并执行菜单命令"Refactor/转换部件到端口"，可以将元件转变成端口，同时保留连通性。根据元件的引脚名称来逐个命名端口的名称，"I/O 类型"被设成反映元件引脚的电气类型，如图 5-47 所示。要将原元件所在的子电路插入到层次中，可以在相应的高层次母图表中执行菜单命令"设计/HDL 文件或图纸生成图表符"，并选择端口所在的原理图，最终添加图表符来完成。

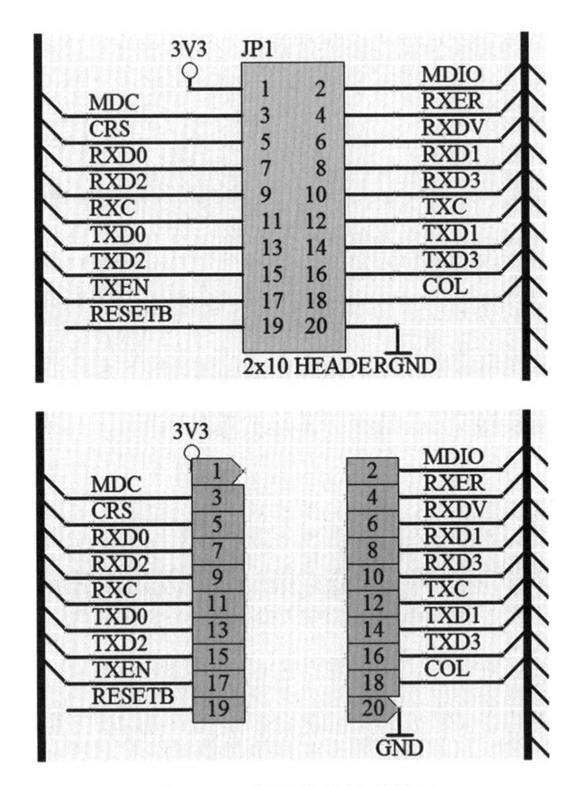

图 5-47　将元件转换成端口

四、将原理图页转变成器件图表符

在设计的一些阶段，复用设计的概念会增加。如果我们只停留在元件层面，完成那些具有相同的功能特征的每个设计就成了无用的重复工作，这时就可以使用器件图表符（Device Sheet）。器件图表符是将具有特征功能的图纸抽象成一个模块，直接放置在原理图中进行使用，其本质是一种链接符号，在多层次化的设计中对子图进行抽象化，通过链接符号进行原理图之间的"通信"，使上层图纸和整体系统看起来更加清晰明了，便于改动和审查定位。它避免了传统的复制粘贴方法伴随的风险，消除了设计工作的重复性，并可将内容用于以后的设计。

将原理图页转换成器件图表符的步骤如下：

1. 在设计层次的母图中定位引用了所需的原理图页的图表符。

2. 在图表符上右击并执行菜单命令"Refactor/Convert Schematic Sheet to Device Sheet"，打开"转换原理图 Sheet 到设备 Sheet"对话框，如图 5-48 所示。选择新建器件图表符的存储位置，并在模式

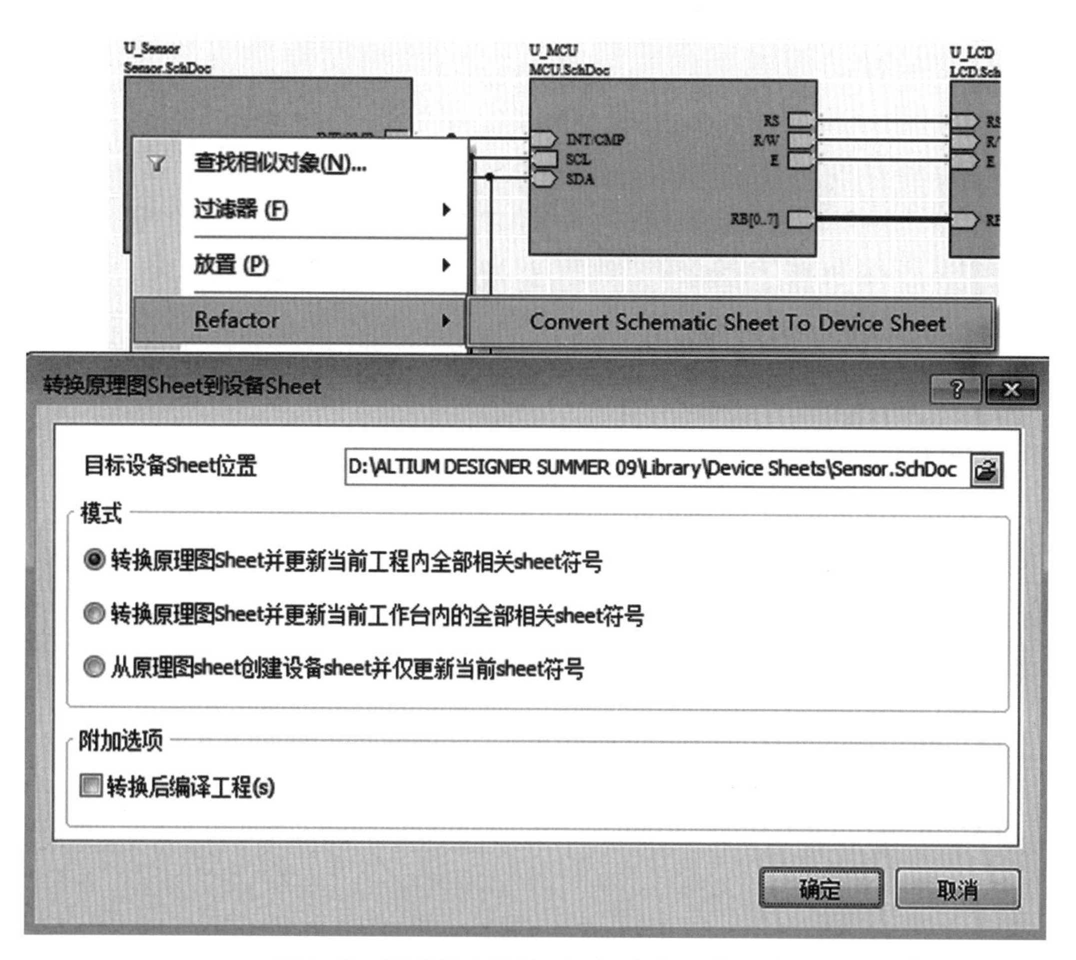

图 5-48　“转换原理图 Sheet 到设备 Sheet”对话框

的 3 个选项中选择一个以设定转换的范围。

3. 单击【确定】按键后，原理图图表符会转变为器件图表符，原理图会被移动到器件图表符的位置处。

4. 如果之前未选择“转换后编译工程”，则会重新编译该工程，这时在“工程”面板中会出现新的器件页，如图 5-49 所示。

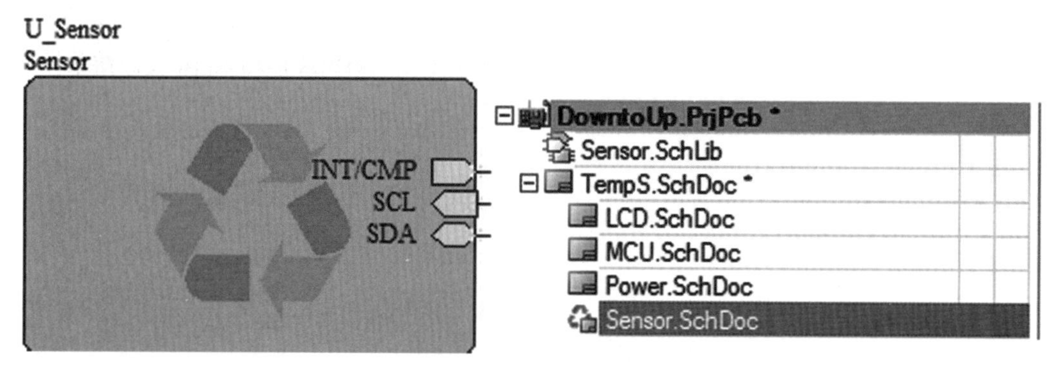

图 5-49　器件图表符

反过来，如果已有的器件图表符在当前设计中需要局部化和定制化，也可将该器件图表符转变成原理图页，方法类似。

知识链接

原理图图表符和器件图表符的区别

首先，从文件路径来讲，器件图表符所指向的子图文件可以存在于任何地方，通过器件图表符来告诉上层实际文件所在的位置；原理图图表符则有所不同，原理图图表符所指向的子图文件必须是存在于同一个工程文件下的（虽然实际操作中如果可以把文件到处放，只要加入到同一个工程即可，但为了管理和操作的有序，一般同一个工程的文件会统一或者在指定位置存放）。

其次，原理图图表符链接的文件是可读写的，任何操作工程的人都可以对这份文件进行修改，无论是有意还是无意的更改。器件图表符则可以进行只读设置，这样就可以有效地避免误操作。

再次，设置器件图表符的文件路径的时候，也可以勾选“Include Sub-Folders”功能，这样在绘制层次原理图的时候就可以任意调用该文件路径下的所有子图，这一点有点像元件库。器件图表符这个功能名称在某种程度上也反映了它的实际作用和意义。如果说元件符号代表着一个个实际中的元器件，那么器件图表符就相当于一个成熟的设备。就像设置和调用元件库一样，器件图表符也像是一种可复用的“设备库”，可以将成熟的子图应用于不同的工程中，重复地应用提高了效率，降低了设计复杂度和减少了工作人员的工作量。其他的好处同元件库可以提供给我们的一样，不再赘述。

五、将选定的子电路移到不同的页面

随着设计的进展，原理图中源文件的某些内容需要移来移去，以便于阅读。移动电路的步骤如下：

1. 选择需要移动的电路。

2. 右击并执行菜单命令“Refactor/Move Selected Subcircuit to Different Sheet”，打开“Choose Desitination Document”对话框，在对话框中指定目标原理图。如果要移动到新图中，则需要先新建好该图。

3. 单击【确定】按键，目标原理图会处于工作窗口，选择的子电路会附在光标上。

4. 选择合适的位置单击放置。一旦放置完成，则原图中的子电路被删掉，如图 5-50 所示。

5. 重新编译工程。

点滴积累

设计重构将对象的类型进行转换而不改变其功能，使设计更为灵活和高效。

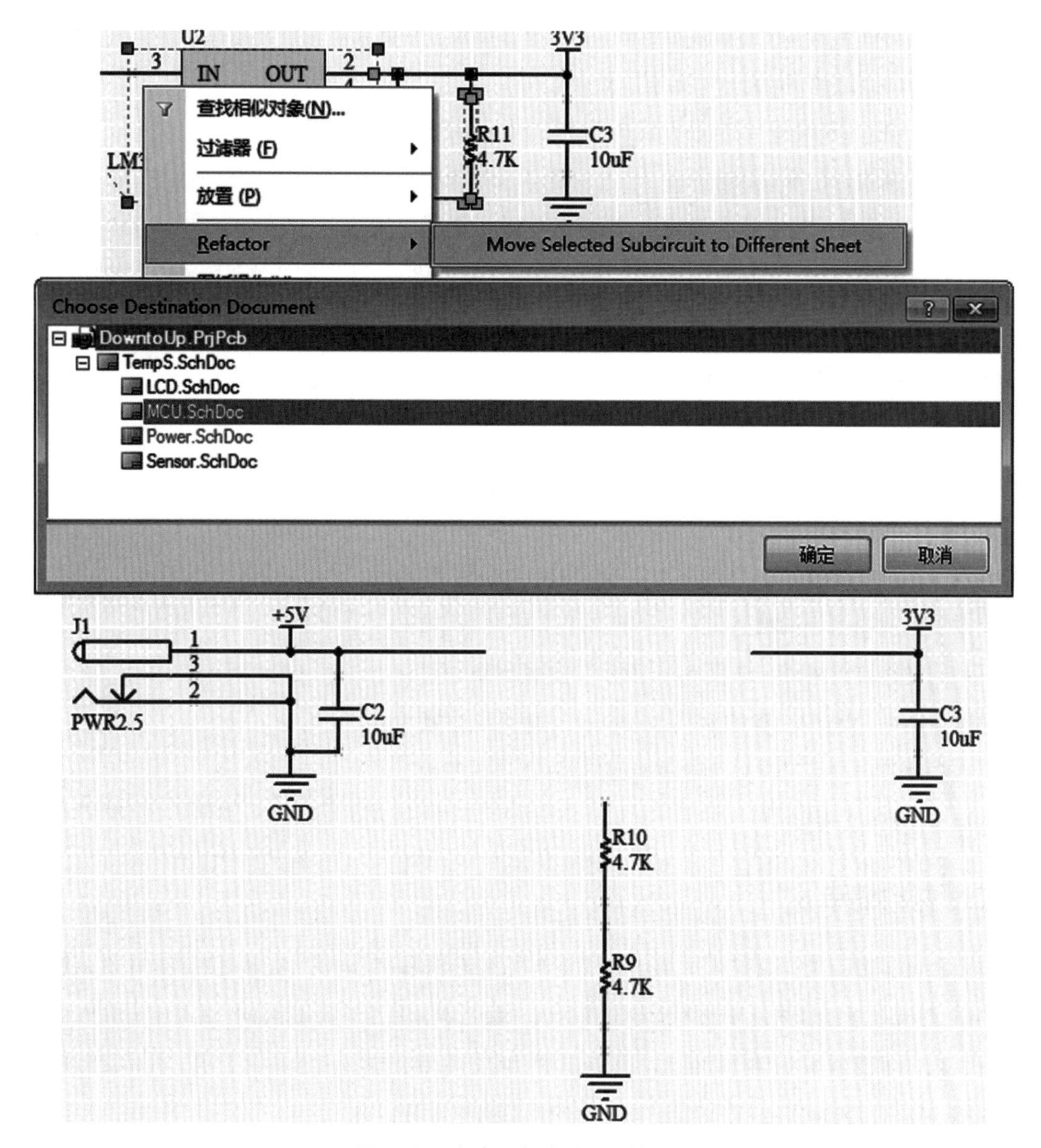

图 5-50　移动子电路到不同的页面

第五节　生成输出文件

Altium Designer 系统的原理图编辑器能够方便地生成各种不同类型的报表文件，当电路原理图设计完成并经过编译无误后，用户可以利用系统提供的功能生成各种报表。

一、网络表

网络是彼此连接在一起的一组元件引脚，电路由若干网络组成，而网络表就是对电路或者电路原理图的完整描述。描述的内容包括两方面：一是所有元件的信息，包括元件标识、元件引脚和 PCB 封装形式等。二是网络的连接信息，包括网络名称、网络节点等。网络表的生成通常有以下 3 种方法。

方法 1:利用原理图编辑器,由原理图文件直接生成。

方法 2:利用文本编辑器手动编辑生成。

方法 3:利用 PCB 编辑器,从已布线的 PCB 文件中导出相应的网络表。

网络表的重要性主要体现在两个方面:一是可以支持后续印制电路板设计中的自动布线和电路仿真;二是可以与从 PCB 文件中导出的网络表进行比较,从而核对差错。我们需要生成的是用于 PCB 设计的网络表,它包括两种:一种是基于单个文件的网络表,另一种是基于工程的网络表。

网络表是一个简单的 ASCII 码文本文件,由一行行的文本组成,分为元件声明和网络定义两部分,有各自固定的格式和固定的组成,缺少任一部分都有可能导致 PCB 布线时出现错误。元件声明由若干小段组成,每一小段用于说明一个元件,以"["开始,以"]"结束,由元件的标识、封装、注释等组成,其中空行是由系统自动生成的。网络定义同样由若干小段组成,每一小段用于说明网络的信息,以"("开始,以")"结束,由网络名称和网络连接点组成。如图 5-51 所示。生成网络表可以执行主菜单命令"设计/工程的网络表/Protel",则系统自动生成网络表文件,以". NET"为文件后缀名,并存放在当前工程下的 Project Outputs 文件夹中。

```
[                       (
C2                      +5V
POLAR0.8                C2-1
47uF                    C4-1
                        IC2-4
                        IC2-8
                        IC3-7
]                       IC4-7
[                       S1-2
C3                      S2-2
RAD-0.3                 )
0.01uF                  (
                        A0
                        IC3-10
                        IC4-9
]                       )
```

图 5-51　元件声明和网络定义

二、材料清单

材料清单主要用来列出当前工程中用到的所有元件的标号、封装、库参考等,相当于元器件清单,用户可以详细察看工程中元器件的各类信息。同时,在制作印制电路板时,也可作为元器件采购的参考。执行主菜单命令"报告/Bill of Materials",则系统弹出"Bill of Materials For Project"对话框,如图 5-52 所示,在该对话框中,可以对要生成的材料清单进行设置。

1. 全部纵列　该列表框列出系统可提供的元件属性信息,如"Description(元件描述)""Component Kind(元件类型)"等。对于需要察看的有用信息,选中右边与之对应的复选框,即可在材料清单中显示出来。

2. 聚合的纵列　该列表框用于设置元件的归类标准,可将"全部纵列"中的某一属性信息拖到该列表框中,则系统将以该属性信息为标准,对元件进行归类,显示在材料清单中。

3. 导出选项　该列表框用于设置文件的导出格式。如". csv"". pdf"、文本等,系统默认为". xls"。选中"添加到工程"复选框,可以将报表自动添加到工程中。

4. Excel 选项　为材料清单设置显示模板。可使用曾经用过的模板文件,也可以在模板文件夹中重新选择。选择时,如果模板文件与材料清单在同一目录下,可选中"相对路径到模板文件"复选框,使用相对路径搜索。

5.【菜单】按键　单击该按键,在弹出的菜单中选择"报告",单击后即可打开元器件报告的预览窗口。

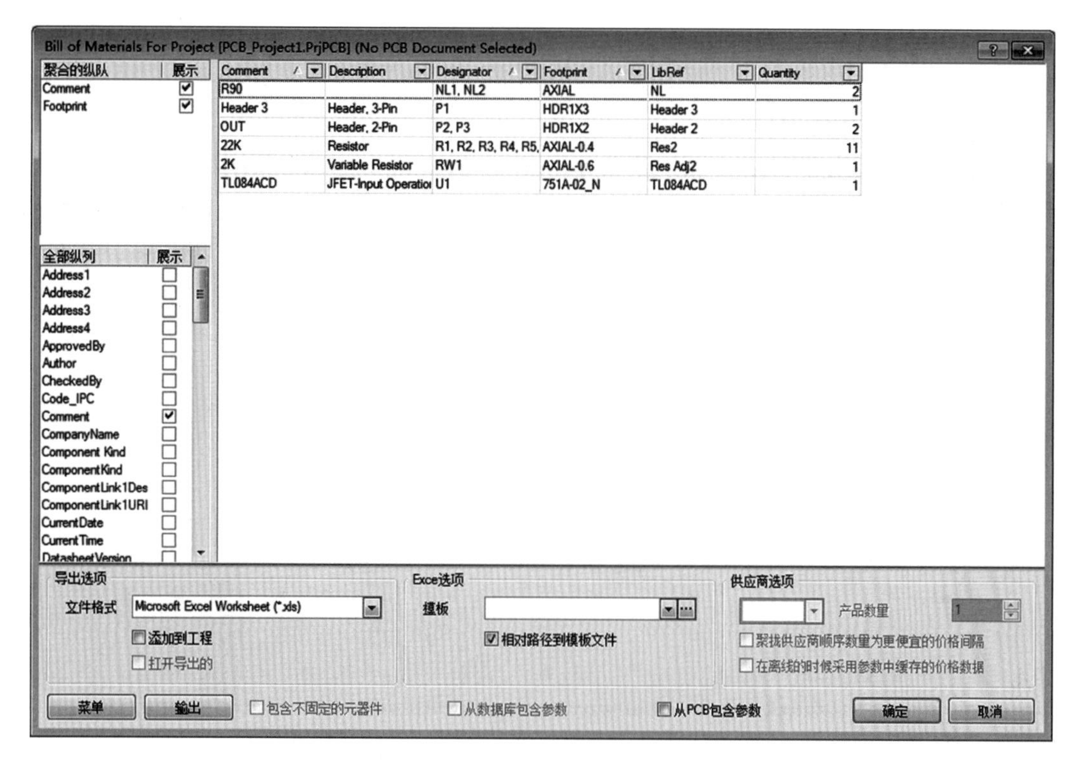

图 5-52　“Bill of Materials For Project”对话框

6.【输出】按键　单击可以保存报表,默认文件名即为工程名,默认格式为“.xls”。

7. 从 PCB 包含参数　选中该复选框,则“全部纵列”处下拉到最后,可以看到来自 PCB 中的相关属性信息,并可以进行选择在报表中显示出来。

此外,执行主菜单命令“报告/Simple BOM”,则系统同时生成了两个文件,并添加到工程中。文件名都为工程名,格式分别为“.BOM”和“.CSV”。

知识链接

自定义 BOM

自定义 BOM 的详细知识可参见“Altium Designer Summer 09\Help\TU0104 Generating a Custom Bill of Materials.pdf”。

三、工作文件

Altium Designer 系统提供了一个方便、实用的输出工作文件编辑器,可对报表文件进行批量输出,只需进行一次输出设置,就能完成所有报表文件的输出,包括网络表、材料清单等。

报表文件的批量输出通常有以下 2 种方法。

方法 1:执行菜单命令“文件/新建/输出工作文件”。

方法 2:执行菜单命令“工程/经工程添加新的/Output Job Files”。

系统在当前工程下新建了一个默认名为"Job1. OutJob"的输出工作文件,同时进入输出工作文件编辑窗口,如图 5-53 所示。

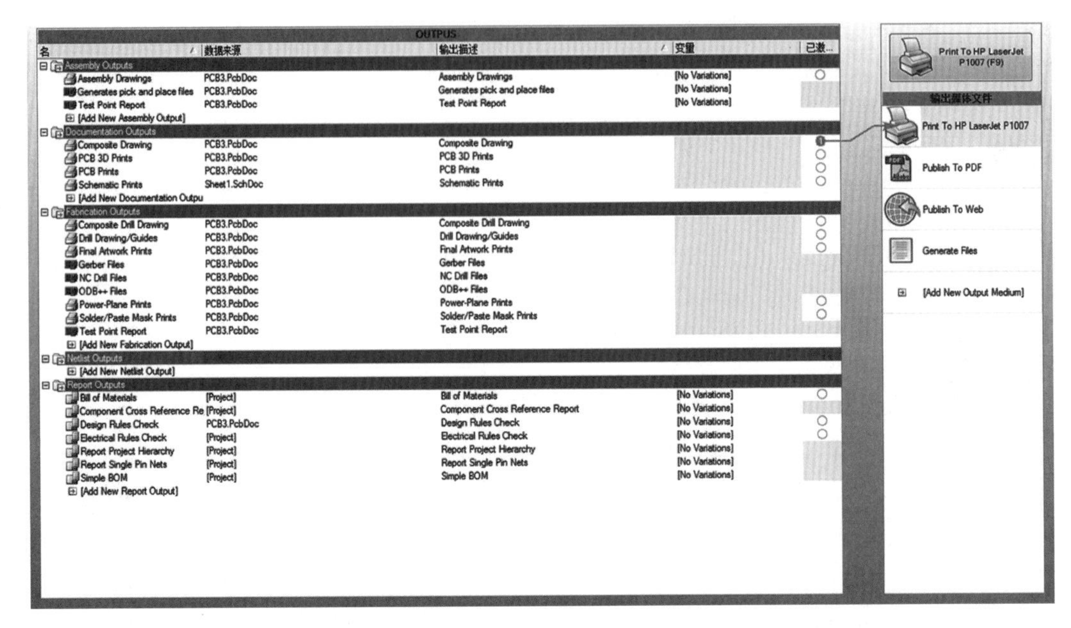

图 5-53　输出工作文件编辑窗口

该窗口中列出了五大类可输出选项,分别是装配输出(Assembly Outputs)、设计输出(Documentation Outputs)、制造输出(Fabrication Outputs)、网络表输出(Netlist Outputs)和报表输出(Report Outputs)。

在相应的输出选项上右击,在弹出的菜单中单击"清除"可以删掉该输出选项。在"Add New Output"上右击,在弹出的菜单中单击可以添加输出选项。如图 5-54 所示。这两个命令也可通过主菜单"编辑"进行访问。

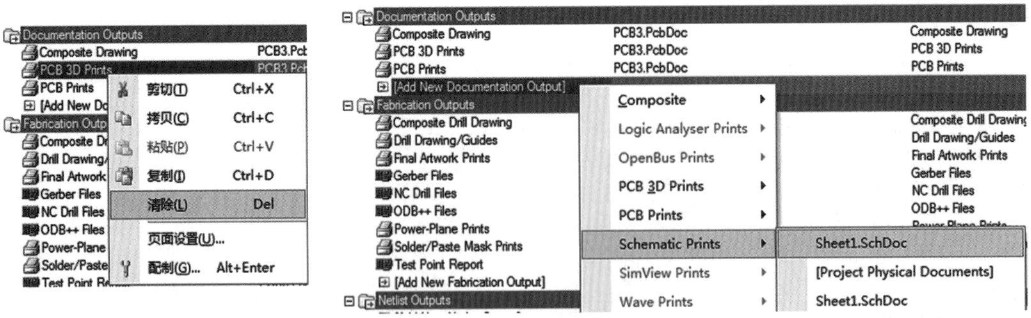

图 5-54　清除和添加输出选项

输出工作文件编辑窗口右边列出了各种可用的输出媒体文件,如直接打印、PDF、网页、生成文件等。单击以选中某媒体后,则使用该方式输出的选项被激活,选中这些选项即可将其链接到媒体中,随后单击上方的按键即可进行输出。在媒体中右击,在弹出的菜单中选择"Setup",可以打开这些输出方式媒体的设置对话框,对它们的输出进行设置。如图 5-55 所示,可以对输出的 PDF 媒体的位置和名称进行设置。

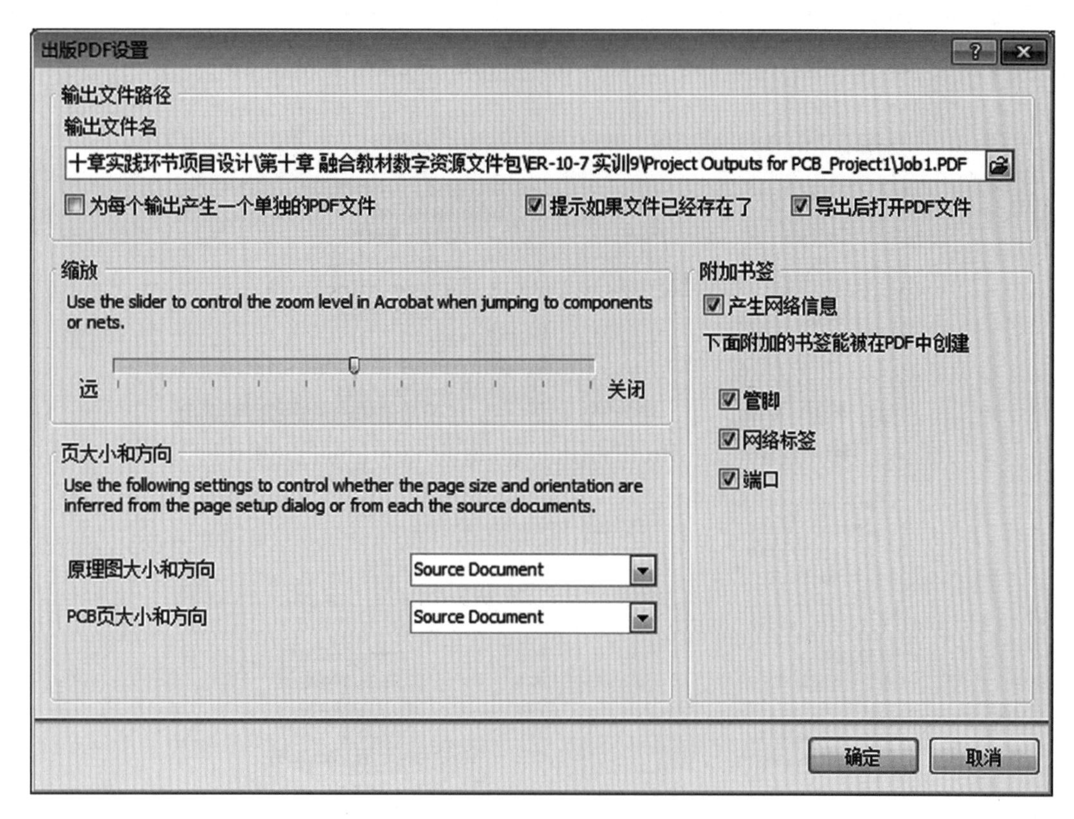

图 5-55　PDF 输出设置

知识链接

输出工作文件编辑器

输出工作文件编辑器的详细知识可参见 Altium Designer Summer 09\Help\TR0127 OutputJob Editor Reference. pdf。

四、层次设计表

对于多层次的层次化电路原理图来说,其结构关系是相当复杂的,用户不容易看懂。因此,系统提供了一种层次设计表作为用户察看复杂层次原理图的辅助工具。借助于层次设计表,用户可以清晰地了解层次化原理图的层次结构关系,进一步明确层次设计电路图的设计内容。

生成层次设计表的主要步骤如下。

1. 编译工程。

2. 执行菜单命令"报告/Report Project Hierarchy",则会生成有关该项目的层次设计表。

3. 打开"Projects"面板,可以看到,该层次设计表被添加在该项目下的"Generated\Text Documents"文件夹中,是一个与项目文件同名,后缀为". REP"的文本文件。

4. 双击该文件,则系统转换到文本编辑器,可以对该层次设计表进行察看。

上述步骤如图5-56所示。生成的设计表中，使用缩进格式明确地列出了本项目中的各个原理图之间的层次关系，原理图文件名越靠左，说明该文件在层次电路图的层次越高。

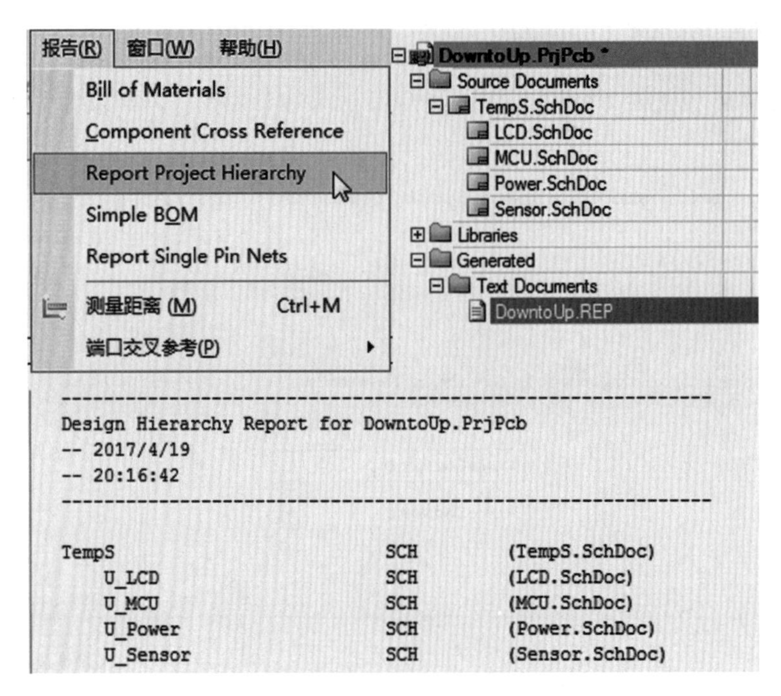

图5-56　生成层次设计表

五、智能PDF

Altium Designer系统中内置了智能PDF生成器，用于生成完全可移植、可导航的PDF文件。设计者可以把整个工程或选定的某些设计文件打包成PDF文档，使用PDF阅读器即可进行察看、阅读，充分实现了设计数据的共享。

执行主菜单命令“文件/智能PDF”，可以启动智能PDF生成向导，按照向导即可完成智能PDF的生成。

六、工程存档

Altium Designer系统中，为了便于对工程进行存放和管理，系统提供了专用的存档功能，可轻松地将工程压缩并打包。

执行菜单命令“工程/存档”，可以打开工“项目包装者”向导，按照向导即可完成工程存档。

边学边练

练习本节中所提到的操作，打开第十章实训五的工程，输出网络表、材料清单、工作文件、智能PDF和工程存档文件。

点滴积累

Altium Designer 系统的原理图编辑器能够方便地生成各种不同类型的报表文件，如网络表、材料清单等。其中输出工作文件编辑器的功能尤为强大。

目标检测

一、选择题

1. 以下属于原理图批量操作工具的是(　　)。
   A. 检查器　B. 导航器　C. 过滤器　D. 以上都是
2. (　　)用于快速浏览并定位原理图中的元件、网络以及违反设计规则的内容。
   A. 检查器　B. 导航器　C. 过滤器　D. 列表器
3. 以下查找功能最强大的是(　　)。
   A. 检查器　B. 导航器　C. 过滤器　D. 列表器
4. 要对整个项目或整个库中参数进行增加和编辑，一般用(　　)。
   A. 检查器　B. 导航器　C. 过滤器　D. 参数管理器
5. 下面的网络标识符中，在整个设计中具有相同名称的能够相互连接的是(　　)。
   A. 网络标号　B. 端口　C. 图纸入口　D. 隐藏管脚
6. 多通道设计中，可使用“Repeat”命令的是(　　)。
   A. 图表符的标识　B. 图表符的文件名　C. 网络标号　D. 端口
7. 多通道设计中，复用命令“Repeat(PB,1,4)”中的 PB 表示(　　)。
   A. 图表符的标识　B. 第一个实例
   C. 最后一个实例　D. 以上都不是
8. 为了将下一层的原理图连接到本层，可以(　　)。
   A. 将元件转变成图表符　B. 将元件转变成端口
   C. 将原理图页转变成器件图表符　D. 以上都不行
9. 为了将本层的原理图连接到上一层，可以(　　)。
   A. 将元件转变成图表符　B. 将元件转变成端口
   C. 将原理图页转变成器件图表符　D. 以上都不行
10. 下列文件中，包含的信息最多的是(　　)。
    A. 网络表　B. 材料清单　C. 智能 PDF　D. 工程存档

二、简答题

11. “过滤器”与“列表器”结合起来使用的方法是怎么样的？
12. 如何进行多层次设计？
13. 如何进行多通道设计？

14. 设计重构的类型以及各自的作用是什么？

15. 生成输出文件的方法有哪些？

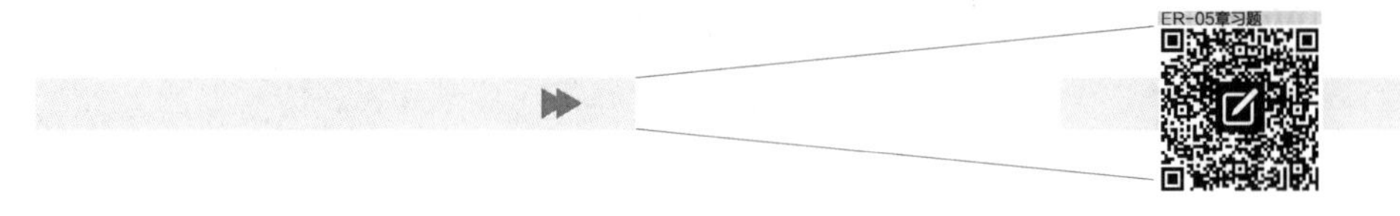

（王　选）

第六章

PCB 设计

导学情景

情景描述：

某医疗器械公司正在进行“数字脉搏计”电路板的设计项目。“数字脉搏计”的原理图已经设计完成，接下来，硬件设计师将运用 Altium Designer 提供的各种工具进行印制电路板的设计工作。

学前导语：

PCB 设计是整个电路设计中十分重要的环节，也是耗时最多、考虑最精细的环节。第四章介绍的设计的原理图是为了获得一个反映电气连接的网络报表，以便进行 PCB 设计。本章我们将介绍一些 PCB 设计常用的概念，并结合实例具体讲述如何运用 Altium Designer 完成 PCB 设计。

学习目标

1. 掌握 PCB 自动布局和手工布局的方法。
2. 掌握 PCB 自动布线和手工布线的方法。
3. 掌握添加泪滴、添加敷铜、生成 PCB 报表的方法。
4. 熟悉 Altium Designer 设计 PCB 的过程。
5. 熟悉自动布局规则和电气规则的设置。
6. 了解 PCB 的种类和板层。

扫一扫，知重点

第一节　PCB 设计基础

PCB(Printed Circuie Board)，即印制电路板，是电子元器件安装固定和实现相互连接的基板，是电子产品组成的核心部分，本节主要讲述与印制电路板设计密切相关的一些基本知识。

一、PCB 的种类

印制电路板种类很多，根据印制电路板包含的层数，可分为单面电路板(简称单面板)、双面电路板(简称双面板)和多层电路板。

(一) 单面板

又称单层板(Single Layer PCB)，只有一个面敷铜，另一面没有敷铜的电路板。元器件一般情况是放置在没有敷铜的一面，敷铜的一面用于布线和元件焊接。

（二）双面板

又称双层板（Double Layer PCB），是一种双面敷铜的电路板，两个敷铜层通常被称为顶层（Top Layer）和底层（Bottom Layer），两个敷铜面都可以布导线，顶层一般为放置元器件面，底层一般为元件焊接面。上下两层之间的连接是通过金属化过孔（Via）来实现的。

（三）多面板

又称多层板（Multi Layer PCB），就是包括多个工作层面的电路板，一般指 3 层以上的电路板。除了有顶层（Top Layer）和底层（Bottom Layer）之外还有中间层，顶层和底层与双层面板一样，中间层可以是导线层、信号层、电源层或接地层，层与层之间是相互绝缘的，层与层之间的连接需要通过孔来实现。随着电子技术的发展，电路板越来越复杂，多层电路板的应用也越来越广泛。

二、PCB 板层介绍

Altium Designer 的 PCB 板包括许多类型的工作层，如信号层、内部电源层、机械层等。例如，现在计算机主板所用的印制电路板大多在 4 层以上。

一块完整的印制电路板主要包括绝缘基板、铜箔、孔、阻焊层、文字印刷等部分。下面来具体介绍印制板的基本组成部分。

印制电路板上的“层”不是虚拟的，而是印制材料本身实际存在的层。PCB 板包含许多类型的工作层，Altium Designer 中是通过不同的颜色来区分，下面介绍几种常用的工作层面：

（一）信号层

信号层（Signal Layer）主要用于布铜导线。对于双面板来说就是顶层（Top Layer）和底层（Bottom Layer）。Altium Designer 提供了 32 个信号层，包括顶层（Top Layer）、底层（Bottom Layer）和 30 个中间层（Mid Layer），顶层一般用于放置元件，底层一般用于焊接元件，中间层主要用于放置信号走线。

（二）丝印层

丝印层（Silkscreen）主要用于绘制元件封装的轮廓线和元件封装文字，以便用户读板。Altium Designer 提供了顶丝印层（Top Overlay）和底丝印层（Bottom Overlayer），在丝印层上做的所有标示和文字都是用绝缘材料印制到电路板上的，不具有导电性。

（三）机械层

机械层（Mechanical Layer）主要用于放置标注和说明等，例如尺寸标记、过孔信息、数据资料、装配说明等。Altium Designer 提供了 16 个机械层 Mechanical 1 ~ Mechanical 16。

（四）内层

内层（Internal Planes）又被称为内部电源/接地层，主要用于连接电源层和接地层，也可以连接其他网络。Altium Designer 提供了 16 个内部电源/接地层。每个内部电源/接地层可以命名一个网络名称,PCB 编辑器会自动地将同一网络上的焊盘连接到该层上。

（五）阻焊层和锡膏防护层

阻焊层主要用于放置阻焊剂,防止焊接时由于焊锡扩张引起短路,Altium Designer 提供了顶阻焊层(Top Solder)和底阻焊层(Bottom Solder)两个阻焊层。

锡膏防护层主要用于安装表面粘贴元件(SMD),Altium Designer 提供了顶防护层(Top Paste)和底防护层(Bottom Paste)两个锡膏防护层。

（六）其他层

其他层主要包括钻孔层、禁止布线层等。

钻孔层(Drill layer)主要是为制造电路板提供钻孔信息,该层是自动计算的。Altium Designer 提供 Drillguide 和 Drill drawing 两个钻孔层。

禁止布线层(Keep Out Layer)是用于定义放置元件和布线区域的。一般在禁止布线层绘制一个封闭区域作为布线有效区。

多层(Multi layer)代表信号层,任何放置在多层上的元件会自动添加到所在信号层上,所以可以通过多层,将焊盘或穿透式过孔快速地放置到所有的信号层上。

连接层(Connection)用于显示元件、焊盘和过孔等对象之间的电气连线。当该层处于关闭状态时,这些连线不会显示出来,但程序仍会分析其内部的连接关系。

DRC 错误层(DRC Errors)用于显示违反设计规则检查的信息。该层处于关闭状态时,DRC 错误在工作区图面上不会显示出来,但在线式的设计规则检查功能仍然会起作用。

三、PCB 设计中的图件

图件是印制电路板的基本元素,包括元件、导线、焊盘、过孔、多边形敷铜、字符串、坐标、尺寸等。

（一）元件

元件(Component)又称为元件封装,对应于原理图中的元件,是实际元件焊接到电路板时指示的外观和引脚位置。

（二）导线

导线(Tracks)在 PCB 中又被称为铜膜走线,用于连接各个焊盘,是印制电路板最重要的部分。与导线有关的另外一种线,常常称之为“飞线”,即预拉线。飞线是导入网络表后,系统根据规则生成的,用来指引布线的一种连线。

导线和飞线有着本质的区别,飞线只是一种在形式上表示出各个焊盘间的连接关系,没有电气的连接意义。导线则是根据飞线指示的焊盘间的连接关系而布置的,是具有电气连接意义的连接线路。

（三）焊盘

焊盘(Pad)用于将元件管脚焊接固定在印制板上,完成电气连接。它可以单独放在一层或多层上,对于表面安装的元件来说,焊盘需要放置在顶层或底层单独放置一层,而对于针插式元件来说焊盘应是处于多层(Multi Layer)。通常焊盘的形状有以下三种,即圆形(Round)、矩形(Rectangle)和正八边形(Octagonal)。

(四) 过孔

过孔(Via)用于连接不同板层之间的导线,其内侧壁一般都由金属连通。过孔的形状类似于圆形焊盘,分为多层过孔、盲孔和埋孔三种类型。

(1) 多层过孔:从顶层直接通到底层,允许连接所有的内部信号层。

(2) 盲孔:从表层连到内层。

(3) 埋孔:从一个内层连接到另一个内层。

(五) 多边形敷铜

多边形敷铜(Polygon Plane)用于在 PCB 上不规则的区域内填充铜膜,并和一个特定的网连接起来,扩大这个区域。在 PCB 设计中,可以采用在电路板的空白部分用多边形敷铜连接到地线的方法来增强电路板的抗干扰能力。

(六) 字符串

字符串(String)用于说明性文字,可以放置在任何板层上,其长度不超过 254 个字符(含空格)。

(七) 坐标

坐标(Coordinate)用于标记工作平面内指定的坐标点,包括一个点标记和 X、Y 坐标值。

(八) 尺寸

尺寸(Dimension)用于标注电路板上任意两点间的距离,由字符串和连线组成的一种特殊图件。

四、PCB 板设计流程

印制电路板的设计过程大致可以分为以下步骤,如图 6-1 所示。

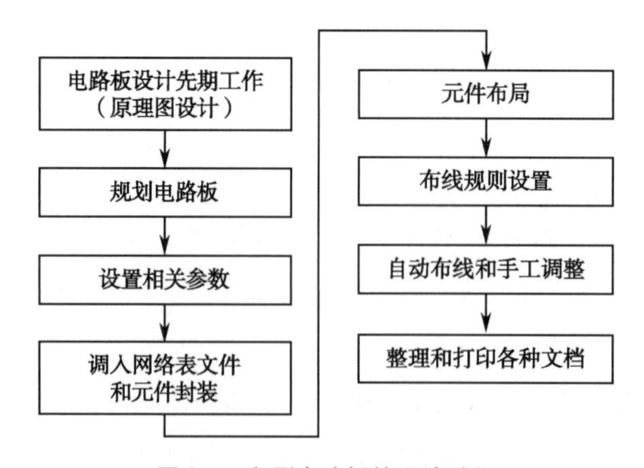

图 6-1 印刷电路板的设计过程

(一) 电路板设计先期工作

电路板设计先期工作主要是利用原理图设计工具绘制原理图,并且生成对应的网络表。当然,有些特殊情况下,如电路板比较简单,在已经有了网络表等情况下也可以不进行原理图的设计,直接进入PCB设计系统,在PCB设计系统中,可以直接取用元件封装,人工生成网络表。

（二）规划电路板

规划电路板,主要是确定电路板的边框,包括电路板的尺寸大小等。在需要放置固定孔的地方放上适当大小的焊盘。对于3mm的螺丝可用4.5~8mm的外径和3.0~3.5mm内径的焊盘。

注意:在绘制电路板的边框前,一定要将当前层设置成Keep Out layer层,即禁止布线层。

（三）设置相关参数

设置PCB设计环境和绘制印刷电路的边框,包括设置格栅大小和类型、光标类型、板层参数、布线参数等。大多数参数都可以用系统默认值,而且这些参数经过设置之后,符合个人的习惯,以后无须再修改。

（四）调入网络表文件和元件封装

网络表是PCB自动布线的灵魂,也是原理图设计与印制电路板设计的接口,只有将网络表装入后,才能进行电路板的布线。

在原理图设计的过程中,ERC检查不会涉及到元件的封装问题。因此,原理图设计时,元件的封装可能被遗忘,在调入网络表前,可以根据设计情况来修改或补充元件的封装。

当然,可以直接在PCB内人工生成网络表,并且指定元件封装。

（五）元件布局

Altium Designer可以进行自动布局,也可以进行手动布局。如果进行自动布局,正确装入网络表后,系统将自动载入元件封装,并可以自动优化各个图元在电路板内的位置。新的交互式布局选项包含自动选择和自动对齐。使用自动选择方式可以很快地收集相似封装的元件,然后旋转、展开和整理成组,就可以移动到板上所需位置上了。当简易的布局完成后,可以使用自动对齐方式整齐地展开或缩紧一组封装相似的元件。

元件布局是印刷电路板设计的难点和关键,需要有足够的耐心。有经验的设计者也采用手动布局的形式。

（六）布线规则设置

布线规则设置是为了设置布线的各种规范(例如使用层面、各组线宽、过孔间距、布线的拓扑结构等)。这个步骤每次都要根据设计印制板的技术指标重新进行设置。一般需要重新设置以下几点:安全间距(Routing标签的Clearance Constraint);走线层面和方向(Routing标签的Routing Layers);过孔形状(Routing标签的Routing Via Style);走线线宽(Routing标签的Width Constraint);敷铜连接形状的设置(Manufacturing标签的Polygon Connect Style)。

（七）自动布线和手工调整

对于比较重要的网络连接和电源网络的连接可以手动预布线,锁定手动预布线,然后自动布线。Altium Designer自动布线功能十分强大,如果元件布局合理、布线规则设置得当,自动布线的成功率接近100%;若自动布线无法完全解决或产生布线冲突时,可进行手工布线加以调整。

（八）整理和打印各种文档

最后进行文件保存和打印输出,例如元器件清单、器件装配图(并应注上打印比例)、安装和接线说明等。

按照上述流程设计出 PCB 图后,即可将该文档交给印制电路板生产单位进行制作。

五、新建 PCB 文件

新建 PCB 有两种方法:一是利用 Altium Designer 提供的向导工具生成,二是手动创建电路板。

(一) 利用向导生成

Altium Designer 提供了 PCB 板文件向导生成工具,通过这个图形化的向导工具,可以使复杂的电路板设置工作变得简单。下面具体介绍其操作步骤。

(1) 启动 Altium Designer,点击工作区底部的"File"标签,弹出如图 6-2 所示的"Files"工作面板。点击"Files"工作面板中"从模板新建文件"选项下的"PCB Board Wizard"选项,启动"PCB 板设计向导",如图 6-3 所示。

图 6-2　Files 面板

(2) 单击【下一步】按键,将会弹出如图 6-4 所示"选择板单位"对话框,默认的度量单位为英制(Imperia),也可以选择公制(Metric),二者的换算关系为:1inch = 25.4mm。本例选择公制。

(3) 单击【下一步】按键,将会弹出如图 6-5 所示"选择板剖面"对话框。在对话框中给出了多种工业标准板的轮廓或尺寸,根据设计的需要选择。选择"Custom"可以自定义电路板的轮廓和尺寸。

图 6-3　启动 PCB 向导

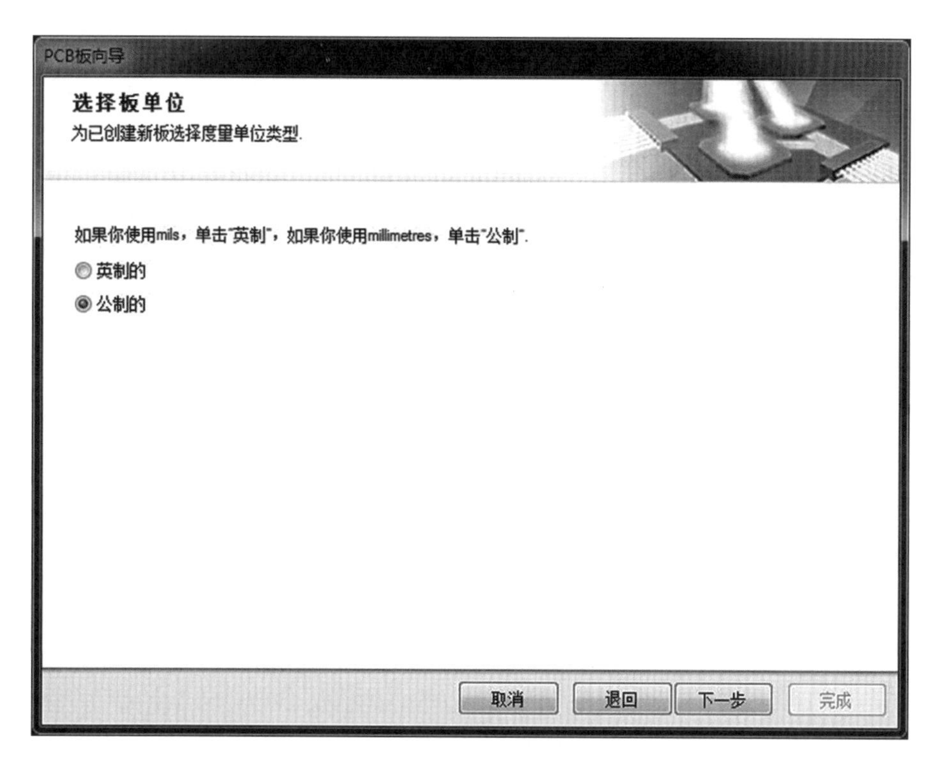

图 6-4　“选择板单位”对话框

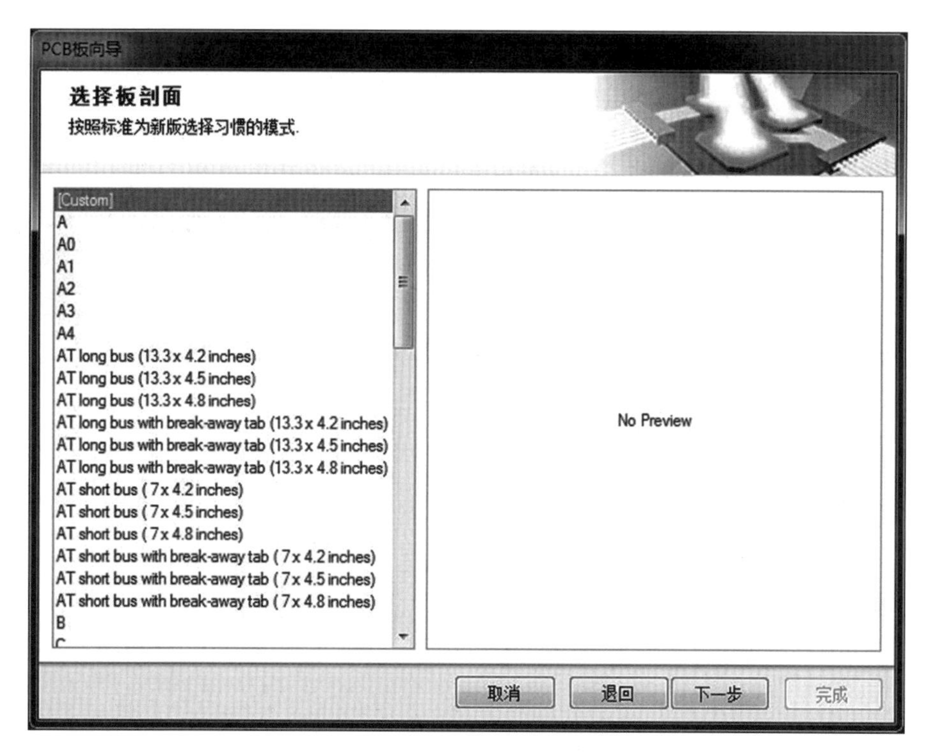

图 6-5　“选择板剖面”对话框

（4）单击【下一步】按键，将会弹出如图 6-6 所示“选择板详细信息”设置对话框。“外形形状”确定 PCB 的形状，有矩形、圆形和习惯的三种。“板尺寸”定义 PCB 的尺寸，在“宽度”和“高度”栏中键入尺寸即可。本例定义 PCB 尺寸为 50mm×30mm 的矩形电路板。其余采用默认设置。

（5）单击【下一步】按键，将会弹出“选择板层”设置对话框，如图 6-7 所示。设置信号层数和电源层数。本例设置了两个信号层,不需要电源层。

（6）单击【下一步】按键,将会弹出如图 6-8 所示“选择过孔类型”对话框。有两种类型选择,即“通孔的过孔”“盲孔和埋孔”。如果是双面板则选择“通孔的过孔”。

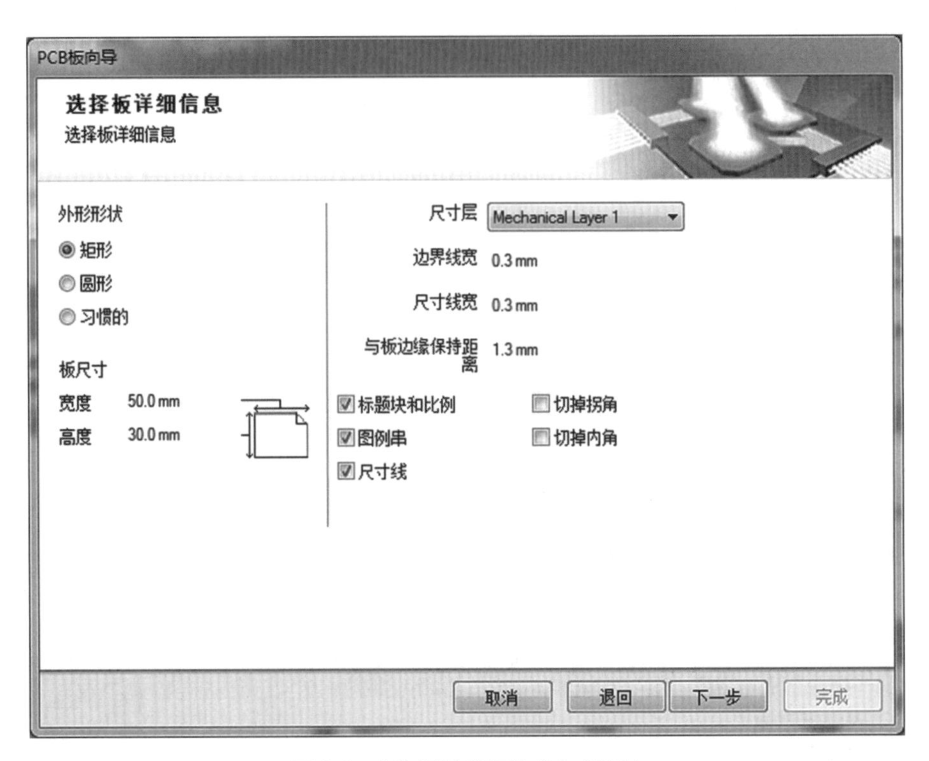

图 6-6　“选择板详细信息”对话框

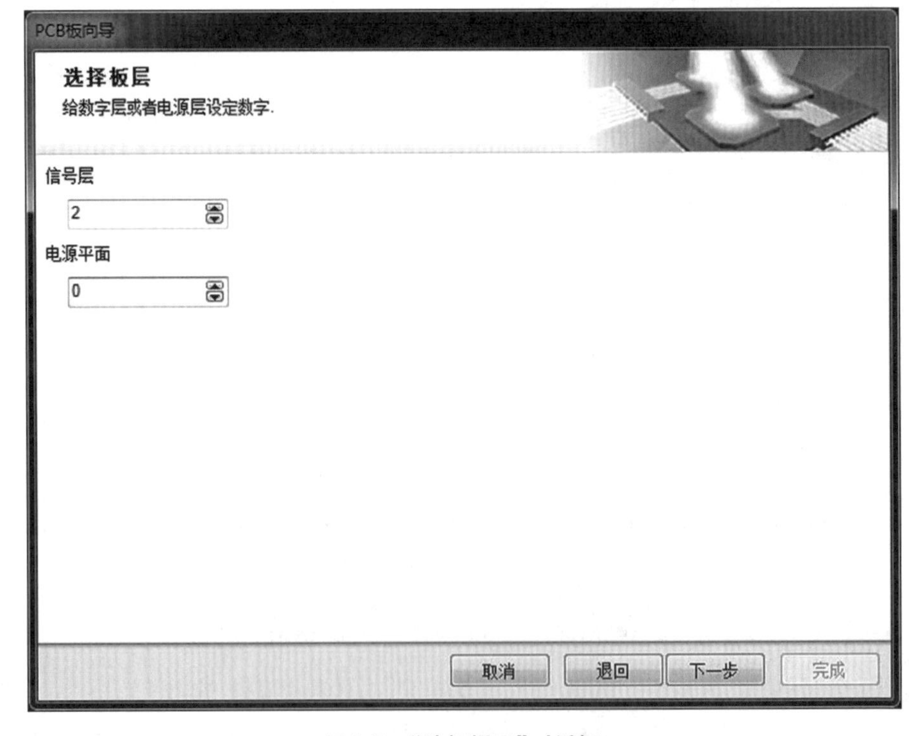

图 6-7　“选择板层”对话框

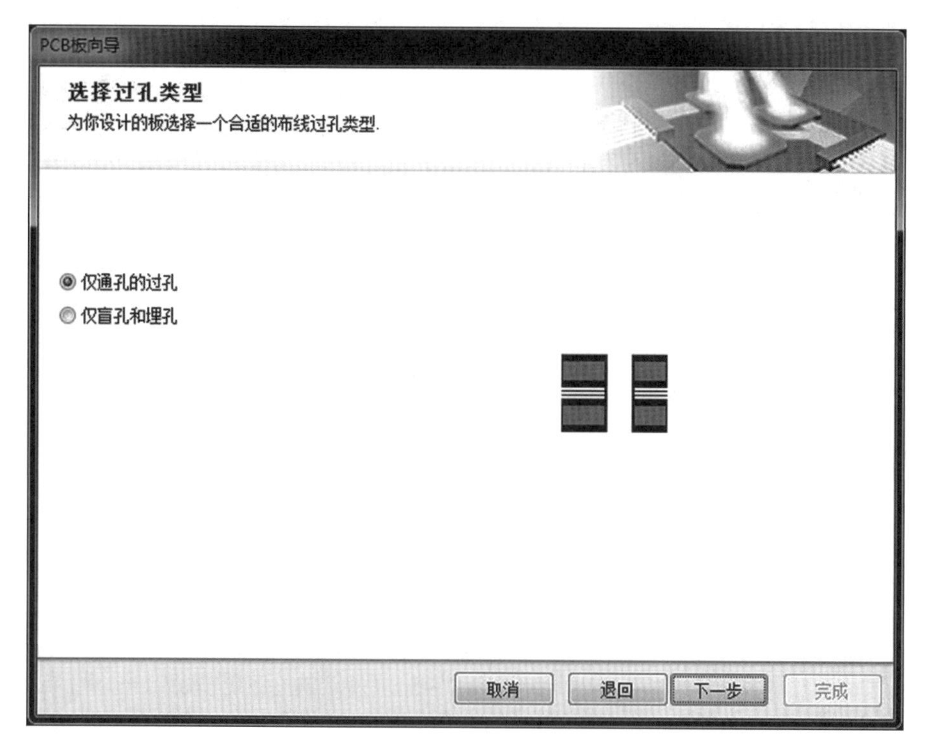

图6-8 “选择过孔类型”对话框

（7）单击【下一步】按键，将会弹出如图6-9所示“选择组件和布线工艺”设置对话框。该对话框包括两项设置：“板主要部分”是“表面安装元件”还是“通孔元件”。

如果PCB中使用表面安装元件，则要选择元件是否放置在电路板的两面，如图6-9所示。如果PCB中使用的是通孔式安装元件，如图6-10所示，则要设置相邻焊盘之间的导线数。本例中选择

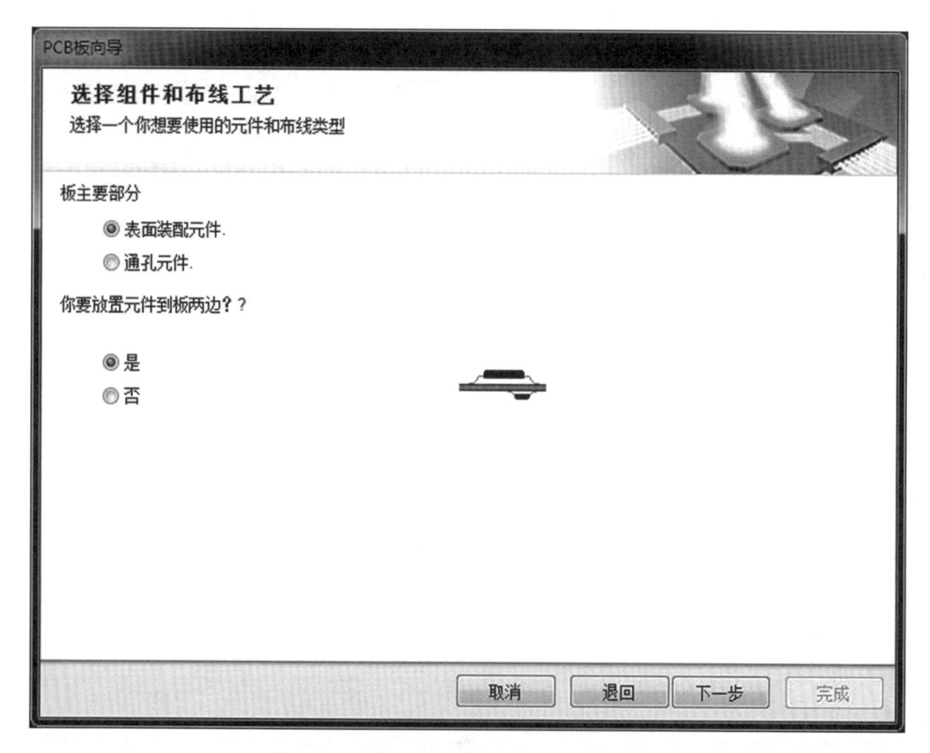

图6-9 “选择组件和布线工艺”对话框-1

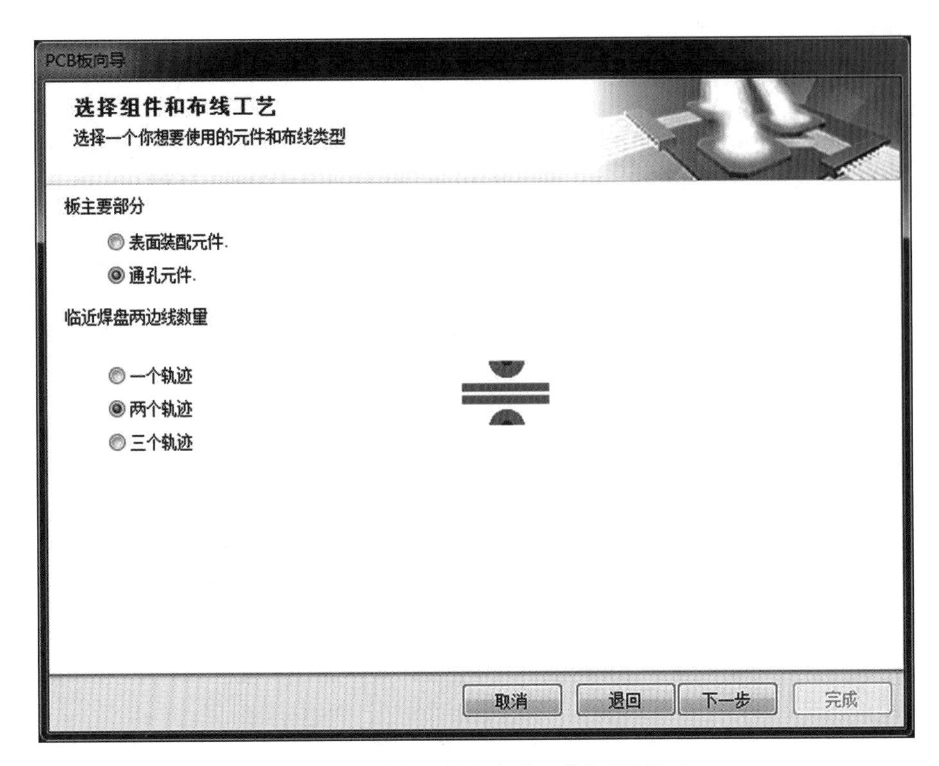

图 6-10　“选择组件和布线工艺”对话框-2

“通孔元件”选项,“临近焊盘两边线数量”设为“两个轨迹”。

（8）单击【下一步】按键,将会弹出如图 6-11 所示“选择默认导线和过孔尺寸”设置对话框。主要设置导线的最小宽度、导孔的尺寸和导线之间的安全距离等参数。鼠标左键单击要修改的参数位置即可进行修改。

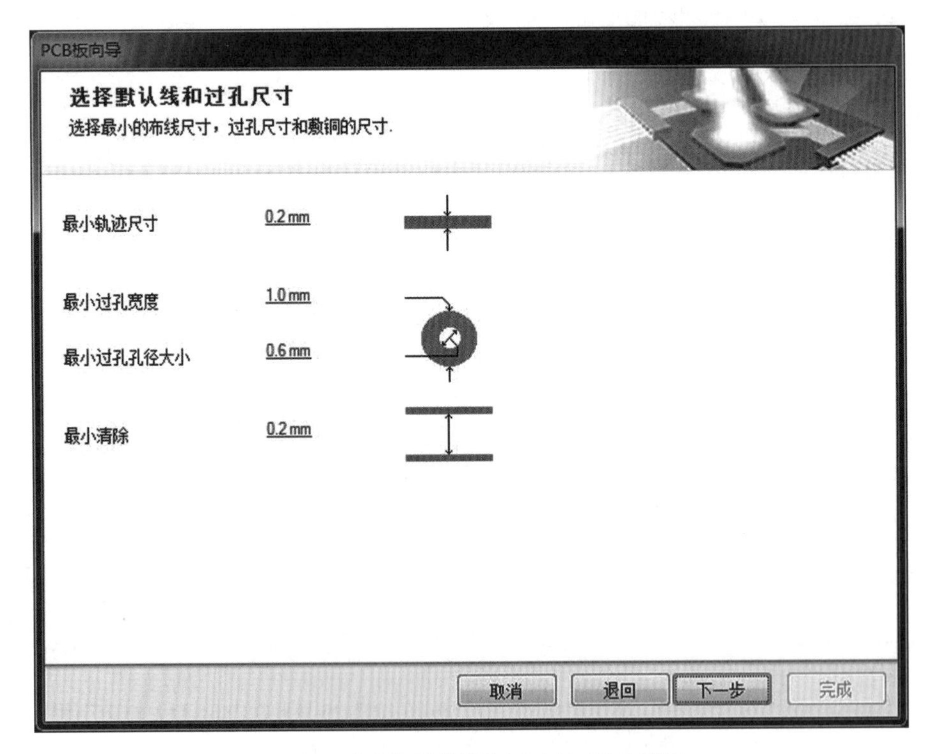

图 6-11　“选择默认线和过孔尺寸”对话框

(9) 单击【下一步】按键,将会弹出 PCB 向导完成对话框。

(10) 单击【完成】按键,将会启动 PCB 编辑器,新建的 PCB 板文件被默认命名为"PCB1. PcbDoc",PCB 编辑区会出现设计好的 50mm×30mm 的 PCB。如图 6-12 所示。

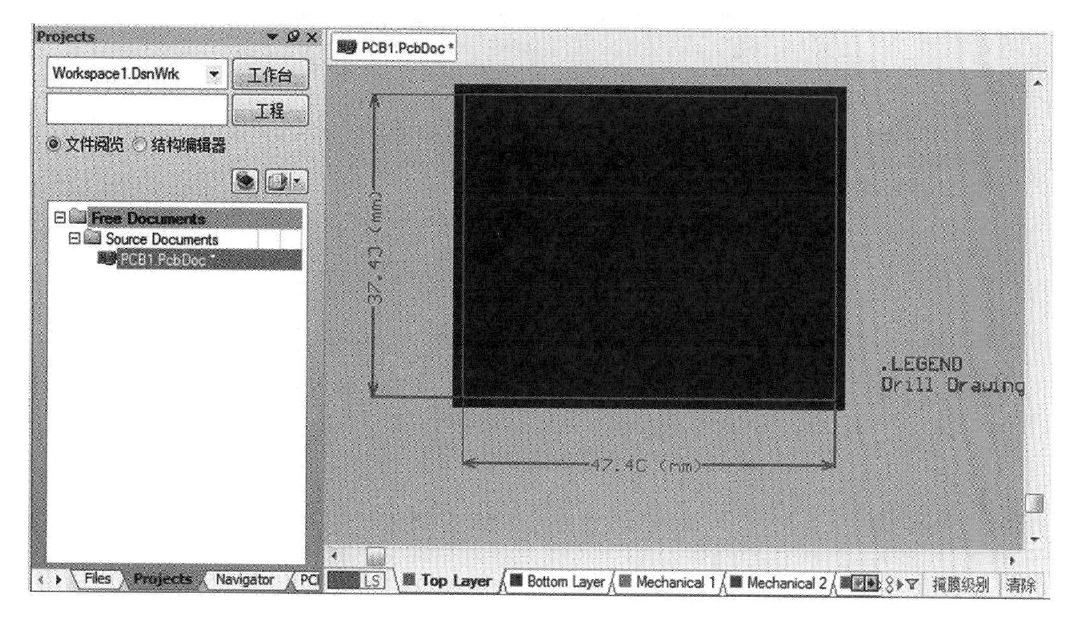

图 6-12 向导生成的 PCB 板

至此,完成了创建 PCB 新文档的工作。

(二) 手动规划电路板

虽然利用向导可以生成一些标准规格的电路板,但更多的时候,需要自己规划电路板。实际设计的 PCB 板都有严格的尺寸要求,这就需要认真地规划,准确地定义电路板的物理尺寸和电气边界。

手动规划电路板的一般步骤如下:

(1) 创建空白的 PCB 文档:执行菜单命令"文件/新建/PCB",启动 PCB 编辑器。新建的 PCB 板文件默认名称为"PCB1. Pcbdoc",此时在 PCB 编辑区会出现空白的 PCB 图纸,如图 6-13 所示。

(2) 设置 PCB 板物理边界:PCB 板物理边界就是 PCB 板的外形。执行菜单命令"设计/板子形状",子菜单中包含:"重新定义板子外形""移动板子顶点""移动板子形状""按照选择对象定义""自动定位图纸"等选项。

下面为新建的 PCB 板绘制 50mm×30mm 的物理边界。

1) 放置坐标原点。将当前的工作层切换到 Mechanical1(第一机械层),执行菜单命令"编辑/原点/设置",光标呈十字形状,在新建的 PCB 中放置坐标原点(0,0)。

2) 放置电路板顶点坐标。执行菜单命令"放置/坐标",在"50,0(mm)""50,30(mm)""0,30(mm)"放置 3 个坐标作为电路板的顶点坐标。若放置坐标有偏差,可双击该坐标,在弹出的"调整"对话框,如图 6-14 所示,在"位置"栏里精确输入坐标位置,点击【确定】按键修改坐标成功。

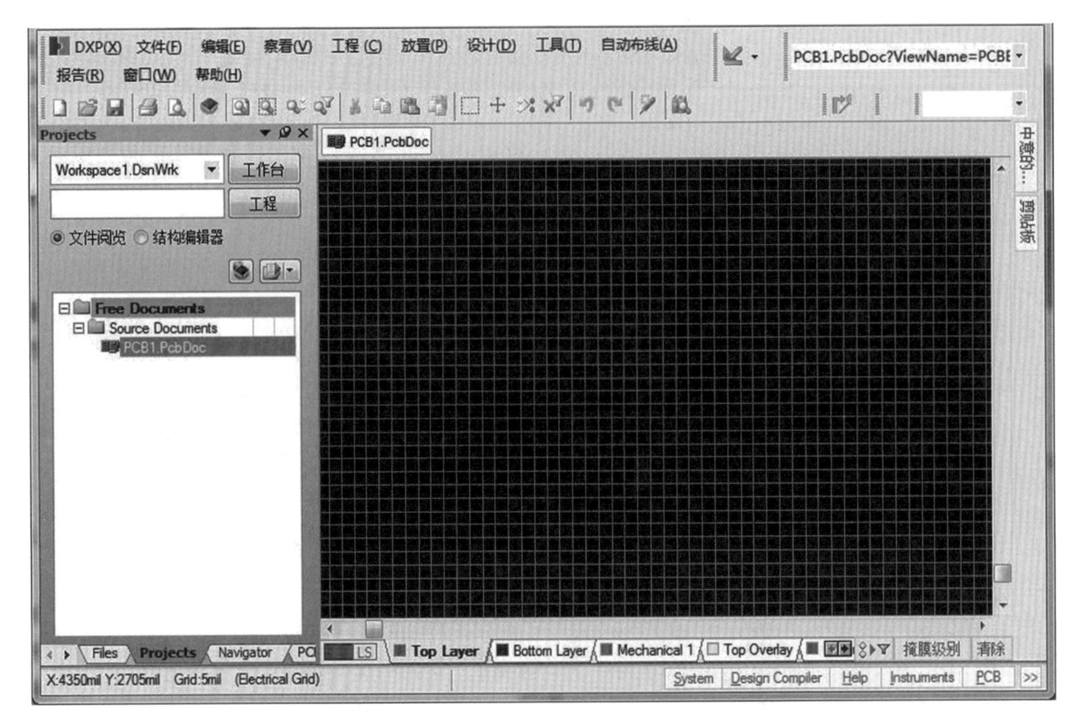

图 6-13　新建的空白 PCB 板文件

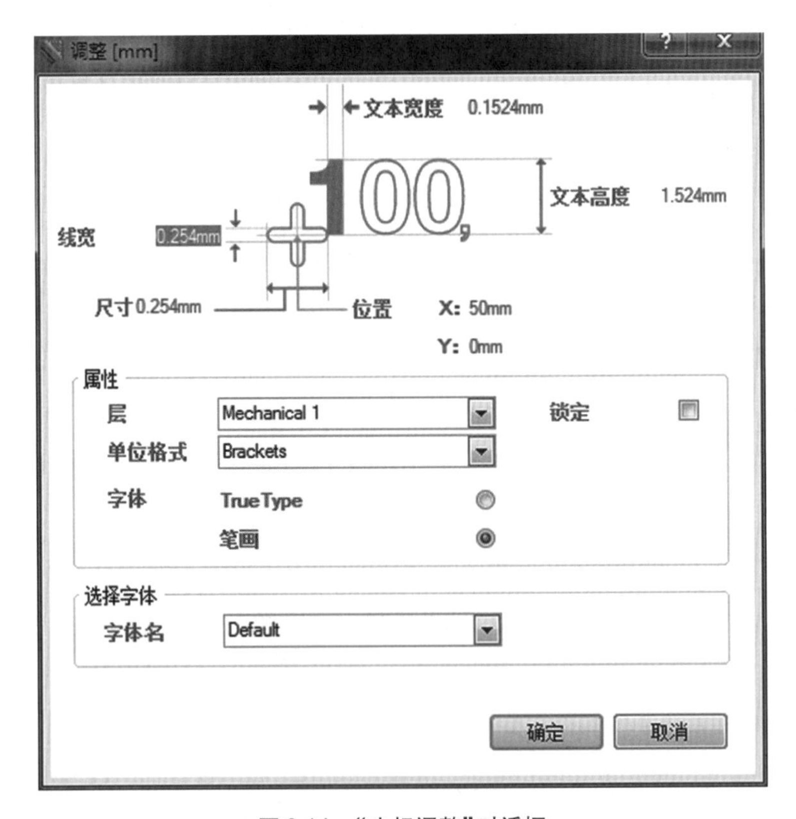

图 6-14　“坐标调整”对话框

3）绘制物理边界。执行菜单命令“设计/板子形状/重新定义板子外形”光标呈十字形状，系统进入编辑 PCB 板外形状态，以上述放置的 4 个坐标点为顶点，绘制一个封闭的矩形。设置了物理边界后如图 6-15 所示。

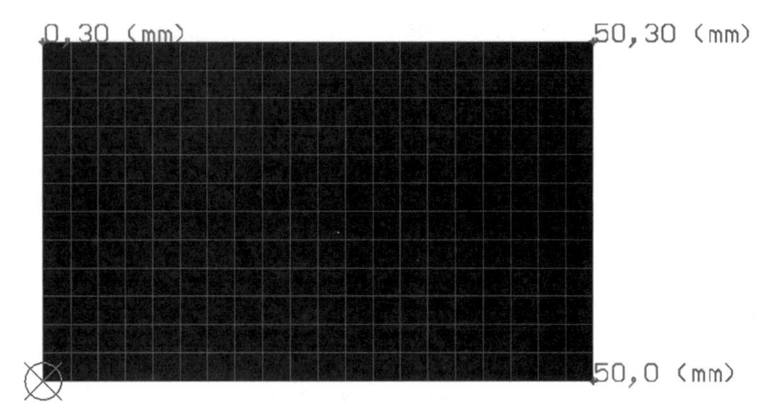

图6-15　设置的PCB板物理边界

如果要调整PCB板的物理边界。可以执行“移动板子形状”命令，将鼠标移到板子边缘需要修改的地方拖动。

（3）设置PCB板电气边界：PCB板的电气边界用于设置元件以及布线的放置区域范围。

规划电气边界的方法与规划物理边界的方法完全相同，只不过是要在Keep Out Layer（禁止布线层）上操作。方法是：首先将PCB编辑区的当前工作层切换为Keep Out Layer，然后执行“放置/禁止布线/线径”命令，绘制一个封闭图形即可，如图6-16所示。

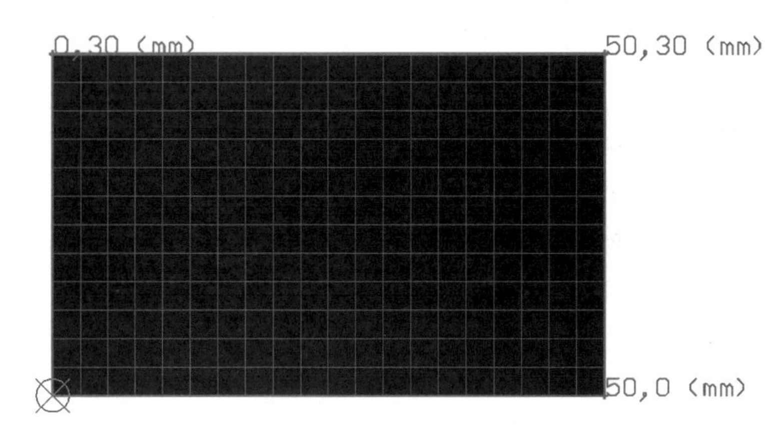

图6-16　设置PCB板电气边界

至此，完成了手工创建PCB文档的工作。

六、PCB编辑器

按照上述方法新建PCB后，进入PCB设计系统，实际就是Altium Designer的PCB编辑器。

（一）工具栏的使用

Altium Designer的PCB编辑器和原理图编辑器一样，提供了各种PCB工具栏。执行菜单命令“察看/工具条”，如图6-17所示，Altium Designer为PCB设计提供了PCB标准、布线、导航、应用程序等多个工具。在实际运用过程中，可以根据需要将这些工具栏打开或者关闭。

1. **PCB标准工具栏**　Altium Designer的PCB标准工具栏如图6-18所示，提供了缩放、选取对象等命令按键。

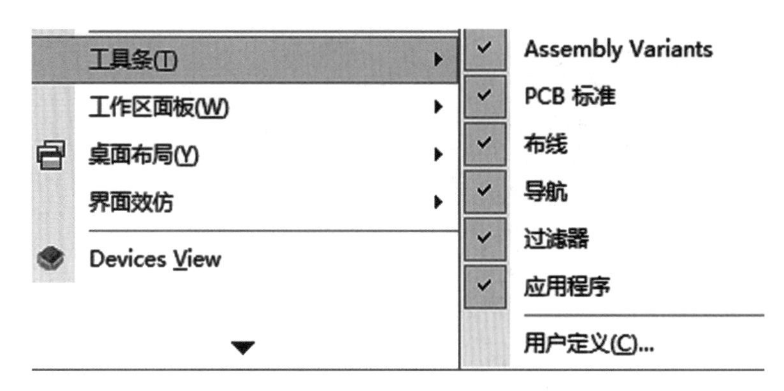

图 6-17　PCB 编辑器常用工作栏

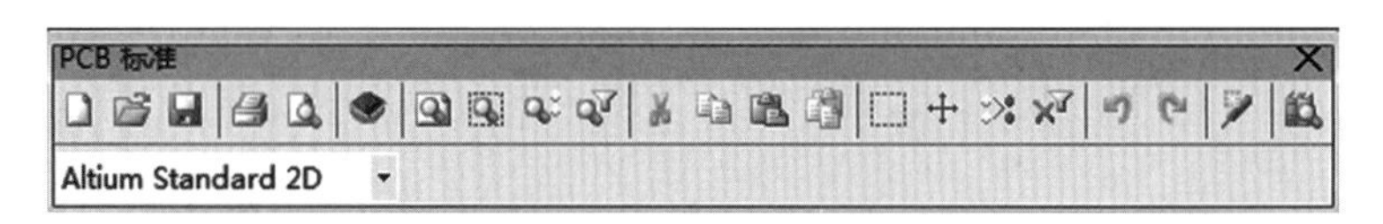

图 6-18　PCB 标准工具栏

2. **布线工具栏**　执行菜单命令“察看/工具条/布线”打开布线工具栏，如图 6-18 所示，工具栏中的每一项都与菜单“放置”下的命令项对应。布线工具栏各按键的功能说明简介如表 6-1 所列。

表 6-1　布线工具栏按键介绍

工具栏按键	菜单选项	快捷键	功能
	放置/Interactive Routing	P+T	放置铜膜导线
	放置/Interactive Multi-Routing	P+M	交互多布线
	放置/Interactive Differential Pair Routing	P+I	交互差分对布线
	放置/焊盘	P+P	放置焊盘
	放置/过孔	P+V	放置过孔
	放置/圆弧(边沿)	P+E	边沿法绘制圆弧
	放置/填充	P+F	放置矩形填充
	放置/多边形敷铜	P+G	放置多边形敷铜
A	放置/字符串	P+S	放置字符串
	放置/器件	P+C	放置元件封装

3. **应用程序工具栏**　如图 6-19 所示，该栏包含几个常用的子工具栏。

（1）“应用工具”栏：如图 6-20 所示，点击图标即可显示绘图工具栏。工具栏中的大多数都能在菜单“放置”下的子菜单中找到对应项。应用工具栏各按键的功能说明简介如表 6-2 所列。

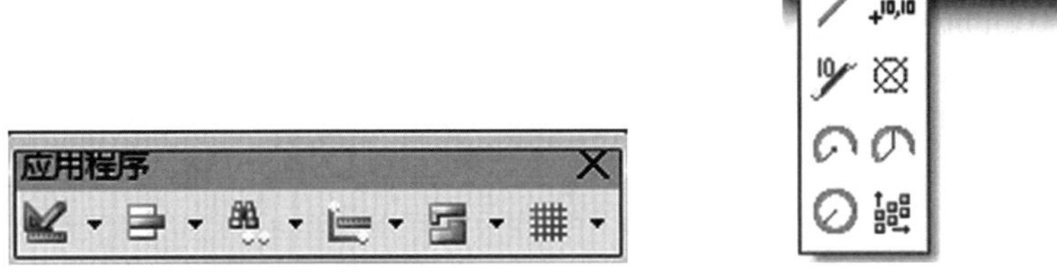

图6-19 应用程序工具栏

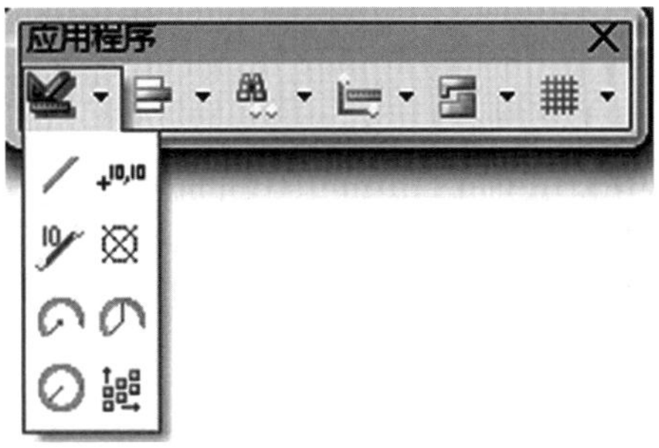

图6-20 “应用工具”栏

表6-2 应用工具栏按键介绍

工具栏按键	菜单选项	快捷键	功能
	放置/走线	P+L	放置直线,用来绘制电路板外形、边界等
	放置/尺寸	P+D	放置尺寸标注
	放置/坐标	P+O	放置位置坐标
		E+O+S	放置坐标原点,用来确定电路板的当前坐标原点
	放置/圆弧(中心)	P+A	中心法绘制圆弧,通过确定圆弧中心、起点、终点来确定圆弧
	放置/圆弧(任意角度)	P+N	边沿法绘制圆弧,通过圆弧上的起点和终点来确定圆弧大小
	放置/圆环	P+U	通过确定圆心和半径,绘制圆环
			阵列式粘贴,一次粘贴多个器件

(2)“排列工具”栏,可以用于元件排列和布局,如图6-21所示。

(3)“发现选择”工具栏,使用户方便选择原来所选择的对象,如图6-22所示。工具栏上的按键允许从一个选择物体以向前或向后的方向移向下一个。这种方式使得用户既能在选择的属性中也能在选择的元件中查找元件。

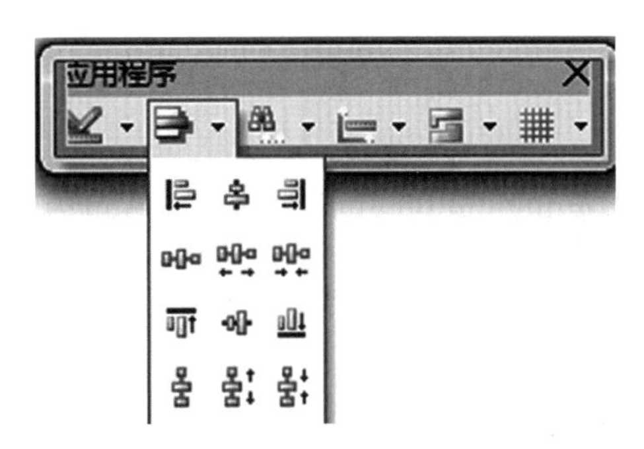

图6-21 “排列工具”栏

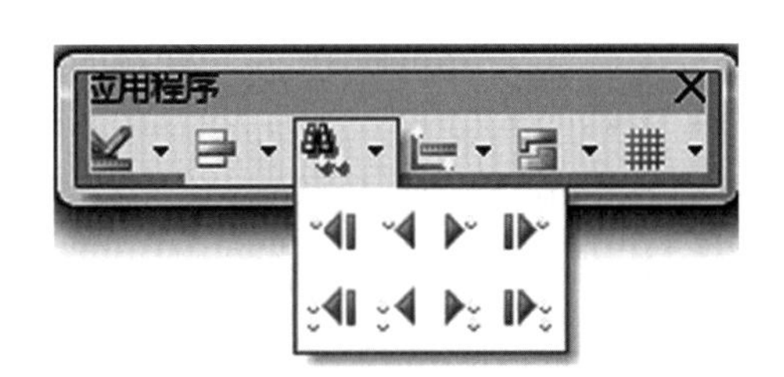

图6-22 “发现选择”工具栏

（4）“放置尺寸”工具栏，如图6-23所示，方便用户放置各种尺寸。

（5）“放置Room”工具栏，如图6-24所示，用于放置各种元件集合定义。

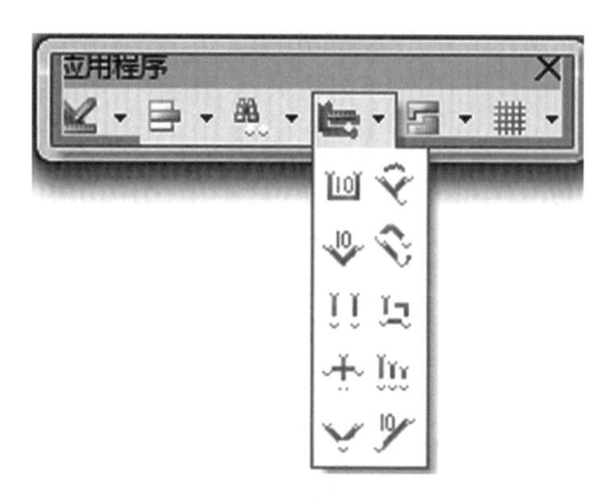

图6-23　“放置尺寸”工具栏

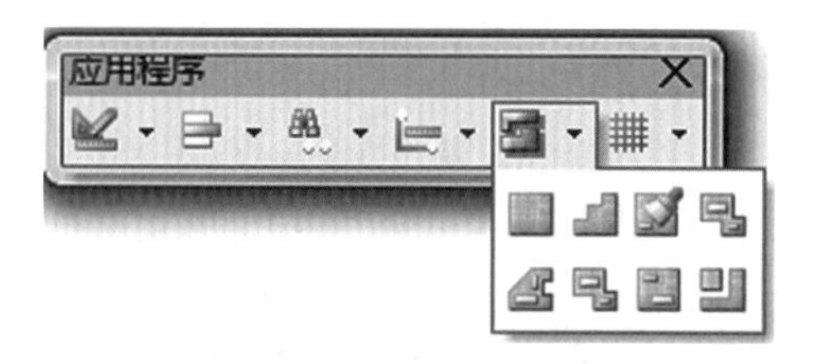

图6-24　“放置Room”工具栏

（6）“格栅”设置工具栏，如图6-25所示，可根据布线需要设置格栅的大小。

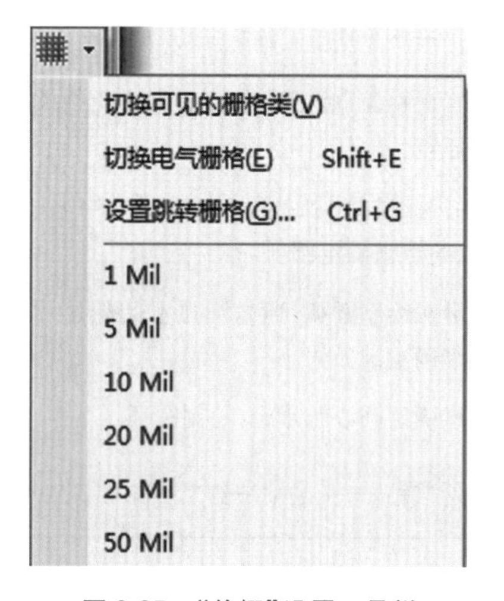

图6-25　“格栅”设置工具栏

（二）PCB编辑器界面的缩放

PCB设计过程中，往往需要对编辑的区域进行缩放或者局部显示等，实现方法比较灵活，可以选择菜单命令，可以单击标准工具栏里的图标，也可以使用快捷键。

1. 命令状态下的缩放　当系统处于命令状态时，鼠标无法移出工作区域执行一般命令，此时要缩放显示状态，必须要使用快捷键来完成。

（1）放大，按【Page Up】键或“Ctrl+鼠标滚轮向前”，则编辑区域放大显示。

（2）缩小，按【Page Down】键或“Ctrl+鼠标滚轮向后”，则编辑区域缩小显示。

（3）更新，如果显示区域出现杂点或者变形，则按【End】键后程序更新画面，恢复正常显示图像。

2. 空闲状态下的缩放命令　当系统未执行其他命令，处于空闲状态时，可以选择菜单命令“察看/放大”“察看/缩小”，或者单击“PCB标准”工具栏里的按键，也可以使用快捷键来进行缩放操作。

（三）设置板层结构

执行菜单命令“设计/层叠管理”，弹出如图6-26所示“层堆栈管理器”对话框。在层堆栈管理器中可以选择PCB板的工作层面，设置板层的结构和叠放方式，默认为双面板设计，即给出了两层布线层即顶层和底层。

层堆栈管理器的设置及功能如下：

【添加层】：用于向当前设计的PCB板中增加一层中间层。

【添加平面】：用于向当前设计的PCB板中增加一层内层。新增加的层面将添加在当前层面的下面。

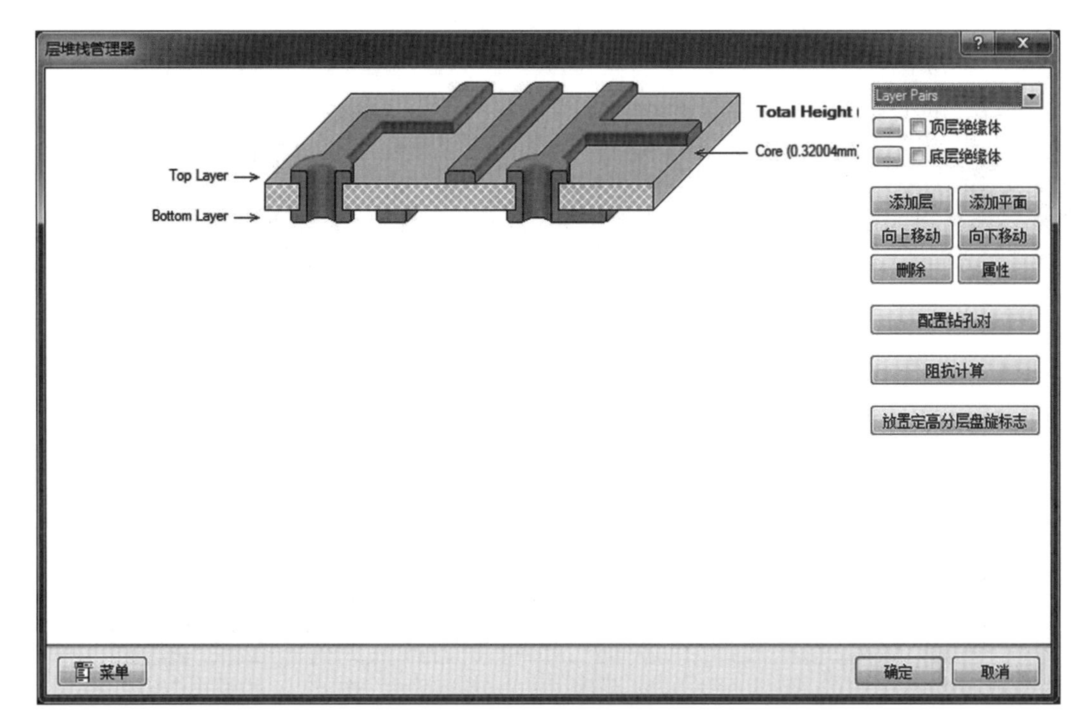

图 6-26　层堆栈管理器

【向上移动】和【向下移动】:将当前指定的层进行上移和下移操作。

【删除】:删除所选定的当前层。

【属性】:显示当前选中层的属性。

【配置钻孔对】:用于设计多层板中,添加钻孔的层面对,主要用于盲过孔的设计中。

【阻抗计算】:可以根据导线宽度、导线高度和导线距电源层的距离来计算阻抗。可以利用 Altium Designer 自带的阻抗公式来计算,也可以自己输入公式计算。

点击【确定】按键关闭板层管理器。

（四）印制电路板选项设置

执行菜单命令"设计/板参数选项",或在 PCB 编辑窗口单击鼠标右键,在弹出快捷菜单中选择"选项/板参数选项",将会弹出如图 6-27 所示的板选项对话框。

"板选项"对话框中共有 6 个选项区域。

（1）度量单位:单击下拉选项,可选择 Imperial(英制)或 Metric(公制)。

（2）捕获栅格:指光标每次移动的距离,是不可见的,设计者可以分别设置 X、Y 向的捕获栅格间距。

（3）器件网格:用来设置元件移动的间距,一般选择默认 0.508mm(20mil)。

（4）电气网格:用于对给定范围内的电气点进行搜索和定位,选中"电气网格"复选框表示具有自动捕捉焊盘的功能。"范围"用于设置捕捉半径。在布置导线时,系统会以当前光标为中心,以"范围"设置值为半径捕捉焊盘,一旦捕捉到焊盘,光标会自动移到该焊盘上。

（5）可视化网格:指工作区上看到的网格(由几何点或线构成),其作用类似于坐标线,可帮助

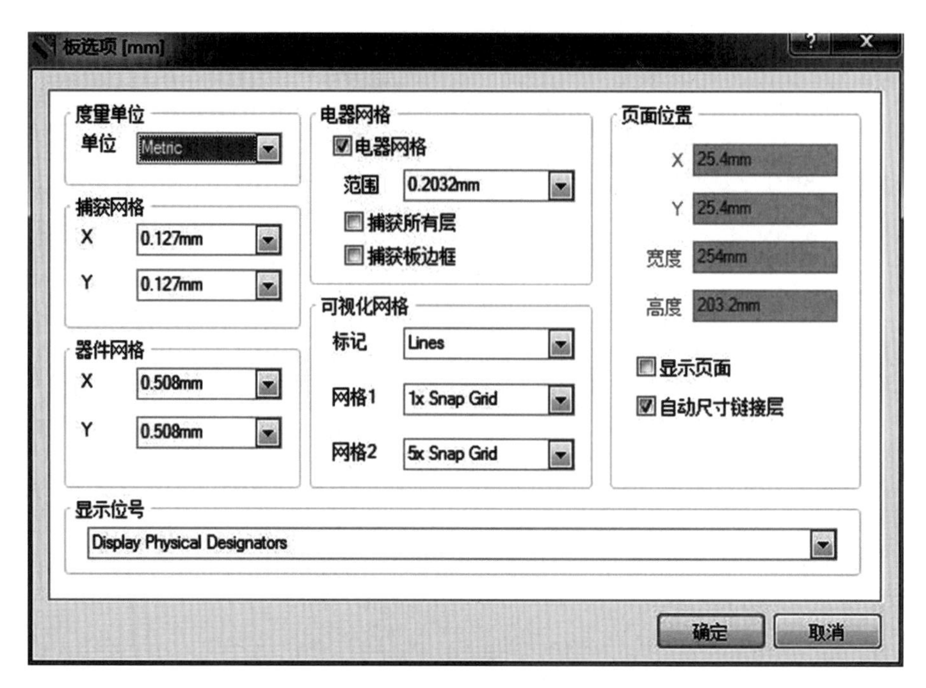

图 6-27　"板选项"对话框

用户掌握图件间的距离。选项区域中的"标记"选项用于选择图纸上所显示网格的类型,包括 Lines(线状)和 Dots(点状)。"网格 1"和"网格 2"分别用于设置可见网格的值。

(6) 页面位置:用于设置 PCB 板左下角 X 坐标和 Y 坐标的值;"宽度"设置图纸的宽度,"高度"设置图纸的高度。选中"显示页面"复选框,则显示图纸,否则只显示 PCB 部分;选中"自动尺寸链接层",则可以链接具有模板元素(如标题块)的机械层到该图纸。

点滴积累

1. 根据印制电路板包含的层数，可分为单面板、双面板和多面板。
2. PCB 板包括许多类型的工作层，如信号层、丝印层、内部电源层、机械层等。
3. 丝印层主要用于绘制元件封装的轮廓线、元件封装文字、必要的文字说明，以便用户读板。
4. 规划电路板，主要是确定电路板的边框，包括电路板的尺寸大小，放置安装孔等。
5. PCB 板物理边界就是 PCB 板的外形，绘制物理边界要在 Mechanical1（机械层）操作。
6. PCB 板的电气边界用于设置元件以及布线的放置区域范围，绘制电气边界要在 Keep Out Layer（禁止布线层）操作。

第二节　PCB 设计举例

Altium Designer 整合了制作印制电路板的全套工具,对于简单的电路,用户可以采用纯手工的方法制作简单的印制电路板,即不用画电路原理图,再同步到印制电路板,而是直接在 PCB 编辑器中调入元器件,手工布局,手工布线。但对于初学者来说,这种设计方法容易出错,而且效率不高。

对于这部分内容,本书不做详述,本书的例子都是先从原理图开始做起的。

本节将以数字脉搏计电路为例详细介绍双面 PCB 板设计的基本方法。

一、设计前的准备工作

下面以数字脉搏计电路为例,具体操作步骤如下:

1. 创建文件夹　首先在硬盘上创建一个文件夹,命名为“数字脉搏计”,将后续操作的各种文件都保存在该文件夹下。

2. 新建项目　执行菜单命令“文件/新建/工程/PCB 工程”,将项目命名并保存为“数字脉搏计”。

3. 在新建原理图或在工程中添加原理图　在“数字脉搏计”工程文件中,执行菜单命令“文件/新建/原理图”,将原理图命名为“数字脉搏计原理图”,按照第四、五章所学的知识,绘制正确的原理图。

本例中“数字脉搏计原理图”在第四章中已绘制完成,先将该原理图文件拷贝到硬盘上的“数字脉搏计”文件夹下,执行菜单命令“工程/添加现有的文件到工程”,在弹出对话框里选中“数字脉搏计”文件夹下的“数字脉搏计原理图 . SchDoc”,添加到工程项目。添加后的原理图如图 6-28 所示。

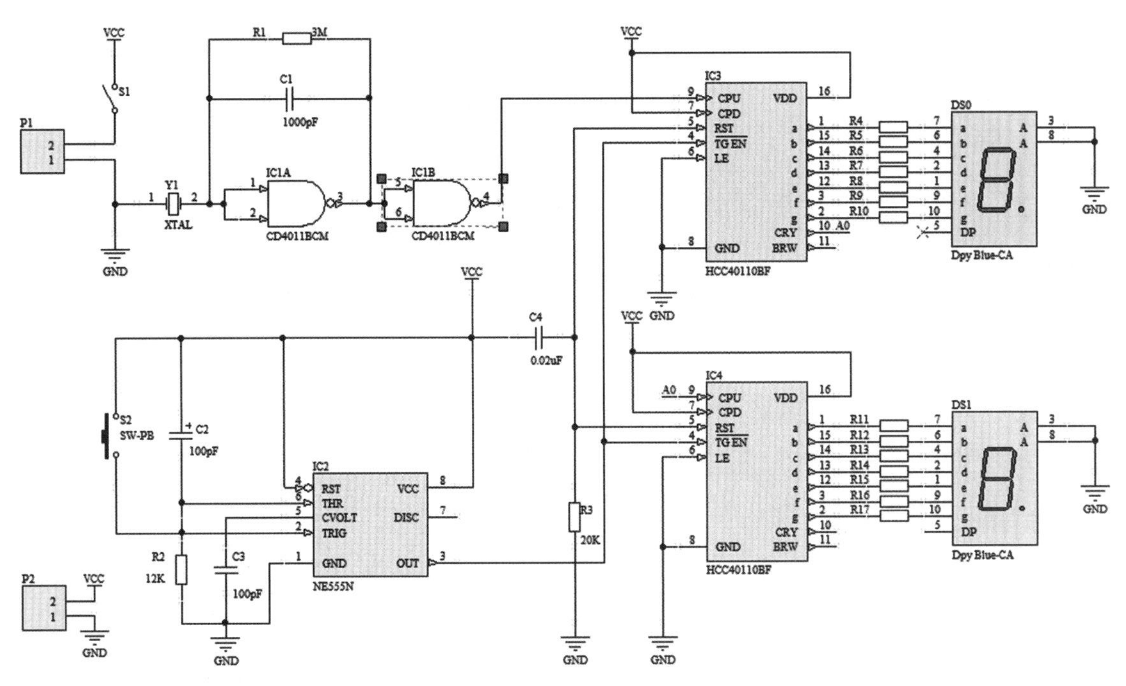

图 6-28　数字脉搏计原理图

二、规划电路板

按照本章第一节所学操作,利用 PCB 向导或手工创建外观大小 60mm×80mm 的矩形双面印制电路板,命名为“数字脉搏计电路板”,创建完成后如图 6-29 所示。

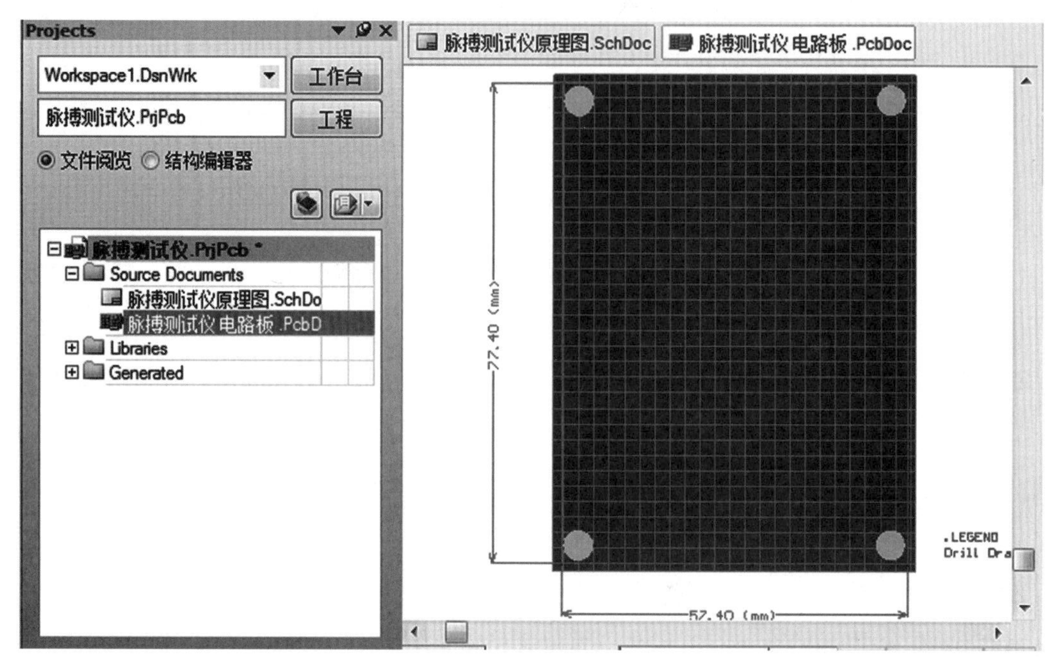

图 6-29　创建的 PCB 文档

在需要放置固定孔的地方放上适当大小的焊盘，作为 PCB 板的安装孔。本例在图 6-29 的四个角落放置安装孔，先选定 Muti Layer(多层)，然后依次布置 0 ~ 3 号安装焊盘，焊盘外径 6.5mm，内径 3.2mm，可用 3mm 螺丝安装。

三、设置相关参数

创建和规划好 PCB 文件后，接着下一步就是对封装库进行操作。PCB 元件库的装入和原理图元件库的装入方法相同，具体方法如下：

1. 调出元件封装管理器。点击编辑区“库”标签或者点击编辑区下方“System”标签，选择“Libraries”，即可调出如图 6-30 所示的元件封装管理器。

2. 点击“库”工作面板上的上方的【库】按键，弹出如图 6-31 所示的“可用库”对话框。点击该对话框上方“已安装”标签，显示出当前已经加载的元件库。

其中“类型”项的属性为“Integrated”，表示是 Altium Designer 的集成元件库，后缀名为“.IntLib”，选中组件库，点击【向上移动】或【向下移动】按键可上移或下移；点击【删除】按键，可以将该集成库移出当前的项目。

3. 点击对话框下方【安装】按键，将弹出如图 6-32 所示的选择元件库对话框。该对话框列出了 Altium Designer 安装目录下的 Library 中的所有元件库。

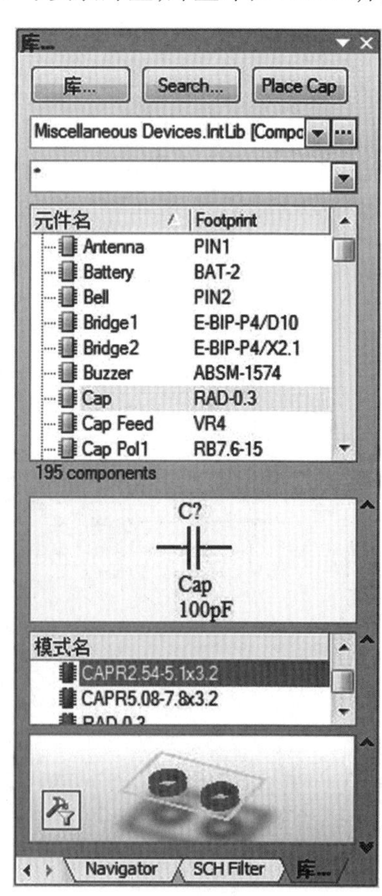

图 6-30　元件封装管理器

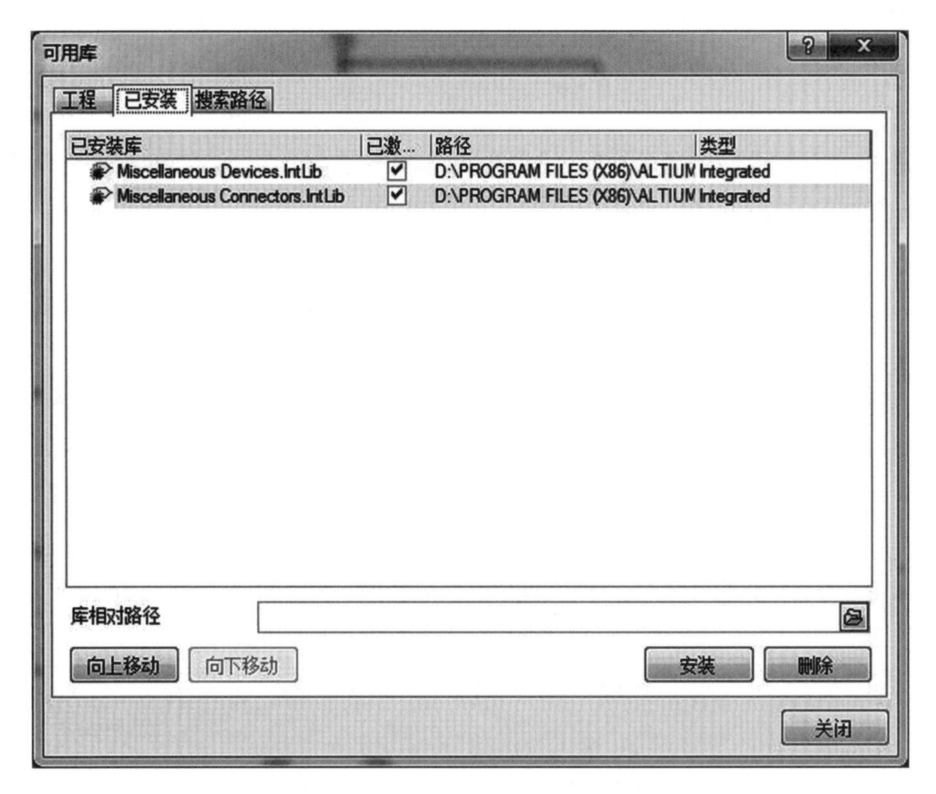

图 6-31　"可用库"对话框

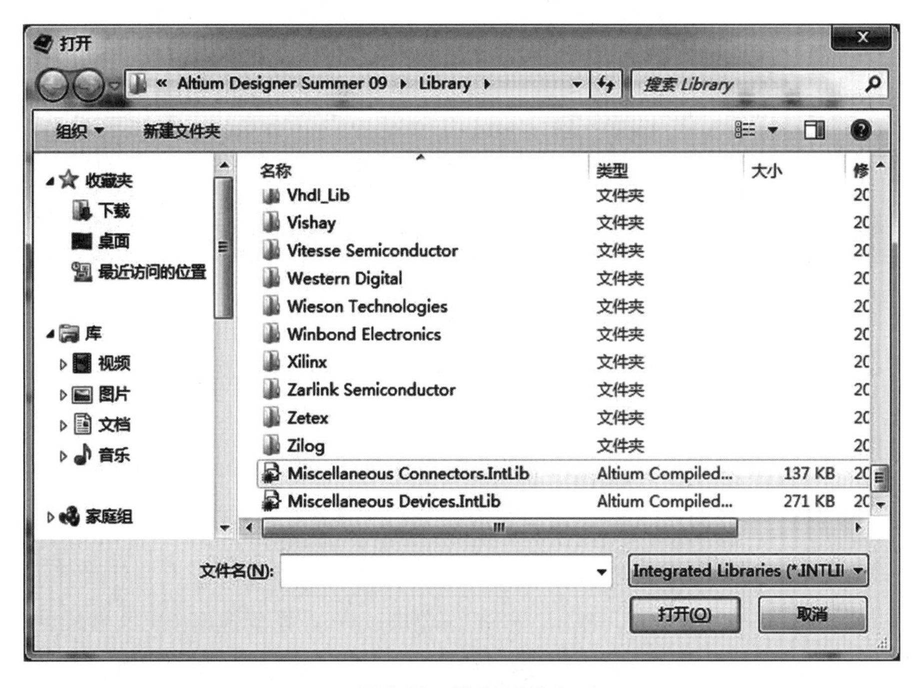

图 6-32　选择元件库

Altium Designer 中的元器件库是以公司名为分类的，对于常用的一些元件，如电阻、电容等元器件，Altium Designer 提供了常用元件库：Miscellaneous Devices. IntLib（杂样元件库）。对于常用的接插件和连接器件，Altium Designer 提供了常用接插件库：Miscellaneous Connectors. IntLib。

除了上述两个元件库，本例中还需要加载三个元件库：

FSC Logic Gate. IntLib；

ST Analog Timer Circuit. IntLib；

ST Interface Display Driver. IntLib。

4. 添加完所有需要的元件封装库后点击【关闭】按键完成该操作，程序即可将所选中的元件库载入。

搜索元件封装时，经常会遇到的情形是不知道该封装在哪个库中，这也是在设计 PCB 时经常会遇到的情形。这时可以在元件封装管理器上方点击【search】按键，弹出如图 6-33 所示“搜索库”对话框。

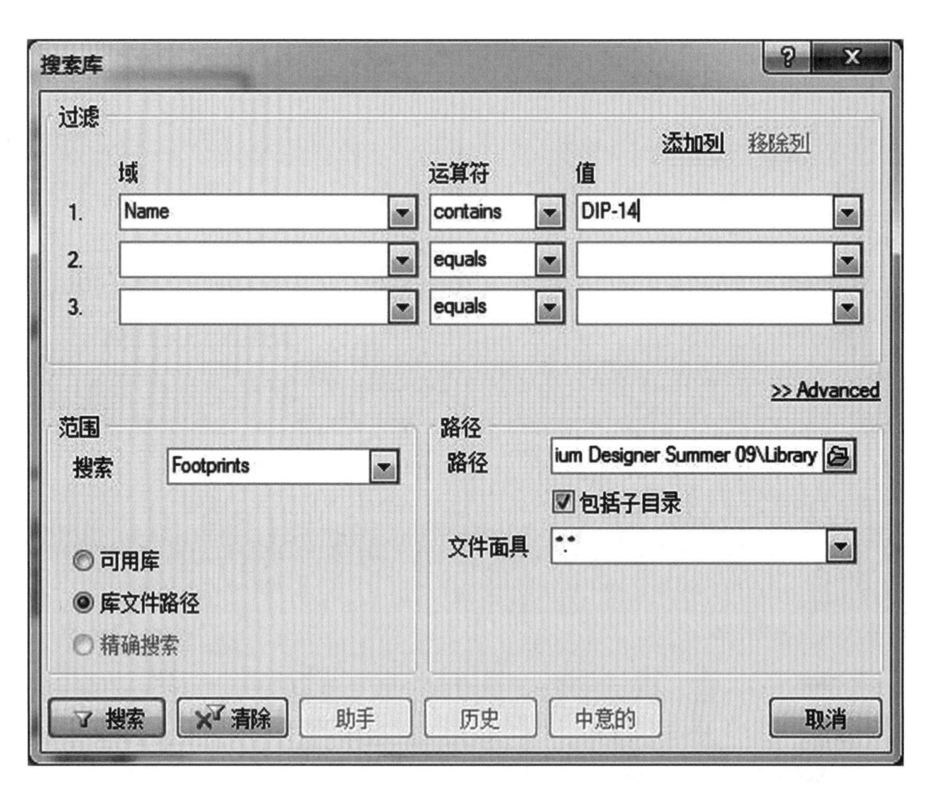

图 6-33　“搜索库”对话框

在该对话框中，可以设定查找对象以及查找范围，该对话框的操作方法如下：

（1）“过滤”栏：在此输入需要查找的对象名称。

（2）“范围”栏：在右边的窗口选择原理图元件 Components、Footprints 或 3D Models 等。当选中“可用库”时，则在已经装载的元件库中查找；当选中“库文件路径”时，则在指定的目录中进行查找。

（3）“路径”栏：用来设定查找对象的路径。该栏的设置只有在选中“库文件路径”时才有效、“路径”文本框设置查找的目录。如果单击“路径”右侧的按键，则系统弹出浏览文件夹，可以设置搜索路径。“文件面具”可以设定查找对象的文件匹配域，“ * ”表示匹配任何字符串。

查找到需要的元件后，在元件封装管理器里选中查找到的元件，单击鼠标右键，在弹出的对话框里选择“安装当前库”可以将该元件所在的元件库直接装载到元件库管理器。如图 6-34 所示。

四、载入网络表

正确装载元件封装库后即可导入网络表，将原理图的信息导入到印制电路板设计系统中。操作步骤如下：

1. 使用从原理图到 PCB 板自动更新功能。在 PCB 编辑环境下，执行菜单命令“设计/Import Changes From 数字脉搏计 . Prjpcb”，如图 6-35 所示，这时将弹出“工程更改顺序”对话框，如图 6-36 所示。

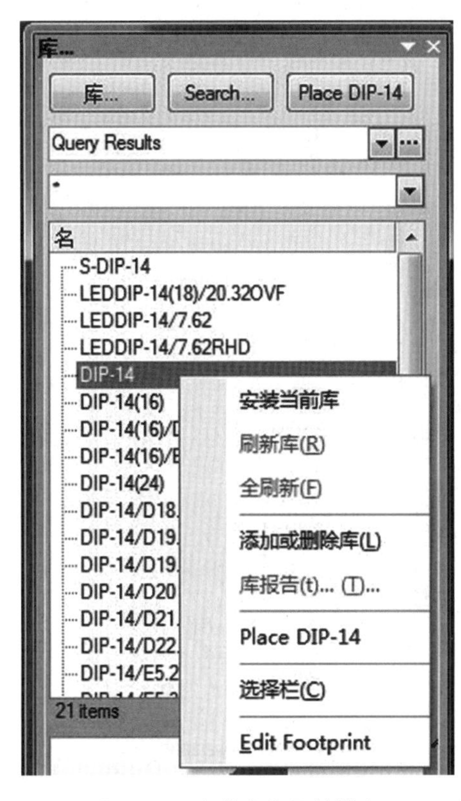

图 6-34　安装查找元件的库

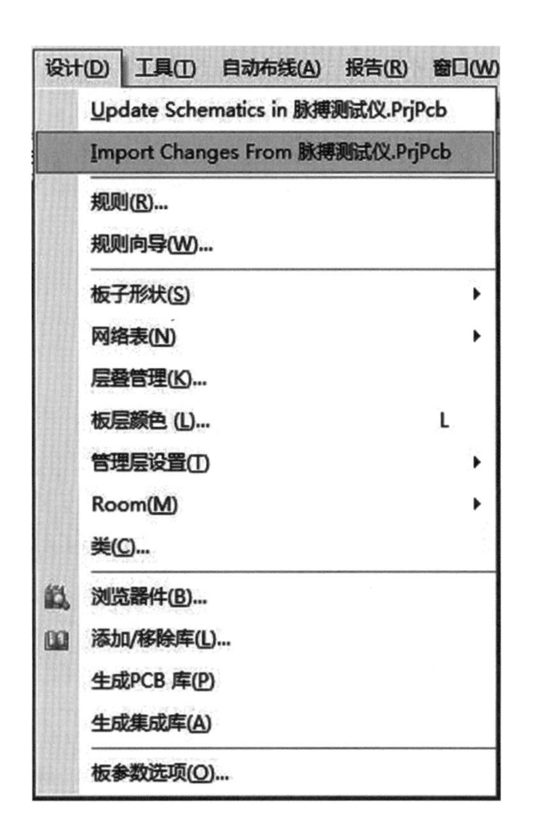

图 6-35　在 PCB 编辑环境下更新 PCB 板

图 6-36　“工程更改顺序”对话框

2. 点击对话框中【生效更改】按键，系统将检查所有的更改是否都有效。如果有效，将在右边“检测”栏对应位置打钩；如果有错误，“检测”栏将显示红色错误标识。一般的错误都是由于元件封装定义错误或者设计 PCB 板时没有添加对应元件封装库造成的。

3. 点击【执行更改】按键，系统将执行所有的更改操作，执行结果如图 6-37 所示。如果在步骤 2 的“生效更改”后的“检测”栏显示为红色错误标识，则更改不能被执行。

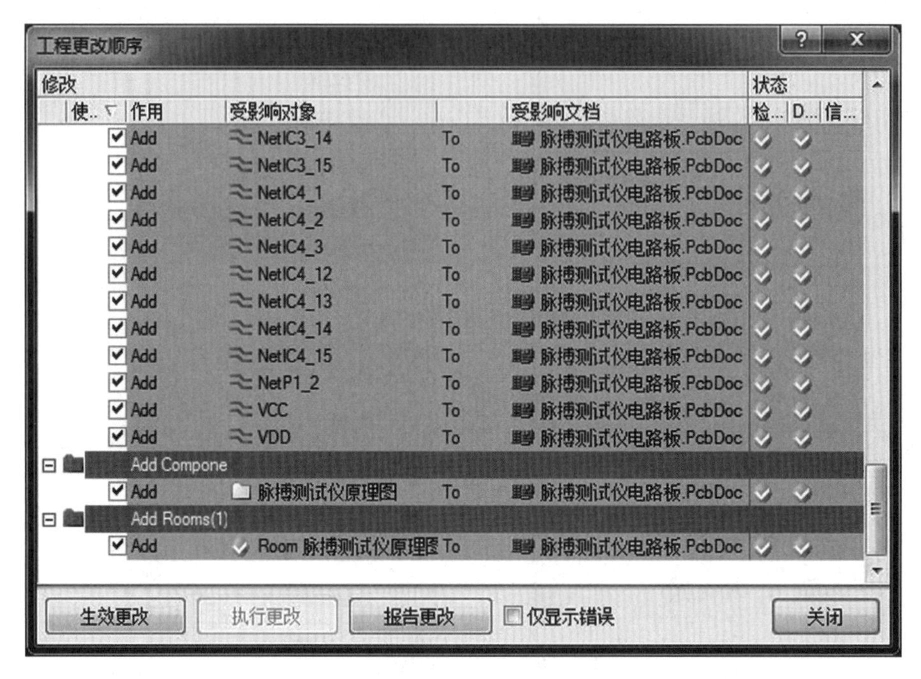

图 6-37　显示所有修改过的结果

4. 单击【关闭】按键，元器件和网络将添加到 PCB 编辑器中，如图 6-38 所示。先删除名为“数字脉搏计原理图”的 Room 区域，将元件移入规划好的电路板边界内，如图 6-39 所示，即可开始元件布局。

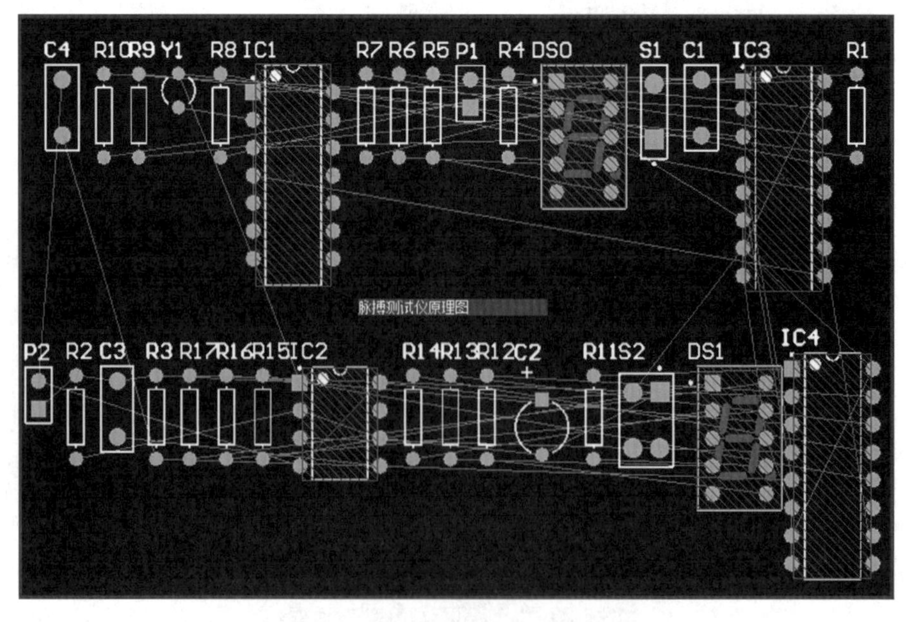

图 6-38　元器件和网络添加到 PCB 编辑器

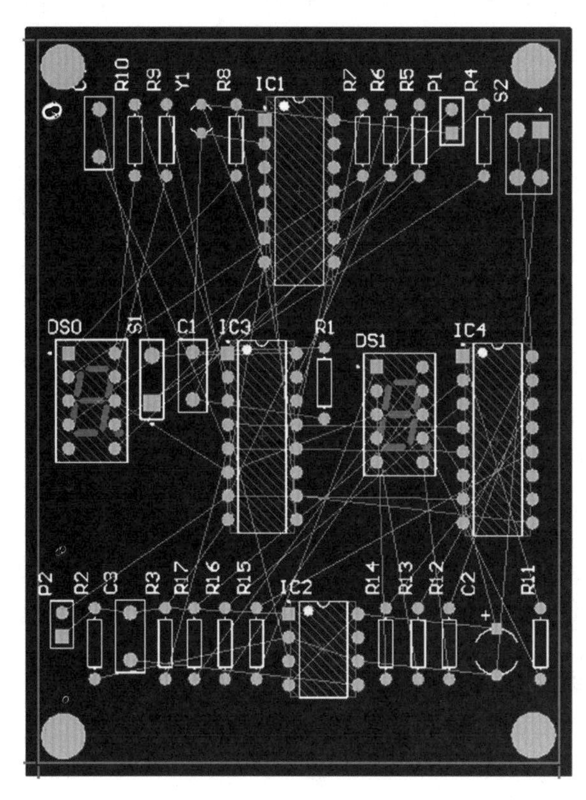

图 6-39　元器件移入电路板边界内

五、元件布局

导入网络表和元件后，需要将元件在规划好的 PCB 上进行布局。可以说，布局的好坏决定着布线的布通率，在很大程度上决定着板子的好坏，诸如电路板的抗干扰能力、系统稳定性等，好的布局设置可以做到自动布线达到 100% 的布通率。

元件布局分为自动步进规则设定、自动布局、手工调整布局 3 步。下面将分别介绍。

（一）自动布局规则设定

自动布局之前要先设置自动布局的相关参数，然后再自动布局。执行菜单命令“设计/规则”，打开“PCB 规则及约束编辑器”，在编辑器中的“Placement（图件布置规则）”选项中进行布局规则设定，如图 6-40 所示。

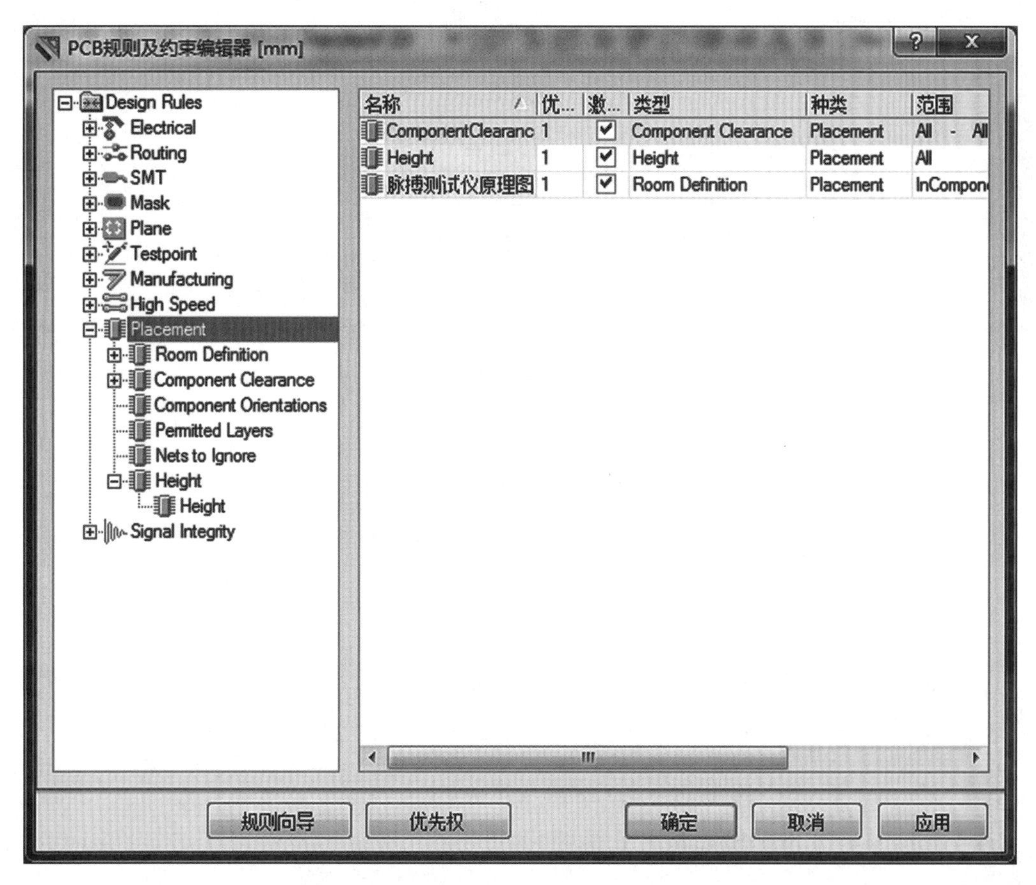

图 6-40　PCB 规则及约束编辑器

该选项共包括6种规则:Room Definition(元件集合定义规则)、Component Clearance(元件间距限制规则)、Component Orientations(元件布置方向规则)、Permitted Layers(元件布置板层规则)、Nets to Ignore(网络忽略规则)和Hight(高度规则)。

1. **Room Definition(元件集合定义规则)** 用于定义元件集合的尺寸及所在的板层。元件集合是实现某种电路所有元件组成的,其功能类似于块。使用元件集合进行电路板设计可以大大提高工作效率,其对话框如图6-41所示。

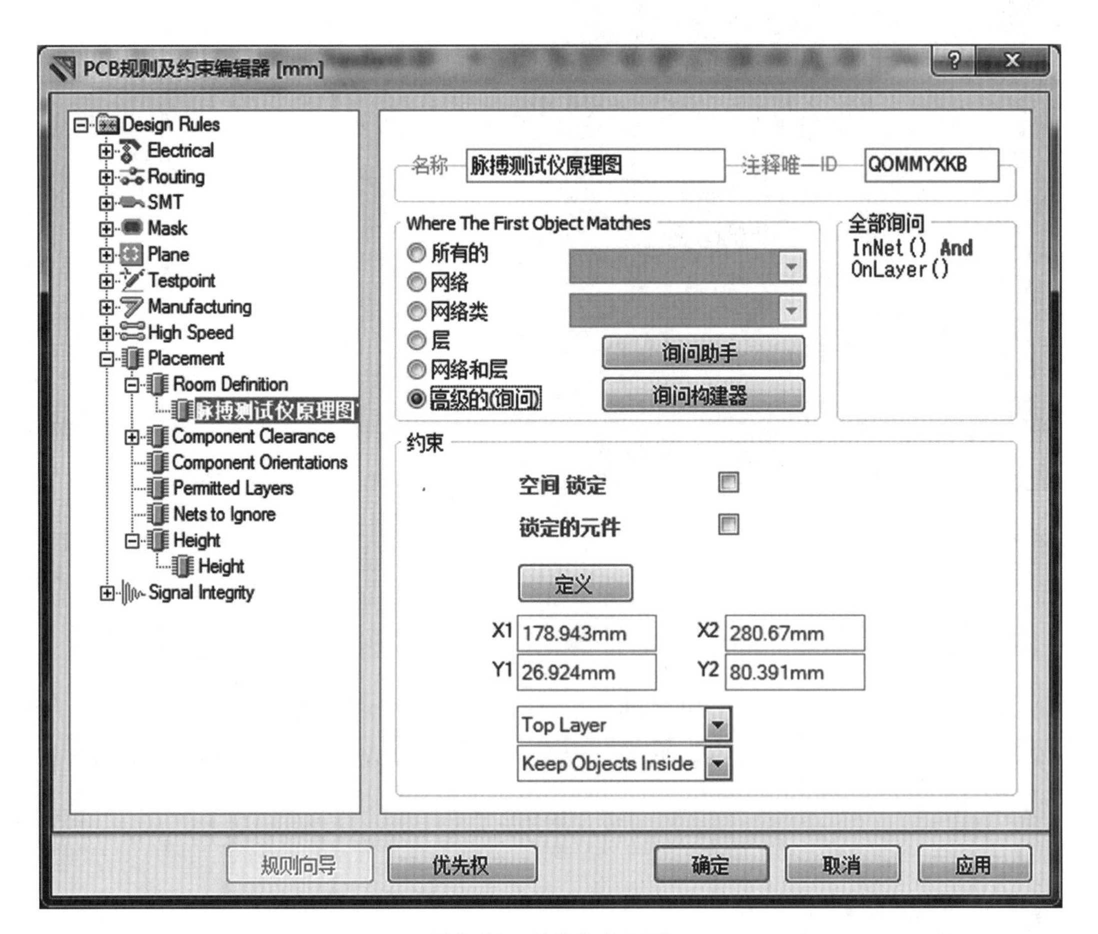

图6-41 元件集合规则

“约束”栏中,有许多选项需要设置:

(1)“空间锁定”复选项:用于设置是否锁定元件集合。选中此复选项则锁定元件集合。

(2)“定义”按键:用于设置元件集合的大小。单击该按键后光标变成十字形,此时可以用鼠标拉出矩形区域来确定元件集合。

1)X1栏:元件集合矩形区域的第一个对角点的横坐标。

2)Y1栏:元件集合矩形区域的第一个对角点的纵坐标。

3)X2栏:元件集合矩形区域的第二个对角点的横坐标。

4)Y2栏:元件集合矩形区域的第二个对角点的纵坐标。

(3)“Top Layer”下拉列表框:用于设置元件集合所在的板层,共两个选项,顶层(Top Layer)和底层(Bottom Layer)。

(4)"Keep Objects Inside"下拉列表框:元件放置的位置,共两个选项,Keep Objects Inside(位于元件集合内)和 Keep Outside(位于元件集合外)。一旦元件放置在元件集合中,这些元件将随着元件集合一起移动。

这一项规则用户如没有特殊要求则一般不用设定,采用系统默认。

2. Component Clearance(元件间距限制规则) 用于设定元件之间的最小间距,点击"Component Clearance"选项,打开间距规则检测模式设定对话框,如图 6-42 所示。

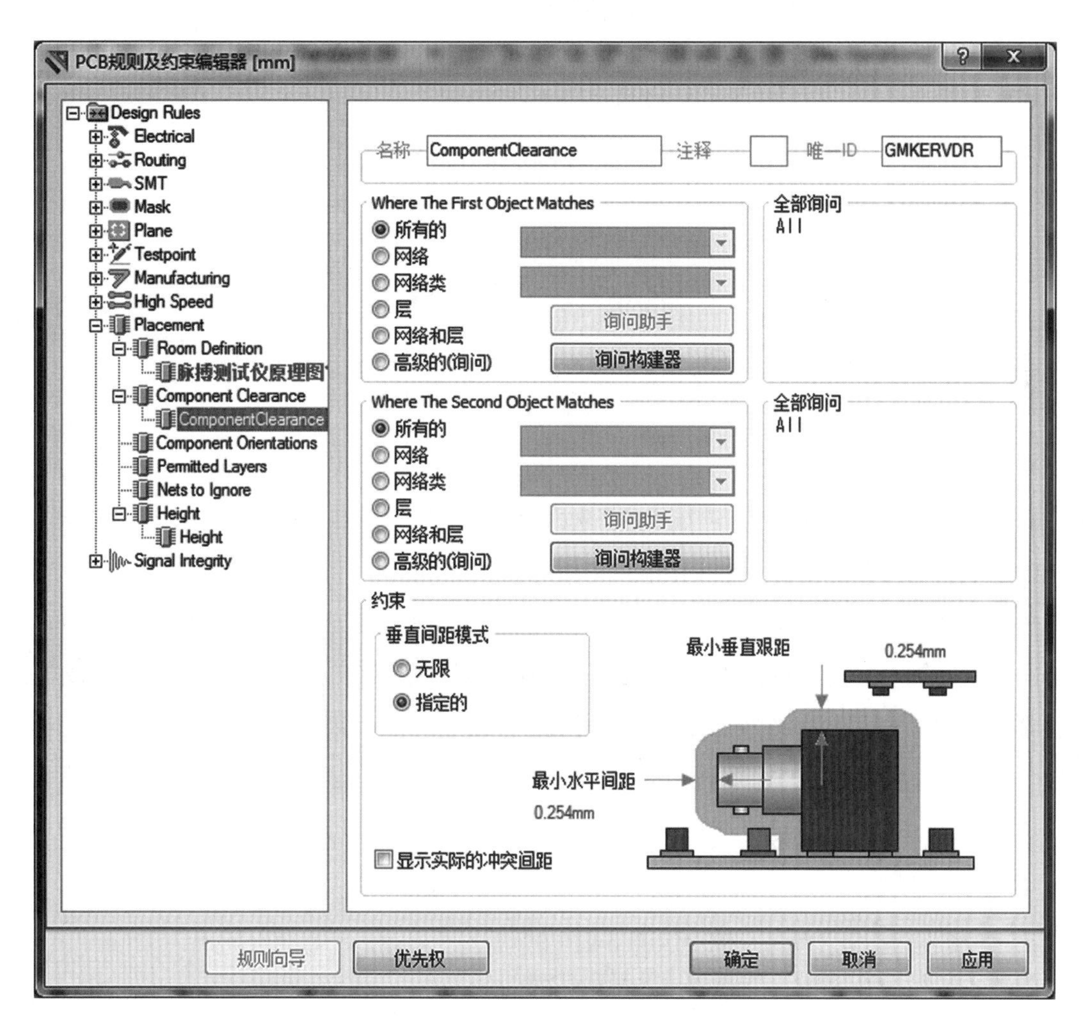

图 6-42 元件间距限制规则

在"约束"栏中,各项参数意义如下:

(1)"垂直间距模式"区域:可以选择是否设置垂直方向的安全距离。选中"无限"时,对垂直安全间距无限制;选中"指定的"时,指定垂直方向的安全间距。

(2)"最小水平安全间距",默认值为 0.254mm(10mil)。

(3)"最小垂直安全间距",默认值为 0.254mm(10mil)。

3. Component Orientations(元件布置方向规则) 该规则用来设定元件的排列方向,点击"Component Orientation"选项,打开如图 6-43 所示对话框。用户可以根据需要选择各个方向的元件排列,可以复选其选项。

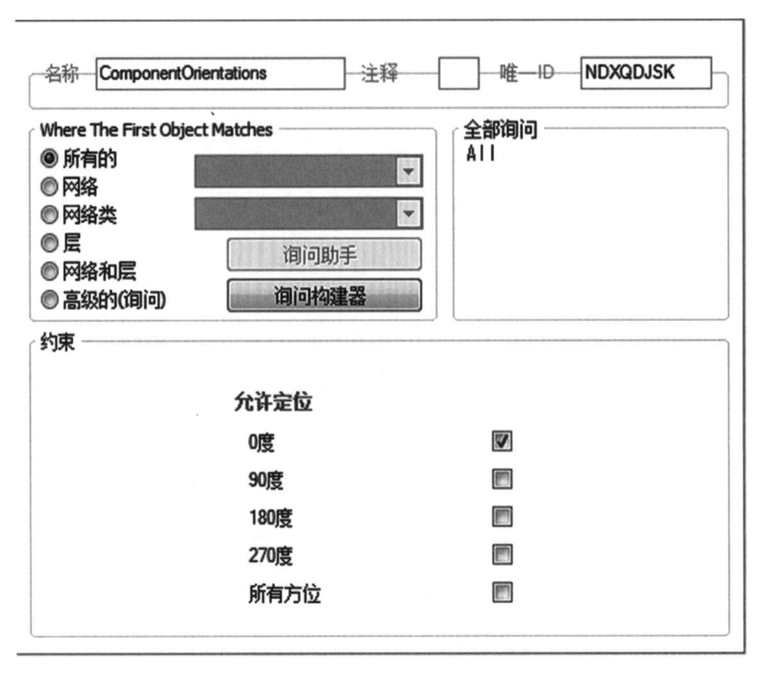

图 6-43　元件布置方向规则

在“约束”栏中可以设置元件布置方向。在“允许定位”复选框下可以选择前 4 个复选框中的某些项，表明允许元件按相应的方向进行布置。选择“所选方位”选项后，其余 4 个选项变为不可选状态，这时元件可以布置在任意方向。

4. Permitted Layers（元件布置板层规则）　这个规则用来设置元件放置的层面，点击“Permitted Layers”，弹出如图 6-44 所示对话框。设定规则适用范围为整个电路板，元件允许放置在顶层或底层，可以同时选中两个板层，这时在顶层和底层均允许放置元件。

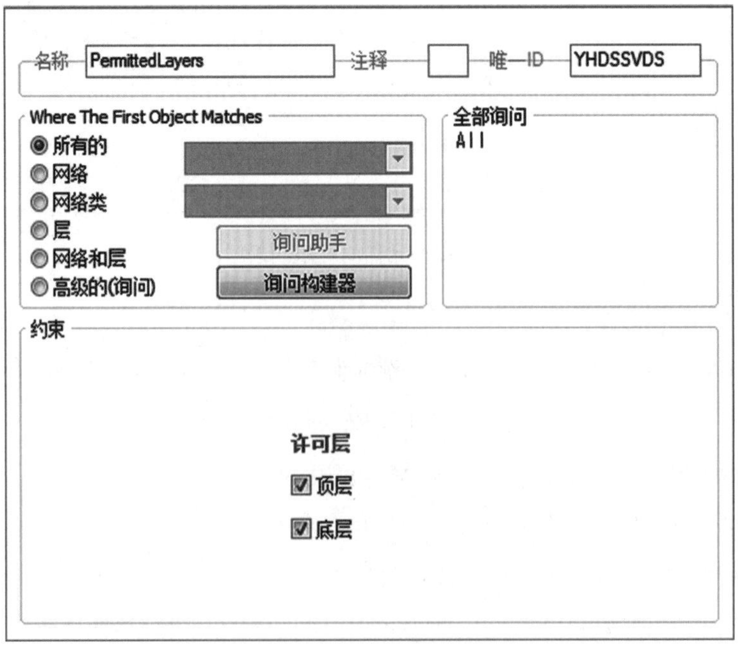

图 6-44　元件布置板层规则

5. Nets to Ignore(网络忽略规则)　该规则用于设定自动布局时哪些网络可以忽略。其对话框设置如图 6-45 所示。这个规则的“约束”栏中没有任何设置选项,所有的设置都在图 6-45 所示的网络选项中设定。想要忽略某个网络就可以选中那个网络。

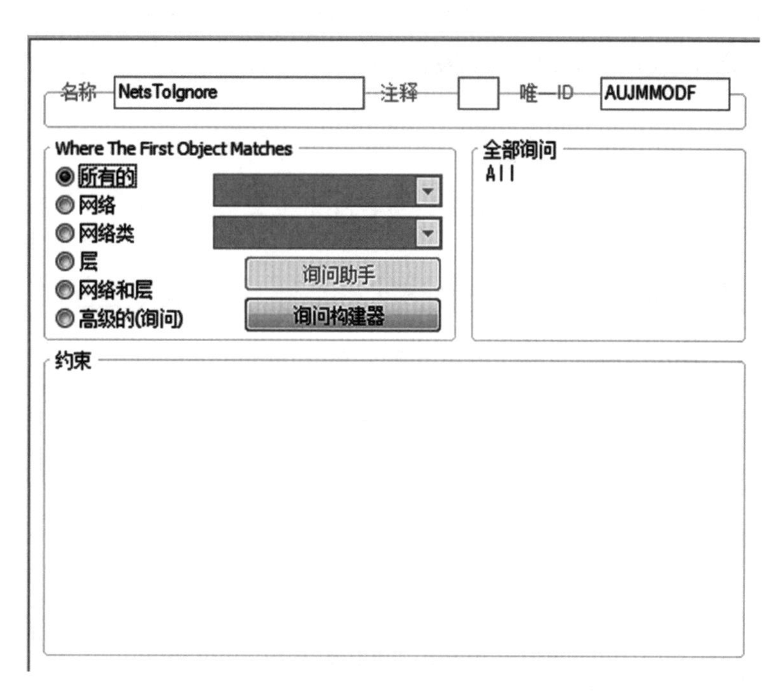

图 6-45　网络忽略规则

6. Height(高度规则)　该规则用来设置元件的高度值。点击 Height,打开如图 6-46 所示对话框,在这个对话框中,用户需要设定三个参数值。

(1)“最小的”:设定元件封装高度最小值。

(2)“首选的”:设定元件封装高度的建议值。

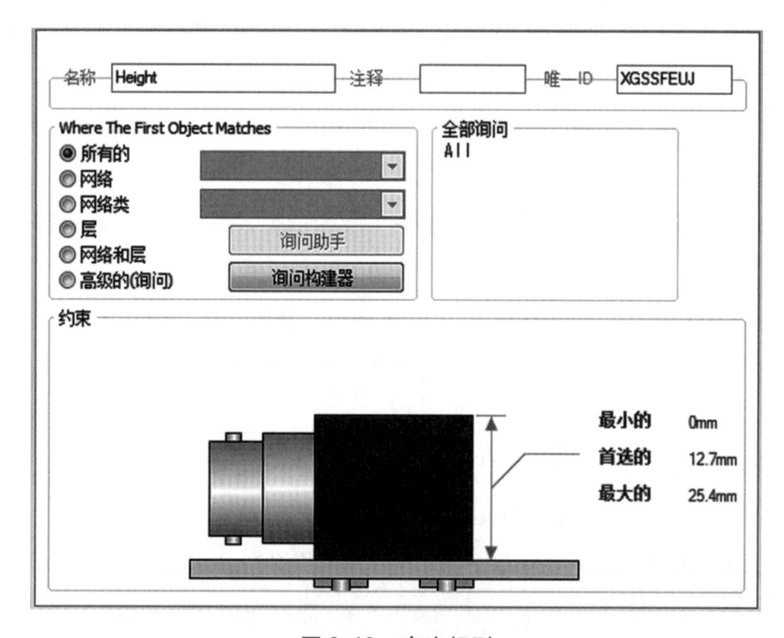

图 6-46　高度规则

（3）“最大的”：设定元件封装高度最大值。

该规则用户一般采用系统默认设置。

（二）自动布局

接下来就要进入元件的布局。元件的布局有自动布局和手工布局两种方式，用户根据自己的习惯和设计需要可以选择自动布局，也可以选择手工布局，当然在很多情况下需要两者结合才能达到很好的效果。

下面介绍自动布局的具体操作步骤：

执行菜单命令“工具/器件布局/自动布局”，将会弹出“自动放置”对话框，如图 6-47 所示。

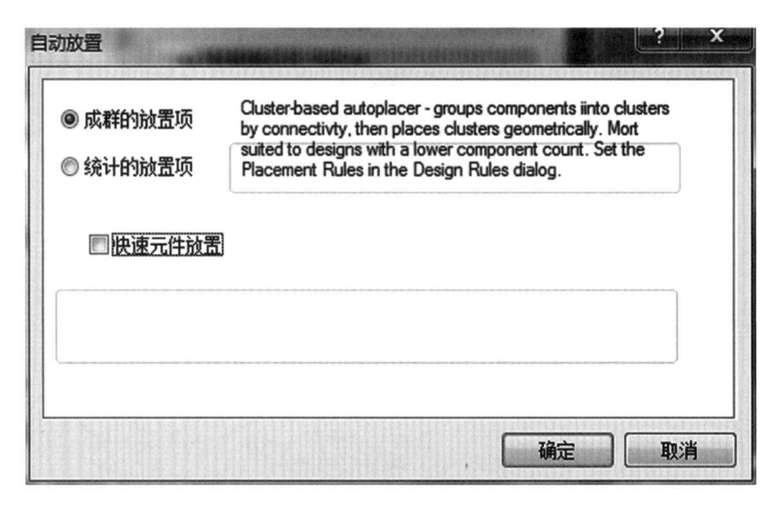

图 6-47　“自动放置”对话框

在这个对话框中，可以设置元件自动布局的方式。对话框分为两部分：上半部分是选择元件的布局方法，下半部分根据上半部分的选择具有不同的界面。

上部分有两种布局方法可供选择：“成群的放置项”和“统计的放置项”。

（1）“成群的放置项”：以元器件之间的电气连接关系为依据，比较适合元件不多的电路。这种基于组的元件自动布局方式将根据链接关系将元件划分成组，然后按照几何关系放置元件组。

如果选择“成群的放置项”，则下半部分中有一个“快速元件放置”的复选框。选中此框时，则采用快速元件自动布局。

（2）“统计的放置项”：统计布局方式，以最短飞线为依据，适用于元件比较多的场合。这种元件的布局方式根据统计计算来放置元件，使元件间的飞线长度最短。

如果选择“统计的放置项”，则对话框如图 6-48 所示。其各个选项的功能如下：

1）“组元”：将当前 PCB 中网络连接紧密的元件归为一组，排列时该组元件将作为一个整体进行布局。

2）“旋转组件”：自动布局时，允许根据当前网络连接的需要使元件旋转方向。

3）“自动更新 PCB”：允许 PCB 自动由原理图变动进行升级。

本例中可以选择“成群的放置项”，单击【确定】按键，将进行 PCB 板自动布局。在自动布局过程中，如果想中途终止自动布局过程，可以单击菜单“工具/器件布局/停止自动布局”。本例自动布局结果如图 6-49 所示。

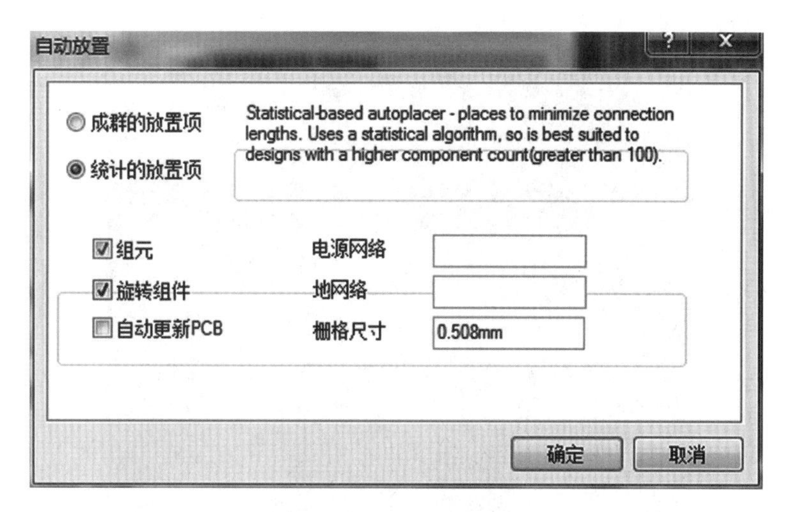

图 6-48　统计的放置项

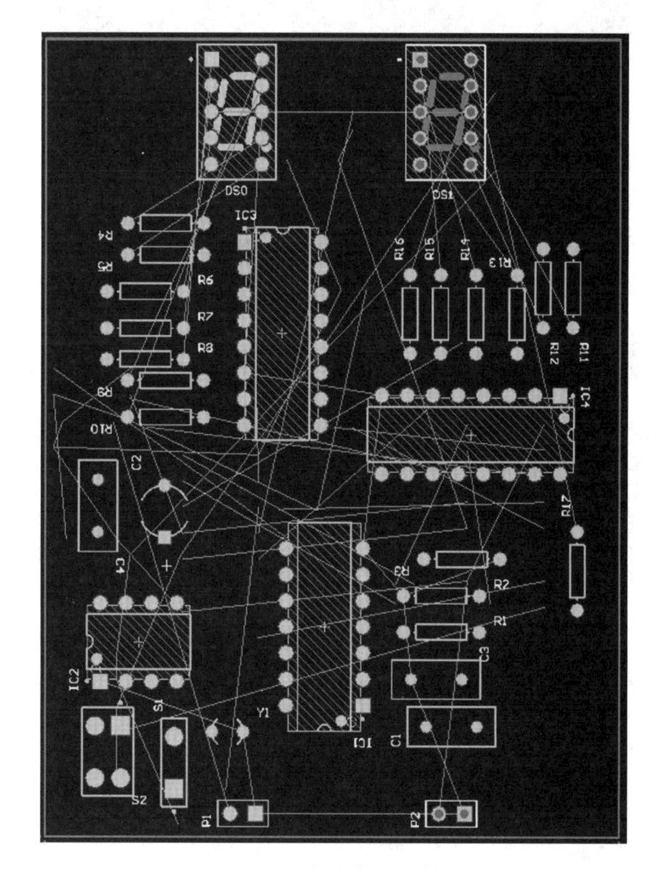

图 6-49　自动布局后效果

（三）手工布局

图 6-49 为元件自动布局后的效果图。可以看到，自动布局的结果只是把元件散开排列，要想达到实用效果，还需要手工调整。在 PCB 板中对元件进行选择、移动、删除、复制、剪切和粘贴的方法与在原理图中一样，调整元件布局完毕后的电子元件布局如图 6-50 所示。对布局的调整还要注意使元件对齐或均匀排列，这样设计出来的电路板才能比较美观。

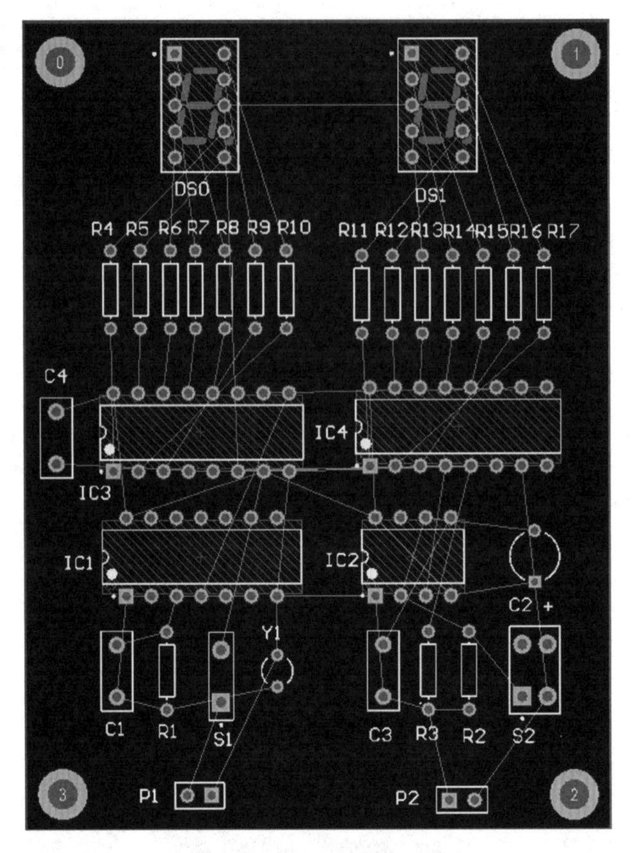

图 6-50　手工调整后效果

一般元件的布局都采用手动布局的方式，因为手动布局不但可以根据实际情况布局，而且还可以很好地利用布局规则布局，所以手动布局布的电路板效果要比自动布局好得多。

知识链接

布　局

元件布局，应当从机械结构散热、电磁干扰、将来布线的方便性等方面综合考虑。 先布置与机械尺寸有关的器件，并锁定这些器件，然后是大的占位置的器件和电路的核心元件，再是外围的小元件。

六、布线规则设置

Altium Designer 提供的布线功能，可以进行自动布线或手动交互布线。布线之前，必须先设置参数，过程如下：

1. 打开 PCB 规则及约束编辑器　执行菜单命令“设计/规则”，则系统弹出如图 6-51 所示的打开“PCB 规则及约束编辑器”对话框，可以设置布线和其他参数。

在 PCB 规则及约束编辑器中，与布线相关的规章主要包括：

（1）Electrical（电气规则）：包括走线间距约束（Clearance）、短路约束（Short-Circuit）、未布线的

图 6-51 PCB 规则及约束编辑器

网络(Un-Routed Net)和未连接的引脚(Un-Connected Pin)。

(2) Routing(布线规则):包括走线宽度(Width)、布线的拓扑结构(Routing Topology)、布线优先级(Routing Corners)、过孔的类型(Routing Via Style)和输出控制(Fanout Control)。

(3) SMT(表面贴规则):包括走线拐弯处表面贴约束(SMD to Corner)、SMD 到电平面的距离约束(SMD to Plane)和 SMD 的缩颈约束(SMD Neck-down)。

(4) Mask(阻焊膜和助焊膜规则):包括阻焊膜扩展(Solder Mask Expansion)和助焊膜扩展(Paste Mask Expansion)。

(5) Testpoint(测试点):包括测试点的类型(Test Point Style)和测试点的用处(Test Usage)。

2. “Electrical”与电气相关的设计规则设置 该规则设置在电路板布线过程中所遵循的电气方面的规则。

(1) “Clearance”安全距离规则:用于设定在 PCB 的设计中,导线、导孔、焊盘、矩形敷铜填充等组件相互之间的安全距离。默认的情况下整个电路板上的安全距离为 0.254mm(10mil)。

下面以 VCC 和 GND 之间的安全距离设置为 1mm 为例说明新规则的添加方法。

1) 增加新规则:在“Clearance”上单击右键并选择“新规则”命令,如图 6-52 所示,则系统自动在“Clearance”的下面增加一个名称为“Clearance_1”的规则,点击“Clearance_1”,弹出设置规则范围和约束特性如图 6-53 所示。

2) 设置规则使用范围:在“Where the First object matches”单元中点击“网络”,在“全部问询”单元里出现 In Net( ),点击【All】按键旁的下拉列表,从有效的网络表中选择“VCC”;按照同样的方法在“Where the Second object matches”单元中点击“网络”,从有效的网络表中选择“GND”。

3) 设置规则约束特性:将光标移到“约束”单元,将“最小间隔”的值改为 1mm,如图 6-53 所示。

图 6-52　增加新规则对话框

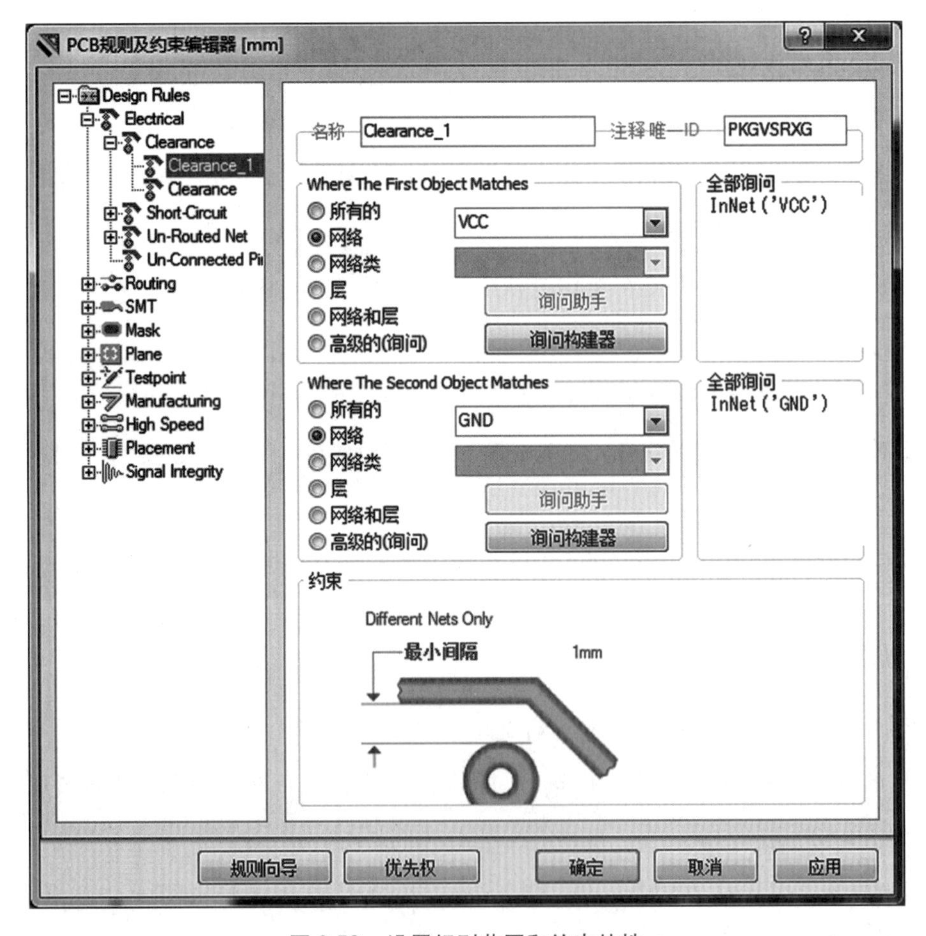

图 6-53　设置规则范围和约束特性

4）设置优先权：此时在 PCB 的设计中同时有两个电气安全距离规则，因此必须设置它们之间的优先权。点击优先权设置【优先权】按键，系统弹出如图 6-54 所示的“编辑规则优先权”对话框。

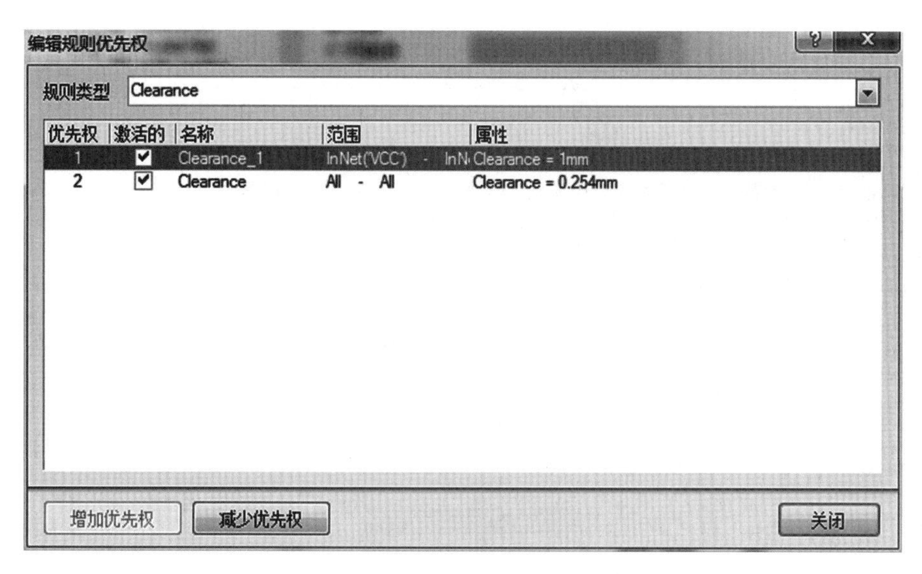

图 6-54　“编辑规则优先权”对话框

通过对话框下面的【增加优先权】与【减少优先权】按键可以改变布线规则中的优先次序。

（2）“Short-Circuit”短路规则：该规则设定电路板上的导线是否允许短路。默认设置为不允许短路。

（3）“Un-Routed Net”未布线的网络规则：该规则用于检查指定范围内的网络是否布线成功，布线不成功的，该网络上已经布的导线将保留，没有成功布线的将保持飞线。

（4）“Un-Connected Pin”未连接的引脚规则：该规则用于检查指定范围内的元件封装的引脚是否连接成功。

3. “Routing”布线规则设置　此类规则主要设置与布线有关的规则，是 PCB 布线中最为常用的规则。下面以“数字脉搏计电路板”的设计为例，着重介绍布线规则的应用。

（1）“Width”导线宽度规则：本例要求除了电源和地线宽度为 1.2mm 外，其余信号线宽度为 0.6mm。点击“Routing”左边的“+”，展开布线规则，点击“Width（导线宽度）”项，出现如图 6-55 所示左侧的默认宽度设置“Width”。点击默认的宽度设置“Width”，出现设置内容，如图 6-55 右边所示。

1）一般线宽设置：在图 6-56 所示“名称”文本框中将规则名称改为“Width_all”；规则范围选择：All，也就是对整个电路板都有效；在规则内容处，将最小线宽（Min Width）、最大线宽（Max Width）和首选线宽（Perferred Width）分别设为：0.6mm、1.2mm 和 0.6mm。如图 6-56 所示，点击【应用】按键，保存上述设置。

2）电源网络线宽设置：在上图左侧“Width_all”处单击右键，选择“新规则”，如图 6-57 所示。

点击新规则“Width”，在“名称”里将该规则命名为：Width_VCC，然后单击规则适用范围中的“Net”选项，选择“VCC”网络，将最小线宽（Min Width）、最大线宽（Max Width）和首选线宽（Perferred Width）分别设为：1.2mm、1.2mm 和 1.2mm。点击【应用】按键，保存上述设置。如图 6-58 所示。

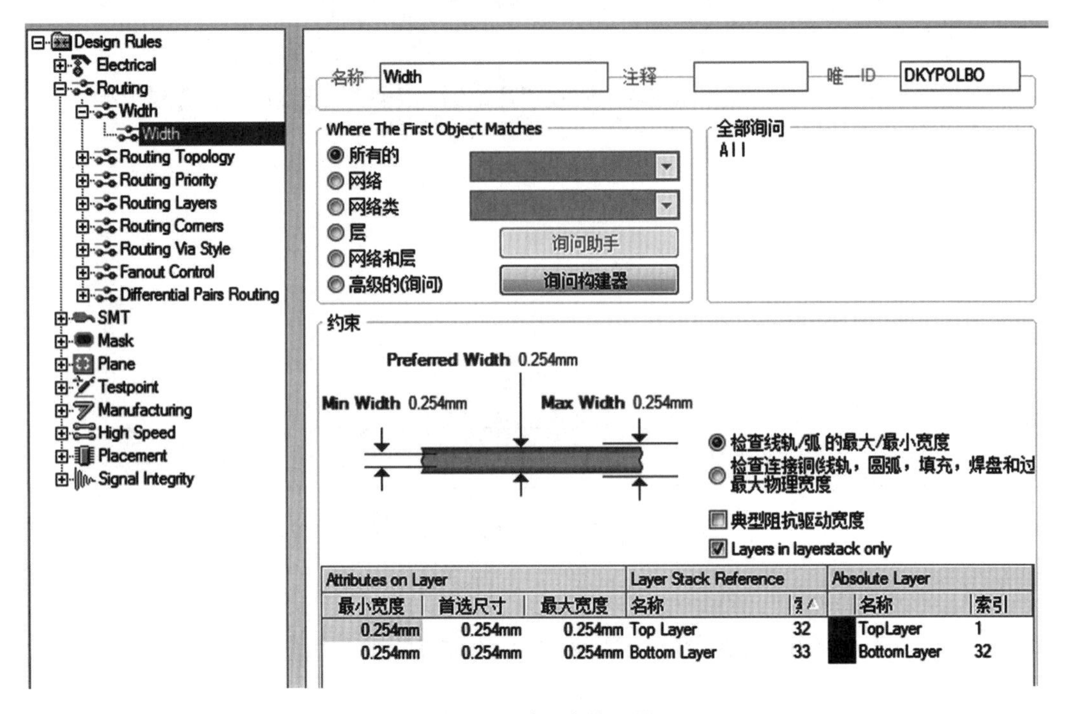

图 6-55　默认布线设置

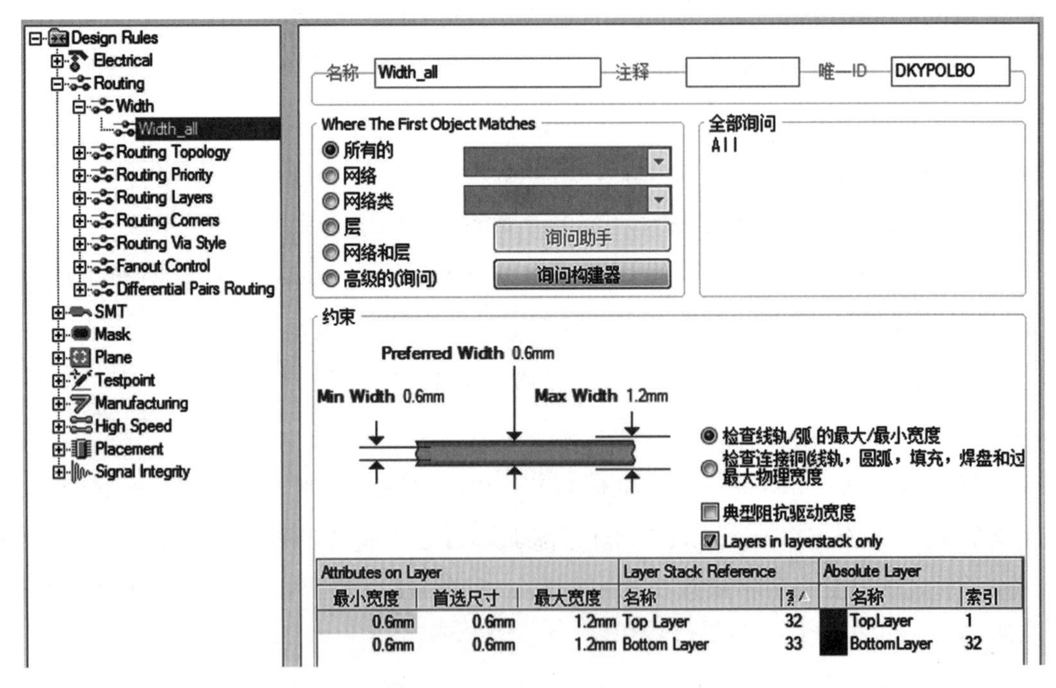

图 6-56　一般导线宽度设置

图 6-57　新建“导线宽度”规则

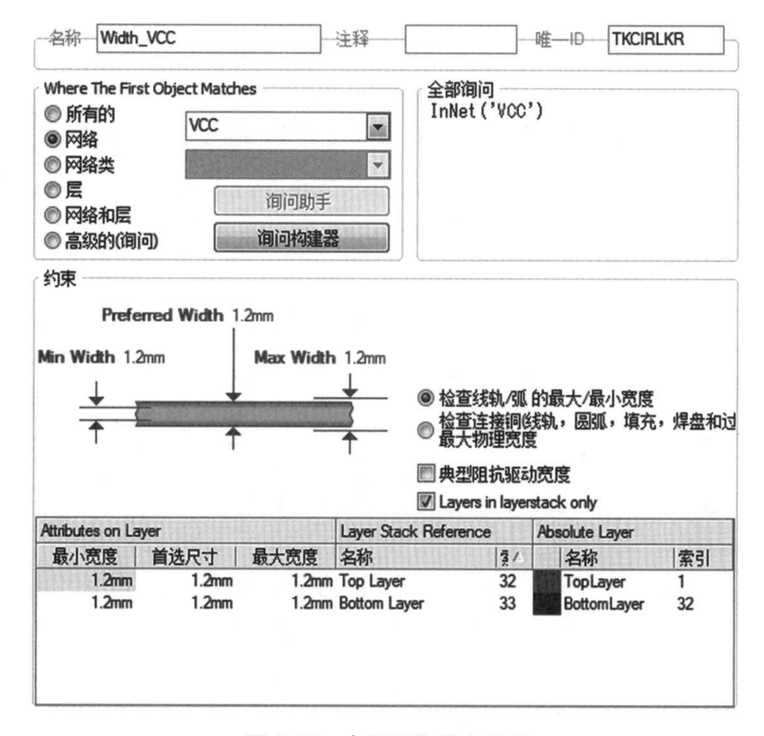

图 6-58　电源网络线宽设置

3） GND 网络线宽设置：参考上一步将 GND 网络的线宽设为 1. 2mm。

4） 规则优先级设置：前面设置的三条规则中 Width_VCC 和 Width_GND 优先级是一样的，它们两个都比 Width_all 要高。也就是说在制作同一条导线时，如果有多条规则都涉及到这条导线时，要以级别高的为准，应该将约束条件苛刻的作为高级别的规则。

点击“PCB Rules and constraints Editor（PCB 规则和约束）”对话框左下角的【优先权】按键进入“编辑规则优先权”对话框，如图 6-59 所示。选中某条规则，点击下方的【增加优先权】与【减少优先权】按键可以改变布线规则中的优先次序。

（2） “Routing Layers”布线层规则：展开 Routing Layers 项，并点击默认的“Routing Layers”规则，如图 6-60 所示。本例要求设计双面板，可采取默认。如果设计单面板，注意单面板只能底层布线，则要将 Top Layer 的“允许布线”复选框取消。点击【确定】按键完成设置。

本例中，其余设置可采用系统默认设置。

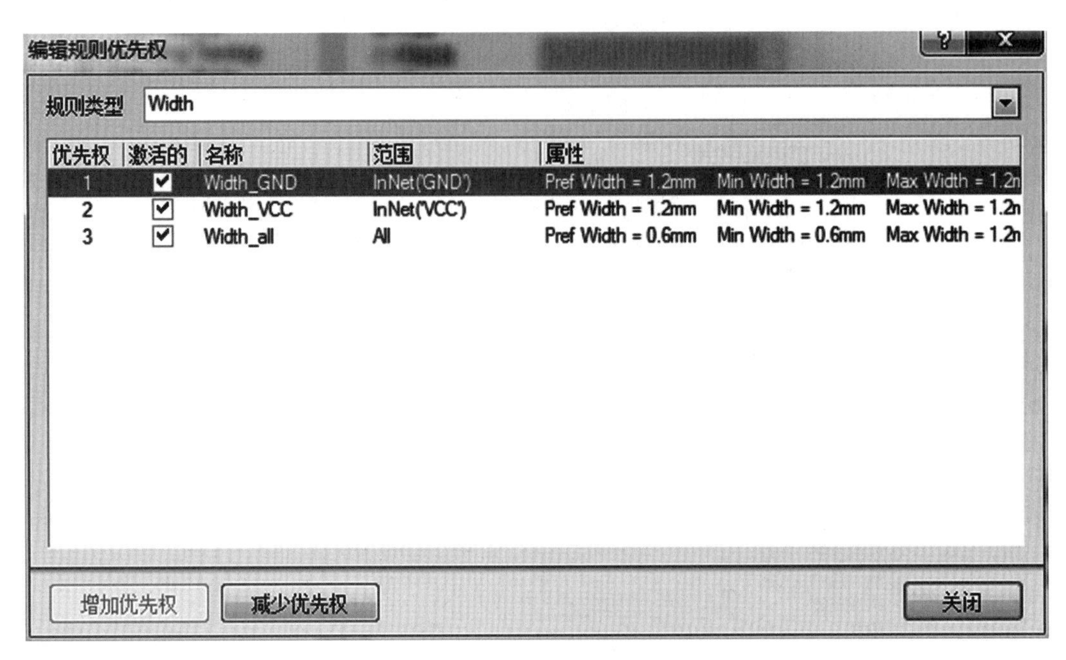

图 6-59　“编辑规则优先权”对话框

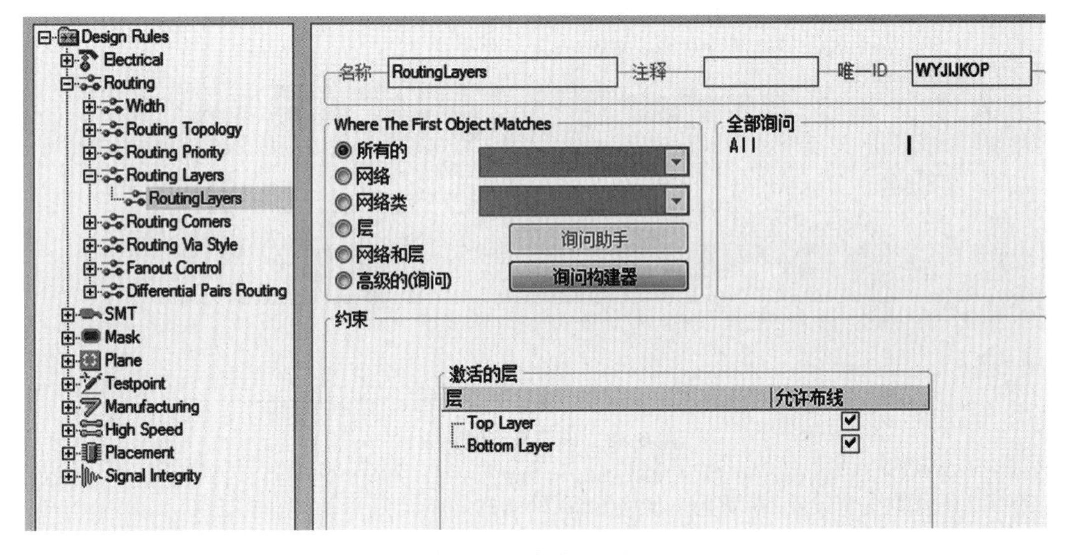

图 6-60　布线层设置

七、自动布线与手工布线

（一）自动布线

自动布线就是根据用户设定的有关布线规则，依照一定的算法，自动在各个元件之间进行导线连接，实现 PCB 板各个组件的电气连接。

1. 自动布线方式　点击主菜单“自动布线”项，系统弹出自动布线菜单，如图 6-61 所示。Altium Designer 提供了多种自动布线方式，部分如下：

（1）“全部”：对整个 PCB 板进行布线。

（2）“网络”:对指定网络进行布线。

（3）“网络类”:对指定网络类别进行布线。

（4）“连接”:对指定连接进行布线。

（5）“元件”:对指定元件进行布线。

（6）“区域”:对指定区域进行布线。

（7）“Room”:对给定元件组合进行自动布线。

下面重点介绍经常用的“全部”布线方式和“网络”布线方式。

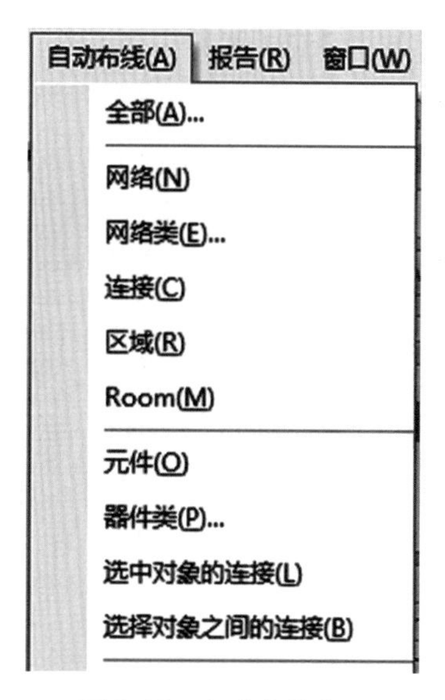

图6-61 自动布线选项

2.“全部”自动布线方式 执行菜单命令“自动布线/全部”,弹出如图6-62所示的“Situs布线策略”对话框。

点击【Routing All】按键,程序就开始对电路板进行自动布线,系统弹出如图6-63所示自动布线信息窗口,设计者可以了解到布线的情况。完成自动布线结果如图6-64所示。从图中可以清楚看到由于布线规则的约束“VCC”和“GND”两个网络的线宽比一般的导线要宽。

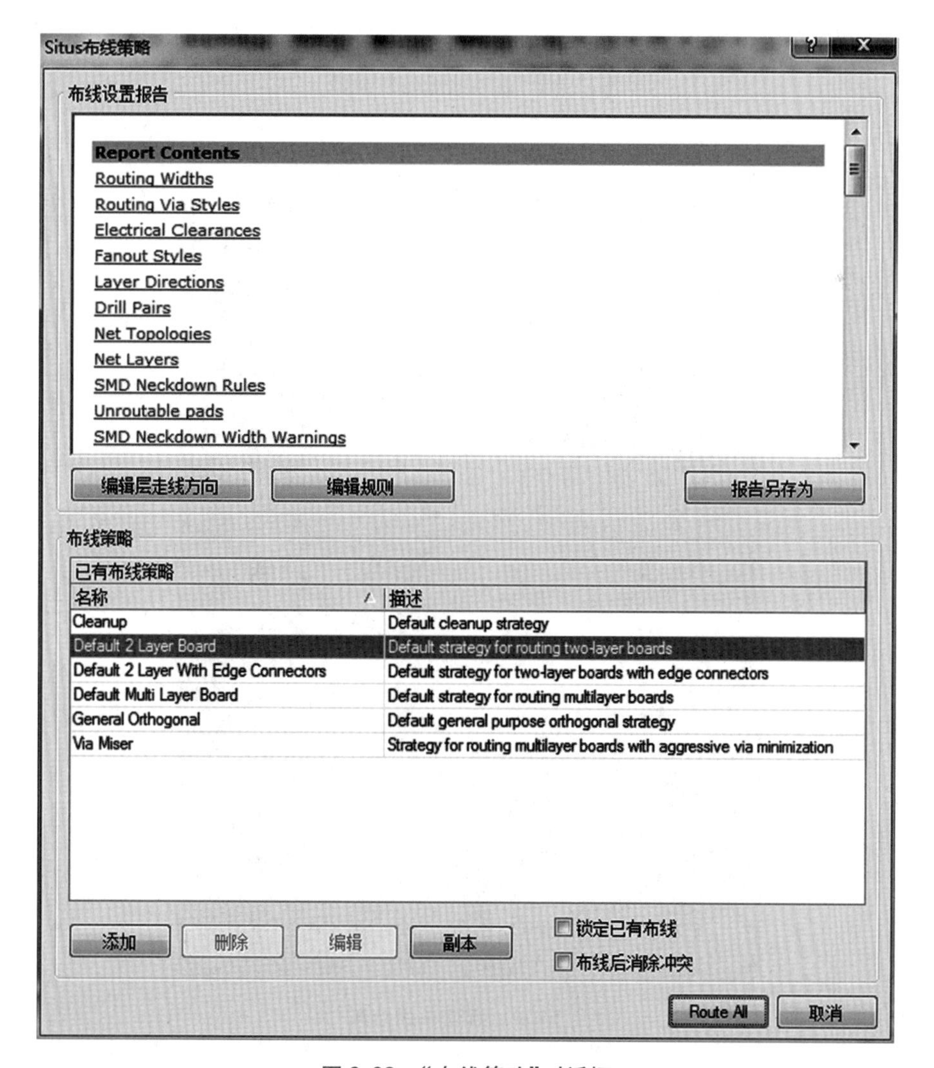

图6-62 “布线策略”对话框

Messages

Class	Document	Source	Message	Time	Date	N..
Sit...	脉搏测试...	Situs	Routing Started	18:35:25	2017-3-30	1
Ro...	脉搏测试...	Situs	Creating topology map	18:35:25	2017-3-30	2
Sit...	脉搏测试...	Situs	Starting Fan out to Plane	18:35:25	2017-3-30	3
Sit...	脉搏测试...	Situs	Completed Fan out to Plane in 0 Seconds	18:35:25	2017-3-30	4
Sit...	脉搏测试...	Situs	Starting Memory	18:35:25	2017-3-30	5
Sit...	脉搏测试...	Situs	Completed Memory in 0 Seconds	18:35:25	2017-3-30	6
Sit...	脉搏测试...	Situs	Starting Layer Patterns	18:35:25	2017-3-30	7
Ro...	脉搏测试...	Situs	Calculating Board Density	18:35:25	2017-3-30	8
Sit...	脉搏测试...	Situs	Completed Layer Patterns in 0 Seconds	18:35:26	2017-3-30	9
Sit...	脉搏测试...	Situs	Starting Main	18:35:26	2017-3-30	10
Ro...	脉搏测试...	Situs	58 of 74 connections routed (78.38%) in 1 Se...	18:35:26	2017-3-30	11

图 6-63　自动布线信息窗口

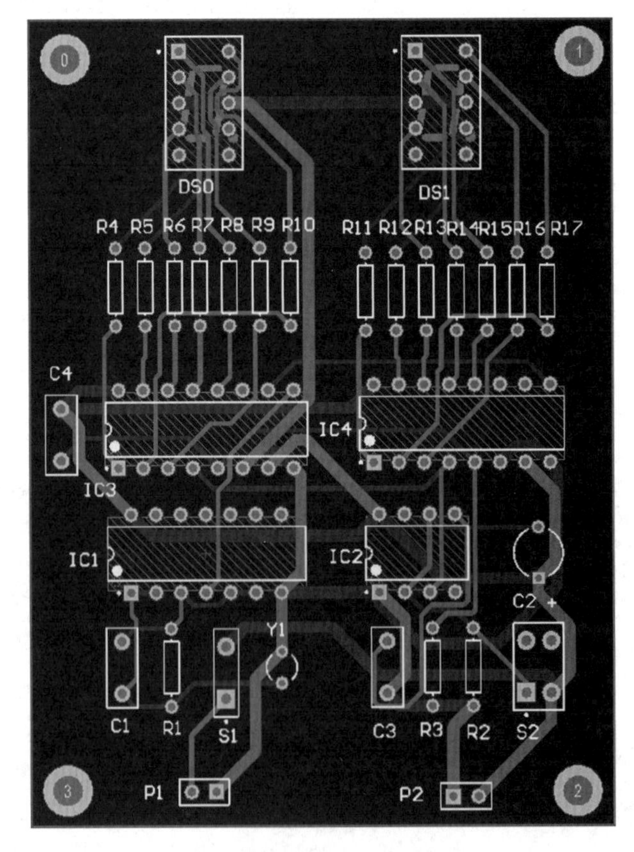

图 6-64　自动布线结果

3. “网络”自动布线方式　执行菜单命令“自动布线/网络”后，光标变为十字形状，设计者可以选取需要进行布线的网络。当设计者单击的地方靠近焊盘时，系统可能会弹出如图 6-65 所示的菜单（该菜单对于不同焊盘可能不同），一般应该选择“Pad”或“Connection”选项，而不选择“Component”选项，因为“Component”选项是对与当前元器件管脚有电气连接关系的网络进行布线。图 6-66 为“GND”网络自动布线的结果。

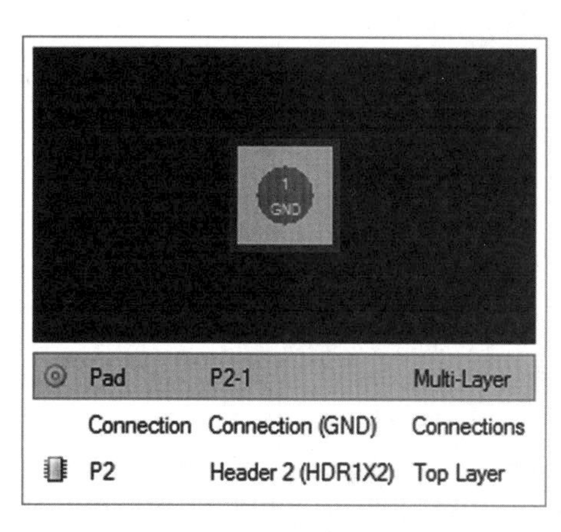

图 6-65　网络布线方式选择菜单

如果发现 PCB 板没有完全布通（即布通率低于 100%），或者欲拆除原来布线，可取消自动布线，然后再重新布线。执行菜单命令“工具/取消布线”，菜单选项下提供了几个常用于取消布线的命令，分别用来进行不同方式的调整：

“全部”：拆除所有布线，进行手工调整。

“网络”：拆除所选布线网络，进行手工调整。

“连接”：拆除所选的一条连线，进行手工调整。

“器件”：拆除与所选元件相连的导线，进行手工调整。

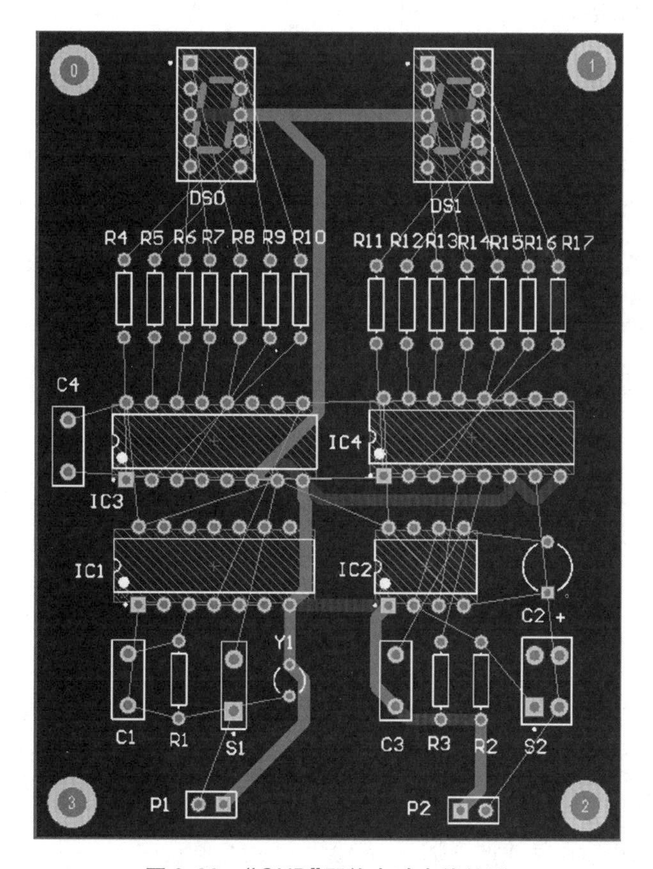

图 6-66　“GND”网络自动布线结果

（二）手动布线

1. 交互布线命令　需要手工布线时，在 PCB 编辑器里，执行布线命令可以采用如下几种方式：

（1）执行菜单命令“放置/走线”；

（2）单击“布线”工具条的放置元件工具；

（3）使用键盘命令，按【P+T】组合键。

选择任何一种方式执行，光标变成十字形状，即可开始绘制导线。

2. 交互布线参数设置　在放置导线时，可以按【Tab】键，打开“交互布线设置”对话框，如图 6-67 所示，在该对话框里，可以设置布线的相关参数，具体设置参数包括：

（1）“Width from user preferred value”，导线宽度下拉列类表，设置布线时的导线宽度。若列表中的参数不满足要求，可以手动输入导线宽度。

（2）“过孔直径”，设置过孔的外径大小。

（3）“过孔孔径大小”，设置过孔的内径大小。

（4）“层”，用于设置所布设导线所在的层。

（5）“应用到所有层”复选框选中后，则所有层均使用这种交互布线参数。

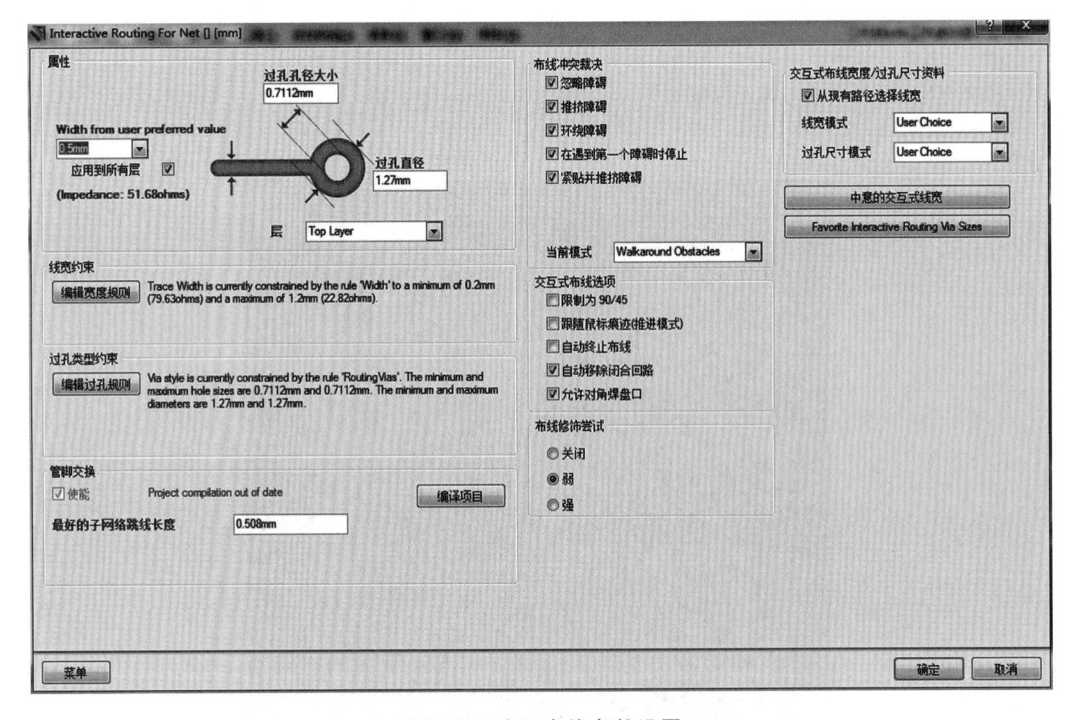

图 6-67　交互布线参数设置

3. 交互布线　执行交互布线命令后，光标变成十字形状，将光标移到所需的焊盘位置，单击确定导线的起点，然后移动光标，在导线的每一个转折点处单击确认，即可绘制出一段直导线。在导线的终点处单击确认后，单击鼠标右键，即可完成整个一条导线的绘制工作。

绘制完一条导线后，程序仍处于命令状态，用户可以按上述方法继续绘制其他导线，也可单击鼠标右键或按【Esc】键退出绘制导线命令状态。

在布线时，掌握以下方法，有助于快速、合理的布线。

（1）对于双面板或多层板的连线，如果线条在走线时被同一层的另一个线条阻挡，可通过过孔转到另一层继续走线，最后达到终点焊盘。确定起点后，当想越过同层线条时，按小键盘区的【＊】

键，可自动放置过孔，如图 6-68 所示。

（2）布线时，删除线可以有几种方式。①鼠标单击选中线后，按【Delete】键；②按快捷键【E+D】，光标变成十字，单击欲删除的线，可连续删除；③拉框选中局部区域，被选中线高亮显示，按快捷键【Ctrl+Delete】删除。

布线过程中，如果觉得某根走线不合理，无须先删除原来的线再重新布线，可以直接在原来的基础上，重新布线。布上新线后，原来的线将自动消失。

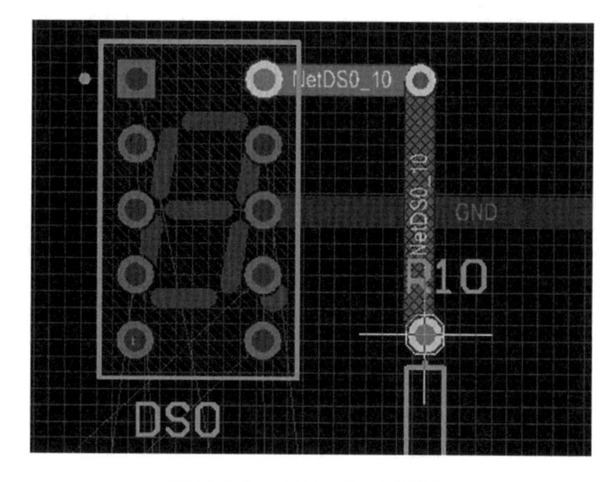

图 6-68　交互式布线举例

八、设计规则检查

对布线完毕后的电路板进行 DRC（设计规则检查）是必不可少的一步，通过检查可以发现电路

图 6-69　设计规则检查

板上违反预设规则的行为，保证正确完成电路板的设计。

选择菜单命令“工具/设计规则检查”，则系统弹出规则检验对话框，如图 6-69 所示。对话框中包括两项内容：“Rules to Check”（设计规则检验的设置）及“Report Options”（报表选项）。在规则设置对话框中设置的规则，一般在设计规则检查对话框中都会默认为在线检测，这样在手工调整布线时，只要违反了这些规则，系统就可以实时监测出来，从而避免一些违规操作。

设计规则检验属性设置后，单击左下角的【运行 DRC】按键，则 Altium Designer 将会进行设计规则的全面检查，并生成一份检查报告，如图 6-70 所示。这份报告中将会记录所有违反规则的布局和布线。这些违反规则的布局和布线将会在电路板上以高亮的绿色显示出来，并且信息面板中给出违反规则的类型。要清除绿色错误标记，则可以选择“工具/复位错误标志”菜单项。

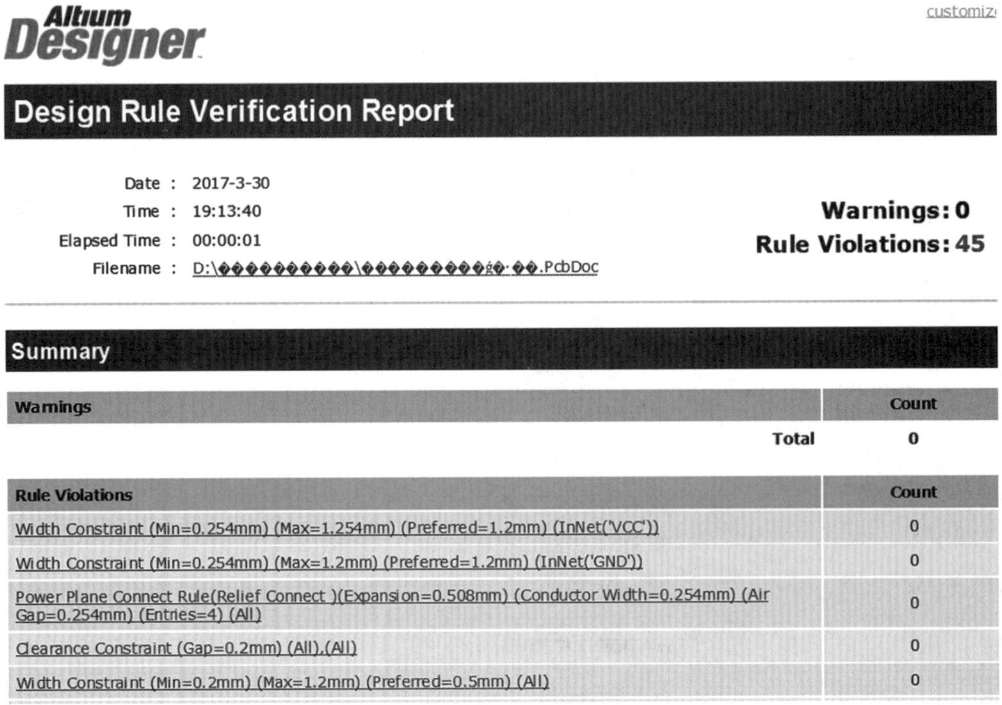
customiz

Design Rule Verification Report

Date : 2017-3-30
Time : 19:13:40
Elapsed Time : 00:00:01
Filename : D:\����������\����������ġ·��.PcbDoc

Warnings: 0
Rule Violations: 45

Summary

Warnings	Count
Total	0

Rule Violations	Count
Width Constraint (Min=0.254mm) (Max=1.254mm) (Preferred=1.2mm) (InNet('VCC'))	0
Width Constraint (Min=0.254mm) (Max=1.2mm) (Preferred=1.2mm) (InNet('GND'))	0
Power Plane Connect Rule(Relief Connect)(Expansion=0.508mm) (Conductor Width=0.254mm) (Air Gap=0.254mm) (Entries=4) (All)	0
Clearance Constraint (Gap=0.2mm) (All),(All)	0
Width Constraint (Min=0.2mm) (Max=1.2mm) (Preferred=0.5mm) (All)	0

图 6-70　规则检查报告

点滴积累

1. Altium Designer 提供了两个常用元件库：常用杂样元件库 Miscellaneous Devices. IntLib、常用接插件库 Miscellaneous Connectors. IntLib。
2. “Electrical”用于设置电路板布线过程中所遵循的电气方面的规则。
3. “Clearance”用于设定在 PCB 的设计中，导线、导孔、焊盘、矩形敷铜填充等组件相互之间的安全距离。
4. “Routing”主要设置与布线有关的规则。
5. 在放置导线的过程中，可以按【Tab】键，打开“交互布线设置”对话框，可对导线宽度、过孔的外径大小、过孔的内径大小、布设导线所在的层等参数进行修改。
6. 对于双面板放置导线，如果线条在走线时被同一层的另一个线条阻挡，按小键盘区的

【＊】键，可通过过孔转到另一层继续走线。

第三节 其他技术

一、添加泪滴

为了增强印制电路板网络连接的可靠性，以及将来焊接元件的可靠性，在导线与焊点或导孔的连接处有一段过渡，过渡的地方成泪滴状，所以称它为泪滴。泪滴的作用是，在印刷电路板加工钻孔时，避免应力集中在导线和焊点的接触点，而使接触处断裂。

当要放置泪滴时，具体操作步骤如下：选择菜单“工具/泪滴”，则弹出“泪滴选项”对话框，如图 6-71 所示。

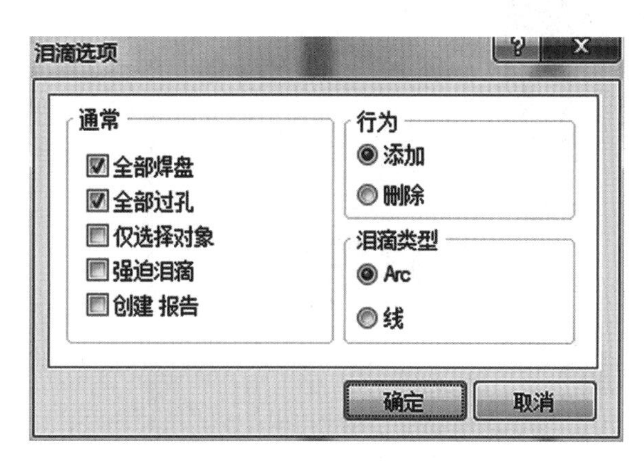

图 6-71 “泪滴选项”对话框

其中分为 3 个部分进行设置：通常、行为和泪滴类型，下面分别进行介绍。

1. “通常”选项 有 5 项内容：

（1）“全部焊盘”：将泪滴应用于所有焊盘。

（2）“全部过孔”：将泪滴应用于所有的过孔。

（3）“仅选择对象”：将泪滴仅应用于选中的图元。

（4）“强迫泪滴”：强制实行泪滴。

（5）“创建报告”：建立补泪滴的报告文件。

2. “行为”选项 有“添加”和“删除”两项可供选择，可以根据实际情况进行选用。

3. “泪滴类型”选项 用于设置泪滴的形状，共有两个选项：

（1）“Arc”：圆弧形泪滴。

（2）“线”：导线形泪滴。

本例设置成导线形泪滴。将泪滴属性设置完毕后单击【OK】按键，就可以进行补泪滴。图 6-72 是补泪滴后的电路板图。

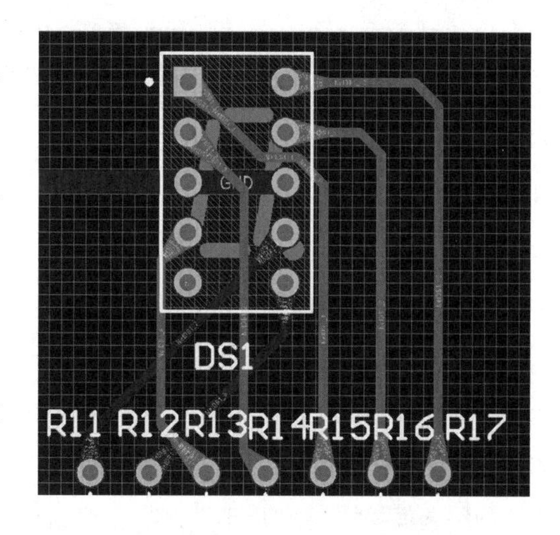

图 6-72 补泪滴后的电路板

二、添加敷铜

敷铜就是将电路板中空白的地方铺满铜膜，敷铜并不是仅仅为了美观，敷铜的重要作用是提高电路板的抗干扰能力。通常将铜膜接地，这样电路板中空白的地方就铺满了接地的铜膜，电路板的抗干扰能力就会有显著的提高。

下面以上面的实例讲述敷铜处理，顶层和底层的敷铜均与 GND 相连。

单击“布线”工具栏的图标，或执行菜单命令“放置/多边形敷铜”，则可以弹出如图 6-73 所示的敷铜区属性设置对话框。

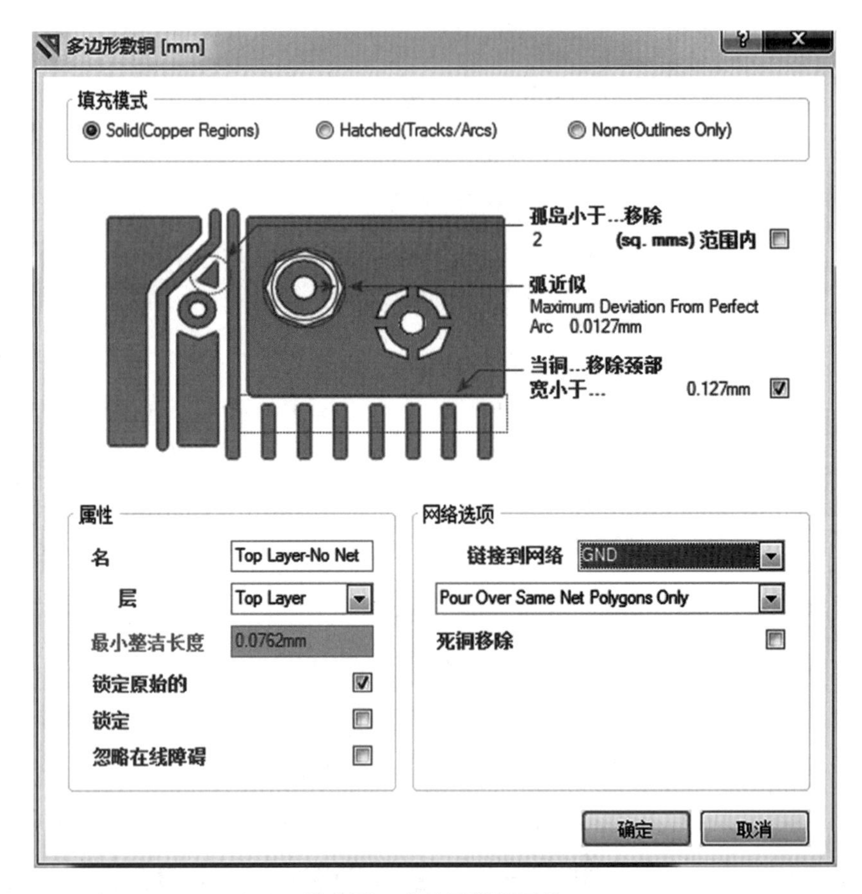

图 6-73 多边形敷铜属性

1. “填充模式”栏 敷铜区的填充有三种模式可选，分别为“Solid”实心敷铜、“Hatched”镂空敷铜、“None”无填充敷铜。

2. “属性”栏 包含以下三项内容。

（1）“名”：可以编辑敷铜区的名称。

（2）“层”：在下拉列表框中设置敷铜区所在的工作层，本例选择“Top Layer”。

（3）“锁定原始的”：复选项，只允许将敷铜区看作一个整体来执行修改、删除等操作，在执行这些操作时会给出提示信息。

3. “网络选项”栏 主要用于设置敷铜区的网络属性。

（1）“链接到网络”：在下拉列表中设置敷铜区所属的网络。通常选择“GND”，即对地网络。其中，“Don't Pour Over Same Net Objects”（敷铜经过连接在相同网络上的对象实体时，不覆盖过去），要为对象实体勾画出轮廓；“Pour Over All Net Objects”（敷铜经过连接在相同网络上的对象实体时，会覆盖过去），不为对象实体勾画出轮廓；“Pour Over Same Net Polygon Only”（只覆盖相同网络的敷铜）。本例选择“Pour Over Same Net Polygon Only”。

（2）“死铜移除”复选框：删除没有连接在指定网络上的死铜，勾选该项。

其他设置项可以取默认值。

设置完对话框单击【确定】按键，光标变成十字形状，将光标移到所需要的位置单击，确定多边形的起点。然后再移动鼠标到适当的位置单击，确定多边形的中间点，再移动鼠标直至终点，终点处右击鼠标，则程序自动将终点和起点连接在一起，并且除去死铜，形成印制电路板上的敷铜，如图 6-74 所示。

对底层的敷铜操作与上面一样，只是“层”选择“Bottom Layer”。

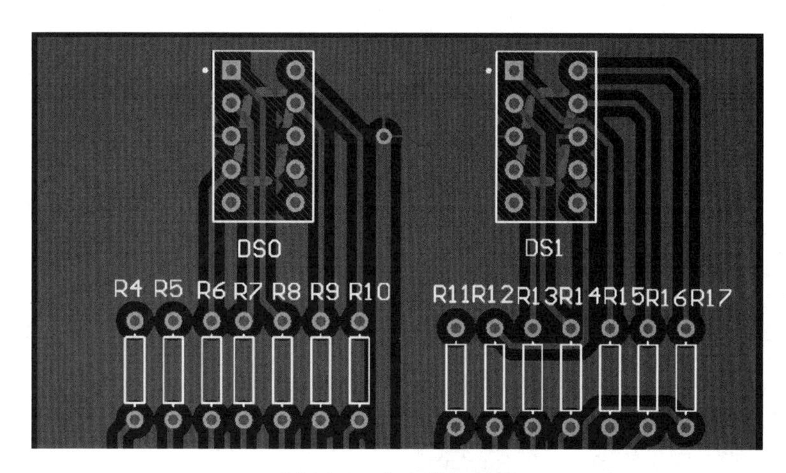

图 6-74　实心敷铜效果

三、原理图与 PCB 的同步更新

从原理图到完成印制电路板的制作是个复杂的过程，需要在原理图与印制电路板文档之间反复

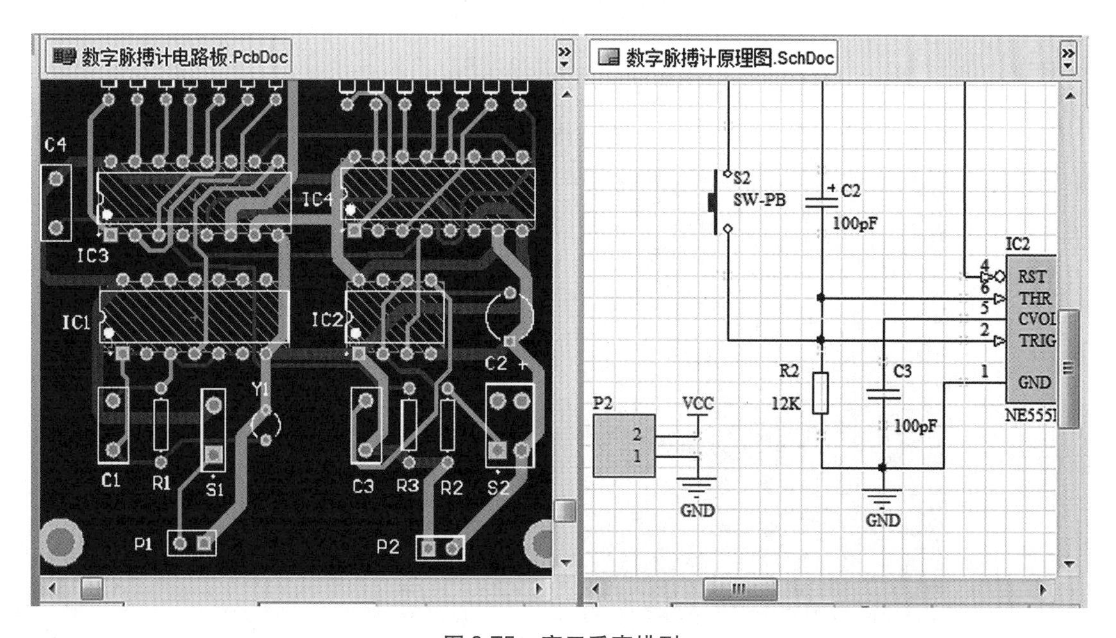

图 6-75　窗口垂直排列

切换，反复更改，软件提供了交叉追踪和更新功能，能够帮助用户提高制图速度。下面以“数字脉搏计”为例介绍具体的操作步骤。

首先打开工程中的两个文档：“数字脉搏计原理图 . Schdoc”和“数字脉搏计电路板 . Pcbdoc”。接着执行菜单命令“窗口/垂直排列”，将工作区文档并行排列，如图 6-75 所示。

1. 从原理图追踪并更新到 PCB

步骤如下：

（1）在原理图窗口点击，使之成为活动文档。

（2）执行菜单命令“工具/交叉探针”命令或者单击主工具条上的图标，光标变为十字。点击原理图工作区内元件 P2，则 PCB 中相应的元器件被高亮显示，而其他部分暗显，此时只有 P2 能被编辑，如图 6-76 所示。继续单击其他元器件或者网络标号进行追踪，直到按鼠标右键取消该操作。找到需要修改的目标后，进行编辑，完成后点击工作区右下角的“Clear”清除高亮显示状态。如本例将插座 P2 的编号修改为 J1，如图 6-77 所示。

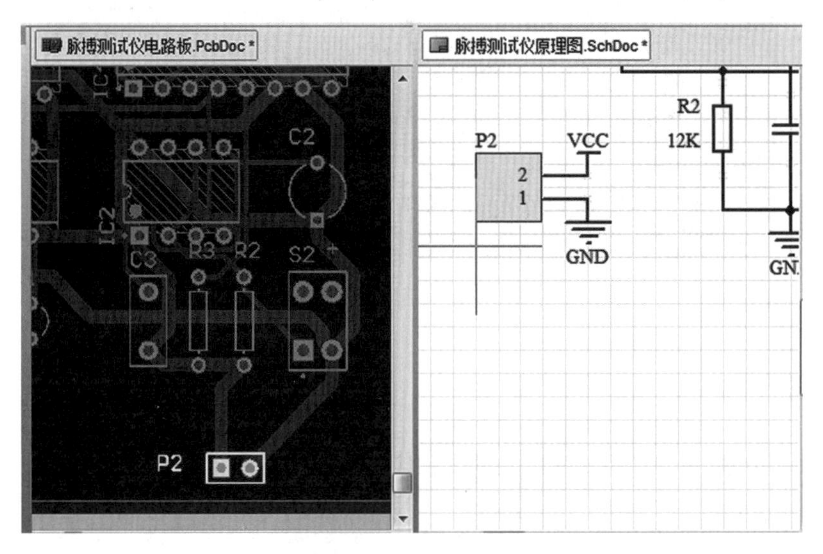

图 6-76　交叉追踪 P2

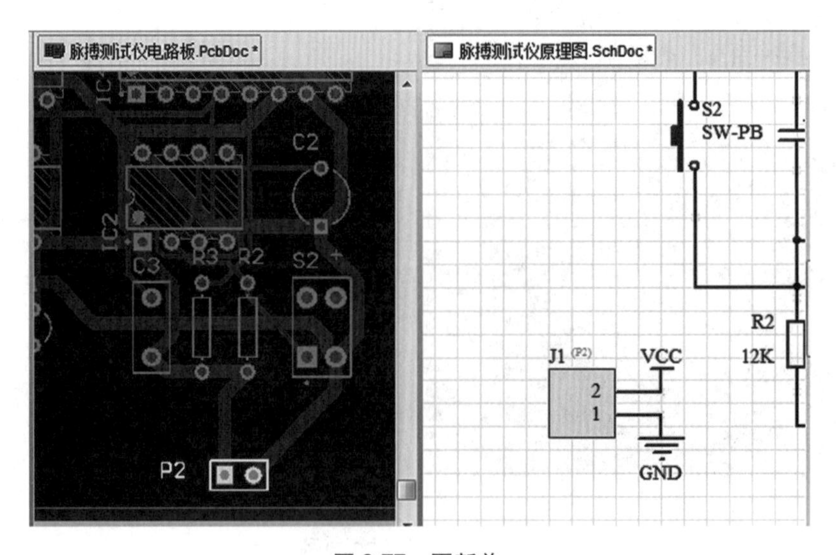

图 6-77　更新前

（3）自动更新到PCB。执行菜单命令“设计/Update PCB Document 数字脉搏计电路板.Pcbdoc”，接受工程变化，更新后效果如图6-78所示。

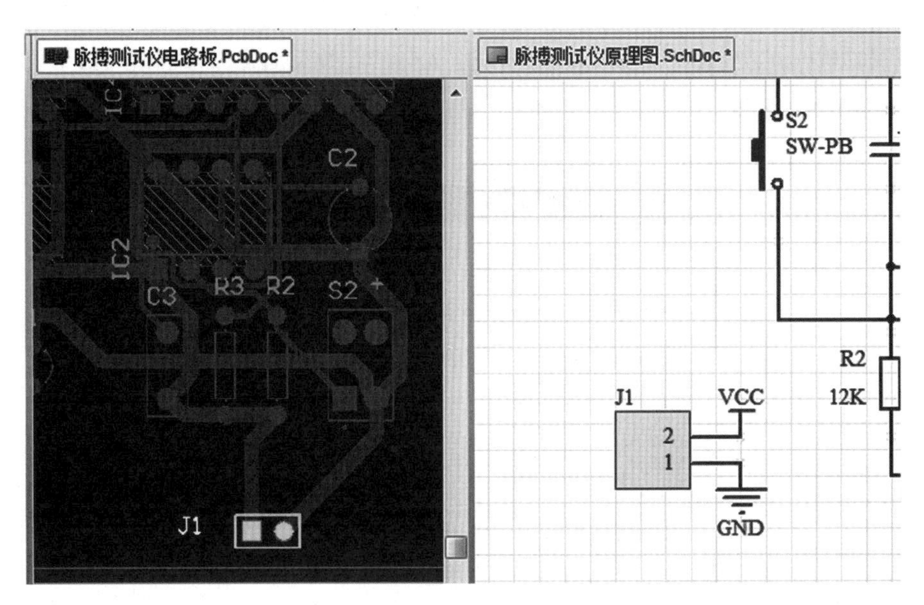

图6-78 更新后

2. 从PCB追踪并更新到原理图 操作方法同从原理图追踪并更新到PCB类似。

（1）在PCB图窗口单击，使之成为活动文档。

（2）执行菜单命令“工具/交叉探针”或者单击主工具条上的图标，光标变为十字形状。点击PCB图工作区内元件，则原理图中相应的元器件被高亮显示，而其他部分暗显，此时只有高亮显示元件能被编辑。找到需要修改的目标后，进行编辑。

（3）自动更新到原理图。执行菜单命令“设计/Update Schematics in 数字脉搏计.PrjPcb”，接受更新变化。

四、报表的产生

（一）生成电路板信息报表

电路板信息报表能为用户提供一个电路板的完整信息，包括电路板的尺寸、印制电路板上的焊点、导孔数量以及电路板上的元件标号等。

生成电路板信息报表的首先打开PCB文件“数字脉搏计电路板.Pcbdoc”，执行菜单命令“报告/板子信息”，此命令可打开电路板信息对话框，如图6-79所示。这个对话框共有3个选项介绍如下：

图6-79 “概要”选项卡

（1）“概要”选项卡：说明了该电路板的大小，电路板中各种元件的数量，钻孔数目以及有无违反设计规则等。

（2）“元件”选项卡：显示了电路版图中有关元件的信息，其中，“合计”栏说明电路板中元件的个数，“Top”和“Bottom”分别说明电路板顶层和底层元件的个数。下方的方框中列出了电路板中所有的元件，如图 6-80 所示。

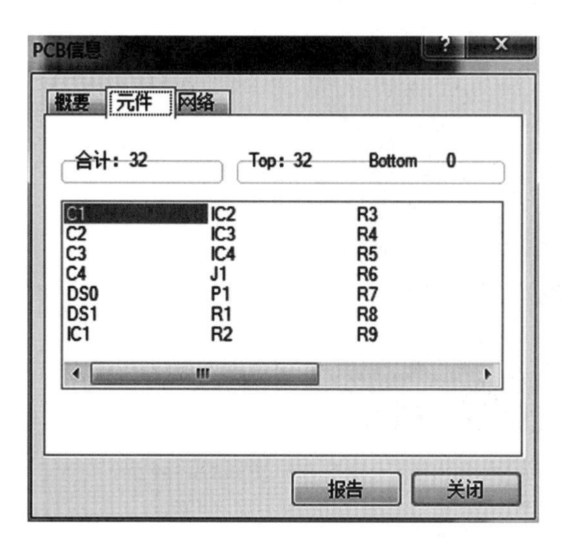

图 6-80　“元件”选项卡

（3）“网络”选项卡：列出了电路版图中所有的网络名称，其中“加载”栏说明了网络的总数，如图 6-81 所示。

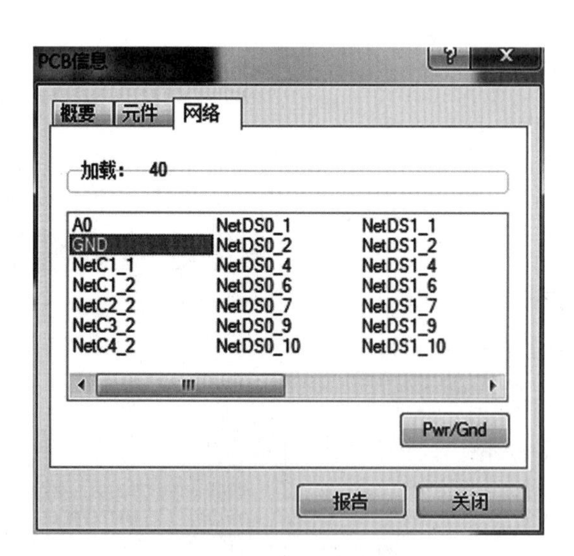

图 6-81　“网络”选项卡

如果需要察看电路板电源层的信息，可以单击【Pwr/Gnd】按键。

如果设计者要生成一个报告，单击如图 6-81 所示对话框中的【报告】按键，系统会产生“板报告”设置对话框，如 6-82 所示。

若全部选择图 6-82 中的所有选项，并按下对话框下面的【报告】按键，系统会生成“＊.html”文件。

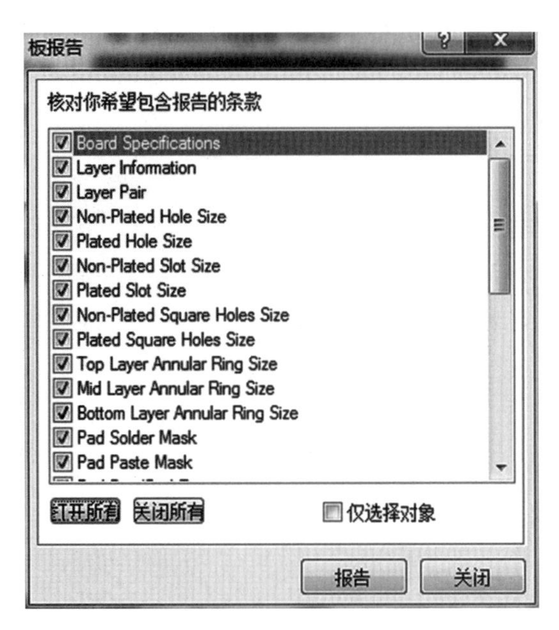

图6-82 “板报告”设置

（二）生成元件清单报表

元件清单可以用来整理一个电路或项目中的元件，生成一个元件列表，给设计者提供材料信息，据此元件清单报表文件，即可采购相应元器件。

执行菜单命令“报告/Bill of Materials”，或者执行菜单命令“报告/项目报告/Bill of Materials”，系统直接弹出如图6-83所示的对话框。

Bill of Materials For Schematic Document [数字脉搏计20170330.SchDoc]

Comment	Description	Designator	Footprint	LibRef	Quantity
Cap	Capacitor	C1, C3, C4	RAD-0.2	Cap	3
Cap Pol2	Polarized Capacitor (	C2	CAPPR2-5x6.8	Cap Pol2	1
Dpy Blue-CC	14.2 mm General Pu	DS0, DS1	LEDDIP-10/C5.08R	Dpy Blue-CC	2
CD4011BCN	Quad 2-Input NAND	IC1	N14A	CD4011BCN	1
NE555N	General-Purpose Sin	IC2	DIP8	NE555N	1
HCC40110BF	Decade Up-Down C	IC3, IC4	DIP16	HCC40110BF	2
Header 2	Header, 2-Pin	P1, P2	HDR1X2	Header 2	2
Res2	Resistor	R1, R2, R3, R4, R5,	AXIAL-0.3	Res2	17
SW-SPST	Single-Pole, Single-T	S1	SPST-2	SW-SPST	1
SW-PB	Switch	S2	DPST-4	SW-PB	1
XTAL	Crystal Oscillator	Y1	BCY-W2/D3.1	XTAL	1

图6-83 元件清单报表

在对话框的右边区域显示元件清单的项目和内容，左边区域用于设置在右边区域要显示的项目，在“展示”列中打钩的项目将在右边显示出来。另外，在对话框中还可以设置文件输出的格式或模板等。

设置完成后，点击【输出】按键，选择保存文件路径，报表将以EXCEL文件形式保持到文件夹。

边学边练

练习利用原理图，进行网络表的加载与元件的调入，并对元件自动布局、手动调整与自动布线。请见第十章“实训十电子线路的完整设计2”。

点滴积累

1. 敷铜操作时，应该选中“锁定原始的”复选框，这样敷铜不会影响到原来布线的PCB。
2. 敷铜前可以修改“Clearance”安全距离规则，一般应该在正常安全间距的2倍以上，为保险起见可以设为0.762mm（30mil）以上，覆完铜再改回原来的设置值，以免DRC时出错。

目标检测

一、选择题

（一）单项选择题

1. 印制板种类很多，根据导电层数目的不同，可以将印制板分为单面电路板、(　　)和多层电路板。

A. 一层电路板　　B. 双层电路板　　C. 四层电路板　　D. 八层电路板

2. 通常还要在印刷电路板的正面或者反面印上必要的文字进行必要的说明，例如公司名称、跳线设置标号等，印文字的这层通常称之为(　　)。

A. 丝印层　　B. 电源层　　C. 防护层　　D. 禁止布线层

3. 内层是指(　　)或者接地层。

A. 丝印层　　B. 禁止布线层　　C. 防护层　　D. 电源层

4. PCB板的电气边界用于设置元件以及布线的放置区域范围，它必须在(　　)绘制。

A. Signal Layer　　B. Mid Layer　　C. Mechanical Layer　　D. Keep Out Layer

5. 元件自动布局两种布局方法可供选择：成群的放置和(　　)。

A. 按大小的放置　　B. 按方位的放置　　C. 随意的放置　　D. 统计的放置

6. (　　)规则用于设定在PCB的设计中，导线、导孔、焊盘、矩形敷铜填充等组件相互之间的安全距离。

A. Width　　B. Un-Routed Net　　C. Clearance　　D. Short-Circuit

（二）多项选择题

7. 自动布局之前要先设置自动布局的相关参数，在“PCB规则及约束编辑器”中的“Placement”选项中进行布局规则设定，该选项共包括下列(　　)规则。

A. Room Definition　　B. Component Clearance

C. Component Orientations　　D. Permitted Layers

8. 在PCB编辑器中，点击主菜单“自动布线”项，系统弹出自动布线菜单，包括(　　)自动布线类型。

A. 全部　　B. 网络　　C. 网络类　　D. 连接

9. 需要手工布线时，在 PCB 编辑器里，执行布线命令可以采用(　　)方式。

A. 执行菜单命令“放置/走线”

B. 单击“布线”工具条的放置元件工具

C. 使用键盘命令，按【P+T】组合键

D. 以上都不对

10. Signal Layers：用于设置信号层，信号层主要用于布铜导线。包括(　　)。

A. 顶层(Top Layer)　　B. 底层(Bottom Layer)

C. 机械层(Mechanical Layers)　　D. 内层(Internal Planes)

二、简答题

11. 简述 PCB 板的分类。

12. PCB 设计的步骤有哪些？

三、综合题

13. 设计一种中低频电刺激治疗仪的功放输出电路原理图，或其他的医用仪器的电路原理图，利用本章所学知识，设计该电路的 PCB 板，尝试加载网络表后进行手工布局、自动布线，并进行手工调整。

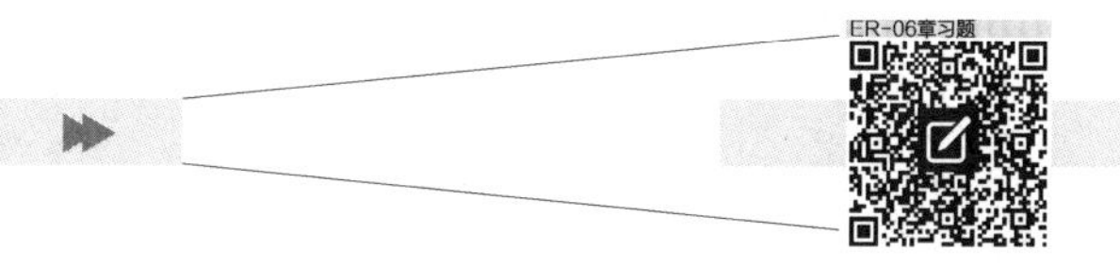

（刘虔铖）

第七章

医用电子线路的设计与制作工艺

导学情景

情景描述：

最近，某家医疗器械研究公司需要制作一个五分类血液分析仪小信号放大板。 该印制电路板主要功能是实现血液中生物信号的放大，而且必须配合已经设计好的外壳。 在设计过程中发现，放大后的信号并不是想要得到的有用信号，会出现很多干扰信号，而且印制电路板做出来后因为没有预留工艺边及正确的安装孔导致不能很好的安装。 最后，硬件工程师发现是 PCB 设计与工艺的问题。

学前导语：

对于有源医疗器械产品来说，印制电路板设计是从电路原理图变成一个具体产品的必经之路，印制电路板的设计合理性与产品的质量密切相关，虽然通过前几章的学习学会了 Altium Desinger 软件的使用，但是要想设计出实用的印制电路板还需学习一般设计原则和抗干扰设计。

学习目标

1. 掌握 PCB 的基本设计原则。 掌握 PCB 布线原则。
2. 掌握 PCB 布线原则。
3. 掌握 PCB 布线的基本技巧及抗干扰设计。
4. 熟悉接地及电磁兼容性原则。
5. 了解 PCB 制作基本工艺。
6. 了解一般医疗设备的 PCB 设计方法。

扫一扫，知重点

第一节　PCB 基本设计原则

印制电路板设计的一般原则包括：印制电路板的选用、印制电路板尺寸、元件布局、布线、焊盘、填充、跨接线等。

一、印制电路板的选用

如第一章所述印制电路板根据制作材料可分为刚性印制电路板和挠性印制电路板。酚醛纸质层压板、环氧纸质层压板、聚醋玻璃毡层压板、环氧玻璃布层压板这些都属于刚性印制电路板；聚酚薄膜、聚酞亚胺薄膜、氟化乙丙烯（CFEP）薄膜属于挠性印制电路板。

挠性印制电路板又称软性印制电路板，即 FPC，软性电路板是以聚酰亚胺或聚脂薄膜为基材制成的一种具有高可靠性和较高曲挠性的印制电路板（图 7-1）。此种印制电路板散热性好，既可弯曲、折叠、卷绕，又可在三维空间随意移动和伸缩。可利用 FPC 缩小体积，实现轻量化、小型化、薄型化，从而实现元件装置和导线连接一体化。FPC 广泛应用于电脑、通信、航天及家电等行业。

刚性印制电路板和挠性印制电路板结合起来形成刚-挠性印制电路板，以实现更薄、更精细导线和更优越互连（取代刚性的转接）的产品。挠性线路将进入高科技领域并形成新一代产品，如 MCM-L（多块半导体裸芯片组装在一块布线基板上的一种封装），从经济和制造技术角度上看，优选挠性材料将更为有利。

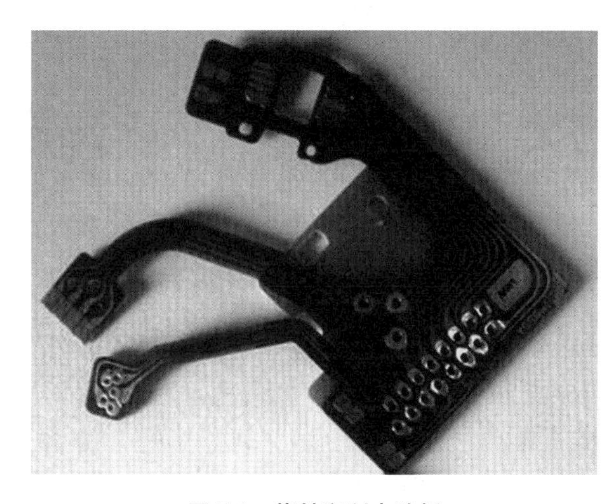

图 7-1　挠性印制电路板

印制电路板一般用覆铜层压板制成，板材选用时要从电气性能、可靠型、加工工艺要求和经济指标等方面考虑。通常的覆铜层压板是覆铜酚醛纸质层压板、覆铜环氧纸质压板、覆铜环氧玻璃布层压板、覆铜环氧酚醛玻璃布层压板、覆铜聚四氟乙烯玻璃压层板和多层印制电路板用环氧玻璃布等。不同材料的层压板有不同的特点。环氧树脂与铜箔有极好的粘合力，因此铜箔的附着强度和工作温度较高，可以在 260℃ 的熔锡中不起泡。环氧树脂浸过的玻璃布层压板受潮气的影响较小。超高频印制电路板最好是覆铜聚四氟乙烯玻璃布层压板。

在要求阻燃的医疗设备上，还需要阻燃的印制电路板，这些印制电路板都是浸入了阻燃树脂的层压板。印制电路板的厚度应该根据印制电路板的功能、所装元件的重量、印制电路板插座的规格、印制电路板的外形尺寸和承受的机械负荷等来决定。主要是应该保证足够的刚度和强度。常见的印制电路板的厚度有 0.5mm、1.0mm、1.5mm、2.0mm 等。

二、印制电路板尺寸

注意避免不必要的过严的尺寸公差，否则会使生产困难，使成本增加。为了生产或检验，建议使用参考基准确定尺寸以及定位图形的尺寸。如果印制电路板包括 1 个以上的图形，所有图形应使用相同的参考基准。参考基准最好由设计者规定。常用的方法是采用两条正交的线。

在某些情况下，各加工要素的位置可以要求使用 1 个以上的参考基准。这种情况可能会发生在非常大的板子上或具有两个或多个刚性区域的刚-挠印制电路板上。参考基准之间的尺寸和公差取决于所使用的材料和成品板的尺寸要求。

（一）印制电路板的外形尺寸

原则上，印制电路板的外形可以是任意形状，但简单的形状更利于生产。

除非加工的数量证明一些专用生产方法是合算的，通常，印制电路板的尺寸受生产设备和稳定性要求的限制。

印制电路板可达到的外形尺寸的公差通常与层压材料可达到的尺寸公差相同，因为所用基材公差相似。

（二）印制电路板的厚度

基材厚度、印制电路板厚度或印制电路板总厚度的要求应限于印制电路板规定的厚度控制区域。介质厚度定义为相邻导电层之间的测量最小距离。

从成本、导线长度、抗噪声能力考虑，印制电路板尺寸越小越好，但是板尺寸太小，则散热不良，且相邻的导线容易引起干扰。印制电路板的制作费用是和印制电路板的面积相关的，面积越大，造价越高。在设计具有机壳的印制电路板时，印制电路板的尺寸还受机箱外壳大小的限制，一定要在确定印制电路板尺寸前确定机壳大小，否则就无法确定印制电路板的尺寸。一般情况下，在禁止布线层中指定的布线范围就是印制电路板尺寸的大小。印制电路板的最佳形状是矩形，长宽比为3∶2或4∶3，当印制电路板的尺寸大于200mm×150mm，应该考虑印制电路板的机械强度。

总之，应该综合考虑利弊来确定印制电路板的尺寸。

三、布局

虽然Altium Designer能够自动布局，但是实际上印制电路板的布局几乎都是手工完成的，要进行布局，一般遵循如下原则。

（一）特殊元器件的布局

1. 高频元件　高频元件之间的连接线越短越好，设法减小连线的分布参数和互相之间的电磁干扰，易受干扰的元器件不能距离近。隶属于输入和隶属于输出的元器件之间的距离应尽可能大。

2. 具有高电位差的元件　应该加大具有高电位差元器件和连线之间的距离，以免出现意外短路时损坏元器件。为避免爬电现象的发生，一般要求2200V电位差之间的导线距离应该大于2mm，若对于更高的电位差，距离还应该加大。带有高电压的器件，应该布置在调试时手不易触及的地方。

3. 重量太大的元器件　重量过重的元器件应该有支架固定，而对于又大又重发热量多的元器件，不宜安装在印制电路板上。

4. 发热与热敏元器件　发热元器件应该远离热敏元器件。

5. 可以调节的元件　对于电位器、可调电感线圈、可变电容器、微动开关等可调元件的布局应该考虑整机的结构要求，若是机内调节，应该放在印制电路板上容易调节的地方，若是机外调节，其位置要与调节旋钮在机箱面板上的位置对应。

6. 印制电路板安装孔和支架孔　应该预留出印制电路板的安装孔和支架安装的孔，因为这些孔和孔附近是不能布线的。

（二）按照电路功能布局

如果没有特殊要求，尽可能按照原理图的元件安排对元件进行布局，信号左边进入、从右边输出、从上边输入、从下边输出。

按照电路的流程，安排各个功能电路单元的位置，使信号流通更加顺畅和保持方向一致。

以每个功能电路为核心，围绕这个核心电路进行布局，元件安排应该均匀、整齐、紧凑、原则是减少和缩短各个元器件之间的引线和连接。

数字部分应该和模拟部分分开布局。

（三）元器件离印制电路板边缘之间的距离

所有元器件均应该放置在离板边缘3mm以内的位置，或者至少离板边缘的距离等于板厚，这是由于大批量生产中进行流水插件和进行波峰焊时，要提供给导轨槽使用，同时也是防止由于外形加工引起印制电路板边缘破损，引起导线断裂导致废品。如果印制电路板元件过多，不得已要超出3mm的范围时，可以在印制电路板边缘加上3mm辅边，在辅边上开V形槽，在生产时用手掰开。

（四）元器件放置的顺序

首先放置与结构紧密配合的固定位置的元器件，如电源插座、指示灯、开关和连接件等。然后，放置特殊元器件和大元器件，例如，发热元件、变压器、集成电路等。最后，放置小元器件，例如，电阻、电容、二极管等。

（五）其他布局注意点

贴片焊盘上不能有通孔，以免焊膏流失造成元件虚焊。重要信号线不准从插座脚间穿过；贴片单边对齐，字符方向一致，封装方向一致；有极性的器件与同一板上的极性标示方向尽量保持一致。

四、布线

布线原则如下：

（一）线长

导线应该尽可能短，在高频回路中更应该如此。导线的拐弯处应为圆角或斜角，而直角或尖角在高频电路和布线密度高的情况下会影响电气性能，当双面板布线时，两面的导线应该互相垂直、斜交或弯曲走线，避免相互平行，以减小寄生耦合。

（二）线宽

导线的宽度应以能满足电气性能要求而又便于生产为准则，它的最小值取决于流过它的电流，但是一般不宜小于0.2mm。只要板面积足够大，导线宽度和间距最好选择0.3mm。一般情况下1～1.5mm的线宽，允许流过2A的电流。例如地线和电源线最好选用大于1mm的线宽。在集成电路座焊盘之间走两根线时，焊盘直径为50mil，线宽和线间隔都是10mil，当焊盘之间走一根线时，焊盘直径为64mil，线宽与线距都为12mil（1mil=0.254mm）。

（三）线间距

相邻导线之间的间距应该满足电气安全要求，同时为了便于生产间距应该越宽越好。最小间距至少能够承受所加电压的峰值。在布线密度低的情况下，间距应该尽可能的大。

（四）屏蔽与接地

导线的公共地线，应该尽可能放在印制电路板的边缘部分。在印制电路板上应该尽可能多地保留铜箔做地线，这样可以使屏蔽能力增强。另外地线的形状最好做成环路或网格状。多层印制电路板由于采用内层做电源和地线专用层，因而可以起到更好的屏蔽效果。

五、焊盘

（一）焊盘尺寸

所有元件孔通过焊盘实现电气连接。为了便于维修，应确保与基板之间的牢固黏结，孔周围的焊盘应该尽可能大，并符合焊接要求。通常非过孔比过孔所要求的焊盘大。在有过孔的双面印制电路板上，每个导线端子的过孔应具有双面焊盘。当导通孔位于导线上时，在整体焊接过程中导通孔被焊料填充，因此不需要焊盘。设计工程师有责任既要确保孔周围的导线符合设计电流的要求，又要保证符合与生产有关的位置公差的工艺要求。当过孔位于导线上而无焊盘时，应向印制电路板生产方提供识别孔中心的方法。（见图 7-2）

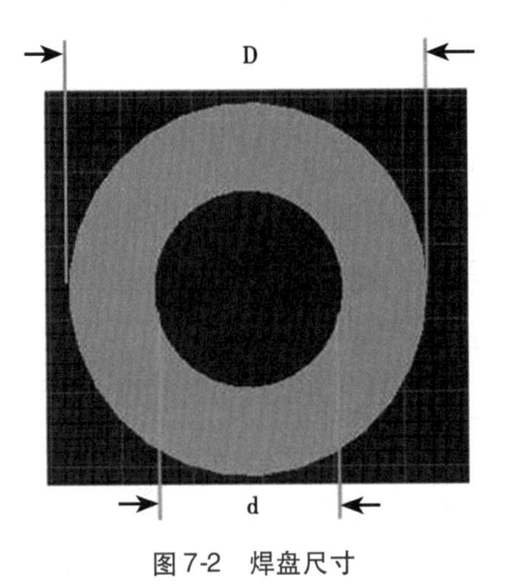

图 7-2　焊盘尺寸

为了便于进行整体焊接操作，应避免大面积的铜箔存在。双面印制电路板的焊盘尺寸应遵循下面最小尺寸原则：

1. 非过孔最小焊盘尺寸：$D-d=1.0$mm；
2. 过孔最小焊盘尺寸：$D-d=0.5$mm。

焊盘元件面和焊接面的比值 D/d 应优先选择以下数值：

1. 酚醛纸质印制电路板非过孔：$D/d=2.5\sim3.0$mm；
2. 环氧玻璃布印制电路板非过孔：$D/d=2.5\sim3.0$mm；
3. 过孔：$D/d=1.5\sim2.0$mm。

其中，D 为焊盘直径，d 为孔直径。

元件面和焊接面焊盘最好对称式放置（相对于孔），但非对称式焊盘（或一面焊盘大于另一面）也可接受。

另外，焊盘的内孔尺寸必须从元件引线直径和公差尺寸以及镀锡层厚度、孔径公差、孔金属化电镀层厚度等方面考虑，通常情况下以金属引脚直径加上 0.2mm 作为焊盘的内孔直径。例如，电阻的金属引脚直径为 0.5mm，则焊盘孔直径为 0.7mm，而焊盘外径应该为焊盘孔直径加 1.2mm，最小应该为焊盘孔直径加 1.0mm。

当焊盘直径为 1.5mm 时，为了增加焊盘的抗剥离强度，可采用方形焊盘。对于孔直径小于 0.4mm 的焊盘，焊盘外径/焊盘孔直径＝0.5～3mm；对于孔直径大于 2mm 的焊盘，焊盘外径/焊盘孔直径＝15～2mm。

常用的焊盘尺寸是焊盘孔直径,如表7-1。

表7-1　常用焊盘孔直径

焊盘孔直径(mm)	0.4	0.5	0.6	0.8	1	1.2	1.6	2
焊盘外径(mm)	1.5	1.5	2.0	2.0	2.5	3.0	3.5	4

（二）注意事项

1. 在保证导线最小间距不违背设计的电气间距的情况下,应设计较大的焊盘以保证足够的环宽。一般情况下,孔径对应的焊盘直径应至少比孔径大20mil(0.5mm)以上,多层板的电源层和地线层的隔离盘至少大于40mil,且越大越好,这不仅是为了保证电源、地与金属化孔之间有足够的电气间距,同时也是为了降低生产工艺难度。

2. 设计者在设计时往往忽略对安装孔的电源层和地线层的隔离或隔离盘不够大,这样易造成电源和地线短路。焊盘直径应尽量大,这样还有一个好处,就是可以加大金属导热板的有效散热面积并减少热阻,提高机器的散热能力,降低机箱内的温度。在焊接面可以把焊盘设计得足够大,这样不但可提高焊盘和基板的结合力,同时还可使焊点饱满从而增强元器件焊点的抗冲击振动能力。在现在的生产中,由于有的设计者不了解加工工艺,往往设计的焊盘尺寸不够大,设计人员本身对PCB的标准又没有吃透,在设计时有时又不从标准库中直接调入元器件,或者自己建库时忽略焊盘和孔的对应尺寸,多数情况下只有在打孔检验时才能彻底发现焊盘小而打孔孔径大,后续生产的环宽小或没有环宽,只能重新修改生产底片,无形中造成了浪费,增加了工艺难度。甚至可能由于孔多而漏检,影响产品最终可靠性。

3. 还有可能由于生产人员不了解设计的器件要求,完全按设计文件加工而造成不能使用,因此设计人员完全有必要了解制造的基本要求,避免不必要的浪费。为方便生产制造,设计人员在设计时应保证一种焊盘尺寸对应一种孔径,不允许一种焊盘尺寸对应几种孔径或几种焊盘对应一种孔径,这主要是为了生成钻孔文件时快捷、方便而不出错。在现行生产中打孔质量问题,多数情况是由于设计者在使用设计PCB软件时,一种焊盘尺寸对应好几种孔径。

4. 焊盘孔边缘到印制电路板边的距离要大于1mm,这样可以避免加工时导致焊盘缺损。

5. 当与焊盘连接的导线较细时,要将焊盘与导线之间的连接设计成泪滴状,这样可以使焊盘不容易被剥离,而导线与焊盘之间的连线不易断开。

6. 相邻的焊盘要避免有锐角。

六、大面积填充及跨接线

印制电路板上的大面积填充的目的有两个,一个是散热,另一个是用屏蔽来减小干扰,为避免焊接时产生的热使印制电路板产生的气体无处排放而使导线脱落,应该在大面积填充上开窗口,或者使填充为网格状。

使用覆铜也可以达到抗干扰的目的,而且覆铜可以自动绕过焊盘并可连接地线。

在单面印制电路板的设计中,当有些导线无法连接时,通常的做法是使用跨接线,跨接线的长度应该选择如下几种:6mm、8mm 和 10mm。超出此范围会在生产上引起麻烦。

点滴积累

1. 印刷电路板根据制作材料可分为刚性印制电路板和挠性印制电路板。
2. 常见的印制电路板的厚度有 0.5mm、1.0mm、1.5mm、2.0mm。
3. 印制电路板的外形可以是任意形状，但简单的形状更利于生产。
4. 在确定印制电路板尺寸前确定机壳大小，否则就无法确定印制电路板的尺寸。
5. 高频元件之间的连接线越短越好。
6. 尽可能按照原理图的元件安排对元件进行布局，信号左边进入、从右边输出、从上边输入、从下边输出。
7. 以每个功能电路为核心，围绕这个核心电路进行布局。
8. 导线的拐弯处应为圆角或斜角。
9. 导线的最小值取决于流过它的电流。
10. 导线的公共地线，应该尽可能放在印制电路板的边缘部分。
11. 当焊盘直径为 1.5mm 时，为了增加焊盘的抗剥离强度，可采用方形焊盘。
12. 焊盘直径应尽量大。
13. 一种焊盘尺寸对应一种孔径。

第二节 布线技巧

在 PCB 设计中,布线是完成产品设计的重要步骤,可以说前面的准备工作都是为它而做的,在整个 PCB 中,以布线的设计过程限定最高,技巧最细、工作量最大。

一、布线原则

布线是指导线和电缆的布置。布线实际上包含了分开、隔离、分类捆扎和电缆安置等一系列内容。

(一) 布线方向

在满足电路性能、整机安装与面板布局的前提下,印制电路板布线方向最好与电路原理图走线方向一致。

(二) 元件排列

元件要分布合理、均匀,力求整齐,美观和结构严谨。

(三) 电阻、二极管的放置方式

1. 平放当电路元件数量不多,而且印制电路板尺寸较大的情况下,一般是采用平放比较好,对于 1/4 瓦以下的电阻平放时,两个焊盘之间的距离为 300mil 或 400mil;1/2 瓦电阻平放时,两个焊盘之间的距离为 500mil;二极管平放时,1N400X 系列整流管的焊盘间距为 400mil,1N540X 系列焊盘间距为 500mil。

2. 竖放当电路元件较多时，而且印制电路板尺寸不大的情况下，一般采用竖放，竖放时两个焊盘的间距取 100～200mil。

（四）电位器与集成电路的处理方式

1. 电位器　在稳压电源中的输出电压调节电位器，应该设计成顺时针调节时输出电压升高，逆时针调节时输出电压降低。在恒流电源中，应该设计成顺时针调节时输出电流增大。电位器的放置位置应该靠近印制电路板边缘，旋转柄朝外，容易调节。

2. 集成电路　集成电路座应该尽可能与定位槽放置方向一致。

（五）进出线端布置

1. 相关联的两引线端不要距离太大，一般为 200～300mil 左右为宜。

2. 进出线尽可能集中在 1～2 个印制电路板侧面，不要太分散。

（六）电容

电容器焊盘的间距应尽可能与电容引线之间的距离相符合。若是电解电容或钽电容，应该有正负极标志。

二、接地原则

在产品设计时，从安全角度或从功能上考虑接地的多，而从抑制干扰的角度考虑接地设计的少，因而在选择接地方式、接地点、接地线时，就会出现一些本可以避免的错误。此外，良好的接地设计必须有良好的装配工艺作保障，才能达到预期的目的。

（一）在接地设计时要根据实际情况选择接地方式及接地点

例如，微机辐射干扰超过极限值的频率集中在 30～200MHz 范围之内，因此微机内部各单元及屏蔽电缆相对机壳应采用多点就近接地的方式。使用单点接地，会增加接地线的长度，如果接地线长度接近或等于干扰信号波长的 1/4 时，其辐射能力将大大增加，接地线将成为天线。一般来说，接地线的长度应小于 2.5cm。

（二）接地线的选用

经常可以看到这样的产品，其内部的接地线是很细的单股线，这种产品在其内部通过高频电流时，由于高频阻抗很大，接地效果可想而知。因此，考虑到趋肤效应，接地线需要选用带状编织线。如果对接地要求很高，还可在其表面镀银，这主要是减小导线的表面电阻率，因而达到减小接地线高频阻抗的目的。

（三）接地线应与接地面良好搭接

为了高质量的接地，接地面应经过表面处理，避免氧化、腐蚀。接地线与接地平面之间不应有锁紧垫圈、衬垫，而且不应使用衬垫、螺栓、螺母作为接地回路的一部分。

（四）三种接地方式：浮地、单点接地和多点接地

浮地的目的是将电路或设备与公共地线或可能引起环流的公共线路隔离开来。这样做的缺点在于，当设备不与大地直接相连，容易出现静电积累，达到一定程度后会产生击穿，这是一种破坏性很强的干扰源。折中处理办法是在浮地与大地之间接一个阻值很大的泄放电阻，以消除静电积累的

影响。实现浮地的办法有：变压器隔离、光电隔离。浮地除了使地线“浮”起来以外，还解决了单地系统中电位不一致带来的麻烦。

单点接地是指接地只有一个物理点被定义为接地参考点，其他各个需要接地的点都直接接到这一点（图7-3）。如果系统工作频率很高，达到接地线长度可以与工作频率（信号的波长）相比拟的程度时，就不能再用单点接地的方式了（接地效果已经不理想了），而要用多点接地的概念。

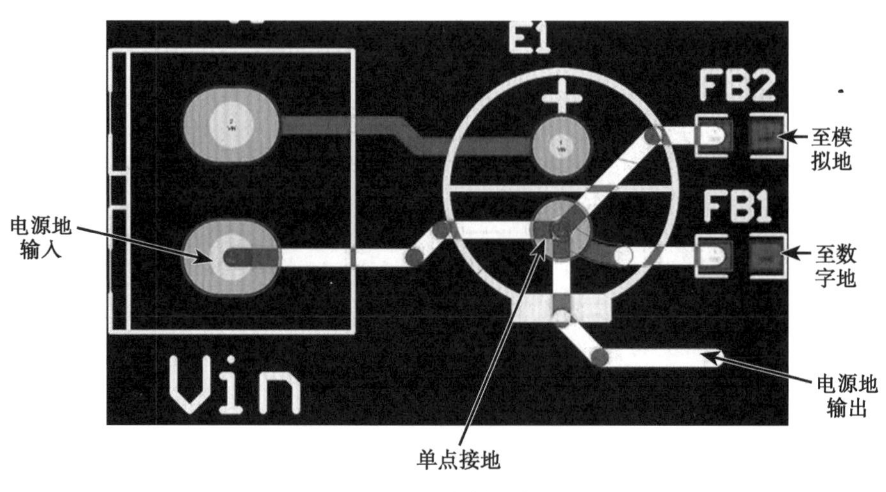

图7-3　单点接地

多点接地是指一个系统中各个接地点都直接接到距它最近的接地平面上，使接地线的长度最短。接地点可以是设备的底板，也可以是贯通整个系统的地导线，还可以是设备的结构框架等。多点接地的优点是电路结构比单点接地简单。由于采用了多点接地，就形成了许多接地回路，因此提高接地系统的质量就变得十分重要，需要经常维护，保持良好的导电性能。

另外，对于继电器等有大电流突变的场合，要单独接地以减少对其他电路的瞬变耦合。负载直接接地是不合适的。用紧绕的双绞线也能获得极好的屏蔽性能。

当屏蔽电缆传输高频信号时，电缆外层屏蔽应采用多点接地。

屏蔽层接地不应用辫状接地，而应当让屏蔽层包裹芯线，然后再让屏蔽层360°接地。

（五）如何连接地线

通常在一个电子系统中地线分为系统地、机壳地（屏蔽地）、数字地（逻辑地）和模拟地等几种，在连接地线时应该注意如下几点：

1. 正确选择单点接地与多点接地。在低频电路中，信号频率小于1MHz，布线和元器件之间的电感可以忽略，而地线电路电阻上产生的压降对电路影响较大，所以应该采用单点接地法。

当信号频率大于10MHz时，地线电感的影响较大，所以宜采用就近接地的多点接地法；当信号频率在1～10MHz之间时，如果采用单点接地法，地线长度不应该超过波长1/20，否则采用多点接地法。

2. 将数字地与模拟地分开。印制电路板上既有数字电路，又有模拟电路，应该使它们尽量分开，而且地线不能混接，应分别与电源的地线端连接（最好电源端也分别连接）。要尽量加大线性电路的接地面积。一般数字电路的抗干扰能力强，TTL电路的噪声容限为0.4～0.6V，CMOS数字电路的噪声容限为电源电压的0.3～0.45倍，而模拟电路部分只要有微伏级的噪声，就足以使其工作不正常。所以两类电路应该分开布局和布线。

3. 尽量加粗地线。若地线很细，接地电位会随电流的变化而变化，导致电子系统受到干扰，特别是模拟电路部分，因此地线应该尽量宽，一般以大于3mm为宜，一般的关系是：地线>电源线>信号线。

4. 将接地线构成闭环。若印制电路板上只有数字电路时，应该使地线形成环路，这样可以明显提高抗干扰能力，这是因为当印制电路板上有很多集成电路时，若地线很细，会引起较大的接地电位差，而环形地线可以减少接地电阻，从而减小接地电位差。

5. 同一级电路的接地点应该尽可能靠近，并且本级电路的电源滤波电容也应该接在本级的接地点上。

6. 总地线的接法。总地线必须严格按照高频、中频、低频的顺序一级级地从弱电到强电连接。高频部分最好采用大面积包围式地线，以保证有好的屏蔽效果。

三、电磁兼容性原则

电磁兼容性是指电子设备在各种电磁环境中仍能够协调、有效地进行工作的能力。电磁兼容性设计的目的是使电子设备既能抑制各种外来的干扰，使电子设备在特定的电磁环境中能够正常工作，同时又能减少电子设备本身对其他电子设备的电磁干扰，在有源医疗设备的设计与制作中，电磁兼容性显的越来越重要。

（一）选择合理的导线宽度

由于瞬变电流在导线上所产生的冲击干扰主要是由导线的电感成分造成的，因此应尽量减小导线的电感量。导线的电感量与其长度成正比，与其宽度成反比，因而短而精的导线对抑制干扰是有利的。时钟引线、行驱动器或总线驱动器的信号线常常载有大的瞬变电流，导线要尽可能的短。对于分立元件电路，导线宽度在1.5mm左右时，即可完全满足要求；对于集成电路，导线宽度可在0.2～1.0mm之间选择。

（二）采用正确的布线策略

采用平等走线可以减少导线电感，但导线之间的互感和分布电容增加，如果布局允许，最好采用井字形网状布线结构，具体做法是印制电路板的一面横向布线，另一面纵向布线，然后在交叉孔处用金属化孔相连。为了抑制印制电路板导线之间的串扰，在设计布线时应尽量避免长距离的平等走线，尽可能拉开线与线之间的距离，信号线与地线及电源线尽可能不交叉。在一些对干扰十分敏感的信号线之间设置一根接地的导线，可以有效地抑制串扰。

为了避免高频信号通过导线时产生的电磁辐射，在印制电路板布线时，还应注意以下几点：

1. 尽量减少导线的不连续性，例如导线宽度不要突变，导线的拐角应大于90度，禁止环状走线等。

2. 时钟引线最容易产生电磁辐射干扰，走线时应与地线回路相靠近。

3. 总线驱动器应紧挨其欲驱动的总线。对于那些离开印制电路板的引线，驱动器应紧紧挨着连接器。

4. 数据总线的布线应每两根信号线之间夹一根信号地线。最好是紧紧挨着最不重要的地址引线放置地回路，因为后者常载有高频电流。

（三）印制电路板的尺寸与器件的布置

印制电路板大小要适中，过大时导线长，阻抗增加，不仅抗噪声能力下降，成本也高；过小，则散热不好，同时易受临近导线干扰。

在器件布置方面与其他逻辑电路一样，应把相互有关的器件尽量放得靠近些，这样可以获得较好的抗噪声效果。如图7-4所示。时钟发生器、晶振和CPU的时钟输入端都易产生噪声，要相互靠近些。易产生噪声的器件、小电流电路、大电流电路等应尽量远离逻辑电路，如有可能，应另做印制电路板，这一点十分重要。

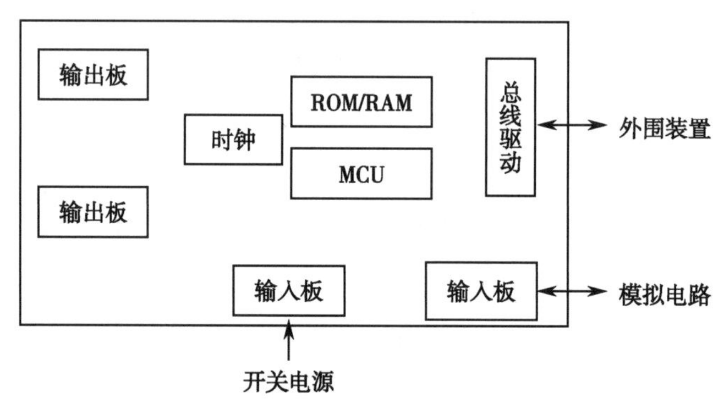

图7-4　器件布置示意图

（四）散热设计

从有利于散热的角度出发，印制电路板最好是直立安装，板与板之间的距离一般不应小于2cm，而且器件在印制版上的排列方式应遵循一定的规则：

1. 同一块印制电路板上的器件应尽可能按其发热量大小及散热程度分区排列，发热量小或耐热性差的器件（如小信号晶体管、小规模集成电路、电解电容等）放在冷却气流的最上流（入口处），发热量大或耐热性好的器件（如功率晶体管、大规模集成电路等）放在冷却气流最下游。

2. 将功耗最高和发热最大的器件布置在散热最佳位置附近。不要将发热较高的器件放置在印制电路板的角落和四周边缘，除非在它的附近安排有散热装置。

知识链接

电磁兼容性

电磁兼容性（EMC）是指设备或系统在其电磁环境中符合要求运行并不对其环境中的任何设备产生无法忍受的电磁干扰的能力。EMC包括电磁干扰（EMI）及电磁耐受性（EMS）两部分。所谓EMI，是指机器本身在执行应有功能的过程中所产生不利于其他系统的电磁噪声；而EMS是指机器在执行应有功能的过程中不受周围电磁环境影响的能力。

四、单片机控制板设计要领

根据基本的布线原则，在医疗设备中，单片机控制板是最为核心的电路之一，下面以单片机控制板为例，说明单片机控制板的PCB设计需要遵循的原则。

1. 在元器件的布局方面，应该把相互有关的元件尽量放得靠近一些，例如，时钟发生器、晶振、CPU的时钟输入端都易产生噪声，在放置的时候应把它们靠近些。对于那些易产生噪声的器件、小电流电路、大电流电路、开关电路等，应尽量使其远离单片机的逻辑控制电路和存储电路（ROM、RAM），如果可能的话，可以将这些电路另外制成印制电路板，这样有利于抗干扰，提高电路工作的可靠性。

2. 尽量在关键元件，如ROM、RAM等芯片旁边安装去耦电容。实际上，印制电路板走线、引脚连线和接线等都可能含有较大的电感效应。大的电感可能会在电源走线上引起严重的开关噪声尖峰。防止电源走线上开关噪声尖峰的唯一方法，是在电源与电源地之间安放一个0.1μF的电子去耦电容。如果印制电路板上使用的是表面贴装元件，可以用片状电容直接紧靠着元件，在电源引脚上固定。最好是使用瓷片电容，这是因为这种电容具有较低的静电损耗（ESL）和高频阻抗，另外这种电容温度和时间上的介质稳定性也很不错。尽量不要使用钽电容，因为在高频下它的阻抗较高。在安放去耦电容时需要注意以下几点：

（1）在印制电路板的电源输入端跨接100μF左右的电解电容，如果体积允许的话，电容量大一些则更好。

（2）原则上每个集成电路芯片的电源旁边都需要放置一个0.1μF的瓷片电容，如果印制电路板的空隙太小而放置不下时，可以每10个芯片左右放置一个1～10μF的钽电容。

（3）对于抗干扰能力弱、关断时电流变化大的元件和RAM、ROM等存储元件，应该在电源线和地线之间接入去耦电容。电容的引线不要太长，特别是高频旁路电容不能带引线。

3. 在单片机控制系统中，地线的种类有很多，有系统地、屏蔽地、逻辑地、模拟地等，地线是否布局合理，将决定印制电路板的抗干扰能力。在设计地线和接地点的时候，应该考虑以下问题：

（1）逻辑地和模拟地要分开布线，不能合用，将它们各自的地线分别与相应的电源地线相连。在设计时，模拟地线应尽量加粗，而且尽量加大引出端的接地面积。一般来讲，对于输入输出的模拟信号，与单片机电路之间最好通过光耦进行隔离。

（2）在设计逻辑电路的印制电路版时，其地线应构成闭环形式，提高电路的抗干扰能力。地线应尽量的粗。如果地线很细的话，则地线电阻将会较大，造成接地电位随电流的变化而变化，致使信号电平不稳，导致电路的抗干扰能力下降。在布线空间允许的情况下，要保证主要地线的宽度至少在2～3mm以上，元件引脚上的接地线应该在1.5mm左右。

知识链接

单　片　机

单片机（Microcontrollers）是一种集成电路芯片，是采用超大规模集成电路技术把具有数据处理能力的中央处理器 CPU、随机存储器 RAM、只读存储器 ROM、多种 I/O 口和中断系统、定时器/计数器等功能集成到一块硅片上构成的一个小而完善的微型计算机系统。

单片机广泛应用于仪器仪表、家用电器、医用设备、航空航天、专用设备的智能化管理及过程控制等领域。

五、医用电源板设计要领

电源是每个有源医疗设备的核心模块之一,不管是电源集成的还是独立的,对医疗设备的性能好坏起着非常重要的作用,在这节中,将主要介绍医疗设备电源板中开关电源的 PCB 设计要领。

1. 采用平等走线可以减少导线电感,如果布局允许,最好采用井字形网状布线结构。尽量避免大电流高电压布线与测量线、控制线的并行布线。在一些对干扰十分敏感的信号线之间设置一根接地的导线,可以有效地抑制串扰。

2. 参数设置相邻导线间距必须能满足电气安全要求,而且为了便于操作和生产,间距也应尽量宽些。最小间距至少要能适合承受的电压,在布线密度较低时,信号线的间距可适当地加大,对高、低电平悬殊的信号线应尽可能地短且加大间距,一般情况下将走线间距设为 8mil。焊盘内孔边缘到印制电路板边的距离要大于 1mm,这样可以避免加工时导致焊盘缺损。当与焊盘连接的走线较细时,要将焊盘与走线之间的连接设计成水滴状,这样的好处是焊盘不容易起皮,而且走线与焊盘不易断开。

3. 元器件布局实践证明,即使电路原理图设计正确,印制电路板设计不当,也会对电子设备的可靠性产生不利影响。例如,如果印制电路板两条细平行线靠得很近,则会形成信号波形的延迟,在传输线的终端形成反射噪声;由于电源、地线的考虑不周到而引起的干扰,会使产品的性能下降,因此,在设计印制电路板的时候,应注意采用正确的方法。大功率的器件最好能比较规整地布局,便于散热器的安装及散热风道的设计。在大电流高电压的布线连接中,尽量避免用导线在空间中长距离连接,它导致的干扰是很难处理的。交流输入与直流输出要有较明确的布局区分,最佳办法是能够互相隔离。控制电路与主功率电路要有较明确的布局区分。输入端与输出端(包括 DC/DC 变换初级与次级)布线距离最少要在 5mm 以上。

每一个开关电源都有四个电流回路:电源开关交流回路、输出整流交流回路、输入信号源电流回路、输出负载电流回路。输入回路通过一个近似直流的电流对输入电容充电,滤波电容主要起到一个宽带储能作用;类似地,输出滤波电容也用来储存来自输出整流器的高频能量,同时消除输出负载回路的直流能量。

所以,输入/输出滤波电容的接线端十分重要,输入/输出电流回路应分别只从滤波电容的接线端连接到电源;如果在输入/输出回路和电源开关/整流回路之间的连接无法与电容的接线端直接相连,交流能量将由输入或输出滤波电容辐射到环境中去。电源开关交流回路和整流器的交流回路包含高幅梯形电流,这些电流中谐波成分很高,其频率远大于开关基频,峰值幅度可高达持续输入/输出直流电流幅度的5倍,过渡时间通常约为50纳秒。这两个回路最容易产生电磁干扰,因此必须在电源中其他导线布线之前先布好这些交流回路,每个回路的三种主要的元件——滤波电容、电源开关或整流器、电感或变压器应彼此相邻地进行放置,调整元件位置使它们之间的电流路径尽可能短。建立开关电源布局的最好方法与其电气设计相似,最佳设计流程如下:

(1) 放置变压器;

(2) 设计电源开关电流回路;

(3) 设计输出整流器电流回路;

(4) 连接到交流电源电路的控制电路;

(5) 设计输入电流源回路和输入滤波器。

设计输出负载回路和输出滤波器时,根据电路的功能单元,对电路的全部元器件进行布局时,要符合以下原则:

(1) 首先要考虑PCB尺寸大小。PCB尺寸过大时,导线长,阻抗增加,抗噪声能力下降,成本也增加;过小则散热不好,且邻近导线易受干扰。印制电路板的最佳形状为矩形,长宽比为3∶2或4∶3,位于印制电路板边缘的元器件,离印制电路板边缘一般不小于3mm。

(2) 放置器件时要考虑以后的焊接,不要太密集。

(3) 以每个功能电路的核心元件为中心,围绕它来进行布局。元器件应均匀、整齐、紧凑地排列在PCB上,尽量减少和缩短各元器件之间的引线和连接,去耦电容尽量靠近器件的VCC。

(4) 在高频下工作的电路,要考虑元器件之间的分布参数。一般电路应尽可能使元器件平行排列。这样,不但美观,而且装焊容易,易于批量生产。

(5) 按照电路的流程安排各个功能电路单元的位置,使布局便于信号流通,并使信号尽可能保持一致的方向。

(6) 布局的首要原则是保证布线的布通率,移动器件时注意飞线的连接,把有连线关系的器件放在一起。

(7) 尽可能地减小环路面积,以抑制开关电源的辐射干扰。屏蔽地的布线不能构成明显的环路,这样的话会形成天线效应,容易引入干扰。

4. 开关电源中包含有高频信号,PCB上任何导线都可以起到天线的作用,导线的长度和宽度会影响其阻抗和感抗,从而影响频率响应。即使是通过直流信号的导线也会从邻近的导线耦合到射频信号并造成电路问题(甚至再次辐射出干扰信号)。因此应将所有通过交流电流的导线设计得尽可能短而宽,这意味着必须将所有连接到导线和连接到其他电源线的元器件放置得很近。导线的长度与其表现出的电感量和阻抗成正比,而宽度则与导线的电感量和阻抗成反比。长度反映出导线响应的波长,长度越长,导线能发送和接收电磁波的频率越低,它就能辐射出更多的射频能量。根据印制电路板电流的大小,尽量加粗电源线宽度,减少环路电阻。同时使电源线、地线的走向和电流的方向一致,这样有助于增强抗噪声能力。

5. 接地是开关电源四个电流回路的底层支路,作为电路的公共参考点起着很重要的作用,它是控制干扰的重要方法。因此,在布局中应仔细考虑接地线的放置,将各种接地混合会造成电源工作不稳定。如果成本允许的情况下,可采用多层板布线,有专门的辅助电源层与地层,将大大降低EMC的影响。在地线设计中应注意以下几点:

(1) 正确选择单点接地,通常滤波电容公共端应是其他的接地点耦合到大电流的交流地的唯一连接点,同一级电路的接地点应尽量靠近,并且本级电路的电源滤波电容也应接在该级接地点上,主要是考虑电路各部分回流到地的电流是变化的,因实际流过的线路的阻抗会导致电路各部分地电位的变化而引入干扰。做不到单点时,在共地处接两个二极管或一小电阻,其实接在比较集中的一块铜箔处就可以。工作地是最容易受干扰的,因此尽量采取大面积覆铜的布线办法。

(2) 将数字电路与模拟电路分开。

(3) 将接地线构成闭环路。

(4) 尽量加粗接地线。若接地线很细,接地电位则随电流的变化而变化,致使电子设备的定时信号电平不稳,抗噪声性能变差,因此要确保每一个大电流的接地端采用尽量短而宽的导线,尽量加宽电源、地线宽度,最好是地线比电源线宽,也可用大面积铜层作地线用,在印制电路板上把没被用上的地方都与地相连接作为地线用,在空白的板面尽量覆铜。

6. 进行全局布线的时候,还须遵循以下原则:

(1) 布线方向:从焊接面看,元件的排列方位尽可能保持与原理图相一致,布线方向最好与电路图走线方向相一致,因生产过程中通常需要在焊接面进行各种参数的检测,故这样做便于生产中的检查、调试及检修(注:指在满足电路性能及整机安装与面板布局要求的前提下)。

(2) 设计布线图时走线尽量少拐弯,印刷弧上的线宽不要突变,导线拐角应≥90度,力求导线简单明了。

(3) 印刷电路中不允许有交叉电路,对于可能交叉的导线,可以用“钻”“绕”两种办法解决。即让某引线从别的电阻、电容、三极管脚下的空隙处“钻”过去,或从可能交叉的某条引线的一端“绕”过去,在特殊情况下如果电路很复杂,为简化设计也允许用导线跨接,解决交叉电路问题。

(4) 检查布线设计完成后,需认真检查布线设计是否符合设计者所制定的规则,同时也需确认所制定的规则是否符合印制电路板生产工艺的需求,一般检查线与线、线与元件焊盘、线与贯通孔、元件焊盘与贯通孔、贯通孔与贯通孔之间的距离是否合理,是否满足生产要求。电源线和地线的宽度是否合适,在PCB中是否还有能让地线加宽的地方。注意:有些错误可以忽略,例如有些接插件的Outline的一部分放在了板框外,检查间距时会出错;另外每次修改过走线和过孔之后,都要重新覆铜。

知识链接

开关电源

开关电源是利用现代电力电子技术,控制开关管开通和关断的时间比率,维持稳定输出电压的一种电源。开关电源大致由主电路、控制电路、检测电路、辅助电源四大部分组成。

点滴积累

1. 印制电路板布线方向最好与电路原理图走线方向一致。
2. 集成电路座应该尽可能与定位槽放置方向一致。
3. 电解电容或钽电容，应该有正负极标志。
4. 浮地的目的是将电路或设备与公共地线或可能引起环流的公共线路隔离开来。
5. 单点接地是指接地只有一个物理点被定义为接地参考点，其他各个需要接地的点都直接接到这一点。
6. 多点接地是指一个系统中各个接地点都直接接到距它最近的接地平面上，使接地线的长度最短。

第三节　PCB 制作工艺的介绍

所谓表面贴装技术(SMT)，指的是有关如何将基板、元件通过有效工艺材料和工艺组装起来，并确保有良好寿命的一项技术。SMT 技术有许多不同的组装形式和相应的工艺做法。由于各种方式都有优缺点，工程师对这方面知识的了解也就成了一件重要的工作。比如说单面全 SMT 元件回流焊接技术的组装板，具有外形薄和组装工艺较简单的优势。但其组装密度还不是很高，且不能采用插件。而目前采用最多的双面混装技术，具有密度较高，能混合采用表面贴装器件(SMD)和插件，能发挥质量和成本之间的平衡利益。但却有必须处理两道焊接程序的弱点。诸如此类的认识，工程师都应该掌握，才能在其工作上发挥出来。所以要成为一位非常出色的设计工程师，努力学习组装工艺方面的知识非常重要。详细的工艺不在本书的范围之内，接下来将谈谈常用工艺和设计方面的联系。从以下的例子中可以更好地了解到设计工作在整体 SMT 应用中的重要性。

一、锡膏丝工艺

最常见的工艺包括对位、充填、整平和释放 4 个主要工序。要把整个工作做好，基板上要达到一定的要求。基板必须够平，焊盘间尺寸准确和稳定(即使在经过焊接工作的高温处理后)，焊盘的设计应该配合丝印钢网，并有良好的基准点设计来协助自动对中，此外，基板上的标签油印不能影响丝印部分，基板的设计必须方便丝印机的自动上下板，外形和厚度设计不能影响丝印时所需要的平整度等。这些都必须经过工程师的考虑。

二、点锡膏工艺

如果采用的是注射方式的锡膏涂布工艺，基板上的焊盘设计和丝印有所不同。比如焊盘的长度应该受到更短的限制，铜焊盘的防氧化处理要求更严格，但对阻焊剂的要求却不高。对于不同元件封装也应该有个别的考虑。比如 J 引脚的 PLCC 元件，如果采用一般的做法，在每一焊盘上分两点锡膏，则有可能在回流前，因锡膏和引脚的接触不良，引起引脚发生位移。如果采用点三锡点的方式，则浪费生产时间。所以应对焊盘的尺寸设计进行更改，要求对元件封装进行较严格的范围控制，同时将焊盘加宽并缩短,以达到能采用单一锡点的工艺。

三、印胶工艺

目前较常用的有点胶工艺和印胶工艺。点胶工艺中有各种注射泵技术,还有适用于高产量的针印工艺。目前发展出新一代的喷射工艺。印胶工艺的做法与锡膏的丝印很相似。

各种泵在胶点的量控制能力和点出的胶点外形上有所不同,这是设计人员和工艺人员应该了解和注意的,这些变化也会影响设计工作。

四、贴片工艺

贴片机是否能处理设计时所选的元件,把它们准确地贴在所需的位置上,都直接影响到生产。所以,设计时在元件选择工作上,对厂内贴片机性能的了解是非常关键的。此外,贴片工序在整条生产线上经常是效率的“瓶颈”(限制整条生产线效率),在设计时还需同时考虑贴片机对生产效率的影响。

对于一个设计人员,在贴片这一工艺上应关注以下几方面问题:

1. 能处理的元件范围和个别元件的处理能力。
2. 对各元件的对中能力(贴片精度和重复精度),包括基板的定位能力。
3. 灵活性和转换能力(可行性、所需时间和资源)。
4. 对各元件的产量。
5. 基板的处理能力和范围(材料种类、厚度、外形比等)。

设计人员应该进一步了解贴片精度的误差来源,它们取决于以下4个主要因素:基板质量、设备对基板的识别和定位能力、设备的机械精度、设备对元件的识别和对中能力。比如了解厂内设备对基板的识别和定位能力后,就能相应地设计出合适的基准点(大小、形状、位置分布和反差条件等),就能决定区域和专用基准点是否需要等问题,以确保产品设计的可制造性。

五、波峰焊接工艺

由于混装板和插件元件在应用上的某些优势,波峰焊接工艺目前仍是常见的组装焊接工艺之一。波峰焊接工艺,如“桥接”“阴影效应”等已是众所周知的经验。许多问题在设计上能够给予一定程度的协助,如降低SOIC引脚间桥接的“吸锡盘”或“盗锡盘”设计等。应该注意的是,设计工作必须严密配合设备的工艺规范进行。比如为了解决矩形件的“阴影效应”而增加的焊盘长度,到底应增加多少是与厂内的设备和工艺调制能力息息相关的。

另一个经常受到关注的波峰焊接问题,是元件的受热问题。对于双面有元件的产品来说,一面的元件有可能在经过波峰焊时完全浸在高温的熔锡中,热冲击可以高达每秒200多摄氏度。元件的封装是否经得起这样的热处理,在其寿命和性能方面会产生什么影响,是设计人员应该充分考虑的。

为了处理只有少数插件的产品,或为了保护热敏感元件不受熔锡的热冲击,目前有些局部波峰焊接的工艺和设备。厂内如果采用这类设备,板上元件的编排可能会受到设备运作的限制,比如必须留下某些空位等。

六、回流焊接工艺

回流焊接工艺是目前最流行和常用的批量生产焊接技术。回流焊接工艺的关键在于找出最适当的稳定时间关系(即所谓的温度曲线设置),并使它不断重复。温度曲线必须配合所采用的工艺材料(锡膏),应注意的参数有:升温速度、温度的高低、在各温度下的时间和降温速度。市场上出现了多种不同加热原理的回流炉,其实如何加温是次要的,最重要的是必须能够随意控制温度的变化和保持稳定。

市场上采用的加温法,有3个基本的热传播方式,即传导、对流和辐射。各种炉子的原理也可以按此来分类。采用传导方式的有热板、热丝和液态热(很少用)三种主要技术。采用对流方式的,有强制热风、惰性热气和气相回流(已基本不用)三种技术。而采用辐射技术的,有红外线、激光和白光三大光源。

七、了解制造能力

了解生产厂实际的制造能力,是推行DFM管理的重要部分。工作包括对厂内设备的功能进行量化考察、规划和制定规范指标。

在实际工作中可以从4个方面着手:生产线的功能(能做些什么?)、生产线的柔性或灵活性(需要什么改变来处理工作的变更?)、质量(能把产品做到多好?包括长期寿命方面和直通率方面的考虑)以及生产效率(产量和成本)。

生产线能力的规划,比如每一条生产线对基板的处理能力范围,包括如基板的材料、基板的厚度范围、板的尺寸限制、重量限制、板边的留空要求、定位要求(如基准点、定位孔、边定位的厚度和曲翘限制等)以及如果采用自动条码识别系统的位置要求等,这些都必须有详细和准确的规划。应注意这些规划是以整线而不是以个别设备的层次来进行的。如果厂内有多条不同规范的线,可以考虑以统一规范(最严格的规范)或分等级来简化。

同样,对于元件的处理能力,也应该进行了解和规划。这方面可包括如各种常用元件的释放能力、贴片机吸嘴的种类和要求、对中技术和能力、贴片力度(静态和动态)、供料器种类、数目和性能以及各元件对速度效率的影响等。

除了设备的能力,整体的工艺能力也必须是规划的内容。厂内应该有一份工艺规范,内容包括详细的工艺能力和极限。比如在锡膏工艺上能采用什么工艺(丝印、点锡)、达到什么程度(0.3mm间距、0.12mm开孔、双面印刷能力等)。

知识链接

DFM管理

面向制造的设计(Design for Manufacturability)作用就是改进产品的制造工艺性。DFM主要研究产品本身的物理设计与制造系统各部分之间的相互关系,并把它用于产品设计中以便将整个制造系统融合在一起进行总体优化。

八、PCB 生产工艺对设计的要求

（一）PCB 的外形及定位

1. PCB 外形必须经过数控铣削加工，四周垂直平行精度不低于±0.02mm。

2. 对于外形尺寸小于 50mm×50mm 的 PCB，宜采用拼板形式。具体拼成多大尺寸合适，需根据 SMT 设备性能及具体要求而定。

3. 表面贴装印制电路板漏印过程中需要定位，必须设置定位孔，以英国产 DEK 丝印机为例，该机器配有一对 Φ3mm 的定位销，相应地在 PCB 上相对两边或对角线上应设置两个 Φ3+0.1mm 的定位孔。依靠这两个定位孔在印制电路板底部均匀安置数个底部带磁铁的顶针，即可充分保证印制电路板定位的牢固、平整。

4. 表面贴装印制电路板的四周应设计宽度一般为(5+0.1)mm 的工艺夹持边，在工艺边内不应有任何焊盘图形和器件。如若确实因面板尺寸受限制，不能满足以上要求，或采用的是拼板组装方式时，可采取四周加边框的 PCB 制作方法，留出工艺夹持边，待焊接完成后，手工掰开，去除边框。

（二）加工工艺对板上元件布局的要求

1. 印制电路板上的元器件放置的顺序　放置与结构有紧密配合的固定位置的元器件，如电源插座、指示灯、开关、连接件之类，这些器件放置好后用软件的 LOCK 功能将其锁定，使之以后不会被误移动；再放置线路上的特殊元件和大的元器件，如发热元件、变压器、IC 等。

2. 元器件距离板边缘的距离　所有的元器件最好放置在距离板的边缘 3mm 以内或至少大于板厚，这是由于在大批量生产的流水线插件和进行波峰焊时，要提供给导轨槽使用，同时也是为了防止由于外形加工引起边缘部分的缺损，如果印制电路板上元器件过多，不得已要超出 3mm 范围时，可以在板的边缘加上 3mm 的辅边，辅边开 V 形槽，在生产时用手掰断即可。

3. 高低压之间的隔离　在许多印制电路板上同时有高压电路和低压电路，高压电路部分的元器件与低压部分要分开放置，隔离距离与要承受的耐压有关。例如，若要承受 3000V 的耐压测试，则高低压线路之间的距离应在 3.5mm 以上，许多情况下为避免爬电，还在印制电路板上的高低压之间开槽。

4. 导线的宽度　导线宽度应以能满足电气性能要求而又便于生产为宜，它的最小值以承受的电流大小而定，但最小不宜小于 0.2mm，在高密度、高精度的印制电路中，导线宽度和间距一般可取 0.3mm；导线宽度在大电流情况下还要考虑其温升，单面板实验表明，当铜箔厚度为 50μm、导线宽度 1～1.5mm、通过电流 2A 时，温升很小，因此，一般选用 1～1.5mm 宽度的导线就可能满足设计要求，而不致引起温升。导线的公共地线应尽可能地粗，可能的话，使用大于 2～3mm 的导线，这点在带有微处理器的电路中尤为重要。因为当地线过细时，由于流过电流的变化，地电位变动，微处理器定时信号的电平不稳，会使噪声容限劣化：在 DIP 封装的 IC 脚间走线，可应用 10mil-10mil（1mil = 0.0254mm）与 12mil-12mil 原则，即当两脚间通过 2 根线时，焊盘直径可设为 50mil，线宽与线距都为 10mil，当两脚间只通过 1 根线时，焊盘直径可设为 62mil，线宽与线距都为 12mil。

5. 导线的间距　相邻导线间距必须能满足电气安全要求，而且为了便于操作和生产，间距也应尽量宽些。最小间距至少要能适合承受的电压。如果有关技术条件允许导线之间存在某种程度的金属残粒，则其间距就会减小。因此设计者在考虑电压时应把这些因素考虑进去。在布线密度较低时，信号线的间距可适当地加大，对高、低电平悬殊的信号线应尽可能地短且加大间距。

点滴积累

1. 表面贴装印制电路板的四周应设计宽度一般为（5+0.1）mm 的工艺夹持边。
2. 表面贴装印制电路板漏印过程中需要定位，必须设置定位孔。
3. 导线的公共地线应尽可能的粗。

目标检测

一、选择题

（一）单项选择题

1. 实际地线上的电位是（　　）。

A. 0V　　B. 0V 且恒定的　　C. 不恒定的　　D. 恒定的但不一定是 0V

2. 印制电路板上若装有以下（　　）器件时，最好单独布置地线。

A. 小电流器件　　B. 大电流器件　　C. 发热器件　　D. 电源

3. 发热元件一般应（　　）分布，以利于单板和整机的散热。

A. 集中　　B. 均匀　　C. 随意　　D. 有序

4. 电源线、地线、信号线三者之间的线宽应为（　　）。

A. 信号线>电源线>地线　　B. 信号线=电源线=地线

C. 信号线>地线>电源线　　D. 地线>电源线>信号线

5. 在设计印制电路板时，要通过 2A 电流，一般选用导线的宽度是（　　）。

A. 1.0mm　　B. 1.5mm　　C. 2.0mm　　D. 1.8mm

6. 线路板设计时对布局说法正确的是（　　）。

A. 大的元件—中的元件—小的元件　　B. 小的元件—中的元件—大的元件

C. 中的元件—小的元件—大的元件　　D. 以上说法都对

（二）多项选择题

7. 布局应尽量满足的要求（　　）。

A. 总的连线尽可能短，关键信号线最短

B. 高电压、大电流信号与小电流，低电压的弱信号完全分开

C. 数字地和模拟地分开

D. 单点接地和多点接地无所谓

8. 下列有关安全间距和走线宽度的论述中，正确的是（　　）。

A. 安全间距和走线宽度要根据不同的电路结构制定不同的值。

B. 安全间距和走线宽度在通常情况下当然是越大越好。

C. 太大的安全间距和走线宽度会造成电路不够紧凑，浪费印制电路板。

D. 一般情况下，安全间距和走线宽度的制定范围是 10～20mil 之间。

二、简答题

9. 如何确定焊盘的大小？

10. 如何选择接地方式？

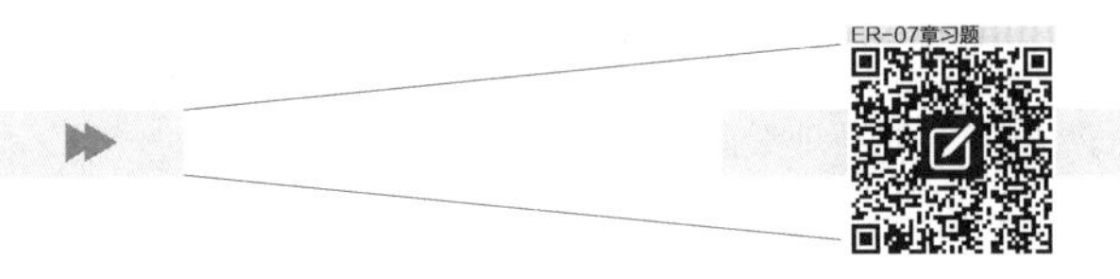

（陈炜钢）

第八章

医用电子线路的设计综合举例 1

导学情景

情景描述：

某医疗器械公司为了丰富产品线，规划开发干扰电治疗仪。开发部根据市场需求、国家标准和行业标准等设计输入要求对产品进行开发，其中 PCB 板的设计是产品开发的关键步骤，必须符合相关规范性文件，满足生产、安装、调试等环节的需求。

学前导语：

通过学习干扰电治疗仪的工作原理、原理图设计、原理图库设计、PCB 封装设计、PCB 板图设计，掌握医用电子线路板的设计流程、设计方法和设计技巧，为今后独立开展医用电子线路板的设计奠定基础。

学习目标

扫一扫，知重点

1. 掌握医用电子仪器开发流程。
2. 掌握自下而上的层次原理图设计。
3. 掌握元件封装的绘制过程。
4. 掌握 PCB 板绘制技巧。
5. 熟悉原理图符号属性设置。
6. 熟悉原理图的设计环境。
7. 熟悉 PCB 板的设计环境。
8. 了解干扰电治疗仪工作原理。
9. 了解多通道电路图设计。

第一节　项目的工作原理及原理图简介

一、干扰电疗法简介

干扰电疗法是一种古老疗法，早在 18 世纪中叶，就有许多欧美国家的医生用这种疗法治病。但受制于当时的技术条件，直到 21 世纪，随着电子技术的发展，操作方便、性能先进的干扰电治疗仪才逐渐发展起来。

干扰电疗法指的是将两组或两组以上的不同频率的正弦电流，交叉地输入人体内，并且在电力线的交叉部位形成干扰，从而在深部组织产生低频调制脉冲电流，以达到治疗疾病的方法。使用体表刺激电极刺激深部组织时需要将很强的电流注入皮肤内，才能产生足够大的电流使目标组织去极化。强电流会引起疼痛，限制了其临床应用，特别是对深部肌肉刺激。如图 8-1 所示，两路刺激信号分别以 4kHz、4.1kHz 的正弦波作为载波，以 80Hz、160Hz 的正弦波作为包络，单组刺激信号并不会引起皮肤的感觉，也不能刺激皮下组织，但是两组信号叠加起来，相互干涉，形成动态的低频调制电流，有一个旋转的向量改变。经临床验证，两组电流交叉形成的电流强度不仅比两组中的任何一组电流都大，而且比两组电流之和的平均值大。正是由于这个原因，干扰电疗法弥补了低频电疗法的电流在人体深处减弱的不足。

干扰电疗法适用于神经炎、神经痛、神经根炎、肌萎缩、扭伤、肩周炎、肌纤维鞘炎、肌劳损、关节炎、雷诺病、手足发绀症、胃下垂、习惯性便秘等病症。

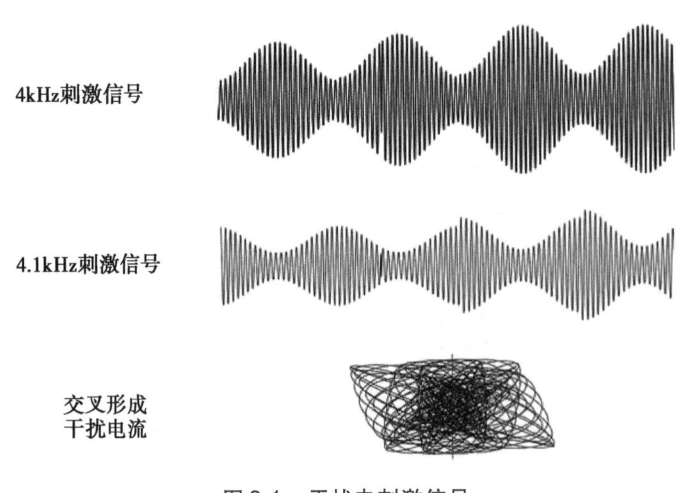

图 8-1　干扰电刺激信号

二、干扰电治疗仪设计要求

根据 ISO9001 的规定，产品的规划阶段的工作内容均为设计输入的基本内容。在实际项目执行中，特别是规划阶段，设计输入的内容不是一次确定的，也不是一方确定的，它往往需要多次协商、反复评审才能确定。用户需求是关键的设计输入，用户包括产品使用者、管理直接使用者的人、产品施用的对象、开发生产产品的人、做出购买决策的人和使用竞争产品的人。

（一）用户需求

1. 功能和性能要求　本项目要求输出两组刺激电流，每组电流输出最大值为 60mA，输出电流可调，载波频率（4000±100）Hz，调幅波频率 20～100Hz，调幅度 100%、75%、50% 三挡可调。市场上有产品采用抽吸电极，本项目为了降低成本，采用普通电刺激电极。人机交互界面采用 15 英寸液晶屏。

2. 适用的法律、法规及标准等规范性文件　在国家药品监督管理局官方网站上可以查询相应的医疗器械国家标准和医药行业标准。经查询,有以下标准适用本项目。

（1）YY0951-2015 干扰电治疗仪;

（2）GB9706.1-2007 医用电气设备第1部分:安全通用要求;

（3）YY0607-2007 神经和肌肉刺激器安全专用要求;

（4）YY0505-2012 医用电气设备第1～2部分:安全通用要求并列标准:电磁兼容要求和试验。

医疗器械的设计要求不能低于国家标准和行业标准,否则无法保证产品的安全性和有效性,难以通过型式检验,影响产品注册。

（二）技术方案

干扰电治疗仪原理框图如图8-2所示,包括了电源模块、上位机、隔离电源模块、通信隔离模块、主控模块和功率放大模块,各模块的工作原理分析如下:

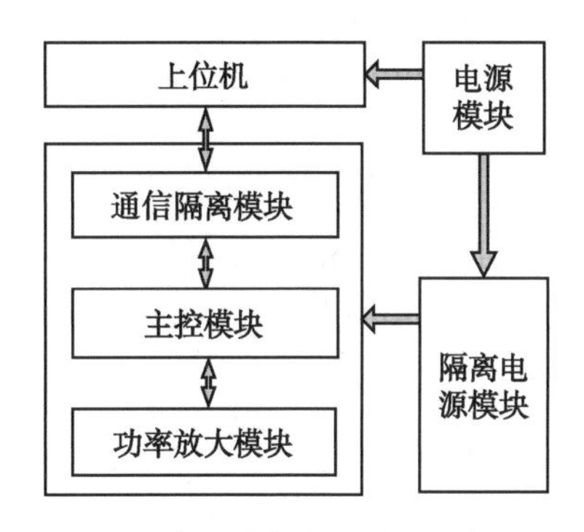

图8-2　干扰电治疗仪原理框图

（1）电源模块:一般采用开关电源,为上位机的工控机、显示器供电。

（2）上位机:包括工控机、15英寸液晶显示器和电阻式触摸屏,可采用C#语言设计人机交互界面。

（3）隔离电源模块:为了满足电气隔离要求,设计中把患者连接部分进行了电源和信号的隔离。电源隔离采用医用隔离变压器。电气强度:耐压AC4000V/50Hz,输入AC220V/50Hz,输出电压两组AC18V、两组AC24V,额定输出电流1.5A。输出电压经过整流滤波得到两组+18V、±12V、±5V和−8V。两组+18V分别为两路信号的功率放大电路供电,±12V、±5V、−8V为主控模块的运算放大器、调制解调器、单片机等芯片供电。

（4）通信隔离模块:仪器上位机通过串口与主控模块通信,采用MAX3221ECAE芯片实现TTL电平与RS232电平之间的转换。上位机和主控模块分别由开关电源和隔离电源供电,为了实现两者之间的电气隔离,采用光耦TLP785进行信号的传递。由技术文档可知,TLP785的隔离电压:5000Vrms/min,发光管正向导通最大电流为60mA,导通电压为1.15V,电路设计中采用限流电阻使电流限制在10mA左右。开关频率达13kHz,满足波特率9600bps的传输速度。

（5）主控模块:项目采用单片机作为主控制器,目前常用的主控制器有MICROCHIP公司的PIC系列、ATMEL公司的AVR系列、TI公司的MSP430系列、Freescale系列以及ST公司的STM32系列等。

按内核架构分,STM32F1系列包含STM32F101基础型系列、STM32F103加强型系列以及STM32F105和STM32F107互补型系列等产品。其中,基础型时频率最高6MHz;而加强型系列时钟频率可以达到72MHz,内置32K到128K的flash。

经综合考虑，本项目最终采用了意法半导体（ST）公司的 STM32F103VET 芯片（封装：LQFP100），外设使用情况：①串口 2（USART2_TX-25 引脚、USART2_RX-26 引脚）。②定时器 1 用于生成方波（15 引脚），此方波滤波后形成第一组载波，同理，定时器 2 用于产生第二组载波（16 引脚）。（4000±100）Hz 的方波经过带通滤波器可转换成正弦波，滤波器中心频率为 4000Hz，截止频率（4000±300）Hz。③定时器 3、4 结合 DAC，用于产生两组调幅波（29 引脚、30 引脚）。④I/O 口使用情况：调制信号 1 调幅度控制（81 引脚、82 引脚），调制波幅度控制（83 引脚、84 引脚、85 引脚）；调制信号 2 调幅度控制（53 引脚、54 引脚），调制波幅度控制（55 引脚、56 引脚、57 引脚），两组信号互换控制（59 引脚、60 引脚）。

如图 8-3 所示控制器通过控制模拟开关选择不同幅度的调幅信号，详见表 8-1。

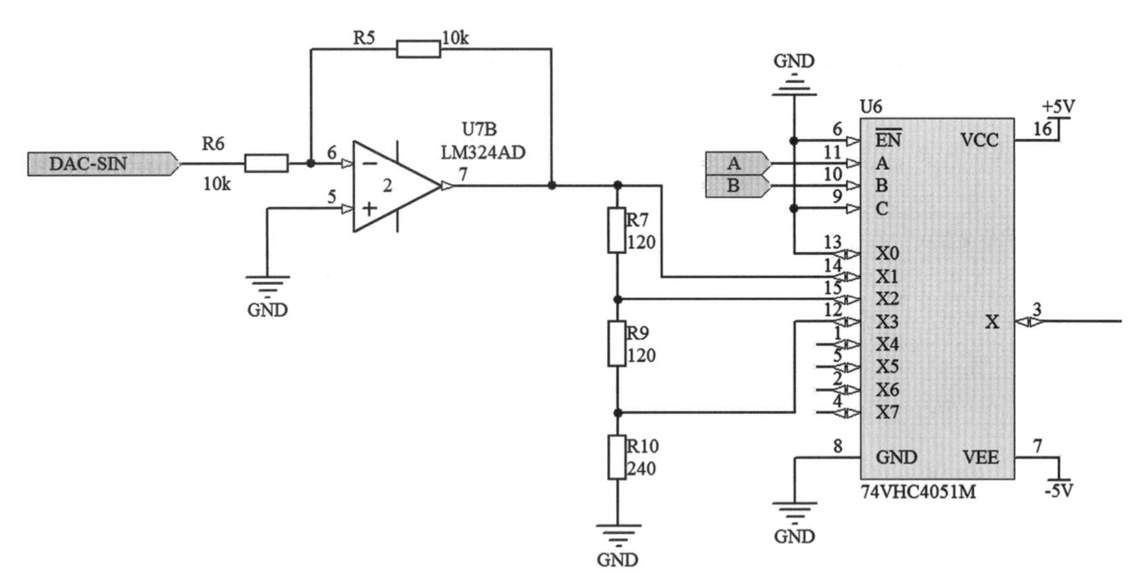

图 8-3　调幅度控制电路

表 8-1　调幅度控制表

A	B	调幅度
1	0	100%
0	1	75%
1	1	50%

调制信号的幅度也是通过分压的方式来控制，治疗仪需要通过触摸屏调整刺激电流幅度，0～30 挡可调，设计采用 32 抽头数字电位器 MAX5160。其引脚功能如表 8-2 所示。

表 8-2　数字电位器 MAX5160 引脚功能表

引脚	名称	功　能
1	$\overline{INC}$	阻值调整控制引脚，下降沿有效
2	$U/\overline{D}$	高电平，上行调整；低电平，下行调整

续表

引脚	名称	功　能
3	H	电位器上固定端
4	GND	电源地
5	W	电位器中间调整端输出
6	L	电位器下固定端
7	$\overline{CS}$	片选信号，低电平选通电位器
8	VDD	电源2.7～5.5V

信号调制芯片采用MC1496，可以实现对两个模拟信号（电压或电流）的相乘功能，即输出信号与两输入信号相乘积成正比。设计可参考MC1496技术文档中的典型电路。如图8-4所示：

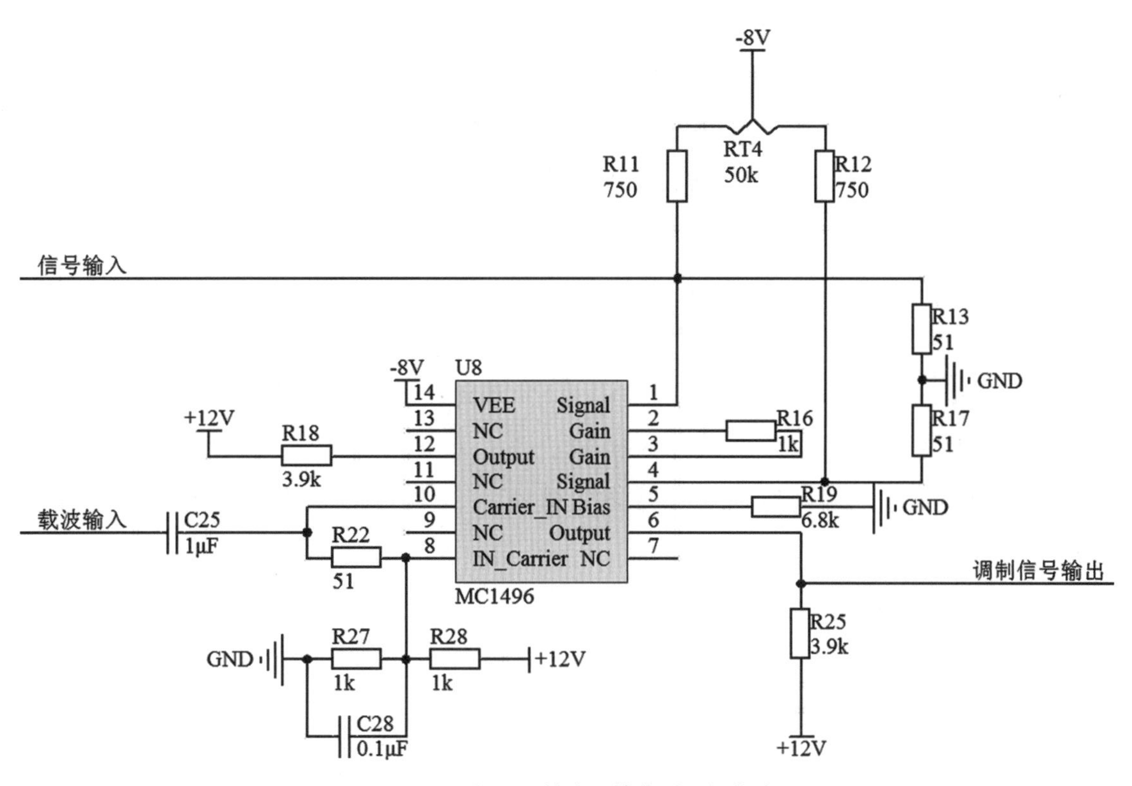

图8-4　MC1496技术文档典型调幅电路

课堂活动

在国家药品监督管理局网站查询相关标准，并对项目涉及条款进行解读。

点滴积累

一般而言，芯片的技术文档里都会有典型的应用电路图，可以在理解的基础上直接应用到项目中去，也可以根据需求重新设计，经过验证后再使用。

第二节　电路原理图设计

本章的主要任务是完成图8-2干扰电治疗仪原理框图中通信隔离模块和主控模块进行PCB设计。为了满足实际安装要求，需要将通信隔离模块和主控模块放置在同一块PCB板上，尺寸为10cm×10cm，于是创建了一个包含通信隔离模块和主控模块的PCB工程，采用层次电路设计的方法，将该工程分为了通信隔离模块、单片机模块、调制信号模块、幅度控制模块。其中调制信号模块含有两个相同的通道，因此本章将介绍多通道电路设计，提高设计效率。

一、创建项目工程和原理图

（一）新建PCB工程

1. 在Altium Designer主界面下，执行菜单命令“文件/新建/工程/PCB工程”，在界面左侧的工作区Project面板出现了新的PCB工程：“PCB_Project1. PrjPCB”。

2. 执行菜单命令“文件/保存设计工作区为”，设计工作区命名为：“干扰电治疗仪 . DsnWrk”，存储位置为“D:\医用电子线路设计与制作\第八章\干扰电治疗仪”。

3. 执行菜单命令“文件/保存工程为”，工程命名为：“干扰电治疗仪-主控通信 . PrjPCB”，存储位置为“D:\医用电子线路设计与制作\第八章\干扰电治疗仪”。

（二）创建原理图设计文件

1. 选中“干扰电治疗仪-主控通信. PrjPCB”，执行菜单命令“文件/新建/原理图”，在project面板上会出现新的原理图，默认名称为“sheet1. SchDoc”。

2. 执行菜单命令“文件/保存”，保存原理图，命名为：“主控通信 . SchDoc”。此原理图为主电路图。

重复步骤1、2，创建子电路图：通信隔离模块 . SchDoc、单片机模块 . SchDoc、调制信号模块 . SchDoc、幅度控制模块 . SchDoc。

（三）设置原理图图纸

双击原理图文件，进入原理图编辑环境。启动设置图纸属性命令有以下几种方式：

1. 执行菜单命令“设计/文档选项”。

2. 右击工作区，在弹出的快捷菜单中执行命令“选项/文档选项”。

3. 使用快捷键【D+O】。

4. 双击图纸外空白处。

采用上述任何一种操作，系统均弹出“文档选项”对话框，并在其中选择“方块电路选项”选项卡进行设置（图8-5）。

1. 图纸大小设置　在对话框“标准类型”区域的下拉列表中选取图纸大小为A4（11.5×7.6英寸）。也可在“定制类型”区域自行设定图纸大小。

图 8-5　“文档选项”对话框

2. 图纸栅格设置　图纸栅格设置位于“栅格”区域，主要包括两个部分：锁定栅格的设定和可视栅格的设定。

（1）Snap On（锁定栅格）：本例中为了提高绘制精度，Snap On 参数设置为 10，这样十字光标在移动时，均以 10mil 为基本单位。

（2）可见的（可视栅格）：设定图纸上实际显示的网格宽度为 10mil。

3. 设置电气网格　“电栅格”区域可以设置是否采用电气网格和电气网格的作用范围。选中“使能”复选框，并在文本框中输入 4，表示系统在画导线时，会以 Grid Range 栏中的设置值为半径，以箭头光标为圆心，向四周搜索电气节点。

4. 选项设置　“选项”区域可以设置图纸的方向（水平或垂直），标题栏的格式、图纸的零参数格式、边界及其颜色和图纸背景颜色。

5. 文档信息设置　在“文档选项”对话框的参数选项卡中设置图纸信息，如图 8-6 所示。如选中“Title”参数，单击“编辑”按键填入原理图标题。

6. 光标设置　通过光标的设置可以改变光标的显示形式。启动光标设置有以下几种方式：

（1）执行菜单命令“工具/设置原理图参数”。

（2）右击工作区，在弹出的快捷菜单中执行命令“选项/文档选项”。

（3）使用快捷键【T+P】。

采用上述任何一种操作，系统均弹出“设置原理图参数”对话框。单击对话框的“Graphical Editing”选项卡，如图 8-7 所示。

在“指针”区域设置光标的类型和可视栅格的表现形式，本项目中均采用默认设置。

图 8-6　“文档选项”对话框的参数选项卡

图 8-7　光标参数设置

在“自动面板选项”区域设置系统的自动摇景属性，本项目中选择“Auto Pan ReCenter”，即当光标移到编辑区边缘时，系统将以光标所指的边为新的编辑区中心。

二、原理图绘制

（一）安装添加元件集成库

在工作区右侧元件库面板，单击【库...】按键，进入库安装、添加对话框，安装本项目设计所需的主要元件集成库文件，“Miscellaneous Devices. IntLib”和“Miscellaneous Devices. IntLib”。将元件集成库添加到工程中后，还可以根据项目需要修改、新建元件。软件自带元件集成库包含的元件不全面，建议创建自己的元件集成库，随着项目经验增加，不断丰富元件集成库，以方便设计，提升效率。

（二）创建集成原理图符号

新建或添加自定义的原理图库文件“MySchliB. SchLib”。在工作区左侧 Project 面板工程下，“Libraries/Schematic Library Documents”文件中，双击“MySchliB. SchLib”进入原理图符号设计，新建本项目中的单片机 STM32F103VET 和数字电位器 MAX5160，原理图符号设计以元件技术手册为准，具体设计方法参见第三章，设计结果如图 8-8、图 8-9 所示。

（三）放置元件

为增加原理图可读性，尽量按照信号走向，从左到右、从上到下放置元器件。单击布线工具栏中的放置元件图标，或执行菜单命令“放置/器件”，弹出放置元件对话框。在对话框栏中填入要放置的元件名称如：LM324AD，标识符 U?，注释 LM324AD\\SAF，元件封装 751A-02_N，如图 8-10 所示。

在放置元件时经常使用搜索功能得到元件原理图符号和 PCB 封装，单击工作区右侧元件库面板【Search...】按键，进入搜

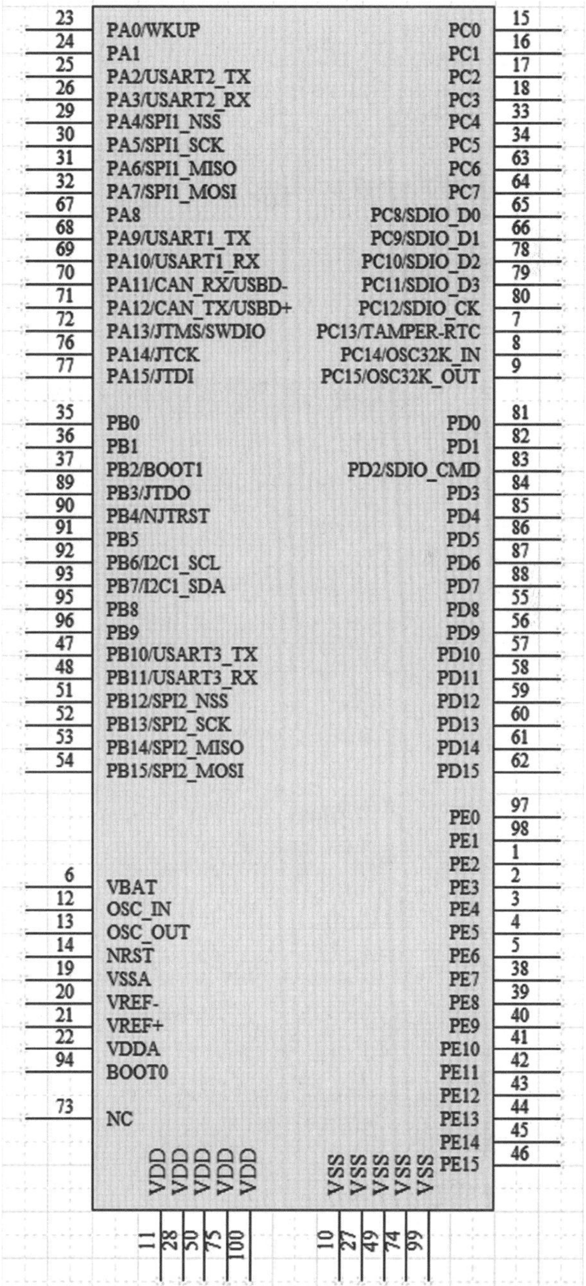

图 8-8　单片机 STM32F103VET

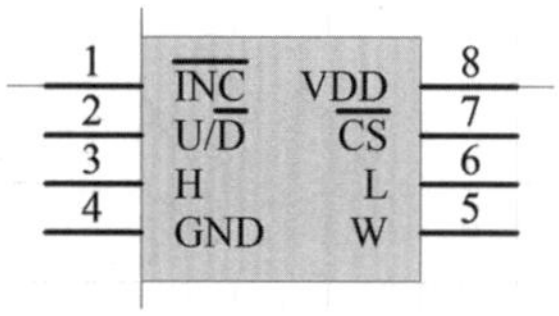

图8-9　数字电位器MAX5160

图8-10　放置元件对话框

索库对话框，注意“运算符”最好使用包含“Contains”，“值”为元件关键编号，比如某些运放的关键编号“324”“741”，这样能提高搜索成功率，如图8-11所示。

图8-11　元件搜索对话框

为了调试方便，在关键信号上放置测试点，这里的测试点也是一个元件，单个引脚，其原理图符号和封装可自行绘制。

（四）编辑元件属性

元件属性主要包含元件的标识、注释、标称值、封装等。

元件标识可以通过菜单命令“工具/标注所有器件”，为所有元件自动标注。如果需要保留某些元件的标识，可双击该元件，锁定其标识和注释，这样被锁定的元件不会在自动标注时更改属性。

元件封装可统一设置，比如需要把所有的电阻封装设置为"6-0805"，将鼠标放置任一个电阻上，单击鼠标右键，选择命令"查找相似对象"，弹出"发现相似目标"对话框，如图 8-12 所示，选择同一类型电阻特有属性的"Same"项，如"Symbol Reference"属性为"Res2"，选择其"Same"项，范围选择"Open Documents"，单击确定，这样就能够在打开的原理图文件里选择所有"Symbol Reference"属性为"Res2"的电阻。并弹出了"SCH Inspect"对话框。

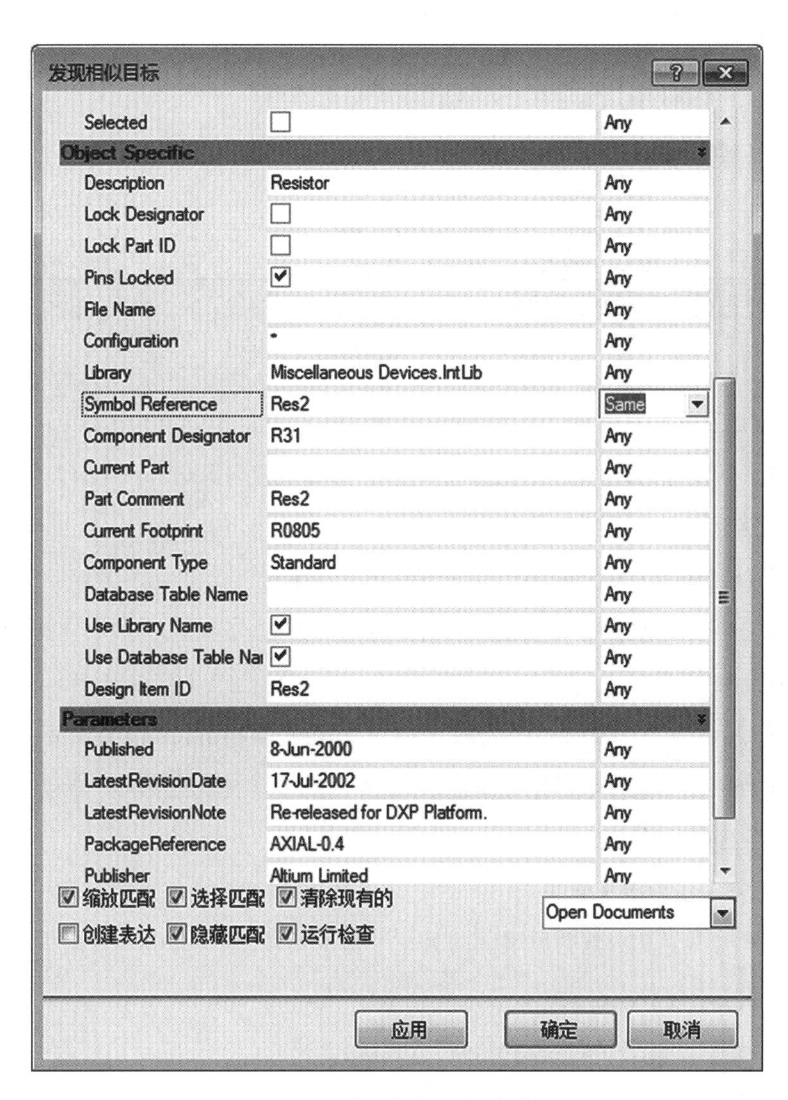

图 8-12　发现相似目标对话框

如图 8-13 所示，可在"SCH Inspect"对话框中的"Current Footprint"属性中修改所选元件的封装。修改后单击【关闭】按键退出对话框回到原理图，这时原理图将所有电阻过滤出来了，可通过快捷键【Shift+C】，清除过滤器。

（五）调整元件位置

在放置了电路组件后，还需要调整位置，主要有选取、移动、旋转、删除等。这些命令可以将各个电路组件合理布局，使电路原理图更加美观。

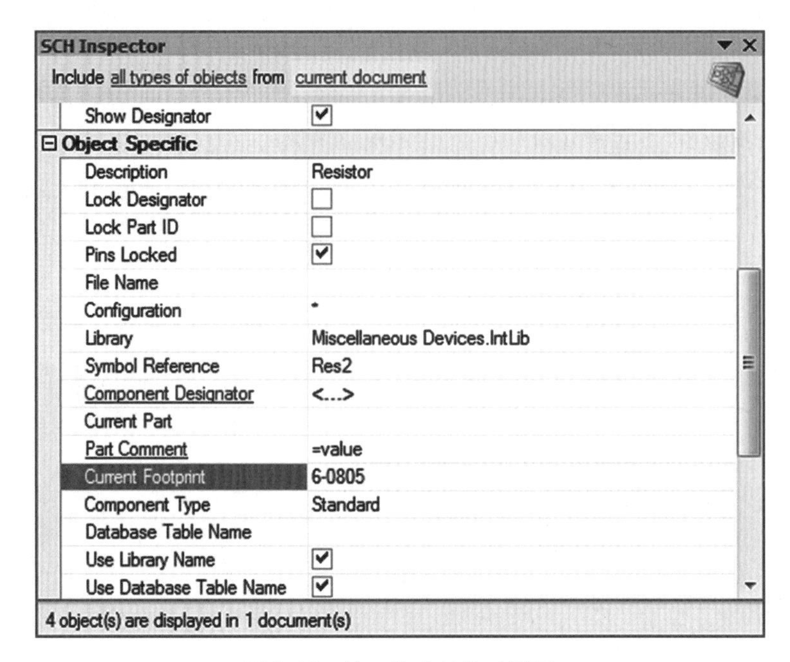

图8-13　统一修改封装对话框

（六）放置电源及接地符号

软件通过网络标号将电源及接地符号区别开来。启动放置电源端口命令有以下几种方式：

1. 单击画电路原理图“布线”工具条中的按键。

2. 执行菜单命令“放置/电源端口”。

3. 在“实用”工具条“电源”中单击要放置的电源端口类型。

4. 使用快捷键【P+O】。

采用上述任何一种操作，光标处将浮动一个电源符号，按空格键可以旋转电源端口，在按【Tab】键弹出的“Power Port”对话框中编辑电源属性，如图8-14所示。注意电源端口的类型指的是外观形状，其内在连接是通过网络属性。

（七）根据原理图绘制电气连线

1. 放置导线　导线是构成电路原理图的另一个基本元素，是具有电气连接关系的一种原理图组件。对电路原理图进行导线连接的方法主要有三种：

（1）选择画电路原理图“布线”工具条的“放置线”按键。

（2）执行菜单命令“放置/线”。

（3）使用快捷键【P+W】。

采用上述任何一种操作，光标变为十字，将十字光标移到元件引脚的电气节点上，单击鼠标确定导线的起点、拐点和终点。导线的起点和终点一定要设置在元件引脚的电气节点上，否则导线与元件并没有电气连接关系。

右击工作区或按【Esc】键，结束当前导线的绘制。再次右击工作区或按【Esc】键，结束放置导线状态。

2. 放置线路节点　导线交叉可以分为3种形式，如图8-15所示。在T形导线交叉处，系统将自

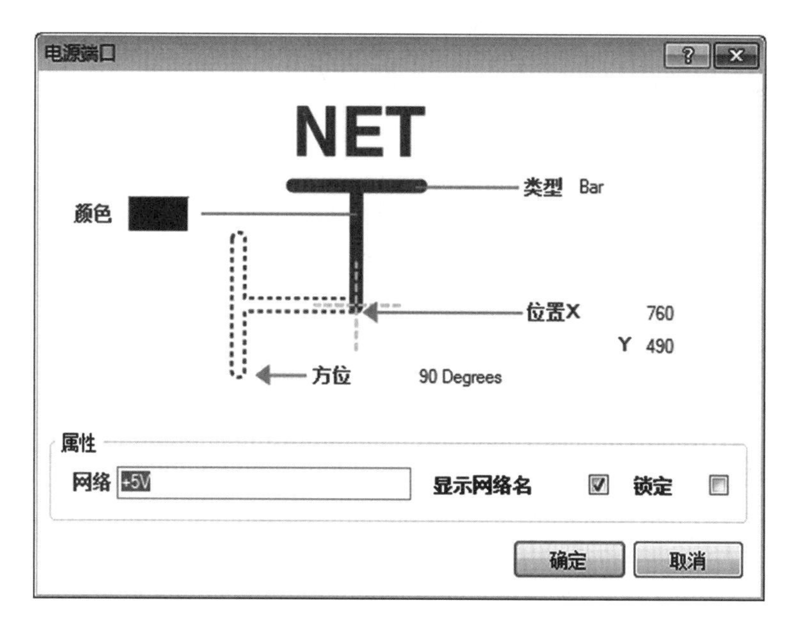

图 8-14　“电源端口”对话框

动添加一个线路节点。但是，当两条导线在原理图中成十字交叉时，系统将不会自动生成线路节点。两条导线在电气上是否相连接是由交叉点处有无线路节点来决定的。如果在交叉点处有线路节点，则认为两条导线在电气上是相连的，否则认为它们在电气上是不相连的。因此，对确实相交的两根导线，需要在导线交叉处放置线路节点，使其具有电气上的连接关系。

放置节点有以下几种方式：

（1）执行菜单命令“放置/手工接点”。

（2）使用快捷键【P+J】。

采用上述任何一种操作，光标变为带有节点的十字，将其移到导线交叉处，单击鼠标放置。

3. 放置总线和总线出入端口　本项目中，总线与总线出入端口如图8-16所示。在总线中，真正代表实际电气意义的是通过网络标号与总线出入端口来表示的逻辑连通性。

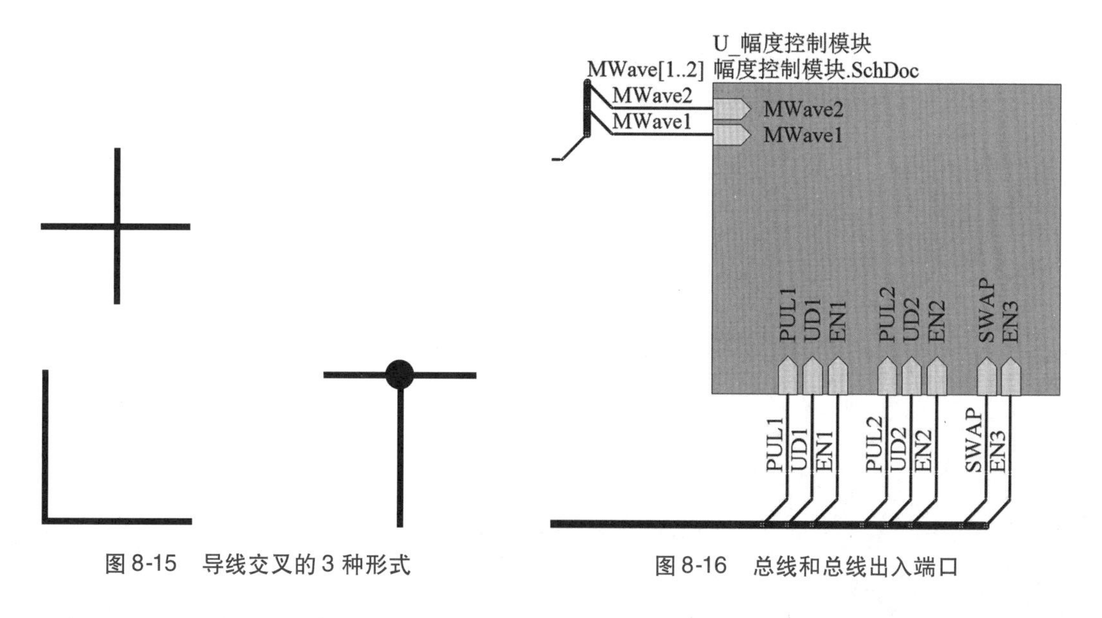

图 8-15　导线交叉的3种形式

图 8-16　总线和总线出入端口

（1）绘制总线

启动绘制总线有三种方法：

1）单击画电路原理图“布线”工具条的“放置总线”按键。

2）执行菜单命令“放置/总线”。

3）使用快捷键【P+B】。

画总线方法与画导线相同，在此不再赘述。根据项目要求，绘制总线。

（2）绘制总线出入端口：总线出入端口是总线和导线的连接点，表示总线分开为一系列导线或多条导线汇合成一条总线。

启动绘制总线出入端口有以下三种方法：

1）单击画电路原理图“布线”工具条的“放置总线入口”按键。

2）执行菜单命令“放置/总线入口”。

3）使用快捷键【P+U】。

4. 放置网络标号　网络标号的实际意义是一个电气连接点，具有相同网络标号的元件引脚、导线、电源及接地符号等具有电气意义的组件在电气关系上是连接在一起的。

执行放置网络标号的命令，有以下几种方法：

（1）单击画电路原理图“布线”工具条的“放置网络标号”按键。

（2）执行菜单命令“放置/网络标号”。

（3）使用快捷键【P+N】。

采用上述任何一种操作，在按【Tab】键弹出的网络标签属性对话框中设置属性，如图8-17所示。

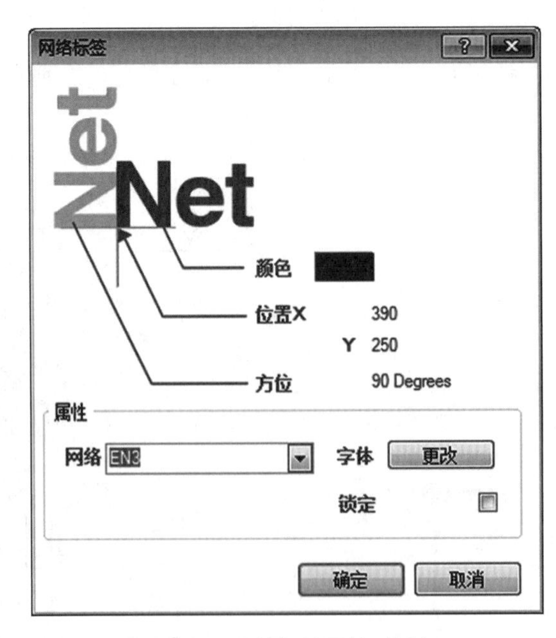

图8-17　网络标签属性对话框

（八）检查和调整

根据原理图要求，对绘制好的原理图进行检查。主要执行以下操作：①删除多余的元件和导线；②修改导线走向；③检查遗漏；④调整元件位置。

三、层次电路和多通道电路设计

经过上述步骤绘制好了“通信隔离模块.SchDoc”“单片机模块.SchDoc”“调制信号模块.SchDoc”“幅度控制模块.SchDoc”。现在我们将以自下而上的方法设计层次电路图。

（一）放置电路输入/输出端口

层次电路图设计的关键在于正确地传递各层次之间的信号。在层次原理图的设计中，信号的传递主要通过电路方块图、方块图输入/输出端口、电路输入/输出端口来实现。启动绘制电路输入/输出端口有以下三种方法：

1. 单击画电路原理图“布线”工具条的“放置端口”按键。
2. 执行菜单命令“放置/端口”。
3. 使用快捷键【P+R】。

采用上述任何一种操作，在按【Tab】键弹出的电路端口属性对话框中设置属性，如图8-18所示，根据电路要求设置其I/O类型。

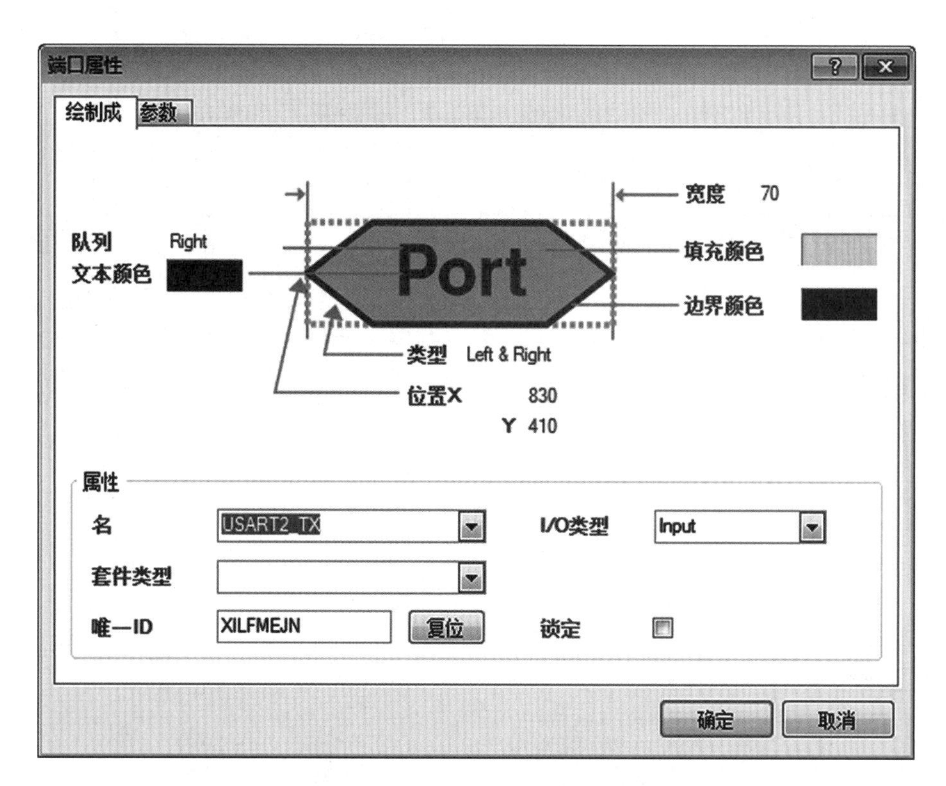

图8-18 电路端口属性对话框

绘制好的子电路原理图“通信隔离模块.SchDoc”“单片机模块.SchDoc”“调制信号模块.SchDoc”“幅度控制模块.SchDoc”，如图8-19、图8-20、图8-21、图8-22所示。

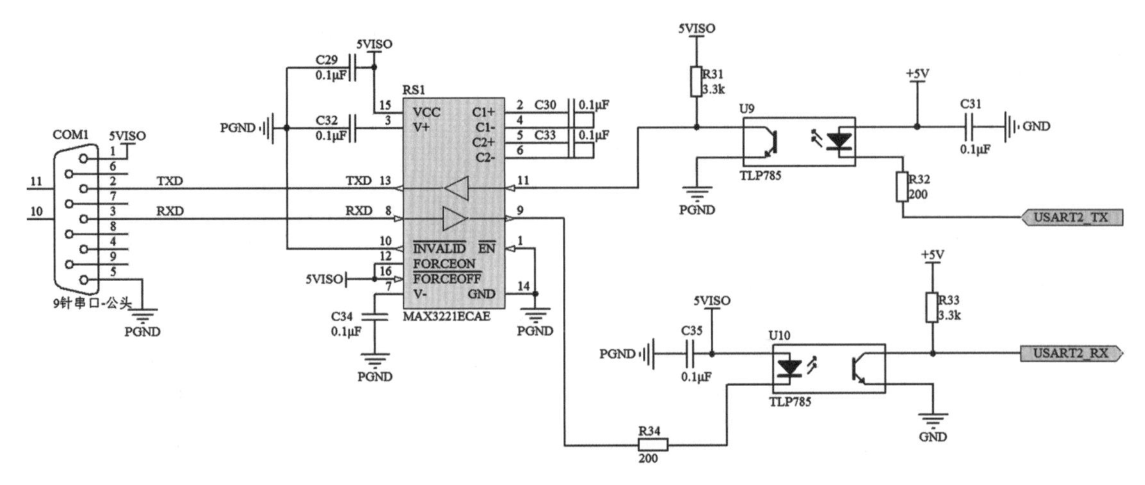

图 8-19　通信隔离模块电路原理图

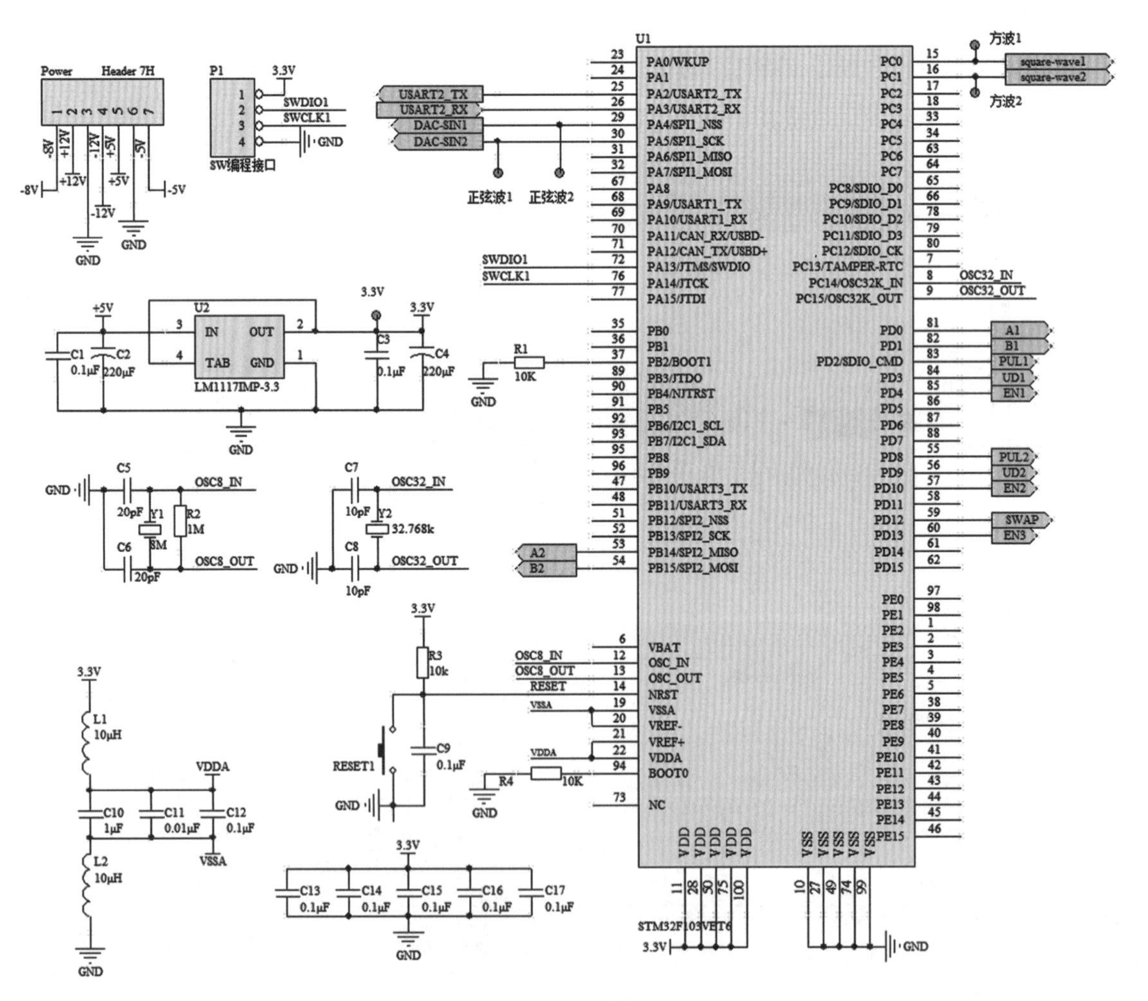

图 8-20　单片机模块电路原理图

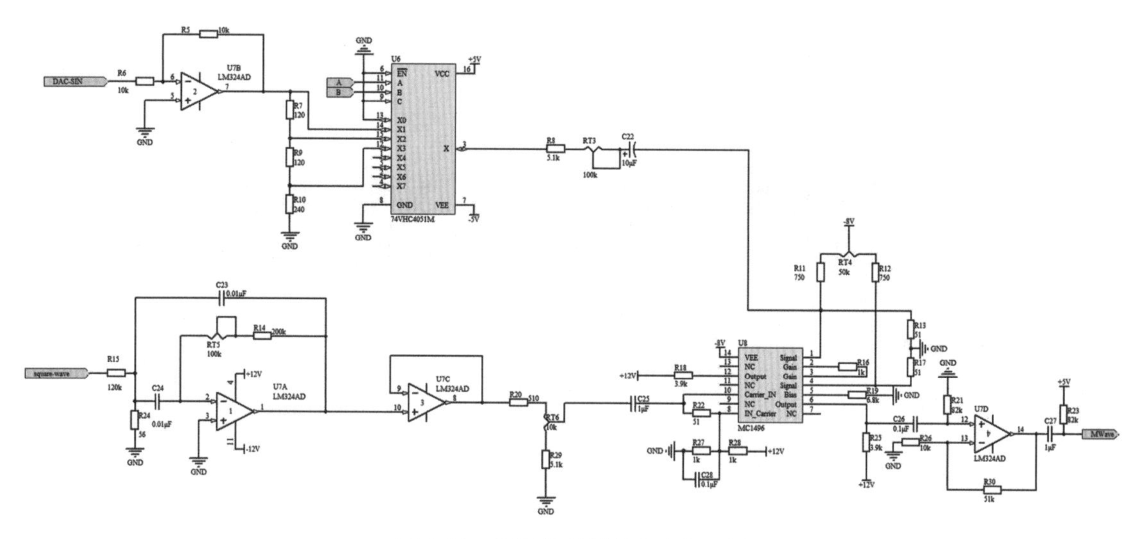

图 8-21　调制信号模块电路原理图

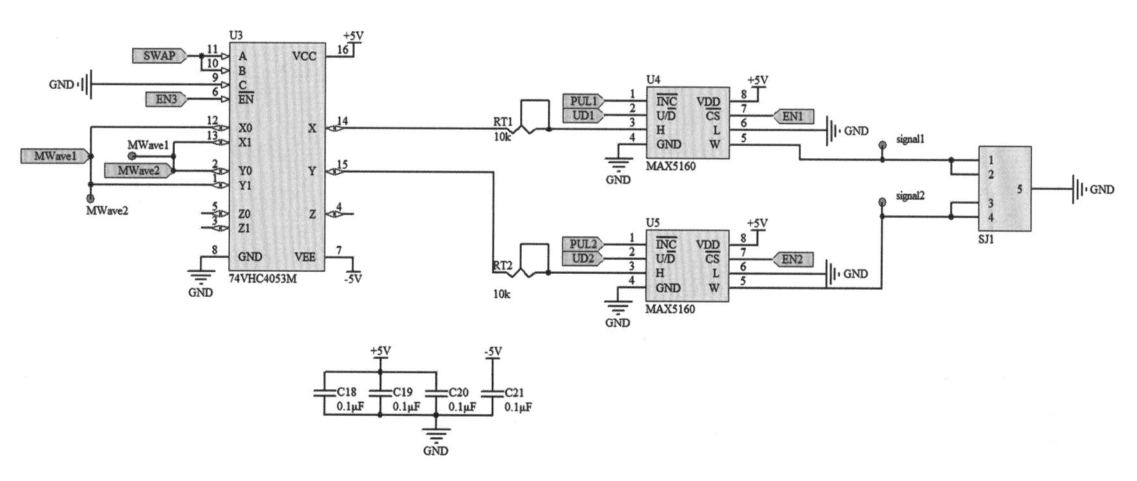

图 8-22　幅度控制模块电路原理图

（二）从下层原理图生成上层方块图

打开顶层原理图“主控通信 . SchDoc”，注意一定要打开该文件，并在打开该文件的窗口下执行下面命令。在主菜单中选择“设计/HDL 文件或图纸生成图标符”命令，打开如图 8-23 所示的“选择生成图表符图纸”的对话框。

选择相应的子电路图生成方块图符号，按此操作依次生成“U_通信隔离模块”“U_单片机模块”“U_调制信号模块”和“U_幅度控制模块”四个方块图符号，如图 8-24 所示，每个方块图都有和子电路图对应的图纸入口。

如果对子电路图的端口进行了更改，可使用菜单命令“设计/同步图纸入口和端口”来更新图纸入口，如图 8-25 所示，可将没有匹配的端口添加到图纸。

（三）多通道电路设计

本项目需要产生两路调制信号，两路元件和连接方式一致，通过软件的多通道设计功能，只需设计一张调制信号模块原理图就能实现两个通道的设计，简化了设计工作，为后续元件布局提供了

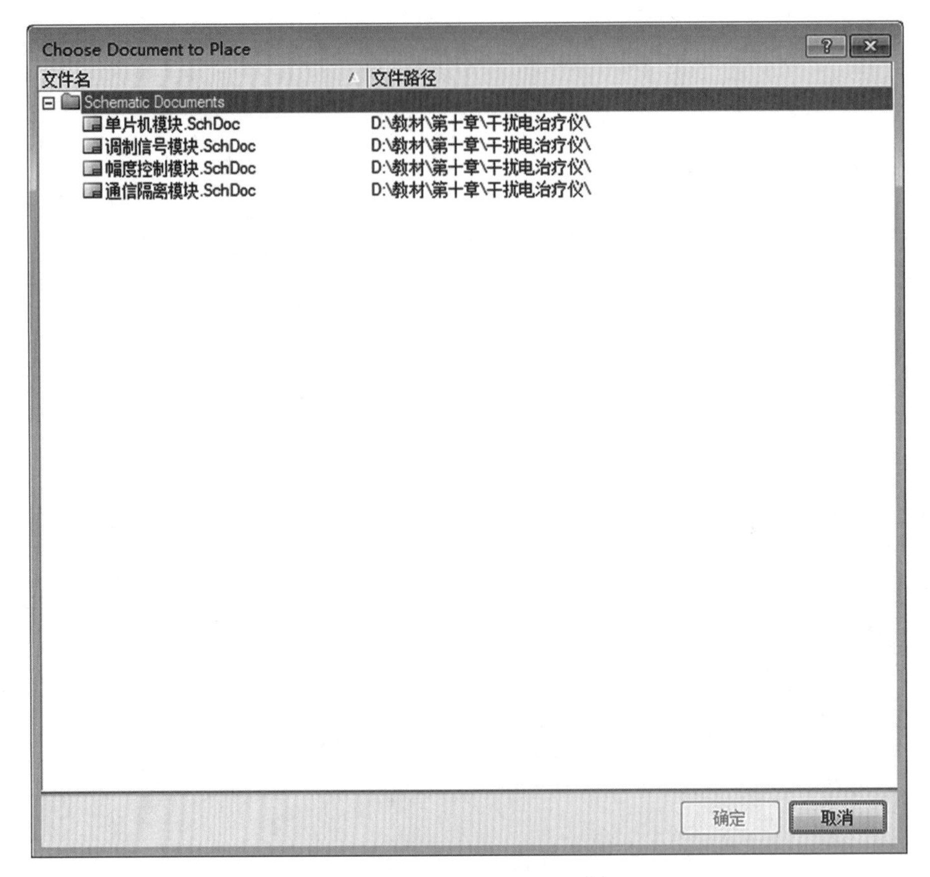

图8-23　选择生成图表符图纸的对话框

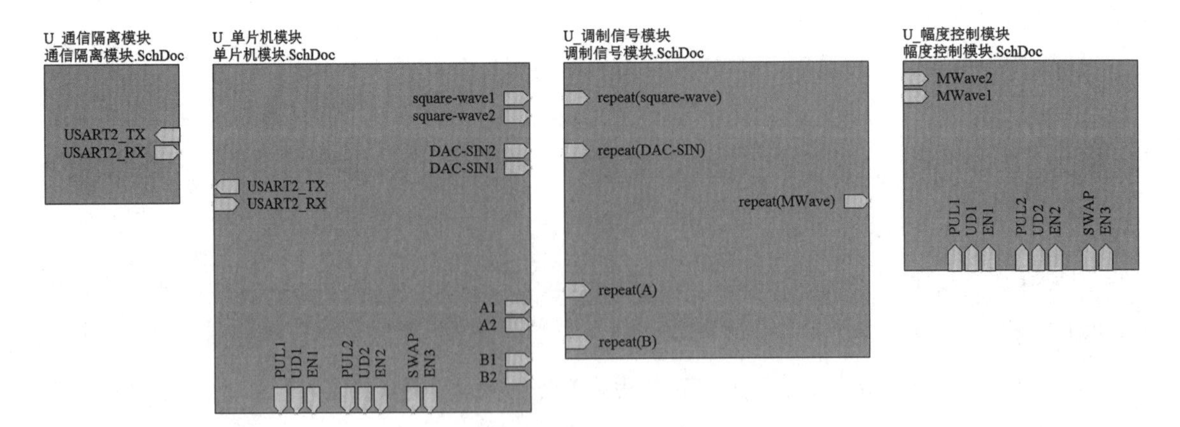

图8-24　已生成的方块图符号

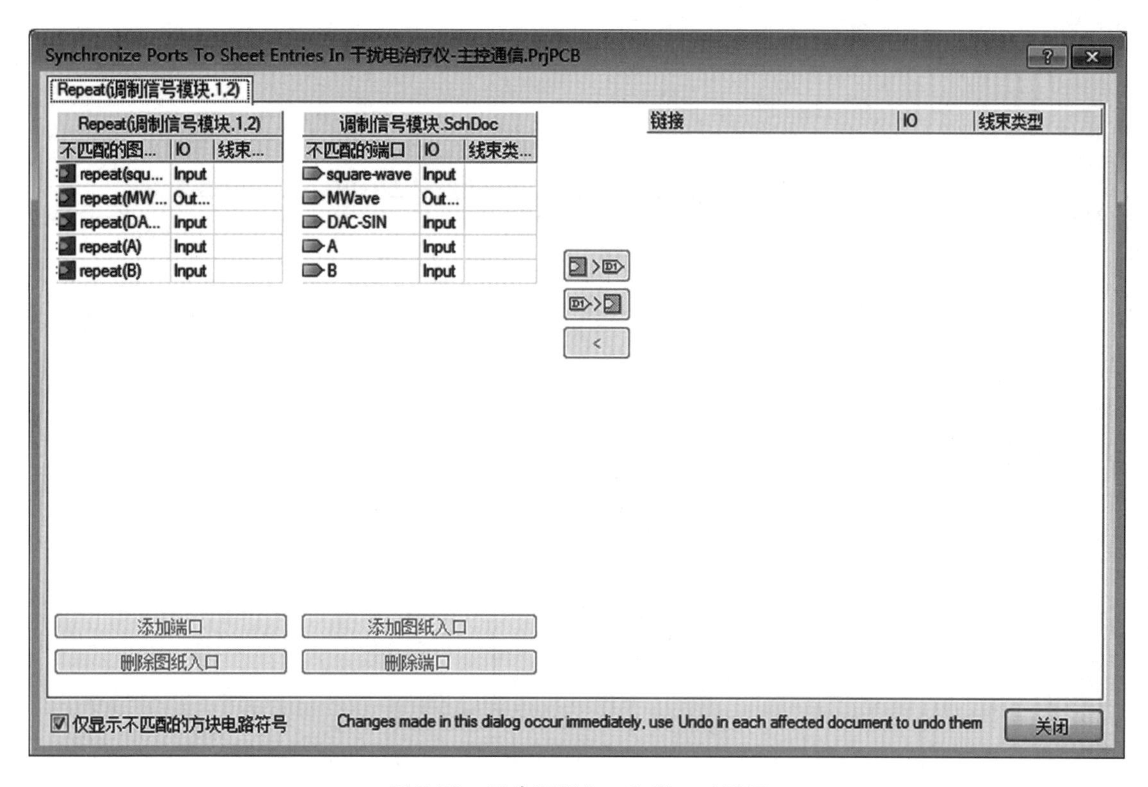

图 8-25　同步图纸入口和端口对话框

便利。

如图 8-26 所示，将“U_调制信号模块”的方块图符号改为“Repeat(调制信号模块,1,2)”，“1”为需要复制个数的起数，“2”为止数，表示将调制信号模块子电路复制了 2 个。各图纸入口改为“Repeat(原图纸入口)”，表示每个复制的电路中的“原图纸入口”对应端口都被引出来，而各通道的其他未加“Repeat”语句的电路同名端口都将被互相连接起来。

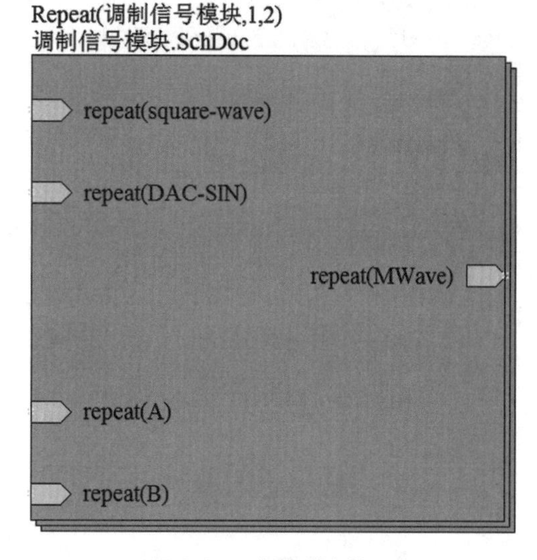

图 8-26　多通道方块图

执行菜单命令“工程/Compile PCB Project 干扰电治疗仪-主控通信 . PrjPCB”，如图 8-27 所示，调制信号模块子电路分为调制信号模块 1 和调制信号模块 2，元件编号分别在原有编号后添加 A 和 B，元件编号格式可通过菜单命令“工程/工程参数”来更改，如图 8-28 所示，单击“Multi-Channel”选项卡，在元件命名区域更改格式。

（四）方块图调整和连接

对方块图的图纸入口的位置进行调整，连接对应端口，放置总线和总线入口，放置网络标号，如图 8-29 所示。

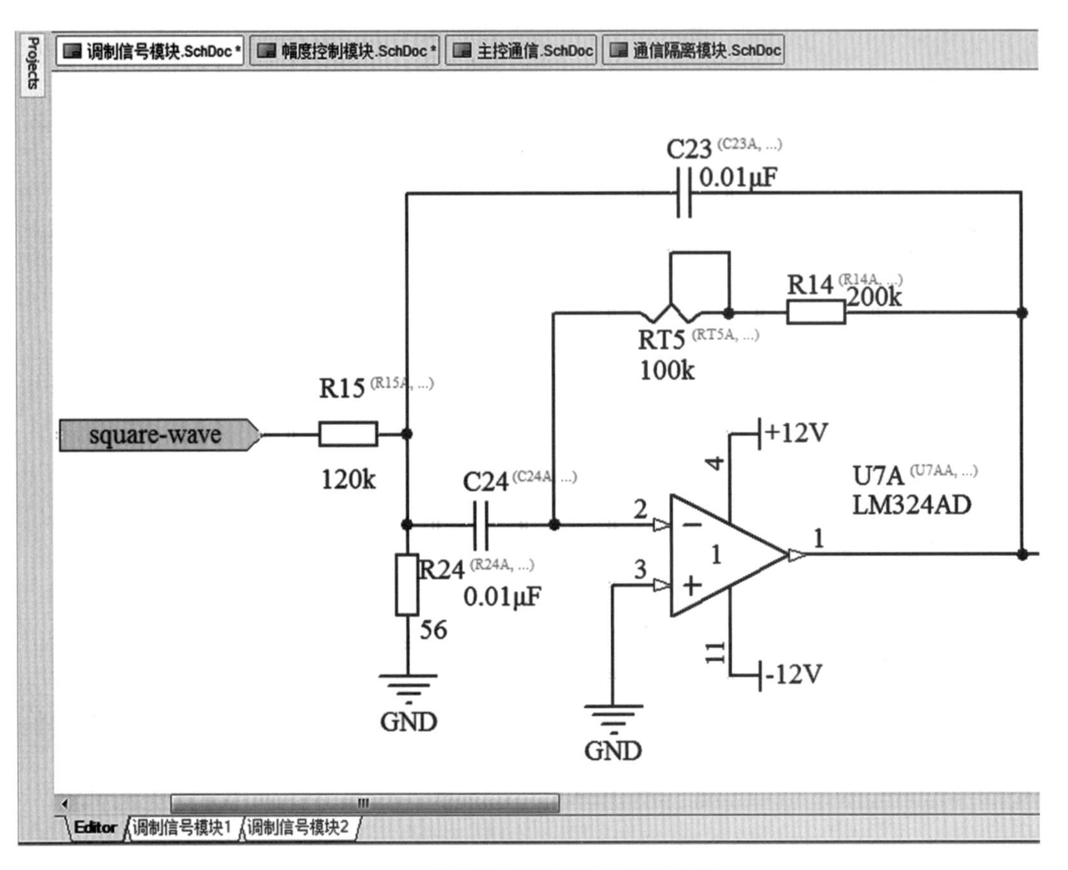

图 8-27　调制信号模块多通道电路图

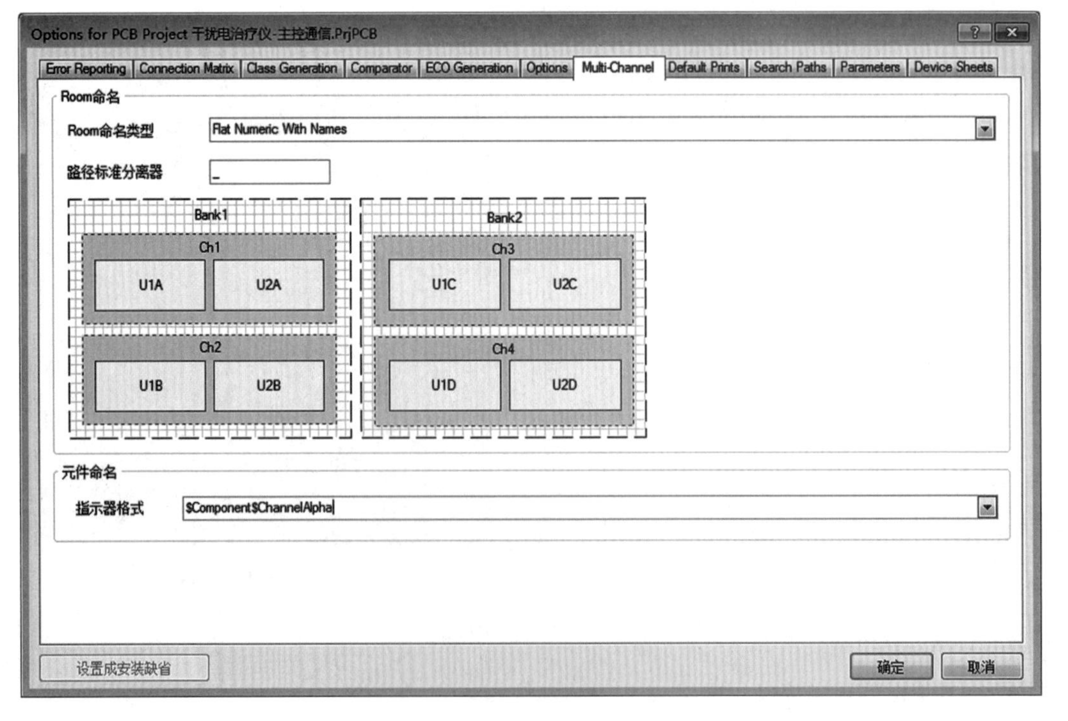

图 8-28　元件命名格式更改对话框

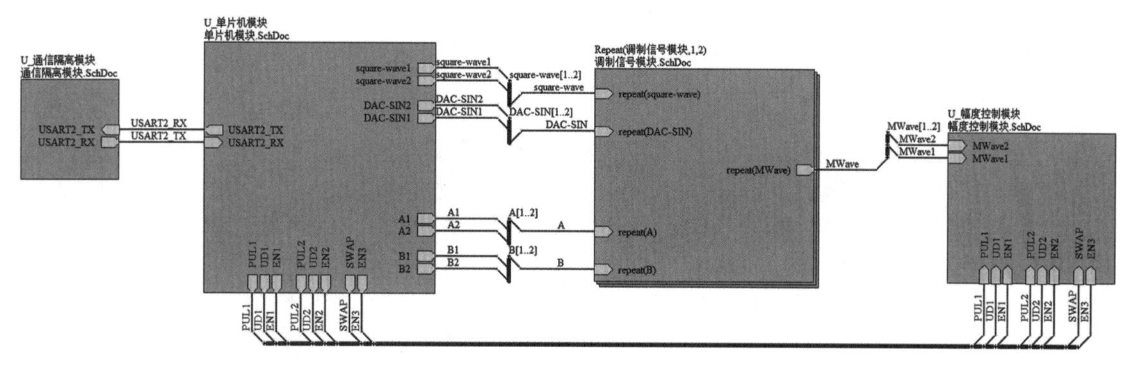

图 8-29　顶层主电路

四、报表输出

（一）错误报告

软件可通过编译工程检查电路正确否，执行“工程/Compile PCB Project 干扰电治疗仪-主控通信.PrjPCB”命令。如果有错，则在“Messages”面板有提示，按提示改正错误后，重新编译，如果没有信息（Messages）窗口弹出，表示没有错误。

错误报告规则可通过菜单命令“工程/工程参数”来更改，如图 8-30 所示，单击“Error Reporting”选项卡，可以根据需要更改报告格式。

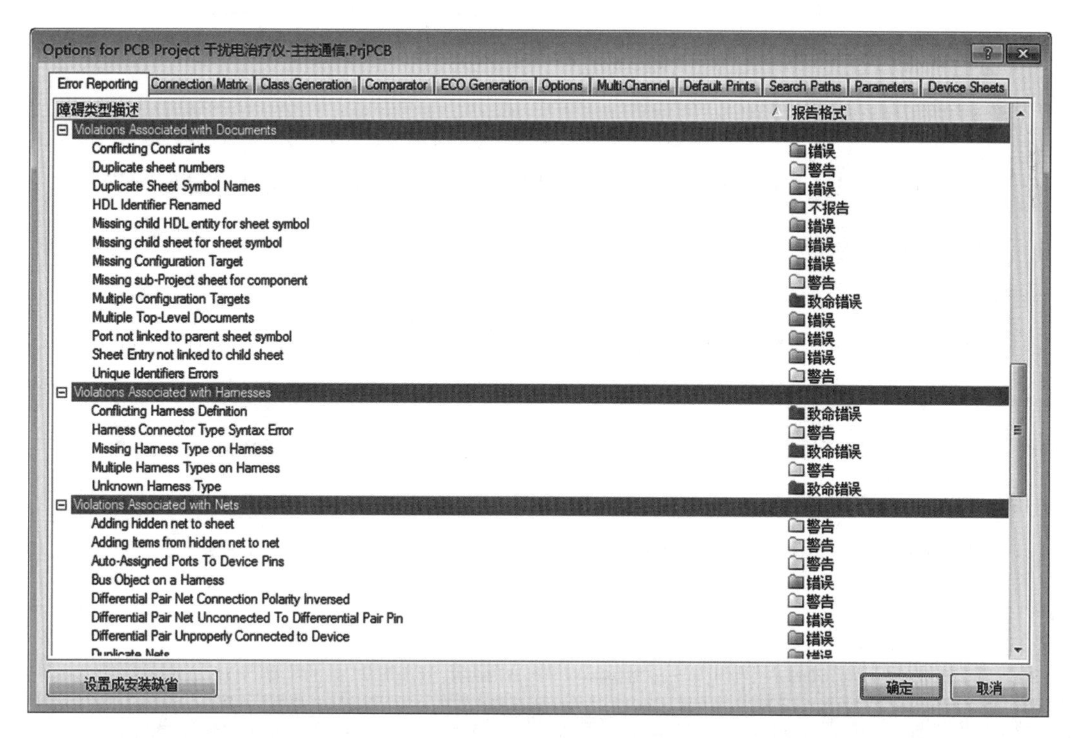

图 8-30　错误报告对话框

（二）创建材料清单

材料清单也称为 BOM 报表，为 Bill of Materials 的简称，它是一个很重要的文件，在物料采购、设计验证样品制作、批量生产等都需要这个报表。

1. 执行菜单命令“报告/Bill of Materials”，出现“Bill of Materials For Project”对话框，如图8-31所示。

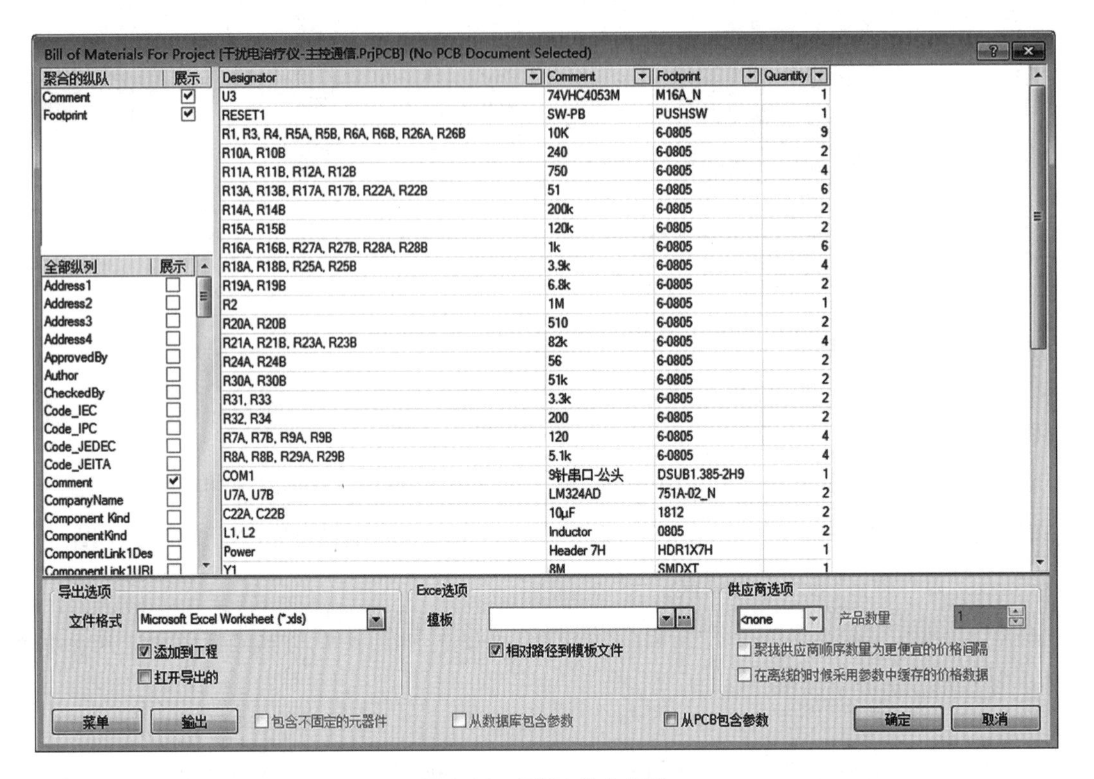

图8-31　BOM输出设置

2. 使用此对话框，可以建立起自己的BOM。在想要输出到报告的每一栏中都选中“展示”复选框。从“全部纵列”清单选择并拖动标题到“聚合的纵队”清单，以便在BOM中按该数据类型来分组元件。例如，若要以封装来分组，在“全部纵列”中选择“Footprint”选项，并拖拽到“聚合的纵队”清单。该报告将据此进行分类。

3. 在导出选项可以选择文件的格式，可以是用XLS的电子表格也可以是TXT的文本样式。在Excel选项里面可以选择相应的BOM模板，软件自己附带包括：很多种输出（比如设计开发前期的简单BOM样式（BOM Simple. XLT）、样品的物料采购BOM样式（BOM Purchase. XLT）、生产用BOM样式（BOM Manufacturer. XLT）、普通的缺省BOM样式（BOM Default Template. XLT）等，当然也可以自己做一个适合自己的BOM模板，做BOM模板的时候注意变量名称即可。BOM报表如表8-3所示。

表8-3　BOM报表

Designator	Comment	Footprint	Quantity
U3	74VHC4053M	M16A_N	1
RESET1	SW-PB	PUSHSW	1
R1，R3，R4，R5A，R5B，R6A，R6B，R26A，R26B	10K	6-0805	9
R10A，R10B	240	6-0805	2

续表

Designator	Comment	Footprint	Quantity
R11A,R11B,R12A,R12B	750	6-0805	4
R13A,R13B,R17A,R17B,R22A,R22B	51	6-0805	6
R14A,R14B	200k	6-0805	2
R15A,R15B	120k	6-0805	2
R16A,R16B,R27A,R27B,R28A,R28B	1k	6-0805	6
R18A,R18B,R25A,R25B	3. 9k	6-0805	4
R19A,R19B	6. 8k	6-0805	2
R2	1M	6-0805	1
R20A,R20B	510	6-0805	2
R21A,R21B,R23A,R23B	82k	6-0805	4
R24A,R24B	56	6-0805	2
R30A,R30B	51k	6-0805	2
R31,R33	3. 3k	6-0805	2
R32,R34	200	6-0805	2
R7A,R7B,R9A,R9B	120	6-0805	4
R8A,R8B,R29A,R29B	5. 1k	6-0805	4
COM1	9 针串口-公头	DSUB1. 385-2H9	1
U7A,U7B	LM324AD	751A-02_N	2
C22A,C22B	10μF	1812	2
L1,L2	Inductor	6-0805	2
Y1	8M	SMDXT	1
Y2	32. 768k	SMD32K	1
C1,C3,C9,C12,C13,C14,C15,C16,C17,C18,C19,C20,C21,C26A,C26B,C28A,C28B,C29,C30,C31,C32,C33,C34,C35	0. 1μF	C0805	24
C10,C25A,C25B,C27A,C27B	1μF	C0805	5
C11,C23A,C23B,C24A,C24B	0. 01μF	C0805	5
C2,C4	220μF	7343	2
C5,C6	20pF	C0805	2
C7,C8	10pF	C0805	2
RS1	MAX3221ECAE	SSOP16	1

续表

Designator	Comment	Footprint	Quantity
U2	LM1117IMP-3.3	MP04A_N	1
U6A,U6B	74VHC4051M	M16A_N	2
P1	SW 编程接口	F200P4-2	1
U9,U10	TLP785	DIP-4	2
3.3V,MWave1,MWave2,signal1,signal2,方波1,方波2,正弦波1,正弦波2	TP	TP	9
RT1,RT2,RT3A,RT3B,RT4A,RT4B,RT5A,RT5B,RT6A,RT6B	Res TAP	HDR1X3	10
SJ1	Signal out	Signal_out	1
U1	STM32F103VET6	LQFP100	1
U4,U5	MAX5160	SOP8	2
U8A,U8B	MC1496	SOP14	2

点滴积累

实际项目实施时，经常由多人完成一个项目，子电路的设计必须统一规范，比如端口的放置、标称值的标注、原理图命名方式等，保证后续总电路图的顺利集成。

第三节　PCB 印刷电路板设计

一、PCB 封装的创建

Altium Designer 软件提供了多个公司的元件封装库，本项目中大多数元件的封装形式能在软件提供的封装库中找到。但采用的信号输出接口、8MHz 晶振、32768Hz 晶振具有特殊性，需要自己测量实物尺寸（上述封装尺寸分别如图 8-32、图 8-33、图 8-34 所示），其中信号输出接口的焊盘通孔直径 1.4（mm），8MHz 晶振焊盘尺寸：1.8×3（mm），Hz 晶振焊盘尺寸：0.8×1.2（mm）。封装制作的形式有手工创建和向导创建两种，在本项目中采用手工创建的形式。

创建封装的步骤如下：

1. 创建元件封装库文件　执行菜单命令“文件/新建/库/PCB 元件库”，产生默认文件名为“PcbLib1.PcbLib”的封装库文件，保存为“MyPcbLiB.PcbLib”。

2. 创建信号输出接口封装　双击封装库文件图标，进入元件封装编辑器的工作界面。

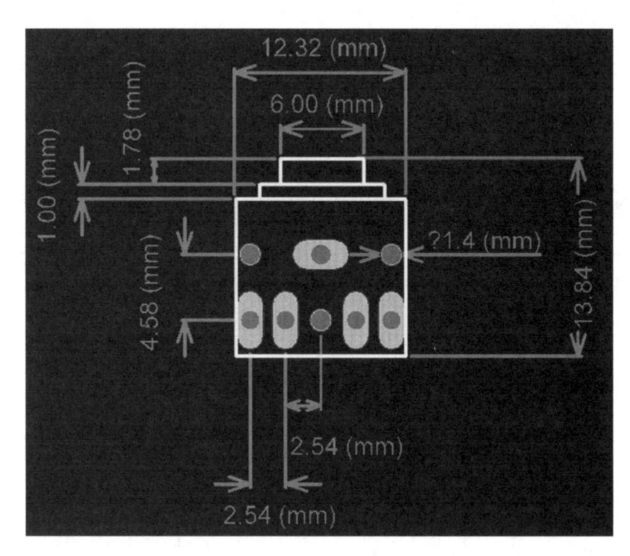

图 8-32　信号输出接口封装尺寸

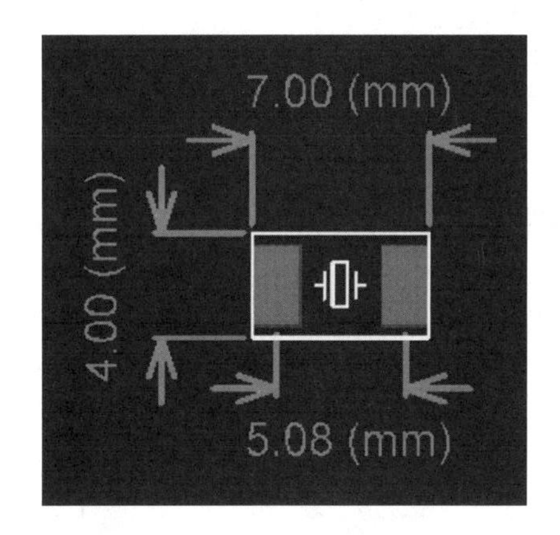

图 8-33　8MHz 晶振封装尺寸

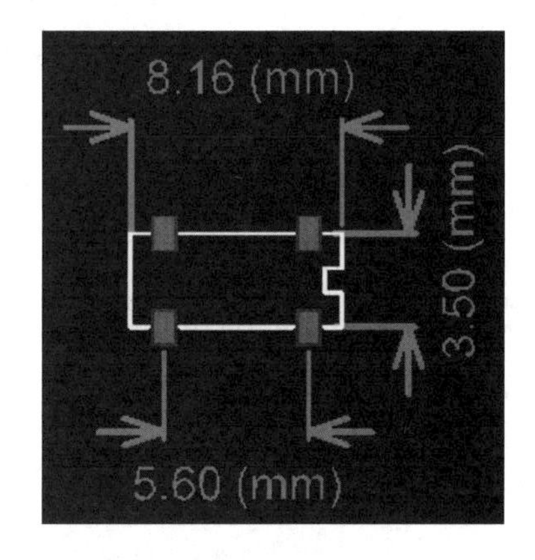

图 8-34　32768Hz 晶振封装尺寸

（1）修改封装名：执行菜单命令“工具/元件属性”，在弹出的对话框中输入封装名“Signal_out”。

（2）绘制轮廓：将当前板层切换到 Top Overlay，执行菜单命令“放置/走线”（或者选择工具条中的图标），根据信号输出接口封装尺寸绘制元件。

（3）放置焊盘：将当前板层切换到 MultiLayer，执行菜单命令“放置/焊盘”（或者选择工具栏中的图标）。焊盘的位置一定要按照封装说明放置，焊盘的通孔尺寸属性为 1.4mm。

（4）设置封装参考点：执行菜单命令“编辑/设置参考”，将焊盘 1 设定为参考坐标。

（5）保存封装：执行菜单命令“文件/保存”。

3. 创建信号输出接口 3D 模型

（1）在元件封装编辑器中，选择刚刚绘制的封装 Signal_out，执行菜单命令“放置/器件体”，如图 8-35 所示。选择“挤压”3D 模型类型，设置器件体颜色为灰色、全部高度为 6mm、支架高度为 0mm、旋转角度为 0°，单击【确定】按键后将鼠标移至轮廓上，单击确定绘制起点，移动鼠标，逐步绘出挤压式器件体。同理，执行菜单命令“放置/器件体”，如图8-36所示，选择“圆柱体”3D模型类型，设置器件体颜色为银色、高度1.8mm、半径3mm、支架高度3.1mm和X、Y、Z轴旋转角度分别为0°、90°、0°，单击确定后，拖动圆柱形器件体至合适的位置。

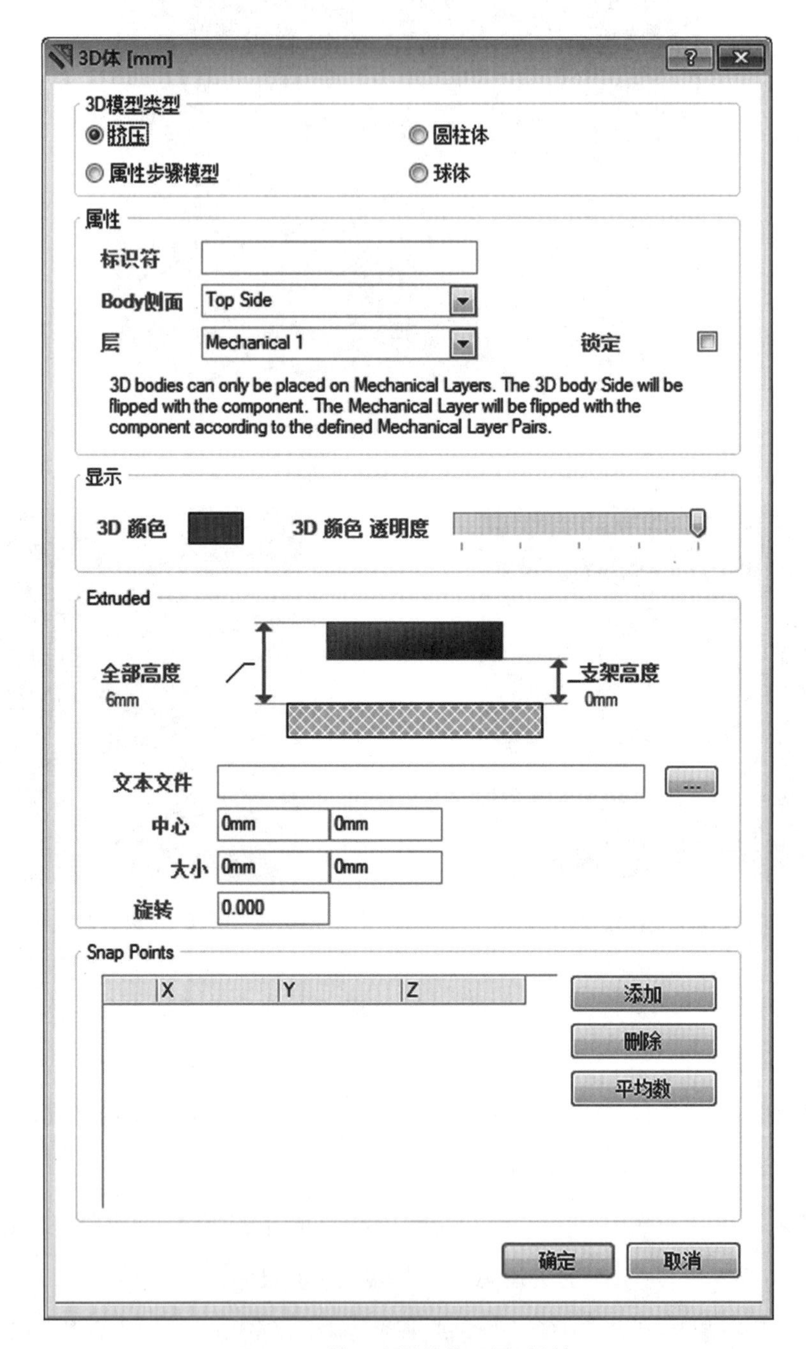

图8-35　挤压式器件体设置对话框

（2）可通过执行菜单命令“察看/切换到3维显示”，察看3D显示效果，如图8-37所示。在3D显示状态下，通过快捷键【Shift+鼠标右键】，同时移动鼠标可对模型旋转；按鼠标右键可对模型移动；通过快捷键【Ctrl+鼠标右键】，同时移动鼠标可对模型缩放。

4. 按照上述步骤创建8MHz晶振、32768Hz晶振封装。

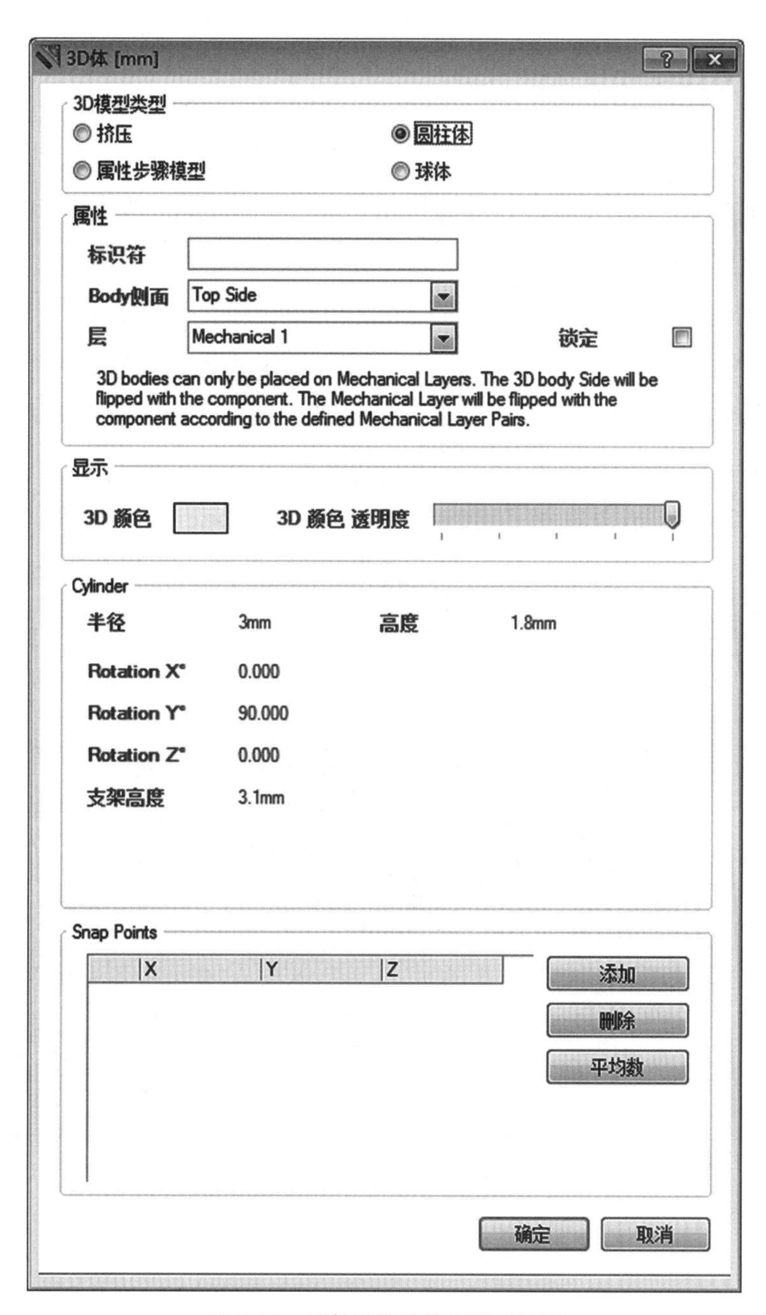

图 8-36　圆柱形器件体设置对话框

图 8-37　信号输出接口 3D 模型图

二、PCB 文件建立及环境设置

本项目中的主控通信板为双面线路板。文件新建及设置步骤如下：

1. 新建 PCB 文件　执行菜单命令“文件/新建/PCB”，生成默认名为“Pcb1. PcbDoc”的印刷电路板文件，修改名为“主控通信 . PcbDoc”。

2. 设置 PCB 物理边界　PCB 板物理边界就是 PCB 板的外形。执行菜单命令“设计/板子形状/重新定义板子形状”，可重新规划板子物理边界。如果要调整 PCB 板的物理边界，可以执行菜单命令“设计/板子形状/移动板子顶点”命令，将鼠标移到板子边缘需要修改的地方拖动，要求长为 120mm，宽为 80mm。

3. 设置板层结构　执行菜单命令“设计/层叠管理”，弹出如图 8-38 所示“Layer Stack Manager（层堆栈管理器）”对话框。在层堆栈管理器中可以选择 PCB 板的工作层面，设置板层的结构和叠放方式，默认为双面板设计，即给出了两层布线层即顶层和底层。本项目设计为双面板，所以不需要操作。

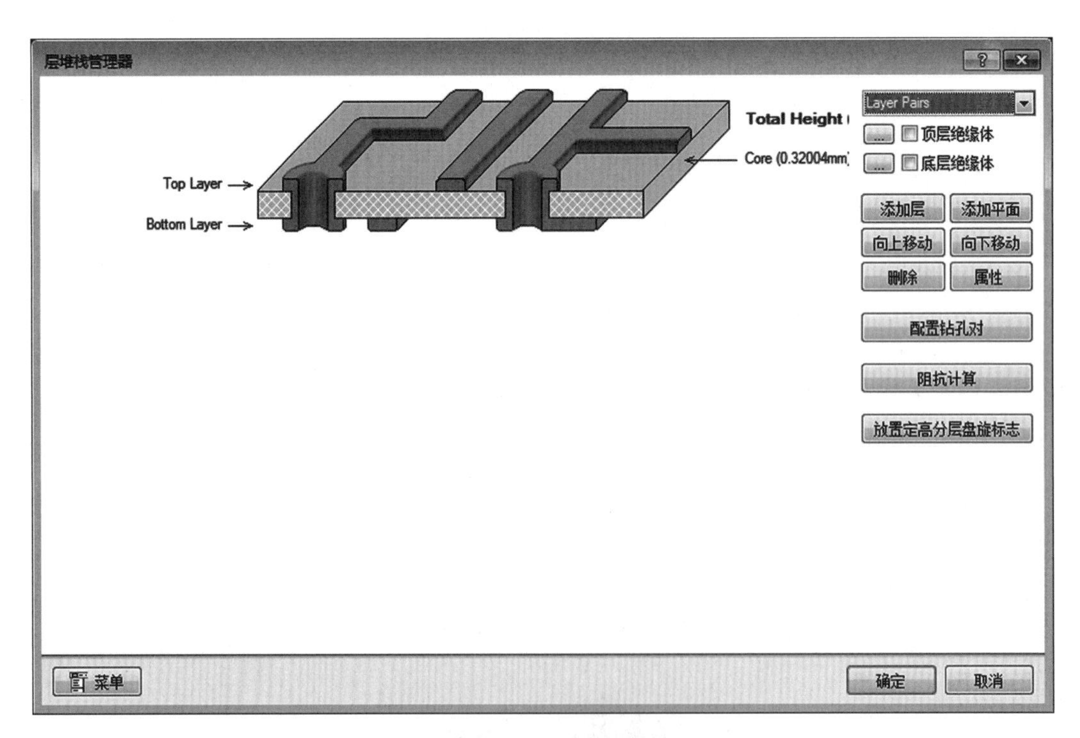

图 8-38　“层堆栈管理器”对话框

三、PCB 板绘制

（一）设置 PCB 板电气边界及安装孔

PCB 板的电气边界用于设置元件以及布线的放置区域范围，它必须在 Keep-Out-Layer（禁止布线层）绘制。规划电气边界的方法与规划物理边界的方法完全相同，只不过是要在 Keep-Out-Layer（禁止布线层）上操作。方法：首先将 PCB 编辑区的当前工作层切换为 Keep-Out-Layer，然后执行“放置/

禁止布线/线径”命令绘制一个封闭图形即可。执行“放置/圆环”，放置四个圆环作为安装孔，尺寸及位置如图 8-39 所示，根据安装要求长为 120mm，宽为 80mm。

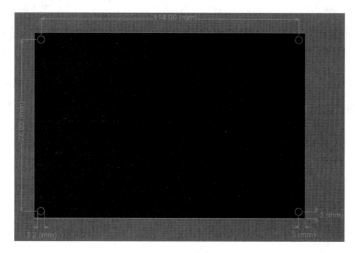

图 8-39　禁止布线图框

（二）加载网络表和元件

执行菜单命令“设计/Import Changes From 干扰电治疗仪-主控通信. PrjPCB”，弹出“工程更改顺序”对话框如图 8-40 所示，点击【执行更改】按键加载网络表和元件。如有错误，对话框会提示，更正后重新执行即可。

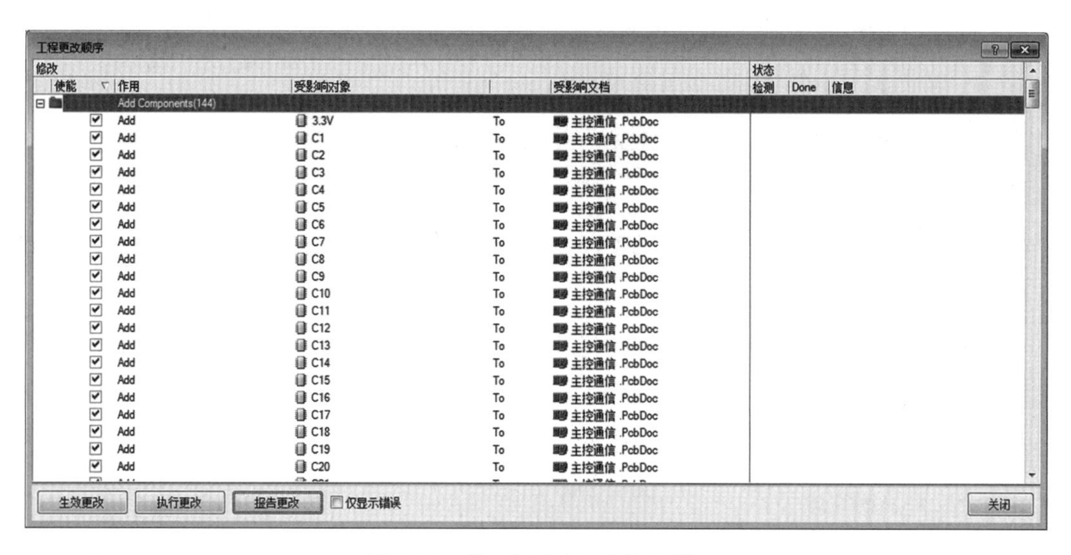

图 8-40　“工程更改顺序”对话框

加载后 PCB 图添加了五个电路模块，分别放在五个 Room 中，如图 8-41 所示，其中“调制信号模块 1”和“调制信号模块 2”完全一致，这是多通道设计的结果。

（三）元件布局

实际项目中一般采用手动布局的方式调整元器件的位置。元件布局不仅影响 PCB 的美观，而且还影响电路的性能。

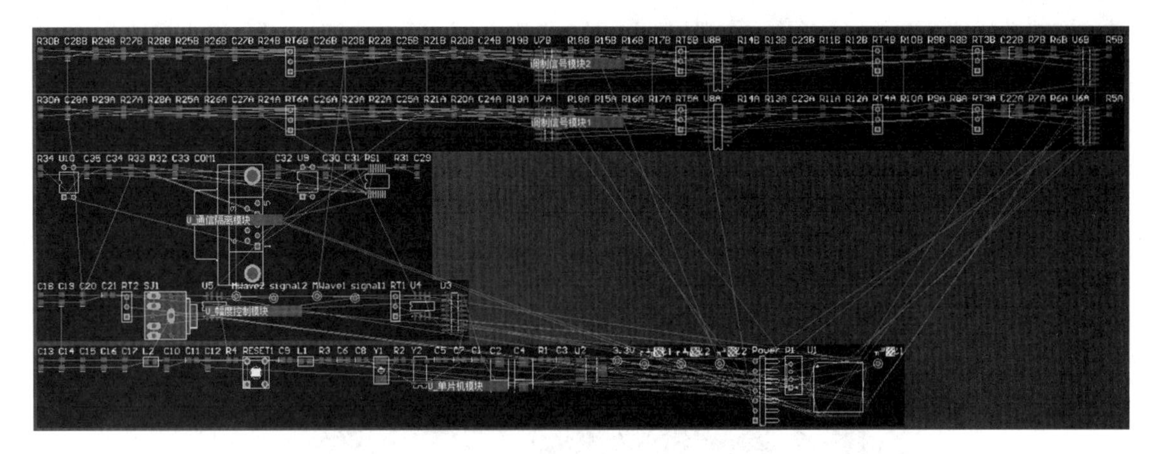

图 8-41　网络和元件加载后效果

1. 在元件布局时应注意以下几点：

（1）先布放关键元器件（如单片机、DSP、存储器等），然后按照地址线和数据线的走向布放其他元件。

（2）高频元器件引脚引出的导线应尽量短些，减少对其他元件及电路的影响。

（3）模拟电路模块与数字电路模块应分开布置，不要混合在一起。

（4）带强电的元件与其他元件距离尽量远，放在调试时不易触碰的地方。

（5）布局应有利于发热元件散热；

（6）高、低压之间要隔离，隔离距离与承受的耐压有关；

（7）满足工艺性、检测、维修等方面的要求；

（8）电位器、可变电容等元件应布放在便于调试的地方。

2. 手动布局可使用对齐命令提高效率。首先选择需要对齐的元件，执行菜单命令“编辑/对齐”，选择对齐方式即可将元件对齐。

3. 为了按功能布局，可在原理图中选择同一功能的器件，返回到 PCB 图时，对应的元器件也会被选择。

4. “调制信号模块 1”和“调制信号模块 2”采用多通道设计，只需布局“调制信号模块 1”即可，“调制信号模块 2”的布局格式可以复制，方法：执行菜单命令“设计/room/拷贝 room 格式”，单击“调制信号模块 1”的 room，再点击“调制信号模块 2”的 room，弹出对话框，如图 8-42 所示，选择需要“复制元件放置”，点击确定即可。

5. 调整元件标识符位置，在多通道设计中元件标识符的位置同样可以复制，调整后的布局如图 8-43 所示。

（四）布线规则设置

在软件自动布线之前，需要预置布线设计规则。布线设计规则的设置是否合理将直接影响布线的质量和成功率。PCB 布线一般要考虑以下几个方面：

1. 高频数字电路走线细一些、短一些好。

2. 双面板布线时，两面的导线应相互垂直、斜交或弯曲走线，避免相互平行，以减小寄生耦合；

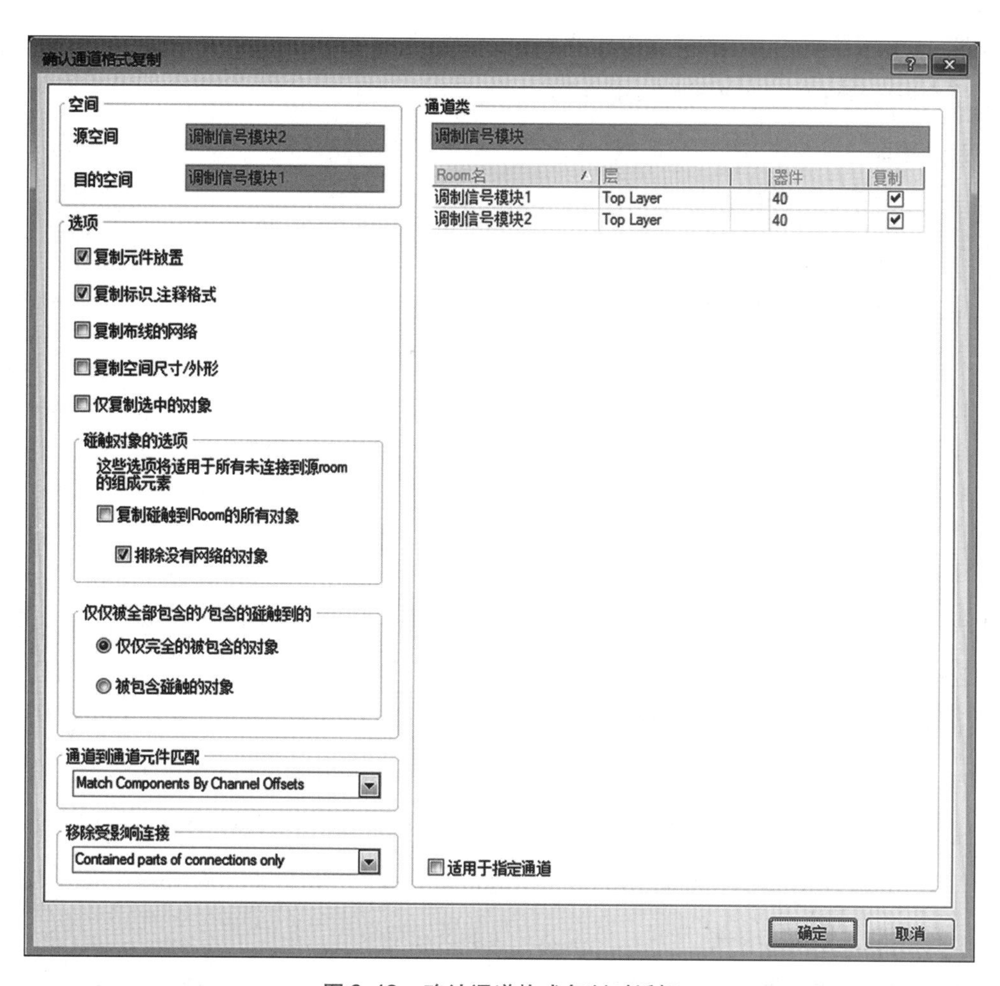

图 8-42　确认通道格式复制对话框

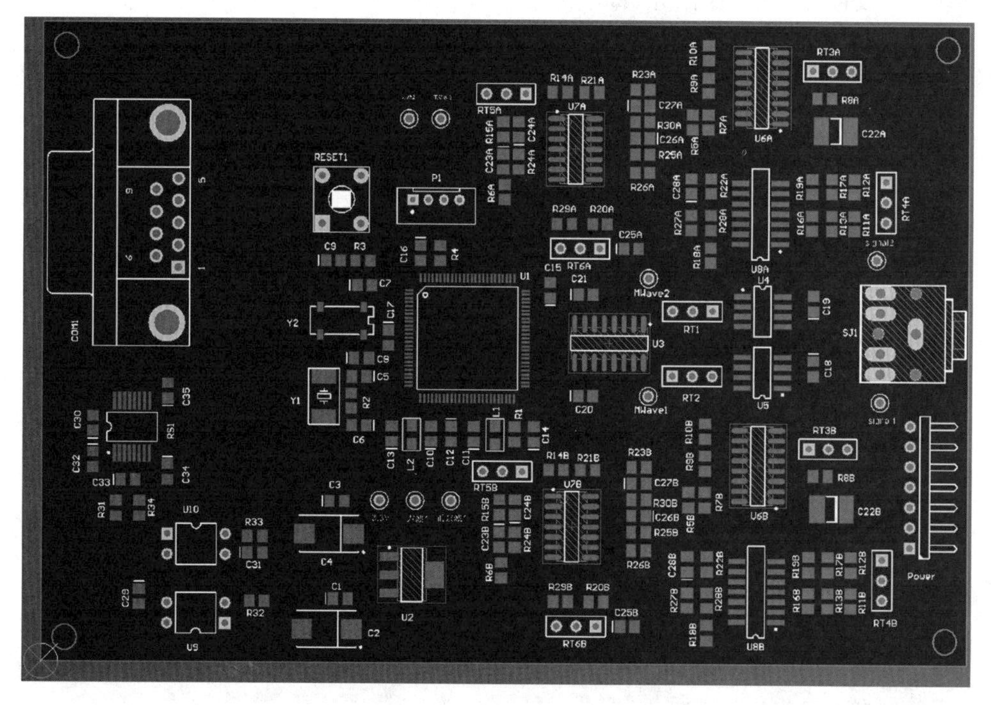

图 8-43　手动布局后的 PCB 文件

作为电路的输入及输出用的印制导线应尽量避免相邻平行。

3. 走线拐角尽可能大于90°，杜绝90°以下的拐角。

4. 同是地址线或者数据线，走线长度差异不要太大，否则短线部分要人为走弯线作补偿。

5. 走线尽量走在焊接面，特别是通孔工艺的PCB。

6. 尽量少用过孔、跳线。

7. 铜箔线条间距离最小为8mil。如为高频电路，由于分布参数的影响，其形状、间距则需另外考虑。

8. 尽量加宽电源、地线宽度。最好是地线比电源线宽，它们的关系是：地线>电源线>信号线。

9. 导体距线路板边缘的距离要大于0.3mm。

软件提供的布线规则主要包括布线的板层、导线的宽度、布线的优先级、过孔及焊盘的尺寸等。设置布线参数，可以执行菜单命令“设计/规则”。根据对电路原理图的分析，本项目的布线规则设置主要包括以下几个方面：

1. 信号线、地线、电源线的设置　在设计规则对话框中选择“Routing”标签，选中“Width Constraint（导线宽度规则选项）”，默认设置为Whole Board=8mil，即所有对象宽度为8mil。为了提高印刷板稳定性，设置信号线为20mil，地线50mil，电源线40mil。电源有+12V、-12V、+5V、-5V、3.3V、-8V和5VISO，因此可以创建一个电源类。方法：执行菜单命令“设计/类”，在“Net Class”文件夹上单击鼠标右键添加类，如图8-44所示。导线宽度规则设置结果如图8-45所示。

2. 导线安全距离设置　在设计规则对话框中选择“Routing”标签，选中“Clearance Rule（安全距离规则选项）”，设置最小安全距离为8mil。设置结果如图8-46所示。

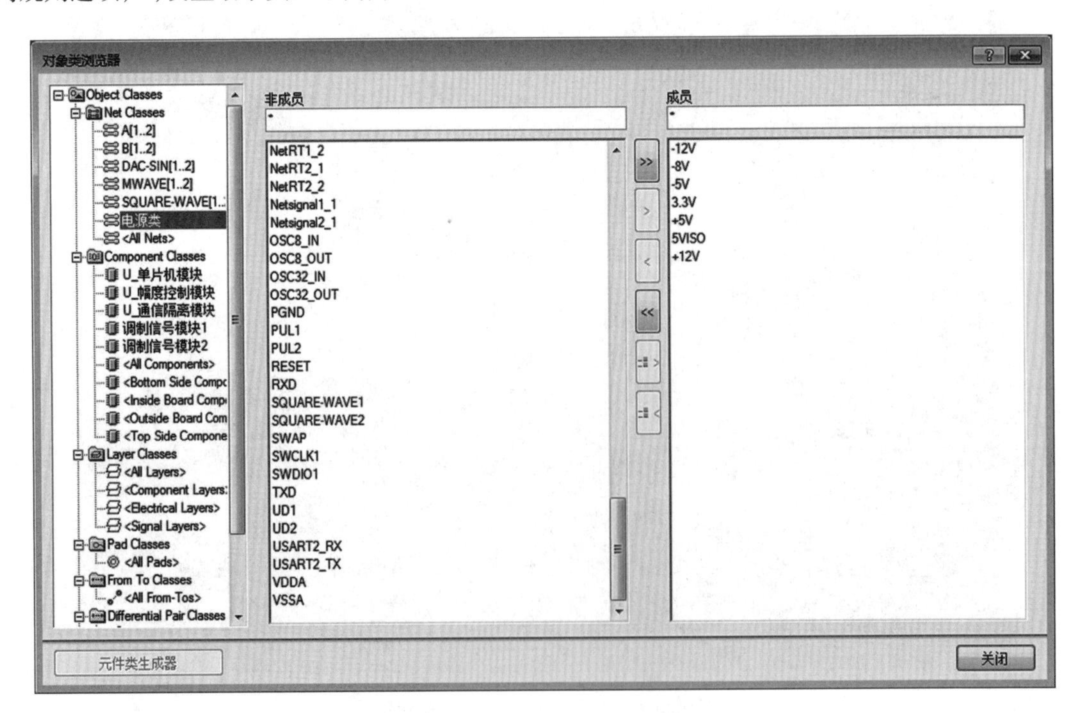

图8-44　创建电源类对话框

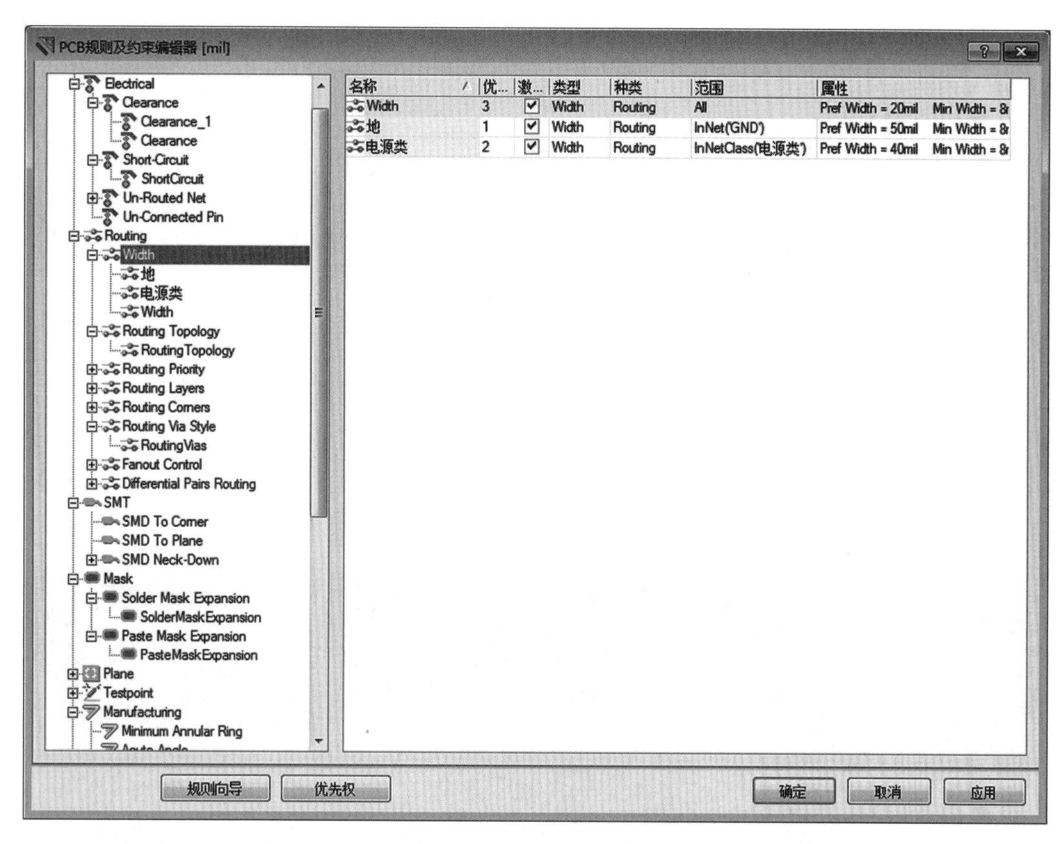

图 8-45　导线宽度规则

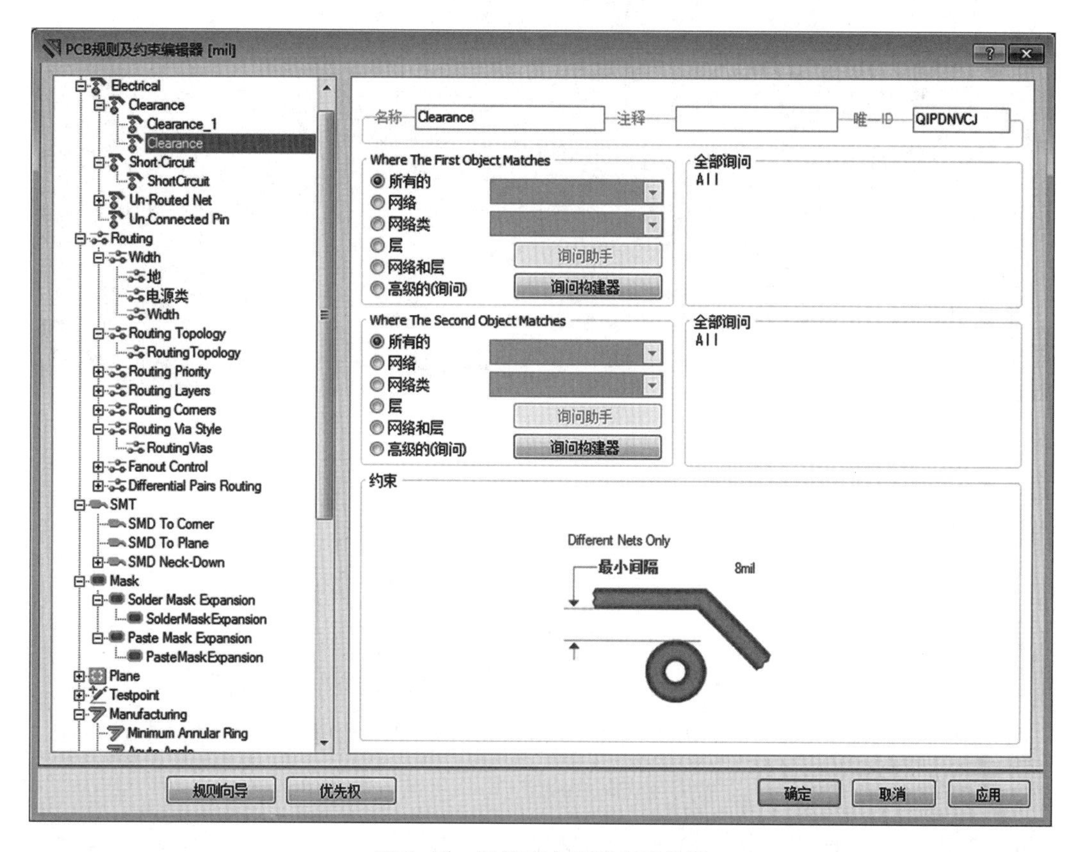

图 8-46　导线安全距离规则设置

3. 通过规则设置向导，可针对某个器件进行设置，比如单片机的引脚间距小于10mil，则可通过菜单命令“设计/规则向导”进行设置。

由于干扰电治疗仪没有涉及高频电路，因此，布线规则的其他选项采用默认值。

(五) 自动布线

布线规则设置完成，可以采用软件提供的自动布线功能进行布线。执行自动布线的方法主要有全局布线、选定网络布线、两连接点布线、指定元件布线和指定区域布线等几种。本项目采用全局布线的方法。

执行菜单命令“自动布线/全部”，弹出布线策略对话框，保持默认设置，单击【Route All】按键，系统按照设置的布线规则对电路板进行自动布线。当Routing completion为100%时，表示布线成功。布线结果如图8-47所示。

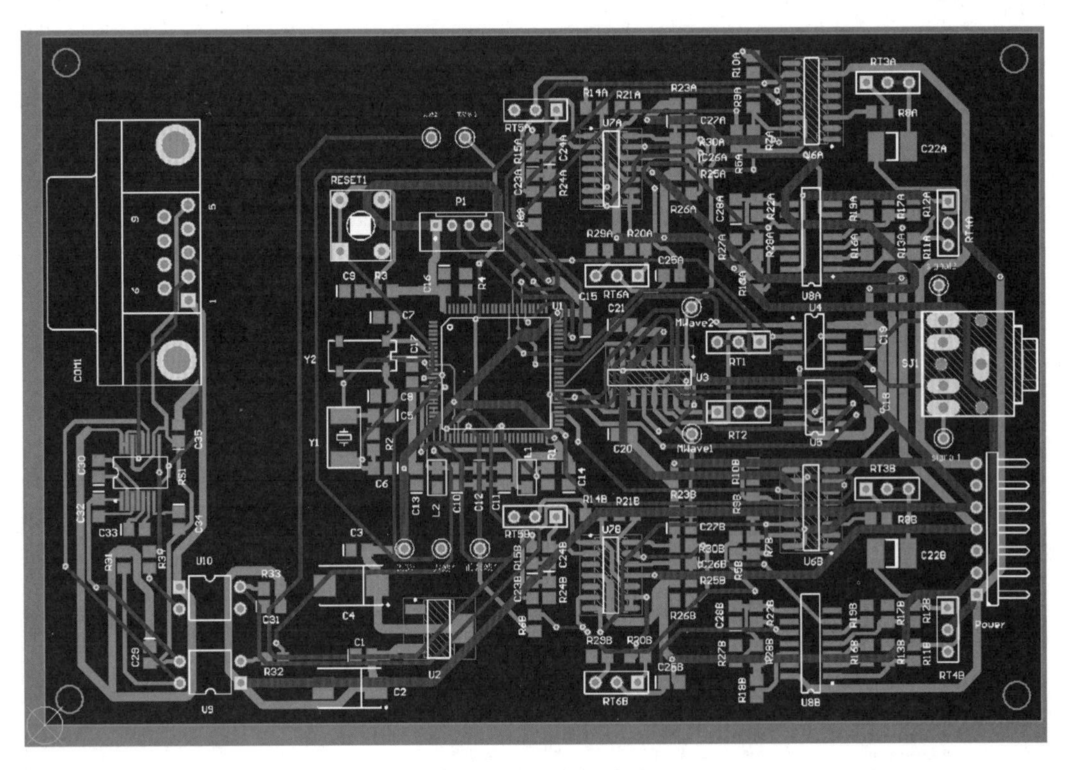

图8-47　自动布线结果

(六) 手工调整布线

软件的自动布线功能方便，但多少也会存在一些令人不满意的地方，需要进行手工调整。

1. 拆除布线　拆除布线有4个命令，都在菜单“工具/取消布线”下，分别是：①拆除所有的布线；②拆除所选网络的布线；③拆除选中连接的布线；④拆除所选元件的所有布线。

拆除布线后，执行菜单命令“放置/Interactive Routing”或工具栏中的按键重新手工调整布线。

2. 交互式布线模式设置　设置交互式布线模式，可以更高效的调整走线。

执行菜单命令“工具/优先选项”，在弹出的对话框中选择“Interactive routing”区域即为交互式布线模式设置，如图8-48所示。

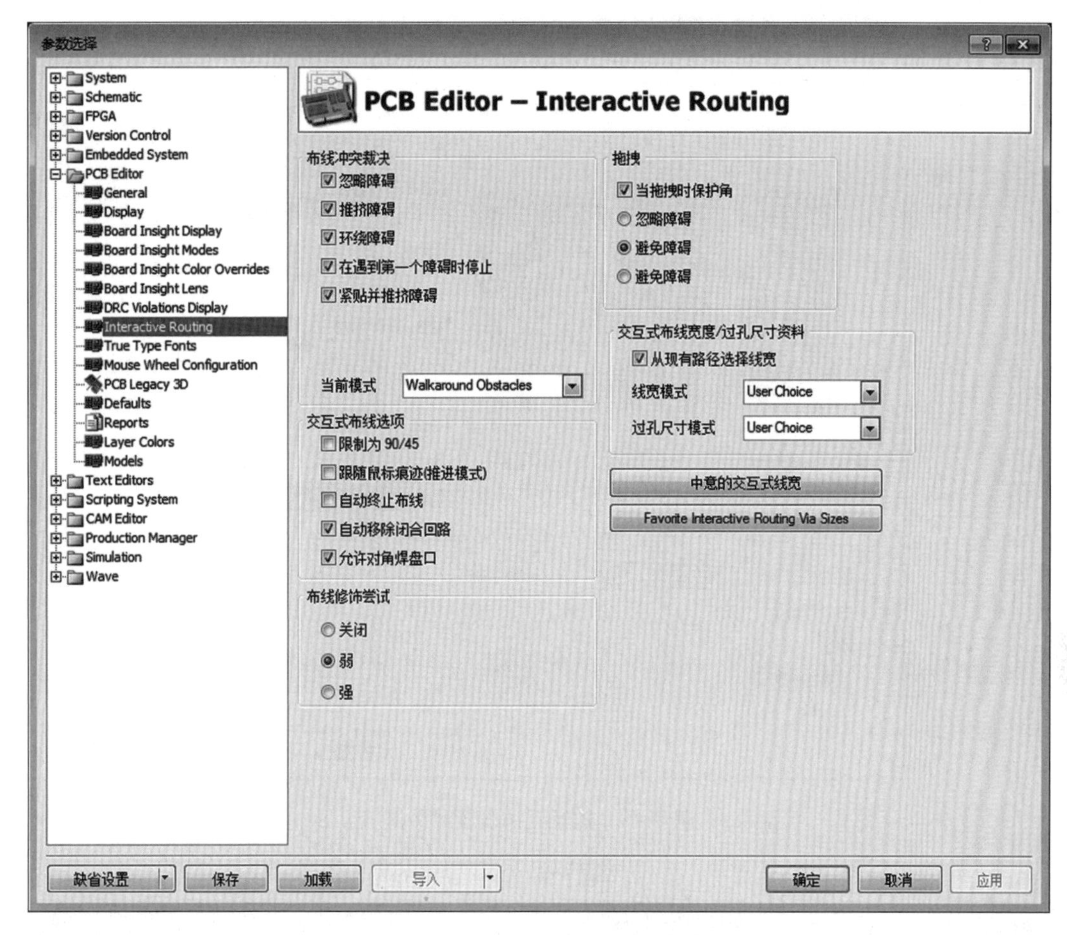

图 8-48　交互式布线规则设置对话框

（七）覆铜

放置覆铜可以提高焊盘的牢固性，增强系统的抗干扰能力。印刷电路板放置覆铜的方法主要有三种：

①执行菜单命令“放置/多边形覆铜”；②选择放置工具栏的放置覆铜按键；③使用快捷键【P+G】。

采用上述任何一种操作，在弹出的多边形覆铜对话框中设置连接的网络、布线的形式、网格尺寸和线宽、与焊盘的环绕形式等。内容设置如图 8-49 所示。

对 GND 网络进行覆铜，可以先取消 GND 网络布线，然后在印刷电路板的 TopLayer 和 BottomLayer 层分别放置覆铜。至此，PCB 的设计基本结束，如图 8-50 所示。

（八）三维视图

三维视图是一种可视化的工具，它可以让用户预览并打印出想象中的三维 PCB 视图。执行菜单命令“察看/切换到三维显示”。

采用上述任何一种操作，系统会自动生成三维视图，如图 8-51 所示。

通过调节印刷电路板的视角，可以进行全方位的观察。视角的改变需要手动操作。将光标移到左下脚的缩小视图上，光标的形状发生变化，按住鼠标并移动，可以看到印刷板视角随光标的变化而

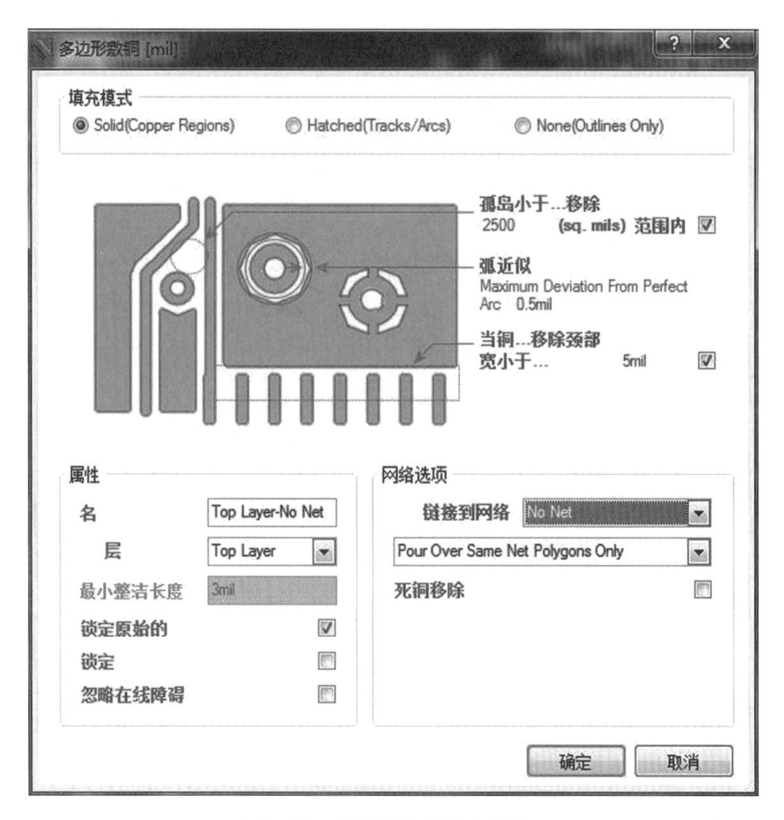

图 8-49　放置覆铜设置对话框

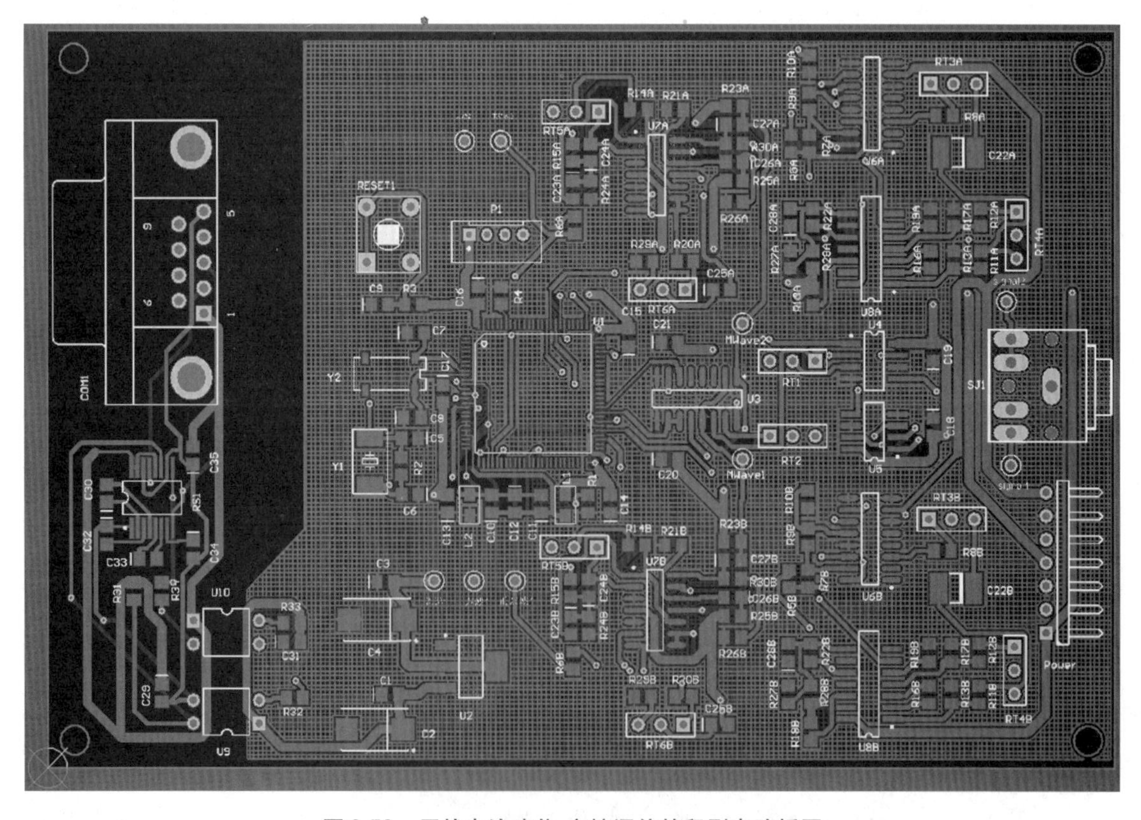

图 8-50　干扰电治疗仪-主控通信的印刷电路板图

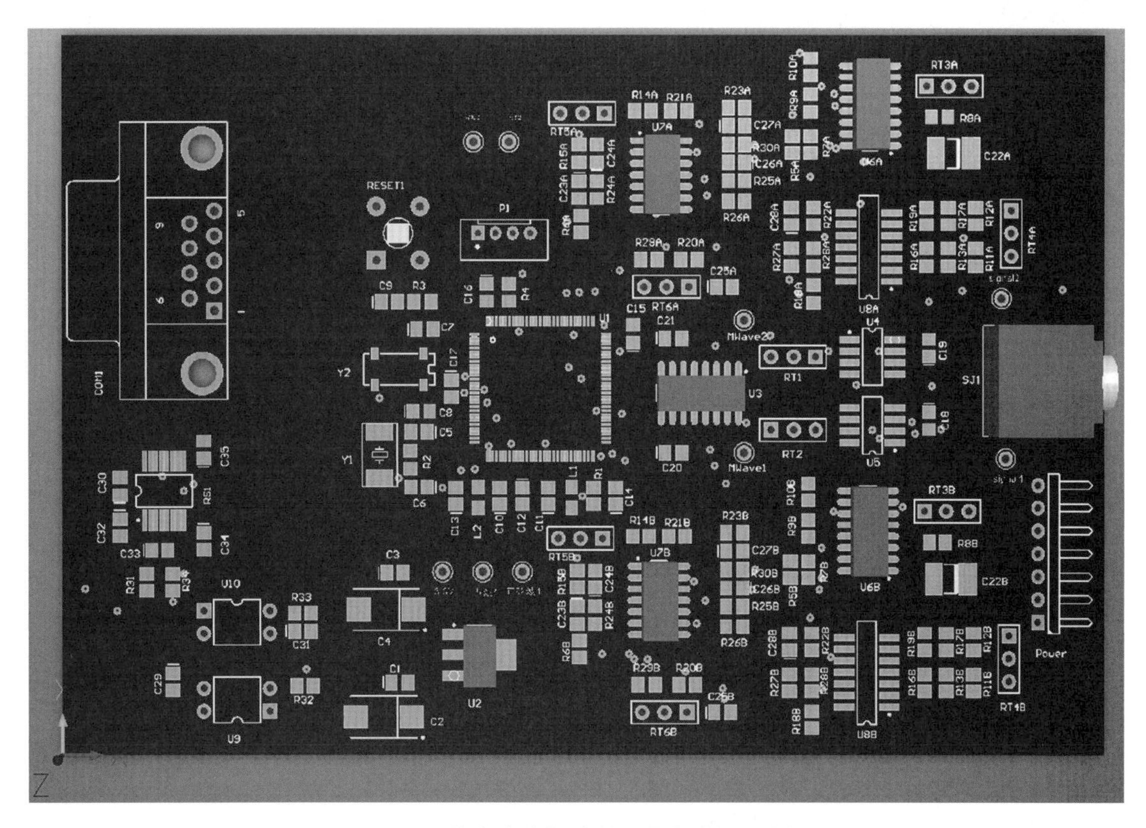

图 8-51　干扰电治疗仪-主控通信电路板三维视图

变化，如图 8-52 所示。

软件还提供了多种类型的 PCB 报表，如引脚信息报表、印刷电路板信息报表、设计层次报表、网络状态报表等。可以根据项目的需要，选择产生相应的报表。

图 8-52　干扰电治疗仪-主控通信电路板调整视角显示

点滴积累

PCB板的设计往往要考虑面积、功率、频率、绝缘性能、接口安装等要素，以此来决定元件封装、线宽、层数、布局、覆铜等具体方案。

目标检测

一、选择题

（一）单项选择题

1. 在原理图绘制中，放置导线的组合键为(　　)。

A.【P+P】　B.【P+W】　C.【P+J】　D.【P+S】

2. 在原理图绘制中，接地的属性应设置为(　　)。

A. Bar　B. Circle　C. Signal Ground　D. Power Ground

3. 手动规划电路板需要在以下哪个板层上(　　)。

A. Mechanicall　B. Top Overlay　C. Keepout Layer　D. Top Layer

4. 在信号线、电源、接地线中，应设置最宽的为(　　)。

A. 信号线　B. 正电源　C. 负电源　D. 接地线

5. 一般情况下，印刷电路板信号线的最细宽度为(　　)。

A. 0.1mm　B. 0.2mm　C. 0.5mm　D. 1mm

（二）多项选择题

6. 绘制总线时必须包含的要素为(　　)。

A. 网络标号　B. 总线　C. 总线出入端口　D. 节点　E. 文本说明

7. 绘制原理图时，调用元件可以采用的方法是(　　)。

A. 元件库管理浏览器方式　B. 菜单命令　C. 工具栏方式　D. 查找方式　E. 快捷键P+C

8. 网络表包括的内容是(　　)。

A. 元件说明部分　B. 图纸大小　C. 网络连接部分　D. 网络标号　E. 生成时间

9. 下面属于PCB布线规则范围的是(　　)。

A. 导线宽度　B. 焊盘大小　C. 安全距离　D. 布线速度　E. 布线拐角

10. 交互式布线的模式有(　　)。

A. 推挤障碍　B. 环绕障碍　C. 忽略障碍　D. 元件拖动　E. 捕捉中心点

二、简答题

11. 简述元件库的建立过程。

12. 元件的手动布局需要注意哪些方面？

三、综合题

13. 当接受到一个新项目时，该如何分析用户需求？

14. 寻找一张医用仪器的电路，分析后试着绘制原理图及印刷电路板。

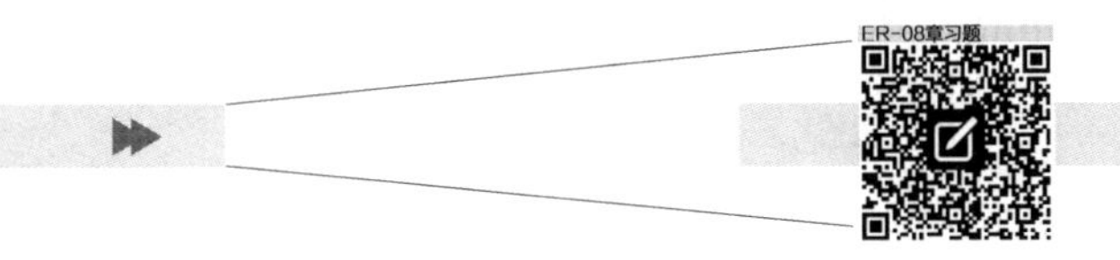

（唐俊铨）

第九章

医用电子线路的设计综合举例 2

导学情景

情景描述：

一支标准的水银体温计含 1g 汞。被打碎后，外泄的汞会蒸发，而普通人一旦吸入，就可能出现头痛、发烧、腹部绞痛、呼吸困难等症状。不仅如此，中毒者还可能因为呼吸道和肺组织受到损伤，出现呼吸衰竭而死亡。水银是一种潜在的危害极大的重金属，世界卫生组织倡议 2020 年前在全球淘汰水银体温计。

学前导语：

电子温度计除了不使用水银外，还有其他优点。本章我们将以电子体温计为例，带领同学们综合运用 Altium Desinger 进行原理图设计和印制电路板设计，初步掌握医用电子线路的设计方法。

学习目标

1. 掌握布线规则。
2. 掌握原理图设计的基本方法和流程。
3. 掌握 PCB 电路板设计的基本方法和流程。
4. 熟悉医用电子线路中数字芯片的作用。
5. 熟悉原理图元件库的编辑。
6. 熟悉 PCB 电路板的布线技巧
7. 了解电子体温计的工作原理。
8. 了解新元件的创建和绘制方法。
9. 了解医用电子线路设计流程。

扫一扫，知重点

第一节 产品原理图分析

一、电子体温计的工作原理

体温，即人体各个部位的温度，是人类和高等动物不断进行新陈代谢的结果，亦是维持生命体正常活动的条件之一。因此体温的测量在生物医学测量领域中占有特殊重要的地位。

常规使用的水银玻璃温度计,其热平衡时间长(一般需要 3 ~ 4 分钟),测量速度慢;采用折光原理读取数据困难,且准确度较低;使水银复位极不方便,易破碎。电子体温计是利用某些传感器与温度之间的确定关系,通过专门的集成电路芯片,将体温用数字显示出来的体温计。由于其价格低廉、读数方便、快捷、正确,正在被越来越多的消费者使用。

可作为电子体温计温度敏感元件的有热电偶、PN 结、金属丝电阻、半导体热敏电阻、液晶、石英晶体、温度传感器等。利用半导体的热阻效应可制成各种电阻测温元件。普通热敏电阻的比热小于水银体温计中的水银比热,并且探测器外壳一般用金属制备,导热性能好于玻璃。

知识链接

热 阻 效 应

热阻效应就是某些金属化合物在温度上升时,电阻呈有规律的上升或者下降,根据这个特性,将其用其他耐热陶瓷封装起来,这个电阻便具有温度测量的功能。

电子体温计的电路原理图如图 9-1 所示。

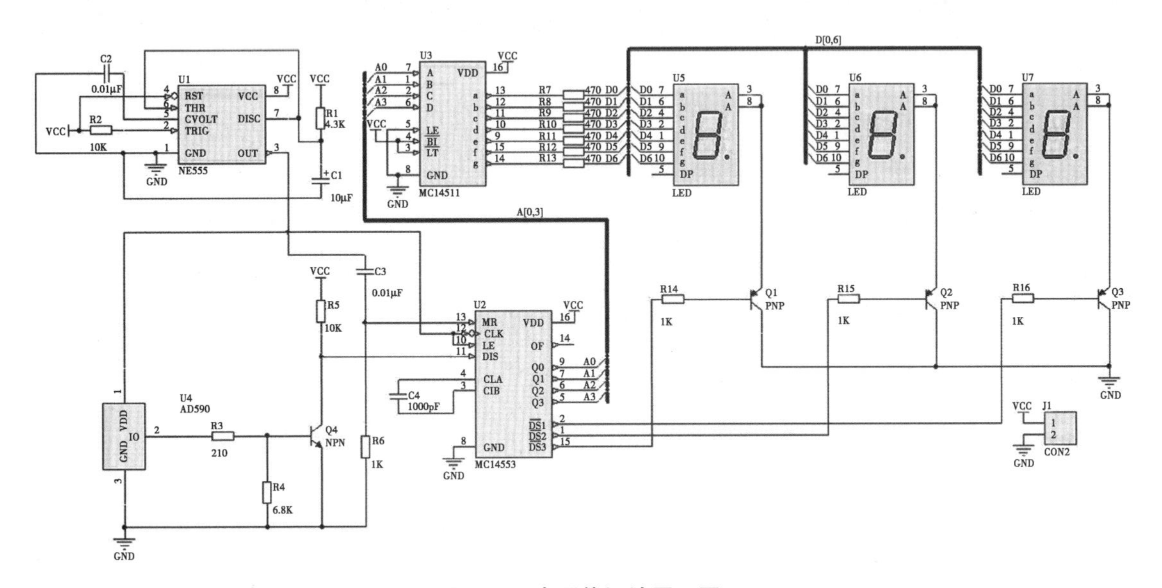

图 9-1　电子体温计原理图

该电子体温计电路由温度检测电路、单稳态电路、数码显示驱动电路和电源电路组成。

温度检测电路由温度传感器集成电路芯片 U4、电阻器 R3 ~ R5 和晶体管 Q4 组成。

单稳态电路由电阻器 R1、R2、电容器 C1、C2 和时基集成电路芯片 U1 组成。

数码显示驱动电路由数码管 U5 ~ U7、计数器集成电路芯片 U3、译码驱动集成电路芯片 U2、电阻器 R7 ~ R16 和晶体管 Q1 ~ Q3 组成。

电源电路由接口 J1 提供。

使用时,将 U4 贴在被测者的额头上,接通电源后,U3 的 3 脚输出高电平(宽度为 50ms 的正脉冲），使 U2 清零复位，U4 通电工作。U4 将检测到的温度信息变换成频率为 15kHz 的串行脉冲信号（0～50℃对于 0～500 个脉冲），该信号经 Q4 放大、U2 计数及 U3 译码后，通过数码管 U5～U7 显示出温度值。

二、元件选择

R1～R16 选用 1/4W 金属膜电阻器或碳膜电阻器。

C1 选用耐压值为 16V 的铝电解电容；C2、C3 选用独石电容器；C4 选用高频瓷介电容器或玻璃釉电容器。

Q1～Q3 选用 9012 型 PNP 晶体管；Q4 选用 9013 型 NPN 晶体管。

U4 选用 AD590 型温度传感器；U1 选用 NE555 型时基集成电路芯片；U2 选用 CD4553 或 MC14553 型 3 位 BCD 计数器集成电路芯片；U3 选用 CD4511 或 MC14511 型译码驱动集成电路芯片。U5～U7 数码管选用共阴方式 SC56-11 型。

电子体温计元件列表如表 9-1 所示。

表 9-1　电子体温计元件列表

设计项目 ID	标识	注释	封装	库
Cap Pol2	C1	10μF	CAPPR5-5x5	Miscellaneous Devices. IntLib
Cap	C2～C3	0. 01μF	RAD-0. 1	Miscellaneous Devices. IntLib
Cap	C4	1000pF	RAD-0. 1	Miscellaneous Devices. IntLib
Header 2	J1	CON2	PIN2	Miscellaneous Connectors. IntLib
2N3906	Q1～Q3	PNP	TO-92A	Miscellaneous Devices. IntLib
2N3904	Q4	NPN	BCY-W3/E4	Miscellaneous Devices. IntLib
Res2	R1	4. 7K	AXIAL-0. 3	Miscellaneous Devices. IntLib
Res2	R2	10K	AXIAL-0. 3	Miscellaneous Devices. IntLib
Res2	R3	210	AXIAL-0. 3	Miscellaneous Devices. IntLib
Res2	R4	6. 8K	AXIAL-0. 3	Miscellaneous Devices. IntLib
Res2	R5	10K	AXIAL-0. 3	Miscellaneous Devices. IntLib
Res2	R6	1K	AXIAL-0. 3	Miscellaneous Devices. IntLib
Res2	R7～R13	470	AXIAL-0. 3	Miscellaneous Devices. IntLib
Res2	R14～R16	1K	AXIAL-0. 3	Miscellaneous Devices. IntLib
NE555N	U1	NE555	DIP-8	Miscellaneous Devices. IntLib
MC14553BCL	U2	MC14553	DIP-16	Miscellaneous Devices. IntLib
MC14511BCL	U3	MC14511	DIP-16	Miscellaneous Devices. IntLib
AD590	U4	AD590	CAN-3/D5. 9	电子体温计 . SchLib（自制）
Dpy Blue-CA	U5～U7	LED	LEDDIP-10/C15. 24RHD	Miscellaneous Devices. IntLib

点滴积累

1. 电子体温计的工作原理
2. 元件选择
3. 在半导体技术的支持下，传感器的种类也越来越多，例如半导体热电偶传感器、PN 结温度传感器和集成温度传感器。 根据波与物质的相互作用规律，相继开发了声学温度传感器，红外传感器和微波传感器等。

第二节　产品原理图设计

Altium Desinger 软件是按照工程（项目）化的模式管理一个产品的电路设计。电路设计的所有内容都放在一个工程中，主要包括了原理图库、原理图绘制、PCB 元件库、PCB 绘制等。因此一个电路的设计经常从新建一个工程开始。

一、新建工程

在 Altium Desinger 主界面下，执行菜单命令“文件/新建/工程/PCB 工程”，系统将生成一个默认名为 PCB_Project1. PrjPCB 的工程，在“Projects”项目面板内右键单击新建的工程，保存工程为：电子体温计 . PrjPCB，存储位置为：“D：\医用电子线路设计与制作\第九章”（本例中所有文件均存放在该文件夹中）。如图 9-2 所示，单击【保存】按键。

图 9-2　保存工程

在第一次新建工程时，系统会自动生成一个“设计工作区”，默认名为“Workspace1. DsnWrk”，一个设计工作区可以有多个工程。之后再次新建或者打开工程，都会放在同一个工作区内。

二、原理图库的绘制

对于一些常用的电子元件，如电阻、电容、三极管等，在软件本身提供的库中已经存在，可以直接使用。对于一些非常用的、特殊的元件在现有的库中找不到，这时就需要设计人员自己绘制原理图符号，比如本例中的 AD590。

（一）新建原理图库文件

执行菜单命令“文件/新建/库/原理图库”。

（二）绘制原理图符号

在原理图库的编辑界面，执行菜单命令“放置/矩形”和“放置/引脚”，在编辑区的适当位置绘制元件 AD590。如图 9-3 所示。

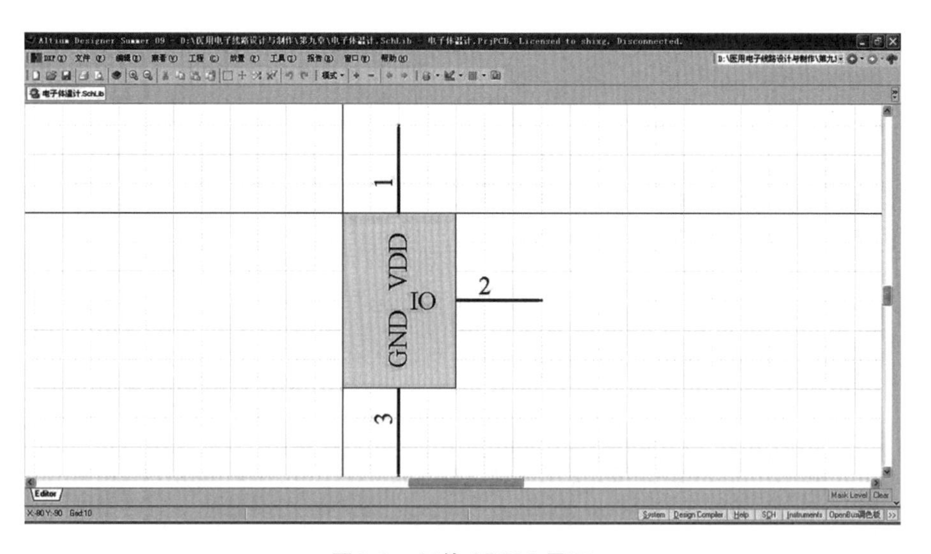

图 9-3　元件 AD590 界面

在放置引脚的过程中单击键盘【Tab】键或者在引脚放置完成后双击引脚弹出“Pin 特性窗口”对话框，显示名称、标识和电气类型按图 9-3 设置即可，当不了解引脚属性时，可以选择“电气类型”复选框中的“Passive”，表示不对引脚电气特性做设置。元件绘制完成后，执行菜单命令“工具/重新命名器件”，命名为：AD590。如图 9-4 所示。

图 9-4　重新命名器件

（三）保存原理图库

在“Projects”项目面板内右键单击新建的原理图库，保存为：“电子体温计 . SchLib”。如图 9-5 所示。

图 9-5　保存原理图库

作为一名设计人员，需要养成一个良好的习惯，即在工作中把新的元件图库不断收集、整理，保留，为以后的使用节省大量的时间，不必每次电路设计都画原理图符号。

三、原理图绘制

执行菜单命令“文件/新建/原理图”，工程内生成一个默认名为“Sheet1. SchDoc”的原理图文件，在“Projects”项目面板内右键单击新建的原理图文件，保存为：“电子体温计 . SchDoc”，开始原理图绘制。

（一）原理图参数设置

执行菜单命令“设计/文档选项”，弹出“文档选项”对话框，如图 9-6 所示。

文档选项用于设定原理图图纸的大小，可以根据原理图的元件多少和复杂程度设定，在绘图过程中可随时更改。若需要自己设定图纸大小，可选中使用定制类型，设置尺寸大小。本例中设置图纸大小为 A4。栅格用于网格设置，“Snap”用于设置元件一次移动的距离，“可见的”用于设置视觉网格大小。本例中都设置为 10。

（二）添加原理图库

原理图绘制过程中使用的所有原理图符号都存放在原理图库中，在放置符号之前，应先将原理图库安装才行。本例中除了安装 Altium Desinger 提供的原理图库外，还需要安装自建的原理图库。在原理图编辑界面中打开“库”面板，点击【库】按键，在弹出的对话框中，点击【安装】，从磁盘目录中选中自制的原理图库：“电子体温计 . SchLib”。如图 9-7 所示。

图 9-6　“文档选项”对话框

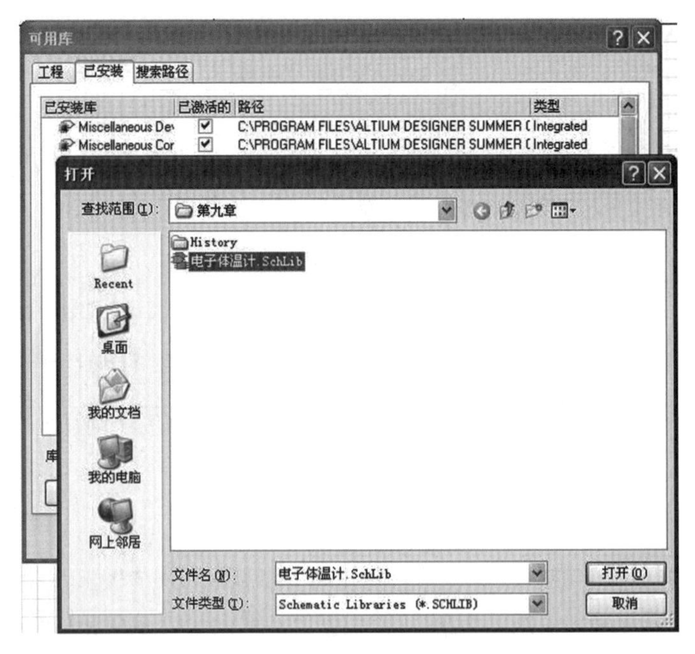

图 9-7　原理图库的安装

（三）放置元件并设置元件属性

首先放置关键的元件，比如本例中的数码管和集成电路芯片，再放置相应的电阻和电容等其他元件，根据排列的美观、清晰、方便读图，就近选择合适的位置。

如果使用原理图库浏览放置元件，则先要选取原理图库，然后在选中的原理图库中选取元件，双击选中元件名或单击【Place】按键，皆可将选中的元件放入原理图编辑界面。然后对放置的元件进行位置和方向的调整。比如本例中的元件 AD590，如图 9-8 所示。

对于某些不常用的元件，可以通过“库”面板上方的【Search】按键进行搜索，选择软件的安装

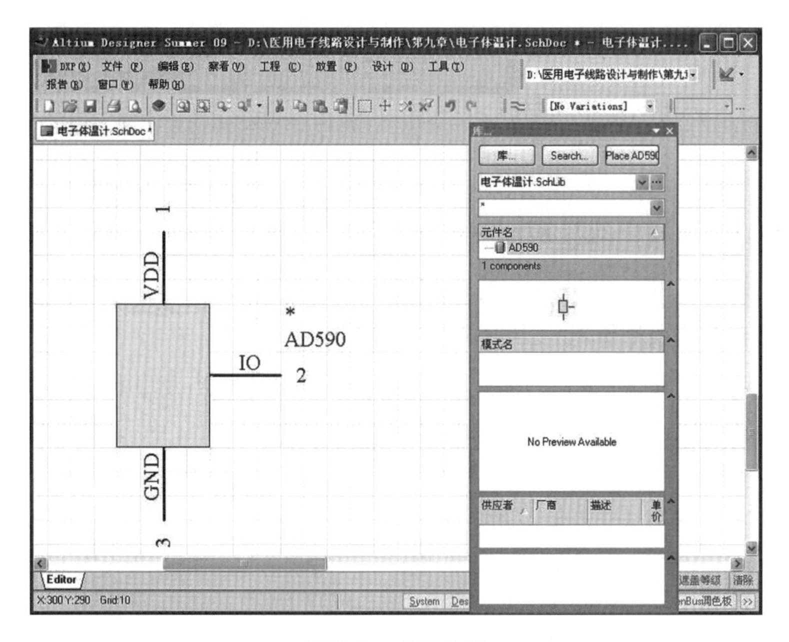

图 9-8　放置元件

目录。

元件的属性可以在放置元件的过程中单击键盘【Tab】键或者在元件放置完成后双击元件弹出“元件属性”对话框，如图 9-9 所示。

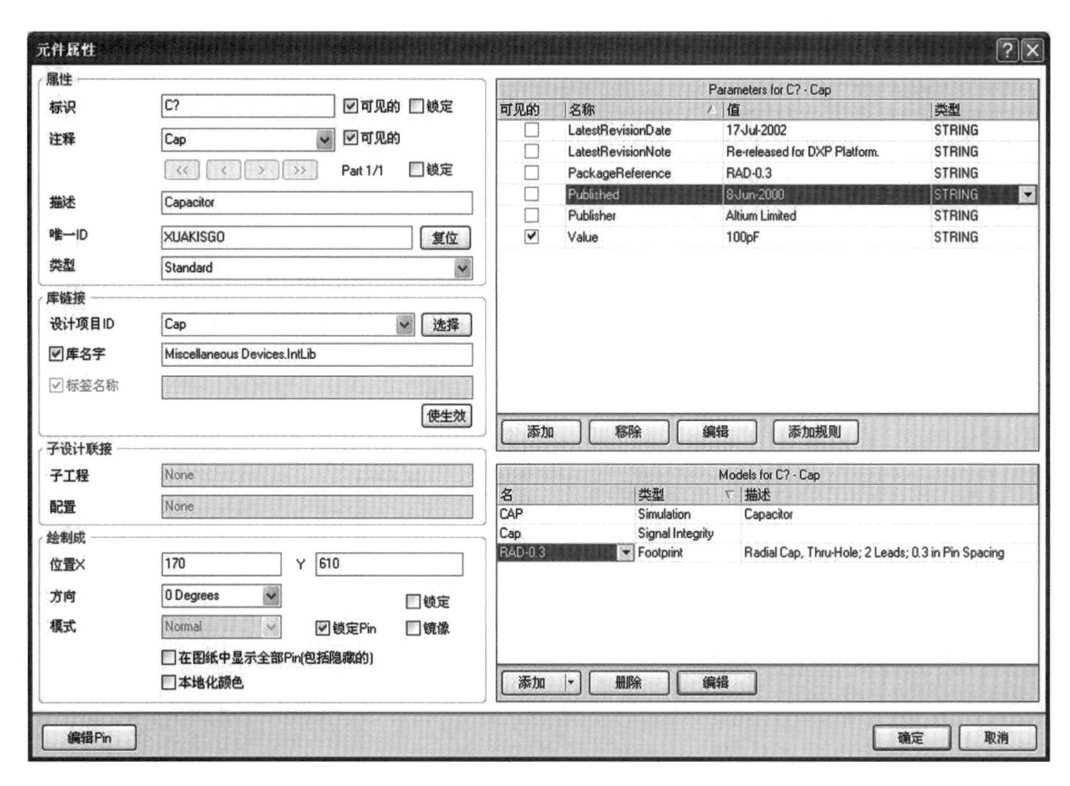

图 9-9　编辑元件属性

该对话框中元件标识、注释和封装 Footprint 必须填写完整。“标识”文本框填入元件的顺序编号，当有多个电阻时可以用 R1、R2……标识。如果觉得给大量的元件添加不重复的标识比较麻烦，可以在所有元件放置完成后，执行菜单命令“工具/标注所有器件”自动给原理图内的元件添加标识。

“注释”文本框一般填入元件的型号或者参数，可根据需要选择是否可见。

“Footprint”复选框根据设计要求确定，不是常用的元件，封装需要自己设计的，可以先给该封装取一个名字。通过【添加】【删除】【编辑】按键对封装进行相应的设置，填写完成后单击【确定】按键。

（四）放置电源和接地符号

Altium Desinger通过网络标签将电源及接地符号区分开来。执行菜单命令“放置”或者使用“布线”浮动工具栏中的按键放置电源及接地符号，放置完成后如图9-10所示。

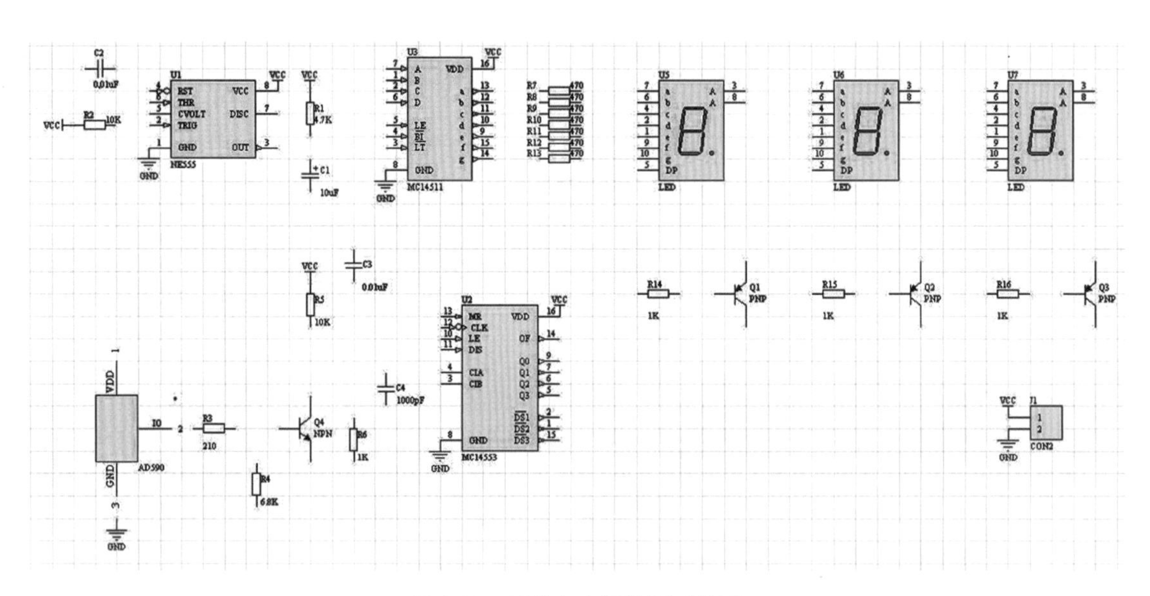

图9-10　元件和电源放置后界面

（五）画电气连线

1. 放置导线　根据原理图，将相应元件实现电气连接。执行菜单命令“放置/线”、使用“布线”浮动工具栏中的按键或者直接使用键盘【P】键可以放置电气连线。

2. 放置节点　在放置电气连线时会遇到一些需要十字交叉的连线和T形交叉的连线，有时这些交叉点上的两条连线需要电气连接，有时又没有电气连接。对于有电气连接的交叉点需要放置节点。

3. 放置总线和总线入口　本例中，总线和总线入口如图9-11所示，在总线中，真正代表实际电气意义的是通过网络标号与总线入口来表示逻辑连通性。画总线的方法与画导线相同，在此不再赘述。

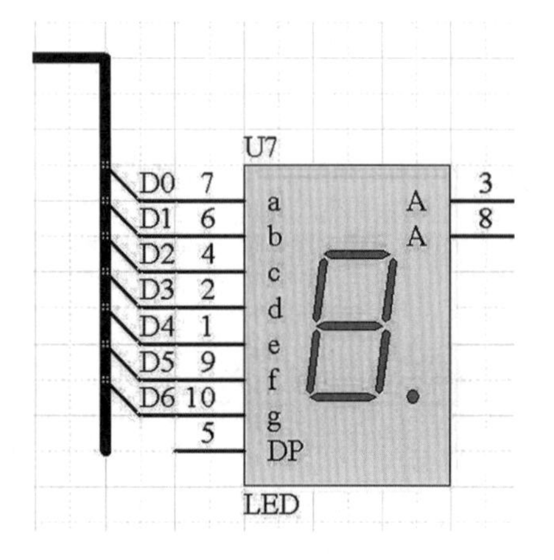

图9-11　总线和总线入口

4. 放置网络标号　网络标号的实际意义是一个电气连接点，具有相同网络标号的元件引脚、导线、电源及接地符号等具有电气意义的组件在电气关系上是连接在一起的。

（六）电气规则检查

根据原理图要求,对绘制好的原理图进行检查,防止由于疏忽而造成原理图中存在一些错误,使后面的工作无法正常进行。如果有错误则修改相应的部分。

实际上,电气检查功能分为两部分,一是在线电气检查,如果原理图中元件引脚上出现红色波浪线,就是在线电气检查的结果;二是批次电气检查,执行菜单命令"工程/Compile Document 电子体温计 . SchDoc",或者在"Project"面板里,右单击要编译的项目,选择该命令,程序开始编译项目,批次电气检查就在其中。

编译完成后,在"System/Message"面板中察看 Warning(警告)和 Error(错误)信息,如果没有 Error(错误)信息,那么原理图就绘制完成了。

点滴积累

一个原理图中可能不止一条总线，在 Altium Desinger 中，总线也要像线一样设置网络标号，比如图 9-10 中总线入口的网络标号分别为 D0、D1、D2、D3、D4、D5、D6，则该总线的网络标号应该设置为 D[0...6]，要首尾对应，中间 3 个点是英文状态。

第三节　产品印制电路板设计

在开始 PCB 设计之前,需要把 PCB 文件添加到工程中来。执行菜单命令"文件/新建/PCB",工程内生成一个默认名为"PCB1. PcbDoc"的 PCB 文件,在"Projects"面板内右键单击新建的 PCB 文件,保存为:"电子体温计 . PcbDoc",开始 PCB 绘制。

一、PCB 参数设置

在将原理图信息转换到新的空白 PCB 之前,确认与原理图和 PCB 关联的所有库均可用。只要原理图中的任何错误均已修复,那么执行菜单命令"设计/Update PCB Document 电子体温计 . PcbDoc",就能将原理图信息转换到目标 PCB。如图 9-12 所示。

依次点击【生效更改】和【执行更改】按键,若完成项显示错误,请察看 Message 并修改。

点开 PCB 文件,这时候就可以看到所有元件了,如果找不到文件,可按快捷键【V+F】察看板子或者【V+D】按键察看文件。

在开始定位元件之前,我们需要确认捕获网格设置正确,放置在 PCB 工作区域的所有对象均排列在捕获网格上。执行菜单命令"设计/板参数选项",我们使用标准英制元件,其最小引脚间距为 100mil。将这个捕获网格设定为 100mil 的一个平均分数:50 或者 25mil,这样所有元件引脚在放置时均落在栅格点上。

我们使用的导线宽度和间距分别是 12mil 和 13mil(PCB 向导设置),所以把捕获网格设定为 25mil。本例中都设置为 25mil。如图 9-13 所示。

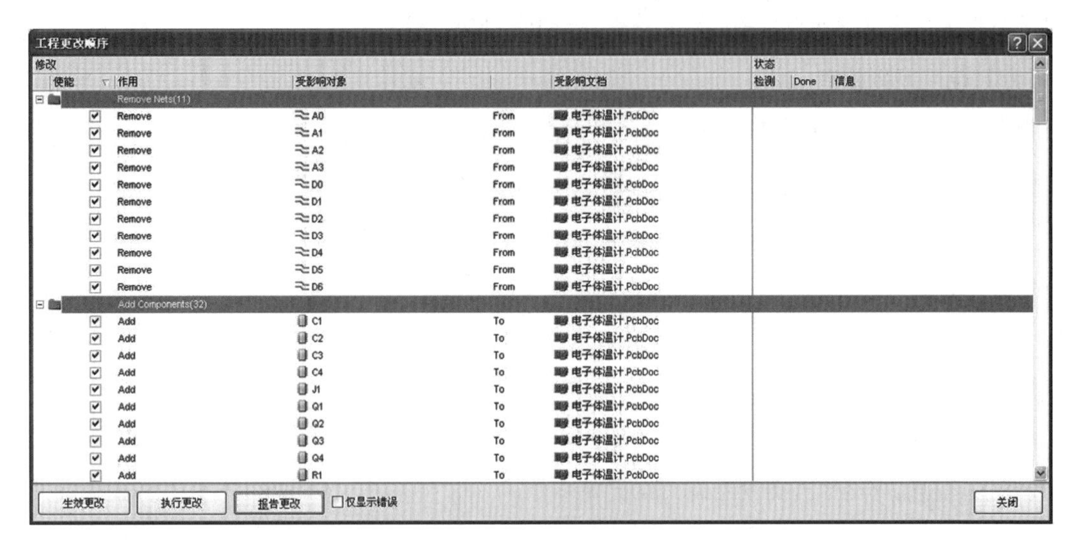

图9-12　原理图转换PCB

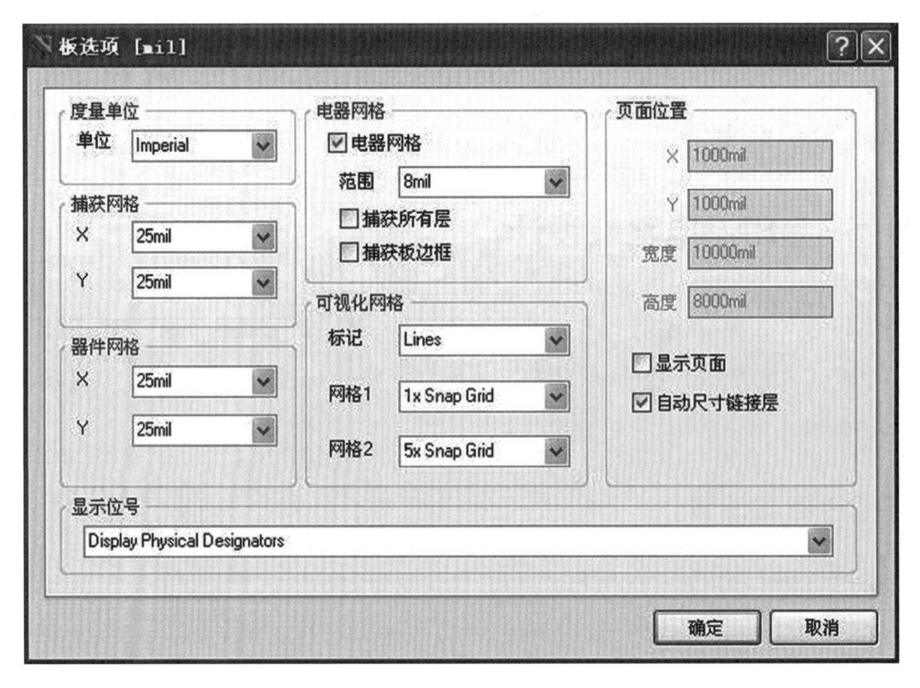

图9-13　板参数设置

二、PCB绘制

（一）规划电路板

PCB板的外形尺寸和产品的整体外形尺寸密切相关，通常希望外形尺寸满足元件的合理分布，满足散热要求、EMC要求和安全规程要求。在本例中仅要求能够合理安排元件。

1. 定义禁止布线层　禁止布线层一般代表着电路板的电气边界，设定了禁止布线层也就决定了板的形状，点击编辑区下方的Keep-Out Layer层标签，再执行菜单命令“放置/走线”，就可以绘制禁止布线层了。本例中要求禁止布线层的大小为3000mil×2000mil。如图9-14所示。

2. 设置PCB板的尺寸　拖动鼠标左键选中已经绘制好的禁止布线层，执行菜单命令“设计/板

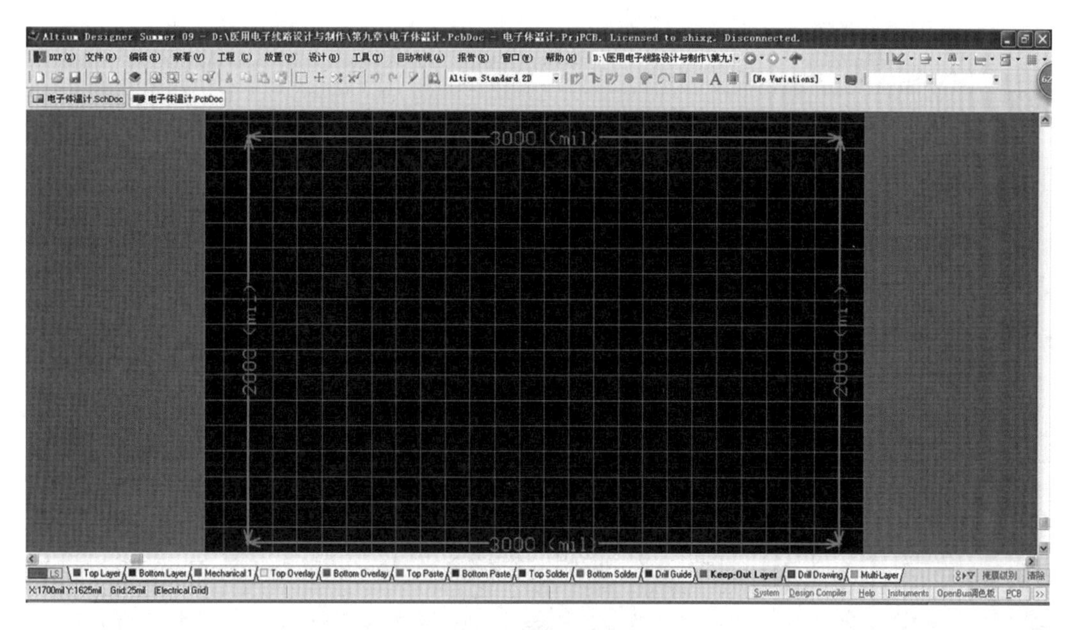

图 9-14　PCB 板外形框图

子形状/按照选择对象定义”，并执行菜单命令“报告/板子信息”察看电路板的尺寸。

边学边练

规划电路板主要是确定电路板的边框，包括电路板的尺寸大小等，在需要放置固定孔的地方放上适当大小的焊盘。

（二）元件布局

目标 PCB 生成之后，可以看到这些元件并不在规划好的电路板边界内，如图 9-15 所示。先删除名为“电子体温计”的 Room 区域，再将元件移入规划好的电路板框内。

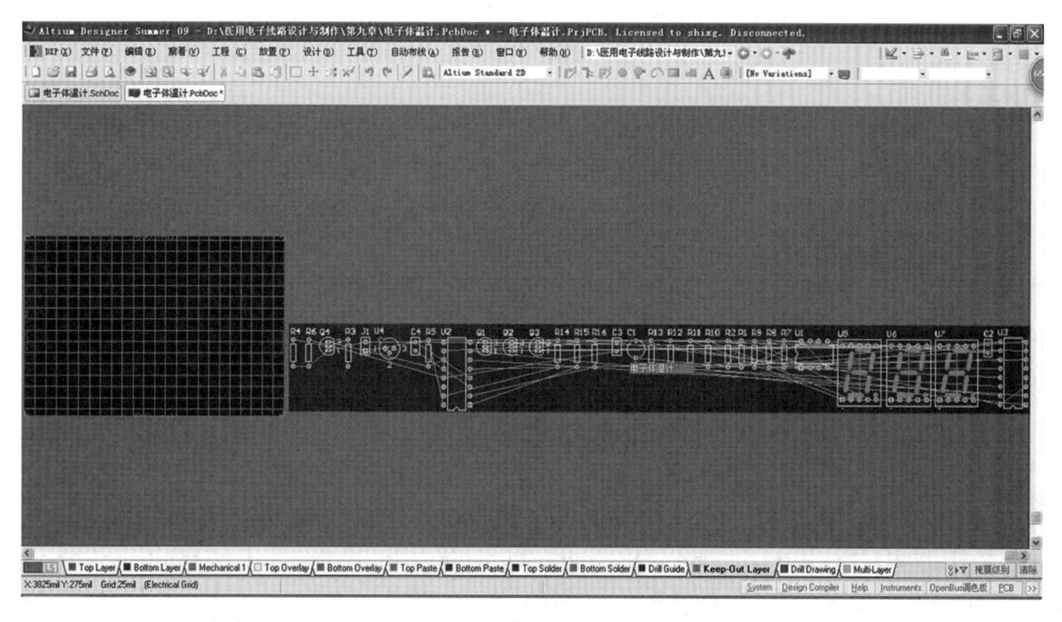

图 9-15　手动布局前的 PCB 文件

自动布局往往不能满足电路的要求，对于有一定经验的设计人员可以采用手动布局，本例采用手动布局，图9-16是已经布局好的PCB图，读者可以按图布局，布局时注意察看飞线的走向。

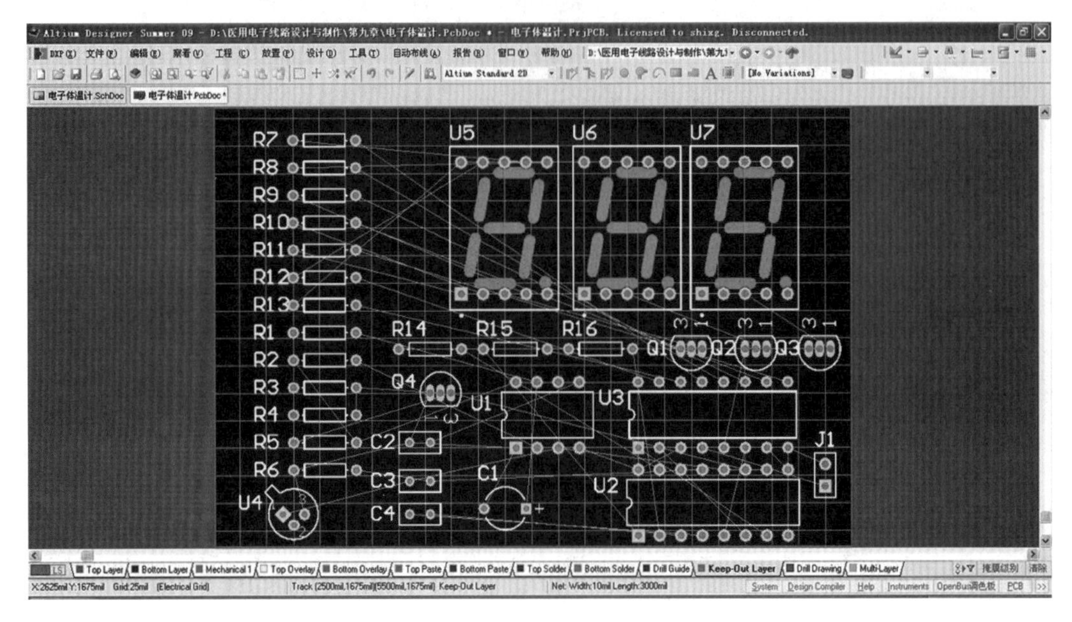

图9-16　手动布局后的PCB文件

布局一般要符合以下要求：

1. 排列方位尽可能与原理图一致，布线方向最好与电路图走线方向一致；
2. PCB四周留有5～10mm空隙不布元件；
3. 布局应有利于发热元件散热；
4. 高频时，要考虑元件之间的分布参数，一般电路应尽可能使元件平行排列；
5. 高低压之间要隔离，隔离的距离与承受的耐压有关；
6. 满足工艺性、检测、维修等方面的要求；
7. 元件排列整齐、疏密得当，兼顾美观；
8. 缩小元件的标注丝印，可以适当隐藏某些标注。

（三）布线规则设置

很多时候，我们希望拓宽电源线和地线的宽度。这时候，要为电源线网络和地线网络添加一个新的宽度约束规则。执行菜单命令“设计/规则”，弹出“PCB规则及约束编辑器”对话框。

1. 添加电源线约束　右键点击“Design Rules/Routing/Width”，新建规则并命名为“Width”。

选择网络，选取对象“VCC”。

将“Min Width”“Preferred Width”和“Max Width”宽度栏改为20mil。并把优先权提高。如图9-17所示。

2. 添加地线网络　点击“高级的(询问)”，再把地线网络添加进来，选择逻辑关系为or(或)，点击“PCB Functions”类的“Membership Checks”，双击“Name”单元的“InNet”，选取“Nets”中的“GND”，点击【OK】，使查询条件为“InNet(‘GND’)Or InNet(‘VCC’)”如图9-18所示。这样，当我们手工布

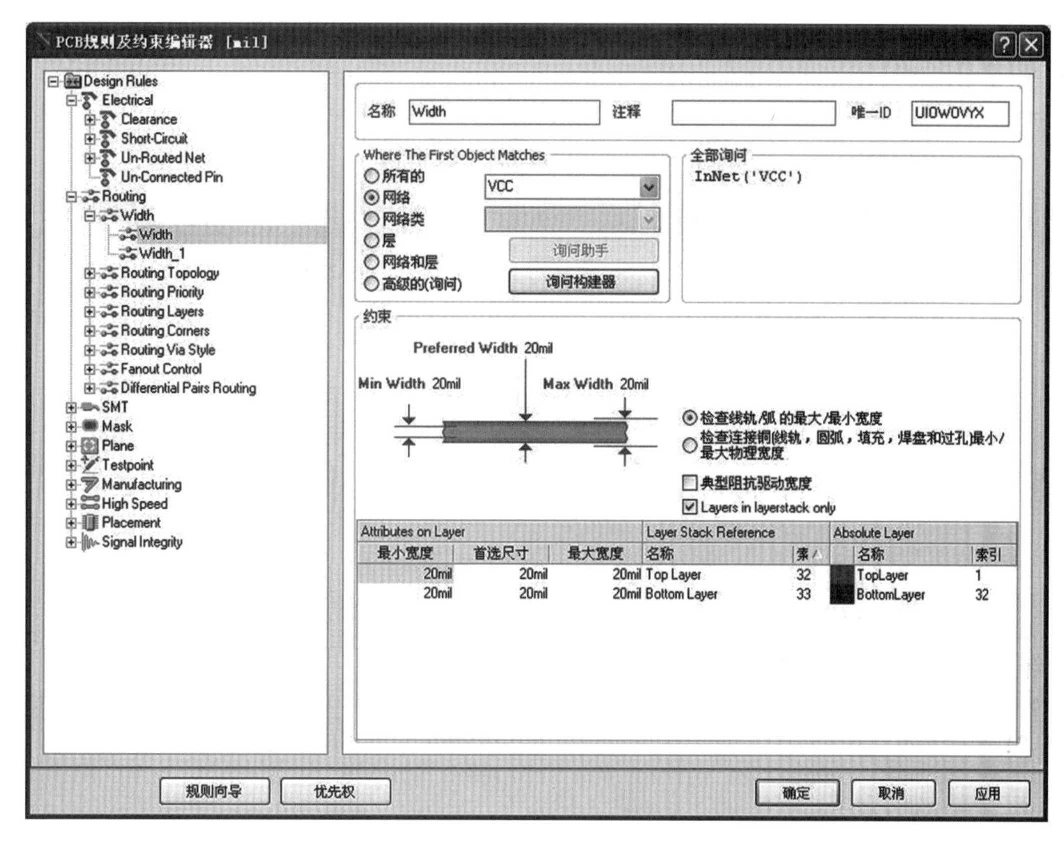

图 9-17　PCB 布线规则

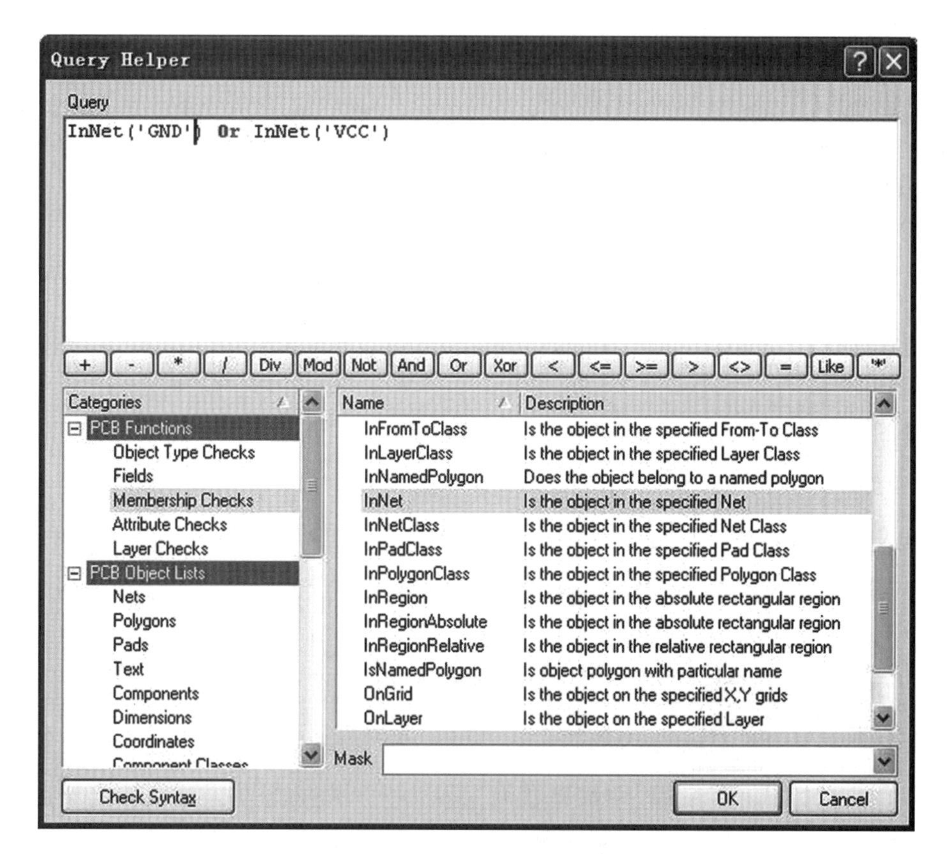

图 9-18　添加地线网络

线或使用自动布线器时，所有的导线均设为 10mils，除了 GND 和 VCC 的导线为 20mils。

3. 设定安全间距　点击“Design Rules/Electrical/Clearance”，在下方的最小间隔处填入要设定的值，本例采用默认参数 10mil。如图 9-19 所示。

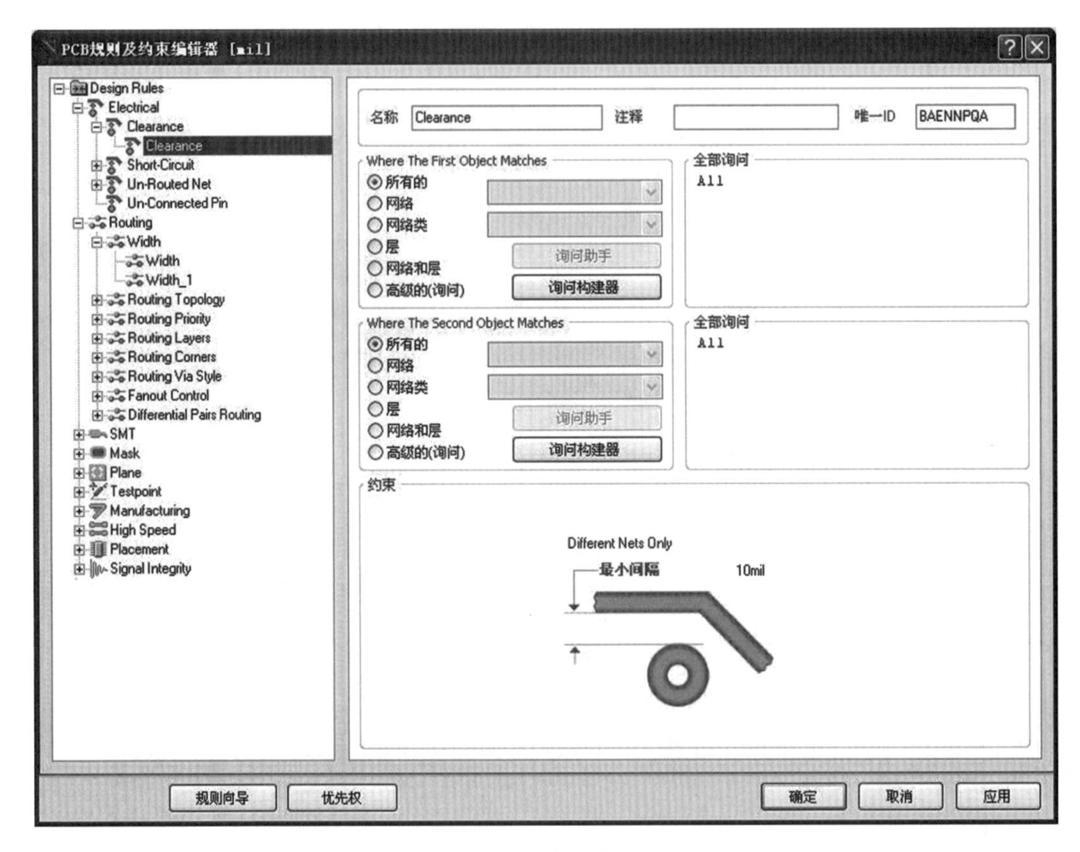

图 9-19　设定安全间距

（四）自动布线并调整

执行菜单命令“自动布线/全部”，会弹出“布线策略”对话框，点击【Route All】按键，开始自动布线。布线完成之后，会弹出“Messages”布线信息对话框如图 9-20 所示，注意观察最后两项，察看完成率是否 100% 和 0 错误，如果不是请查找错误对象，修改布局重新布线或者直接连接飞线。

如果对布线不满意，可以执行菜单命令“工具/取消布线”，“全部”是取消全部布线，“网络”是取消特定网络的布线。

布线完成之后，可以进行设计规则检查，执行菜单命令“工具/设计规则检查”，如果检查出错，会弹出错误信息对话框，PCB 图中也会变成绿色，可以根据这些信息更改出错的地方。重复几次该操作，直到满意为止，如图 9-21 所示。

（五）覆铜

覆铜操作是在完成布局、布线操作以后进行的操作。该操作是将 PCB 板中没有铜膜走线、焊盘和过孔的空白区域布满铜膜（一般是接地），从而大大提高印制电路板的抗干扰、抗噪声能力。

执行菜单命令“放置/多边形覆铜”，在 PCB 板上选取要覆铜的空间，当选取成为一个封闭空间

Messages

Class	Document	Source	Message	Time	Date	N..
Situ...	电子体温...	Situs	Starting Fan out to Plane	PM 09:1...	2017-2-19	3
Situ...	电子体温...	Situs	Completed Fan out to Plane in 0 Seconds	PM 09:1...	2017-2-19	4
Situ...	电子体温...	Situs	Starting Memory	PM 09:1...	2017-2-19	5
Situ...	电子体温...	Situs	Completed Memory in 0 Seconds	PM 09:1...	2017-2-19	6
Situ...	电子体温...	Situs	Starting Layer Patterns	PM 09:1...	2017-2-19	7
Situ...	电子体温...	Situs	Completed Layer Patterns in 0 Seconds	PM 09:1...	2017-2-19	8
Situ...	电子体温...	Situs	Starting Main	PM 09:1...	2017-2-19	9
Ro...	电子体温...	Situs	Calculating Board Density	PM 09:1...	2017-2-19	10
Situ...	电子体温...	Situs	Completed Main in 0 Seconds	PM 09:1...	2017-2-19	11
Situ...	电子体温...	Situs	Starting Completion	PM 09:1...	2017-2-19	12
Situ...	电子体温...	Situs	Completed Completion in 0 Seconds	PM 09:1...	2017-2-19	13
Situ...	电子体温...	Situs	Starting Straighten	PM 09:1...	2017-2-19	14
Situ...	电子体温...	Situs	Completed Straighten in 0 Seconds	PM 09:1...	2017-2-19	15
Ro...	电子体温...	Situs	84 of 84 connections routed (100.00%) in 1 Sec...	PM 09:1...	2017-2-19	16
Situ...	电子体温...	Situs	Routing finished with 0 contentions(s). Failed to...	PM 09:1...	2017-2-19	17

图 9-20　“Messages”布线信息对话框

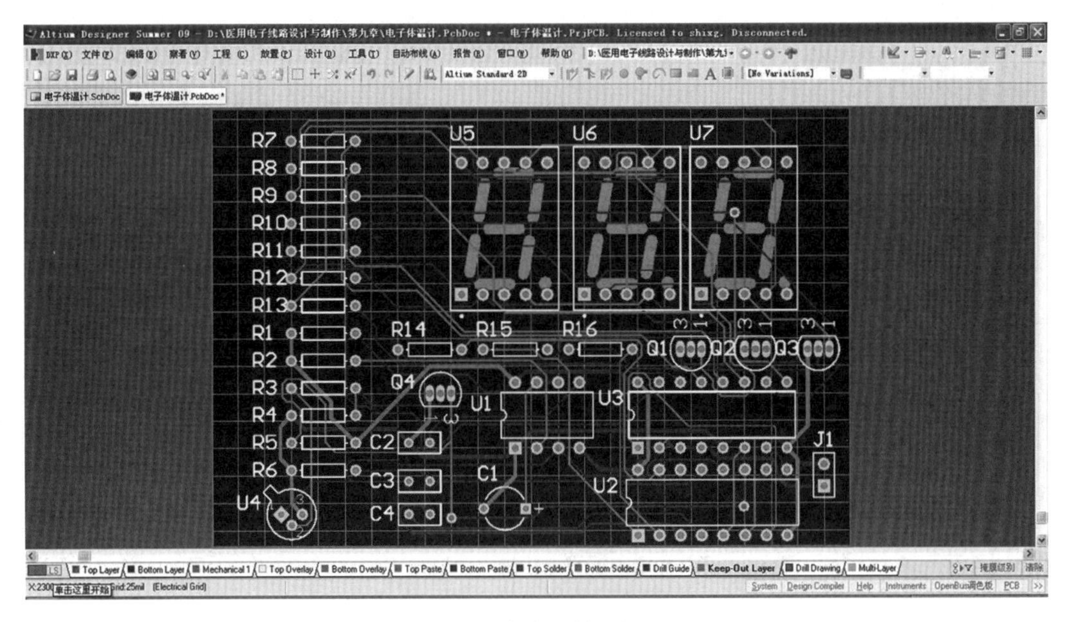

图 9-21　布线后的 PCB 图

时，系统就开始覆铜了，这时可以看到整个板子都是导线的颜色了，如图 9-22 所示。

边学边练

泪滴就是在铜膜走线与焊盘交接的地方加宽铜膜走线，主要作用是避免在钻孔时接触面断裂，执行菜单命令“工具/泪滴”察看效果。

（六）三维视图

三维视图是一种可视化的工具，它让用户预览并打印出想象的三维 PCB 视图。执行菜单命令“察看/切换到 3 维显示”，系统会生成一个三维视图，并在当前对话框中打开，【Shift+鼠标右键】可以旋转，如图 9-23 所示。

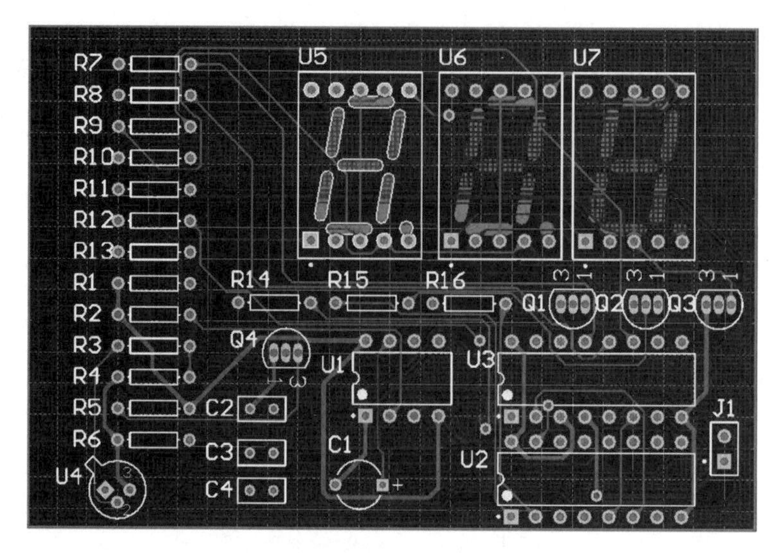

图 9-22　PCB 覆铜完成

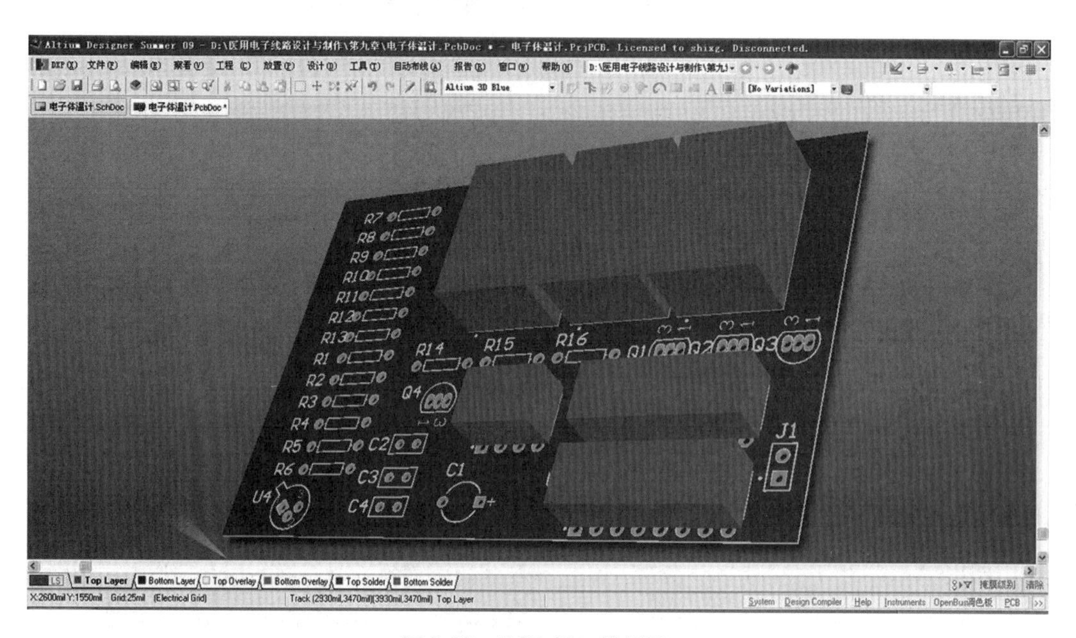

图 9-23　PCB 板三维视图

三、PCB 输出

如果设计规则检查没有错误，这时候就可以输出报告信息了，执行菜单命令“报告/Bill of Materials”，可以察看元件清单，也可以输出到 Excel。

每一个底片文件对应物理板的一个层，如元件丝印、顶层信号层、底层信号层等。执行菜单命令“文件/制造输出/Gerber Files”，输入 PCB 制造商提供的常数后点击【确定】就可以生成了，如图 9-24 所示。

至此，对于设计人员而言完成了一个完整的电路设计，但是工作并没有到此结束，仿真的结果并不代表实际的结果，产品在生产出来后可能还存在各种各样的问题，有时为了生产的方便而不得不更改已经设计好的产品，这样又需要回到本例开头重新进行设计。

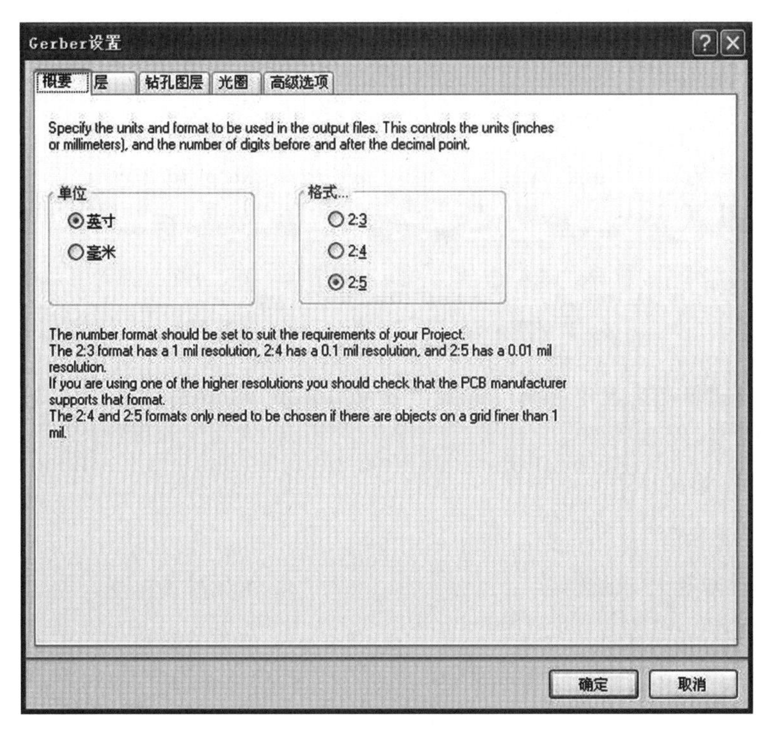

图 9-24　生成底片文件

点滴积累

察看 PCB 工作区的底部，会看见一系列层标签。 PCB 编辑器是一个多层环境，所做的大多数编辑工作都将在一个特殊层上完成。 执行菜单命令“设计/板层颜色”可以按照自己的习惯显示、添加、删除、重命名以及设置层的颜色。

比较简单的系统使用单面板或双面板布线就可以了。 如果设计更复杂些，就需要添加更多的层。

目标检测

一、单项选择题

1. Altium Desinger 原理图文件的格式为(　　)。

　A. ＊.SchLib　　B. ＊.PcbDoc　　C. ＊.PcbLib　　D. ＊.SchDoc

2. 在原理图设计图样上放置的元器件是(　　)。

　A. 文字符号　　B. 元器件封装符号　　C. 原理图符号　　D. 任意

3. 在放置元器件封装过程中，按(　　)键使元器件在水平方向左右翻转。

　A. X　　B. Y　　C. L　　D. 空格键

4. 在放置元器件封装过程中，按(　　)键使元器件在垂直方向上下翻转。

　A. X　　B. Y　　C. L　　D. 空格键

5. 在编号之前所有元件使用(　　)符号，可以在完成原理图之后进行统一编号。

　A. !　　B. &　　C. ?　　D. %

6. PCB 封装的焊盘编号要求与元件(　　)严格一致。

A. Altium Desinger 软件　　B. 个人经验

C. 技术资料　　D. 电路原理

7. 在印制电路板的(　　)层画出的封闭多边形,用于定义印制电路板形状及尺寸。

A. Multi-Layer　　B. Keep-Out Layer

C. Top Overlay　　D. Bottom Overlay

8. 在原理图绘制中,放置导线的组合键为(　　)。

A.【P+P】　　B.【P+W】　　C.【P+J】　　D.【P+S】

9. PCB 的布局是指(　　)。

A. 连线排列　　B. 元器件的排列

C. 元器件与连线排列　　D. 文字排列

10. PCB 的布线是指(　　)。

A. 元器件焊盘之间的连线　　B. 元器件的排列

C. 元器件与连线走向　　D. 除元器件以外的实体连接

二、简答题

11. 说说在 PCB 设计中如何进行自动布局?

12. 简述规划电路板时需要注意哪些方面?

三、综合题

13. 由数字电路和模拟电路混合构成的电路中,应当分别设置模拟地和数字地,并在布线时就需要考虑它们之间互相干扰的问题,特别是地线上的噪声干扰。请说明如何在原理图设计时区分模拟地和数字地?在 PCB 图设计时如何处理模拟地和数字地?

(吴　昊)

第十章

实训环节任务设计

实训一　Altium Designer Summer 09 软件的安装、卸载及设计环境

【实训目的】

1. 学习 Altium Designer Summer 09 软件安装与卸载过程,能根据计算机配置和电路设计要求进行合理安装,以快捷、方便地应用软件进行设计工作。

2. 熟悉 Altium Designer Summer 09 软件集成环境,能熟练配置集成开发环境,进行系统参数设置。

3. 熟悉 Altium Designer Summer 09 软件集成开发环境服务器种类,能使用系统菜单 DXP 对设计环境进行设置。

4. 熟悉 Altium Designer Summer 09 软件文件生成与管理结构,能根据设计要求对工程项目文件、设计文档进行有效管理。

【实训内容】

1. Altium Designer Summer 09 软件的系统安装、汉化与卸载。

2. Altium Designer Summer 09 软件集成环境配置与系统参数设置。

3. 建立 D:\DZXL 的文件夹,并在文件夹中建立名为 DZXL. PrjPCB 的工程项目文件。

4. 在 DZXL. PrjPCB 的工程项目文件中,建立名为 DZXL. SchDoc 的原理图设计文件。

5. 启动原理图服务器环境并熟悉参数设置内容。

【实训步骤】

一、Altium Designer Summer 09 的系统安装与卸载

1. Altium Designer Summer 09 的安装

(1) 通过计算机控制面板或专用软件察看计算机系统硬件和软件信息。

(2) 根据安装环境和项目设计要求,确定相关安装文件与安装位置。

(3) 启动操作系统,确认并打开 Altium Designer 软件安装文件夹,双击 Autorun. exe 文件,屏幕显示安装向导界面。

(4) 单击 Install Autium Designer,进入单机用户安装向导界面。

(5) 单击【Next】按键,进入 License Agreement 界面,即许可证协议界面。系统默认 I do not accept the license agreement 选项。

（6）选择 I accept the license agreement 选项，并单击【Next】按键，进入 User Information，即用户信息界面。

（7）在 Full Name 文本框输入用户名，在 Organization 文本框输入设计单位等信息。系统默认软件使用权限选项 Anyone who uses this computers 表示计算机所有用户都可运行程序；Only for me（微软用户）选项表示当前安装 Autium Designer 的用户账号才能运行程序。确认程序运行选项后单击【Next】按键，进入 Destination Folder 安装路径界面。

（8）系统显示安装默认路径为"C：\Program Files\Altium Designer Summer 09\"；也可以单击【Browse】按键，进入选择文件夹指定的安装路径。默认路径安装方式下单击【Next】或选择安装路径后进入 Board-level Libraries 板级水平库选择界面。

（9）依据需要进行选择后单击【Next】按键，进入 Ready to Install the Application 准备安装应用程序界面。

（10）确认信息并单击【Next】按键，进入 Updating System 系统安装界面。

（11）文件复制结束后进入安装完毕界面。单击【Finish】按键结束软件安装。安装结束后，按说明进行软件注册和激活。

2. Altium Designer 软件卸载

方法一：Windows 系统下卸载

（1）在 Windows 主界面单击"开始"，选择"设置"，选择"控制面板"，选择"添加或删除程序"，进入添加或删除程序窗口。

（2）选择 Altium Designer Summer 09 软件，单击【删除】按键卸载程序。进入添加或删除程序界面。

（3）单击【是（Y）】按键，进入程序卸载界面。

方法二：应用软件安装文件卸载。

（1）进入 Altium Designer 软件安装文件夹，双击 Setup. exe 安装文件。进入 Application Maintenance 应用程序维护界面。

（2）选择"Remove"选项，单击【Next】按键，进入 Altium Designer Summer 09 Uninstall 程序卸载选择界面。

（3）单击【Next】按键，进入程序卸载界面。

3. 软件的汉化

（1）Altium Designer Summer 09 软件采用全英文界面。为方便中文用户使用，软件内置了界面汉化功能。执行菜单命令 DXP/Preferences，进入 Preferences 对话框。

（2）在 Preferences 对话框确认 System-Autium Web Update。在 Check frequency 复选框选择 Never 选项，点击【OK】按键确认选择。

（3）在 Preferences 对话框确认 System-General，选择"Use localized resources"，弹出"Warning"对话框。依次点击【OK】【Apply】和"OK"按键，重新启动软件完成汉化过程。取消"System-General"对话框 Use localized resources 选项，即可重新切换到全英文界面。

二、Altium Designer Summer 09 的集成开发环境与参数设置

1. Altium Designer Summer 09 软件集成环境启动

2. Altium Designer Summer 09 软件主界面结构。

3. 菜单栏介绍

1）系统菜单 DXP　　2）文件菜单　　3）察看菜单

4）工程菜单　　5）窗口菜单　　6）帮助菜单

三、建立 D:\DZXL 的文件夹，并在文件夹中建立名为 DZXL. PrjPCB 的工程项目文件

1. 方法一　通过菜单栏操作

（1）启动 Altium Designer Summer 09 软件进入集成系统环境主界面，执行“文件/新建/工程”菜单命令，显示工程级联菜单。

（2）依据设计要求，点击“PCB 工程”选项，或按【B】键。工作区面板自动切换显示“Projects”面板，显示 PCB_Project1. PrjPCB 已建立。

（3）执行“文件/保存工程”菜单命令；在工作区 Projects 面板点击“工程”按键或者在工作区 Projects 面板右键单击文件名，进入 Compile PCB Project PCB_Project1. PrjPCB 操作菜单，选择“保存工程”选项。

（4）进入“Save[PCB_Project1. PrjPCB]As…”对话框。系统默认新建设计项目文件保存路径为“C:/Program Files/Altium Designer Summer 09/Examples”文件夹。

（5）将默认文件名 PCB_Project1 修改为“医用电子线路设计与制作”，单击【保存】按键。工作区 Projects 面板显示“医用电子线路设计与制作”工程文件建立界面。

2. 方法二　工作区面板操作（请自行整理步骤并操作）

四、在 DZXL. PrjPCB 的工程项目文件中，建立名为 DZXL. SchDoc 的原理图设计文件

1. 启动 Altium Designer Summer 09 软件进入集成系统环境主界面，执行“文件/新建”菜单命令，显示新建级联菜单。

2. 依据设计要求，点击“原理图”选项。工作区、工作区 Projects 面板和浏览器工具栏均显示“Sheet1. SchDoc”新建电路原理图文件已建立。

3. 执行“文件/保存”菜单命令，或执行【Ctrl+S】快捷键命令。进入 Save[Sheet1. SchDoc]As…对话框。系统默认新建设计项目文件保存路径为 C:/Program Files/Altium Designer Summer 09/Examples 文件夹。

4. 将默认文件名“Sheet1. SchDoc”修改为“医用电子线路设计与制作原理图示例”，单击【保存】按键。工作区 Projects 面板显示“医用电子线路设计与制作原理图示例”文件已建立。依照原理图文件的创建方法，Altium Designer Summer 09 软件可以创建各种类型的设计文件。

5. 打开已建立设计文件　打开已建立设计文件，可执行菜单命令“文件/打开”，或者在工作区 Files 面板点击“打开文档”方框内点击“More Documents”选项，进入 Choose Document to Open 对话框，选择打开目的文件或文件夹即可。快速打开近期操作过的设计文件，可执行菜单命令“文件/最近的文件”进入级联菜单，单击目的路径文件，也可以在工作区 Files 面板“打开文档”方框内选项组

选择目的文件。

6. 关闭、删除设计文件　关闭工作区已打开设计文件，可在工作区 Projects 面板右键单击进入菜单，或者执行“工程”菜单命令进入工程菜单，选择“关闭工程文档”选项关闭工作设计文件。也可以执行“文件/关闭”菜单命令，或者在工作设计文件标签右键单击进入菜单，选择相关操作关闭工作区设计文件。若从工程项目文件删除已建立设计文件，可在工作区面板右键单击设计文件名，或者执行“工程”菜单命令进入菜单。选择“从工程中移除”选项即可删去相应设计文件。

【实训提示】

1. Altium Designer Summer 09 的系统安装与卸载训练，参照第二章第一节。

2. Altium Designer Summer 09 的集成开发环境与参数设置训练、建立 D:\DZXL 的文件夹，并在文件夹中建立名为 DZXL. PrjPCB 的工程项目文件、在 DZXL. PrjPCB 的工程项目文件中建立名为 DZXL. SchDoc 的原理图设计文件内容参照第二章第二节。

3. 结合第二章第三节相关内容设置完成训练任务。

【实训思考】

1. 未打开设计文件主界面与启动原理图服务器界面有何异同?

2. 工程项目文件与原理图设计文件的区别?

【实训体会】

结合学习内容，训练多种操作方法，有利于合理、有效的使用软件。节省设计资源和提高设计效率。

【实训报告】

包括上述各部分内容。

【实训测试】

考核点	考核要求	考核结果		
		优良	及格	不及格
软件安装	安装信息、路径、要求明确			
安装信息阅读	内容理解运用正确			
安装路径	符合要求			
安装模块	合理利用资源			
集成环境界面结构	名称功能明确			
系统参数设计	符合设计要求			
原理图编辑环境	结构明确，参数合理			

实训二　元器件库设计

【实训目的】

1. 熟练掌握元件库编辑器及绘制元件工具的使用。

2. 掌握新元件的创建及绘制。

3. 掌握封装库的创建及绘制。

4. 掌握集成库的创建。

5. 掌握阅读元件说明书。

【实训内容】

1. 自定义元件库设计的方法，能够完成芯片的设计。

2. 建立封装库的方法。

3. 完成集成库的创建及调用。

【实训步骤】

1. 在桌面新建以“学号姓名”命名（120101101 王晓明）的文件夹，并新建以学号命名的项目文件（120101101. LibPkg）。

2. 新建“myPCBLib. PcbLib”，完成 3 个新的封装设计，如图 10-1。

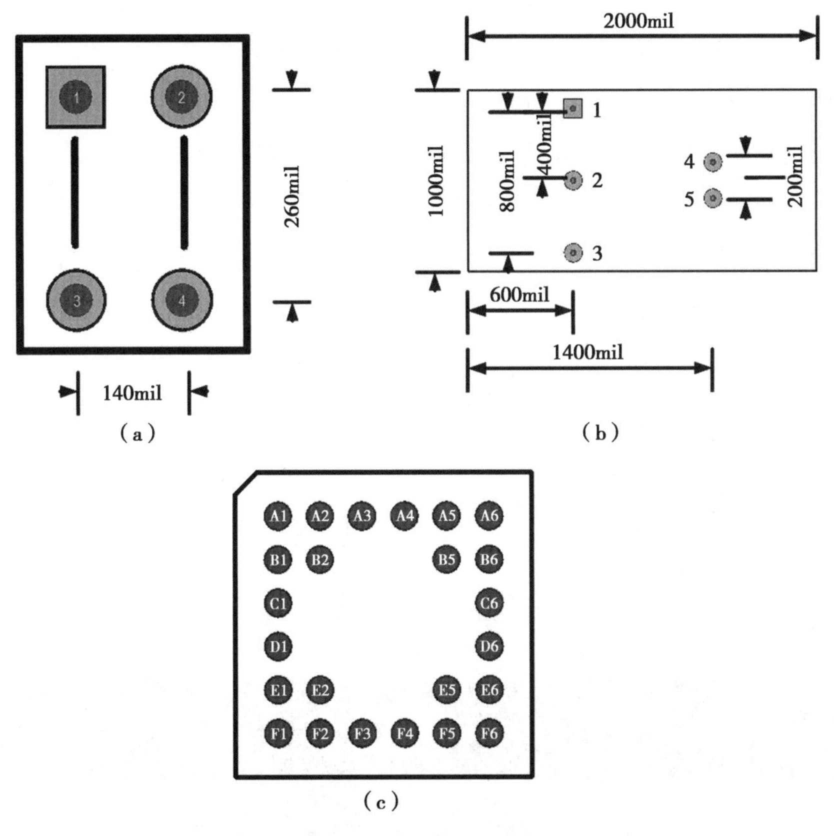

图 10-1　元件封装示例

（1）a 继电器封装名为 Relay，其中 pad 的属性：hole size = 1.1mm；x size = y size = 1.85mm；焊盘 1 改为方形焊盘；高度 100mm。

（2）b 封装 5D15B，焊盘直径 100mil，焊孔直径 40mil，高度 400mil。

（3）c 焊盘的序号，不做要求；BGA 向导方式创建，焊盘直径 40mil，间距 100mil，外框宽度 10mil，行列为 6。

3. 在其中新建原理图库文件“学号 . SchLib”和封装库文件“学号 . PcbLib”。

（1）绘制元件外形 LM324、MAX232，如图 10-2。

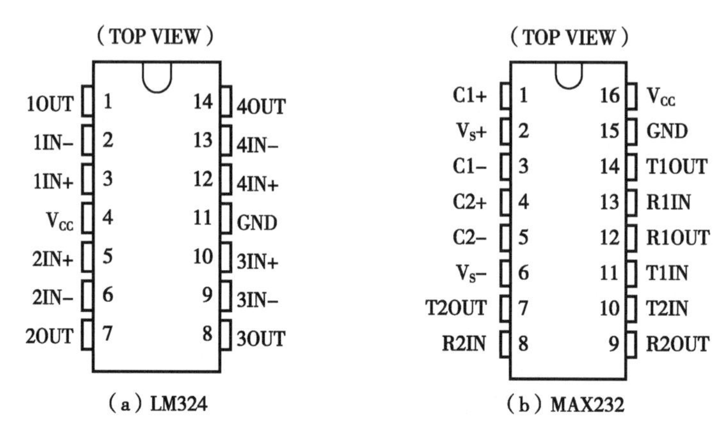

图 10-2　元件说明

（2）根据元件数据手册，绘制封装 LM324 的 J 型封装 DIP14-J，MAX232 的 D 型封装 SOIC-D。

（3）分别将元件 LM324 及 MAX232 外形与封装 DIP14-J 及 SOIC-D 对应，编译集成库。

【实训提示】

1. 焊盘分为穿透式和表面粘贴式，请注意元件的封装类型，选择焊盘所属的层。穿透式焊盘需放置在 Multilayer 层，而表面粘贴式焊盘放置在 TopLayer 层。

2. 焊盘的过孔直径一般都需要大于元件管脚 40mil 以上，表面粘贴式也需要比原焊盘大，但为了考虑制作工艺，要保证焊盘间距。

3. LM324 是个四运放集成电路，采用子元件的方式建立元件符号。

【实训思考】

1. 元器件的产品说明书如何获取，怎样将它转换成元件符号及封装？

2. 采用子元件方式建立元件符号时，如何设置公共管脚？

3. 建立集成库的作用是什么？

【实训测试】

考核点	考核要求	考核结果		
		优良	及格	不及格
工程建立	正确、恰当			
第一部分元件封装建立	熟练			

续表

考核点	考核要求	考核结果		
		优良	及格	不及格
集成库的建立	正确			
元件外形编辑	正确			
元件封装编辑	正确			
集成库的编译	熟练			

实训三　原理图环境的认识

【实训目的】

1. 掌握原理图编辑器界面工具栏和设计管理器的功能与使用方法。

2. 掌握原理图快捷键的使用方法。

3. 熟练掌握元件的选择、放置、布局等鼠标及键盘基本操作。

【实训内容】

1. 练习原理图编辑器的打开与关闭。

2. 根据要求,练习常用快捷键的操作。

3. 练习使用原理图菜单栏和常用工具栏。

4. 练习元件的选择、放置、布局、复制、粘贴等鼠标及键盘基本操作。

【实训步骤】

1. 打开安装盘下:"\Altium Designer Summer 09\Examples\Reference Designer\4 Port Serial Interface;\4 Port Serial Interface. PrjPCB",初步了解电路原理图、PCB 板图和其他文件。

2. 打开 project 中的例子:ISA Bus and Address Decoding. schdoc。

3. 尝试使用"察看"菜单的快捷键(【V+D】,【V+F】)和工具栏来实现各种显示命令。

4. 使用鼠标移动图纸、缩放图纸。

常用鼠标操作和常用快捷键及键盘命令见表 10-1 和表 10-2。

表 10-1　常用鼠标操作

<table>
<tr><th>鼠标操作</th><th>操作</th><th>鼠标操作</th><th>操作</th></tr>
<tr><td>右键拖拽</td><td>拖拽图纸</td><td>按下鼠标左键</td><td>Enter</td></tr>
<tr><td>滚轮</td><td>图纸上下移动</td><td>按下鼠标右键</td><td>Esc</td></tr>
<tr><td>Shift+滚轮</td><td>图纸水平移动</td><td>在一个对象上双击鼠标左键</td><td>编辑该对象的属性</td></tr>
<tr><td>Ctrl+右键拖拽</td><td rowspan="3">缩放图纸</td><td rowspan="3">Ctrl+鼠标左键</td><td>带着连接导线拖动该对象</td></tr>
<tr><td>Ctrl+滚轮</td><td rowspan="2">松开 Ctrl 键,单击 Space 按键,可改变连线方式</td></tr>
<tr><td>按住滚轮移动鼠标</td></tr>
</table>

表 10-2　常用快捷键及键盘命令

快捷键	键盘字母	操作	快捷键	操作
END	V-R	刷新	Space	逆时针旋转对象
Page Up	V-I	放大	Shift+Space	顺时针旋转对象
Page Down	V-O	缩小	X	水平翻转对象
Ctrl+Page Down	V-F	察看->适合所有对象	Y	垂直翻转对象
Ctrl+X,C,V		剪切,复制,粘贴	方向键	光标以一倍的 Snap 栅格的距离移动
			Shift+方向键	光标以十倍的 Snap 栅格的距离移动

5. 执行菜单命令“放置\文本字符串”,再用表 10-2 的快捷键菜单,重复刚才的动作,按【Esc】或单击右键退出。

6. 现在试一下自动平移。执行菜单命令“放置\文本字符串”移动光标到窗口的边缘,显示画面开始移动,当移动时按住【Shift】键。注意当执行菜单命令“放置\文本字符串”命令被激活时十字光标的显示。

7. 选中一个器件,例如 P1,观察他被选中时的虚线框。

8. 选中另一个器件,例如一个电容,它现在是一个被选中的对象。

9. 点击原理图上没有器件的某一处,没有东西被选中。

10. 选中一条导线,注意手柄的显示。

11. 随着这条导线被选中,尝试移动端点和一段(两端点之间的一段)。在你要想更改端点的导线上增加一个端点,使用单击并保持不放,然后按下【Insert】键,再把它移到一个新的位置上。选中一个新的端点,然后按下【Delete】,删除。

12. 确认原理图上的所有对象都不被选中,执行菜单命令“编辑\取消选中\所有打开的当前文件”或者工具栏上的。

13. 使用单击和拖拽选择功能,选中电路的一个部分。执行菜单命令“编辑\拷贝”,将内容拷贝到剪贴板,在原理图的空白位置,粘贴剪贴板上的内容。取消选择粘贴的对象。

14. 执行菜单命令“编辑\移动”尝试移动原理图上的所有对象,然后取消选择。

15. 当按下【Ctrl】键时,选中 U10 器件。现在你可以向四边拖拽,它仍然保持导线连通。

16. 单击 C12 并保持不放,然后开始移动它。当移动它时按下【Alt】键,注意,现在的移动只能是水平或是垂直方向,尝试移动对象到想要的方位察看效果。

17. 双击其中一个电容。器件属性对话框会显示,你可以编辑器件的任何属性。

18. 选择其中一个二极管,实现器件的旋转和翻转。

19. 不保存任何改变,关闭原理图。

【实训提示】

1. 当使用键盘上的某些键不起作用时,检查输入法是否为中文状态,需要切换到英文状态。

2. 主菜单中的每个菜单项都有一个带下划线的字母，按住【Alt】键不放，然后按下带下划线的字母键就激活了该菜单项。

3. 可以通过切换 Project 面板内的标签，察看文档内容。

4. 快捷键及键盘的操作可以选择使用。

【实训思考】

1. 工程文件与原理图文件的区别？

2. 原理图的放大及缩小可以采用哪些方式？

3. 如何选择原理图中的所有组件？

4. 如何调节跳跃栅格的大小？

【实训测试】

考核点	考核要求	考核结果		
		优良	及格	不及格
文件打开	操作正确			
元件快捷键使用	正确、恰当			
元件的删除与选择	会操作			
导线的删除与选择	合理、正确			
元件属性的设置	正确、恰当			
元件的放置	操作准确			

实训四　原理图的绘制 1

【实训目的】

1. 熟练掌握用 Altium Design 进行电路原理图设计的一般步骤。

2. 熟练掌握绘制原理图的基本方法和技巧，能绘制比较简单的原理图。

【实训内容】

1. 练习原理图纸张的设置。

2. 绘制简单的原理图。

3. 练习网络标号的放置。

4. 练习导线的连接。

【实训步骤】

1. 在桌面新建以“学号姓名”命名（120101101 王晓明）的文件夹，并新建以学号命名的项目文件（120101101. PrjPCB），新建“Example4. SchDoc”。

2. 设置文档选项，使用英制单位，可视栅格 5mil，捕捉栅格 5mil，电气栅格 2mil。

3. 在“Example4. SchDoc”中绘制图 10-3 所示电路。

4. 元件来源见表 10-3，其中电阻、电容属性要求：封装默认，Comment 注释“ =Value”。

表 10-3　元件表

元件库	Miscellaneous Devices. IntLib
电阻	Res2
电容	Cap
三极管	2N3904
元件库	Miscellaneous Connector. IntLib
2 头插座	Header

5. 对应增加网络标号（Net Label）：“GND”“12V”。

6. 完成布局，布线。

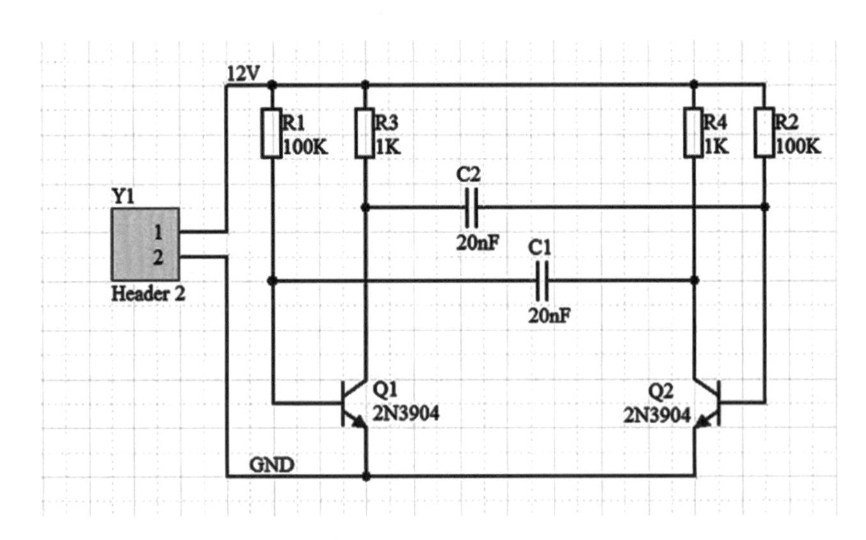

图 10-3　原理图示例

【实训提示】

1. 画导线时要避免出现不规范的连线方式，包括超过元件的端点连线、连线的两部分有重复等。

2. 仔细查阅原理图示例，不要遗漏组件。

3. 网络标号具有电气连接性，不要与说明字符混淆起来。

4. 电阻、电容的属性设置，只需要在 Value 中设置数值，在“注释”中设置“ =Value”。

5. 元件属性中，注意“标识”与“注释”的区分。

【实训思考】

1. 为什么进入原理图编辑器后首先要设置原理图环境参数？

2. 放置元件前为什么要先加载元件库？

3. 元件的点取和选取有什么不同之处？

4. 如何区别原理图中的电气对象和非电气对象？

5. 如何避免出现不规范的连线方式？

【实训测试】

考核点	考核要求	考核结果		
		优良	及格	不及格
工程建立	正确、恰当			
原理图纸设置	正确			
元件布局	恰当、合理			
布线	合理、无遗漏			
网络标号	正确			

实训五　原理图的绘制 2

【实训目的】

1. 熟练掌握用 Altium Design 进行电路原理图设计的一般步骤。

2. 熟练掌握绘制原理图的基本方法和技巧，能绘制原理图。

3. 熟练元器件的操作与编辑。

【实训内容】

1. 进一步练习原理图纸张的设置。

2. 进一步练习网络标号的放置。

3. 进一步练习导线的连接。

4. 练习电源的放置。

5. 练习元件复制、粘贴、移动及自动标号的操作。

【实训步骤】

1. 在桌面新建以“学号姓名”命名（120101101 王晓明）的文件夹，并新建以学号命名的项目文件（120101101. PrjPCB），新建“Example5. SchDoc”。

2. 图纸尺寸，自定义（宽 500，高 600），纵向放置；标题栏 Number 处：特殊字符串方式放置学号姓名。

3. 在“Example5. SchDoc”中绘制输入缓冲电路，如图 10-4 所示。

4. 元件说明

（1）运算放大器“LMV771MG”，封装默认，查找该器件并添加其库；

（2）元件库 Miscellaneous Devices. IntLib：电阻“Res2”，电容“Cap”，封装默认，Comment：“=Value”，不显示；

（3）元件库 Miscellaneous Connector. IntLib：输入输出端口“Header 4”。

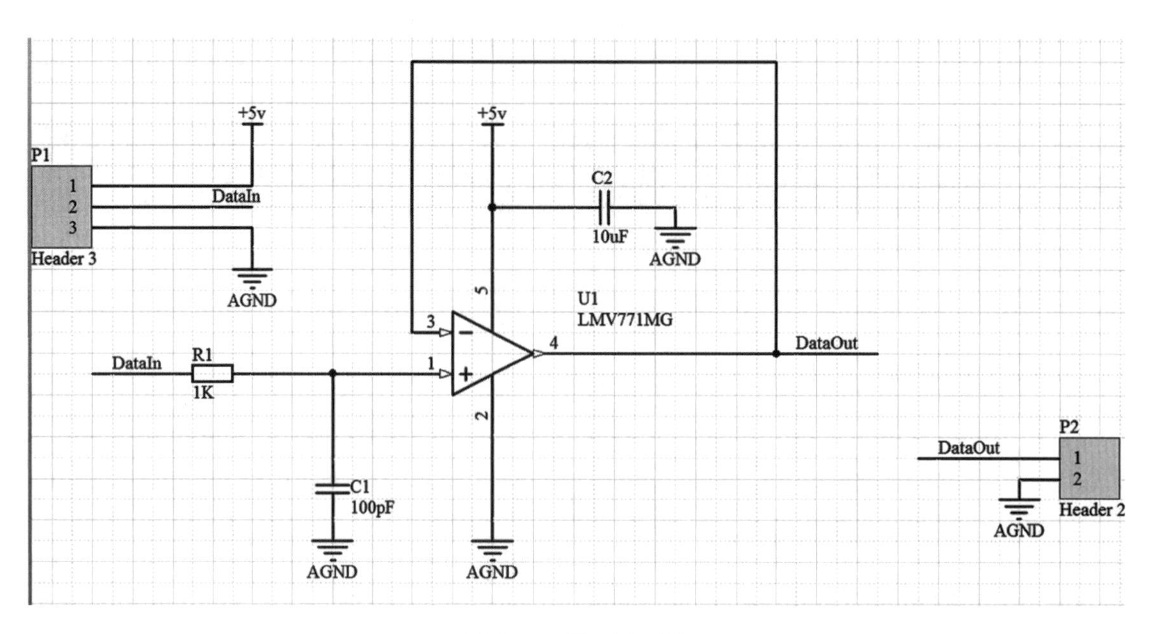

图 10-4 原理图示例

5. 布线工具栏或快捷键

(1) 网络标号(Net Label):“DataIn”“DataOut”;

(2) 电源端口“AGND”和“+5V”。

6. 完成布局,布线。

7. 尝试下列操作:

(1) 单击选择、拖拽移动;

(2) 【Ctrl+X、C、V】:剪切、复制、粘贴;

(3) 【Ctrl+R】:复制并重复粘贴;

(4) 【Ctrl+Shift+V】:智能粘贴;

(5) 【Ctrl+拖拽】:保持连接并移动;

(6) 通过自动标号工具统一修改元件标号。

【实训提示】

1. 注意图中的 LMV771MG 的同相输入端和反向输入端位置?

2. 为了保证绘制原理图的正确性,画图之前,最好先画出元件列表,必要时加一列标明各元件的数量。本部分的工作留给读者自己完成。

3. 在绘制原理图时,最好按照图 10-4 所示,先把元件的大致位置及元件间距调整好之后,再进行统一连线。

【实训思考】

1. 网络标号的意义是什么?

2. 复习引脚属性对话框中各选项的含义。

【实训测试】

考核点	考核要求	考核结果		
		优良	及格	不及格
工程建立	正确、恰当			
原理图纸设置	正确			
元件布局	恰当、合理			
布线	合理、无遗漏			
网络标号	正确			
元件的操作	正确			

实训六　原理图的绘制 3

【实训目的】

1. 熟练掌握用 Altium Design 进行电路原理图设计的一般步骤。
2. 熟练掌握元器件的查找方式。
3. 熟练掌握全局修改的方法。
4. 熟练掌握元器件的操作与编辑。

【实训内容】

1. 练习元件库的添加。
2. 练习元器件的查找。
3. 练习总线及端口的放置。
4. 练习组件的全局修改。

【实训步骤】

1. 在桌面新建以“学号姓名”命名(120101101 王晓明)的文件夹,并新建以学号命名的项目文件(120101101. PrjPCB),新建原理图文件:Example6. SchDoc。

2. 图纸尺寸,A4,横向放置;标题栏:学号姓名。

3. 在“Example6. SchDoc”中绘制电路,如图 10-5 所示。

4. 元件说明

(1) MCU 为“PIC16C55A”,查找该器件并添加其库,封装默认;

(2) 元件库 Miscellaneous Devices. IntLib 中:电阻“Res2”,电容“Cap”,封装默认,Comment:“=Value”,不显示。

5. 布线工具栏或快捷键:总线结构、端口(Port)、电源。

6. 完成布局,布线。

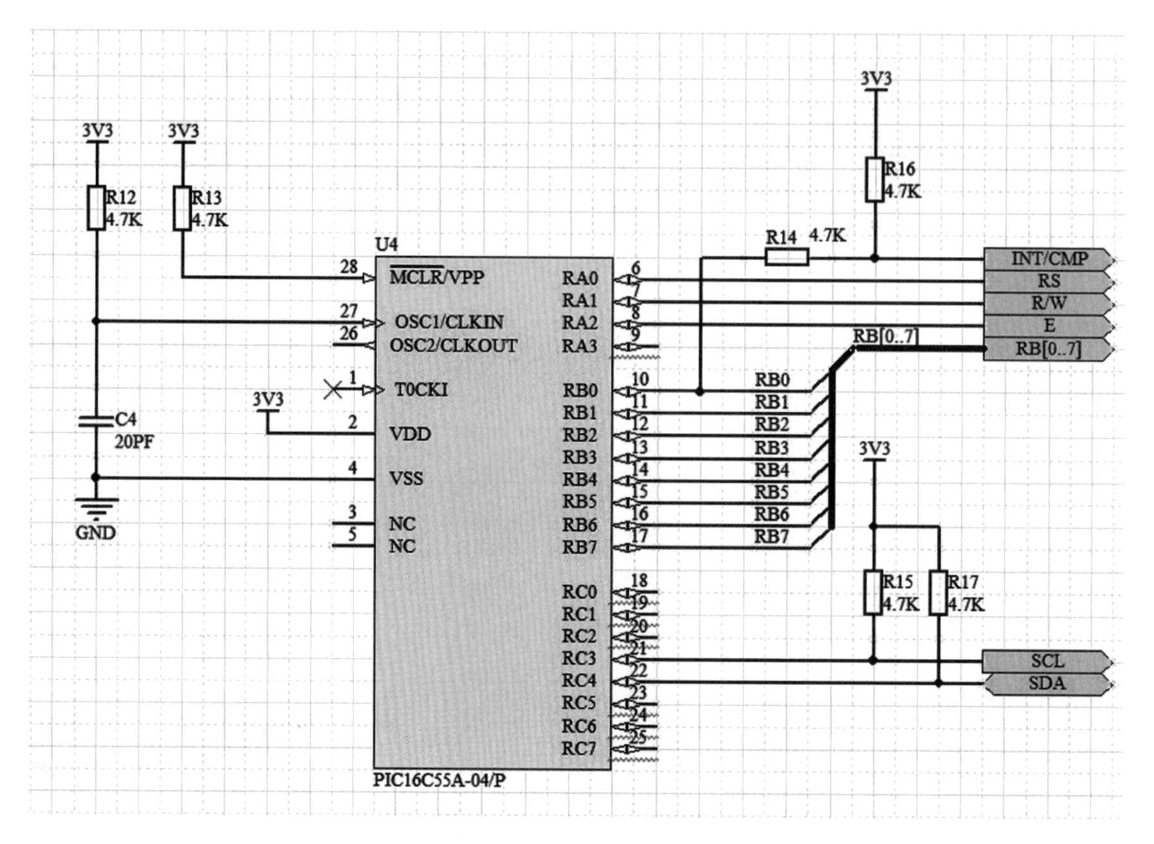

图 10-5　原理图示例

7. 尝试下列操作：

（1）通过自动编号工具统一修改元件标号；

（2）通过查找相似的方法：

1）将所有"3V3"的网络标号全部替换为"+5V"；

2）将所有封装为"AXIAL-0.4"的电阻的阻值修改为10K。

【实训提示】

1. 采用查找方式查找元件后，最好添加其所在的元件库，便于PCB封装的调用。

2. 若电路中电阻的阻值相同，可以通过全局修改的方式，学会设置选择对象的属性。

3. 输入输出端口需要选择输入输出属性。

4. 网络标号可以采用系统自动加一的功能，不需要全部手动输入。

【实训思考】

1. 网络标号、输入输出端口的区别是什么？

2. 什么是总线结构，总线包括哪些要素？

【实训测试】

考核点	考核要求	考核结果		
		优良	及格	不及格
工程建立	正确、恰当			
原理图纸设置	正确			
元件库调用	正确			
元件查找	正确			
布线	合理、无遗漏			
电源	合理、无遗漏			
全局修改	正确			

实训七　层次原理图设计

【实训目的】

1. 熟练掌握用 Altium Design 进行层次原理图设计。

2. 熟练掌握自下而上的设计方法。

3. 熟练掌握子图与总图间的交替。

4. 熟练掌握原理图的编译及纠错方法。

【实训内容】

1. 练习自下而上层次原理图的设计。

2. 练习原理图的编译方法。

3. 练习原理图的纠错方法。

【实训步骤】

1. 在桌面新建以“学号姓名”命名(120101101 王晓明)的文件夹,并新建以学号命名的项目文件(120101101. PrjPCB),新建原理图文件:Example7. SchDoc。

2. 完成图 10-6 中原理图 MCU. SchDoc、LCD. SchDoc、Sensor. SchDoc、Power. SchDoc 的绘制。

3. 利用这 4 个原理图文件作为子图,采用自下而上的方法完成顶层原理图的设计。

4. 参照图 10-7 顶层原理图,采用自下而上的方法完成 Example7. SchDoc。

5. 编译工程,察看工程面板中图纸结构变化,并对编译结果中的 Warning 和 Error 进行修改,直至编译无 Error。

6. 执行菜单命令“工具(T)\上/下层次(H)”或单击主工具栏上的“”图标,在父图与子图间浏览。

【实训提示】

1. 在进行层次电路设计时,注意方块电路进出点的箭头指示与信号的走向一致。以此实训为

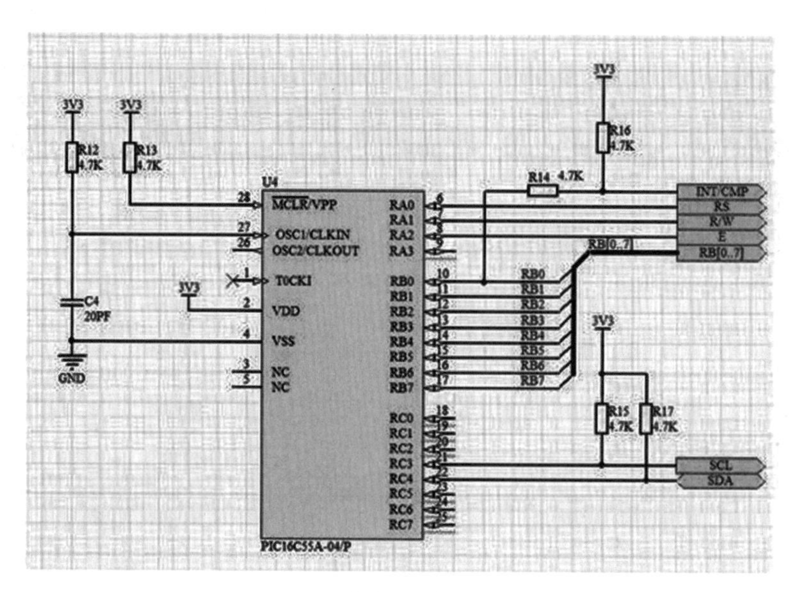

MCU.SchDoc

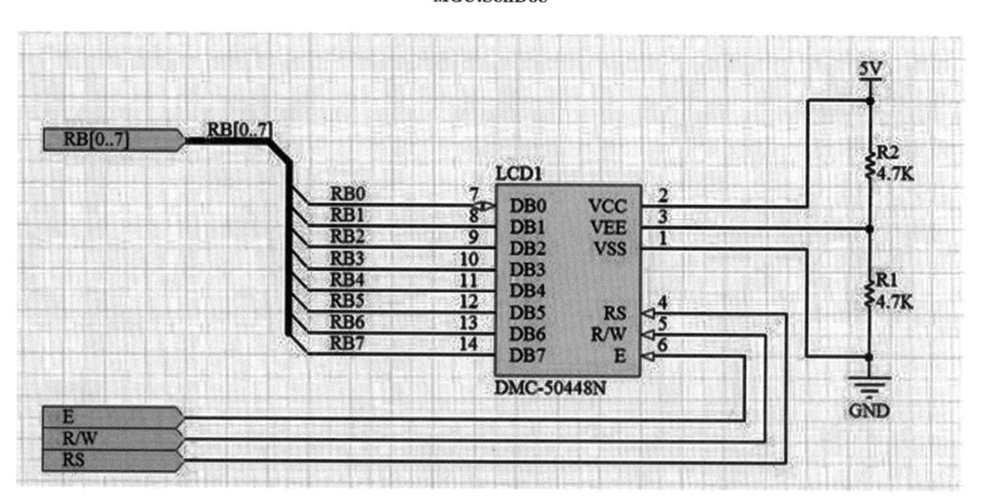

LCD.SchDoc

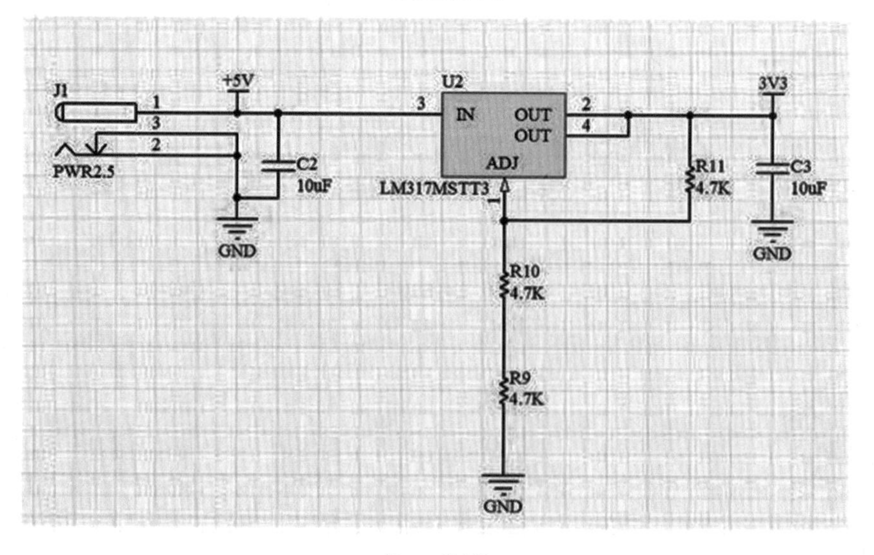

Power.SchDoc

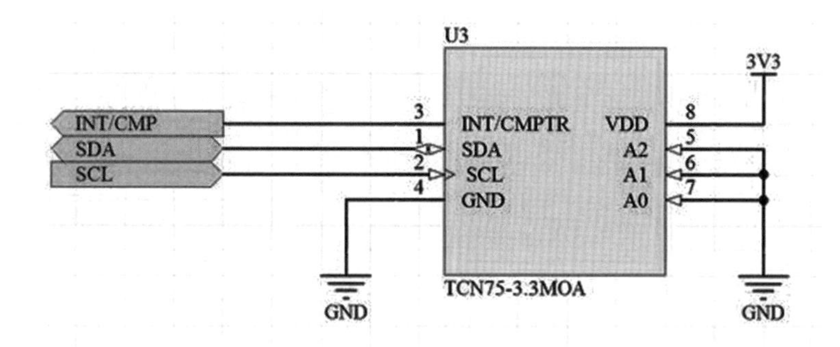

图 10-6　子图示例

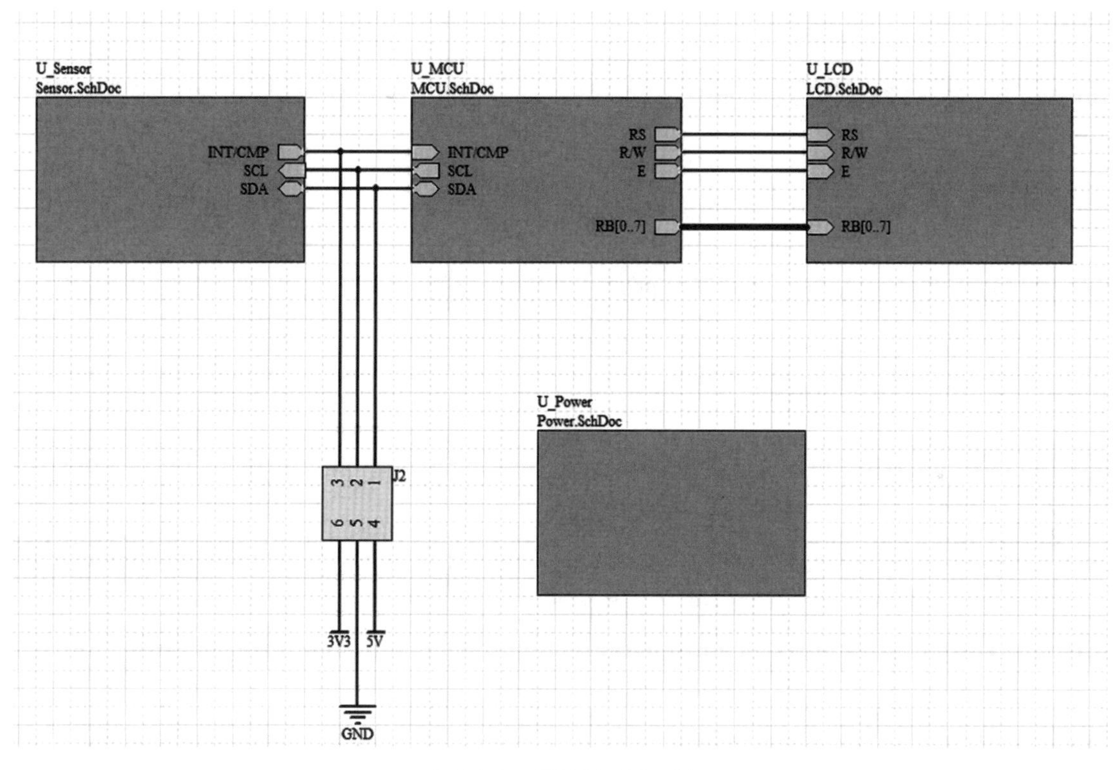

图 10-7　顶层原理图示例

例，把进出点的箭头指向与信号走向设置完毕后再生成下层电路。

2. 在生成下层电路时，屏幕将出现一个选择对话框，这个对话框是在询问用户在产生方块电路相对应的原理图时，相对应的输入/输出点是否与信号的方向相反，应该选择【No】按钮。

3. 在编译的错误文档中，需要看清错误属于哪个原理图文件，同时还要注意原理图之间的输入输出关系是否正确。

【实训思考】

1. 方块电路是否有真正的电气意义？为什么？

2. 在进行层次电路设计时，如忘记设置某个或某些方块电路进出点就生成了下层电路，应该怎样进行修改？

【实训测试】

考核点	考核要求	考核结果		
		优良	及格	不及格
工程建立	正确、恰当			
原理图 1 绘制	正确,无遗漏			
原理图 2 绘制	正确,无遗漏			
原理图 3 绘制	正确,无遗漏			
原理图 4 绘制	正确,无遗漏			
自下而上总图生成	正确			
总图绘制	正确,无遗漏			
工程的编辑及纠错	正确			

实训八 PCB 环境初识

【实训目的】

1. 熟练掌握利用 Altium Design 进行 PCB 文件管理的操作。
2. 熟练掌握利用 Altium Design 进行 PCB 的设计环境设置。
3. 学会利用 Altium Design 进行电路板工作层面的设置方法。
4. 掌握 PCB 绘制中的快捷键。
5. 掌握自动和向导方式的板框建立方式。

【实训内容】

1. 新建 PCB 文件、保存 PCB 文件、关闭 PCB 文件。
2. 在新建的 PCB 文件中,设置双层板工作层面与封装形式。
3. 熟悉 PCB 主界面及常用的工具栏的用法,进行适当的 Options 和 Preferences 设置。
4. 练习快捷键。
5. 练习板框的建立。

【实训步骤】

1. 打开安装文件夹 Example/Reference Design/4 port serial Interface 的项目文件。
2. 使用以下快捷键,掌握其功能:

(1) 点击层标签;

(2)【Ctrl+点击】层标签;

(3)【Shift+S】;

(4)【L】;

(5)【D+K】;

(6)【G】键、【Q】键。

3. 新建“学号 . PrjPCB”,手动新建 PCB 文件,文件名为“学号 . PcbDoc”,并保存 PCB 文件。

（1）在 Keep-Out Layer，在某点设置相对原点【E+O+S】；

（2）使用绘图工具绘制 150mm×100mm、矩形的封闭线条；（熟悉使用【Ctrl+End】组合键回到相对原点）。

（3）选中封闭线条，使用菜单快捷键【D+S+D】（“设计 Design\板子形状 Board Shape\根据选择对象定义 Define From Selected Objects”），Altium Design 会根据选中的线条形状定义 PCB 外形。

4. 在项目文件中，用向导方式创建 PCB 文件，以公制为单位，自定义大小：3000×3000mil，矩形双层板，需要尺寸线及标题块，仅采用通孔的过孔形式，以直插型元件为主，临近焊盘两边线数为 2，（其他默认）；PCB 文件保存为“学号 2. pcbdoc”。

【实训提示】

1. 进行 PCB 初步设计，可以先选择一个原理较为简单的电路，先选择电路需要的各种元件，放置好后，按照原理图先进行连线练习。

2. PCB 的板框通常画在 KeepoutLayer 层。

【实训思考】

1. “设计\板参数选项”设置中可视网格 1 与网格 2 参数选择有什么要求？

2. 绘制板框的要点有哪些，有哪些方式？

【实训测试】

考核点	考核要求	考核结果		
		优良	及格	不及格
PCB 文件管理的操作	操作熟练、路径正确			
PCB 快捷键的使用	熟练			
Options 设置	操作熟练、设置正确			
Preferences 设置	操作熟练、设置正确			
PCB 板框设置	手动设置正确			
	向导设置正确			

实训九　电子线路的完整设计 1

【实训目的】

1. 熟练掌握使用 Altium Design 设计印制电路板的全过程。

2. 掌握元件库的设计流程。

3. 掌握原理图设计流程。

4. 掌握 PCB 图设计流程。

【实训内容】

1. 完成元件库的建立，并加载封装。

2. 完成原理图设计并进行电气规则检查，没有错误。

3. 完成印刷电路板图，完成自动布局、手工调整、自动布线、手工调整布线、保存打印。

【实训步骤】

1. 在桌面新建以“学号姓名”命名(120101101 王晓明)的文件夹,并新建以学号命名的项目文件(120101101. PrjPCB)。

2. 新建原理图库文件“学号. SchLib”和封装库文件“学号. PcbLib”,并绘制元件符号 NL 及封装 DIO-2,其中焊盘直径 70mil,焊孔直径 30mil,焊盘间距 300mil,高度 400mil 如图 10-8。

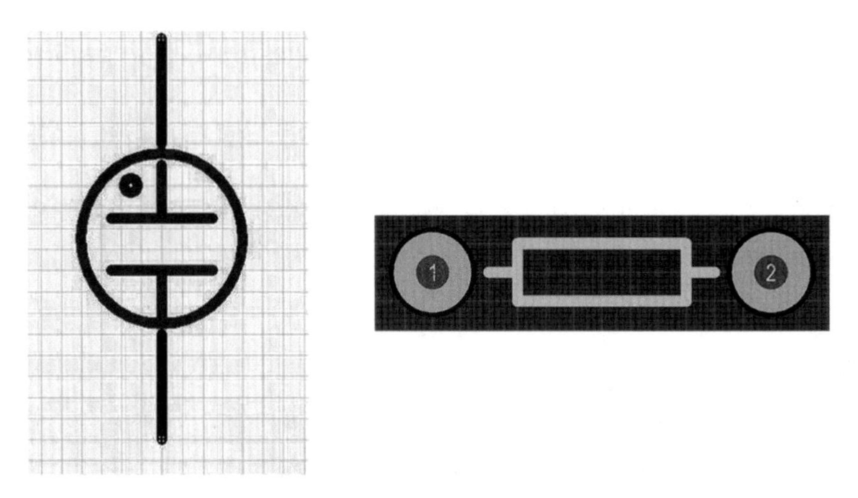

图 10-8　元件符号及封装示例

3. 绘制原理图,如图 10-9,文件名可默认。编译纠正错误。

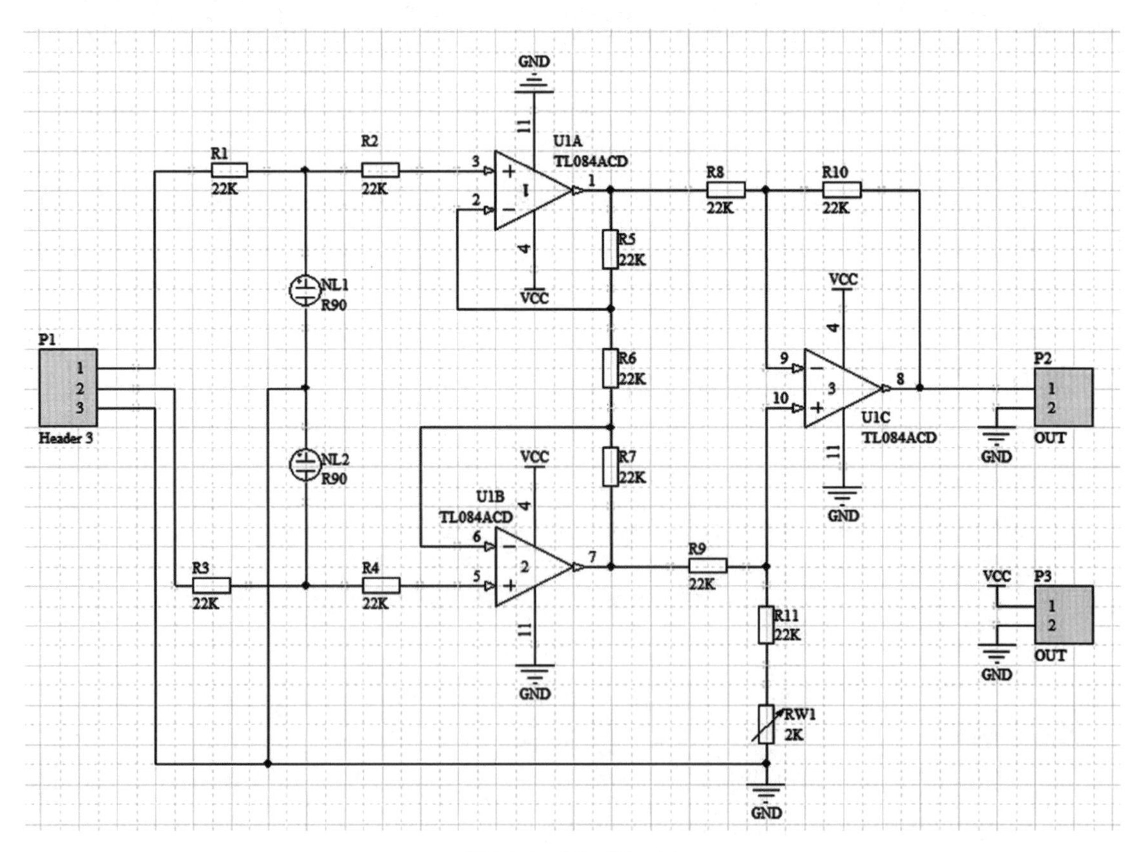

图 10-9　原理图示例

4. 绘制 PCB，板框大小 1600×1600mil，文件名可默认。

5. 导入网络版，进行手动布局，自动布线。布线要求：双面布线；GND 和 VCC 线宽 25mil，其他 10mil。

6. 用“工具\设计规则检查”校准错误。

【实训提示】

1. 新建的 NL 元件符号可以调整引脚长度。

2. 元件布局时，应当从机械结构散热、电磁干扰、将来布线的方便性等方面综合考虑。先布置与机械尺寸有关的器件，并锁定这些器件，然后是占位置大的器件和电路的核心元件，最后是外围的小元件。

3. 采用全局自动布线的方式，方法简便、快捷，但是结果中有一些不太令人满意的地方时，有必要对部分布线进行手工调整。

【实训思考】

1. 根据本实训的要求，设计规则设置中需要修改哪些参数？

2. 在原理图中标识的元件在导入 PCB 图后，随着自动布局和手工调整而变得杂乱无章。如果要对元件重新编号和标识应当如何操作？

【实训测试】

考核点	考核要求	考核结果		
		优良	及格	不及格
元件符号	正确			
元件封装	正确			
原理图绘制	完整，无遗漏			
原理图编译	错误修改正确			
设计规则设置	正确、恰当			
PCB 元件布局	恰当、合理			
PCB 布线	合理、无遗漏			
PCB 编译	无错误			

实训十　电子线路的完整设计 2

【实训目的】

1. 熟练掌握利用 Altium Design 进行自动 PCB 电路板的生成。

2. 熟练掌握利用 Altium Design 进行手动 PCB 电路板的设计方法。

3. 掌握 PCB 电路板自动布线的规则设置。

【实训内容】

1. 利用原理图，进行网络表的加载与元件的调入。

2. 封装位置的布局与调整。

3. 自动布局、手动调整与自动布线。

【实训步骤】

1. 在桌面新建以“学号姓名”命名(120101101 王晓明)的文件夹,并新建以学号命名的项目文件(120101101. PrjPCB),绘制 PlaceWire. SchDoc 原理图,并加载入工程,如图 10-10。

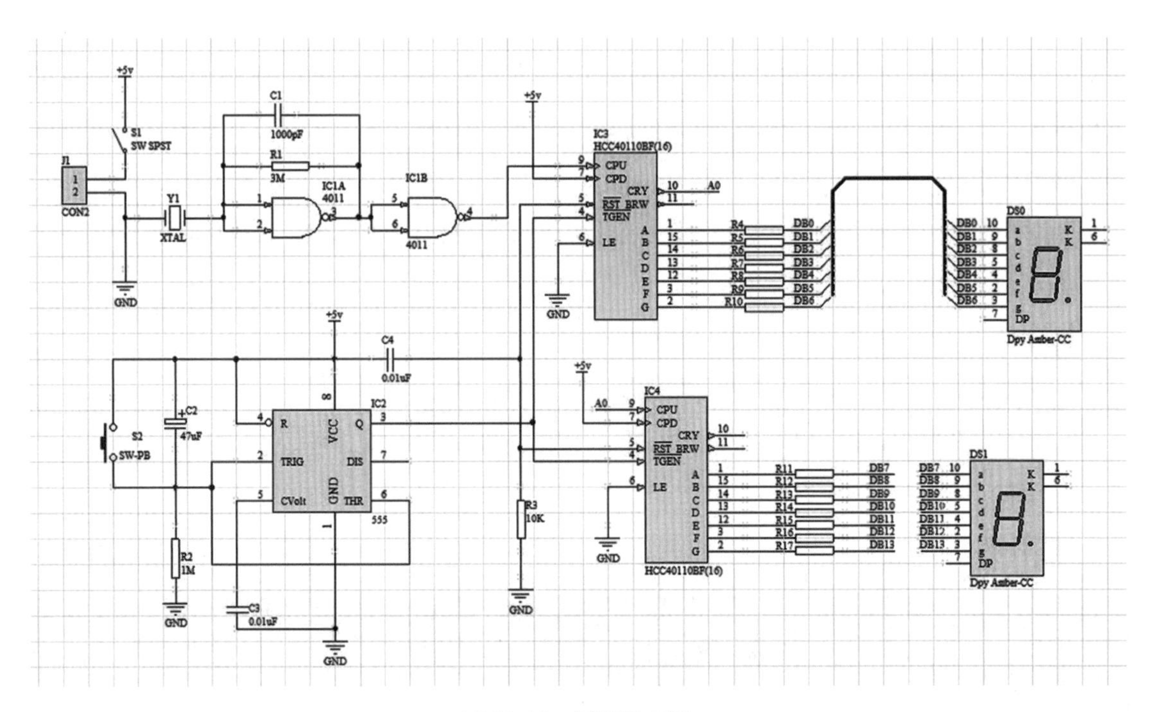

图 10-10　原理图示例

2. 新建 PCB 文件,名字采用默认值。定义电路板的尺寸为 3000×3000mil。

3. 进入原理图环境,通过“工具\封装管理器”察看是否所有元件都填写封装。

4. 用“设计\导入”功能加载 PlaceWire. SchDoc 的网络表文件。

5. 识读加载网络表文件中出现的错误信息,修改之。修改完毕再用“设计\导入”功能加载网络表。

6. 对所有的元件封装进行手动布局;手动调整元件及元件注释。布局要求:器件分布均匀;参照原理图布置器件;接口放在边缘;器件对齐;器件注释的方向尽量一致。

7. 用全局修改的方式,对所有元件封装的标注修改:Text height 为 50mil,Text width 为 8mil。

8. 设置布线规则

(1) 安全距离:新增 VCC 网络与所有部件的安全距离为 12mil;并保持高的优先权;

(2) 布线宽度:设置网络“GND”的宽度为 12mil,其余线宽为 10mil;

(3) 布线拓扑:Daisy-simple;

(4) 过孔设置:过孔直径为 40mil,孔径为 20mil;

(5) 丝印层设置:丝印层与丝印层间的安全距离为 3mil;丝印层与元件的安全距离为 3mil。

9. 采用自动布线方式布线。

【实训提示】

1. 网络表的加载有两种方法。

2. 简单电路可以进行自动布局，复杂电路需要自动布局和手动布局相结合。

3. 手动调整，需要投入大量时间实践才能掌握。要注意布局是否合理、美观，连线是否最短，元件有无遗漏等问题。

【实训思考】

1. 网络表的加载有哪些方法？

2. 执行"设计\规则"菜单命令进行布线参数设置，电源线与信号线的布线宽度有什么不同？

3. PCB 设计图中多个同样的元件的标注如何处理？

4. 自动布线中，全局布线与指定的区域、网络、元件布线有什么不同？

5. 由于元件自动布局的结果并不总令人满意，手动元件的布局要考虑哪些问题？

【实训测试】

考核点	考核要求	考核结果		
		优良	及格	不及格
网络表的加载与元件的调入	熟练、正确			
自动布局	熟练、正确			
手动调整	合理、无遗漏			
规则设置	正确，无遗漏			
自动布线	正确			

（刘　红）

主要参考文献

[1] 杨晓波,张欣. Altium Designer Summer 09 项目教程. 北京:北京理工大学出版社. 2015

[2] 徐向民. Altium Designer 快速入门. 北京:北京航空航天大学出版社. 2008

[3] 王渊峰,戴旭辉. Altium Designer 10 电路设计标准教程. 北京:科学出版社. 2011

目标检测答案

第一章　医用电子产品设计方法及工具

一、单项选择题

1. B　2. C　3. D　4. A

二、简答题

PCB 设计流程包括元器件模型设计、原理图设计、PCB 版图绘图、CAM 制造数据输出。

第二章　Altium Designer Summer 09 软件的安装及初识

一、填空题

1. （复杂板卡）、（三维 PCB）。

2. （系统菜单栏）、（系统工具栏）、（工作区面板）。

3. （PCB 工程）、（FPGA 工程）、（集成库）。

二、单项选择题

1. A　2. B　3. C　4. B　5. D

三、简答题

1. 答：在 Protel 99SE 及以前软件中，整个电子线路设计是以数据库形式存在的。从 Protel DXP2004 开始采用工程项目管理的方式组织和管理设计文件。在 Altium Designer Summer 09 软件中，任何一个电子线路的设计都当做一个工程项目，其他相关文件均存放在工程项目文件所在的文件夹中。在应用 Altium Designer Summer 09 软件设计电子线路过程中，工程文件、原理图设计文件和印制电路版设计文件等都是独立的文件。可以为设计项目建立一个文件夹，保存设计中新建的所有文档，以便于设计和以后的修改处理。相关设计文件均可在主界面下通过菜单栏、工作区面板等进行建立和管理。

2. 答：Altium Designer Summer 09 软件主要有 PCB 工程、FPGA 工程、内核工程、集成库、嵌入式工程和脚本工程等六种工程项目类型。

3. 答：电路原理图设计是创建项目数据库、印制电路板设计和生成网络表等工作的前期准备。电路原理图设计主要通过 Altium Designer Summer 09 原理图编辑器（Schematic）、电路图库编辑器（schematic library）和文本编辑器（Text Document）进行。原理图编辑器完成电路原理图的创建、修改和编辑；电路图库编辑器完成电路图元件库的设计、更新或修改；文本编辑器完成电路图及元件库各种报表的编辑和察看等任务。

四、综合题

1. 略。

2. 略。

第三章　元件库设计

一、选择题

（一）单项选择题

1. D　2. D　3. B　4. B　5. C　6. A　7. B

（二）多项选择题

8. ABCD　9. ABC　10. BC

二、简答题

略。

三、综合题

略。

第四章　医用电子产品的原理图设计

选择题

（一）单项选择题

1. B　2. B　3. B　4. A　5. B　6. B　7. A　8. C　9. B　10. C　11. A　12. B

（二）多项选择题

13. ABD　14. ABCD　15. ABCD　16. ABC　17. ABC　18. ABCD　19. ABD　20. ABCD

第五章　原理图的高级设计

一、选择题

1. D　2. B　3. C　4. D　5. D　6. A　7. A　8. A　9. B　10. D

二、简答题

略。

第六章　PCB 设计

一、选择题

（一）单项选择题

1. B　2. A　3. D　4. D　5. D　6. C

（二）多项选择题

7. ABCD　8. ABCD　9. ABC　10. AB

二、简答题

略。

三、综合题

略。

第七章　医用电子线路的设计与制作工艺

一、选择题

（一）单项选择题

1. C　2. B　3. B　4. D　5. C　6. A

（二）多项选择题

7. ABC　8. ABCD

二、简答题

略。

第八章　医用电子线路的设计综合举例 1

一、选择题

（一）单项选择题

1. B　2. D　3. C　4. B　5. D

（二）多项选择题

6. ABC　7. ABCD　8. ABCD　9. ABCE　10. ABC

二、简答题

略。

三、综合题

略。

第九章　医用电子线路的设计综合举例 2

一、单项选择题

1. D　2. C　3. A　4. B　5. C　6. C　7. B　8. B　9. B　10. A

二、简答题

略。

三、综合题

略。

医用电子线路设计与制作课程标准

（供医疗器械类专业用）